国家出版基金资助项目
现代数学中的著名定理纵横谈丛书
丛书主编　王梓坤

ZERNOV THEORF

U0332224

Zernov定理

刘培杰数学工作室　编

哈尔滨工业大学出版社
HARBIN INSTITUTE OF TECHNOLOGY PRESS

内容简介

本书共分十五编,主要包括 Fibonacci 数列与数学奥林匹克,Fibonacci 数列中的问题,数的 Fibonacci 表示,Fibonacci 数与黄金分割率,Fibonacci 数列的性质,Fibonacci 数列与平方数,Fibonacci 数列的概率性质,Fibonacci 数列的其他性质,Lucas 数列的性质等.

本书适合数学专业的本科生和研究生以及数学爱好者阅读和收藏.

图书在版编目(CIP)数据

Zernov 定理/刘培杰数学工作室编. ——哈尔滨:哈尔滨工业大学出版社,2018.1
(现代数学中的著名定理纵横谈丛书)
ISBN 978 – 7 – 5603 – 6685 – 2

Ⅰ.①Z… Ⅱ.①刘… Ⅲ.①定理(数学)
Ⅳ.①O1

中国版本图书馆 CIP 数据核字(2017)第 136899 号

策划编辑　刘培杰　张永芹
责任编辑　张永芹　聂兆慈　穆青
封面设计　孙茵艾
出版发行　哈尔滨工业大学出版社
社　　址　哈尔滨市南岗区复华四道街 10 号　邮编 150006
传　　真　0451 – 86414749
网　　址　http://hitpress.hit.edu.cn
印　　刷　哈尔滨市石桥印务有限公司
开　　本　787mm×960mm　1/16　印张 55　字数 599 千字
版　　次　2018 年 1 月第 1 版　2018 年 1 月第 1 次印刷
书　　号　ISBN 978 – 7 – 5603 – 6685 – 2
定　　价　168.00 元

(如因印装质量问题影响阅读,我社负责调换)

读书的乐趣

你最喜爱什么——书籍.

你经常去哪里——书店.

你最大的乐趣是什么——读书.

这是友人提出的问题和我的回答. 真的,我这一辈子算是和书籍,特别是好书结下了不解之缘. 有人说,读书要费那么大的劲,又发不了财,读它做什么? 我却至今不悔,不仅不悔,反而情趣越来越浓. 想当年,我也曾爱打球,也曾爱下棋,对操琴也有兴趣,还登台伴奏过. 但后来却都一一断交,"终身不复鼓琴". 那原因便是怕花费时间,玩物丧志,误了我的大事——求学. 这当然过激了一些. 剩下来唯有读书一事,自幼至今,无日少废,谓之书痴也可,谓之书橱也可,管它呢,人各有志,不可相强. 我的一生大志,便是教书,而当教师,不多读书是不行的.

读好书是一种乐趣,一种情操;一种向全世界古往今来的伟人和名人求

1

教的方法,一种和他们展开讨论的方式;一封出席各种活动、体验各种生活、结识各种人物的邀请信;一张迈进科学宫殿和未知世界的入场券;一股改造自己、丰富自己的强大力量.书籍是全人类有史以来共同创造的财富,是永不枯竭的智慧的源泉.失意时读书,可以使人重整旗鼓;得意时读书,可以使人头脑清醒;疑难时读书,可以得到解答或启示;年轻人读书,可明奋进之道;年老人读书,能知健神之理.浩浩乎! 洋洋乎! 如临大海,或波涛汹涌,或清风微拂,取之不尽,用之不竭.吾于读书,无疑义矣,三日不读,则头脑麻木,心摇摇无主.

潜能需要激发

我和书籍结缘,开始于一次非常偶然的机会.大概是八九岁吧,家里穷得揭不开锅,我每天从早到晚都要去田园里帮工.一天,偶然从旧木柜阴湿的角落里,找到一本蜡光纸的小书,自然很破了.屋内光线暗淡,又是黄昏时分,只好拿到大门外去看.封面已经脱落,扉页上写的是《薛仁贵征东》.管它呢,且往下看.第一回的标题已忘记,只是那首开卷诗不知为什么至今仍记忆犹新:

日出遥遥一点红,飘飘四海影无踪.

三岁孩童千两价,保主跨海去征东.

第一句指山东,二、三两句分别点出薛仁贵(雪、人贵).那时识字很少,半看半猜,居然引起了我极大的兴趣,同时也教我认识了许多生字.这是我有生以来独立看的第一本书.尝到甜头以后,我便千方百计去找书,向小朋友借,到亲友家找,居然断断续续看了《薛丁山征西》《彭公案》《二度梅》等,樊梨花便成了我心

2

中的女英雄.我真入迷了.从此,放牛也罢,车水也罢,我总要带一本书,还练出了边走田间小路边读书的本领,读得津津有味,不知人间别有他事.

当我们安静下来回想往事时,往往会发现一些偶然的小事却影响了自己的一生.如果不是找到那本《薛仁贵征东》,我的好学心也许激发不起来.我这一生,也许会走另一条路.人的潜能,好比一座汽油库,星星之火,可以使它雷声隆隆、光照天地;但若少了这粒火星,它便会成为一潭死水,永归沉寂.

抄,总抄得起

好不容易上了中学,做完功课还有点时间,便常光顾图书馆.好书借了实在舍不得还,但买不到也买不起,便下决心动手抄书.抄,总抄得起.我抄过林语堂写的《高级英文法》,抄过英文的《英文典大全》,还抄过《孙子兵法》,这本书实在爱得狠了,竟一口气抄了两份.人们虽知抄书之苦,未知抄书之益,抄完毫末俱见,一览无余,胜读十遍.

始于精于一,返于精于博

关于康有为的教学法,他的弟子梁启超说:"康先生之教,专标专精、涉猎二条,无专精则不能成,无涉猎则不能通也."可见康有为强烈要求学生把专精和广博(即"涉猎")相结合.

在先后次序上,我认为要从精于一开始.首先应集中精力学好专业,并在专业的科研中做出成绩,然后逐步扩大领域,力求多方面的精.年轻时,我曾精读杜布(J. L. Doob)的《随机过程论》,哈尔莫斯(P. R. Halmos)的《测度论》等世界数学名著,使我终身受益.简言之,即"始于精于一,返于精于博".正如中国革命一

3

样,必须先有一块根据地,站稳后再开创几块,最后连成一片.

丰富我文采,澡雪我精神

辛苦了一周,人相当疲劳了,每到星期六,我便到旧书店走走,这已成为生活中的一部分,多年如此.一次,偶然看到一套《纲鉴易知录》,编者之一便是选编《古文观止》的吴楚材.这部书提纲挈领地讲中国历史,上自盘古氏,直到明末,记事简明,文字古雅,又富于故事性,便把这部书从头到尾读了一遍.从此启发了我读史书的兴趣.

我爱读中国的古典小说,例如《三国演义》和《东周列国志》.我常对人说,这两部书简直是世界上政治阴谋诡计大全.即以近年来极时髦的人质问题(伊朗人质、劫机人质等),这些书中早就有了,秦始皇的父亲便是受害者,堪称"人质之父".

《庄子》超尘绝俗,不屑于名利.其中"秋水""解牛"诸篇,诚绝唱也.《论语》束身严谨,勇于面世,"己所不欲,勿施于人",有长者之风.司马迁的《报任少卿书》,读之我心两伤,既伤少卿,又伤司马;我不知道少卿是否收到这封信,希望有人做点研究.我也爱读鲁迅的杂文,果戈理、梅里美的小说.我非常敬重文天祥、秋瑾的人品,常记他们的诗句:"人生自古谁无死,留取丹心照汗青""休言女子非英物,夜夜龙泉壁上鸣".唐诗、宋词、《西厢记》《牡丹亭》,丰富我文采,澡雪我精神,其中精粹,实是人间神品.

读了邓拓的《燕山夜话》,既叹服其广博,也使我动了写《科学发现纵横谈》的心.不料这本小册子竟给我招来了上千封鼓励信.以后人们便写出了许许多多的"纵横谈".

从学生时代起,我就喜读方法论方面的论著.我想,做什么事情都要讲究方法,追求效率、效果和效益,方法好能事半而功倍.我很留心一些著名科学家、文学家写的心得体会和经验.我曾惊讶为什么巴尔扎克在51年短短的一生中能写出上百本书,并从他的传记中去寻找答案.文史哲和科学的海洋无边无际,先哲们的明智之光沐浴着人们的心灵,我衷心感谢他们的恩惠.

读书的另一面

以上我谈了读书的好处,现在要回过头来说说事情的另一面.

读书要选择.世上有各种各样的书:有的不值一看,有的只值看20分钟,有的可看5年,有的可保存一辈子,有的将永远不朽.即使是不朽的超级名著,由于我们的精力与时间有限,也必须加以选择.决不要看坏书,对一般书,要学会速读.

读书要多思考.应该想想,作者说得对吗?完全吗?适合今天的情况吗?从书本中迅速获得效果的好办法是有的放矢地读书,带着问题去读,或偏重某一方面去读.这时我们的思维处于主动寻找的地位,就像猎人追找猎物一样主动,很快就能找到答案,或者发现书中的问题.

有的书浏览即止,有的要读出声来,有的要心头记住,有的要笔头记录.对重要的专业书或名著,要勤做笔记,"不动笔墨不读书".动脑加动手,手脑并用,既可加深理解,又可避忘备查,特别是自己的灵感,更要及时抓住.清代章学诚在《文史通义》中说:"札记之功必不可少,如不札记,则无穷妙绪如雨珠落大海矣."

许多大事业、大作品,都是长期积累和短期突击相结合的产物.涓涓不息,将成江河;无此涓涓,何来江河?

爱好读书是许多伟人的共同特性,不仅学者专家如此,一些大政治家、大军事家也如此.曹操、康熙、拿破仑、毛泽东都是手不释卷,嗜书如命的人.他们的巨大成就与毕生刻苦自学密切相关.

王梓坤

目录

5

第一编
Fibonacci 数列与数学奥林匹克

引言——从一道北大夏令营试题谈起

我们身上遗传的不仅仅有生物基因,而且还有文化基因,文化基因是社会生物学家 Edward Wilson 创造的一个概念,英文叫作 meme,甚至于像 Fibonacci 数列一样,专门出了一本英文杂志叫 Memetics(《文化基因学》),这已经成为当今的一门显学.

这是一本文化社会学著作中的一段文字,数学与人文作为人类知识的两极相交之处很少,能在人文社科类图书中读到 Fibonacci 数列这样的词很令人惊叹,这是一个什么样的数学对象呢?我们再从一道北京大学的夏令营试题看一下,北大作为全国中学生都向往的高等学府,它的一举一动都牵涉着全国中学师生的目光,它举办的每一次考试的试题也都有风向标的作用. 举一题为例:

例 给定正整数 p, q,定义数列 $\{a_n\}$ 有

$$a_1 = a_2 = 1$$
$$a_{n+2} = pa_{n+1} + qa_n \quad (n = 1, 2, \cdots)$$

证明 对任意正整数 m, n,均有 $(a_m, a_n) = a_{(m,n)}$ 的充分必要条件为 $p = 1$.

(本题为 2016 年北京大学数学科学夏令营初赛试题)

分析 必要性.

简单计算易知

$$a_3 = p + q, a_4 = p^2 + pq + q$$
$$(a_3, a_4) = a_{(3,4)} = 1$$

于是

$$(p, q) = 1$$

又

$$a_6 = pa_5 + qa_4 = (p^2 + q)a_4 + pqa_3$$

由 $(a_6, a_3) = a_3$,得

$$(a_6, a_3) = ((p^2 + q)a_4, a_3)$$
$$= (p^2 + q, a_3) = (p^2 - p, p + q) = p + q$$
$$\Rightarrow (p + q) \mid p(p - 1)$$

而

$$(p + q, p) = 1, (p + q) \mid (p - 1)$$

显然,$p - 1 < p + q$,则只能 $p - 1 = 0$,即 $p = 1$.

充分性.

若 $p = 1$,则当 $m = n$ 时,结论显然成立.

若 $m > n$,设 $k = m - n$,则 $a_{n+k} = a_m$.

注意到

4

$$a_{n+k} = a_{n+k-1} + q a_{n+k-2}$$
$$= a_{n+k-2} + q a_{n+k-3} + q a_{n+k-2}$$
$$= (1+q) a_{n+k-2} + q a_{n+k-3}$$
$$= a_3 a_{n+k-2} + q a_2 a_{n+k-3}$$
$$= a_3 (a_{n+k-3} + q a_{n+k-4}) + q a_2 a_{n+k-3}$$
$$= a_4 a_{n+k-3} + q a_3 a_{n+k-4} = \cdots$$
$$= a_k a_{n+1} + q a_{k-1} a_n$$
$$(a_{n+2}, a_{n+1}) = (a_{n+1} + q a_n, a_{n+1})$$
$$= (q a_n, a_{n+1})$$

由于 $(q, a_{n+1}) = 1$，则
$$(a_n, a_{n+1}) = \cdots = (a_1, a_2) = 1$$
故
$$(a_k a_{n+1}, a_n) = (a_k, a_n) = (a_{n+k}, a_n)$$
又
$$a_{(m,n)} = a_{(n+k,n)} = a_{(k,n)}$$
因此
$$a_{(m,n)} = (a_m, a_n)$$

综上，命题成立.

注　本题为与数论有关的数列问题. 先通过数学试验证明必要性，再模仿 Fibonacci 数列 $(F_m, F_n) = F_{(m,n)}$ 的证明过程，完成充分性的证明. 那么 Fibonacci 是什么人？什么是 Fibonacci 数列？它有哪些有趣的性质？又有什么重要的影响和应用呢？

Fibonacci 数列是一个源于初等数学而延伸到数学前沿的重要课题.

1970 年，俄罗斯数学家 Matiyasevich 运用 Fibonacci 数列的整除性成功地解决了 Hilbert 第十问题. 近年来对 Fibonacci 数列中的伪素数的研究又成为了计算数论中一个非常活跃的课题. 这在素性检验和现代密码学等方面均有重要应用.

在有关 Fibonacci 数列的研究中,有两件大事在国际上颇有影响:一件是 1963 年,Hoggatt 和他的同行们在美国创立了 Fibonacci 协会并开始出版《斐波那契季刊》(Fibonacci Quarterly);另一件是从 1984 年起,每隔两年召开一次 Fibonacci 数列及其应用的国际会议(International Conference of Fibonacci Sequence and Its Application),至今已举办了五届,吸引了世界各地的许多著名数学家前往参加.

对于这样一个诱人的课题,数学竞赛的命题者们绝不会轻易放过,一定会以此为背景推出许多好的题目.

Fibonacci 数列简介

1. Fibonacci 又名"比萨的 Leanardo", 1170—1230, 意大利中世纪数学家, 他受教育于非洲, 在欧洲和小亚细亚游历甚广, 1202 年写了《算盘书》(Liber Abaci), 普及了阿拉伯记数法和印度算法, 当时欧洲人仅限于修造庭院中使用, 他们不使用零, 因为不知道它的意义.

2. 兔子问题: 某人弄了一对小兔(雌、雄各一只), 这对兔子每个月都生出一对新兔, 由第二个月开始, 每对新兔子每个月也生出一对新兔子, 也是雌、雄各一只. 问一年后共有多少对兔子

$$f_1 = 1, f_2 = 1, f_3 = 2, f_4 = 3, f_5 = 5,$$
$$f_6 = 8, f_7 = 13, \cdots, f_{12} = 144$$

30 年底兔子的对数比宇宙中所有亚原子还多.

1 年底: 144 对; 2 年底: 近 50 000 对; 三年底: 15 000 000 对.

f_{571} 是 119 位数. (阿西莫夫《数的趣谈》)

$f_{1\,000}$ 是 209 位数. ([美]1962 年《数学趣味杂志》)

3. Cirard 公式:Fibonacci 死后 400 年,Cirard 发现

$$f_{n+2} = f_{n+1} + f_n, f_1 = f_2 = 1$$

性质 1 对 $\forall n \in \mathbf{N}$ 有

$$(f_n, f_{n+1}) = 1$$

性质 2 对 $\forall n \in \mathbf{N}$ 有

$$3 \mid f_{4n}, 5 \mid f_{5n}, 4 \mid f_{6n}$$

性质 3 1680 年意大利的 Cassini 证明了

$$f_{n+1}f_{n-1} - f_n^2 = (-1)^n$$

$$\begin{aligned}
f_{n+1}f_{n-1} - f_n^2 &= (-1)(f_n f_{n-2} - f_{n-1}^2) \\
&= (-1)^2(f_{n-1}f_{n-3} - f_{n-2}^2) \\
&= \cdots = (-1)^{n-2}(f_3 f_1 - f_2^2) \\
&= (-1)^n
\end{aligned}$$

4. (1) $\{f_n\}$ 中的素数问题:在 $\{f_n\}$ 中目前为止只知道 $f_3, f_4, f_5, f_7, f_{11}, f_{13}, f_{17}, f_{23}, f_{29}, f_{43}, f_{47}$ 这 11 个素数,其中 $f_{47} = 2\ 971\ 215\ 073$.

我们不知道 $\{f_n\}$ 中是否有其他素数? $\{f_n\}$ 中是否有无穷多个素数?

i)Lucas - 拉赫曼数列:对任意的 $(u_1, u_2) = 1$,由满足

$$u_{n+2} = u_{n+1} + u_n \quad (n \geq 1)$$

产生的数列 $\{u_n\}$. Gram 证明了:当取

$u_1 = 1\ 786,772\ 701,928\ 802,632\ 268,75\ 130,455\ 793$

$u_2 = 1\ 059,683\ 225,053\ 915,111\ 058,165\ 141,686\ 995$

时, $\{u_n\}$ 中完全不含素数.

ii)虽然我们不能知道是否有无穷多个 f_n 型的素数,但我们可以证明 f_n 中可含有任意大的素因子.

C. L. Stewart 证明了:存在正常数 A,使

8

$$p(f_n) \geqslant An\log \frac{n}{q(n)^{\frac{4}{3}}}$$

其中 $p(f_n)$ 表示 f_n 的最大素因数, $q(n)$ 表示 n 的无平方因数的个数.

（2）罗莱特问题: $\{f_n\}$ 中除 $f_1 = f_2 = 1$ 和 $f_{12} = 144$ 外再无其他完全平方数. 韦德林,1963 年用计算机对 $n \leqslant 10^6$ 的数进行了验证. 1964 年由科恩、威勒及柯召等解决.

5. 其他通项公式:

（1）组合数形式

$$f_{n+1} = \sum_{i=0}^{k} \mathrm{C}_{n-i}^{i}$$

其中 $k = \left[\frac{n}{2}\right]^{①}(n = 0,1,2,\cdots)$.

（2）行列式形式（苏联大学生竞赛题）

$$f_{n+1} = \begin{vmatrix} 1 & 1 & & & & \mathbf{0} \\ -1 & 1 & 1 & & & \\ & -1 & \ddots & \ddots & & \\ & & \ddots & 1 & 1 \\ \mathbf{0} & & & -1 & 1 \end{vmatrix}$$

（3）连分数:（苏联 14 届全俄数学竞赛题）1753 年 Simson 发现: f_n 与 f_{n+1} 之比 $\dfrac{f_n}{f_{n+1}}$ 是连分数

$$\cfrac{1}{1 + \cfrac{1}{1 + \cfrac{\vphantom{1}}{\ddots\, 1 + \cfrac{1}{1}}}}$$ 的第 n 个渐近连分数

------

① $\left[\frac{n}{2}\right]$ 是 $\frac{n}{2}$ 取其整数部分.

$$\cfrac{1}{1+\cfrac{1}{1+\cfrac{1}{1+\cdots\cfrac{}{1+\cfrac{1}{1}}}}}=\frac{m}{n}$$

其中 m 和 n 是互素的自然数,而等式左边含有 1 988 条分数线,试计算 m^2+mn-n^2 的值.

解 设上述含有 k 条分数线的繁分数的值为 $\dfrac{m_k}{n_k}$,

$(m_k,n_k)=1$,则

$$m_k=f_k,\ n_k=f_{k+1}$$

(因 $\dfrac{m_{k+1}}{n_{k+1}}=\dfrac{1}{1+\dfrac{m_k}{n_k}}=\dfrac{n_k}{m_k+n_k}$) ,即

$$m_{k+1}=n_k$$

$$n_{k+1}=m_k+m_{k+1}$$

$$\begin{aligned}
m^2+mn-n^2 &= f_{1\,988}^2+f_{1\,988}f_{1\,989}-f_{1\,989}^2 \\
&= f_{1\,988}^2+f_{1\,988}(f_{1\,988}+f_{1\,987})- \\
&\quad (f_{1\,987}^2+2f_{1\,988}f_{1\,987}+f_{1\,988}^2) \\
&= -(f_{1\,987}^2+f_{1\,987}f_{1\,988}-f_{1\,988}^2) \\
&= f_{1\,986}^2+f_{1\,986}f_{1\,987}-f_{1\,987}^2 \\
&= \cdots = f_2^2+f_2f_3-f_3^2=-1
\end{aligned}$$

三道 IMO 试题

IMO 的试题既巧妙又有背景,为选拔优秀数学人才的最佳途径. 许多 IMO 优胜者后来成为知名数学家,仅以 1965 年为例,当年 IMO 一等奖的 8 名获得者都发表了数学研究成果,12 名二等奖获得者中至少有 7 个人发表了数学研究成果,17 名三等奖获得者中至少有 8 个人发表了数学研究成果.

据 1985 年 IMO 的组织委员会秘书长、芬兰数学家 Matti Iehtinen 教授在 1985 年统计,在世界数学家大会上被邀请做一小时报告者中,至少有 8 个人是 IMO 的优胜者.

无怪乎美国数学竞赛评奖委员会顾问特尔勒教授说:"在 IMO 的参加者中十分可能产生新一代的数学领袖."

下面我们研究三道以 Fibonacci 数列为背景的 IMO 试题.

其中第一个题,原题是要求 $f(240)$,但由于当时中国与 IMO 组织者尚无正式

第 2 章

接触,所以私人传抄试题时,误将求 $f(240)$ 抄成了求 $f(2\mu)$,使问题的难度陡增,但可喜的是对于这个一般表达式的研究极大地促进了我国初等数学研究的发展.

试题 1 (第 20 届 IMO 试题)

设 $f,g:z^+ \to z^+$ 为严格递增函数,且

$$f(z^+) \cap g(z^+) = z^+$$
$$f(z^+) \cap g(z^+) = \Phi$$
$$g(\mu) = f[f(\mu)] + 1$$

求 $f(2\mu)$.这里 z^+ 表示正整数集合,Φ 表示空集(英国,8 分).

解 为求 $f(2\mu)$,先讨论函数 f,g 的一些性质:

性质 1 $f(1) = 1, g(1) = 2$

事实上,由题意,知数 1 只能被 $f(1)$ 或 $g(1)$ 所取到,但

$$g(1) = f[f(1)] + 1 > 1$$

所以,$f(1) = 1$,并且

$$g(1) = f[f(1)] + 1 = f(1) + 1 = 2$$

性质 2 对于给定的 n,命 k_n 为不等式 $g(x) < f(n)$ 的正整数解的个数,则

$$f(n) = n + k_n$$

事实上,由假设可知

$$f(1) = 1 < g(1) < \cdots < g(k_n) < \cdots < f(n)$$

是代表 $f(n)$ 个连续的正整数 $f(1), \cdots, f(n)$ 及 k_n 个正整数 $g(1), \cdots, g(k_n)$ 所组成的,故 $f(n) = n + k_n$.

性质 3 若 $f(n) = N$,则:

(Ⅰ) $f(N) = N + n - 1$;

(Ⅱ) $f(N + 1) = (N + 1) + n$.

事实上,因为

$$g(n-1) = f(f(n-1)) + 1 \leqslant f(N-1) + 1 \leqslant f(N)$$

及

$$g(n) = f(f(n)) + 1 = f(N) + 1 > f(N)$$

所以适合 $g(x) < f(N)$ 的最大整数 x 必为 $n-1$. 因此

$$f(N) = N + n - 1$$

同理可证

$$f(N+1) = N + n + 1$$

性质 4 　　　　$g(n) = f(n) + n$

事实上,由性质 3 有

$$g(n) = f[f(n)] + 1 = [f(n) + n - 1] + 1 = f(n) + n$$

性质 5 　　　　$1 \leqslant f(n+1) - f(n) \leqslant 2$

$$2 \leqslant g(n+1) - g(n) \leqslant 3$$

事实上,不等式

$$f(n+1) - f(n) \geqslant 1$$

是显然的. 于是

$$g(n+1) - g(n) = [f(n+1) + n + 1] - [f(n) + n]$$
$$= f(n+1) - f(n) + 1 \geqslant 2$$

不等式

$$g(n+1) - g(n) \geqslant 2$$

说明了在 $g(n)$ 与 $g(n+1)$ 之间至少有一个数 f 的值存在. 由此也就说明了在 $f(n)$ 与 $f(n+1)$ 之间至多只含有一个函数 g 的值. 所以

$$f(n+1) - f(n) \leqslant 2$$

从而可得

$$g(n+1) - g(n) \leqslant 3$$

如令

$$f_n = f(n), \quad g_n = g(n)$$

那么从 $f(1)=1$ 出发,利用上面的性质可以把 f 和 g 的值逐个推算出来

$$f_1, g_1, f_2, f_3, g_2, f_4, g_3, f_5, f_6, g_4, f_7, f_8, g_5, \cdots$$

不难发现,这个序列与 Fibonacci 数列

$$F_1 = 1, F_2 = 2, F_3 = 3, F_4 = 5, F_5 = 8, F_6 = 13, \cdots$$
$$F_n = F_{n-1} + F_{n-2}, \cdots$$

有密切关系. 为此我们定义一个序列 P_N,规定 P_N 的第 $k(1 \leqslant k \leqslant N)$ 项是 f 或 g,视 $k \in f(z^+)$ 或 $k \in g(z^+)$ 而定,例如

$$P_1 = \{f\}, P_2 = \{f, g\}, P_3 = \{f, g, f\}, P_4 = \{f, g, f, f\}, \cdots$$

并用记号 $P_N P_M$ 表示两个序列 P_N, P_M 的依次合并,即把序列 P_M 衔接于序列 P_N 之末尾.

那么

$$P_{F_3} = P_3 = \{f, g, f\} = P_2 P_1 = P_{F_2} P_{F_1}$$
$$P_{F_4} = P_5 = \{f, g, f, f, g\} = P_3 P_2 = P_{F_3} P_{F_2}$$

一般地,启发我们:$P_{F_{n+1}}$ 是 P_{F_n} 与 $P_{F_{n-1}}$ 的合并

$$P_{F_{n+1}} = P_{F_n} P_{F_{n-1}}$$

也就有 $P_{F_{n+1}}$ 中恰好有 F_n 个 f 值及 F_{n-1} 个 g 值. 而且 $F_{n+1} + M$ 与 M 同为 f 值或同为 g 值$(1 \leqslant M \leqslant F_n)$,这句话也就是等价于等式

$$f(F_n + r) = F_{n+1} + f(r) \quad (1 \leqslant r \leqslant F_{n-1})$$
$$g(F_{n-1} + s) = F_{n+1} + g(s) \quad (1 \leqslant s \leqslant F_{n-2})$$

下面我们继续讨论 f, g 的一些性质,以表明这些猜测是正确的:

性质 6 　　　$f(F_{2k-1}) = F_{2k} - 1$
$$f(F_{2k}) = F_{2k+1}$$

我们用数学归纳法来证明性质 6. 当 $k=1$ 时,有

$$f(F_1) = f(1) = 1 = F_2 - 1$$
$$f(F_2) = f(2) = 3 = F_3$$

假定性质 6 对自然数 k 为真,则由性质 3 可知

$$f(F_{2k+1}) = f[f(F_{2k})] = F_{2k+1} + F_{2k} - 1 = F_{2(k+1)} - 1$$
$$f(F_{2(k+1)}) = f[f(F_{2k+1}) + 1] = F_{2(k+1)} + F_{2k+1}$$
$$= F_{2k+3} = F_{2(k+1)} + 1$$

所以对自然数 $k+1$ 亦为真.

性质 6 说明,当 n 为奇数时,F_n 为 f 值;当 n 为偶数时,F_n 为 g 值.

性质 7　若 $k > 1$,则 $F_k + 1$ 恒为 f 值.

事实上,若 k 为偶数,则 F_k 为 g 值,故 $F_k + 1$ 为 f 值;若 k 为奇数,令 $k = 2s + 1$,则

$$F_{2s+1} = f(F_{2s})$$

要是

$$F_k + 1 = F_{2s+1} + 1 = f(F_{2s}) + 1$$

为 g 值,于是必可表为 $f[f(t)] + 1$ 的形式,如此,$F_{2s} = f(t)$ 为 f 值,此为不可能,故 $F_k + 1$ 仍为 f 值.

性质 8　P_{F_n} 中恰有 F_{n-1} 个 f 值和 F_{n-2} 个 g 值.

事实上,若 n 为奇数 $n = 2k + 1$,则因

$$F_{2k+1} = f(F_{2k})$$

可知 $P_{F_{2k+1}}$ 中有 F_{2k} 个 f 值,于是 g 值有

$$F_{2k+1} - F_{2k} = F_{2k-1}$$

个;若 n 为偶数 $n = 2k$,则由性质 6 知

$$F_{2k} = f(F_{2k-1}) + 1 = f[f(F_{2(k-1)}) + 1] = g(F_{2(k-1)})$$

故 $P_{F_{2k}}$ 中有 F_{2k-2} 个 g 值,而有 $(F_{2k} - F_{2k-2} =) F_{2k-1}$ 个 f 值. 总之,在 P_{F_n} 中不论 n 为奇数或偶数,恰有 F_{n-1} 个 f 值,而有 F_{n-2} 个 g 值.

性质 9　$F_{k+1} + M$ 与 $M (1 \leqslant M \leqslant F_k)$ 同为 f 值或同

为 g 值等价于等式

$$f(F_k + r) = F_{k+1} + f(r) \quad (1 \leqslant r \leqslant F_{k-1})$$

$$f(F_{k-1} + s) = F_{k+1} + g(s) \quad (1 \leqslant s \leqslant F_{k-2})$$

事实上, 如果 $F_{k+1} + M$ 与 M 同为 f 值或同为 g 值, 则可写成等式

$$P_{F_{k+1}+M} = P_{F_{k+1}} P_M$$

注意到在序列 $P_{F_{k+1}}$ 中恰有 F_k 个 f 值. 现在考虑 $P_{F_{k+1}+M}$ 中第 $F_k + r$ 个 f 值, 它位于序列 $P_{F_{k+1}+M}$ 的第 $f(F_k + r)$ 项, 而它又位于 $P_{F_{k+1}} P_M$ 中的第 $F_{k+1} + f(r)$ 项, 故等式

$$f(F_k + r) = F_{k+1} + f(r)$$

同理可得另一等式.

性质 10　当 $n > 1$ 时, $F_n + M$ 与 $M(1 \leqslant M \leqslant F_{n-1})$ 同为 f 值或同为 g 值.

当 $n = 2,3$ 时, 可直接检验结论为真. 设 $n = k$ 时, P 为真, 当 $n = k+1$ 时, 再对 M 用归纳法. 由性质 7 可知当 $M = 1$ 时已为真, 故假定对于 $1 \leqslant m \leqslant M$ 已为真. 要证明对于 $M+1$ 亦为真.

事实上, 若

$$M \in g(z^+), F_{k+1} + M \in g(z^+)$$

则必有

$$M + 1 \in f(z^+), F_{k+1} + M + 1 \in f(z^+)$$

又若

$$M - 1 \in f(z^+), M \in f(z^+)$$

及

$$F_{k+1} + M - 1 \in f(z^+), F_{k+1} + M \in f(z^+)$$

则势必得出

$$M + 1 \in g(z^+)$$

及

16

$$F_{k+1} + M + 1 \in g(z^+)$$

故在这两种情形之下,结论是正确的. 接下来必须考虑当

$$M - 1 \in g(z^+), M \in f(z^+)$$

及

$$F_{k+1} + M - 1 \in g(z^+), F_{k+1} + M \in f(z^+)$$

这一情形.

令

$$M = f(r), M - 1 = g(s)$$

则

$$M = f(r) = r + s$$

$$f(s) = g(s) - s = (M - 1) - (M - r) = r - 1$$

若设

$$f(s + 1) = r + t \quad (t = 0, 1)$$

则

$$g(s + 1) - g(s) = (s + 1) + (r + t) - (M - 1) = t + 2$$

若归纳假定 $F_{k+1} + m(1 \leqslant m \leqslant n)$ 与 m 同为 f 值或同为 g 值,故由性质 9 可知

$$f(F_k + r) = F_{k+1} + f(r) = F_{k+1} + M$$

且

$$g(F_{k-1} + s) = F_{k+1} + g(s) = F_{k+1} + M - 1$$

又因为

$$\begin{aligned}
g(F_{k-1} + s + 1) &= F_{k-1} + s + 1 + f(F_{k-1} + s + 1) \\
&= F_{k-1} + s + 1 + F_k + f(s + 1) \\
&= F_{k-1} + s + 1 + F_k + r + t \\
&= F_{k+1} + M + t + 1
\end{aligned}$$

所以

$$g(F_{k-1} + s + 1) - g(F_{k-1} + s) = t + 2 = g(s + 1) - g(s)$$

利用这个等式,就可说明若 $t = 0$,则

$$g(s+1) = g(s) + 2 = (M-1) + 2 = M + 1 \in g(z^+)$$

$$\begin{aligned} g(F_{k-1} + s + 1) &= g(F_{k-1} + s) + 2 \\ &= F_{k+1} + M - 1 + 2 \\ &= F_{k+1} + M + 1 \in g(z^+) \end{aligned}$$

即 $M+1$ 与 $F_{k+1} + M + 1$ 同为 g 值.

若 $t = 1$,则

$$g(s+1) = M + 2 \in g(z^+)$$

故

$$M + 1 \in f(z^+)$$

$$g(F_{k-1} + s + 1) = F_{k+1} + M + 2 \in g(z^+)$$

故

$$F_{k+1} + M + 1 \in f(z^+)$$

即 $M+1$ 与 $F_{k+1} + M + 1$ 同为 f 值.

有了以上这些准备,再利用 Fibonacci 数列的性质就可以计算 $f(\mu)$. 由性质 1,2,即得

$$f(1) = 1, f(2) = 3$$

对于给定的 $\mu \geq 3$,一定存在这样的 n,使

$$F_{n-1} < \mu \leq F_n$$

下面我们证明

$$f(\mu) = \left[\frac{F_n}{F_{n-1}}\mu\right] \quad (F_{n-1} < \mu \leq F_n, \mu \geq 3) \quad (1)$$

这里 $[x]$ 表示不超过 x 的最大整数.

用数学归纳法,当 $n = 3$ 时,μ 只能等于 3,此时 $f(3) = 4$,而

$$\left[\frac{F_3}{F_2} \cdot 3\right] = \left[\frac{3}{2} \cdot 3\right] = 4$$

所以等式成立.

假设对于 $3 \leqslant n \leqslant k$ 的 n,式(1)成立,要证明 $n = k+1$ 时也成立. 令

$$\mu = F_k + M \quad (1 \leqslant M \leqslant F_{k-1})$$

若 $M = 1$,则一方面由性质 9,10 可得

$$f(F_k + 1) = F_{k+1} + f(1) = F_{k+1} + 1$$

另一方面,由于

$$\left[\frac{F_{k+1}}{F_k}\right] = \left[\frac{F_k + F_{k-1}}{F_k}\right] = \left[1 + \frac{F_{k-1}}{F_k}\right] = 1$$

故

$$\left[\frac{F_{k+1}}{F_k}(F_k + 1)\right] = \left[F_{k+1} + \frac{F_{k+1}}{F_k}\right] = F_{k+1} + \left[\frac{F_{k+1}}{F_k}\right]$$

$$= F_{k+1} + 1$$

所以,当 $M = 1$ 时,等式(1)成立.

若 $M = 2$,则由于

$$\left[\frac{2F_{k+1}}{F_k}\right] = \left[\frac{2(F_k + F_{k-1})}{F_k}\right]$$

$$= \left[\frac{3F_k + F_{k-1} - (F_k - F_{k-1})}{F_k}\right]$$

$$= 3 + \left[\frac{F_{k-1} - F_{k-2}}{F_{k-1} + F_{k-2}}\right] = 3$$

及 $f(2) = 3$,便可推知等式仍然成立. 于是可设 $M \geqslant 3$,并取 l,使

$$F_{l-1} < M \leqslant F_l \quad (3 \leqslant l \leqslant k-1)$$

对于这样的 l,由归纳假设知

$$f(M) = \left[\frac{F_l}{F_{l-1}}M\right] \quad (F_{l-1} < M \leqslant F_l)$$

因为 M 可能取值是 $F_{l-1} + 1, \cdots, F_{l-1} + F_{l-2}$,所以 M 必不能被 F_{l-1} 所整除,又因为 F_l 与 F_{l-1} 互素,故 $F_l M$ 必

不能被 F_{l-1} 所整除. 用 s 代表 $\dfrac{F_l M}{F_{l-1}}$ 的分数部分, 即

$$\frac{F_l}{F_{l-1}} M = \left[\frac{F_l}{F_{l-1}} M \right] + s$$

那么

$$\frac{1}{F_{l-1}} \leqslant s \leqslant \frac{F_{l-1}-1}{F_{l-1}}$$

利用 Fibonacci 数列的一个性质

$$\frac{F_k}{F_{k-1}} - \frac{F_{k+l+1}}{F_{k+l}} = \frac{(-1)^l F_l}{F_{k-1} F_{k+l}}$$

就有

$$\left| \left(\frac{F_l}{F_{l-1}} - \frac{F_{k+1}}{F_k} \right) M \right| = \left| \left(\frac{F_l}{F_{l-1}} - \frac{F_{l+1(k-l)+1}}{F_{l+(k-l)}} \right) M \right|$$

$$= \frac{F_{k-l} M}{F_{l-1} F_k} \leqslant \frac{F_{k-l} F_l}{F_{l-1} F_k}$$

又当 $k > l$ 时, 有

$$F_{k-l} F_l < F_k$$

所以

$$\left| \frac{F_l}{F_{l-1}} M - \frac{F_{k+1}}{F_k} M \right| < \frac{1}{F_{l-1}} \quad (k > l) \qquad (2)$$

去掉绝对值符号, 从式(2)可以得到

$$\frac{F_{k+1}}{F_k} M < \frac{F_l}{F_{l-1}} M + \frac{1}{F_{l-1}} = \left[\frac{F_l}{F_{l-1}} M \right] + s + \frac{1}{F_{l-1}}$$

$$\leqslant \left[\frac{F_l}{F_{l-1}} M \right] + \frac{F_{l-1}-1}{F_{l-1}} + \frac{1}{F_{l-1}} = \left[\frac{F_l}{F_{l-1}} M \right] + 1$$

及

$$\frac{F_{k+1}}{F_k} M > \frac{F_l}{F_{l-1}} M - \frac{1}{F_{l-1}} \geqslant \frac{F_l}{F_{l-1}} M - s = \left[\frac{F_l}{F_{l-1}} M \right]$$

即

$$\left[\frac{F_l}{F_{l-1}}M\right] < \frac{F_{k+1}}{F_k}M < \left[\frac{F_l}{F_{l-1}}M\right]+1$$

所以

$$\left[\frac{F_{k+1}}{F_k}M\right]=\left[\frac{F_l}{F_{l-1}}M\right] \quad (k>l) \qquad (3)$$

于是

$$\left[\frac{F_{k+1}}{F_k}(F_k+M)\right]=F_{k+1}+\left[\frac{F_{k+1}}{F_k}M\right]$$

$$=F_{k+1}+\left[\frac{F_l}{F_{l-1}}M\right]$$

$$=F_{k+1}+f(M)=f(F_k+M)$$

这样式(1)获得全证.

另一方面,从上面的证明中可以看出,形如式(2)的不等式,形如式(3)的等式,只要 $k>l$,总是成立的.现在任取一个充分大的 $k>n$,就有

$$\left[\frac{F_n}{F_{n-1}}\mu\right]=\left[\frac{F_{k+1}}{F_k}\mu\right] \quad (k>n)$$

所以

$$f(\mu)=\left[\frac{F_n}{F_{n-1}}\mu\right]=\left[\frac{F_{k+1}}{F_k}\mu\right] \quad (k>n)$$

既然上式对任意的 $k(k>n)$ 都成立,于是可用

$$\lim_{k\to\infty}\frac{F_{k+1}}{F_k}=\frac{1+\sqrt5}{2}$$

来代替

$$f(\mu)=\left[\frac{F_{k+1}}{F_k}\mu\right]$$

中的比值 $\dfrac{F_{k+1}}{F_k}$,可得

$$f(\mu) = \left[\frac{1+\sqrt{5}}{2}\mu\right]$$

从而即有

$$f(2\mu) = \left[(1+\sqrt{5})\mu\right]$$

试题 2 （第 22 届 IMO 试题 3）

确定 $m^2 + n^2$ 的最大值,其中 m,n 为整数,且 m, $n \in \{1,2,\cdots,1\,981\}$, $(n^2 - mn - m^2)^2 = 1$.

解 若

$$(n^2 - mn - m^2)^2 = 1$$

的一组解为

$$(m,n) \quad (m,n \in \{1,2,\cdots,1\,981\})$$

那么

$$n^2 - mn - m^2 = \pm 1$$

从而

$$n^2 = mn + m^2 \pm 1 \geqslant m^2$$

即 $n \geqslant m$. 其中等号当且仅当 $m = n = 1$ 时成立.

因此,在

$$(m,n) \neq (1,1)$$

时,有

$$n - m > 0$$

由于

$$\begin{aligned}
(n^2 - mn - m^2)^2 &= \left[(n-m)^2 + m(n-m) - m^2\right]^2 \\
&= \left[m^2 - m(n-m) - (n-m)^2\right]^2
\end{aligned}$$

因此,如果 (m,n) 是满足上述条件的一组解,并且 $(m,n) \neq (1,1)$,那么 $(n-m,m)$ 也是满足上述条件的一组解,等等. 由于满足上述条件的解有限,因此进行有限步后一定可得到解 $(1,1)$. 反过来由解 $(1,1)$ 可逐步得到满足上述条件的全部解(一般的过程为由

$(n-m,m)$ 得出 (m,n)). 不难看出,这些 m,n 组成 Fibonacci 数列(每相邻两个数是一组解):$1,1,2,3,5,8,$ $13,21,34,55,89,144,233,377,610,987,1\ 597.$

因此 m^2+n^2 的最大值为
$$987^2+1\ 597^2=3\ 524\ 578$$

试题 3 （第 34 届 IMO 试题 5）

设 **N** 表示全体自然数的集合,问:是否存在函数 $f:\mathbf{N}\to\mathbf{N}$,满足下面三个条件:

1)$f(1)=2$;

2)$f(f(n))=f(n)+n$ 对一切 $n\in\mathbf{N}$ 成立;

3)$f(n)<f(n+1)$ 对一切 $n\in\mathbf{N}$ 成立.

实际上,这样的函数不仅存在,而且有无穷多个. 1996 年复旦大学舒五昌教授给出一切符合要求的函数的构造方法如下:

设函数 $f:\mathbf{N}\to\mathbf{N}$,满足题中的条件 1),2),3). 对于一个自然数 a,如果 $f(a)=b$,则由条件 2),有
$$f(b)=f(f(a))=f(a)+a=a+b$$
又由条件 1),$f(1)=2$,得
$$f(2)=3,f(3)=5,f(5)=8,\cdots$$

一般地,若以 $\{b_n\}$ 表示满足
$$b_1=1,b_2=2,b_{n+2}=b_n+b_{n+1}\quad(n=1,2,3,\cdots)$$
的 Fibonacci 数列,则
$$f(b_n)=b_{n+1}$$

另一方面,$\{b_n\}$ 这个数列有通项公式
$$b_n=\frac{1}{\sqrt{5}}\left(\left(\frac{1+\sqrt{5}}{2}\right)^{n+1}-\left(\frac{1-\sqrt{5}}{2}\right)^{n+1}\right)$$

因此,b_n 近似等于 $\dfrac{1}{\sqrt{5}}(\dfrac{1+\sqrt{5}}{2})^{n+1}$. 这样,$b_{n+1}$ 与 $\dfrac{1+\sqrt{5}}{2}b_n$

也很接近,简单的估算可得

$$|b_{n+1} - \frac{1+\sqrt{5}}{2}b_n| \leq \frac{1}{\sqrt{5}}|(\frac{1+\sqrt{5}}{2})^{n+2} - (\frac{1-\sqrt{5}}{2})^{n+2} -$$

$$(\frac{1+\sqrt{5}}{2})^{n+2} + \frac{1+\sqrt{5}}{2}(\frac{1-\sqrt{5}}{2})^{n+1}|$$

$$< \frac{1}{2}$$

这个不等式说明,b_{n+1} 是与 $\frac{1+\sqrt{5}}{2}b_n$ 最接近的整数. 注意到与 x 最接近的整数是 $[\frac{1}{2}+x]$,就使我们想到函数

$$f(n) = [\frac{1}{2} + \frac{1+\sqrt{5}}{2}n]$$

会是符合要求的函数.

以上是从函数 f 就满足

$$f(b_n) = b_{n+1}$$

及

$$b_{n+1} = [\frac{1}{2} + \frac{1+\sqrt{5}}{2}b_n]$$

而使得考虑函数 $[\frac{1}{2} + \frac{1+\sqrt{5}}{2}n]$.

解法 1 满足本题要求的函数是存在的. 函数 $f(n) = [\frac{1}{2} + \frac{1+\sqrt{5}}{2}n]$ 就是这样的函数.

(这个函数是当年 IMO 所提供的解答中的函数,这里略去证明.)

1993 年舒五昌教授看到这个题目时,从这个函数应把 b_n 变成 b_{n+1},以及 Fibonacci 数列的性质,最先作

出的符合题目要求的函数是下面的函数 g,其作法是以下面的引理为基础的:

引理 1　设 $\{b_n\}$ 是满足 $b_1 = 1$, $b_2 = 2$, $b_{n+2} = b_n + b_{n+1}$ ($n = 1, 2, \cdots$) 的 Fibonacci 数列,则任何自然数 m 都可以唯一地表示成如下形式

$$m = b_{i_1} + b_{i_2} + \cdots + b_{i_k}$$

其中下标 $i_1, i_2, \cdots, i_k$ 满足

$$i_2 - i_1 \geqslant 2, i_3 - i_2 \geqslant 2, \cdots, i_k - i_{k-1} \geqslant 2$$

特别地,当 m 本身是 $\{b_n\}$ 中的一项时,下标的不等式就不必考虑.

证明　先证明任何自然数 m 可以写成 $b_{i_1} + b_{i_2} + \cdots + b_{i_k}$ 的形式,其中下标号满足 $i_2 - i_1 \geqslant 2, \cdots, i_k - i_{k-1} \geqslant 2$.

对 m 用归纳法. 如果 m 本身是 $\{b_n\}$ 中的一项,结论当然成立. 否则有 j,使

$$b_j < m < b_{j+1}$$

于是

$$m = b_j + (m - b_j)$$

其中

$$m - b_j < b_{j+1} - b_j = b_{j-1}$$

由归纳假设

$$m - b_j = b_{i_1} + b_{i_2} + \cdots + b_{i_k}$$

其中 $i_k < j - 1$,即 $i_k \leqslant j - 2$. 把 j 记为 i_{k+1}. 即有

$$m = b_{i_1} + b_{i_2} + \cdots + b_{i_k} + b_{i_{k+1}}$$

下面证明表达式的唯一性.

如果自然数 m 使得

$$m = b_{i_1} + b_{i_2} + \cdots + b_{i_k} = b_{j_1} + b_{j_2} + \cdots + b_{j_l}$$

由于

$$b_{i_1} + b_{i_2} + \cdots + b_{i_k} \leqslant b_{i_k} + b_{i_{k-2}} + b_{i_{k-4}} + \cdots + b_1$$

（或 b_2）（最后一项根据 i_k 是奇数或偶数定为 b_1 或 b_2），所以

$$b_{i_1} + b_{i_2} + \cdots + b_{i_k} < b_{i_k} + b_{i_{k-2}} + \cdots + b_1 (\text{或} b_2) + 1 = b_{i_{k+1}}$$

可见 $j_l \leqslant i_k$. 由对称性，同理可知 $i_k \leqslant j_l$. 即 $i_k = j_l$. 去掉这一项后又同样有 $i_{k-1} = j_{l-1}$，于是知 $k = l$，且 $i_1 = j_1$，$i_2 = j_2, \cdots, i_k = j_l$.

解法 2　令 $g : \mathbf{N} \to \mathbf{N}$ 为如下的函数

$$g(n) = b_{i_1+1} + b_{i_2+1} + \cdots + b_{i_k+1}$$

当 $n = b_{i_1} + b_{i_2} + \cdots + b_{i_k}$ 时（其中 $i_2 - i_1 \geqslant 2, \cdots, i_k - i_{k-1} \geqslant 2$）.

此函数 g 显然满足 $g(1) = 2$. 实际上，$\{b_n\}$ 中任一项都变成下面一项，又条件 2）易见是满足的，因为对 $n \in \mathbf{N}, n = b_{i_1} + b_{i_2} + \cdots + b_{i_k}$，于是

$$g(n) = b_{i_1+1} + b_{i_2+1} + \cdots + b_{i_k+1}$$
$$g(g(n)) = b_{i_1+2} + b_{i_2+2} + \cdots + b_{i_k+2}$$

由

$$b_{i_1} + b_{i_1+1} = b_{i_1+2}, b_{i_2} + b_{i_2+1} = b_{i_2+2}, \cdots$$

即知

$$n + g(n) = g(g(n))$$

下面再证明 g 满足条件 3），即对任何 $n \in \mathbf{N}$，要证

$$g(n) < g(n+1)$$

设

$$n + 1 = b_{i_1} + b_{i_2} + \cdots + b_{i_k}$$

如果 $i_1 = 1$，则

$$n = b_{i_2} + \cdots + b_{i_k}$$

由定义可知

$$g(n+1) = g(n) + 2$$

如果 $i_1 > 1$,由于
$$b_{i_1} - 1 = b_{i_1-1} + b_{i_1-3} + \cdots + b_1$$
(或 b_2)(根据 $i_1 - 1$ 是奇数或偶数,最后一项确定为 b_1 或 b_2),而 b_1(或 b_2)$ + \cdots + b_{i_1-3} + b_{i_1-1} + b_{i_2} + \cdots + b_{i_k}$ 就是 n 的表达式. 由 g 的定义
$$g(n+1) - g(n) = b_{i_1+1} - (b_{i_1} + b_{i_1-2} + \cdots + b_2(\text{或} b_3))$$
$$= b_3 - b_2(\text{或} b_4 - b_3) > 0$$

解法 2 中所作的函数 g 具有比 3)更强的性质:对任何 $n \in \mathbf{N}, g(n+1) - g(n) = 1$ 或 2. 其实解法 1 中所作的函数 f 也有这个性质,这就启示我们得到下面的引理,而这一引理为构造一切满足性质 1,2,3 的函数打下了基础.

引理 2　设函数 $f: \mathbf{N} \to \mathbf{N}$ 满足条件 1),2),3),则 $1 \leqslant f(n+1) - f(n) \leqslant 2$ 对一切 $n \in \mathbf{N}$ 成立.

证明　由 f 满足 1),2),可见
$$f(1) = 2, f(2) = 3, f(3) = 5, f(5) = 8$$
又由 f 的严格上升性,$f(4) = 6$ 或 7.

因此,$f(n+1) - f(n) = 1$ 或 2(当 $n = 1, 2, 3, 4$ 时).

下面用归纳法证明对任何 $n \in \mathbf{N}$ 有
$$f(n+1) - f(n) = 1 \text{ 或 } 2$$
设当 $n \leqslant k$ 时,$f(n+1) - f(n) = 1$ 或 2.

下证 $f(k+2) - f(k+1) = 1$ 或 2(其中 $k \geqslant 4$).

由条件 3),即 f 的严格上升性及 $f(5) = 8$,可见
$$f(6) \geqslant 9, f(7) \geqslant 10, \cdots$$
因此
$$f(k+1) \geqslant k+4$$
由归纳假设

$$f(n+1) - f(n) = 1 \text{ 或 } 2 \quad (\text{当 } n \leqslant k \text{ 时})$$

即在数列

$$f(1), f(2), f(3), \cdots, f(k+1)$$

中,相邻两项之差(后面一项减去前面一项)总是 1 或 2,且第一项为 2,因此,对于小于或等于 $f(k+1)$ 的任何两个相继的自然数 l 及 $l+1$,至少有一个在这个数列中. 又因

$$f(k+1) \geqslant k+4$$

所以,如果 $k+1$ 不在数列 $f(1), f(2), \cdots, f(k+1)$ 中,则 k 及 $k+2$ 都在这数列中,即存在自然数 t,使

$$f(t) = k, f(t+1) = k+2$$

由条件 2),可知

$$f(k+1) = t+k+1 \text{ 或 } t+k+2$$

从而,$f(k+2) - f(k+1) = 1$ 或 2.

如果 $k+1$ 在数列 $f(1), f(2), \cdots, f(k+1)$ 中,即有自然数 s 使

$$f(s) = k+1$$

当然 $s < k+1$. 由归纳假设

$$f(s+1) = k+2 \text{ 或 } k+3$$

当 $f(s+1) = k+2$ 时,有

$$f(k+1) = s+k+1, f(k+2) = s+k+3$$

当 $f(s+1) = k+3$ 时,有

$$f(k+1) = s+k+1 \text{ 及 } f(k+3) = s+k+4$$

由 f 的严格单调性,总有

$$f(k+2) = s+k+2 \text{ 或 } s+k+3$$

可见 $f(k+2) - f(k+1) = 1$ 或 2.

在引理 2 的基础上,可用下面方法来构造出一切满足条件 1),2),3)的函数.

设(无穷)数列 $\{d_n\}$ 中的每一项为 1 或 2. 根据给定的数列 $\{d_n\}$,用递推的方法构造函数 h 及 φ 如下

$$h(1) = 2, \varphi(1) = 1$$

当 $h(1), \cdots, h(n)$ 及 $\varphi(1), \cdots, \varphi(n)$ 已定义后,h, φ 在 $n+1$ 处的值用如下方式定义:

如果 $n+1$ 在数列 $h(1), h(2), \cdots, h(n)$ 中出现,其中第一个等于 $n+1$ 的数为 $h(t)$,则

$$h(n+1) = t + n + 1, \varphi(n+1) = \varphi(n)$$

如果 $n+1$ 在数列 $h(1), h(2), \cdots, h(n)$ 中不出现,则

$$h(n+1) = h(n) + d_{\varphi(n)}, \varphi(n+1) = \varphi(n) + 1$$

下面证明这样作出的函数 h 满足条件 1),2),3).条件 1)显然成立. 为证明条件 3),我们证明对任何 $n \in \mathbf{N}$,有

$$1 \leqslant h(n+1) - h(n) \leqslant 2$$

由于 $h(1) = 2$ 及明显的 $h(2) = 3$,这个不等式当 $n = 1$ 时成立. 现对 n 用归纳法.

设当 $n \leqslant k$ 时

$$1 \leqslant h(n+1) - h(n) \leqslant 2$$

成立. 要证明

$$h(k+2) - h(k+1) = 1 \text{ 或 } 2$$

由归纳假设,数列 $h(1), h(2), \cdots, h(k+1)$ 中,从第二项起每项减去前一项都等于 1 或 2. 如果 $k+2$ 不在这数列中出现

$$h(k+2) = h(k+1) + d_{\varphi(k+1)}$$

从而

$$h(k+2) - h(k+1) \in \{1, 2\}$$

如果 $k+2$ 在 $h(1), h(2), \cdots, h(k+1)$ 中出现,设

$h(t) = k + 2$（这样的 t 当然只有一个，且 $t \geqslant 2$）. 于是

$$h(k+2) = t + k + 2$$

而由归纳假设

$$h(t-1) = k \text{ 或 } k+1$$

由 h 的定义即知或者

$$h(k) = t + k - 1$$

或者

$$h(k+1) = t + k$$

在

$$h(k) = t + k - 1$$

的情况下，由归纳假设可知

$$h(k+1) = t + k \text{ 或 } t + k + 1$$

总之 $h(k+1)$ 只是这两个数之一，从而，$h(k+2) - h(k+1) = 1$ 或 2. 所以条件 3）成立.

由于 h 是严格上升的，在前面定义 h 时的"如果 $n+1$ 在 $h(1)$，$\cdots$，$h(n)$ 中出现，其中第一个等于 $n+1$ 的数为 $h(t)$，$\cdots\cdots$"这段话中，"第一个"这三个字并不需要，这三个字仅是定义时为了确定起见而加上的. 至于条件 2），在定义 $h(h(n))$ 时就是用 $n + h(n)$ 来作为它的值的. 因此自然是满足的.

在构造函数 h 的同时，伴随而作的函数 φ 起着"计算器"的作用，开始时计算器中的数为 1（$\varphi(1) = 1$），当某个自然数 $n+1$ 不在 $h(1)$，$\cdots$，$h(n)$ 中出现时，$h(n+1)$ 就定义为 $h(n)$ 加上所给数列中的一项，项数为当时计算器的数值（即 $h(n+1) = h(n) + d_{\varphi(n)}$），并把在计算器的数增加 1（即 $\varphi(n+1) = \varphi(n) + 1$）.

由于 h 满足条件 1），2），3），则有

$$h(b_n) = b_{n+1} \quad (n = 1, 2, \cdots)$$

并由 h 的严格上升性,在数集 $\{2,3,\cdots,b_{n+1}\}$ 中, h 取到的值恰有 $h(1),h(2),\cdots,h(b_n)$ 这 n 个数,由此在计算 h 与 φ 的值时,算到 b_{n+1} 时,前面有 $b_{n+1}-1-b_n$ 次是"数 $m+1$ 在 $h(1),\cdots,h(m)$ 中不出现"的情况,从而

$$\varphi(b_{n+1})=b_{n+1}-b_n \quad (n=1,2,3,\cdots)$$

再由这个数列 $\varphi(1),\varphi(2),\varphi(3),\cdots$ 从第二项起每项减去前一项之差只能是 0 或 1. 可见 φ 的取值将是全体自然数.

所作的函数 h 和 φ 当然与所给的数列 $\{d_n\}$ 有关,因此分别记为 $h_{\{d_n\}}$ 及 $\varphi_{\{d_n\}}$. 当 $\{d_n\}$ 与 $\{d'_n\}$ 是两个不同的每项为 1 或 2 的数列时, $h_{\{d_n\}}$ 与 $h_{\{d'_n\}}$ 是不同的函数. 实际上,如果 $\{d_n\}$ 与 $\{d'_n\}$ 中第一个不同的项是第 i 项(即 $d_i \neq d'_i$,而 $d_1=d'_1,d_2=d'_2,\cdots,d_{i-1}=d'_{i-1}$),那么, $h_{\{d_n\}}$ 与 $h_{\{d'_n\}}$, $\varphi_{\{d_n\}}$ 与 $\varphi_{\{d'_n\}}$ 在 $1,2,\cdots$ 处的函数值相同,而在第一个使

$$\varphi_{\{d_n\}}(j)=i+1$$

的 j 处, $h_{\{d_n\}}$ 与 $h_{\{d'_n\}}$ 的取值就不相同了.

另一方面,取各种不同的每项为 1 或 2 的数列,相应作出的函数实际上就是全部符合条件 1),2),3)的函数.

设 $f:\mathbf{N}\to\mathbf{N}$ 满足条件 1),2),3). 把不在 $\{f(1),f(2),f(3),f(4),\cdots\}$ 中的数从小到大排成一个数列 $a_1,a_2,a_3,\cdots$,再作

$$d_1=f(a_1)-f(a_1-1)$$
$$d_2=f(a_2)-f(a_2-1)$$
$$\vdots$$
$$d_n=f(a_n)-f(a_n-1)$$

$$\vdots$$

这样作出的数列 $\{d_n\}$ 的每一项都是 1 或 2. 而由这个数列 $\{d_n\}$ 按前面的方法作出的 $h_{\{d_n\}}$ 就是函数 f. 这说明, 如果把每项为 1 或 2 的数列全体记为 D, 满足条件 1), 2), 3) 的函数全体记为 F, 则 $\{d_n\}(\in D) \to h_{\{d_n\}}$ 是 D 到 F 的双射.

当 $\{d_n\} \in D$ 时, $h_{\{d_n\}}$ 究竟是怎样的函数, 一般说是难以给出一个清楚的表达方式的. 然而有一个有趣的事实, 当 $\{d_n\}$ 是每项都是 2 的数列时, $h_{\{d_n\}}$ 就是解法 2 中所作的函数 g.

两道英国数学奥林匹克试题

英国有着良好的数学传统,在国际数学奥林匹克中一直表现不俗,表1列出了英国几年来参加 IMO 的成绩.

表1

届别	名次	成绩	获奖情况			参加人数	时间
			金牌	银牌	铜牌		
9	4	231	1	2	4	8	1967
10	4	263	3	2	2	8	1968
11	5	193	1	1	1	8	1969
12	6	180	1		6	8	1970
13	5	110		1	4	8	1971
14	5	179		2	4	8	1972
15	5	164	1		5	8	1973
16	9	188		1	3	8	1974
17	5	239	2	2	3	8	1975
18	2	214	2	4	1	8	1976
19	3	190	1	3	3	8	1977
20	3	201	1	2	2	8	1978
21	4	218		4	4	8	1979
22	3	301	3	4	1	8	1981

续表 1

届别	名次	成绩	获奖情况			参加人数	时间
			金牌	银牌	铜牌		
23	10	103			4	4	1982
24	11	121		3	1	6	1983
25	6	169	1	3	1	6	1984
26	10	121	1	2	3	6	1985
27	11	141		2	3	6	1986
28	10	182	1	2	2	6	1987
29	11	121		3	2	6	1988
30	20	122		2	1	6	1989

以下是两道与 Fibonacci 数列有关的英国数学竞赛试题. 我们可以从中体味出它的独特风格.

试题 1 （1983 年英国奥林匹克数学竞赛试题）

Fibonacci 数列 $\{f_n\}$ 定义为 $f_1 = 1, f_2 = 1, f_n = f_{n-1} + f_{n-2}(n > 2)$.

证明有唯一一组正整数 a, b, m, 使得 $0 < a < m$, $0 < b < m$, 并且对一切正整数 $n, f_n - nab^n$ 都能被 m 整除.

解 为了简便, 我们用 $M(m)$ 表示"m 的倍数". 由

$$f_1 - ab = 1 - ab = M(m)$$

可知 m 与 ab 互素, 又由此减去

$$f_2 - 2ab^2 = 1 - 2ab^2 = M(m)$$

得

$$2ab^2 - ab = ab(2b - 1) = M(m)$$

既然 ab 与 m 互素, 可知

$$2b - 1 = M(m) \tag{1}$$

34

当 $n > 2$ 时

$$
\begin{aligned}
f_n - nab^n &= f_{n-1} + f_{n-2} - nab^n \\
&= f_{n-1} - (n-1)ab^{n-1} + (n-1)ab^{n-1} + \\
&\quad f_{n-2} - (n-2)ab^{n-2} + (n-2)ab^{n-2} - nab^n \\
&= M(m) + (n-1)ab^{n-1} + M(m) + \\
&\quad (n-2)ab^{n-2} - nab^n \\
&= M(m) + ab^{n-2}\left[(n-1)b + n - 2 - nb^2\right] \\
&= M(m)
\end{aligned}
$$

由此知

$$
(n-1)b + n - 2 - nb^2 = M(m) \qquad (2)
$$

为了利用式 (1),以 4 乘式 (2) 得

$$
\begin{aligned}
4(n-1)b + 4n - 8 - 4nb^2 &= 2(n-1)(2b-1) - \\
&\quad n(4b^2-1) + 5n - 10 \\
&= M(m) + 5(n-2) \\
&= M(m)
\end{aligned}
$$

因 $n - 2$ 是任意正整数,所以只有 $m = 5$ 适合.

再由式 (1),有

$$
2b - 1 = M(5)
$$

注意 $0 < b < 5$,得 $b = 3$,又由

$$
1 - ab = 1 - 3a = M(5) \quad (0 < a < 5)
$$

得

$$
a = 2
$$

还要证明,对一切正整数 n,$f_n - 2n \cdot 3^n$ 确实能被 5 整除,我们用归纳法,显然有

$$
f_1 - 2 \times 3 = 1 - 6 = -5
$$

和

$$
f_2 - 2 \times 2 \times 3^2 = 1 - 36 = -35
$$

都能被 5 整除. 现在设对某个整数 $n > 2$ 有

$$f_{n-2} - 2(n-2) \cdot 3^{n-2} = M(5)$$
$$f_{n-1} - 2(n-1) \cdot 3^{n-1} = M(5)$$

试证

$$f_n - 2n \cdot 3^n = M(5)$$

事实上

$$
\begin{aligned}
f_n - 2n \cdot 3^n &= f_{n-1} + f_{n-2} - 2n \cdot 3^n \\
&= f_{n-1} - 2(n-1) \cdot 3^{n-1} + 2(n-1) \cdot 3^{n-1} + \\
&\quad f_{n-2} - 2(n-2) \cdot 3^{n-2} + 2(n-2) \cdot 3^{n-2} - 2n \cdot 3^n \\
&= M(5) + 2 \cdot 3^{n-2}[3(n-1) + n - 2 - 9n] \\
&= M(5) - 2 \cdot 3^{n-2}(5n + 5) \\
&= M(5)
\end{aligned}
$$

因此,对一切正整数 n,$f_n - 2n \cdot 3^n$ 都能被 5 整除.

试题 2 给定一个非负实数 x,用 $\langle x \rangle$ 表示 x 的小数部分,即 $\langle x \rangle = x - [x]$,其中 $[x]$ 表示不超过 x 的最大整数. 假设 $a > 0$,$\langle a^{-1} \rangle = \langle a^2 \rangle$ 且 $2 < a^2 < 3$. 求 $a^{12} - 144a^{-1}$ 的值.

(第 15 届美国数学邀请赛)

解法 1 由于 $2 < a^2 < 3$,从而 $\sqrt{2} < a < \sqrt{3}$,故

$$\frac{\sqrt{2}}{2} > \frac{1}{a} > \frac{\sqrt{3}}{3}$$

于是

$$\left\langle \frac{1}{a} \right\rangle = \frac{1}{a},\ \langle a^2 \rangle = a^2 - 2$$

故由题意知

$$\frac{1}{a} = a^2 - 2$$

即

$$(a+1)(a^2 - a - 1) = 0$$

又 $a > 0$，从而

$$a^2 = a + 1$$

由于

$$\frac{1}{a} = a^2 - 2$$

故

$$a^3 = 2a + 1$$

代入 $a^{12} = (a^3)^4$ 知

$$a^{12} = (2a + 1)^4 = 16a^4 + 32a^3 + 24a^2 + 8a + 1$$
$$= 16a(2a + 1) + 32(2a + 1) + 24a^2 + 8a + 1$$
$$= 56a^2 + 88a + 33$$

又 $\frac{1}{a} = a^2 - 2$，故

$$a^{12} - 144a^{-1} = 56a^2 + 88a + 33 - 144(a^2 - 2)$$
$$= 321 + 88(a - a^2)$$
$$= 233$$

其中最后一步利用 $a^2 = a + 1$，故

$$a^{12} - 144a^{-1} = 233$$

解法 2　由原解法知

$$a^3 - 2a - 1 = 0$$

即

$$(a + 1)(a^2 - a - 1) = 0$$

此方程的唯一正根为 $a = \frac{1 + \sqrt{5}}{2}$. 应用关系式

$$a^2 = a + 1, a^3 = 2a + 1$$

到计算中去

$$a^6 = 8a + 5, a^{12} = 144a + 89, a^{13} = 233a + 144$$

由此可推出

$$a^{12} - 144a^{-1} = \frac{a^{13} - 144}{a} = 233$$

解法 3　由解法 2 知 $a = \frac{1 + \sqrt{5}}{2}$，设 $b = -a^{-1}$，应用 Fibonacci 数列的通项公式计算

$$F_n = \frac{a^n - b^n}{\sqrt{5}} = \frac{a^n - b^n}{a - b}$$
$$= a^{n-1} + a^{n-2}b + \cdots + ab^{n-2} + b^{n-1}$$

因此

$$F_n = a^{n-1} + F_{n-1}b = a^{n-1} - F_{n-1}a^{-1}$$

特别地，有

$$233 = F_{13} = a^{12} - F_{12}a^{-1} = a^{12} - 144a^{-1}$$

故

$$a^{12} - 144a^{-1} = 233$$

两道普特南竞赛试题

普特南数学竞赛历来以试题艰深、背景深刻而著称,对 Fibonacci 数列这样貌似简单,实则深刻的内容当然不会放过.

试题1 (美国第 17 届普特南数学竞赛题)

设正整数 n 表为若干个 1 与 2 的和(考虑到加数顺序的区别)的各种表示法共有 $a(n)$ 种,例如 $4 = 1 + 1 + 2 = 1 + 2 + 1 = 2 + 1 + 1 = 2 + 2 = 1 + 1 + 1 + 1$,则 $a(4) = 5$. 又设 n 表为大于 1 的整数的和(也考虑到加数顺序的区别)的各种表示法的总数是 $b(n)$,例如 $6 = 4 + 2 = 2 + 4 = 3 + 3 = 2 + 2 + 2$,有 $b(6) = 5$.

试证:对每一个 n,$a(n) = b(n + 2)$.

对这一试题缪继高先生给出了两个与 Fibonacci 数列有关的证法.

证法1 题目中给出了对自然数进

行有序分拆的两种方式.

对于第一种方式,易得

$$a(1) = 1, a(2) = 2$$

当 $n \geq 3$ 时,有递归式

$$a(n) = a(n-1) + a(n-2)$$

对于第二种方式,因

$$n + 2 = k + (n + 2 - k) \quad (2 \leq k \leq n)$$

对每一个确定的 $k, n + 2 - k$ 有 b_{n+2-k} 种符合题意的分拆方法. 分别令 $k = 2, 3, \cdots, n$,并注意到 $n + 2$ 本身也是一种表示方法,故有

$$b(n+2) = b(n) + b(n-1) + \cdots + b(2) + 1$$

从而

$$b(n+1) = b(n-1) + b(n-2) + \cdots + b(2) + 1$$

由以上两式得递归式

$$b(n+2) = b(n+1) + b(n)$$

又因为

$$b(3) = 1 = a(1), b(4) = 2 = a(2)$$

所以,对一切正整数 n 有

$$a(n) = b(n+2)$$

证法 2 按第一种方式对自然数 n 进行分拆,2 的个数可以是

$$0, 1, 2, \cdots, \left[\frac{n}{2}\right]$$

相应地,1 的个数分别是

$$n, n-2, n-4, \cdots, n-2\left[\frac{n}{2}\right]$$

这样,n 被分拆成的项数分别是

$$n, n-1, n-2, \cdots, n - \left[\frac{n}{2}\right]$$

由元素不尽相异的全排列公式及加法原理得

$$a(n) = \frac{n!}{0! \, n!} + \frac{(n-1)!}{1! \, (n-2)!} + \frac{(n-2)!}{2! \, (n-4)!} + \cdots +$$

$$\frac{(n - \left[\frac{n}{2}\right])!}{\left[\frac{n}{2}\right]! \, (n - 2\left[\frac{n}{2}\right])!}$$

$$= C_n^0 + C_{n-1}^1 + C_{n-2}^2 + \cdots + C_{n-\left[\frac{n}{2}\right]}^{\left[\frac{n}{2}\right]}$$

为了求得 $b(n+2)$ 的表示式,我们把 $n+2$ 个 1 排在一行

$$\underbrace{1, 1, 1, \cdots, 1}_{(n+2)\text{个}}$$

在它们之间插入 $r\left(r \leqslant \left[\frac{n}{2}\right]\right)$ 个加号,要求每个加号两侧至少都有两个 1. 易知,每一种插入加号的方法对应一种 $n+2$ 的合乎题意的分拆方法.

如果 r 个加号已插入,设想每个加号左侧的两个 1 合为一个 1,那么,1 的个数就变成了 $n-r+2$ 个

$$\underbrace{1, 1, 1, \cdots, 1}_{n-r+1\text{个}}, 1$$

因为从右数起的两个 1 之间没有插加号,所以问题转化成在左边 $n-r+1$ 个 1 之间插入 r 个加号,有多少种方法.

在这些 1 之间共有 $n-r$ 个空隙,故在它们之间插入 r 个加号的方法数是 C_{n-r}^r. 分别令 $r = 0, 1, 2, \cdots,$ $\left[\frac{n}{2}\right]$,求和得

$$b(n+2) = C_n^0 + C_{n-1}^1 + C_{n-2}^2 + \cdots + C_{n-\left[\frac{n}{2}\right]}^{\left[\frac{n}{2}\right]}$$

综上所述,即得

$$a(n) = b(n+2)$$

在第一种证法中,若再补充规定 $a(0) = 1$,则我们看到: $a(0), a(1), a(2), \cdots$ 构成 Fibonacci 数列. 所以,本题给出的两种自然数的有序分拆都与 Fibonacci 数列有关.

在第二种证法中,我们得到了 Fibonacci 数列通项的组合数表示式.

试题 2 (美国第 52 届普特南数学竞赛题)

令 $A(n)$ 表示正整数和数 $a_1 + a_2 + \cdots + a_r$ 为 n 的个数,这里 $a_1 > a_2 + a_3, a_2 > a_3 + a_4, \cdots, a_{r-2} > a_{r-1} + a_r, a_{r-1} > a_r$. 令 $B(n)$ 表示和数 $b_1 + b_2 + \cdots + b_s$ 为 n 的个数,并且:

(i) $b_1 \geqslant b_2 \geqslant \cdots \geqslant b_s$;

(ii) 定义 $g_1 = 1, g_2 = 2, g_j = g_{j-1} + g_{j-2} + 1$,则每个 b_i 在序列 $\{1, 2, 4, \cdots, g_j, \cdots\}$ 之中;

(iii) 如果 $b_1 = g_k$,则 $\{1, 2, 4, \cdots, g_k\}$ 的每个元素至少在 $\{b_i\}$ 中出现一次.

试证明对每个 $n \geqslant 1, A(n) = B(n)$.

例如: $A(7) = 5$,有关的和数是 $7, 6+1, 5+2, 4+3, 4+2+1$,而 $B(7) = 5$ 有关的和数是 $4+2+1, 2+2+2+1, 2+2+1+1+1, 2+1+1+1+1+1, 1+1+1+1+1+1+1$.

解 用 $A(n)$ 表示的各个和数可以利用 Fibonacci 数列给出一个"排列"的表示.

用两个由 1 排成的行来表示 a_{r-1} 和 a_r. 下面一行表示 a_r,上面一行表示 a_{r-1}

$$a_{r-1}:\ 1\ 1\ 1\ 1\ 1\ 1\ 1$$

$$a_r:\ 1\ 1\ 1\ 1\ 1$$

上一行比下一行长,因为 $a_{r-1} > a_r$.

由于

$$a_{r-2} > a_{r-1} + a_r$$

因此我们能写出

$$a_{r-2}:\ 2\ 2\ 2\ 2\ 2\ 1\ 1\ 1\ 1\ 1$$

$$a_{r-1}:\ 1\ 1\ 1\ 1\ 1\ 1\ 1$$

$$a_r:\ 1\ 1\ 1\ 1\ 1$$

紧接着

$$a_{r-3} > a_{r-2} + a_{r-1}$$

故

$$a_{r-3}:\ 3\ 3\ 3\ 3\ 3\ 2\ 2\ 1\ 1\ 1\ 1$$

$$a_{r-2}:\ 2\ 2\ 2\ 2\ 2\ 1\ 1\ 1\ 1\ 1$$

$$a_{r-1}:\ 1\ 1\ 1\ 1\ 1\ 1\ 1$$

$$a_r:\ 1\ 1\ 1\ 1\ 1$$

如此表示的整个排阵包含的各列具有形式 $F_1 + F_2 + \cdots + F_s$,易于看出这恰等于 g_s. 于是,通过读出各列,我们可以看出:由 $A(n)$ 列出的分解和 $B(n)$ 列出的分解是一一对应的.

因此,对一切 n,有

$$A(n) = B(n)$$

几道 IMO 预选题

对于 IMO 来说,最重要的事莫过于选好 6 道试题.

IMO 预选题的构成是这样的,为了公正起见,东道国不允许提供试题,其他各参赛国各提供 3 至 5 个题目.

正如单墫教授指出:"研究预选题可以使我们了解国际数学竞赛大致在什么样的范围内进行和题目的难度、风格、各个国家的水平与偏爱,还可以了解到数学家们如何将一些数学思想、方法与成果通俗化,向中学数学输送."

以下是几个以 Fibonacci 数列为背景的 IMO 预选题.

试题 1 (第 22 届 IMO 预选题目)由加拿大命题:

设 $\{f_n\}$ 为 Fibonacci 数列 $\{1,1,2,3,5,\cdots\}$.

(a)求出所有的实数对 (a,b),使得对于每一个 n, $af_n + bf_{n+1}$ 为数列 $\{f_n\}$ 中

的一项.

（b）求出所有的正实数对(u,v),使得对每一个 n,$uf_n^2 + vf_{n+1}^2$ 为数列$\{f_n\}$中的一项.

解　（a）设实数 a,b 使得对于一切自然数 n,$af_n + bf_{n+1}$是 Fibonacci 数列中的一项,那么对于 $n=1,2,3$, 我们可设

$$a + b = f_m$$
$$a + 2b = f_{m'}$$
$$2a + 3b = f_{m''}$$

其中 m,m',m''是某三个自然数.将上面三式中消去 a, b,可得

$$f_m + f_{m'} = f_{m''}$$

在 Fibonacci 数列中,相邻两项之和等于其紧接的后一项,即对于任何自然数 k 有

$$f_k + f_{k+1} = f_{k+2}$$

但不相邻两项之和除

$$f_1 + f_3 = f_4$$

外,均不为数列中某一项,于是可能的情况有四种:

（ⅰ）$\begin{cases} m = 1 \\ m' = 3 \\ m'' = 4 \end{cases}$；（ⅱ）$\begin{cases} m = 3 \\ m' = 1 \\ m'' = 4 \end{cases}$；

（ⅲ）$\begin{cases} m' = m+1 \\ m'' = m+2 \end{cases}$；（ⅳ）$\begin{cases} m' = m-1 \\ m'' = m+1 \end{cases}$.

由情况（ⅱ）可得

$$a + b = 2,a + 2b = 1,2a + 3b = 3$$

即

$$a = 3,b = -1$$

但

Zernov 定理

$$3f_n - f_{n+1} = f_n + f_{n-2}$$

除非 $n = 3$, 否则 $3f_n - f_{n+1}$ 非 Fibonacci 数列中的项, 故

$$a = 3, b = -1$$

不是解.

由情况(ⅲ)可得

$$a + b = f_m, a + 2b = f_{m+1}$$

解得

$$a = f_{m-2}, b = f_{m-1} \quad (m \geqslant 3)$$

在 $m = 1$ 时, 有

$$a = 1, b = 0$$

在 $m = 2$ 时, 有

$$a = 0, b = 1$$

容易验证, 这些结果都是答案. 特别地, 用数学归纳法可证

$$\begin{aligned}
f_{m+n+1} &= f_1 f_{m+n-3} + f_2 f_{m+n-2} \\
&= f_2 f_{m+n-4} + f_3 f_{m+n-3} = \cdots \\
&= f_{m-2} f_n + f_{m-1} f_{n+1} \\
&= a f_n + b f_{n+1}
\end{aligned}$$

由情况(ⅳ)得

$$a + b = f_m$$
$$a + 2b = f_{m-1}$$

解得

$$a = f_{m-2} + f_m$$
$$b = -f_{m-2} \quad (m \geqslant 3)$$

当 $m = 2$ 时, 由

$$a + b = 1$$
$$a + 2b = 1$$

得

46

$$\begin{cases} a = 1 \\ b = 0 \end{cases}$$

容易验证,当 $m \geqslant 3$ 时

$$\begin{cases} a = f_{m-2} + f_m \\ b = -f_{m-2} \end{cases}$$

不是解.

例如,取 $n = 4$,即有

$$\begin{aligned} a f_4 + b f_5 &= 3a + 5b \\ &= 3(f_{m-2} + f_m) - 5 f_{m-2} \\ &= 3 f_m - 2 f_{m-2} = f_{m-1} + f_{m+1} \end{aligned}$$

但在 $m \geqslant 3$ 时,$f_{m-1} + f_{m+1}$ 不是 Fibonacci 数列中的项,故知这对 a, b 不是解.

综合上述,得全部解答为

$$\begin{cases} a = 0 \\ b = 1 \end{cases}, \begin{cases} a = 1 \\ b = 0 \end{cases}, \begin{cases} a = f_{m-2} \\ b = f_{m-1} \end{cases} \quad (m \geqslant 3)$$

（b）设正实数对 (u, v) 使得对一切 n,得出 $u f_n^2 + v f_{n+1}^2$ 是数列 $\{f_n\}$ 中的一项,特别取 $n = 1, 2, 3$,得出

$$u + v = f_m$$

$$u + 4v = f_{m'}$$

$$4u + 9v = f_{m''}$$

其中 m, m', m'' 是某些自然数且

$$m'' > m' > m \geqslant 1$$

消去 u, v 得

$$3 f_{m''} - 5 f_{m'} - 7 f_m = 0 \qquad (1)$$

我们称式(1)为基本方程.

如果 $m'' \geqslant m' + 3$,则有

$$\begin{aligned} 3 f_{m''} - 5 f_{m'} - 7 f_m &\geqslant 3 f_{m'+3} - 5 f_{m'} - 7 f_m \\ &= 3 f_{m'+1} + f_{m'} + 3 f_{m'-1} - 7 f_m > 0 \end{aligned}$$

可见基本方程不能满足. 所以, 只能有

$$m'' = m' + 1$$

或

$$m'' = m' + 2$$

首先证明 $m'' \neq m' + 1$, 倘若不然, 有

$$m'' = m' + 1$$

于是

$$3f_{m''} - 5f_{m'} - 7f_m = 3f_{m'+1} - 5f_{m'} - 7f_m$$
$$= -f_{m'-4} - 7f_m < 0$$

基本方程不能满足, 所以只有 $m'' = m' + 2$.

此时式(1)可化为

$$2f_{m'-1} + 3f_{m'-2} + 2f_{m'-3} = 7f_m \tag{2}$$

由于

$$f_{m'-3} < f_{m'-2} < f_{m'-1}$$

所以

$$f_{m'-3} < f_m < f_{m'-1}$$

因此可以推出

$$m' - 3 < m < m' - 1$$

即

$$m = m' - 2$$

此时式(2)成为

$$2f_{m+1} + 3f_m + 2f_{m-1} = 7f_m$$

即

$$f_{m+1} + f_{m-1} = 2f_m$$

亦即

$$f_{m-1} = f_{m-2}$$

这个方程只有 $m = 3$ 可以满足, 于是

$$u + v = 2, u + 4v = 5$$

解出得

$$u = 1, v = 1$$

事实上,确有

$$uf_n^2 + vf_{n+1}^2 = f_n^2 + f_{n+1}^2 = f_{2n+1}$$

Fibonacci 数列.

试题 2　$g(n)$ 定义如下

$$g(1) = 0, g(2) = 1$$

$$g(n+2) = g(n) + g(n+1) + 1 \quad (n \geq 1)$$

证明:若 $n > 5$ 为素数,则 n 整除

$$g(n)(g(n) + 1)$$

证明　令

$$f(n) = g(n) + 1$$

则

$$f(1) = 1, f(2) = 2, f(n+2) = f(n) + f(n+1)$$

即 $f(n)$ 是 Fibonacci 数列,其通项公式为

$$f(n) = \frac{1}{\sqrt{5}} \Big[\Big(\frac{\sqrt{5}+1}{2} \Big)^{n+1} - \Big(\frac{1-\sqrt{5}}{2} \Big)^{n+1} \Big]$$

当 n 为大于 5 的素数时,由 Fermat 小定理

$$(5, n) = 1, 5^{n-1} \equiv 1 \pmod{n}$$

因此

$$n \mid (5^{n-1} - 1) = (5^{\frac{n-1}{2}} + 1)(5^{\frac{n-1}{2}} - 1) \qquad (3)$$

若 n 整除 $5^{\frac{n-1}{2}} + 1$,则由于 $0 < j < n$ 时

$$n \left| \binom{n}{j} \right.$$

$$2^n f(n) = \frac{1}{2\sqrt{5}} \Big[(\sqrt{5}+1)^{n+1} - (\sqrt{5}-1)^{n+1} \Big]$$

$$= \frac{1}{2} \Big[(\sqrt{5}+1)^n - (\sqrt{5}-1)^n \Big] +$$

$$\frac{1}{2\sqrt{5}}\left[(\sqrt{5}+1)^n+(\sqrt{5}-1)^n\right]$$

$$=\sum_{k=0}^{n-1}\binom{n}{2k}(\sqrt{5})^{2k}+\sum_{k=0}^{n-1}\binom{n}{2k+1}(\sqrt{5})^{2k}$$

$$\equiv 1+5^{\frac{n-1}{2}}(\bmod n)\equiv 0(\bmod n)$$

若 $n\nmid(5^{\frac{n-1}{2}}+1)$,则由式(3)知

$$n\mid(5^{\frac{n-1}{2}}-1)$$

所以

$$2^n(f(n)-1)\equiv 1+5^{\frac{n-1}{2}}(\bmod n)-2^n$$

$$\equiv 2-2^n$$

$$\equiv 0(\bmod n)\quad(\text{Fermat 小定理})$$

总之,恒有

$$n\mid 2^n f(n)(f(n)-1)$$

$$(2,n)=1$$

则

$$n\mid f(n)(f(n)-1)$$

试题 3 (IMO 附加题)

一个 990 次幂的多项式 $p(x)$ 满足 $p(k)=f_k$, $k=992,993,\cdots,1\,982$,其中 f_k 为 Fibonacci 数列,由下述定义 $f_1=f_2=1$, $f_{n+1}=f_n+f_{n-1}$, $n=2,3,4,\cdots$,求证: $p(1\,983)=f_{1\,983}-1$.

解 根据 Newton-Gregory 插值多项式

$$p(x)=\sum_{j=0}^{990}\binom{x-992}{j}\Delta^j f_{992}\qquad(4)$$

其中 $\Delta^j f_{992}$ 为数列 $f_{992}, f_{993},\cdots, f_{1\,982}$ 中对标号为 992 的项的连续向前 j 阶差合.

注意到

$$\Delta f_i = f_{i+1} - f_i = f_{i-1}$$

$$\Delta^2 f_i = \Delta f_{i+1} - \Delta f_i = f_i - f_{i-1} = f_{i-2}, \cdots, \Delta^j f_i = f_{i-j}$$

由此，式（4）为

$$p(x) = \sum_{j=0}^{990} \binom{x-992}{j} f_{992-j}$$

以下我们将证明

$$p(1\,983) = f_{1\,983} - 1$$

构造一个 991 次幂多项式 Q，使它满足：对 $992 \leqslant k \leqslant 1\,983$，有

$$Q(k) = f_k$$

同样，由 Newton-Gregory 插值公式可得

$$Q(x) = \sum_{j=0}^{991} \binom{x-992}{j} f_{992-j}$$

这样

$$Q(x) = p(x) + \binom{x-992}{991}$$

令 $x = 1\,983$，并利用事实

$$Q(1\,983) = f_{1\,983}$$

得

$$f_{1\,983} = p(1\,983) + 1$$

即

$$p(1\,983) = f_{1\,983} - 1$$

试题 4　（IMO 预选题）

对每个整数 $n \geqslant 2$，试确定满足条件

$$a_0 = 1, a_i \leqslant a_{i+1} + a_{i+2} \quad (i = 0, 1, \cdots, n-2)$$

的和 $a_0 + a_1 + \cdots + a_n$ 的最小值（$a_0, a_1, \cdots, a_n$ 是非负数）。

解　先看条件是

Zernov 定理

$$a_i = a_{i+1} + a_{i+2}$$

的特殊情况.

记

$$u = a_{n-1}, v = a_n$$

则有

$$a_k = F_{n-k}u + F_{n-k-1}v \quad (k = 0, 1, \cdots, n-1)$$

此处的 F_i 是第 i 个 Fibonacci 数($F_0 = 0, F_1 = 1, F_{i+2} = F_i + F_{i+1}$),则和的值

$$a_0 + a_1 + \cdots + a_n = (F_{n+2} - 1)u + F_{n+1}v$$

已知

$$1 = a_0 = F_n u + F_{n-1} v$$

容易验证

$$\frac{F_{n+2} - 1}{F_n} \leqslant \frac{F_{n+1}}{F_{n-1}}$$

欲使和最小,令

$$v = 0, u = \frac{1}{F_n}$$

则数列

$$a_k = \frac{F_{n-k}}{F_n} \quad (k = 0, 1, \cdots, n) \tag{5}$$

的和为

$$M_n = \frac{F_{n+2} - 1}{F_n} \tag{6}$$

于是,我们猜想 M_n 就是要求的最小值. 用数学归纳法证明:

对每个 n,和 $a_0 + a_1 + \cdots + a_n$ 不小于 2,因为 $a_0 = 1, a_0 \leqslant a_1 + a_2$.

当 $n = 2, n = 3$ 时,式(6)的值为 2. 所以在这两种情形时,猜测成立.

今固定一整数 $n \geqslant 4$，假设对每个 $k, 2 \leqslant k \leqslant n-1$ 满足条件 $a_0 = 1, a_i \leqslant a_{i+1} + a_{i+2}, i = 0, 1, \cdots, k-2$ 的非负数列 $a_0, a_1, \cdots, a_k$ 和 $a_0 + a_1 + \cdots + a_k \geqslant M_k$ 成立.

考察满足题设条件的非负数列 $a_0, a_1, \cdots, a_n$. 如 a_1, a_2 和 $a_0 + a_1 + \cdots + a_n$ 可表示成下面两个形式

$$a_0 + a_1 + \cdots + a_n = 1 + a_1 \left(1 + \frac{a_2}{a_1} + \cdots + \frac{a_n}{a_1} \right)$$

$$= 1 + a_1 + a_2 \left(1 + \frac{a_3}{a_2} + \cdots + \frac{a_n}{a_2} \right)$$

两个括号内的和满足归纳假设条件 $(k = n-1, k = n-2)$，所以，有

$$a_0 + a_1 + \cdots + a_n \geqslant 1 + a_1 M_{n-1} \qquad (7)$$

$$a_0 + a_1 + \cdots + a_n \geqslant 1 + a_1 + a_2 M_{n-2} \qquad (8)$$

如果 $a_1 = 0$ 或 $a_2 = 0$，式（7），式（8）也成立. 因

$$a_2 \geqslant 1 - a_1$$

由式（8）可得

$$a_0 + a_1 + \cdots + a_n \geqslant 1 + M_{n-2} + a_1 (1 - M_{n-2})$$

再由式（7）及上式，得到

$$a_0 + a_1 + \cdots + a_n \geqslant \max \{ f(a_1), g(a_1) \} \qquad (9)$$

此处的 f, g 是线性函数

$$f(x) = 1 + M_{n-1} x$$

$$g(x) = (1 + M_{n-2}) + (1 - M_{n-2}) x$$

因 f 递增，g 递减，它们的图形交于唯一的一点 $(\tilde{x}, \tilde{y})$，并且

$$\max \{ f(x), g(x) \} \geqslant \tilde{y} \quad (\text{对每个实数 } x) \qquad (10)$$

令 $x = \dfrac{F_{n-1}}{F_n}$，由式（5）知 x 的值是 a_1. 易证

$$f \left(\frac{F_{n-1}}{F_n} \right) = g \left(\frac{F_{n-1}}{F_n} \right) = \frac{F_{n+2} - 1}{F_n} = M_n$$

因此, $\tilde{y} = M_n$. 由式(9),式(10)知

$$a_0 + \cdots + a_n = \tilde{y} = M_n$$

于是,对每个 $n \geqslant 2$, M_n 是和 $a_0 + a_1 + \cdots + a_n$ 的最小值.

注 本题作者提供了更具技巧性的第二个证明. 作法如下:如 $(a_0, a_1, \cdots, a_n)$ 是满足题设条件的序列 $(n \geqslant 4)$,且至少存在一个严格不等式

$$a_i < a_{i+1} + a_{i+2}$$

则对序列稍做变动就产生一个新的有较小和的满足题设条件的序列. 所以,任一最优序列对一切的 i, $a_i = a_{i+1} + a_{i+2}$ 成立. 因此,它只能是式(5)中定义的序列.

54

与 Fibonacci 数列有关的苏联竞赛题

苏联是开展数学竞赛活动最早的和最广泛的国家之一,据说早在 1886 年就有了这种竞赛,比匈牙利还早 8 年,十月革命胜利后的 17 年,即 1934 年由列宁格勒大学主办了中学生数学奥林匹克,并且认识到数学竞赛与体育竞赛在本质上是相同的,所以最早提出数学奥林匹克这个称谓. 1935 年,又由莫斯科大学主办了中学生数学奥林匹克,并于 1962 年举行了首次全苏数学奥林匹克.

在苏联的数学奥林匹克活动中,有许多著名数学家都积极参与,如狄隆涅、柯尔莫哥洛夫等,所以苏联的数学竞赛试题质量很高,有许多问题具有深刻的数学背景而又以通俗有趣的形式表现出来,以下是几个以 Fibonacci 数列为背景的苏联数学竞赛试题.

试题 1 (苏联 14 届全俄数学竞赛题)

Zernov 定理

设

$$\cfrac{1}{1+\cfrac{1}{1+\cfrac{1}{1+\cdots+\cfrac{1}{1}}}}=\frac{m}{n}$$

其中 m 和 n 是互质的自然数,而等式左边含有 1 988 条分数线,试计算 m^2+mn-n^2 的值.

解 设上述含有 k 条分数线的繁分数的值为 $\dfrac{m_k}{n_k}$,

$(m_k,n_k)=1$,则

$$\frac{m_{k+1}}{n_{k+1}}=\frac{1}{1+\dfrac{m_k}{n_k}}=\frac{n_k}{m_k+n_k}$$

即

$$m_{k+1}=n_k,n_{k+1}=m_k+n_k$$

注意到

$$\frac{m_1}{n_1}=\frac{1}{1},m_1=1,n_1=1$$

将它与 Fibonacci 数列

$$f_1=1,f_2=1,f_{k+1}=f_k+f_{k-1}\quad(k\geqslant1)$$

比较可知

$$m_k=f_k,n_k=f_{k+1}$$

于是

$$\begin{aligned}
m^2+mn-n^2&=f_{1\,988}^{\,2}+f_{1\,988}f_{1\,989}-f_{1\,989}^{\,2}\\
&=f_{1\,988}^{\,2}+f_{1\,988}(f_{1\,988}+f_{1\,987})-\\
&\quad(f_{1\,987}^{\,2}+2f_{1\,988}f_{1\,987}+f_{1\,988}^{\,2})\\
&=-(f_{1\,987}^{\,2}+f_{1\,987}f_{1\,988}-f_{1\,988}^{\,2})
\end{aligned}$$

$$= f_{1\,986}^{2} + f_{1\,986} f_{1\,987} - f_{1\,987}^{2} = \cdots$$
$$= f_{2}^{2} + f_{2} f_{3} - f_{3}^{2}$$
$$= 1^{2} + 1 \times 2 - 2^{2} = -1$$

试题 2　（苏联大学生数学竞赛试题）

设 $A_1, \cdots, A_n$ 是集 E 的子集,证明: E 的所有可以通过对集 $A_1 \mid A_2, A_2 \mid A_3, \cdots, A_n \mid A_1$ 作并、交和(关于 E 的)补的运算而得到的不同的子集的最大可能的个数是 $2^{\left(\frac{1+\sqrt{5}}{2}\right)^n + \left(\frac{1-\sqrt{5}}{2}\right)^n}(n \geqslant 2)$.

证明　对于任意的 $B \subseteq E$,记

$$B^1 = B, B^0 = \frac{E}{B}$$

并设

$$C_i = A_i \mid A_{i(\bmod n)+1}(i(\bmod n))$$

是 i 除以 n 的余数. 我们研究集

$$D_\sigma = \bigcap_{i=1}^{n} C_i^{\sigma_i}$$

这里 $\sigma = (\sigma_1, \cdots, \sigma_n)$ 是由 0 和 1 组成的数组,当 $\sigma_1 \neq \sigma_2$ 时

$$D_{\sigma_1} \cap D_{\sigma_2} = \varnothing$$

并且容易看出,通过集的并、交和补的运算,由集 C_i 得到的每个集可表示成若干个集 D_σ 的并的形式,所以通过所说的那些运算从 C_i 获得的集 M 的个数等于 2^N,这里 N 是非空集 D_σ 的个数,注意,当 $\sigma_i = \sigma_{i(\bmod n)+1}$ 时

$$D_\sigma = \varnothing$$

所以

$$N \leqslant \varphi(n)$$

这里 $\varphi(n)$ 是由 0 和 1 所组成的数组

Zernov 定理

$$\sigma = (\sigma_1, \cdots, \sigma_n)$$

的个数,并且其中对任何 i 也满足

$$\sigma_i = \sigma_{i(\bmod n)+1} = 1$$

我们把这样的数组称为允许的.

如果集 $A_1, \cdots, A_n$ 适合

$$\bigcap_{i=1}^{n} A_i^{\sigma_i} \neq \varnothing$$

(对于任何 $\sigma = (\sigma_1, \cdots, \sigma_n)$),那么容易验证,对于允许的 σ,有

$$\bigcap_{i=1}^{n} A_i^{\sigma_i} \subseteq \bigcap_{i=1}^{n} C_i^{\sigma_i}$$

亦即 $D_\sigma \neq \varnothing$,因为等式 $N = \varphi(n)$ 是可能的. 如果 $(\sigma_1, \cdots, \sigma_n)$ 是允许的数组,那么数组 $(\sigma_1, \cdots, \sigma_n, 0)$ 也是允许的;如果 $(\sigma_2, \cdots, \sigma_n)$ 是允许的数组,那么当 $\sigma_n = 1$ 时,数组 $(1, \sigma_2, \cdots, \sigma_n, 0)$ 也是允许的,而当 $\sigma_n = 0$ 时,数组 $(0, \sigma_2, \cdots, \sigma_n, 1)$ 是允许的,所以有

$$\varphi(n+1) = \varphi(n) + \varphi(n-1)$$

考虑到

$$\varphi(1) = 1, \varphi(2) = 3$$

对 n 用归纳法,可以证明

$$\varphi(n) = \left(\frac{1+\sqrt{5}}{2}\right)^n + \left(\frac{1-\sqrt{5}}{2}\right)^n$$

($\varphi(1) = 1$ 是根据下列理由得到:因为 $|(\bmod 1)| = 0$,$\sigma_1 = \sigma_{1(\bmod n)+1} = 1$,所以 $\sigma = (1)$ 是非允许的数组.)

1994 年英国数学奥林匹克竞赛试题及解答

试题 1 一个单调增加的整数数列,如果它的第一项是个奇数,第二项为偶数,第三项为奇数,第四项为偶数……依次类推,则称它为交错数列.空集也当作一个交错数列.用 $A(n)$ 表示交错数列的数目,它们中的整数全部取自集合 $\{1,2,\cdots,n\}$. 显然 $A(1)=2$,$A(2)=3$. 求 $A(20)$ 并证明你的结论.

解 当 $n=1$,空集及 $\{1\}$ 是两个交错数列. 于是 $A(1)=1$. 当 $n=2$ 时,空集及 $\{1\}$,$\{1,2\}$ 是 3 个交错数列,于是

$$A(2)=3$$

如果 $\{a_1,a_2,a_3,\cdots,a_m\}$ 是取自集合 $\{1,2,\cdots,n\}$ 的非空交错数列,由题目条件,有 $a_1=1$,或奇数 $a_1\geqslant 3$. 当 $a_1=1$ 时,那么 $\{a_2-1,a_3-1,\cdots,a_m-1\}$ 是取自集合 $\{1,2,\cdots,n-1\}$ 的一个交错数列,而且 $a_1=1$ 的取自集合 $\{1,2,\cdots,n\}$ 的一个交错数列 $\{a_1,a_2,a_3,\cdots,a_m\}$ 与取

自集合 $\{1,2,\cdots,n-1\}$ 的交错数列 $\{a_2-1,a_3-1,\cdots,a_m-1\}$ 是一一对应的,所以当 $a_1=1$ 的取自集合 $\{1,2,\cdots,n\}$ 的交错数列个数为 $A(n-1)$. 当奇数 $a_1\geqslant 3$ 时,取自集合 $\{1,2,\cdots,n\}$ 的交错数列 $\{a_1,a_2,\cdots,a_m\}$ 与取自集合 $\{1,2,\cdots,n-2\}$ 的非空交错数列 $\{a_1-2,a_2-2,\cdots,a_m-2\}$ 成一一对应,这样的交错数列的个数为 $A(n-2)-1$.

从上面分析,我们有(注意空集也是交错数列)

$$A(n)=A(n-1)+A(n-2) \tag{1}$$

我们知道 Fibonacci 数列

$$F_1=1,F_2=1,F_{n+2}=F_{n+1}+F_n$$

由于

$$A(1)=F_3,A(2)=F_4$$

设

$$A(n-2)=F_n,A(n-1)=F_{n+1}$$

这里正整数 $n\geqslant 3$,那么,利用公式(1)及归纳法假设,有

$$A(n)=F_{n+1}+F_n=F_{n+2} \tag{2}$$

从而,对于任意正整数 n,有

$$A(n)=F_{n+2}$$

特别地

$$A(20)=F_{22} \tag{3}$$

下面依次推算,求出 F_{22},有

$$\begin{cases} F_4=3,F_5=5,F_6=8,F_7=13,F_8=21,F_9=34, \\ F_{10}=55,F_{11}=89,F_{12}=144,F_{13}=233,F_{14}=377, \\ F_{15}=610,F_{16}=987,F_{17}=1\,597,F_{18}=2\,584, \\ F_{19}=4\,181,F_{20}=6\,765,F_{21}=10\,946,F_{22}=17\,711 \end{cases}$$

$$\tag{4}$$

试题 2 有一张 $n\times n$ 方格的棋盘,一只鸟遵循下

列规则飞翔,在垂直方向,鸟每飞一次,只能向上飞一格;在水平方向,鸟每飞一次,可以向右飞任意格,但不飞出这张棋盘. 开始时,鸟在这张棋盘的左下角原点 O,问有多少种不同的方法,使得这只鸟飞到棋盘的直线 $x+y=m$ 上,这里 m 是给定的小于或等于 n 的正整数. 另外,当 $n=7$ 时,有多少种不同方法,使得鸟从原点 O 飞到棋盘右上角的点 A.

解　设鸟飞到直线

$$x+y=s \quad (s=1,2,\cdots,m)$$

上的不同方法数目为 a_s. 本题先求 a_m,考虑最后一次飞法. 在垂直方向,只有当鸟停在

$$x+y=m-1$$

上时,才能在最后一次由垂直方向飞到直线 $x+y=m$ 上. 于是,最后一次是垂直方向飞到直线

$$x+y=m$$

上的不同飞法有 a_{m-1} 种. 在水平方向,在最后一次起飞前,鸟可以停在任一条直线

$$x+y=k \quad (1\leqslant k\leqslant m-1)$$

上,都能够在最后一次由水平方向直飞到 $x+y=m$ 这条直线上. 另外,从原点也可以水平方向直飞到直线 $x+y=m$ 上. 于是,最后一次是由水平方向飞到直线 $x+y=m$ 上,应有 $a_1+a_2+\cdots+a_{m-1}+1$ 种不同的飞法.

当 $m=1$ 时,鸟从原点可以水平方向或垂直方向飞到直线

$$x+y=1$$

上,因此,$a_1=2$. 当 $m=2$ 时,从上面分析可以知道

$$a_2=a_1+(a_1+1)=5 \qquad (5)$$

下面考虑正整数 $m \geqslant 3$,从上面的叙述可以得到

$$a_m = 2a_{m-1} + (a_1 + a_2 + \cdots + a_{m-2}) + 1 \quad (6)$$

在上式中,用 $m-1$ 代替 m,有

$$a_{m-1} = 2a_{m-2} + (a_1 + a_2 + \cdots + a_{m-3}) + 1 \quad (7)$$

利用上面两个式子,可以得到

$$a_m - a_{m-1} = 2a_{m-1} - a_{m-2} \quad (8)$$

于是,我们得到递推公式

$$a_m - 3a_{m-1} + a_{m-2} = 0 \quad (9)$$

上述公式的特征方程是

$$\lambda^2 - 3\lambda + 1 = 0 \quad (10)$$

上述方程有两根

$$\lambda_1 = \frac{1}{2}(3 + \sqrt{5}), \lambda_2 = \frac{1}{2}(3 - \sqrt{5}) \quad (11)$$

因此

$$a_m = A\lambda_1^m + B\lambda_2^m \quad (12)$$

这里 A,B 是待定常数. 在上式中,依次令 $m=1, m=2$,再利用公式(5)及前面的叙述,有

$$\lambda_1 A + \lambda_2 B = 2, \lambda_1^2 A + \lambda_2^2 B = 5 \quad (13)$$

利用公式(11)和上述方程组,有

$$A = \frac{1}{10}(5 + \sqrt{5}), B = \frac{1}{10}(5 - \sqrt{5}) \quad (14)$$

将公式(11)和(14)代入公式(12),有

$$a_m = \frac{1}{2\sqrt{5}}(\sqrt{5}+1)\left(\frac{1+\sqrt{5}}{2}\right)^{2m} + \frac{1}{2\sqrt{5}}(\sqrt{5}-1)\left(\frac{1-\sqrt{5}}{2}\right)^{2m}$$

$$= \frac{1}{\sqrt{5}}\left[\left(\frac{1+\sqrt{5}}{2}\right)^{2m+1} - \left(\frac{1-\sqrt{5}}{2}\right)^{2m+1}\right] \quad (15)$$

熟悉 Fibonacci 数列的读者知道,上式右端恰是 F_{2m+1}.

接着求鸟从左下角的点 O 飞到右上角的点 A 的方法数. 先不限制 $n=7$, 设鸟飞到右上角的点 A 的方法中, 在垂直方向上总共飞了 n 步. 设在水平方向飞了 k 步 $(k=1,2,3,\cdots,n)$. 由于垂直方向与水平方向先后飞次序的不同, 都是不同的飞法, 一共有 C_{n+k}^{k} 种不同的次序排法, 而水平方向飞 k 步, 总数也应当是 n 格. 当 k 固定时, 对于 C_{n+k}^{k} 中任一个次序排法可以有许多种飞法, 这飞法数目等于 n 个元素分成 k 个集合, 每个集合至少有一个元素的分法数目. 这数目可以这样求: 在一条线段上有 $n+1$ 个点, 不考虑两个端点, 从中间 $n-1$ 个点中任意选出 $k-1$ 个点, 然后用剪刀沿这 $k-1$ 个点将这条线段剪成 k 段, 每一种剪法代表 n 个元素(每两点之间线段代表一个元素, 一条线段上有 $n+1$ 个点(包含两个端点), 将这线段分成 n 小段, 一共代表 n 个元素), 分成 k 个集合的一种分法, 因此, 这数目是 C_{n-1}^{k-1}, 那么, 一只鸟从左下角的点 O 飞到右上角的点 A 的不同飞法总数是 $\sum_{k=1}^{n} C_{n+k}^{k} C_{n-1}^{k-1}$. 特别当 $n=7$ 时, 有

$$\sum_{k=1}^{7} C_{7+k}^{k} C_{6}^{k-1} = C_{8}^{1} C_{6}^{0} + C_{9}^{2} C_{6}^{1} + C_{10}^{3} C_{6}^{2} + C_{11}^{4} C_{6}^{3} + C_{12}^{5} C_{6}^{4} +$$
$$C_{13}^{6} C_{6}^{5} + C_{14}^{7} C_{6}^{6}$$
$$= 8 + 216 + 1\ 800 + 6\ 600 + 11\ 880 +$$
$$10\ 296 + 3\ 432 = 34\ 232 \qquad (16)$$

试题 3 求所有的整数 $n(n \geqslant 3)$, 使得在满足
$$\max\{a_1, a_2, \cdots, a_n\} \leqslant n \min\{a_1, a_2, \cdots, a_n\}$$
的任何 n 个正实数 $a_1, a_2, \cdots, a_n$ 中, 存在三个不同的数是某锐角三角形三边的长度.

分析 直观上,n 越大,结论成立的可能性就越大,不妨设

$$a_1 \leq a_2 \leq \cdots \leq a_n$$

如果这 n 个数中没有三个数是某锐角三角形的边长,则得到递推不等式

$$a_{i+2}^2 \geq a_i^2 + a_{i+1}^2 \quad (1 \leq i \leq n-2)$$

联想到 Fibonacci 数列的递推式

$$F_{n+1} = F_n + F_{n-1}$$

两者对比,结构相同,只是一个是等式形式的递推式,另一个是不等式形式的递推式,这样解题思路就来了.

解 首先利用反证法证明:任何 $n \geq 13$ 的整数均满足条件.

假设 $a_1 \leq a_2 \leq \cdots \leq a_n$ 均为整数,满足

$$\max\{a_1, a_2, \cdots, a_n\} \leq n \min\{a_1, a_2, \cdots, a_n\}$$

且没有三个边长是某锐角三角形的边长,则对于所有的 $i(1 \leq i \leq n-2)$ 均有

$$a_{i+2}^2 \geq a_i^2 + a_{i+1}^2 \qquad (17)$$

记 $\{F_n\}$ 是 Fibonacci 数列,即

$$F_1 = F_2 = 1$$

当 $n \geq 2$ 时,有

$$F_{n+1} = F_n + F_{n-1}$$

则对于所有的 $i(i \leq n)$,反复应用式(17)及 $\{a_i\}$ 的排序知

$$a_i^2 \geq F_i \cdot a_1^2 \qquad (18)$$

注意到 $F_{12} = 12^2$,易知,对于 $n > 12$ 有 $F_n > n^2$,因此,若 $n \geq 13$,式(18)为 $a_n^2 > n^2 a_1^2$ 矛盾.

其次证明:任何 $n < 13$ 的正整数不满足条件.

对任意的 $n < 13$,当 $1 \leq i \leq n$ 时,令 $a_i = \sqrt{F_i}$,而对

64

于 $n \leqslant 12$，有 $F_n \leqslant n^2$，则

$$\max\{a_1, a_2, \cdots, a_n\} \leqslant n \min\{a_1, a_2, \cdots, a_n\}$$

且对于 $i < j$，有

$$F_i + F_j \leqslant F_{j+1}$$

即对于 $i < j < k$，有

$$a_k^2 \geqslant a_i^2 + a_j^2$$

因此，$\{a_i, a_j, a_k\}$ 不是某锐角三角形的边长.

2014～2015 年度美国数学人才搜索

第 8 章

试题 1　一组人按顺序排成一行,使得位于左边的人身高不会比位于他右边的任何一个人高出 8 cm. 例如,如果有 5 个人身高分别为 160 cm,165 cm,170 cm,175 cm,180 cm,那他们可以排成一排,从左至右身高依次为 160 cm,170 cm,165 cm,180 cm,175 cm.

（1）如果有 10 个人,身高分别为 140 cm,145 cm,150 cm,155 cm,160 cm,165 cm,170 cm,175 cm,180 cm,185 cm,那么共有多少种排列方式?

（2）如果有 20 个人,身高分别为 120 cm,125 cm,130 cm,135 cm,140 cm,145 cm,150 cm,155 cm,160 cm,164 cm,165 cm,170 cm,175 cm,180 cm,185 cm,190 cm,195 cm,200 cm,205 cm,210 cm,那么共有多少种排列方式?

引理　如果有 n 个人,其身高分别为 $a,a+5,\cdots,a+5(n-1)$,则有 F_{n+1} 种排列方式,其中 F_k 是第 k 个 Fibonacci

数,定义为 $F_0=0,F_1=1,F_k=F_{k-1}+F_{k-2}(k\geqslant 2)$.

引理的证明　我们对 n 归纳证明.

$n=1$ 和 $n=2$ 时分别对应 $F_2=1,F_3=2$,结论成立.

给定 $n>2$,假设结论对于小于 n 的整数都成立. 记 L 是 n 个人的一种排列方式. 若最高的人在 L 的最右端,那么由归纳假设,前面的 $n-1$ 个人有 F_n 种排列方式. 若最高的人不在 L 的最右端,则由于他比右边的人不高出 8 cm,而比他矮 8 cm 以内的只有第二高的人,因而最高的人位于 L 的右数第二个,第二高的人位于 L 的最右端.

由归纳假设,前 $n-2$ 个人有 F_{n-1} 种排列方式.

结合两种情形,n 个人共有

$$F_n+F_{n-1}=F_{n+1}$$

种排列方式.

(1)根据引理,10 个人共有 $F_{11}=89$ 种排列方式.

(2)首先,注意到若身高为 164 cm 的人位于身高为 165 cm 的人左边,身高为 h cm 的人位于他们之间,则有

$$164<h+9$$

即

$$155<h<174$$

因而 h 只能为 160 cm 或 170 cm. 若身高为 164 cm 的人位于身高为 165 cm 的人之间,则

$$165\ \text{cm}<h+9$$

同样可得到 h 只能为 160 cm 或 170 cm. 因而只有身高为 160 cm 和 170 cm 的人才能位于身高为 164 cm 与 165 cm 的人之间. 现在考虑下面 4 种情形:

情形 1. 没人位于身高为 164 cm 和 165 cm 的人之间. 由引理, 身高为 $140, 145, \cdots, 205, 210$ (不包含 164 cm) 的 19 个人有 $F_{20} = 6\,765$ 种排列方式. 现在将身高为 164 cm 的人直接添加到这 19 个人中, 由于身高为 164 cm 的人可以位于身高为 165 cm 的人左边, 也可以是右边, 因而这种情形下共有

$$2 \times 6\,765 = 13\,530$$

种排列方式.

情形 2. 只有身高为 160 cm 的人位于身高为 164 cm 和身高为 165 cm 的人之间. 若身高为 164 cm 的人在身高为 165 cm 的人左边, 则所有身高为 155 cm 或低于 155 cm 的人必须位于身高为 164 cm 的人左边, 且所有身高为 170 cm 或超过 170 cm 的人必须位于身高为 165 cm 的人右边. 由引理, 最左边 8 个人有 $F_9 = 34$ 种排列方式, 最右边的 9 个人有 $F_{10} = 55$ 种排列方式. 因而有

$$34 \times 55 = 1\,870$$

种排列方式. 同理, 若身高为 165 cm 的人位于身高为 164 cm 的人左边也有 1 870 种排列方式. 因此在这种情形下, 共有

$$2 \times 1\,870 = 3\,740$$

种排列方式.

情形 3. 只有身高为 170 cm 的人位于身高为 164 cm 和 165 cm 的人之间. 类似于情形 2, 这种情形下共有 3 740 种排列方式.

情形 4. 身高为 160 cm 和 170 cm 的人都位于身高

为 164 cm 和 165 cm 的人之间,则身高为 160 cm 的人只能位于身高为 170 cm 的人左边,因而这 4 个人只有两种排列方式,分别为 164 cm,160 cm,170 cm,165 cm 和 165 cm,160 cm,170 cm,164 cm. 若身高为 164 cm 的人位于身高为 165 cm 的人左边,则所有身高为 155 cm 或低于 155 cm 的人必须位于身高为 164 cm 的人左边,所有身高为 175 cm 或 175 cm 以上的人必须在身高为 165 cm 的右边. 由引理,左边的 8 个人有 $F_9 = 34$ 种排列方式,右边的 8 个人也有 $F_9 = 34$ 种排列方式. 因而有 $34 \times 34 = 1\ 156$ 种排列方式. 同样的,若身高为 165 cm 的人位于身高为 164 cm 的人左边,也有 1 156 种排列方式. 因此,这种情形下共有 $2 \times 1\ 156 = 2\ 312$ 种排列方式.

因此,4 种情形加起来,共有

$$13\ 530 + 3\ 740 + 3\ 740 + 2\ 312 = 23\ 322$$

种排列方式.

试题 2 设 $\{g_i\}_{i=0}^{\infty}$ 是正整数序列,其中 $g_0 = g_1 = 1$ 且对于任何正整数 n 有

$$g_{2n+1} = g_{2n-1}^2 + g_{2n-2}^2$$
$$g_{2n} = 2g_{2n-1}g_{2n-2} - g_{2n-2}^2$$

求 $g_{2\,011}$ 被 216 除的余数.

解 答案为 34. 这个数列的前几项为 1,1,1,2,3,5,21,34,…,它包含着 Fibonacci 数列的很多项. 但是,它不是 Fibonacci 数列. 若 $\{F_i\}_{i=1}^{\infty}$ 是 Fibonacci 数列,其中 $F_0 = F_1 = 1$,那么数列 g 可以写为 $1,1,F_1,F_2,F_3,F_4,F_7,F_8,\cdots$,这表明对于所有正整数 k,有 $g_{2k} = F_{2^k-1}$

69

并且 $g_{2k+1} = F_{2k}$.

我们用归纳法证明上面的两个等式. 由于数列的初始条件(g_0 和 g_1)分别与 F_1 和 F_2 相同, 归纳法的第一步(基本情形)已经完成了. 因此, 假设 $g_{2n} = F_{2n-1}$ 以及 $g_{2n+1} = F_{2n}$, 并且考虑 g_{2n+2} 以及 g_{2n+3}. Fibonacci 恒等式

$$F_{2k} = F_k^2 + F_{k-1}^2$$

和

$$F_{2k-1} = 2F_k F_{k-1} - F_{k-1}^2$$

可以解决证明的第二步(归纳步骤).

为了完成证明, 我们用强归纳来一前一后地证明这两个恒等式. 对于

$$F_{2k} = F_k^2 + F_{k-1}^2$$

我们可以验证在基本情形 $k = 1$, 恒等式成立($F_2 = 2 = 1 + 1 = F_1^2 + F_0^2$). 对于

$$F_{2k-1} = 2F_k F_{k-1} - F_{k-1}^2$$

基本情形 $k = 1$ 可以通过

$$F_1 = 1 = 2 \times 1 - 1 = 2F_1 F_0 - F_0^2$$

验证. 这样我们就完成了归纳假设第一步(基本情形)的证明. 对于归纳假设, 假设

$$F_{2k-2} = F_{k-1}^2 + F_{k-2}^2, \quad F_{2k-3} = 2F_{k-1}F_{k-2} - F_{k-2}^2$$

注意到

$$
\begin{aligned}
2F_k F_{k-1} - F_{k-1}^2 &= 2(F_{k-1} + F_{k-2})F_{k-1} - F_{k-1}^2 \\
&= F_{k-1}^2 + 2F_{k-1}F_{k-2} \\
&= (F_{k-1}^2 + F_{k-2}^2) + (2F_{k-1}F_{k-2} - F_{k-2}^2)
\end{aligned}
$$

由这个等式以及归纳假设

$$2F_kF_{k-1} - F_{k-1}^2 = (F_{k-1}^2 + F_{k-2}^2) + (2F_{k-1}F_{k-2} - F_{k-2}^2)$$
$$= F_{2k-2} + F_{2k-3} = F_{2k-1}$$

现在我们还需要对另一个恒等式完成归纳步骤

$$F_k^2 + F_{k-1}^2 = (F_{k-1} + F_{k-2})^2 + F_{k-1}^2$$
$$= 2F_{k-1}^2 + 2F_{k-1}F_{k-2} + F_{k-2}^2$$
$$= 2(F_{k-1}^2 + F_{k-2}^2) + 2F_{k-1}F_{k-2} - F_{k-2}^2$$

由归纳假设

$$F_k^2 + F_{k-1}^2 = 2(F_{k-1}^2 + F_{k-2}^2) + 2F_{k-1}F_{k-2} - F_{k-2}^2$$
$$= 2F_{2k-2} + F_{2k-3}$$
$$= F_{2k-1} + F_{2k-2} = F_{2k}$$

那么两个恒等式都被证明了,归纳证明也完成了.(这两个恒等式也可以用 Binet 公式或矩阵积证明)

现在考虑 Fibonacci 数列(mod 8)和(mod 27).Fibonacci 数列(mod 8)的前几项为 1,1,2,3,5,0,5,5,2,7,1,0,…(然后重复这些开始的项),因此,Fibonacci 数列(mod 8)的周期是 12. 对于所有的 $k \geqslant 2$ 有

$$2^k \equiv 2^{k+2} \pmod{12}$$

因此

$$g_{2\,011} = F_{2^{2\,005}} \equiv F_8 \equiv 2 \pmod 8$$

下面计算 Fibonacci 数列(mod 27)的周期,写出 Fibonacci 数列(mod 27)的前几项:1,1,2,3,5,8,13,21,7,1,8,0,…. 注意到 $F_{12} \equiv 0 \pmod{27}$,那么对于 $13 \leqslant i \leqslant 24$ 有 $F_i \equiv 8F_{i-12} \pmod{27}$,这是由于这部分序列是由 $F_{12} \equiv 0$ 和 $F_{13} \equiv 8 \pmod{27}$ 生成的. 因此

$$F_{23} \equiv 64 \equiv 10 \, (\bmod \, 27)$$

用与上面相同的逻辑,对于 $25 \leqslant i \leqslant 36$ 有

$$F_i \equiv 10 F_{i-24} \, (\bmod \, 27)$$

因此

$$F_{35} \equiv 80 \equiv -1 \, (\bmod \, 27)$$

那么对于 $36 \leqslant i \leqslant 71$ 有

$$F_i \equiv -F_{i-36} \, (\bmod \, 27)$$

因此

$$F_{71} \equiv 1 \, (\bmod \, 27)$$

由于

$$F_{72} \equiv 0 \, (\bmod \, 27)$$

Fibonacci 数列($\bmod \, 27$)在 72 项之后重复. 由于周期一定整除 36 或 24,所以不存在更小的周期,即使我们知道 $F_{35} \equiv -1$ 和 $F_{23} \equiv 10 \, (\bmod \, 27)$.

现在

$$2^{1\,002} = 8^{334} \equiv (-1)^{334} \equiv 1 \, (\bmod \, 9)$$

因此

$$2^{1\,005} \equiv 8 \, (\bmod \, 72)$$

那么

$$F_{2^{1\,005}} \equiv F_8 \, (\bmod \, 27)$$

因此

$$g_{2\,011} \equiv F_8 \equiv 34 \, (\bmod \, 216)$$

答案为 34.

与 Fibonacci 数列有关的其他初等数学问题

Fibonacci 数列应用极广,可以说几乎渗透到数学的各个分支,如数论、代数、组合数学、图论、计算机科学、差分方程、数值分析、运筹学、概率统计、函数论、几何学等,另外在物理学、化学、生物学、电力工程等方面也有很多用途,在初等数学中 Fibonacci 数列也有许多触碰,在一些我们意想不到的地方遇见它,关于这方面的问题可以见吴振奎先生所著的《Fibonacci 数列》(世纪数学名题欣赏丛书),辽宁教育出版社,1987年版.

我们在这里举几个小例子.

例1 我们注意到 $2\ 178 \times 4 = 8\ 712$,这里 $2\ 178$ 与 $8\ 712$ 数字相同但次序相反,称作互为"反序数". 许多人研究了反序数,发表了许多文章,如《寻找"反序数"》顾忠德(1984),《再寻"反序数"》程鹏(1984),《"反序数"问题的解答》高鸿宾(1984).

一般地,求数$\overline{a_n a_{n-1} \cdots a_2 a_1}$使得

$$\overline{a_n a_{n-1} \cdots a_2 a_1} \cdot k = \overline{a_1 a_2 \cdots a_{n-1} a_n} \quad (1)$$

这里 k 取数字 $2 \sim 9$ 中某一个,$a_n \neq 0$,$a_1 \neq 0$,$a_2, a_3, \cdots,$ a_{n-1} 可取数 $0 \sim 9$,对于给定的 n,设方程(1)的解为 $S(n)$,则由已经得到的结果

$n = 1,2,3,4,5,6,7,8,9,10,11,12,13,14,15,16,17,\cdots$

$S(n) = 0,0,0,2,2,2,2,4,4,6,6,10,10,16,16,26,26\cdots$

观察 $2,2,4,6,10,16,26,\cdots$ 是 Fibonacci 数列的两倍,我们猜想

$$S(n) = \frac{2}{\sqrt{5}} \left\{ \left(\frac{1+\sqrt{5}}{2} \right)^{\left[\frac{n}{2} \right]} - \left(\frac{1-\sqrt{5}}{2} \right)^{\left[\frac{n}{2} \right]} \right\} \quad (n \geqslant 4)$$

其中 $\left[\dfrac{n}{2} \right]$ 表示 $\dfrac{n}{2}$ 的整数部分.

例 2 （1981 年全国高考数学附加题）

已知以 AB 为直径的半圆有一个内接正方形 $CDEF$,其边长为 1(图 1),设 $AC = a$,$BC = b$. 作数列

图 1

$$u_1 = a - b$$
$$u_2 = a^2 - ab + b^2$$
$$u_3 = a^3 - a^2 b + ab^2 - b^3$$
$$\vdots$$
$$u_k = a^k - a^{k-1}b + a^{k-2}b^2 - \cdots + (-1)^k b^k$$

求证

74

$$u_n = u_{n-1} + u_{n-2} \quad (n \geqslant 3)$$

证明　这里通项公式可定义为

$$u_k = a^k - a^{k-1}b + a^{k-2}b^2 - \cdots + (-1)^k b^k$$

$$= \frac{a^{k+1} - (-1)^{k+1}b^{k+1}}{a+b}$$

（公比 $q = -\dfrac{b}{a}, S_n = \dfrac{a_1(1-q^n)}{1-q}$）.

由图 1 可见

$$a - b = AC - CB = AC - AF = FC = 1$$

$$AB = AC \cdot CB = CD^2 = 1$$

于是有

$$a = \frac{\sqrt{5}+1}{2}, b = \frac{\sqrt{5}-1}{2}$$

所以

$$u_k = \frac{a^{k+1} - (-1)^{k+1}b^{k+1}}{a+b}$$

$$= \frac{1}{\sqrt{5}}\Big[\Big(\frac{\sqrt{5}+1}{2}\Big)^{k+1} - (-1)^{k+1}\Big(\frac{\sqrt{5}-1}{2}\Big)^{k+1}\Big]$$

$$= \frac{1}{\sqrt{5}}\Big[\Big(\frac{1+\sqrt{5}}{2}\Big)^{k+1} - \Big(\frac{1-\sqrt{5}}{2}\Big)^{k+1}\Big]$$

由此容易验证

$$u_k = u_{n-1} + u_{n-2} \quad (n \geqslant 3)$$

成立.

例 3　《美国数学月刊》是一个世界著名的数学刊物. 文章多出自名家之手, 颇具代表潮流.

在美国数学月刊中有一征解题为:

试证: $\operatorname{arccot} 1 = \operatorname{arccot} 2 + \operatorname{arccot} 5 + \operatorname{arccot} 13 + \operatorname{arccot} 34 + \cdots$, 式中这些整数是 Fibonacci 数列中相间

出现的那些数,它们还满足递推式 $v_{n+1} = 3v_n - v_{n-1}$.

证明 Fibonacci 数列由

$$u_{n+2} = u_{n+1} + u_n, u_1 = u_2 = 1$$

所确定.

我们拟证明

$$\text{arccot } u_2 - \text{arccot } u_3 - \text{arccot } u_4 - \cdots - \text{arccot } u_{2n+1}$$

$$= \text{arccot } u_{2n+2} \qquad (2)$$

式中 arccot 表示主值. 由

$$\text{arccot } u_{2n} - \text{arccot } u_{2n+1} = \text{arccot}\left[\frac{u_{2n}u_{2n+1} + 1}{u_{2n+1} - u_{2n}}\right]$$

$$= \text{arccot}\left[\frac{u_{2n}u_{2n+1} + 1}{u_{2n-1}}\right]$$

并借助于容易推导的关系式

$$u_{m+1}u_{m+2} - u_m u_{m+3} = (-1)^m$$

令 $m = 2n - 1$,则上式化为

$$\text{arccot } u_{2n} - \text{arccot } u_{2n+1} = \text{arccot } u_{2n+2} \qquad (3)$$

将式(3)按 $n = 1, 2, \cdots, n$ 使各式两端分别相加,便得到式(2),由于当 n 趋于无穷时,式(2)的右边趋于零,最终有

$$\text{arccot } u_2 = \sum_{n=1}^{\infty} \text{arccot } u_{2n+1} \qquad (4)$$

若令

$$u_{2n+1} = v_{n+1}, u_2 = u_1 = v_1 = 1$$

我们可将结果写为

$$\text{arccot } v_1 = \sum_{n=1}^{\infty} \text{arccot } v_{n+1}$$

其中

$$v_1 = 1, v_2 = 2, v_{n+2} = 3v_{n+1} - v_n$$

例 4 一束直线 $l_1, l_2, \cdots$ 的每条均过 xOy 平面内

的抛物线 $c:y^2 = x$ 的焦点,$l_i(i \geqslant 1)$ 与抛物线 c 交于点 A_i, B_i. 若 l_1 的斜率为 1. $l_i(i \geqslant 2)$ 的斜率为 $1 + \sqrt{|A_{i-1}B_{i-1}| - 1}$,求 $l_{2\,014}$ 的解析式.

解　易知抛物线焦点 $P\left(\dfrac{1}{4}, 0\right)$. 设 $l_i : y = k_i\left(x - \dfrac{1}{4}\right)(i = 1, 2, \cdots)$ 并与 $y^2 = x$ 联立. 知点 A_i, B_i 的横坐标 x_{A_i}, x_{B_i} 满足关于 x 的方程

$$k_i^2 x^2 - \frac{1}{2}(k_i^2 + 2)x + \frac{k_i^2}{16} = 0$$

且 $x_{A_i} \neq x_{B_i}$,则

$$
\begin{aligned}
|A_i B_i| &= \sqrt{1 + k_i^2}\, |x_{A_i} - x_{B_i}| \\
&= \sqrt{1 + k_i^2} \cdot \frac{1}{k_i^2}\sqrt{\frac{1}{4}(k_i^2 + 2)^2 - 4k_i^2\frac{k_i^2}{16}} \\
&= \frac{1 + k_i^2}{k_i^2}
\end{aligned}
$$

从而,当 $i \geqslant 2$ 时,有

$$
\begin{aligned}
k_i &= 1 + \sqrt{|A_{i-1}B_{i-1}| - 1} \\
&= 1 + \frac{1}{k_{i-1}}
\end{aligned}
$$

记 $\{F_n\}$ 满足 $F_1 = F_2 = 1$ 及递推关系 $F_{n+2} = F_{n+1} + F_n$,则 $\{F_n\}$ 为 Fibonacci 数列. 其通项公式为

$$F_n = \frac{1}{\sqrt{5}}\left[\left(\frac{1 + \sqrt{5}}{2}\right)^n - \left(\frac{1 - \sqrt{5}}{2}\right)^n\right]$$

下面证明:$k_i = \dfrac{F_{i+1}}{F_i}$ 对一切正整数 i 成立.

由 $k_1 = 1 = \dfrac{F_2}{F_1}$ 知 $i = 1$ 时,结论成立. 设 $i = t$ 时,结

论成立. 则

$$k_{t+1} = 1 + \frac{1}{k_t} = 1 + \frac{F_t}{F_{t+1}}$$

$$= \frac{F_{t+1} + F_t}{F_{t+1}} = \frac{F_{t+2}}{F_{t+1}}$$

即 $i = t+1$ 时,结论也成立.

由数学归纳法知 $k_i = \dfrac{F_{i+1}}{F_i}$ 对一切正整数 i 成立.

特别地 $k_{2014} = \dfrac{F_{2015}}{F_{2014}}$,从而,$l_{2014}$ 的解析式为

$$y = \frac{1}{2} \cdot \frac{(1+\sqrt{5})^{2015} - (1-\sqrt{5})^{2015}}{(1+\sqrt{5})^{2014} - (1-\sqrt{5})^{2014}} \left(x - \frac{1}{4} \right)$$

例 5　设 $x_0 = 1$,当 $n \geqslant 0$ 时,$x_{n+1} = 3x_n + [x_n \sqrt{5}]$. 特别地,$x_1 = 5$, $x_2 = 26$, $x_3 = 136$, $x_4 = 712$. 对 x_{2007} 求出一个封闭形式的表达式. ($[a]$ 表示小于或等于 a 的最大整数)

（第 68 届美国大学生数学竞赛）

解法 1　观察出 $\dfrac{x_2}{2} = 13$, $\dfrac{x_3}{4} = 34$, $\dfrac{x_4}{8} = 89$,我们猜测 $x_n = 2^{n-1} F_{2n+3}$,其中 F_k 是第 k 个 Fibonacci 数. 那么我们断言

$$x_n = \frac{2^{n-1}}{\sqrt{5}} (\alpha^{2n+3} - \alpha^{-(2n+3)})$$

其中 $\alpha = \dfrac{1+\sqrt{5}}{2}$. 这就得出答案是

$$x_{2007} = \frac{2^{2006}}{\sqrt{5}} (\alpha^{3997} - \alpha^{-3997})$$

我们用归纳法证明此断言;奠基情况 $x_0 = 1$ 是对

的,因此只要迭代 $x_{n+1} = 3x_n + [x_n\sqrt{5}]$ 对 x_n 满足我们

的公式即可.实际上,由于 $\alpha^2 = \dfrac{3+\sqrt{5}}{2}$,我们有

$$x_{n+1} - (3+\sqrt{5})x_n = \frac{2^{n-1}}{\sqrt{5}}(2(\alpha^{2n+5} - \alpha^{-(2n+5)}) -$$
$$(3+\sqrt{5})(\alpha^{2n+3} - \alpha^{-(2n-3)}))$$
$$= 2^n \alpha^{-(2n-3)}$$

现在

$$2^n \alpha^{-(2n+3)} = \left(\frac{1-\sqrt{5}}{2}\right)^3 (3-\sqrt{5})^n$$

是介于 0 和 1 之间的数,因此得出迭代成立,由于 x_n,

x_{n+1} 都是整数.

　　解法 2(Catalin Zara)　　由于 x_n 是有理数,我们有

$$0 < x_n\sqrt{5} - [x_n\sqrt{5}] < 1$$

我们现在有不等式

$$x_{n+1} - 3x_n < x_n\sqrt{5} < x_{n+1} - 3x_n + 1$$
$$(3+\sqrt{5})x_n - 1 < x_{n+1} < (3+\sqrt{5})x_n$$
$$4x_n - (3-\sqrt{5}) < (3-\sqrt{5})x_{n+1} < 4x_n$$
$$3x_{n+1} - 4x_n < x_{n+1}\sqrt{5} < 3x_{n+1} - 4x_n + (3-\sqrt{5})$$

由于 $0 < 3 - \sqrt{5} < 1$,这就得出

$$[x_{n+1}\sqrt{5}] = 3x_{n+1} - 4x_n$$

因此我们可以把所给的迭代对 $n \geq 2$ 重写成

$$x_{n+1} = 6x_n - 4x_{n-1}$$

这就把问题归结为解这个循环关系,并且获得和上面

同样的解.

　　例 6　设 N 是满足下列条件的所有二项式系数

$\binom{a}{b}$ 的和: a 和 b 是非负整数并且 $a + b$ 是小于 100 的偶数. 求 N 除以 144 的余数. (注意: 若 $a < b$, 则 $\binom{a}{b} = 0$, $\binom{0}{0} = 1$.)

(第 5 届普林斯顿大学数学竞赛(2010 年))

解 答案为 3. 由 $a + b$ 对二项式系数分类, 我们得到

$$N = \sum_{n=0}^{49} \sum_{k=0}^{n} \binom{2n-k}{k}$$

关键的步骤是注意到公式中内层的和数是第 $2n$ 个 Fibonacci 数 F_{2n}, 其中 F 的定义为 $F_0 = F_1 = 1$ 以及对于所有的正整数 i, 有 $F_{i+1} = F_i + F_{i-1}$. 这可以由归纳法证明.

作为一种证明的选择, 考虑将一行 $2n$ 个方格分划成若干段, 每一段包含 1 个或 2 个方格. 若一共有 k 个含 2 个方格的段, 则总共有 $2n - k$ 个段, 并且因此有 $\binom{2n-k}{k}$ 种这样的分划. 由于 k 在所有可能的值上变化, 上面公式中内层的和数是对所有分划的计数. 那么上面公式中内层的和数是将一行 $2n$ 个方格分成包含 1 个或 2 个方格的段的分划的个数.

然而将一行 m 个方格分成包含 1 个或 2 个方格的段的分划的个数是 F_m. 很明显, 我们分划 0 个或 1 个方格组成的行只有 1 种方式, 并且一行 m 个方格的分划的个数等于以包含 1 个方格的段为末尾的 m 个方格的分划的个数(等价于一行 $m - 1$ 个方格的分划

的个数)加上以包含 2 个方格的段为末尾的 m 个方格
的分划的个数(等价于一行 $m-2$ 个方格的分划的个
数). 因此一行 m 个方格的分划的个数满足 Fibonacci
递归公式并且有相同的初始值, 那么将一行 m 个方格
分成包含 1 个或 2 个方格的段的分划的个数是 F_m. 公
式中内层的和数是 F_{2n}.

于是

$$
\begin{aligned}
N &= F_0 + F_2 + \cdots + F_{98} \\
&= F_1 + (F_2 + F_4 + \cdots + F_{98}) \\
&= F_3 + (F_4 + F_6 + \cdots + F_{98}) \\
&= \cdots = F_{97} + F_{98} = F_{99}
\end{aligned}
$$

现在我们要计算 $F_{99}(\bmod 144)$. 注意到

$$
F_{10} = 89, F_{11} = 144
$$

因此

$$
F_{11} \equiv 0 \,(\bmod 144)
$$

$$
F_{12} \equiv 89 \,(\bmod 144)
$$

$$
F_{13} \equiv 89 \,(\bmod 144)
$$

那么

$$
F_{12} \equiv 89 F_0 \,(\bmod 144)
$$

$$
F_{13} \equiv 89 F_1 \,(\bmod 144)
$$

我们归纳得到, 对于所有的非负整数 i, 有

$$
F_{i+12} \equiv 89 F_i \,(\bmod 144)
$$

由于

$$
99 = 8 \times 12 + 3
$$

我们有

$$
F_{99} \equiv 89^8 F_3 \equiv 3 \cdot 89^8 \,(\bmod 144)
$$

根据中国剩余定理, 只需计算 $F_{99}(\bmod 16)$ 和 $(\bmod 9)$
就可以了

Zernov 定理

$$F_{99} \equiv 3 \cdot 9^8 \equiv 3 \cdot 81^4 \equiv 3 \pmod{16}$$

$$F_{99} \equiv 3 \cdot (-1)^8 \equiv 3 \pmod 9$$

由中国剩余定理

$$F_{99} \equiv 3 \pmod{144}$$

答案即为 3.

第二编
Fibonacci 数列中的问题

Fibonacci 数列中的若干初等问题

第 10 章

§1　有关 Fibonacci 数列的常见问题

例 1　证明当 $n \geqslant 1$ 时,我们有:

i) $F_{n+1}^2 - F_n F_{n+2} = (-1)^n$;

ii) $F_1 F_3 + F_2 F_3 + F_3 F_4 + \cdots + F_{2n-1} F_{2n} = F_{2n}^2$.

证明　用数学归纳法:

i) 由于

$$F_{1+1}^2 - F_1 F_3 = F_2^2 - F_1 F_3 = 1 - 2 = (-1)^1$$

故当 $n = 1$ 时,式子成立.

假设当 $n = k$ 时($k \geqslant 1$),式子成立,即有

$$F_{k+1}^2 - F_k F_{k+2} = (-1)^k$$

则数

$$
\begin{aligned}
F_{k+2}^2 - F_{k+1} F_{k+3} &= F_{k+2}(F_k + F_{k+1}) - \\
&\quad F_{k+1}(F_{k+1} + F_{k+2}) \\
&= -F_{k+1}^2 + F_k F_{k+2} \\
&= (-1)^{k+1}
\end{aligned}
$$

故当 $n = k + 1$ 时也成立.

ii)由 $F_1 = F_2 = 1$，$F_3 = 2$，$F_4 = 3$ 知道，当 $n = 1$ 和 $n = 2$ 时，式子成立，现在假设当 $n = k (k \geqslant 2)$ 时，式子成立，即有

$$F_1 F_2 + F_2 F_3 + F_3 F_4 + \cdots + F_{2k-1} F_{2k} = F_{2k}^2$$

则

$$F_1 F_2 + F_2 F_3 + F_3 F_4 + \cdots +$$
$$F_{2k-1} F_{2k} + F_{2k} F_{2k+1} + F_{2k+1} F_{2k+2}$$
$$= F_{2k}^2 + F_{2k} F_{2k+1} + F_{2k+1} F_{2k+2}$$
$$= F_{2k} (F_{2k} + F_{2k+1}) + F_{2k+1} F_{2k+2}$$
$$= F_{2k} F_{2k+2} + F_{2k+1} F_{2k+2}$$
$$= (F_{2k} + F_{2k+1}) F_{2k+2}$$
$$= F_{2(k+1)}^2$$

故当 $n = k + 1$ 时，式子也成立，由归纳法原理知对任何自然数 n，式子成立.

例 2　证明当 $n \geqslant 2$ 时：

i) $F_{n-1}^2 + F_n^2 = F_{2n-1}$；

ii) $F_{n+1}^2 - F_{n-1}^2 = F_{2n}$；

iii) $F_n F_{n+1} - F_{n-1} F_{n-2} = F_{2n-1}$；

iv) $F_{3n} = F_{n+1}^3 + F_n^3 - F_{n-1}^3$.

证明　i)在

$$F_{n+m} = F_{n-1} F_m + F_n F_{m+1}$$

中取 $m = n - 1$，则有

$$F_{2n-1} = F_{n+(n-1)} = F_{n-1}^2 + F_n^2$$

故情形 i)成立.

ii）在

$$F_{n+m} = F_{n-1}F_m + F_n F_{m+1}$$

中取 $m = n$，则有

$$F_{2n} = F_{n-1}F_n + F_n F_{n+1}$$
$$= F_n(F_{n+1} + F_{n-1})$$
$$= (F_{n+1} - F_{n-1})(F_{n+1} + F_{n-1})$$
$$= F_{n+1}^2 - F_{n-1}^2$$

iii）由情形 i），ii）及 $\sum_{i=1}^{n} F_i^2 = F_n F_{n+1}$ 得

$$F_{2n-1} = F_{n-1}^2 + F_n^2 = \sum_{i=1}^{n} F_i^2 - \sum_{i=1}^{n-2} F_i^2$$
$$= F_n F_{n+1} - F_{n-2}F_{n-1}$$

故情形 iii）成立.

iv）在

$$F_{n+m} = F_{n-1}F_m + F_n F_{m+1}$$

中取 $m = 2n$ 得到

$$F_{3n} = F_{n-1}F_{2n} + F_n F_{2n+1}$$
$$= F_{n-1}F_{2n} + F_n F_{2(n+1)-1}$$

由情形 i），情形 ii）有

$$F_{3n} = F_{n-1}(F_{n+1}^2 - F_{n-1}^2) + F_n(F_n^2 + F_{n+1}^2)$$
$$= F_n^3 - F_{n-1}^3 + F_{n+1}^2(F_n + F_{n-1})$$
$$= F_{n+1}^3 + F_n^3 - F_{n-1}^3$$

故情形 iv）也成立.

例 3　若 m, n 都是正整数，则 $F_{n+m} = F_{n-1}F_m + F_n F_{m+1}$.

证明 对 m 使用数学归纳：

i）当 $m = 1$ 时

$$F_{n-1}F_1 + F_nF_2 = F_{n-1} + F_n = F_{n+1}$$

命题显然成立.

当 $m = 2$ 时，我们有

$$F_{n-1}F_2 + F_nF_3 = F_{n-1} + 2F_n = F_n + F_{n-1} + F_n$$
$$= F_{n+1} + F_n = F_{n+2}$$

故当 $m = 2$ 时，命题也成立.

ii）假设当 $m = k - 1$ 和 $m = k(k \geqslant 2)$ 时命题成立. 即有

$$F_{n+k-1} = F_{n-1}F_{k-1} + F_nF_k$$

和

$$F_{n+k} = F_{n-1}F_k + F_nF_{k+1}$$

则

$$F_{n+k+1} = F_{n+k-1} + F_{n+k}$$
$$= F_{n-1}F_{k-1} + F_nF_k + F_{n-1}F_k + F_nF_{k+1}$$
$$= F_{n-1}(F_{k-1} + F_k) + F_n(F_k + F_{k+1})$$
$$= F_{n-1}F_{k+1} + F_nF_{k+2}$$

故当 $m = k + 1$ 时，命题成立.

综合情形 i），ii），由归纳原理可知，对任何正整数 n，命题都成立.

例 4 证明当 $n \geqslant 2$ 时：

i）$F_2 + F_4 + \cdots + F_{2n} = F_{2n+1} - 1$；

ii）$F_1 - F_2 + F_3 - F_4 + \cdots + (-1)^{m+1}F_m = (-1)^{m+1}F_{m-1} + 1$.

证明 i）当 $n \geqslant 2$ 时，由

$$F_1 + F_2 + \cdots + F_n = F_{n+2} - 1$$

我们有

$$F_1 + F_2 + \cdots + F_{2n} = F_{2n+2} - 1 \qquad (1)$$

由

$$F_1 + F_3 + \cdots + F_{2n-1} = F_{2n} \qquad (2)$$

式（1）－式（2）得

$$F_2 + F_4 + \cdots + F_{2n} = F_{2n+2} - F_{2n} - 1 = F_{2n+1} - 1 \ (3)$$

故情形 i）得证.

ii）式（2）－式（3）得

$$F_1 - F_2 + F_3 - F_4 + \cdots + F_{2n-1} - F_{2n} = F_{2n} - F_{2n+1} + 1$$
$$= -F_{2n-1} + 1$$

两端都加上 F_{2n+1}，则可得

$$F_1 - F_2 + F_3 - F_4 + \cdots + F_{2n-1} - F_{2n} + F_{2n+1}$$
$$= F_{2n+1} - F_{2n-1} + 1 = F_{2n} + 1$$

当 $m \geqslant 4$ 时，若 m 是偶数，则在情形 i）中取 $n = \dfrac{m}{2}$ 便可知情形 ii）成立. 当 $m \geqslant 4$ 时，若 m 是奇数，则在情形 i）中取 $n = \dfrac{m-1}{2}$ 便可知情形 ii）成立.

例 5　设 f_i 是 Fibonacci 数列的第 i 项，一个四面体的顶点坐标是：(f_n, f_{n+1}, f_{n+2})，$(f_{n+3}, f_{n+4}, f_{n+5})$，$(f_{n+6}, f_{n+7}, f_{n+8})$ 和 $(f_{n+9}, f_{n+10}, f_{n+11})$. 求这个四面体的体积.

解　这个数列满足递推关系式

$$f_n + f_{n+1} = f_{n+2}$$

因此，任意三个相邻的 Fibonacci 数满足方程

$$x + y = z$$

由此知,这个四面体的四个顶点位于一个平面内,它的体积为 0.

注 如果四个顶点的坐标不是十二个相邻的 Fibonacci 数,但是,每个顶点的坐标是任意相邻的三个 Fibonacci 数,那么上述讨论也是正确的.

例 6 试求一个以 Fibonacci 数为边长的三角形.

解 Fibonacci 数列满足关系式

$$f_{n+2} = f_n + f_{n+1}, f_1 = f_2 = 1$$

如果取这个数列的三项,按增加的顺序分别以 a,b,c 表示,那么 $c \geqslant a + b$,因此,没有一个三角形的边长可用 Fibonacci 数表示,因为三角形的任意两边之和总是大于第三边的.

例 7 试求这样一个数,使它的小数部分,整数部分和它本身组成一个等比数列.

解 以 $[x]$ 表示 x 的整数部分(即不超过 x 的最大整数),则由已知条件

$$x(x - [x]) = [x]^2$$

可得

$$x = [x] \cdot \frac{1 + \sqrt{5}}{2} \quad (|x| \geqslant |[x]|, x \geqslant 0)$$

其次有

$$[x] + 1 \geqslant [x] \cdot \frac{1 + \sqrt{5}}{2}$$

$$[x] \leqslant \frac{2}{\sqrt{5} - 1} < 2$$

90

因此 $[x] = 0$ 或 1，$x = 0$ 或 $\dfrac{1 + \sqrt{5}}{2}$，但是 $x = 0$ 没有意义，所以

$$x = \frac{1 + \sqrt{5}}{2}$$

例 8 证明当 $n \geq 1$ 时：

i）$F_1 F_2 + F_2 F_3 + F_3 F_4 + \cdots + F_{2n} F_{2n+1} = F_{2n+1}^2 - 1$；

ii）$nF_1 + (n-1)F_2 + \cdots + 2F_{n-1} + F_n = F_{n+4} - (n+3)$；

iii）当 n 和 m 都是正整数时，$F_{nm} \geq F_n^m$.

证明 i）由

$$F_1 = F_2 = 1, F_3 = 2, F_4 = 3, F_5 = 5$$

可知，当 $n = 1$ 和 $n = 2$ 时，式子成立.

假设当 $n = k(k \geq 2)$ 时，式子成立，即有

$$F_1 F_2 + F_2 F_3 + F_3 F_4 + \cdots + F_{2k} F_{2k+1} = F_{2k+1}^2 - 1$$

则

$$\begin{aligned}
&F_1 F_2 + F_2 F_3 + F_3 F_4 + \cdots + \\
&\quad F_{2k} F_{2k+1} + F_{2k+1} F_{2(k+1)} + F_{2(k+1)} F_{2(k+1)+1} \\
&= F_{2k+1}^2 - 1 + F_{2k+1} F_{2k+2} + F_{2k+2} F_{2k+3} \\
&= F_{2k+1}(F_{2k+1} + F_{2k+2}) + F_{2k+2} F_{2k+3} - 1 \\
&= F_{2k+1} F_{2k+3} + F_{2k+2} F_{2k+3} - 1 \\
&= F_{2k+3}(F_{2k+1} + F_{2k+2}) - 1 \\
&= F_{2(k+1)+1}^2 - 1
\end{aligned}$$

故当 $n = k + 1$ 时，式子成立.

所以由数学归纳法可知情形 i）成立.

ii）由

$$F_1 = F_2 = 1, F_3 = 2, F_4 = 3, F_5 = 5, F_6 = 8$$

可知,当 $n = 1$ 和 $n = 2$ 时,式子成立.

假设当 $n = k$ 时,式子成立,即有

$$kF_1 + (k-1)F_2 + \cdots + 2F_{k-1} + F_k = F_{k+4} - (k+3)$$

则

$$(k+1)F_1 + kF_2 + \cdots + 3F_{k-1} + 2F_k + F_{k+1}$$
$$= kF_1 + (k-1)F_2 + \cdots + 2F_{k-1} +$$
$$F_k + F_1 + F_2 + \cdots + F_{k+1}$$
$$= F_{k+4} - (k+3) + F_{k+3} - 1$$
$$= F_{k+3} + F_{k+4} - (k+4)$$
$$= F_{k+1+4} - (k+4)$$

故当 $n = k + 1$ 时,式子成立,因而由数学归纳法知情形 ii)成立.

iii)当 $m = 1$ 时,显见情形 iii)成立.

假设当 $m = k(k \geqslant 1)$ 时,式子成立,即有

$$F_{nk} \geqslant F_n^k$$

由

$$F_{n+m} = F_{n-1}F_m + F_n F_{m+1}$$
$$F_{n(k+1)} = F_{nk+n} \geqslant F_{nk}F_{n+1} \geqslant F_{nk}F_n = F_n^{k+1}$$

故当 $m = k + 1$ 时,式子成立,因而由数学归纳法知道情形 iii)成立.

例 9 设 $\{f_i\}$ 为 Fibonacci 序列,试求和数

$$S_n = \frac{1}{1 \cdot 2} + \frac{2}{1 \cdot 3} + \frac{3}{2 \cdot 5} + \frac{5}{3 \cdot 8} + \frac{8}{5 \cdot 13} + \cdots + \frac{x_{n+1}}{x_n \cdot x_{n+2}}$$

的值.

解 显然

$$S_n = \frac{2-1}{1 \cdot 2} + \frac{3-1}{1 \cdot 3} + \frac{5-2}{2 \cdot 5} + \frac{8-3}{3 \cdot 8} + \frac{13-5}{5 \cdot 13} + \cdots + \frac{x_{n+2} - x_n}{x_n \cdot x_{n+2}}$$

$$= \left(\frac{1}{1} - \frac{1}{2} \right) + \left(\frac{1}{1} - \frac{1}{3} \right) + \left(\frac{1}{2} - \frac{1}{5} \right) + \left(\frac{1}{3} - \frac{1}{8} \right) +$$

$$\left(\frac{1}{5} - \frac{1}{13} \right) + \cdots + \left(\frac{1}{x_n} - \frac{1}{x_{n+2}} \right)$$

$$= \frac{1}{1} + \frac{1}{1} - \frac{1}{x_{n+1}} - \frac{1}{x_{n+2}} = 2 - \frac{x_n}{x_{n+1}x_{n+2}}$$

例 10　证明

$$F_n = \begin{vmatrix} 1 & -1 & 1 & -1 & 1 & -1 & \cdots \\ 1 & 1 & 0 & 1 & 0 & 1 & \cdots \\ 0 & 1 & 1 & 0 & 1 & 0 & \cdots \\ 0 & 0 & 1 & 1 & 0 & 1 & \cdots \\ \vdots & \vdots & \vdots & \vdots & \vdots & \vdots \end{vmatrix}$$

这里 F_n 是 Fibonacci 数列 $1,1,2,3,5,\cdots,x,y,\cdots$ 的第 n 项,行列式是 $n-1$ 阶的.

证明　以 D_n 记上边的行列式,我们看出

$$D_2 = 1, D_3 = 2$$

我们来证明 $n \geqslant 4$ 时

$$D_n = D_{n-1} + D_{n-2}$$

在 D_n 中从第 $n-1$ 列减去第 $n-3$ 列,从第 $n-2$ 列减去第 $n-4$ 列⋯⋯从第 3 列减去第 1 列,于是我们得到

$$D_n = \begin{vmatrix} 1 & -1 & 0 & 0 & 0 & 0 & \cdots \\ 1 & 1 & -1 & 0 & 0 & 0 & \cdots \\ 0 & 1 & 1 & -1 & 0 & 0 & \cdots \\ 0 & 0 & 1 & 1 & -1 & 0 & \cdots \\ \vdots & \vdots & \vdots & \vdots & \vdots & \vdots \end{vmatrix}$$

按第 1 行展开这个行列式,就得到了所要求的关系式.

1. $F_1 + F_2 + \cdots + F_n = F_{n+2} - 1$.

Zernov 定理

证明

$$F_1 = F_3 - F_2$$
$$F_2 = F_4 - F_3$$
$$\vdots$$
$$F_{n-1} = F_{n+1} - F_n$$
$$F_n = F_{n+2} - F_{n+1}$$

则

$$F_1 + F_2 + \cdots + F_n = F_{n+2} - F_2 = F_{n+2} - 1$$

2. $F_1 + F_3 + F_5 + \cdots + F_{2n-1} = F_{2n}.$

证明

$$F_1 = F_2$$
$$F_3 = F_4 - F_2$$
$$F_5 = F_6 - F_4$$
$$\vdots$$
$$F_{2n-1} = F_{2n} - F_{2n-2}$$

则

$$F_1 + F_3 + F_5 + \cdots + F_{2n-1} = F_{2n}$$

3. $F_1^2 + F_2^2 + \cdots + F_n^2 = F_n \cdot F_{n+1}.$

证明

$$F_1^2 = F_2 F_1$$
$$F_2^2 = F_2(F_3 - F_1) = F_2 F_3 - F_2 F_1$$
$$F_3^2 = F_3(F_4 - F_2) = F_3 F_4 - F_3 F_2$$
$$\vdots$$
$$F_n^2 = F_n(F_{n+1} - F_{n-1}) = F_n F_{n+1} - F_{n-1} F_n$$

则

$$F_1^2 + F_2^2 + \cdots + F_n^2 = F_n F_{n+1}$$

例 11　证明

$$F_{n+1}F_{n-1} - F_n^2 = (-1)^{n+1}$$

利用矩阵等式

$$\begin{pmatrix} 1 & 1 \\ 1 & 0 \end{pmatrix}^{n+1} = \begin{pmatrix} F_{n+1} & F_n \\ F_n & F_{n-1} \end{pmatrix}$$

并在等式两边取行列式.

证明　略.

例 12　证明

$$\sum_{k=0}^{n} \binom{n}{k} F_{m+k} = F_{m+2n}$$

证明　略.

例 13　试证:线性变换

$$y_n = \frac{u_1 x_1 + u_2 x_2 + u_n x_n - u_n x_{n+1}}{\sqrt{u_n u_{n+2}}} \quad (n = 1,2,3,\cdots)$$

是正交的.

Schur 定理可证下列等式

$$u_1^2 + u_2^2 + \cdots + u_n^2 + u_n^2 = u_n u_{n+2}$$

$$u_1^2 + u_2^2 + \cdots + u_n^2 = u_n u_{n+1}$$

$$\frac{u_{n-1}}{u_{n+1}} + u_n^2 \left(\frac{1}{u_n u_{n+2}} + \frac{1}{u_{n+1} u_{n+3}} + \frac{1}{u_{n+2} u_{n+4}} + \cdots \right) = 1$$

$$-\frac{1}{u_{n+2}} + u_{n+1} \left(\frac{1}{u_{n+1} u_{n+3}} + \frac{1}{u_{n+2} u_{n+4}} + \frac{1}{u_{n+3} u_{n+5}} + \cdots \right) = 0$$

$$(n = 1,2,3,\cdots)$$

由 u_n 的定义可知

$$\sum_{i=1}^{n} u_i^2 = \sum_{i=1}^{n} u_i (u_{i+1} - u_{i-1})$$

$$= \sum_{i=1}^{n} u_i u_{i+1} - \sum_{i=1}^{n-1} u_i u_{i+1}$$

$$= u_n u_{n+1}$$

这就是第二个方程,在第二个方程中令

$$u_{n+1} = u_{n+2} - u_n$$

即得第一个方程,进一步还有

$$\frac{1}{u_n u_{n+2}} + \frac{1}{u_{n+1} u_{n+3}} + \frac{1}{u_{n+2} u_{n+4}} + \cdots$$

$$= \frac{1}{u_{n+1}} \left(\frac{1}{u_n} - \frac{1}{u_{n+2}} \right) + \frac{1}{u_{n+2}} \left(\frac{1}{u_{n+1}} - \frac{1}{u_{n+3}} \right) + \frac{1}{u_{n+3}} \left(\frac{1}{u_{n+2}} - \frac{1}{u_{n+4}} \right) + \cdots$$

$$= \frac{1}{u_{n+1} u_n}$$

例 14　求 Fibonacci 数列 $1,1,2,\cdots,f_n,\cdots$ 的前 n 项和 S_n.

解　先证明一个一般的定理:

定理　设 k 阶递归数列 $a_1,a_2,\cdots,a_n,\cdots$ 的递推公式为

$$a_{n+k} = p_1 a_{n+k-1} + p_2 a_{n+k-2} + \cdots + p_k a_n \qquad (4)$$

令

$$S_1 = a_1, S_n = a_1 + \cdots + a_n \qquad (5)$$

则

$$S_1, S_2, \cdots, S_n, \cdots \qquad (6)$$

是 $k+1$ 阶递归数列,其递推公式为

$$S_{n+k+1} = (1+p_1) S_{n+k} + (p_2 - p_1) S_{n+k-1} + \cdots +$$
$$(p_k - p_{k-1}) S_{n+1} - p_k S_n \qquad (7)$$

证明　由式(5),有

$$a_1 = S_1$$

$$a_2 = S_2 - S_1$$
$$\vdots$$
$$a_n = S_n - S_{n-1} \quad (n \geqslant 2)$$

代入式(4),得

$$S_{n+k} - S_{n+k-1} = p_1(S_{n+k-1} - S_{n+k-2}) +$$
$$p_2(S_{n+k-2} - S_{n+k-3}) + \cdots +$$
$$p_k(S_n - S_{n-1})$$

用 $n+1$ 代替 n,即得

$$S_{n+k+1} = (1 + p_1)S_{n+k} + (p_2 - p_1)S_{n+k-1} + \cdots +$$
$$(p_k - p_{k-1})S_{n+1} - p_k S_n$$

　　注　此定理表明,k 阶递归数列的求和问题,可以化为求 $k+1$ 阶递归数列的通项的问题.

　　现在来求 $\{f_n\}$ 的前 n 项和.

　　根据上述定理,$\{f_n\}$ 的部分和序列

$$S_1, S_2, \cdots, S_n, \cdots \tag{8}$$

是一个三阶递归数列,其递推公式按式(7)应为

$$S_{n+3} = 2S_{n+2} - S_n \tag{9}$$

相应于式(8)的特征方程为

$$x^3 = 2x^2 - 1$$

其根为

$$x_1 = 1, x_2 = \frac{1+\sqrt{5}}{2}, x_3 = \frac{1-\sqrt{5}}{2}$$

根据式(8)的通项可表为

$$S_n = c_1 + c_2\left(\frac{1+\sqrt{5}}{2}\right)^n + c_3\left(\frac{1-\sqrt{5}}{2}\right)^n$$

其中 c_i 满足方程组

Zernov 定理

$$
\begin{cases}
c_1 + \dfrac{1+\sqrt{5}}{2}c_2 + \dfrac{1-\sqrt{5}}{2}c_3 = 1 \\[2mm]
c_1 + \dfrac{3+\sqrt{5}}{2}c_2 + \dfrac{3-\sqrt{5}}{2}c_3 = 2 \\[2mm]
c_1 + \left(2+\sqrt{5}\right)c_2 + \left(2-\sqrt{5}\right)c_3 = 4
\end{cases}
$$

注 $S_1 = a_1 = 1, S_2 = a_1 + a_2 = 2, S_3 = a_1 + a_2 + a_3 = 4.$

解此方程组,得

$$
c_1 = -1, c_2 = \frac{\sqrt{5}+3}{2\sqrt{5}}, c_3 = \frac{\sqrt{5}-3}{2\sqrt{5}}
$$

所以

$$
S_n = -1 + \frac{\sqrt{5}+3}{2\sqrt{5}}\left(\frac{1+\sqrt{5}}{2}\right)^n + \frac{\sqrt{5}-3}{2\sqrt{5}}\left(\frac{1-\sqrt{5}}{2}\right)^n
$$

$$
\frac{\sqrt{5}+3}{2} = \left(\frac{1+\sqrt{5}}{2}\right)^2
$$

$$
\frac{\sqrt{5}-3}{2} = -\left(\frac{1-\sqrt{5}}{2}\right)^2
$$

上式可以写为

$$
S_n = \frac{1}{\sqrt{5}}\left[\left(\frac{1+\sqrt{5}}{2}\right)^{n+2} - \left(\frac{1-\sqrt{5}}{2}\right)^{n+2}\right] - 1 \quad (10)
$$

容易求出 $\{a_n\}$ 的通项公式为

$$
a_n = \frac{1}{\sqrt{5}}\left[\left(\frac{1+\sqrt{5}}{2}\right)^n - \left(\frac{1-\sqrt{5}}{2}\right)^n\right]
$$

故式(10)可写为

$$
S_n = a_{n+2} - 1
$$

例 15 证明

$$
F_{n+m} = F_{n-1}F_{m-1} + F_n F_m
$$

证明 将数集

98

$$N_{n+m-1} = \{1,2,\cdots,n-1,n,n+1,\cdots,n+m-1\}$$

中所有间隔型子集类记为 ε_α^1，将 ε_α^1 中的元素按照包含 n 的与不包含 n 的划分为两类，分别记作 E_1 与 E_2，E_1 中的每个间隔型子集，由于包含 n，所以势必既不包含 $n-1$，也不包含 $n+1$，因而当将 n 去掉后再按小于 n 和大于 n 分成两个集合，得到的正是 $\{1,2,\cdots,n-2\}$ 与 $\{n+2,\cdots,n+m-1\}$ 的两个间隔型子集，故知

$$|E_1| = F_{n-1}F_{m-1}$$

而对 E_2 中每个元素按小于 n 与大于 n 直接可分成 $\{1,2,\cdots,n-1\}$ 与 $\{n+1,\cdots,n+m-1\}$ 的两个间隔型子集，故有

$$|E_2| = F_n F_m$$

由此应得

$$F_{n+m} = F_{n-1}F_{m-1} + F_n F_m$$

例 16　证明当 $n \geqslant 1$ 时，我们有

$$L_n = F_{n-1} + F_{n+1}$$

证明　由于

$$L_1 = 1, L_2 = 3, F_0 = 0, F_1 = F_2 = 1, F_3 = 2$$

知道当 $n=1$ 和 $n=2$ 时，式子都成立.

假设当 $n = k-1$ 和 $n = k (k \geqslant 2)$ 时，式子都成立，即有

$$L_{k-1} = F_{k-2} + F_k \qquad\qquad (11)$$
$$L_k = F_{k-1} + F_{k+1} \qquad\qquad (12)$$

当 $k \geqslant 2$ 时有

$$L_{k+1} = L_k + L_{k-1}$$

则由（11）（12）两式有

$$L_{k+1} = L_k + L_{k-1} = F_{k-1} + F_{k+1} + F_{k-2} + F_k$$
$$= F_{k-2} + F_{k-1} + F_k + F_{k+1} = F_k + F_{k+2}$$

因而当 $n = k+1$ 时,式子也成立,故由数学归纳法可知式子成立.

例 17 设 F_n 是 Fibonacci 数列($F_1 = F_2 = 1$, $F_{n+1} = F_{n-1} + F_n$)的第 n 项,试证

$$\left(1 + \sum_{r=1}^{n} \frac{1}{F_{2r-1}F_{2r+1}}\right)\left(1 - \sum_{r=1}^{n} \frac{1}{F_{2r}F_{2r+2}}\right) = 1$$

证明 我们用归纳法证明

$$1 + \sum_{r=1}^{n} \frac{1}{F_{2r-1}F_{2r+1}} = \frac{F_{2n+2}}{F_{2n+1}} \tag{13}$$

$$1 - \sum_{r=1}^{n} \frac{1}{F_{2r}F_{2r+2}} = \frac{F_{2n+1}}{F_{2n+2}} \tag{14}$$

令式(13)左边为 S_n .

对 $n = 1$,有

$$S_1 = 1 + \frac{1}{F_1 F_3} = 1 + \frac{1}{1 \times 2} = \frac{3}{2}$$

而

$$\frac{F_4}{F_3} = \frac{3}{2}$$

所以对 $n = 1$,命题为真.

假设对 $n-1$,命题为真

$$1 + \sum_{r=1}^{n-1} \frac{1}{F_{2r-1}F_{2r+1}} = \frac{F_{2n}}{F_{2n-1}} \tag{15}$$

我们要证明,命题对 n 为真,即

$$1 + \sum_{r=1}^{n} \frac{1}{F_{2r-1}F_{2r+1}} = \frac{F_{2n+2}}{F_{2n+1}} \tag{16}$$

将式(15)代入式(16)左边,得

$$\frac{F_{2n}}{F_{2n-1}} + \frac{1}{F_{2n-1}F_{2n+1}} = \frac{F_{2n+2}}{F_{2n+1}}$$

变形后,得

$$F_{2n-1}F_{2n+2} - F_{2n}F_{2n+1} = 1 \qquad (17)$$

问题归结为证明式(17),我们用归纳法证明之. 令式(17)左边为 D_n 有

$$D_1 = F_1F_4 - F_2F_3 = 1 \times 3 - 1 \times 2 = 1$$

对 $n = 1$,命题为真.

　　设

$$D_{n-1} = 1$$

则

$$D_n - D_{n-1} = (F_{2n-1}F_{2n+2} - F_{2n}F_{2n+1}) - (F_{2n-3}F_{2n} - F_{2n-2}F_{2n-1})$$
$$= F_{2n-1}(F_{2n-2} + F_{2n+2}) - F_{2n}(F_{2n-3} + F_{2n+1})$$

因为

$$F_{2n-2} + F_{2n+2} = F_{2n} - F_{2n-1} + F_{2n+1} + F_{2n}$$
$$= F_{2n} - (F_{2n+1} - F_{2n}) + F_{2n+1} + F_{2n}$$
$$= 3F_{2n}$$

同理

$$F_{2n-3} + F_{2n+1} = 3F_{2n-1}$$

所以

$$D_n - D_{n-1} = F_{2n-1} \cdot 3F_{2n} - 3F_{2n} \cdot F_{2n-1} = 0$$

所以

$$D_n = 1$$

于是式(17)得证,式(13)成立.

　　令式(14)左边为 k_n,则

$$k_1 = 1 - \frac{1}{1 \times 3} = \frac{2}{3} = \frac{F_3}{F_4}$$

对 $n = 1$,命题成立.

　　用归纳法证,如上所述,归结为证明

$$\frac{F_{2n-1}}{F_{2n}} - \frac{1}{F_{2n}F_{2n+2}} = \frac{F_{2n+1}}{F_{2n+2}}$$

即

$$F_{2n-1}F_{2n+2} - F_{2n}F_{2n+1} = 1 \qquad (18)$$

用归纳法证明式(18),令其左边为 M_n,则

$$M_1 = F_1F_4 - F_2F_3 = 1 \times 3 - 1 \times 2 = 1$$

$$\begin{aligned}
M_n - M_{n-1} &= (F_{2n-1}F_{2n+2} - F_{2n}F_{2n+1}) - (F_{2n-3}F_{2n} - F_{2n-2}F_{2n-1}) \\
&= F_{2n-1}(F_{2n+2} + F_{2n-2}) - F_{2n}(F_{2n+1} + F_{2n-3}) \\
&= F_{2n-1} \cdot 3F_{2n} - F_{2n} \cdot 3F_{2n-1} = 0
\end{aligned}$$

所以

$$M_n = M_{n-1} = M_1 = 1$$

于是式(14)得证.

所以

$$\left(1 + \sum_{r=1}^{n} \frac{1}{F_{2r-1}F_{2r+1}}\right)\left(1 - \sum_{r=1}^{n} \frac{1}{F_{2r}F_{2r+2}}\right) = 1$$

例 18 令 v_k 为第 k 个 Fibonacci 数,若 k 为偶数,则

$$\frac{1}{v_k} = \frac{1}{v_{k+1}} + \frac{1}{v_{k+2}} + \frac{1}{v_kv_{k+1}v_{k+2}}$$

证明 v_k 为第 k 个 Fibonacci 数,若 k 为偶数,则 $v_k^2 + 1$ 为非素数,有

$$v_k^2 + 1 = v_{k-1}v_{k+1}$$

则由下面引理得

$$\begin{aligned}
\frac{1}{v_k} &= \frac{1}{v_k + v_{k-1}} + \frac{1}{v_k + v_{k+1}} + \frac{1}{v_k(v_k + v_{k-1})(v_k + v_{k+1})} \\
&= \frac{1}{v_{k+1}} + \frac{1}{v_{k+2}} + \frac{1}{v_kv_{k+1}v_{k+2}}
\end{aligned}$$

注 这是一个关于三个连续 Fibonacci 数倒数关系的一个美妙性质(从偶角标起),例如三个连续 Fibonacci 数 3,5,8,3 是第四个 Fibonacci 数,有

$$\frac{1}{3} = \frac{1}{5} + \frac{1}{8} + \frac{1}{120}$$

引理　p 为一自然数,方程 $\frac{1}{p} = \frac{1}{x} + \frac{1}{y} + \frac{1}{pxy}$.

i)当 $p^2 + 1$ 为素数时,有唯一解 $x = p + 1$,$y = p^2 + p + 1$;

ii)当 $p^2 + 1$ 为非素数时,除上述解外,还有 $x = p_1 + p$,$y = p_2 + p$,即 $p^2 + 1 = p_1 p_2 (p_2 > p_1)$.

证明　不失一般性,令 $y > x$,于是令

$$y = x + k \quad (k > 0)$$

所以有

$$xy = px + py + 1$$
$$x(x + k) = p(2x + k) + 1$$
$$x^2 + (k - 2p)x - (pk + 1) = 0 \quad (19)$$

若方程(19)有整数解,则其判别式

$$\Delta = (k - 2p)^2 + 4(pk + 1)$$
$$= k^2 + 4p^2 + 4$$

必为完全平方数,即对任何 p,存在着 k 和 S 使

$$k^2 + 4p^2 + 4 = S^2$$

所以

$$4(p^2 + 1) = S^2 - k^2 = (S + k)(S - k) \quad (20)$$

从式(20)知,由于 $S^2 - k^2$ 为偶数,所以 S 和 k 必为同奇偶.

i)若 $p^2 + 1$ 是素数的情况.

若 $p \neq 1$,由于 $p^2 + 1$ 是素数,式(20)有

$$\begin{cases} 2(p^2 + 1) = S + k \\ 2 = S - k \end{cases}$$

所以

Zernov 定理

$$S = p^2 + 2, k = p^2$$

代入式(19)有

$$x = p + 1, y = p^2 + p + 1$$

即方程只有唯一解,即有

$$\frac{1}{p} = \frac{1}{p+1} + \frac{1}{p^2+p+1} + \frac{1}{p(p+1)(p^2+p+1)} \quad (21)$$

ii)若 $p^2 + 1$ 为非素数,即 $p^2 + 1$ 有两个不同因子 p_1, p_2 的形式,且令 $p_2 > p_1$,由式(20)有

$$4p_1p_2 = (S+k)(S-k)$$

则可有

$$\begin{cases} 2p_1p_2 = S + k \\ 2 = S - k \end{cases}$$

之外,还可有

$$\begin{cases} 2p_2 = S + k \\ 2p_1 = S - k \end{cases}$$

则

$$S = p_1 + p_2, k = p_2 - p_1$$

所以

$$x = p_1 + \sqrt{p_1p_2 - 1} = p_1 + p$$
$$y = p_2 + \sqrt{p_1p_2 - 1} = p_2 + p$$

所以除了式(21)的一个解,还可有上述的一个解.

于是有

$$\frac{1}{p} = \frac{1}{p+p_1} + \frac{1}{p+p_2} + \frac{1}{p(p+p_1)(p+p_2)}$$

故引理得证.

例 19 众所周知,$f_1 = f_2 = 1, f_{j+1} = f_{j-1} + f_j$ 所定义的 Fibonacci 数列产生了一个难题,在这个难题中,一个边为 f_n 的正方形切成四块,这四块近似地可以重新

排列而形成一个 $f_{n-1} \times f_{n+1}$ 的矩形. 试证明同样的四块能够重新排列形成一个由两个矩形 $f_{n-1} \times 2f_{n-2}$ 所构成的和由矩形 $f_{n-4} \times f_{n-2}$ 而结成的图形, 其面积的误差也是一个单位.

证明　已知正方形分成四块, 并将它们重排, 如在 W. W. Rouse Ball 的《数学漫话与随笔》中的那样.

要证明其面积的误差是一个单位, 考察下面的式子

$$f_{n+1}f_{n-1} = f_n^2 + (-1)^n \tag{22}$$

这容易由数学归纳法证明:

假设当 $n = k$ 时, 式(22)成立, 那么有

$$\begin{aligned}
f_{k+2}f_k &= (f_{k+1} + f_k)f_k = f_{k+1}f_k + f_k^2 \\
&= f_{k+1}f_k + f_{k+1}f_{k-1} - (-1)^k \\
&= f_{k+1}(f_k + f_{k-1}) - (-1)^k \\
&= f_{k+1}^2 + (-1)^{k+1}
\end{aligned}$$

式(22)是 Jean-Dominique Cassini 和 Robert Simson 首先得到的.

因为

$$f_n - f_{n-1} = f_{n-2}$$

以及

$$\begin{aligned}
2f_{n-2} - f_{n-1} &= f_{n-2} - (f_{n-1} - f_{n-2}) \\
&= f_{n-2} - f_{n-3} = f_{n-4}
\end{aligned}$$

故可再次重排如上.

要证明面积的误差也是一个单位, 我们可以从下面的推导中看出

$$\begin{aligned}
&4f_{n-1}f_{n-2} + f_{n-2}f_{n-4} \\
&= 4f_{n-1}f_{n-2} + f_{n-2}(2f_{n-2} - f_{n-1}) \\
&= f_{n-2}(4f_{n-1} + 2f_{n-2} - f_{n-1})
\end{aligned}$$

$$= f_{n-2}(3f_{n-1} + 2f_{n-2})$$
$$= f_{n-2}(f_n + f_{n-2} + 2f_{n-1})$$
$$= f_n f_{n-2} + f_{n-2}^2 + 2f_{n-1} f_{n-2}$$
$$= f_{n-1}^2 - (-1)^n + f_{n-2}^2 + 2f_{n-1} f_{n-2}$$
$$= (f_{n-1} + f_{n-2})^2 - (-1)^n$$
$$= f_n^2 - (-1)^n$$

例 20 求下列级数的和

$$u_3 + u_6 + u_9 + \cdots + u_{3n}$$

解 我们有

$$u_3 + u_6 + \cdots + u_{3n} = \frac{\alpha^3 - \beta^3}{\sqrt{5}} + \frac{\alpha^6 - \beta^6}{\sqrt{5}} + \cdots + \frac{\alpha^{3n} - \beta^{3n}}{\sqrt{5}}$$

$$= \frac{1}{\sqrt{5}}(\alpha^3 + \alpha^6 + \cdots + \alpha^{3n} - \beta^3 - \beta^6 - \cdots - \beta^{3n})$$

而

$$\sum_{k=1}^{n} \alpha^{3k} = \frac{\alpha^{3n+3} - \alpha^3}{\alpha^3 - 1}$$

$$\sum_{k=1}^{n} \beta^{3k} = \frac{\beta^{3n+3} - \beta^3}{\beta^3 - 1}$$

但是

$$\alpha^3 - 1 = \alpha + \alpha^2 - 1 = \alpha + \alpha + 1 - 1 = 2\alpha$$

同理

$$\beta^3 - 1 = 2\beta$$

因此

$$\sum_{k=1}^{n} u_{3k} = \frac{1}{\sqrt{5}}\left(\frac{\alpha^{3n+3} - \alpha^3}{2\alpha} - \frac{\beta^{3n+3} - \beta^3}{2\beta}\right)$$

再加以化简

$$\sum_{k=1}^{n} u_{3k} = \frac{1}{\sqrt{5}}\left(\frac{\alpha^{3n+3} - \alpha^3}{2\alpha} - \frac{\beta^{3n+3} - \beta^3}{2\beta}\right)$$

$$= \frac{1}{2}\left(\frac{\alpha^{3n+2} - \beta^{3n+2}}{\sqrt{5}} - \frac{\alpha^2 - \beta^2}{\sqrt{5}}\right)$$

$$= \frac{1}{2}(u_{3n+2} - u_2) = \frac{u_{3n+2} - 1}{2}$$

例 21　求 $\displaystyle\sum_{k=1}^{n} u_k^3$.

解　首先注意

$$u_k^3 = \left(\frac{\alpha^k - \beta^k}{\sqrt{5}}\right)^3 = \frac{1}{5} \cdot \frac{\alpha^{3k} - 3\alpha^{2k}\beta^k + 3\alpha^k\beta^{2k} - \beta^{3k}}{\sqrt{5}}$$

$$= \frac{1}{5}\left(\frac{\alpha^{3k} - \beta^{3k}}{\sqrt{5}} - 3\alpha^k\beta^k \frac{\alpha^k - \beta^k}{\sqrt{5}}\right)$$

$$= \frac{1}{5}\left[u_{3k} - (-1)^k 3u_k\right]$$

$$= \frac{1}{5}\left[u_{3k} + (-1)^{k+1} 3u_k\right]$$

因此

$$\sum_{k=1}^{n} u_k^3 = \frac{1}{5}\left[\sum_{k=1}^{n} u_{3k} + 3\sum_{k=1}^{n} (-1)^{k+1} u_k\right]$$

而

$$\sum_{k=1}^{n} u_{3k} = \frac{u_{3n+2} - 1}{2}$$

$$\sum_{k=1}^{n} (-1)^{k+1} u_k = (-1)^{n+1} u_{n-1} + 1$$

故

$$\sum_{k=1}^{n} u_k^3 = \frac{1}{5}\left[\frac{u_{3n+2} - 1}{2} + (-1)^{n+1} 3u_{n-1} + 3\right]$$

$$= \frac{u_{3n+2} + (-1)^{n+1} 6u_{n-1} + 5}{10}$$

例 22　设 $a + b = 1, ab = -1$, 证明 $u_n = \dfrac{a^n - b^n}{a - b}$ 是

Fibonacci 数列.

证明 因为

$$a + b = 1, ab = -1$$

所以

$$u_1 = \frac{a - b}{a - b} = 1$$

$$u_2 = \frac{a^2 - b^2}{a - b} = a + b = 1$$

而当 $n \geq 3$ 时

$$u_n = \frac{a^n - b^n}{a - b} = \frac{a^{n-1}a - b^{n-1}b}{a - b}$$

$$= \frac{a^{n-1}(1 - b) - b^{n-1}(1 - a)}{a - b}$$

$$= \frac{a^{n-1} - b^{n-1} - aba^{n-2} + abb^{n-2}}{a - b}$$

$$= \frac{a^{n-1} - b^{n-1}}{a - b} + \frac{a^{n-2} - b^{n-2}}{a - b}$$

$$= u_{n-1} + u_{n-2}$$

所以 u_n 就是 Fibonacci 数列.

例 23 Fibonacci 函数

$$f(n) = \begin{cases} n & (n = 0, 1) \\ f(n-1) + f(n-2) & (n > 1) \end{cases}$$

分析 这是把计算 $f(n)$ 的任务归结为加法和 $f(n-1)$ 的计算. 这是递归的计算办法. 从数学上来看, 它与

$$f(n) = \frac{1}{\sqrt{5}} \left[\left(\frac{1 + \sqrt{5}}{2} \right)^n - \left(\frac{1 - \sqrt{5}}{2} \right)^n \right] \quad (n \geq 1)$$

的差别并不重要, 但从计算机的科学来看, 两个写法却有很大的差别. 下面我们推导其等价性.

解　设

$$g(n) = f(n) - \alpha f(n-1) \quad (n > 0)$$

$$h(n) = f(n) - \beta f(n-1) \quad (n > 0)$$

其中,α,β 是两个常数,其值后定.

由 $f(n)$ 的定义,当 $n > 1$ 时

$$\begin{aligned}
g(n) &= f(n) - \alpha f(n-1) \\
&= (1-\alpha)f(n-1) + f(n-2) \\
&= (1-\alpha)\left[f(n-1) + \frac{1}{1-\alpha}f(n-2)\right]
\end{aligned}$$

如果

$$\frac{1}{1-\alpha} = -\alpha$$

则

$$\begin{aligned}
g(n) &= (1-\alpha)(f(n-1) - \alpha f(n-2)) \\
&= (1-\alpha)g(n-1) \quad (n > 1)
\end{aligned}$$

同理,如果 β 满足

$$\frac{1}{1-\beta} = -\beta$$

则

$$h(n) = (1-\beta)h(n-1) \quad (n > 1)$$

恰好

$$\frac{1}{1-x} = -x$$

有两个根:$\dfrac{1 \pm \sqrt{5}}{2}$. 所以可以取

$$\alpha = \frac{1+\sqrt{5}}{2}, \beta = \frac{1-\sqrt{5}}{2}$$

这时

$$\alpha + \beta = 1$$

所以

$$g(n) = (1 - \alpha)g(n - 1)$$
$$= \beta \cdot g(n - 1) = \beta^2 g(n - 2) = \cdots$$
$$= \beta^{n-1} g(1)$$

而

$$g(1) = f(1) - \alpha f(0) = 1$$

所以

$$g(n) = \beta^{n-1} \quad (n \geqslant 1)$$

同理

$$h(n) = \alpha^{n-1} \quad (n \geqslant 1)$$

于是得到

$$f(n) - \alpha f(n - 1) = \beta^{n-1} \quad (n \geqslant 1)$$
$$f(n) - \beta f(n - 1) = \alpha^{n-1} \quad (n \geqslant 1)$$

从上面这两个式子中消去 $f(n - 1)$，就得到

$$f(n) = \frac{\alpha^n - \beta^n}{\alpha - \beta}$$

即

$$f(n) = \frac{1}{\sqrt{5}} \left[\left(\frac{1 + \sqrt{5}}{2} \right)^n - \left(\frac{1 - \sqrt{5}}{2} \right)^n \right] \quad (n \geqslant 1)$$

对 $n = 0$，亦成立.

例 24 证明：$\displaystyle\sum_{k=1}^{n} a_{2k+1} C_{2n+1}^{n-k} = 5^n$，其中 a_n 为 Fibonacci 数列.

证明 $a_n = \dfrac{1}{\sqrt{5}} \left[\left(\dfrac{1 + \sqrt{5}}{2} \right)^n - \left(\dfrac{1 - \sqrt{5}}{2} \right)^n \right]$.

设

$$\alpha = \frac{1}{2}(1 + \sqrt{5})$$

则

$$a_{2k+1} = \frac{1}{\sqrt{5}}\left(\alpha^{2k+1} + \frac{1}{\alpha^{2k+1}} \right)$$

不难计算

$$\left[\frac{1}{\sqrt{5}}\left(\alpha + \frac{1}{\alpha} \right) \right]^{2k+1} = \frac{1}{5^n} \sum_{k=1}^{n} a_{2k+1} C_{2n+1}^{n-k}$$

另一方面

$$\frac{1}{\sqrt{5}}\left(\alpha + \frac{1}{\alpha} \right) = 1$$

因而

$$\sum_{k=1}^{n} a_{2k+1} C_{2n+1}^{n-k} = 5^n$$

例 25　试证:两个相邻的 Fibonacci 数的平方和还是一个 Fibonacci 数.

证明　由

$$u_n^2 = \frac{1}{5}\left[\left(\frac{1+\sqrt{5}}{2} \right)^{2n} + \left(\frac{1-\sqrt{5}}{2} \right)^{2n} - 2(-1)^n \right]$$

$$u_{n+1}^2 = \frac{1}{5}\left[\left(\frac{1+\sqrt{5}}{2} \right)^{2n+2} + \left(\frac{1-\sqrt{5}}{2} \right)^{2n+2} - 2(-1)^{n+1} \right]$$

因而

$$u_{n+1}^2 + u_n^2 = \frac{1}{5}\left[\left(\frac{1+\sqrt{5}}{2} \right)^{2n} \cdot \frac{5+\sqrt{5}}{2} + \left(\frac{1-\sqrt{5}}{2} \right)^{2n} \cdot \frac{5-\sqrt{5}}{2} \right]$$

$$= \frac{1}{\sqrt{5}}\left[\left(\frac{1+\sqrt{5}}{2} \right)^{2n+1} - \left(\frac{1-\sqrt{5}}{2} \right)^{2n+1} \right]$$

$$= u_{2n+1}$$

所以

$$u_{n+1}^2 + u_n^2 = u_{2n+1}$$

注　还有更一般的关系

$$u_n u_m + u_{n+1} u_{m+1} = u_{n+m+1}$$

Zernov 定理

$$u_n^2 = \left\{ \frac{1}{\sqrt{5}} \left[\left(\frac{1+\sqrt{5}}{2} \right)^n - \left(\frac{1-\sqrt{5}}{2} \right)^n \right] \right\}^2$$

$$= \frac{1}{5} \left[\left(\frac{1+\sqrt{5}}{2} \right)^{2n} + \left(\frac{1-\sqrt{5}}{2} \right)^{2n} - 2 \left(\frac{1+\sqrt{5}}{2} \right)^n \left(\frac{1-\sqrt{5}}{2} \right)^n \right]$$

$$= \frac{1}{5} \left[\left(\frac{1+\sqrt{5}}{2} \right)^{2n} + \left(\frac{1-\sqrt{5}}{2} \right)^{2n} - 2 \left(\frac{(1+\sqrt{5})(1-\sqrt{5})}{4} \right)^n \right]$$

$$= \frac{1}{5} \left[\left(\frac{1+\sqrt{5}}{2} \right)^{2n} + \left(\frac{1-\sqrt{5}}{2} \right)^{2n} - 2(-1)^n \right]$$

例 26 试证

$$F_n - w F_{n+1} = (-1)^{n+1} w^{n+1}$$

其中 $w = \dfrac{\sqrt{5}-1}{2}$.

证明 因为

$$\frac{1-\sqrt{5}}{2} = -\frac{\sqrt{5}-1}{2} = -w$$

$$\frac{\sqrt{5}+1}{2} = \frac{1}{w} = w^{-1}$$

$$F_n = \frac{1}{\sqrt{5}} \left[w^{-n} + (-1)^{n+1} w^n \right] \qquad (23)$$

由式(23)并注意到

$$w^2 = 1 - w$$

得

$$w F_{n+1} = \frac{w}{\sqrt{5}} \left[w^{-(n+1)} + (-1)^{n+2} w^{n+1} \right]$$

$$= \frac{1}{\sqrt{5}} \left[w^{-n} + (-1)^n w^{n+2} \right]$$

所以

$$F_n - w F_{n+1} = \frac{1}{\sqrt{5}} \left[(-1)^{n+1} w^n - (-1)^n w^{n+2} \right]$$

$$= \frac{1}{\sqrt{5}}\left[(-1)^{n+1}w^n + (-1)^{n+1}w^n(1-w)\right]$$

$$= \frac{1}{\sqrt{5}}\left[2(-1)^{n+1}w^n - (-1)^{n+1}w^{n+1}\right]$$

$$= \frac{1}{\sqrt{5}}(-1)^{n+1}w^n\left(2 - \frac{\sqrt{5}-1}{2}\right)$$

$$= \frac{1}{\sqrt{5}}(-1)^{n+1}w^n\frac{5-\sqrt{5}}{2}$$

$$= (-1)^{n+1}w^{n+1}$$

例 27　令 $F_1 = F_2 = 1$,而当 $n \geqslant 3$ 时,令

$$F_n = F_{n-1} + F_{n-2}$$

则我们有:

i) $F_n = \dfrac{a^n - b^n}{\sqrt{5}}$,其中 $a = \dfrac{1+\sqrt{5}}{2}, b = \dfrac{1-\sqrt{5}}{2}$.

ii) $F_n = \left[\dfrac{\left(\dfrac{1+\sqrt{5}}{2}\right)^n}{\sqrt{5}}\right] + C_n$,其中,当 $d \geqslant 0$ 时,用

$[d]$ 表示 d 的整数部分. 而当 n 是偶数时,令 $C_n = 0$,当 n 是奇数时,令 $C_n = 1$.

　　证明　i)令

$$G(x) = \sum_{n=0}^{\infty} F_n x^n$$

由于 $F_1 = F_2 = 1$ 和当 $n \geqslant 3$ 时,有

$$F_n = F_{n-1} + F_{n-2}$$

而我们得到

$$G(x) - xG(x) - x^2G(x)$$

$$= x + (F_2 - F_1)x^2 + \sum_{n \geqslant 3}(F_n - F_{n-1} - F_{n-2})x^n$$

$$= x$$

Zernov 定理

即有

$$G(x) = \frac{x}{1 - x - x^2}$$

$$= \frac{\left(\dfrac{1+\sqrt{5}}{2} - \dfrac{1-\sqrt{5}}{2}\right)x}{\sqrt{5}\left(1 - \dfrac{(1+\sqrt{5}+1-\sqrt{5})x}{2}\right) + \dfrac{(1+\sqrt{5})(1-\sqrt{5})x^2}{4}}$$

$$= \frac{(a-b)x}{\sqrt{5}(1 - ax - bx + abx^2)}$$

$$= \frac{1}{\sqrt{5}}\left(\frac{1}{1-ax} - \frac{1}{1-bx}\right)$$

$$= \frac{1}{\sqrt{5}}\left(\sum_{n=0}^{\infty}(ax)^n - \sum_{n=0}^{\infty}(bx)^n\right)$$

$$= \sum_{n=0}^{\infty}\frac{a^n - b^n}{\sqrt{5}}x^n$$

比较上式两边 x^n 的系数,便知命题 i)成立.

ii)在命题 i)中,由于 F_n 是个正整数,并且当 $n \geq 1$ 时有

$$0 < \frac{(\sqrt{5}-1)^n}{\sqrt{5}(2^n)} < 1$$

从而便得

$$F_n = \left[\frac{\left(\dfrac{1+\sqrt{5}}{2}\right)^n}{\sqrt{5}}\right] + C_n$$

故命题 ii)成立.

　　现在我们来看命题 i)的一些奇异现象,我们知道 $\dfrac{1+\sqrt{5}}{2}$ 和 $\dfrac{1-\sqrt{5}}{2}$ 这两个数都是无理数,而 Fibonacci 数都是正整数. 正整数可用无理数来表示,这真是有些奇

114

特. 由命题 ii)知道,当我们要计算 F_n 的数值时,只需

计算 $\dfrac{(1+\sqrt{5})^n}{\sqrt{5}(2^n)}$ 中的整数部分的数值.

例 28　令 $I_1 = 1, I_2 = 3$,而当 $n \geqslant 3$ 时,令

$$I_n = I_{n-1} + I_{n-2}$$

则我们有:

i)$I_n = a^n + b^n$;

ii)$I_n = [a^n] + (-1)^n + C_n$;

其中,a, b, C_n 的定义与例 27 一样.

证明　令 $I_0 = 2$,又令

$$I(x) = \sum_{n=0}^{\infty} I_n x^n$$

则由于

$$I_0 = 2, I_1 = 1, I_2 = 3$$

和当 $n \geqslant 3$ 时有

$$I_n = I_{n-1} + I_{n-2}$$

从而我们有

$$I(x) - xI(x) - x^2 I(x) = 0$$

注　由

$$2 + (1-2)x + (3-1-2)x^2 +$$

$$\sum_{n=3}^{\infty} (I_n - I_{n-1} - I_{n-2})x^n$$

$$= 2 - x$$

即有

$$I(x) = \frac{2-x}{1-x-x^2}$$

$$= \frac{1-ax+1-bx}{(1-ax)(1-bx)}$$

$$= \frac{1}{1-ax} + \frac{1}{1-bx}$$

$$= \sum_{n=0}^{\infty} (ax)^n + \sum_{n=0}^{\infty} (bx)^n$$

$$= \sum_{n=0}^{\infty} (a^n + b^n) x^n$$

比较上式两边 x^n 的系数就知道情形 i) 成立. 在情形 i) 中, 由于 I_n 是一个正整数和, 当 $n \geq 1$ 时有

$$0 < \left(\frac{\sqrt{5}-1}{2} \right)^n < 1$$

从而知道情形 ii) 成立.

例 29 设 a 为正整数, $\lambda_1, \lambda_2 (\lambda_1 > \lambda_2)$ 是方程 $x^2 - ax - 1 = 0$ 的两个根, 令

$$f_n = \frac{1}{\sqrt{a^2+4}} (\lambda_1^n - \lambda_2^n) \quad (n = 1, 2, 3, \cdots)$$

则所有的 f_n 都是正整数, 而且当 t 是 s 的倍数时, f_t 也是 f_s 的倍数.

解 当 $n = 1$ 时, 由韦达定理

$$\lambda_1 - \lambda_2 = \sqrt{(\lambda_1 + \lambda_2)^2 - 4\lambda_1\lambda_2} = \sqrt{a^2+4}$$

所以

$$f_1 = \frac{1}{\sqrt{a^2+4}} (\lambda_1 - \lambda_2)$$

是整数.

Fibonacci 数列的一个推广, 当 $n = 1$ 时即为 Fibonacci 数列.

1) 因为

$$\lambda_1^2 = a\lambda_1 + 1, \lambda_2^2 = a\lambda_2 + 1$$

所以 $n \geq 2$ 时($n = 1$时易见结论正确)

116

$$\lambda_1^n - \lambda_2^n = \lambda_1^{n-2}(a\lambda_1 + 1) - \lambda_2^{n-2}(a\lambda_2 + 1)$$
$$= a(\lambda_1^{n-1} - \lambda_2^{n-1}) + (\lambda_1^{n-2} - \lambda_2^{n-2})$$

由此可知，f_n 适合下列递推关系式

$$f_1 = 1, f_2 = a, f_n = af_{n-1} + f_{n-2} \quad (n \geqslant 2)$$

所以一切 f_n 都是正整数.

2）为了证明另一结论，可先证：对于一切正整数 $k, \lambda_1^k + \lambda_2^k$ 是正整数. 显然这个命题当 $k = 1, 2$ 时成立，再由关系式

$$\lambda_1^{k+1} + \lambda_2^{k+1} = \lambda_1^{k-1}(a\lambda_1 + 1) + \lambda_2^{k-1}(a\lambda_2 + 1)$$
$$= a(\lambda_1^k + \lambda_2^k) + (\lambda_1^{k-1} + \lambda_2^{k-1})$$

依数学归纳法，便可推得上述命题对于一切正整数 k 成立.

3）令 $t = rs$，不妨设 $r > 1$，则

$$\frac{f_t}{f_s} = \frac{f_{rs}}{f_s} = \frac{(\lambda_1^s)^r - (\lambda_2^s)^r}{\lambda_1^s - \lambda_2^s} \quad (\frac{1}{\sqrt{a^2+4}}约去)$$
$$= (\lambda_1^s)^{r-1} + (\lambda_1^s)^{r-2}(\lambda_2^s) + \cdots +$$
$$(\lambda_1^s)(\lambda_2^s)^{r-2} + (\lambda_2^s)^{r-1} \qquad (24)$$

注意到

$$\lambda_1 \lambda_2 = -1$$

将式(24)右边与首末两端等距离的项成对地结合，应用情形 2）的结果，可知它们都是整数如

$$(\lambda_1^s)^{r-2}(\lambda_2^s) + (\lambda_1^s)(\lambda_2^s)^{r-2}$$

当 $r = 2$，由情形 2）知它是整数，当 $r > 2$ 时，它可化为

$$(\lambda_1^s)^{r-3}(\lambda_1\lambda_2)^s + (\lambda_1\lambda_2)^s(\lambda_2^s)^{r-3} = (-1)^s(\lambda_1^{s(r-3)} + \lambda_2^{s(r-3)})$$

再由情形 2）即知它为整数，另外，当 r 为偶数，式(24)右边共有偶数个项，从而按上述方法两两结合而无剩余项. 当 r 为奇数，则剩余一项为

$$(\lambda_1^s)^{\frac{r-1}{2}} \cdot (\lambda_2^s)^{\frac{r-1}{2}} = (-1)^{s \cdot \frac{r-1}{2}}$$

也是整数.

总之,式(24)确实是一个整数,故 f_t 是 f_s 的倍数.

例 30 试求 Fibonacci 的通项公式

$$a_0 = 0, a_1 = 1, a_{n+1} = a_n + a_{n-1} \quad (n \geqslant 1)$$

解 考虑 Fibonacci 数列的递推关系,设法对数列进行某种"改造",使其转化为我们熟知的等比数列.

我们在递推关系式的两边都加上 λa_n 并写成

$$a_{n+1} + \lambda a_n = (1 + \lambda)\left(a_n + \frac{1}{1+\lambda} a_{n-1}\right)$$

于是问题便转化为,如何确定参数 λ,使数列 $\{a_{n+1} + \lambda a_n\}$ $(n \geqslant 0)$ 成为等比数列,很明显,参数 λ 需满足下述方程

$$\lambda = \frac{1}{1+\lambda}$$

即

$$\lambda = \frac{-1 \pm \sqrt{5}}{2}$$

于是数列 $\{a_{n+1} + \lambda a_n\}$ 就是一个等比数列,首项为 $a_1 + \lambda a_0$,公比 $q = 1 + \lambda$,利用等比数列的通项公式,我们可得到

$$a_{n+1} + \lambda a_n = (a_1 + \lambda a_0) \cdot (1 + \lambda)^n$$

将参数 $\lambda = \dfrac{-1 \pm \sqrt{5}}{2}$ 依次代入上式,建立以 a_{n+1}, a_n 为首的线性方程组

$$a_{n+1} + \frac{-1+\sqrt{5}}{2} a_n = \left(\frac{1+\sqrt{5}}{2}\right)^n$$

$$a_{n+1} + \frac{-1-\sqrt{5}}{2} a_n = \left(\frac{1-\sqrt{5}}{2}\right)^n$$

消去 a_{n+1}, 得

$$a_n = \frac{1}{\sqrt{5}}\left[\left(\frac{1+\sqrt{5}}{2}\right)^n - \left(\frac{1-\sqrt{5}}{2}\right)^n\right]$$

例 31　试证：在分数列 $\frac{F_1}{F_2}, \frac{F_2}{F_3}, \frac{F_3}{F_4}, \frac{F_4}{F_5}, \cdots, \frac{F_{2n-1}}{F_{2n}},$

$\frac{F_{2n}}{F_{2n+1}}, \cdots$ 中, 居于偶数位的分数所成的数列 $\left(\frac{F_{2n}}{F_{2n+1}}\right)$ 是单调上升的, 以 w 为极限. 而居于奇数位的分数所成的数列 $\left\{\frac{F_{2n-1}}{F_{2n}}\right\}$ 是单调下降的, 以 w 为极限.

证明　i) 先证

$$\frac{F_1}{F_2} > \frac{F_3}{F_4} > \cdots > \frac{F_{2n-1}}{F_{2n}} > \frac{F_{2n+1}}{F_{2n+2}} > \cdots > w > \cdots > \frac{F_{2n+2}}{F_{2n+3}}$$

$$> \frac{F_{2n}}{F_{2n+1}} > \cdots > \frac{F_4}{F_5} > \frac{F_2}{F_3}$$

由例 26 知

$$F_n - w F_{n+1} = (-1)^{n+1} w^{n+1}$$

得

$$\frac{F_n}{F_{n+1}} = w + (-1)^{n+1}\frac{w^{n+1}}{F_{n+1}} \tag{25}$$

在式(25)中 n 分别取偶数和奇数时, 有

$$\frac{F_{2n}}{F_{2n+1}} = w - \frac{w^{2n+1}}{F_{2n+1}} < w \tag{26}$$

$$\frac{F_{2n-1}}{F_{2n}} = w + \frac{w^{2n}}{F_{2n}} > w \tag{27}$$

又由式(26), 得

$$\frac{F_{2n+2}}{F_{2n+3}} = w - \frac{w^{2n+3}}{F_{2n+3}}$$

所以

$$\frac{F_{2n+2}}{F_{2n+3}} - \frac{F_{2n}}{F_{2n+1}} = \frac{w^{2n+1}}{F_{2n+1}} - \frac{w^{2n+3}}{F_{2n+3}} = \frac{w^{2n+1}}{F_{2n+1}}\left(1 - \frac{F_{2n+1}}{F_{2n+3}}w^2\right)$$

因为

$$0 < w^2 < 1, 0 < \frac{F_{2n+1}}{F_{2n+3}} < 1$$

所以上式右边大于 0, 即证得

$$\frac{F_{2n+2}}{F_{2n+3}} > \frac{F_{2n}}{F_{2n+1}}$$

类似地, 由式(27)出发, 可证

$$\frac{F_{2n-1}}{F_{2n}} > \frac{F_{2n+1}}{F_{2n+2}}$$

ii) 再证

$$\lim_{n\to\infty}\frac{F_n}{F_{n+1}} = w$$

在

$$\frac{F_n}{F_{n+1}} = w + (-1)^{n+1}\frac{w^{n+1}}{F_{n+1}}$$

两边取极限, 并注意到

$$\frac{w^{n+1}}{F_{n+1}} \to 0$$

即可证得.

例 32　一般的连分数 $x_n = [a, a, \cdots, a]$ 的通项计算.

对 $[a, a, \cdots, a]$ 显然有:

当 $P \geqslant 3$ 时

$$P_n = aP_{n-1} + P_{n-2}$$
$$Q_n = aQ_{n-1} + Q_{n-2}$$

($\dfrac{P_n}{Q_n}$ 为 $[a, \cdots, a]$ 的第 n 个渐近分数.)

证明　对于
$$P_n = aP_{n-1} + P_{n-2}$$
对应的特征方程为
$$x^2 - ax - 1 = 0$$
则
$$x = \frac{a \pm \sqrt{a^2+4}}{2}$$
即有
$$P_n - \frac{a+\sqrt{a^2+4}}{2}P_{n-1} = \frac{a-\sqrt{a^2+4}}{2}\left(P_{n-1} - \frac{a+\sqrt{a^2+4}}{2}P_{n-2}\right)$$
$$P_{n-1} - \frac{a+\sqrt{a^2+4}}{2}P_{n-2} = \frac{a-\sqrt{a^2+4}}{2}\left(P_{n-2} - \frac{a+\sqrt{a^2+4}}{2}P_{n-3}\right)$$
$$\vdots$$
$$P_3 - \frac{a+\sqrt{a^2+4}}{2}P_2 = \frac{a-\sqrt{a^2+4}}{2}\left(P_2 - \frac{a+\sqrt{a^2+4}}{2}P_1\right)$$
相乘整理,得
$$P_n - \frac{a+\sqrt{a^2+4}}{2}P_{n-1} = \left(\frac{a-\sqrt{a^2+4}}{2}\right)^{n-2}\left(P_2 - \frac{a+\sqrt{a^2+4}}{2}P_1\right)$$
同理
$$P_n - \frac{a-\sqrt{a^2+4}}{2}P_{n-1} = \left(\frac{a+\sqrt{a^2+4}}{2}\right)^{n-2}\left(P_2 - \frac{a-\sqrt{a^2+4}}{2}P_1\right)$$
解方程组
$$\begin{cases} P_n - \dfrac{a+\sqrt{a^2+4}}{2}P_{n-1} = \left(\dfrac{a-\sqrt{a^2+4}}{2}\right)^{n-2}\left(P_2 - \dfrac{a+\sqrt{a^2+4}}{2}P_1\right) & (28) \\[3mm] P_n - \dfrac{a-\sqrt{a^2+4}}{2}P_{n-1} = \left(\dfrac{a+\sqrt{a^2+4}}{2}\right)^{n-2}\left(P_2 - \dfrac{a-\sqrt{a^2+4}}{2}P_1\right) & (29) \end{cases}$$
由式(29) $\times \dfrac{a+\sqrt{a^2+4}}{2} -$ 式(28) $\times \dfrac{a-\sqrt{a^2+4}}{2}$,得

Zernov 定理

$$\sqrt{a^2+4}\,P_n = \left(\frac{a+\sqrt{a^2+4}}{2}\right)^{n-1}\left(P_2 - \frac{a-\sqrt{a^2+4}}{2}P_1\right) -$$
$$\left(\frac{a-\sqrt{a^2+4}}{2}\right)^{n-1}\left(P_2 - \frac{a+\sqrt{a^2+4}}{2}P_1\right)$$

又

$$P_1 = a, P_2 = a^2+1$$

将它们代入上式,得

$$P_n = \left\{\left[\left(\frac{a+\sqrt{a^2+4}}{2}\right)^{n-1} - \left(\frac{a-\sqrt{a^2+4}}{2}\right)^{n-1}\right](a^2+1) + \right.$$
$$\left.\left[\left(\frac{a+\sqrt{a^2+4}}{2}\right)^{n-2} - \left(\frac{a-\sqrt{a^2+4}}{2}\right)^{n-2}\right]a\right\}\bigg/\sqrt{a^2+4}$$

同理

$$Q_n = \left\{\left[\left(\frac{a+\sqrt{a^2+4}}{2}\right)^{n-1} - \left(\frac{a-\sqrt{a^2+4}}{2}\right)^{n-1}\right]a + \right.$$
$$\left.\left[\left(\frac{a+\sqrt{a^2+4}}{2}\right)^{n-2} - \left(\frac{a-\sqrt{a^2+4}}{2}\right)^{n-2}\right]\right\}\bigg/\sqrt{a^2+4}$$

设

$$\left(\frac{a+\sqrt{a^2+4}}{2}\right)^n - \left(\frac{a-\sqrt{a^2+4}}{2}\right)^n = V_n$$

$$x_n = \frac{P_n}{Q_n} = \frac{(a^2+1)V_{n-1} + aV_{n-2}}{aV_{n-1} + V_{n-2}}$$

最后,当 $n=1$ 时

$$x_1 = \frac{a\left[\left(\frac{a+\sqrt{a^2+4}}{2}\right)^{-1} - \left(\frac{a-\sqrt{a^2+4}}{2}\right)^{-1}\right]}{\left(\frac{a+\sqrt{a^2+4}}{2}\right)^{-1} - \left(\frac{a-\sqrt{a^2+4}}{2}\right)^{-1}} = a$$

当 $n=2$ 时

122

$$x_2 = \cfrac{(a^2+1)\left[\cfrac{a+\sqrt{a^2+4}}{2}-\cfrac{a-\sqrt{a^2+4}}{2}\right]}{a\left(\cfrac{a+\sqrt{a^2+4}}{2}-\cfrac{a-\sqrt{a^2+4}}{2}\right)}=\cfrac{a^2+1}{a}$$

均成立.

所以对于所有的正整数 n,有

$$x_n = [a, a, \cdots, a] = \frac{(a^2+1)V_{n-1}+aV_{n-2}}{aV_{n-1}+V_{n-2}}$$

其中

$$V_n = \left(\frac{a+\sqrt{a^2+4}}{2}\right)^n - \left(\frac{a-\sqrt{a^2+4}}{2}\right)^n$$

例 33　在所有分母小于或等于 f_{n+1} 的分数中,以 $\dfrac{f_n}{f_{n+1}}$ 最接近 w.

证明　可以采用反证法,设 $\dfrac{a}{b}(b \le f_{n+1})$ 比 $\dfrac{f_n}{f_{n+1}}$ 更靠近 w,即

$$\left|\frac{a}{b}-w\right| < \left|\frac{f_n}{f_{n+1}}-w\right|$$

因为

$$\begin{aligned}
\left|\frac{a}{b}-\frac{f_{n+1}}{f_{n+2}}\right| &= \left|\frac{a}{b}-w+w-\frac{f_{n+1}}{f_{n+2}}\right| \\
&\le \left|\frac{a}{b}-w\right|+\left|w-\frac{f_{n+1}}{f_{n+2}}\right| \\
&< \left|\frac{f_n}{f_{n+1}}-w\right|+\left|w-\frac{f_{n+1}}{f_{n+2}}\right|
\end{aligned}$$

由例 31 知,w 位于 $\dfrac{f_n}{f_{n+1}}$ 与 $\dfrac{f_{n+1}}{f_{n+2}}$ 之间,所以不等式右边等于 $\left|\dfrac{f_n}{f_{n+1}}-\dfrac{f_{n+1}}{f_{n+2}}\right|$ $\left(\text{由}\left|\dfrac{f_{n+1}}{f_{n+2}}-\dfrac{f_n}{f_{n+1}}\right|=\dfrac{1}{f_{n+1}f_{n+2}}\right)$,则

Zernov 定理

$$\left|\frac{f_n}{f_{n+1}} - \frac{f_{n+1}}{f_{n+2}}\right| = \frac{1}{f_{n+1}f_{n+2}}$$

所以

$$\frac{|af_{n+2} - bf_{n+1}|}{bf_{n+2}} < \frac{1}{f_{n+1}f_{n+2}}$$

则

$$\frac{|af_{n+2} - bf_{n+1}|}{b} < \frac{1}{f_{n+1}}$$

因此

$$|af_{n+2} - bf_{n+1}| < \frac{b}{f_{n+1}}$$

又因为

$$b \leqslant f_{n+1}$$

所以

$$|af_{n+2} - bf_{n+1}| < 1$$

而左边为一非负整数,所以

$$af_{n+2} - bf_{n+1} = 0$$

或

$$\frac{a}{b} = \frac{f_{n+1}}{f_{n+2}}$$

而$\dfrac{f_{n+1}}{f_{n+2}}$是既约分数,所以

$$b = f_{n+2} > f_{n+1}$$

这与所设条件$b \leqslant f_{n+1}$矛盾.

    注 本题完全解决了关于离散的量的黄金分割问题,即找到了一串分数列$\left\{\dfrac{f_n}{f_{n+1}}\right\}$,它以黄金数 w 为极限,而且$\dfrac{f_n}{f_{n+1}}$是所有分母小于或等于f_{n+1}的分数中最接

近于 w 的,由于这个性质,数学上把分数列 $\left\{\dfrac{f_n}{f_{n+1}}\right\}$ 叫作

黄金数 w 的最佳渐近分数列.

例 34　若

$$\alpha = \cfrac{1}{1 + \cfrac{1}{1 + \ddots \ + \cfrac{1}{1 + \theta}}} \quad (0 < \theta < 1)$$

则

$$\alpha = \frac{F_{m-1} + \theta F_{m-2}}{F_m + \theta F_{m-1}} \tag{30}$$

这里

$$F_{-1} = 0, F_0 = 1, F_n = F_{n-1} + F_{n-2} \quad (n \geqslant 1)$$

证明　用数学归纳法:

当 $m = 1$ 时

$$\alpha = \frac{1}{1 + \theta}$$

式(30)显然成立.

当 $m = 2$ 时

$$\alpha = \cfrac{1}{1 + \cfrac{1}{1 + \theta}} = \frac{1 + \theta}{2 + \theta}$$

式(30)也成立.

当 $m = n$ 时,令

$$\theta_{n-1} = \frac{1}{1 + \theta}$$

则由归纳法假定,即得

$$\alpha = \frac{F_{n-2} + \theta_{n-1}F_{n-3}}{F_{n-1} + \theta_{n-1}F_{n-2}} = \frac{F_{n-2} + \dfrac{1}{1+\theta}F_{n-3}}{F_{n-1} + \dfrac{1}{1+\theta}F_{n-2}}$$

$$= \frac{F_{n-1} + \theta F_{n-2}}{F_n + \theta F_{n-1}}$$

故式(30)成立.

例 35 $w = \dfrac{\sqrt{5}-1}{2}$ 恒位于两个相邻的分数 $\dfrac{f_n}{f_{n+1}}$ 与 $\dfrac{f_{n+1}}{f_{n+2}}$ 之间,而且更靠近后一个分数,即

$$\left| w - \frac{f_{n+1}}{f_{n+2}} \right| < \left| \frac{f_n}{f_{n+1}} - w \right|$$

证明 因为任何相邻分数 $\dfrac{f_n}{f_{n+1}}$ 及 $\dfrac{f_{n+1}}{f_{n+2}}$ 总有一个处于数列 $\left\{\dfrac{f_n}{f_{n+1}}\right\}$ 的奇数位,另一个则处于偶数位,由例 31 知,w 位于它们之间,又由例 26,知

$$\left| \frac{f_n}{f_{n+1}} - w \right| = \frac{w^{n+1}}{f_{n+1}}$$

$$\left| w - \frac{f_{n+1}}{f_{n+2}} \right| = \frac{w^{n+2}}{f_{n+2}}$$

而

$$\frac{w^{n+1}}{f_{n+1}} - \frac{w^{n+2}}{f_{n+2}} = \frac{w^{n+1}}{f_{n+1}}\left(1 - \frac{f_{n+1}}{f_{n+2}}w \right) > 0$$

所以

$$\left| \frac{f_n}{f_{n+1}} - w \right| > \left| w - \frac{f_{n+1}}{f_{n+2}} \right|$$

例 36 用来确定最初的梅森数的数列 $\{a\} = 3, 7,$ $47, 2\,207, 4\,870\,847, \cdots$.

通常定义为

$$a_{n+1} = a_n^2 - 2$$

它也可以定义为

$$a_k = \frac{f_{2^{k+1}}}{f_{2^k}}$$

其中 f 都是 Fibonacci 数 $1, 2, 3, 5, 8, \cdots$.

证明 众所周知

$$f_n = \frac{r^n - S^n}{\sqrt{5}}$$

其中 r 和 $S(-r^{-1})$ 都是 $x^2 - x - 1 = 0$ 的根, 于是, 若记 $a = 2^n$, 则有

$$
\begin{aligned}
\frac{f_{4a}}{f_{2a}} - \left(\frac{f_{2a}}{f_a}\right)^2 + 2 &= \frac{r^{4a} - S^{4a}}{r^{2a} - S^{2a}} - \left(\frac{r^{2a} - S^{2a}}{r^a - S^a}\right)^2 + 2 \\
&= r^{2a} + S^{2a} - (r^a + S^a)^2 + 2 \\
&= -2(rS)^a + 2 \\
&= 0
\end{aligned}
$$

所以 $\dfrac{f_{2^{n+1}}}{f_{2^n}}$ 满足与 a_n 相同的递推关系.

且

$$a_1 = 3 = \frac{f_4}{f_2}$$

这就证明了结论.

例 37 全体正整数的集合可以分成两个互不相交的正整数子集

$$\{f(1), f(2), \cdots, f(n), \cdots\}, \{g(1), g(2), \cdots, g(n), \cdots\}$$

式中

$$f(1) < f(2) < \cdots < f(n) < \cdots$$
$$g(1) < g(2) < \cdots < g(n) < \cdots$$

且有
$$g(n) = f(f(n)) + 1 \quad (n \geqslant 1)$$
求 $f(290)$.

解 $\{f_i\}$ 为 Fibonacci 数列.

令 $b_i = f_{i+2}$,则
$$b_0 = 1, b_1 = 2, b_2 = 3, \cdots$$
则每一个正整数 $n \in \mathbf{N}$,都可唯一表为
$$n = a_k b_k + a_{k-1} b_{k-1} + \cdots + a_n b_n$$
这里 $a_i \in \{0,1\}$ $(i = 0, \cdots, n)$,且设有两个相邻的 a_i 都等于 1,我们把 $(a_k a_{k-1} \cdots a_0)$ 叫作 n 在 Fibonacci 基下的表示,例如:$1 = 1, 2 = (0), 3 = (100)_f, 6 = (100)_f$,$7 = (1010)_f, \cdots$.

首先定义一个函数 $\mu(n)$,它表示 n 在 Fibonacci 基下数字 0 的个数.

令
$$N_1 = \{n \mid \mu(n) \equiv 0 (\bmod 2)\}$$
$$N_2 = \{n \mid \mu(n) \equiv 0 (\bmod 1)\}$$
则 $N = N_1 \cup N_2$,且 $N_1 \cap N_2$. 记 $f(n)$ 为 N_1 中的第 n 个元素,$g(n)$ 为 N_2 中的第 n 个元素.

下面我们给出一种在 Fibonacci 基下计算 $f(n)$ 的方法:

我们规定 $f(n)$ 的值如下:设 $a_k a_{k-1} \cdots a_0$ 是在 Fibonacci 基下表示为 n,则 $f(n)$ 在 Fibonacci 基下表示为:$a_k a_{k-1} \cdots a_0 0$. 并规定
$$f(n) = f((a_k a_{k-1} \cdots a_0)_f)$$
$$= \begin{cases} (a_k a_{k-1} \cdots a_0 0)_f & (\mu(n) \equiv 1 (\bmod 2)) \\ (a_k a_{k-1} \cdots a_0 0)_f = 1 & (\mu(n) \equiv 0 (\bmod 2)) \end{cases}$$
容易计算

$$f(1) = f((11)_f) = (10)_f - 1 = 2 - 1 = 1$$
$$f(2) = f((10)_f) = (100)_f = 3$$
$$f(3) = f((100)_f) = (1000)_f - 1 = 5 - 1 = 4$$
$$f(240) = f((100000001010)_f) = (1000000010100)_f$$
$$= 377 + 8 + 3 = 388$$

以下只需证明:$f(n)$,$g(n)$满足条件

$$g(n) = f(f(n)) + 1$$

对每一个

$$f(n) = (c_k c_{k-1} \cdots c_0)_f, \mu(f(n)) \equiv 1 \pmod 2$$
$$f(f(n)) = (c_k c_{k-1} \cdots c_0 0)_f - 1$$

则

$$f(f(n)) + 1 = (c_k c_{k-1} \cdots c_0 0)_f$$

则

$$\mu(f(f(n))) \equiv 1 \pmod 2$$

则 $f(f(n)) + 1 \in N_2$ 且恰好为 $g(n)$.

例38　$A_n = \dfrac{1}{\sqrt{5}}(x_1^n - x_2^n)$,其中,$x_1,x_2$ 是 $x^2 - x - 1 = 0$ 的根,设 $x_1 > x_2$,n 是自然数. 求证:A_n 是自然数.

证法 1　因为 x_1,x_2 是 $x^2 - x - 1 = 0$ 的根. 所以

$$x_1 + x_2 = 1, x_1 x_2 = -1$$

则

$$A_n = \frac{1}{\sqrt{5}}(x_1^n - x_2^n)$$
$$= \frac{1}{\sqrt{5}}(x_1^n - x_2^n)(x_1 + x_2)$$
$$= \frac{1}{\sqrt{5}}(x_1^{n+1} - x_1 x_2^n + x_2 x_1^n - x_2^{n+1})$$
$$= \frac{1}{\sqrt{5}}(x_1^{n+1} - x_2^{n+1}) + \frac{1}{\sqrt{5}}(x_2^{n-1} - x_1^{n-1})$$

$$= A_{n+1} - A_{n-1}$$

即

$$A_{n+1} = A_n + A_{n-1}$$

而

$$
\begin{aligned}
A_1 &= \frac{1}{\sqrt{5}}(x_1 - x_2) \\
&= \frac{1}{\sqrt{5}}\left[(x_1 + x_2)^2 - 4x_1 x_2\right]^{\frac{1}{2}} \\
&= \frac{1}{\sqrt{5}}(1 + 4)^{\frac{1}{2}} = 1 \\
A_2 &= \frac{1}{\sqrt{5}}(x_1^2 - x_2^2) \\
&= \frac{1}{\sqrt{5}}(x_1 + x_2)(x_1 - x_2) \\
&= \frac{1}{\sqrt{5}}(x_1 - x_2) = 1
\end{aligned}
$$

故

$$
\begin{aligned}
A_3 &= A_1 + A_2 = 2 \\
A_4 &= A_2 + A_3 = 3 \\
A_5 &= A_3 + A_4 = 5 \\
&\quad\vdots
\end{aligned}
$$

均为自然数.

证法 2　用数学归纳法.

当 $n = 1$ 时,因为 x_1, x_2 是 $x^2 - x - 1 = 0$ 的根,所以

$$x_{1,2} = \frac{1}{2}(1 \pm \sqrt{5}),\ x_1 x_2 = -1$$

故

$$\frac{1}{\sqrt{5}}(x_1 - x_2) = 1$$

是自然数.

假定对于 n, A_n 是自然数,证对于 $n+1$ 的情况

$$A_n = \frac{1}{\sqrt{5}}(x_1^n - x_2^n) = A_{n+1} - A_{n-1}$$

例 39　试证在 Fibonacci 数列中,当 $4 \mid n$ 时,就有了 f_n.

证明　用数学归纳法. 由假设 $4 \mid n$, 即 $n = 4k$. 当 $k = 1$ 时, $f_4 = 3$, 即 $k = 1$ 时命题成立.

假设当 $k = l$ 时命题成立, 即

$$f_{4l} = 3m$$

当 $k = l+1$ 时, 由于

$$f_{4l+1} = f_{4l} + f_{4l-1}$$
$$f_{4l+2} = f_{4l+1} + f_{4l} = 2f_{4l} + f_{4l-1}$$
$$f_{4l+3} = f_{4l+2} + f_{4l+1} = 3f_{4l} + 2f_{4l-1}$$
$$f_{4(l+1)} = f_{4l+3} + f_{4l+2} = 5f_{4l} + 3f_{4l-1} = 3(5m + f_{4l-1})$$

得证, 当 $k = l+1$ 时, $f_{4(l+1)}$ 也是 3 的倍数, 于是对每一个自然数 k, f_{4k} 是 3 的倍数.

例 40　求证:当 $n \geqslant 1$ 时

$$(F_n, F_{n+1}) = (I_n, I_{n+1}) = 1$$

证明　当 $n \geqslant 1$ 时,我们有

$$F_n^2 - F_{n+1} F_{n-1}$$

$$= \frac{1}{5} \{ (a^n - b^n)^2 - (a^{n+1} - b^{n+1})(a^{n-1} - b^{n-1}) \}$$

$$= \frac{(-2)(-4)^n + (12)(-4)^{n-1}}{(5)(2^{2n})}$$

$$= \frac{(-4)^{n-1}(8 + 12)}{(5)(2^{2n})}$$

131

$$= (-1)^{n-1}$$

由上式,我们有

$$(F_n, F_{n+1}) = 1$$

则

$$I_n^2 - I_{n-1}I_{n+1}$$

$$= (a^n + b^n)^2 - (a^{n-1} + b^{n-1})(a^{n+1} + b^{n+1})$$

$$= \frac{2(1+\sqrt{5})^n(1-\sqrt{5})^n - (1+\sqrt{5})^{n-1}(1-\sqrt{5})^{n-1}((1+\sqrt{5})^2 + (1-\sqrt{5})^2)}{2^{2n}}$$

$$= (-1)^n \cdot 5$$

由上式,我们有

$$(I_n, I_{n+1}) = 1$$

故本题得证.

例 41 当 k 是一个正整数时,则我们有

$$(F_{4k}, F_{4k+2}) = 1$$

证明 由

$$F_n = \frac{a^n - b^n}{\sqrt{5}}, a = \frac{1+\sqrt{5}}{2}, b = \frac{1-\sqrt{5}}{2}$$

我们有

$$F_{4k}^2 - F_{4k-2}F_{4k+2}$$

$$= \left[\frac{1}{(5)(2^{8k})}\right]\{[(1+\sqrt{5})^{4k} - (1-\sqrt{5})^{4k}]^2 -$$

$$[(1+\sqrt{5})^{4k-2} - (1-\sqrt{5})^{4k-2}][(1+\sqrt{5})^{4k+2} - (1-\sqrt{5})^{4k+2}]\}$$

$$= \frac{(-2)(1+\sqrt{5})^{4k}(1-\sqrt{5})^{4k} + (1+\sqrt{5})^{4k-2}(1-\sqrt{5})^{4k-2}[(1+\sqrt{5})^4 + (1-\sqrt{5})^4]}{(5)(2^{8k})}$$

$$= \frac{(-2)(-4)^{4k} + (-4)^{4k-2}(2+60+50)}{(5)(2^{8k})} = 1$$

故本题得证.

例 42 求证:当 $n \geqslant 1$ 时,则我们有:

i)若 F_n 是奇数时,则 I_n 也是奇数,并有 $(F_n,I_n)=1$;

ii)若 F_n 是偶数时,则 I_n 也是偶数,并有 $(F_n,I_n)=2$.

证明　i)当 $n\geqslant1$ 时,则由本章例 27 中的情形 i)和例 28 中的情形 i),我们有

$$I_n^2-5F_n^2=(a^n+b^n)^2-(a^n-b^n)^2$$
$$=4(ab)^n=4(-1)^n$$

由上式即知本题成立.

例 43　设有一个无穷小数 $0.a_1a_2a_3\cdots a_n\cdots$,其中 a_n 是第 n 个 Fibonacci 数 f_n 的末位数,试证明这是一个循环小数.

证明　因 a_n 是 f_n 的末位数,而

$$f_1=1,f_2=1$$

所以

$$a_1=1,a_2=1$$

又因

$$f_{n+2}=f_n+f_{n+1}\quad(n=1,2,\cdots)$$

所以 f_{n+2} 的末位数就是 f_n 的末位数与 f_{n+1} 的末位数的和的末位数,由此可知 $a_{n+2}(n=1,2,\cdots)$ 就是 a_n+a_{n+1} 的末位数,又因为奇数加奇数等于偶数,偶数加奇数等于奇数,所以无穷小数 $0.a_1a_2a_3\cdots a_n\cdots$ 必有如下排列规律

$$0.\text{奇奇偶奇奇偶奇奇偶}\cdots\cdots$$

而由 $1,3,5,7,9$ 五个数字组成的奇数对只有 $5\times5=25$(种),因此在构成上面小数的前 26 组"奇奇偶"中的奇数对中,必有完全相同的(例如 11 第二次出现了),所以这个小数必从最先出的相同的奇数对开始循环,而且从上讨论可见,这个小数最远在 $3\times25=75$(位)后循环,下面将这个小数写出

0.112 358 314 594 370 774 156 178 538 190 998 752 796 516 730 336 954 932 572 910 11···

可见它以前 60 位为第一个循环节.

例 44 若 u_m 能除尽 u_n,则 m 能除尽 n.

证明 事实上,若 u_m 能除尽 u_n

$$(u_n, u_m) = u_m \tag{31}$$

但由所证

$$(u_n, u_m) = u_{(n,m)} \tag{32}$$

由式(31)和式(32),我们即得

$$u_m = u_{(n,m)}$$

即得

$$m = (n, m)$$

而这就是说 n 能被 m 除尽

$$2 \mid u_n \Leftrightarrow 3 \mid n \tag{33}$$

$$3 \mid u_n \Leftrightarrow 4 \mid n \tag{34}$$

$$4 \mid u_n \Leftrightarrow 6 \mid n \tag{35}$$

$$5 \mid u_n \Leftrightarrow 5 \mid n \tag{36}$$

$$7 \mid u_n \Leftrightarrow 8 \mid n \tag{37}$$

用 8 除后余数为 4 的 Fibonacci 数不存在 (38)

没有可被 17 除尽的奇 Fibonacci 数 (39)

试证:在十进位算法之下,当 $n \geqslant 17$ 时,u_n 的数字位数不多于 $\dfrac{n}{4}$,不少于 $\dfrac{n}{5}$. 那么 $u_{1\,000}$ 一共有几位数?

例 45 若 n 能被 m 除尽,则 u_n 也能被 u_m 除尽.

证明 设 n 可被 m 除尽,即 $n = mm_1$,我们现在就 m_1 使用归纳法来证明.

若

$$m_1 = 1, n = m$$

则命题显然成立.

今假定,u_{mm_1} 能被 u_m 除尽,而来讨论 $u_{m(m_1+1)}$,但

$$u_{m(m_1+1)} = u_{mm_1+m}$$

由公式

$$u_{m(m_1+1)} = u_{mm_1-1}u_m + u_{mm_1}u_{m+1}$$

上式右边第一项显然能被 u_m 除尽. 其第二项是 u_{mm_1} 的倍数,由归纳法假设,也能被 u_m 除尽,故 u_m 能除尽它们的和,即 $u_{m(m_1+1)}$.

例 46　若 n 为大于 4 的合数,则 u_n 也是一个合数.

证明　事实上,对于这样的 n,我们可以将它写为

$$n = n_1 n_2$$

这里 $1 < n_1 < n, 1 < n_2 < n$,则或者 $n_1 > 2$,或者 $n_2 > 2$,不妨假定 $n_1 > 2$,则 u_n 能被 u_{n_1} 除尽,在这里 $1 < u_{n_1} < u_n$,也就是说,u_n 是一个合数.

例 47　相邻的两个 Fibonacci 数是互质数.

证明　现在假定命题不成立,设 u_n 与 u_{n+1} 有一个公约数 $d > 1$,则它们的差 $u_{n+1} - u_n$ 也能被 d 除尽. 但因

$$u_{n+1} - u_n = u_{n-1}$$

故 u_{n-1} 也能被 d 除尽. 同法可以证明(归纳法)d 能除尽 u_{n-2}, u_{n-3} 等. 最大也能除尽 u_1. 但 $u_1 = 1$,故不可能被 $d(>1)$ 除尽. 这就得一矛盾.

例 48　试证:$(u_m, u_n) = u_{(m,n)}$ 成立.

证明　现在不妨假定 $m > n$,使用欧氏运算于数 m 与 n 有

$$m = nq_0 + r_1 \quad (0 \leq r_1 < n)$$
$$n = r_1 q_1 + r_2 \quad (0 \leq r_2 < r_1)$$
$$r_1 = r_2 q_2 + r_3 \quad (0 \leq r_3 < r_2)$$
$$\vdots$$

Zernov 定理

$$r_{t-2} = r_{t-1}q_{t-1} + r_t \quad (0 \leqslant r_t < r_{t-1})$$

$$r_{t-1} = r_t q_t$$

如我们所知, r_t 是 m 与 n 的最大公约数.

由

$$m = nq_0 + r_1$$

即得

$$(u_m, u_n) = (u_{nq_0+r_1}, u_n)$$

或

$$(u_m, u_n) = (u_{nq_0-1}u_{r_1} + u_{nq_0}u_{r_1+1}, u_n)$$

若 c 能被 b 除尽, 则

$$(a, b) = (a+c, b)$$

$$(u_m, u_n) = (u_{nq_0-1}u_{r_1}, u_n)$$

若 $(a, c) = 1$, 则

$$(a, bc) = (a, b)$$

$$(u_m, u_n) = (u_{r_1}, u_n)$$

同法可以证明

$$(u_{r_1}, u_n) = (u_{r_2}, u_{r_1})$$

$$(u_{r_2}, u_{r_1}) = (u_{r_3}, u_{r_2})$$

$$\vdots$$

$$(u_{r_{t-1}}, u_{r_{t-2}}) = (u_{r_t}, u_{r_{t-1}})$$

比较所有的等式, 即得

$$(u_m, u_n) = (u_{r_t}, u_{r_{t-1}})$$

但因 r_{t-1} 能被 r_t 除尽, 故 $u_{r_{t-1}}$ 也能被 u_{r_t} 除尽, 因而

$$(u_{r_t}, u_{r_{t-1}}) = u_{r_t}$$

注意

$$r_t = (m, n)$$

我们即得所求.

例 49 任给一个整数 m, 则在前面 m^2 个 Fibonac-

ci 数中必有一个能被 m 整除.

证明　令 $\bar{k}$ 表示用 m 除 k 所得的余数. 我们现在写出一系列由这样的余数所作成的对

$$<\bar{u}_1,\bar{u}_2>,<\bar{u}_2,\bar{u}_3>,<\bar{u}_3,\bar{u}_4>,\cdots,<\bar{u}_n,\bar{u}_{n+1}>,\cdots \tag{40}$$

若我们规定两个数对 $<a_1,b_1>$ 与 $<a_2,b_2>$ 当 $a_1=b_1$ 与 $a_2=b_2$ 时相等,则用 m 除后所得的余数作成数对的全体,其中不相等的数目为 m^2,因此,若在级数（40）中取出首先的 m^2+1 个,则其中必定出现相等的数对.

设 $<\bar{u}_k,\bar{u}_{k+1}>$ 为在级数（40）中首先重复的一对. 我们现在将指出,这对就是 $<1,1>$,事实上,假若不然,就是说,假定第一次重复的数对是 $<\bar{u}_k,\bar{u}_{k+1}>$,而 $k>1$,在级数（40）中,我们找出与 $<\bar{u}_k,\bar{u}_{k+1}>$ 相等的数对 $<\bar{u}_l,\bar{u}_{l+1}>(l>k)$,因

$$u_{l-1}=u_{l+1}-u_l$$

及

$$u_{k-1}=u_{k+1}-u_k,$$

而

$$\bar{u}_{l+1}=\bar{u}_{k+1},\bar{u}_l=\bar{u}_k$$

故用 m 除 u_{l-1} 及 u_{k-1} 所得的余数也相同,即是说

$$\bar{u}_{l-1}=\bar{u}_{k-1}$$

由此可知

$$<\bar{u}_{k-1},\bar{u}_k>=<\bar{u}_{l-1},\bar{u}_l>$$

但数对 $<\bar{u}_{k-1},\bar{u}_k>$ 在级数（40）中出现的比

$<\bar{u}_k, \bar{u}_{k+1}>$ 早, 故 $<\bar{u}_k, \bar{u}_{k+1}>$ 不是首先重复的数对, 这与我们的假设相矛盾, 故知 $k>1$ 的假定是不对的, 也就是说 $k=1$.

由此可知, $<1,1>$ 是级数 (40) 中首先重复的数对. 设它在第七个位置重复 (由刚才所说, 我们可以假定 $1<t<m^2+1$), 就是说

$$<\bar{u}_t, \bar{u}_{t+1}> = <1,1>$$

此即说明 u_t 与 u_{t+1} 在用 m 除后有同样的余数, 也即是说它们的差能被 m 整除, 但

$$u_{t+1} - u_t = u_{t-1}$$

故第 $t-1$ 个 Fibonacci 数能被 m 除尽.

注 此题并没有肯定是哪一个 Fibonacci 数能被 m 除尽, 它只是说, 第一个能被 m 除尽的 Fibonacci 数一定不会很大.

例 50 在 Fibonacci 数列 $\{f_n\}$ 的前 10^8 项中是否存在一个末四位数码都为 0 的 Fibonacci 数.

证明 实质上, 问题可以归结为研究 Fibonacci 数列 $\{f_n\}$ 中每一项的末四位数码的结构, 换句话说, 不管 f_n 是五位或更多位数, 仅需讨论去掉第四位以前的诸数码后所留下的四个数码所构成的数, 亦即小于 10^4 的部分 (如 347 352, 去掉 34, 留下 7 352), 记此数为 a_n. 若已知 a_{k+1} 与 a_k, 那么便可求得 a_{k-1}, 这是因为

$$f_{k+1} = f_k + f_{k-1}$$

所以

$$a_{k+1} = a_k + a_{k-1}$$

或

$$a_{k+1} = a_k + a_{k-1} - 10\ 000$$

现在, 若能证明存在某两个自然数 k, n 便得 $a_k =$

a_{n+k},且 $a_{k+1} = a_{n+k+1}$,那么由上述就有

$$a_{k-1} = a_{n+k-1}, a_{k-2} = a_{n+k-2}, \cdots, a_1 = a_{n+1}, a_0 = a_n$$

因 $a_0 = 0$,则必有 $a_n = 0$,这意味着 Fibonacci 数列的第 $n+1$ 项 f_n 是四个 0 结尾的数.

综上所述只要证明:存在两个自然数 k, n 使得

$$a_k = a_{n+k}, a_{k+1} = a_{n+k+1}$$

注意到,在

$$(a_0, a_1), (a_1, a_2), (a_2, a_3), \cdots, (a_{10^8}, a_{10^8+1})$$

等 $10^8 + 1$ 个数对中,由于 $a_0, a_1, \cdots, a_{10^8}$ 中的每一数都不大于 10^4,即都是 $0, 1, 2, \cdots, 9\,999$ 诸数之一,所以 (a_i, a_{i+1}) 的一切可能情形至多有

$$10^4 \times 10^4 = 10^8 (\text{种})$$

因此,在上述 $10^8 + 1$ 个数对中必有两个数对相同,这就是说

$$(a_k, a_{k+1}) = (a_{k+n}, a_{k+n+1})$$

即得证有 k, n 使

$$a_k = a_{k+n}, a_{k+1} = a_{k+n+1}$$

注　经具体讨论后可知 $f_{7\,500}$ 是末四位数码为 0 的 Fibonacci 数.

例 51　试证:对于任意的正整数 n 和 m,我们都有

$$F_m \mid F_{nm}$$

证明　用数学归纳法:

当 $n = 1$ 时,显见结论成立.

现设当 $n = 1, \cdots, N-1$ 时,本题结论都成立,我们来证明当 $n = N$ 时,结论也能成立. 当 $n \geqslant 1, m \geqslant 1$ 时,则由本章例 27 中的情形 i) 和例 28 中的情形 i),我们有

Zernov 定理

$$F_n I_m + F_m I_n$$

$$= \frac{\left[(1+\sqrt{5})^n - (1-\sqrt{5})^n\right]\left[(1+\sqrt{5})^m + (1-\sqrt{5})^m\right]}{(\sqrt{5})(2^{n+m})} +$$

$$\frac{\left[(1+\sqrt{5})^m - (1-\sqrt{5})^m\right]\left[(1+\sqrt{5})^n + (1-\sqrt{5})^n\right]}{(\sqrt{5})(2^{n+m})}$$

$$= \frac{2\left[(1+\sqrt{5})^{n+m} - (1-\sqrt{5})^{n+m}\right]}{(\sqrt{5})(2^{n+m})} = 2F_{n+m}$$

由上式我们有

$$2F_{Nm} = 2F_{m+(N-1)m} = F_m I_{(N-1)m} + F_{(N-1)m} I_m \quad （41）$$

由归纳假设有

$$F_m \mid F_{(N-1)m}$$

和式(41)，我们有

$$F_m \mid 2F_{Nm}$$

故当 F_m 是奇数时，则我们有

$$F_m \mid F_{Nm}$$

现设 F_m 是偶数，则由本章例 42 知道 I_m 也是偶数，由于 F_m 是偶数和 $F_m \mid F_{(N-1)m}$ 知道 $F_{(N-1)m}$ 也是偶数，又由本章例 42 知道 $I_{(N-1)m}$ 也是偶数.

由式(41)我们有

$$F_{Nm} = F_m \left(\frac{I_{(N-1)m}}{2}\right) + F_{(N-1)m}\left(\frac{I_m}{2}\right)$$

其中 $\frac{I_{(N-1)m}}{2}$ 和 $\frac{I_m}{2}$ 都是正整数，由于

$$F_m \mid F_{(N-1)m}$$

故当 F_m 是偶数时，我们也有 $F_m \mid F_{Nm}$，因而由数学归纳法知本题结论成立.

例 52 令 $d_1, d_2, \cdots, d_{12}$ 是开区间 $(1, 12)$ 中的实数. 证明：存在不同的指标 i, j, k，使得 d_i, d_j, d_k 是一个

锐角三角形的边长.

（第 73 届美国大学生数学竞赛）

　　证明　以非减次序排列诸 d_i. 我们证明,对于某个 i,有

$$d_{i+2}^2 < d_{i+1}^2 + d_i^2$$

如果

$$d_3^2 \geqslant d_2^2 + d_1^2$$

则

$$d_3^2 \geqslant 2d_1^2$$

如果此外还有

$$d_4^2 \leqslant d_3^2 + d_2^2$$

则

$$d_4^2 \geqslant 3d_1^2 = F_4 d_1^2$$

其中 F_i 表示第 i 个 Fibonacci 数. 由归纳法,或者我们成功了,或者

$$d_{12}^2 \geqslant F_{12} d_1^2$$

但是

$$F_{12} = 144, d_{12} < 12$$

并且 $d_1 > 1$,因而我们必定对某个 i 有

$$d_{i+2}^2 < d_{i+1}^2 + d_i^2$$

　　例 53　设 n 是正整数. 证明:2^{n-1} 整除

$$\sum_{0 \leqslant k < \frac{n}{2}} \binom{n}{2k+1} 5^k$$

（第 15 届国际大学生数学竞赛(保加利亚,2008)）

　　解　熟知,Fibonacci 数 F_n 可以表示成

$$F_n = \frac{1}{\sqrt{5}} \left(\left(\frac{1+\sqrt{5}}{2} \right)^n - \left(\frac{1-\sqrt{5}}{2} \right)^n \right)$$

把表达式展开,我们得到

$$F_n = \frac{1}{2^{n-1}}\left(\binom{n}{1} + \binom{n}{3}5 + \cdots + \binom{n}{l}5^{\frac{l-1}{2}}\right)$$

其中 l 为满足 $l \leqslant n$ 且

$$s = \frac{l-1}{2} \leqslant \frac{n}{2}$$

的最大奇数,因此

$$F_n = \frac{1}{2^{n-1}}\sum_{k=0}^{s}\binom{n}{2k+1}5^k$$

这表明 2^{n-1} 整除

$$\sum_{0 \leqslant k < \frac{n}{2}}\binom{n}{2k+1}5^k$$

§2 Titu 给出的几个例子

美国数学奥林匹克总教练,达拉斯的德克萨斯大学教授 Titu Andreescu 在《超越普特南试题》中给出了几个例子:

例 1 数列 $(a_n)_{n \geqslant 0}$ 定义为 $a_0 = 0, a_1 = 1, a_2 = 2, a_3 = 6$ 与

$$a_{n+4} = 2a_{n+3} + a_{n+2} - 2a_{n+1} - a_n \quad (n \geqslant 0)$$

证明:对所有 $n \geqslant 1$, n 整除 a_n.

证明 由假设得

$$a_4 = 12, a_5 = 25, a_6 = 48$$

观察

$$\frac{a_1}{1} = \frac{a_2}{2} = 1, \frac{a_3}{3} = 2, \frac{a_4}{4} = 3, \frac{a_5}{5} = 5, \frac{a_6}{6} = 8$$

是 Fibonacci 数列的前一些项. 我们猜想,对所有 $n \geqslant$

1，$a_n = nF_n$．把已经检验过的情形作为基础情形，可用归纳法证明它．

归纳步骤是

$$
\begin{aligned}
a_{n+4} &= 2(n+3)F_{n+3} + (n+2)F_{n+2} - 2(n+1)F_{n+1} - nF_n \\
&= 2(n+3)F_{n+3} + (n+2)F_{n+2} - 2(n+1)F_{n+1} - \\
&\quad n(F_{n+2} - F_{n+1}) \\
&= 2(n+3)F_{n+3} + 2F_{n+2} - (n+2)(F_{n+3} - F_{n+2}) \\
&= (n+4)(F_{n+3} + F_{n+2}) \\
&= (n+4)F_{n+4}
\end{aligned}
$$

这证明了我们的断言．

例 2　考虑数列 $(a_n)_n$，$(b_n)_n$，定义为

$$a_0 = 0, a_1 = 2, a_{n+1} = 4a_n + a_{n-1} \quad (n \geqslant 0)$$

$$b_0 = 0, b_1 = 1, b_{n+1} = a_n - b_n + b_{n-1} \quad (n \geqslant 0)$$

证明：对所有 n，$(a_n)^3 = b_{3n}$．

证法 1　若计算一些项

$$a_0 = 0, a_1 = 2, a_3 = 8, a_4 = 34, a_5 = 114$$

则看出它们是 Fibonacci 数，即 F_0，F_3，F_6，F_9，F_{12}．从而完全可用的假设是对所有 $n \geqslant 0$，$a_n = F_{3n}$，又有 $b_n = (F_n)^3$，于是由此可推出结论．

利用归纳法，当 $n = 0$ 与 $n = 1$ 时一切适合．对所有 $k \leqslant n$，设 $a_k = F_{3k}$，有

$$
\begin{aligned}
a_{n+1} &= 4F_{3n} + F_{3n-3} = 3F_{3n} + F_{3n} + F_{3n-3} \\
&= 3F_{3n} + F_{3n-1} + F_{3n-2} + F_{3n-3} \\
&= 3F_{3n} + F_{3n-1} + F_{3n-1} \\
&= F_{3n} + 2F_{3n} + 2F_{3n-1} = F_{3n} + 2F_{3n+1} \\
&= F_{3n} + F_{3n+1} + F_{3n+1} = F_{3n+2} + F_{3n+1} \\
&= F_{3n+3} = F_{3(n+1)}
\end{aligned}
$$

这证明了断言的第 1 部分．

对第 2 部分，从已知递推关系式推出

$$b_{n+1} = 3b_n + 6b_{n-1} - 3b_{n-2} - b_{n-3} \quad (n \geq 3)$$

我们指出，这是把

$$a_n = b_{n+1} + b_n - b_{n-1}$$

代入 $(a_n)_n$ 的递推关系式得出的. 另一方面，$b_n = (F_n)^3$ 对 $n = 0, 1, 2, 3$ 成立. 对所有的 $k \leq n$，假设 $b_k = (F_k)^3$ 给出

$$
\begin{aligned}
b_{n+1} &= 3(F_n)^3 + 6(F_{n-1})^3 - 3(F_{n-2})^3 - (F_{n-3})^3 \\
&= 3(F_{n-1} + F_{n-2})^3 + 6(F_{n-1})^3 - \\
&\quad 3(F_{n-2})^3 - (F_{n-1} - F_{n-2})^3 \\
&= 8(F_{n-1})^3 + 12(F_{n-1})^2 F_{n-2} + \\
&\quad 6F_{n-1}(F_{n-2})^2 + (F_{n-2})^3 \\
&= (2F_{n-1} + F_{n-2})^3 = (F_{n+1})^3
\end{aligned}
$$

这完成了归纳，解答了本题.

证法 2 证明 $b_n = (F_n)^3$ 的另一方法是观察到两个数列满足相同的线性递推关系式. 令

$$M = \begin{pmatrix} 1 & 1 \\ 1 & 0 \end{pmatrix}$$

以前已见到有

$$M^n = \begin{pmatrix} F_{n+1} & F_n \\ F_n & F_{n-1} \end{pmatrix}$$

现在从等式

$$M^{3n} = (M^n)^3$$

推出结论.

注 若注意到分解因式

$$\lambda^4 - 3\lambda^3 - 6\lambda^2 + 3\lambda + 1 = (\lambda^2 - 4\lambda - 1)(\lambda^2 + \lambda - 1)$$

则可根据 Binet 公式解答. 设左边为 0 给出数列 $\{b_n\}_n$

的特征方程,同时设右边第 1 个因式为 0 给出 $(a_n)_n$ 的特征方程.

（2003 年国际奥林匹克罗马尼亚队选拔考试,由 T. Andreescu 提供,R. Gologan 注）

例 3　令 $(x_n)_{n \geqslant 0}$ 定义为递推关系式 $x_{n+1} = ax_n + bx_{n-1}, x_0 = 0$. 证明:表达式 $x_n^2 - x_{n-1}x_{n+1}$ 只依赖 b 与 x_1,但不依赖 a.

证明　定义 $c = \dfrac{b}{x_1}$,考虑矩阵

$$A = \begin{pmatrix} 0 & c \\ x_1 & a \end{pmatrix}$$

不难看出

$$A^n = \begin{pmatrix} cx_{n-1} & cx_n \\ x_n & x_{n+1} \end{pmatrix}$$

利用等式

$$\det A^n = (\det A)^n$$

得

$$c(x_{n-1}x_{n+1} - x_n^2) = (-x_1 c)^n = (-b)^n$$

因此

$$x_n^2 - x_{n+1}x_{n-1} = (-b)^{n-1}x_1$$

这不依赖于 a.

注　在特殊情形下 $a = b = 1$,得出 Fibonacci 数列的著名恒等式

$$F_{n+1}F_{n-1} - F_n^2 = (-1)^{n+1}$$

例 4　考虑由下式给出的数列

$$a_0 = 1, a_{n+1} = \frac{3a_n + \sqrt{5a_n^2 - 4}}{2} \quad (n \geqslant 1)$$

$$b_0 = 0, b_{n+1} = a_n - b_n \quad (n \geqslant 1)$$

证明:对所有 n,$(a_n)^2 = b_{2n+1}$.

证明 从 $(a_n)_n$ 的递推关系式得

$$2a_{n+1} - 3a_n = \sqrt{5a_n^2 - 4}$$

因此

$$4a_{n+1}^2 - 12a_{n+1}a_n + 9a_n^2 = 5a_n^2 - 4$$

消去同类项且除以 4 后,得

$$a_{n+1}^2 - 3a_{n+1}a_n + a_n^2 = -1$$

从 $n-1$ 代替 n 的类似关系式减去上式后给出

$$a_{n+1}^2 - 3a_{n+1}a_n + 3a_na_{n-1} - a_{n-1}^2 = 0$$

这与下式相同

$$(a_{n+1} - a_{n-1})(a_{n+1} - 3a_n + a_{n-1}) = 0$$

此式对 $n \geqslant 1$ 成立. 观察这个递推关系式,立即看出数列 $(a_n)_n$ 严格递增,从而在以上乘积中第 1 个因式不为 0. 因此第 2 个因式等于 0,即

$$a_{n+1} = 3a_n - a_{n-1} \quad (a \geqslant 2)$$

这是线性递推关系式,当然可用有效算法解答. 但这是著名的递推关系式,被具有奇指标的 Fibonacci 数满足. 经验较少的读者可以只看前少数项,然后用归纳法证明 $a_n = F_{2n+1}$,$n \geqslant 1$.

数列 $(b_n)_n$ 还满足一个递推关系式,它可用 $a_n = b_{n+1} - b_n$ 代入 $(a_n)_n$ 的递推关系式求出. 计算后得

$$b_{n+1} = 2b_n + 2b_{n-1} - b_{n-2} \quad (n \geqslant 3)$$

现在应该断定 $b_n = (F_n)^2$,$n \geqslant 1$. 下面是对 n 用归纳法证明. 直接检验这个等式对 $n = 1,2,3$ 成立. 设所有 $k \leqslant n$ 时,$b_k = (F_k)^2$,可见

$$\begin{aligned}
b_{n+1} &= 2(F_n)^2 + 2(F_{n-1})^2 - (F_{n-2})^2 \\
&= (F_n + F_{n-1})^2 + (F_n - F_{n-1})^2 - (F_{n-2})^2 \\
&= (F_{n+1})^2 + (F_{n-2})^2 - (F_{n-2})^2 = (F_{n+1})^2
\end{aligned}$$

这就解答了本题.

例 5　计算乘积

$$\prod_{n=1}^{\infty}\left(1 + \frac{(-1)^n}{F_n^2}\right)$$

其中 F_n 是第 n 个 Fibonacci 数.

解　回忆 Fibonacci 数满足 Cassini 恒等式

$$F_{n+1}F_{n-1} - F_n^2 = (-1)^n$$

因此

$$
\begin{aligned}
\prod_{n=1}^{\infty}\left(1 + \frac{(-1)^n}{F_n^2}\right) &= \lim_{N\to\infty}\prod_{n=1}^{N}\frac{F_n^2 + (-1)^n}{F_n^2}\\
&= \lim_{N\to\infty}\prod_{n=1}^{N}\frac{F_{n-1}}{F_n}\cdot\frac{F_{n+1}}{F_n}\\
&= \lim_{N\to\infty}\frac{F_0 F_{N+1}}{F_1 F_N} = \lim_{N\to\infty}\frac{F_{N+1}}{F_N}
\end{aligned}
$$

因为 Binet 公式

$$F_n = \frac{1}{\sqrt{5}}\left[\left(\frac{1+\sqrt{5}}{2}\right)^{n+1} - \left(\frac{1-\sqrt{5}}{2}\right)^{n+1}\right]\quad(n\geqslant 0)$$

所以,以上极限为 $\dfrac{1+\sqrt{5}}{2}$.

经典 NIM 游戏的变式及 NIM 型游戏①

海南省文昌中学的王姿婷,北京师范大学数学科学学院的李建华两位老师 2017 年介绍了 W. A. Wythoff 游戏.

1. W. A. Wythoff 游戏

游戏介绍:

W. A. Wythoff 游戏是一种重要的组合游戏形式,其规则为:两人轮流从甲乙两堆棋子中移走一些棋子,移走棋子的方式可以为以下方式中的一种:

(ⅰ)从任意一堆中移走不少于 1 颗的棋子;

(ⅱ)从甲乙两堆棋子中同时移走相同数目(不少于 1 颗)的棋子;

游戏的目标是:谁移走最后一颗棋子,谁就可以获胜.

游戏中的数学:

很明显,这与两堆的经典 NIM 游戏已有很大不同,由于这一游戏能够从两

---

① 本章摘自《数学通报》2017 年第 56 卷第 4 期.

堆中同时取走相同数目的棋子,故原来两堆相等的状态不再是平衡的了,因为这种局势下能够在一次拿取后又回来,因此并不能稳固地由一方控制. 若我们假定两堆的棋子的数目分别是 p 颗和 q 颗,从后继局势的角度来考虑,会发现先手在两堆石子 (p,q) 中(不妨总设为 $p \le q$)的取法似乎有很多种,又由于每一方都不知道对方会如何取棋子,故局面变数似乎挺大的,但真的只能走一步算一步吗?

我们不妨从后往前倒着考虑,易知,若甲被逼得只能把棋子取成 $(0,q)$ 或者 (q,q) 的形式 $(q \ge 1)$ 时,则乙必胜,也就是说 $(1,2)$ 肯定是对后手有利的局势,因为从局势走向上看

$$(1,2) \rightarrow \begin{cases} (0,2) \\ (1,1) \rightarrow (0,0) \\ (0,1) \end{cases}$$

同样的,我们可以继续往下寻找有这样特点的局势,当然,现在可以排除掉 $(1,p)$, $(2,p)$ 以及形如 $(p,p+1)$ 这样差值为 1 的局势了,因为这些都可以一步取到 $(1,2)$,前面将除 $(1,2)$ 外差值为 1 的局势都排除后,现在可以开始考虑差值为 2 的局势了,那么根据刚做出的排除方式,现在首先可以考虑的应该是 $(3,5)$ 了,那么它的后继局势如何呢

$$(3,5) \rightarrow \begin{cases} (2,5) \rightarrow (2,1) \\ (1,5) \rightarrow (1,2) \\ (0,5) \rightarrow (0,0) \\ (3,4) \rightarrow (1,2) \\ (3,3) \rightarrow (0,0) \\ (3,2) \rightarrow (1,2) \\ (3,1) \rightarrow (2,1) \\ (3,0) \rightarrow (0,0) \\ (2,4) \rightarrow (2,1) \\ (1,3) \rightarrow (1,2) \\ (0,2) \rightarrow (0,0) \end{cases}$$

可知,$(3,5)$和$(1,2)$一样,也是后手有利的局势.
于是现在又可以排除掉$(3,p)$,$(5,p)$以及除$(3,5)$外
两堆棋子数差值为 2 的局势了,接下来可以考虑差值
为 3 的,先前还未排除过含有 4 的局势,故现在可以考
虑分析$(4,7)$有

$$(4,7) \rightarrow \begin{cases} (3,7) \rightarrow (3,5) \\ (2,7) \rightarrow (1,2) \\ (1,7) \rightarrow (1,2) \\ (0,7) \rightarrow (0,0) \\ (4,6) \rightarrow (3,5) \\ (4,5) \rightarrow (3,5) \\ (4,4) \rightarrow (0,0) \\ (4,3) \rightarrow (1,2) \\ (4,2) \rightarrow (1,2) \\ (4,1) \rightarrow (1,2) \\ (4,0) \rightarrow (0,0) \\ (3,6) \rightarrow (3,5) \\ (2,5) \rightarrow (1,2) \\ (1,4) \rightarrow (1,2) \\ (0,3) \rightarrow (0,0) \end{cases}$$

经过不多次的试探,我们可以很快发现,$(1,2)$,

$(3,5),(4,7),(6,10),\cdots$ 都是后手有利的局势. 当然,随着棋子数目的逐渐增多,后继局势的数量会迅速增加,一直这样分析其后继局势显然不现实. 不过我们现在可以回过头看看我们手头已经有的东西.

我们容易发现,从两堆棋子颗数差值的角度确实能够收有成效,另外我们在确定一个后手有利的局势之后能够排除掉一些数字已使用过的局势,然后由未使用过的数字及差值能够构造出新的局势,往往这个局势就是一个后手有利的局势. 下面我们可以尝试检验我们的这一想法:

我们假设差值为小于 k 的后手有利的局势已得出,且尚未被使用过的数字为 s,下面我们验证 $(s,s+k)$ 也是一个后手有利的局势.

首先分类讨论先手可能做出的拿取操作:

（ⅰ）若先手从两堆中同时拿取若干棋子,使其变为 $(t,t+k)$,注意到,由于 $t<s$,由假设知含有数字是已使用过的,又因为与其配对的数应保证与其的差值是小于 k 的,故与其构成后手有利局势的另一个数一定不是 $t+k$,且一定比 $t+k$ 小! 不妨设为 n,这样一来,后手就一定能够将局势拿取至 (t,n) 这一局势了.

（ⅱ）若先手在堆数为 s 的棋子中进行拿取,使其变为 $(t,s+k)$,由于此时两堆棋子的数目大于 k 并不是已找出的后手有利状态,且 $t<s$,假设能与其构成后

手有利局势的棋子数为 n,同样地,后手就一定能够将局势拿取至 (t,n) 这一局势了.

（iii）若先手在堆数为 $s+k$ 的棋子中进行拿取,使其变为 (s,w),若此时的 $w<s$,那么无疑,后手又可以一次将局势转为已得出的含有 w 的后手有利局势;若 $w=s$,后手便可同时将两堆棋子取尽;若 $w>s$,那么由于 $w<s+k$,故此时 w 与 s 的差值一定小于 k,不妨设为 q,而小于 k 的后手有利局势已得到,不妨记为 $(u,u+q)$,那么此时只需在两堆棋子中同时拿取 $s-u$ 颗棋子即可出现 $(u,u+q)$.

检验完毕.

借用归纳假设,我们知道,前面观察得到的寻找后手有利的局势的方法确实能够帮我们由小到大遍历出所有的后手有利的局势！而且能够知道,这些后手有利的局势能够稳固地由后手控制,因此正是我们寻找的制胜关键局势！

我们可以知道,除去最一般的 $(0,0)$ 外,将 $(1,2)$ 记作第一个平衡局势,此后第 n 个这样的局势一定长 $(v,v+n)$ 这个样子,至于 v 能不能直接由 n 计算得到,其实这件事数学家们已经帮我们算好了,对于任意给定的自然数 n,直接计算 v 的公式为

$$v=\left[\frac{1+\sqrt{5}}{2}n\right]$$

其中 $[x]$ 是指不超过 x 的最大整数①,但这显然是我们仅通过观察暂时还得不出来的,这一结果需要用到数论的一些知识,此处不细作证明. 但可喜的是,即使不太知道具体的公式,我们的遍历方法找到后,需要确定数目较大的平衡局势时,至少我们可以通过计算机程序代替我们完成! 不得不说这已经非常令人欣喜了.

2. 皇后登山游戏

游戏介绍:

"皇后登山"游戏是由 Rufus Isaacs 在 1960 年左右提出来的. 与前面介绍的取子游戏不同,这一游戏是将目标棋子按约定的方式进行移动,移动到目标位置即算成功. 具体的规则是:在图 1 所示的有 $18 \times 18 = 324$ 个小的正方形格子的围棋盘中,将在右上顶角处的格子设为目标位置,并用"▲"这个符号标记,代表山顶. 游戏双方分别为 A 和 B:首先,第一个游戏者 A,把一位"皇后"(可以是一枚棋子或其他小物件)放在棋盘的最下面一行或最左边一列的某个格子里(见黑色阴影区域),放好后就可以轮到 B 走了,之后两人轮流决策,决策规则是:"皇后"只能向上、向右或向右上方(45 度方向)斜着走,每次可以走的格数不限,但不得倒退,也不能不走;谁先把"皇后"移进目标位置即

---

① 刘培杰. 贝蒂定理与拉姆贝克 – 莫思尔定理:从一个拣石子游戏谈起[M]. 哈尔滨:哈尔滨工业大学出版社,2012.8

标有"▲"的山顶位置就算获胜.

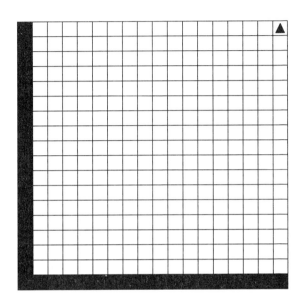

图 1

游戏中的数学:

上述规则其实相当于给定目标位置后就确定了上与右两个正方向作为前进的方向,并允许斜向的前进方式,而移动的规则相当于规定整个过程不能后退或停滞不前,以"皇后"所在的位置作为左下角直指山顶所形成的线为对角线的矩形就是下一步"皇后"尚有可能移动到的范围,随着游戏的进行,这样的矩形会越来越小,直至成为长或宽为 1 的矩形时,下一位玩家就可将其移至山顶,当然,若其间此矩形成了正方形,也即某一方使"皇后"恰好放置于 45 度方向能直指山顶

的位置时,下一方亦可直接到达山顶. 于是我们不妨先
在简化版的小棋盘上进行分析,如图 2. 而刚刚分析到
的危险位置,我们就可以用阴影部分将其呈现出来.

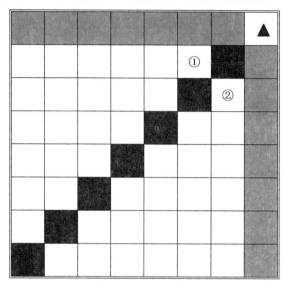

图 2

　　显然,如果对手不慎把"皇后"走进图 2 中带浅色
阴影的格子里,由规则我们就知道,接下来,我们只需
要一步就能够把"皇后"移动到山顶而获胜,因此,任
何一方都应该避免将"皇后"移动到这些危险位置也
即有浅色阴影的格子里,而且应该尽可能地压制住对
手,迫使他不得不把"皇后"走到有浅色阴影的格子里
去. 而这一点,某些特殊位置似乎是可以办到的.

　　例如,细心的读者可以从图 2 中看出,如果我方能
设法将"皇后"移动至标号为①或②的格子里,那么对手
就只能把"皇后"移动进有浅色阴影的格子里了;换句话

说,只要占领了①或②,且以后的走法得当,就必稳操胜券. 所以①和②这两个关键位置的意义,像极了军事上的"制高点"[①],一旦占据便可居高临下,一夫当关.

可是,怎样做才能占领①或②呢? 这时候相当于将原先抢占山顶的问题化归为抢占①或②这两个位置,它们便变成了新的"山顶",同样的分析原理,如果对手把"皇后"走进有虚线的方格里,则我方就能在下一步占领①或②,从而最终获胜,参看图 3. 那么,怎么样迫使对方不得不把"皇后"走进有虚线的方格呢? 于是我们又将问题化归为占领③或④这对关键位置的任一格了!

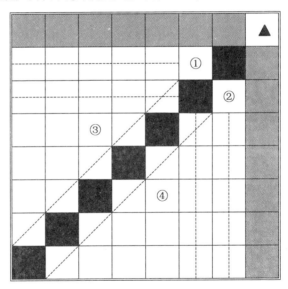

图 3

① 倪进,朱明书. 数学与智力游戏[M]. 大连:大连理工大学出版社,2008:135-149.

　　我们能够知道,只要棋盘足够大且对称,这样的关键位置总是成对出现的,而且耐心的话总可以一对一对的找出来. 所以我们只需要继续运用上述分析方法进行递推,就可以最终得到本游戏中 18×18 的围棋盘上的全部关键位置,结果参看图 4.

　　从图 4 中我们可以看到,若给由各个关键位置出发的横纵斜三线画上虚线,可以看到,所有的虚线将整个棋盘的格点无一遗漏地覆盖上了,并且,从关键位置的特点,我们可以看出,一旦我们占据了某一个关键位置,这一关键位置的上方、右方还有斜前方都不会有另一关键位置,故在下一步的操作中,对方必无法达到另一个关键位置,即我们这些关键位置具有"对位于关键位置的'皇后'进行任一操作均会离开关键位置"这一性质,并且对方无论在下一步中将"皇后"移动到哪里,我们必能找到其对应的另一个关键位置,因为所有的虚线将棋盘覆盖遍了,那么无论"皇后"落在哪一条虚线上,末端总是指向这条虚线的出发点——关键位置上的! 也就是说这些关键位置还具有的"对于任一偏离关键位置的'皇后',先手总能找到办法使其回到关键位置上"这一性质! 这两点恰好满足了我们对制胜策略的要求.

　　综上,我们所要做的就是寻找棋盘上的这些关键位置!

　　现在我们试着将刚刚的倒推分析用代数的方式呈现出来. 若将关键位置放在笛卡儿坐标系下刻画(由于这些关键位置总是成对且对称出现的,故在对称意义下的不妨只取每对中斜下方的那个作为代表,即横坐标不大于纵坐标的那个). 现取山顶为坐标原点倒着分析, 即将下与左分别取为正方向, 单位长度就自然取为每个相邻方格中心的距离, 并将所有的关键位置所对应的坐标按自然数大小的顺序排列, 即可得到如下的六个点:

$A_1(1,2), A_2(3,5), A_3(4,7), A_4(6,10), A_5(8, 13), A_6(9,15)$.

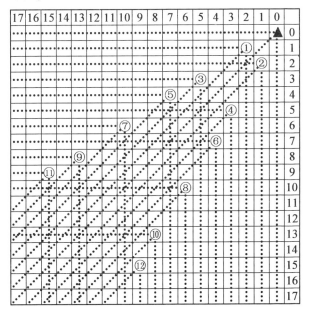

图 4

若对前面提过的游戏有所了解的话, 会发现, 这些关键位置所对应的坐标数对, 恰好是 W. A. Wythoff 游戏中的平衡状态! 这其实很好理解, 将棋盘中的位置与坐标系中的点建立对应后, 可以发现横向和纵向的操作会使横坐标或纵坐标减小, 这其实就对应着 W.

A. Wythoff 游戏在一堆中取子的操作,45 度方向的斜向的操作会使横纵坐标同时减小相同的数目,这正好对应 W. A. Wythoff 游戏中在两堆棋子中拿取相同数目棋子的操作,也就是说,这个游戏同 W. A. Wythoff 游戏是貌异实同的,于是这一游戏的制胜策略便可化归为 W. A. Wythoff 游戏策略解决问题了.

3. Fibonacci 型的 NIM 游戏

游戏介绍:

此游戏与经典 NIM 游戏一样都是取棋子游戏,不过它只有一堆棋子,而游戏的规则是:有一堆棋子 n 颗,两人轮流取走棋子,拿取方法为:

（ⅰ）开局后的第一次取棋子不能一次取完;

（ⅱ）每次至少取走 1 颗棋子;

（ⅲ）每次取的棋子数不能超过上一个人取的棋子数的二倍.

（ⅳ）谁将最后一颗棋子取走谁就胜利.

相对于经典 NIM 游戏,每次取棋子数目任意这一点来说,这一游戏中后一玩家受前一个玩家的影响明显要大得多,似乎每一轮游戏中的不确定因素会更大一些,因为保不准前一个玩家会取走多少,而这一数目的两倍却是后一个玩家的上限.

游戏中的数学:

我们首先从较小的 n 开始尝试:

当 $n = 2$ 时,先手只能取走 1 颗,后手即可取完,先手必败!

当 $n = 3$ 时,先手只能取走 1 颗或 2 颗,而无论是哪一种情况,后手都可以取完,故先手必败!

当 $n=4$ 时,为了不让后手取完,先手第一次只能取走 1 颗(否则后手能在其取棋子的两步内将剩余棋子取完),剩下 $n=3$ 的情况给后手,如之前分析,这种情况下是先手必胜!

当 $n=5$ 时,同样的,先手第一次也只能取走 1 颗,剩下 $n=4$ 的情况,故这种情况下先手也只能接受必败的结果!

当 $n=6$ 时,由于取到 2 颗及以上时,后手会将剩余的棋子取空,故先手只能取 1 颗棋子,剩下 5 颗,同上分析,先手必胜!

当 $n=7$ 时,为避免后手一次取空,先手至多取 2 颗棋子.先手若取走 1 颗棋子,剩下 6 颗,则其必胜!若先手取走 2 颗棋子,剩下 5 颗,则先手势必会失利!当然,先手肯定不会选择后者,故此情况下,先手必胜!

当 $n=8$ 时,先手若取走 1 颗棋子,剩下 7 颗,则后手必会取走 2 颗,剩下 5 颗,使得先手必败!先手若取走 2 颗棋子,剩下 6 颗,则后手必会取走 1 颗,剩下 5 颗,同样是先手必败!而若先手取走 3 颗及以上的棋子,势必会造成后手将剩余棋子取空的败局.

当 $n=9$ 时,同理分析,先手第一次最多取走 2 颗棋子,先手若取走 1 颗棋子,剩下 8 颗,则后手只能取走 1 颗或者 2 颗而剩下 7 颗或者 6 颗,于是先手便可再取走 1 颗,剩下 5 颗,使得先手必胜!而先手若取走 2 颗棋子,剩下 7 颗,则后手必会取走 2 颗,剩下 5 颗,那么后手就可获胜!当然,由先手先选择的话势必会

选择先取走 1 颗,故此情况亦为先手必胜!

　　当 $n=10$ 时,先手初次可选择拿走 1 至 3 颗,也就是剩下 9 或 8 或 7 颗,但由之前分析过 8 颗是先手必败局面可知,此时拿走 2 颗,剩下 8 颗方为明智之选.所以此情况亦为先手必胜!

　　当 $n=11$ 时,先手初次亦可选择拿走 1 至 3 颗,也就是剩下 10 或 9 或 8 颗,同样,由之前的分析可知,此时拿走 3 颗,剩下 8 颗则必胜. 故此情况亦为先手必胜!

　　当 $n=12$ 时,先手初次可选择拿走 1 至 3 颗,也就是剩下 11 或 10 或 9 颗,由于剩下 10 或 9 颗时,后手可立刻拿取至剩余 8 颗而占据优势,故先手必须绕开这两种情况而选择剩下 11 颗,那么后手就只能拿走 1 或 2 颗,也就是剩下 10 或 9 颗,这正好可以使得先手能够顺势拿取至 8 颗继而取胜. 故此情况先手必胜!

　　当 $n=13$ 时,此时先手初次最多取走 4 颗,也即可剩下 12 或 11 或 10 或 9 颗,由于剩下 11 或 10 或 9 颗时,后手均可拿取至剩下 8 颗,故先手势必会选择拿取 1 颗,剩下 12 颗,那么后手只能选择拿取 1 或 2 颗,也就是剩下 11 或 10 颗,若剩下 10 颗,那么先手就可以拿取至剩下 8 颗,当然后手绝不会做此选择,只会选择拿走 1 颗,剩下 11 颗,那么先手只能拿至 10 或 9 颗,遂后手便可拿至剩余 8 颗,故此情况先手必败!

　　……

　　通过上面的尝试,我们能够发现,存在若干个"先手必败点"及"先手必胜点",我们可以先看"先手必胜点",它们是 4,6,7,9,10,11,12,直接看上去似乎并没有太多特点. 那我们可以试着看看"先手必败点",一旦遇到这样的局面,先手稳输,而这些状态是 2,3,5,8,13,这一串数字很容易观察出它们是有规律的,那就是从第三个数开始,每个数都是前两个数字之和,这也刚好是 Fibonacci 数列. 虽然会花费一些时间进行分析,但只要耐心,我们不难验证,21,34 恰好也是有利局势. 这给了我们很大的启示.

容易知道,若当前的棋子数为 n,要想使得后手不能一次取完,先手所取的棋子数一定不能超过 $\lceil \dfrac{n}{3} \rceil -$ 1(其中 $\lceil x \rceil$ 是指实数 x 向上取整),否则相当于给后手一个能一次将剩下棋子取完的上限.

那么,Fibonacci 数是否真的是先手必败的局势呢? 当然,基于对平衡状态的考量,我们还需要考虑,反过来先手必败的局势是否一定是 Fibonacci 数. 下面试试证明当且仅当 n 为 Fibonacci 数时,局势为先手必败. 即意味着当棋子数为 Fibonacci 数时,先手不能一次将棋子取至剩余的另一个 Fibonacci 数,而一个棋子数不是 Fibonacci 数时,先手总可以在若干次拿取后率先拿到剩余一个 Fibonacci 数.

首先,根据 Fibonacci 数列的性质,我们有
$$f(k) = f(k-1) + f(k-2) = 2f(k-2) + f(k-3)$$
且观察易知,$k > 5$ 时,则有
$$f(k-2) - f(k-3) > 1$$
因而

$$\frac{f(k)}{3} < f(k-2) - \frac{1}{3}$$

向上取整即有

$$\left\lceil \frac{f(k)}{3} \right\rceil < f(k-2)$$

故有

$$f(k) - \left(\left\lceil \frac{f(k)}{3} \right\rceil - 1 \right) = f(k) - \left\lceil \frac{f(k)}{3} \right\rceil + 1$$
$$> f(k) - f(k-2) + 1$$
$$= f(k-1) + 1$$

即在当前局势是 Fibonacci 数的情形下,先手无论怎么取,都不可能一次将棋子取至剩余的另一个 Fibonacci 数.

另外,对于 n 较小的情况,我们经几次尝试就可以发现,若 n 不是一个 Fibonacci 数,则先手总可以率先取到下一个 Fibonacci 数. 下面我们假设当棋子数小于 n 时,这种状况都成立,我们接下来分类讨论一下 n 的所有可能情况:

1)当前可以直接取走若干棋子,使得剩下的棋子数为一个 Fibonacci 数.

显然,此时先手能够率先取到 Fibonacci 数.

2)当前的局势在一次取棋子的操作中无论怎么取棋子,剩下的棋子数都不是一个 Fibonacci 数.

不妨设

$$f(k) < n < f(k+1)$$

记

$$m = n - f(k)$$

Zernov 定理

A）若 m 不是一个 Fibonacci 数，则问题转化为，经过若干轮后，谁恰好能将这 m 颗棋子取完并且构造出 Fibonacci 数 $f(k)$. 而由之前的假设我们知道，m 小于 n，因此先手能率先将这 m 颗棋子取完。

B）若 m 是一个 Fibonacci 数，则因为

$$f(k) \neq m \neq f(k-1)$$

因此

$$m \leqslant f(k-2)$$

于是又有

$$2m \leqslant 2f(k-2) < f(k-2) + f(k-1) = f(k)$$

这就是说，即使一次将这 m 颗棋子全部取走，下一个人最多取走 $2m$ 颗，而全部剩下的是 $f(k)$ 颗，即他不可能全部取完，因此，从避免后手一次取完的角度分析，先手是可以取走 m 颗棋子的. 而一次将这 m 颗棋子全部取走，剩下 $f(k)$ 颗，这与之前的论述（当前无论怎么取棋子，剩下的棋子数都不是一个 Fibonacci 数）不符，矛盾！因此这种情况不存在！

综上，在当前局势是 Fibonacci 数的情形下，先手无论怎么取，都不可能一次将棋子取至剩余的另一个 Fibonacci 数，当棋子数 n 为非 Fibonacci 数时，先手能率先将其取至 Fibonacci 数，由此我们得出结论：对于 $\forall n \in \mathbf{N}, n \geqslant 2$，当且仅当 n 为 Fibonacci 数时，先手必败，当 n 不为 Fibonacci 数时，该局势先手必胜. 而上述的这些性质恰好能使 Fibonacci 数作为平衡状态，谁能够率先给对方留下 Fibonacci 数的局面，谁将最终获胜。

至此,我们已经借用几个游戏将经典 NIM 游戏通过调整规则可得的这一类变式游戏进行了举例. 通过对经典 NIM 游戏以及穆尔游戏、W. A. Wythoff 游戏、Fibonacci 型 NIM 游戏等的介绍,我们可以发现,这些游戏都有着异曲同工的制胜规律,可谓"貌离神合".

容易知道,经典 NIM 游戏的两类变式游戏,其制胜规律本质都在于某方对有利局势的牢固控制,若一方能够每次都占据有利局势并且留给对方不利局势的话,该方必能够稳操胜券,从这个角度来看,这些游戏从策略上看都是有着很强的相似性的. 由此,我们完全可以给出一个基于上述所提及游戏找出的策略,总结出更广义的游戏类型——NIM 型游戏. 而在两类变式游戏描述中,都提到了平衡数组、后手有利的局势等这些关键状态,为了说明的完整性,我们有必要对这样的状态进行说明. 故在定义 NIM 型游戏之前,我们先给出平衡状态的一般性定义:

在一个二人轮流进行的决策游戏中,若存在这么一类游戏状态,能够满足下面几种条件,我们就称其为平衡状态:

(ⅰ)该状态是在游戏规则下的可行操作中能够出现的;

(ⅱ)游戏中,一旦游戏的某一方(记为 A)在决策中达到了该状态,那么另一方(记为 B)接下来无论如何决策都势必要破坏这种状态;

(ⅲ)当该状态被之后的决策破坏后,必存在某种策略能够保证,继续游戏时,这样的状态必能率先回到

A 的手中.

在存在平衡状态的游戏中,不满足上述条件的游戏状态则称为非平衡状态.

由定义我们知道,平衡状态的判定主要有两点,一个是"他人必破坏",简称为"必破性",一个是"自己必能还原",简称为"还原性",而且平衡状态完全是可操控的、稳定由一方牵制的游戏局面,根据平衡状态这一策略特征,我们便可以对满足策略符合这些特征的游戏进行定义了.下面,我们给出 NIM 型游戏的定义:

(ⅰ)在预定好的游戏规则下,游戏中的双方轮流进行决策,不能在有决策空间时选择不实施任何操作;

(ⅱ)在无法进行决策时游戏结束并分出胜负;

(ⅲ)每次决策只针对当前局面进行,不可有回退操作;

(ⅳ)游戏中存在平衡状态.

若某一个多人游戏能够满足以上四种条件,这个游戏就是一个 NIM 型游戏.

NIM 型游戏抛开了游戏本身的规则设定、游戏道具等方面的限制,它的关注点是游戏中是否存在一些特殊的状态——平衡状态,并在得到肯定结论后进一步将平衡状态分析清楚.这样一来,许多看似无直接联系的游戏都能够纳入这类体系中了.

需要说明的是,包括罗见今老师在内的许多数学工作者对 NIM 型游戏的定义等已进行过一些讨论,这并不是一个全新的概念,此处的定义是笔者对经典 NIM 游戏及其变式呈现出的内在本质关联,所进行的

一些自然的思考与总结.

　　文章前面所提到的平衡数组、后手有利的局势等都是平衡状态,事实上,在双人决策游戏中,平衡状态又可根据优势方分为两种,即先手有利的平衡状态或者后手有利的平衡状态.

　　NIM 型游戏不仅乐趣横生,而且处处体现着数学的美妙,让人啧啧称奇.而判定一款游戏是否归为 NIM 型游戏,关键在于对其是否具有平衡状态这一条件的判定,也就是对游戏状态中"必破性"与"还原性"的证明. NIM 型游戏的一般性定义使得它可囊括一大类满足上述特点的游戏,它关注到了游戏结构及策略特点而非停留在游戏形式上,为之后一些系统性的整理工作带来便利.

由一道高考题引起的研究性学习[①]

第 12 章

江苏省东台市安丰中学的崔志荣，江苏省盐城市第一中学的朱干江两位老师 2013 年以一道高考题为素材，通过拓展、引申，开展了一堂讨论 Fibonacci 数列通项公式的研究性学习课，通过教学实录展现师生的研究性学习进程，取得了较好的教学效果.

1. 问题起源

题目（2012 年江西卷·理 6） 观察下列各式：$a+b=1,a^2+b^2=3,a^3+b^3=4$，$a^4+b^4=7,a^5+b^5=11,\cdots$，则 $a^{10}+b^{10}=$（　　）.

（A）28　（B）76　（C）123　（D）199

这道高考题侧重考查学生的数学归纳能力，要求考生能够归纳出：从第 3 项起，每一项都等于与它相邻的前两项之和（即 $a_{n+2}=a_{n+1}+a_n$），其背景是 Fibonacci 数列：$1,1,2,3,5,8,13,21,\cdots$.

---

① 本章摘自《中国数学教育》2013 年的第 11 期.

为此,笔者做了一些延续性思考,由

$$a + b = 1$$

且

$$a^2 + b^2 = 3$$

可求出 a 与 b 的值,记

$$C_n = a^n + b^n$$

从而就可求出数列 $\{C_n\}$ 的通项公式了. 可以看出,这道考题的命题者还为考场外的师生提供了研究 Fibonacci 数列(或类似于 Fibonacci 数列的数列)通项公式的一种思路.

2. 教学实录

1)挖掘内涵.

师:同学们,今天我们将开展一节研究性学习课,先请大家来研究一道有趣的高考题(投影展示 2012 年江西省高考数学理科卷第 6 题),哪位同学先来谈一谈它的解法?

生$_1$:把条件中各式的值依次排列,可得数列 $\{C_n\}$,容易发现其中的规律:从第 2 项起,每一项都等于与它相邻的前两项之和,问题就是求数列 $\{C_n\}$ 的第 10 项.

师:生$_1$ 把高考题转化为数列问题,归纳出其特点,很好! 那么就请大家迅速得出结论.

展示生$_2$ 的解答

$$C_6 = C_4 + C_5 = 18$$
$$C_7 = C_5 + C_6 = 29$$
$$C_8 = C_6 + C_7 = 47$$
$$C_9 = C_7 + C_8 = 76$$
$$C_{10} = C_8 + C_9 = 123$$

师:老师对这道高考题有一个疑问,想与同学们一起来思考解决,由

$$a + b = 1$$

与

$$a^2 + b^2 = 3$$

是不是可以求出 a 与 b 的值,按照生$_1$发现的规律,数列 $\{C_n\}$ 应是唯一确定的,那么这里求出的 a 与 b 的值是否总能满足数列 $\{C_n\}$ 中的任何一项? 哪位同学能检验或证明?

(停顿,但没有学生回答.)

师:那就请大家先求出 a 与 b 的值再说吧.

展示生$_3$的运算:

由

$$\begin{cases} a + b = 1 \\ a^2 + b^2 = 3 \end{cases}$$

得

$$ab = -1$$

所以 a, b 是方程

$$x^2 - x - 1 = 0$$

的两根.

解得

$$x_{1,2} = \frac{1 \pm \sqrt{5}}{2}$$

由于 a, b 具有对称性,不妨设 $a > b$,则

$$a = \frac{1 + \sqrt{5}}{2}, b = \frac{1 - \sqrt{5}}{2}$$

师:从生$_3$的解答可得到

$$C_n = \left(\frac{1 + \sqrt{5}}{2} \right)^n + \left(\frac{1 - \sqrt{5}}{2} \right)^n$$

而命题者给出的数据是否对应于我们求出的通项公式呢？请大家按前后两桌 4 人一组进行讨论，看看哪一组能够提出解决这一问题的方案？

生$_4$：命题者实际上是给定了 C_1 与 C_2，从第 3 项起总满足

$$C_{n+2} = C_{n+1} + C_n$$

而我们求出的通项公式已满足 C_1 与 C_2. 故只需证明 $C_{n+2} = C_{n+1} + C_n$ 即可.

师：是的，我们是根据前两项求出的通项公式 C_n，如能证明 $C_{n+2} = C_{n+1} + C_n$，那就说明命题者提供的数值对应于数列 $\{C_n\}$ 的通项公式为 $C_n = \left(\dfrac{1+\sqrt{5}}{2}\right)^n + \left(\dfrac{1+\sqrt{5}}{2}\right)^n$，大家能证明吗？

展示生$_5$ 的证明：由

$$C_n = \left(\frac{1+\sqrt{5}}{2}\right)^n + \left(\frac{1-\sqrt{5}}{2}\right)^n$$

所以

$$
\begin{aligned}
C_{n+1} + C_n &= \left(\frac{1+\sqrt{5}}{2}\right)^{n+1} + \left(\frac{1+\sqrt{5}}{2}\right)^n + \\
&\quad \left(\frac{1-\sqrt{5}}{2}\right)^{n+1} + \left(\frac{1-\sqrt{5}}{2}\right)^n \\
&= \left(\frac{1+\sqrt{5}}{2}\right)^n \times \frac{3+\sqrt{5}}{2} + \left(\frac{1-\sqrt{5}}{2}\right)^n \times \frac{3-\sqrt{5}}{2} \\
&= \left(\frac{1+\sqrt{5}}{2}\right)^{n+2} + \left(\frac{1-\sqrt{5}}{2}\right)^{n+2} = C_{n+2}
\end{aligned}
$$

师：同学们，到此我们已得到高考题中数列的通项公式.（板书）数列 $\{C_n\}$ 满足

Zernov 定理

$$C_1 = 1, C_2 = 3$$

且

$$C_{n+2} = C_{n+1} + C_n$$

则

$$C_n = \left(\frac{1+\sqrt{5}}{2}\right)^n + \left(\frac{1-\sqrt{5}}{2}\right)^n$$

这道高考题相当于给我们提供了求数列 $\{C_n\}$ 的一个思路. 再给大家 2 分钟, 对上述处理过程回顾、理解一下, 然后我们要接着再思考新的问题.

2) 模型解读.

师: 下面再请大家看一个有趣的故事.

(投影展示材料) 假设一对刚出生的小兔一个月后能长成大兔, 再过一个月便能生下一对小兔, 此后每个月生一对小兔, 如果不发生死亡, 那么一对刚出生的小兔一年可繁殖多少对? 请同学们迅速理解其含义, 看看怎么建立它的数学模型.

生$_6$: 是数列模型, 每月的兔子对数可构成一数列, 但这个数列的递推关系好像有点复杂, 难以发现.

师: 是的, 这一陌生的数列模型确实有点难以建立. 请问同学们, 在数学中有什么办法能发现陌生的结论呢?

生$_7$: 运用归纳法, 写出前几项, 发现递推关系.

师: 对, 为防止归纳失误, 可多写几项. 给大家几分钟, 看能不能归纳出递推关系.

展示生$_8$的归纳

$$a_1 = 1_{小}, a_2 = 1_{大}, a_3 = 1_{大} + 1_{小} = 2,$$
$$a_3 = 2_{大} + 1_{小} = 3, a_4 = 3_{大} + 2_{小} = 5,$$
$$a_5 = 5_{大} + 3_{小} = 8, a_8 = 8_{大} + 5_{小} = 13, \cdots$$

172

由此可归纳

$$a_{n+2} = a_{n+1} + a_n$$

3）探究通项.

师：同学们看生$_8$的归纳处理，他着重区分了大兔与小兔，每向下写一项都很轻松，而这一归纳过程离递推关系的证明也不远了. 等到下学期，我们学习了数学归纳法后就容易证明了（高二下学期学习数学归纳法，这节活动课是在高二上学期），今天这节课就不考虑证明了. 这一数列是意大利人 Fibonacci 从现实生活中总结抽象出来的，人们为了纪念他，把这一数列叫作 Fibonacci 数列，通常记作 $\{F_n\}$. 数列 $\{F_n\}$ 满足：$F_1 = F_2 = 1$ 且 $F_{n+2} = F_{n+1} + F_n$（板书）. 到此，我们发现了江西省的这道高考题是以 Fibonacci 数列为背景的，它们有相同的递推关系，但前两项不同，现已求出了高考题中数列的通项公式，那么大家能不能求出 Fibonacci 数列的通项公式呢？请同学们试着完成.

展示生$_9$的处理：由

$$a + b = 1$$

且

$$a^2 + b^2 = 1$$

解得

$$a = 1, b = 0$$

或

$$a = 0, b = 1$$

所以

$$F_n = 1^n + 0^n = 1$$

怎么回事？

师：不少同学与生$_9$的处理基本一致，都是套用高

Zernov 定理

考命题者的设计过程来推导 Fibonacci 数列的通项公式的,自己都发现有问题了. 现请大家重新回顾高考题中数列通项公式得出的全过程,再找一找推导 Fibonacci 数列通项公式的突破口(停顿数分钟).

生$_{10}$:先通过前两项得到 $C_n = \left(\dfrac{1+\sqrt{5}}{2}\right)^n + \left(\dfrac{1-\sqrt{5}}{2}\right)^n$,再来证明 $C_{n+2} = C_{n+1} + C_n$. 有点意思,巧在

$$\left(\dfrac{1+\sqrt{5}}{2}\right)^n \left(\dfrac{1+\sqrt{5}}{2}+1\right) = \left(\dfrac{1+\sqrt{5}}{2}\right)^n \cdot \dfrac{3+\sqrt{5}}{2}$$
$$= \left(\dfrac{1+\sqrt{5}}{2}\right)^{n+2}$$

与

$$\left(\dfrac{1-\sqrt{5}}{2}\right)^n \left(\dfrac{1-\sqrt{5}}{2}+1\right) = \left(\dfrac{1-\sqrt{5}}{2}\right)^n \cdot \dfrac{3-\sqrt{5}}{2}$$
$$= \left(\dfrac{1-\sqrt{5}}{2}\right)^{n+2}$$

师:这一巧合正好满足
$$C_{n+2} = C_n + C_{n+1}$$
而 Fibonacci 数列需要满足的也是
$$F_n + F_{n+1} = F_{n+2}$$
那么 Fibonacci 数列$\{F_n\}$的通项公式应具备什么形式呢?

(停顿后还是没有学生回答.)

师:那好,老师再举一例,同学们思考,数列$\{a_n\}$的通项公式
$$a_n = \left(\dfrac{1+\sqrt{5}}{2}\right)^n - \left(\dfrac{1-\sqrt{5}}{2}\right)^n$$

174

是否满足 $a_n + a_{n+1} = a_{n+2}$?

　　生$_{11}$:递推关系

$$a_n + a_{n+1} = a_{n+2}$$

成立,在高考题的数列通项公式的证明过程中,由加改成减就行了. 联想到 Fibonacci 数列的通项公式,只需通项具备

$$x \cdot \left(\frac{1+\sqrt{5}}{2}\right)^n + y \cdot \left(\frac{1-\sqrt{5}}{2}\right)^n$$

的形式,就有

$$F_n + F_{n+1} = F_{n+2}$$

　　师:通过生$_{11}$ 的分析,同学们能求出 Fibonacci 数列 $\{F_n\}$ 的通项公式吗?

　　生$_{12}$:用待定系数法,设

$$F_n = x \cdot \left(\frac{1+\sqrt{5}}{2}\right)^n + y \cdot \left(\frac{1-\sqrt{5}}{2}\right)^n \quad (x,y \text{ 为常数})$$

证明其满足 $F_n + F_{n+1} = F_{n+2}$,再取 $n = 1,2$ 对应于 F_1 , F_2 的值就能求出 x 与 y .

　　师:好的,请同学们在下面求出通项公式.

　　展示生$_{13}$ 的解答:

　　设

$$F_n = x \cdot \left(\frac{1+\sqrt{5}}{2}\right)^n + y \cdot \left(\frac{1-\sqrt{5}}{2}\right)^n$$

所以

$$\begin{cases} x \cdot \dfrac{1+\sqrt{5}}{2} + y \cdot \dfrac{1-\sqrt{5}}{2} = 1 \\ x \cdot \dfrac{3+\sqrt{5}}{2} + y \cdot \dfrac{3-\sqrt{5}}{2} = 1 \end{cases}$$

即

Zernov 定理

$$\begin{cases} \dfrac{x+y}{2} + \dfrac{\sqrt{5}}{2}(x-y) = 1 \\[2mm] \dfrac{3(x+y)}{2} + \dfrac{\sqrt{5}}{2}(x-y) = 1 \end{cases}$$

所以

$$x + y = 0, \, x - y = \frac{2}{\sqrt{5}}$$

则

$$x = \frac{1}{\sqrt{5}}, y = -\frac{1}{\sqrt{5}}$$

所以

$$F_n = \frac{1}{\sqrt{5}}\left[\left(\frac{1+\sqrt{5}}{2} \right)^n - \left(\frac{1-\sqrt{5}}{2} \right)^n \right]$$

师:(小结)1)任意改变 Fibonacci 数列的前两项,即数列 $\{a_n\}$ 满足

$$a_1 = a, a_2 = b$$

且

$$a_n + a_{n+1} = a_{n+2}$$

同学们能求通项公式 $\{a_n\}$ 吗?(生$_{众}$:能.)

2)Fibonacci 数列更一般的情况是:数列 $\{a_n\}$ 满足

$$a_1 = a, a_2 = b$$

且

$$a_{n+2} = pa_{n+1} + qa_n \quad (pq \neq 0)$$

有兴趣的同学课后可以查阅资料,再研究一下一般形式数列的通项公式.

第三编
数的 Fibonacci 表示

整数的 Fibonacci 表示

§1 自然数的 Fibonacci 表示

一个自然数 N 的 Fibonacci 表示（简称 F 表示）是指把 N 表示为正的、互异的 Fibonacci 数之和，换句话说，就是把 N 用 $\{f_n\}_1^\infty$ 中的项表示为

$$N = f_{k_1} + f_{k_2} + \cdots + f_{k_r} \qquad (1)$$

在 N 的 F 表示中，我们最感兴趣的是适合下列两个附加条件的表示：

i) 加项中不出现相邻的 Fibonacci 数，即

$$k_{i+1} \leqslant k_i - 2 \ (i = 1, \cdots, r-1) \qquad (2)$$

ii) 加项中不含 f_1（因 $f_1 = f_2 = 1$），即

$$k_r \geqslant 2 \qquad (3)$$

这样，N 的 F 表示式（1）如果同时满足式（2）和式（3），则称为标准的. 通常所

说的 F 表示,一般指标准表示.

定理1 自然数 N 的标准 F 表示存在且唯一.

证明 我们首先证明存在性. N 本身为 Fibonacci 数时结论自然成立. 只要证 $f_n < N < f_{n+1}$ 时结论成立即可. 因为

$$1 = f_2, 2 = f_3, 3 = f_4, 4 = f_4 + f_2$$

所以当 $N < f_5$ 时结论成立,现设当 $N < f_n$ 时结论也成立. 当 $f_n < N < f_{n+1}$ 时,因

$$N = f_n + (N - f_n)$$

而

$$N - f_n < f_{n+1} - f_n = f_{n-1} < f_n$$

故依归纳假设, $N - f_n$ 存在标准 F 表示,且其表示式中最大项不大于 f_{n-2},因而 N 的 F 表示存在且是标准的.

下证唯一性,当 $N < f_5$ 时,可直接验证. 设 $N < f_n$ 时已有唯一的标准 F 表示,设 $f_n \leqslant N \leqslant f_{n+1}$ 时 N 有一种标准 F 表示如式(1). 显然 $f_{k_1} \leqslant f_n$,今证必有 $f_{k_1} = f_n$,若不然,设 $f_{k_1} \leqslant f_{n-1}$,则当 $n = 2k$ 时有

$$N \leqslant f_{2k-1} + f_{2k-3} + \cdots + f_3 = f_{2k} - f_1 = f_n - 1$$

当 $n = 2k+1$ 时有

$$N \leqslant f_{2k} + f_{2k-2} + \cdots + f_2 = f_{2k+1} - f_1 = f_n - 1$$

均与 $N > f_n$ 矛盾. 由 $N = f_n + (N - f_n)$ 及 $N - f_n$ 的标准 F 表示是唯一的即得所证.

上述定理又称 Zernov 定理,因为是他在 1939 年最先提出自然数的 F 表示问题. 不过他当时还只证明了存在性,而唯一性是由 Lekkerkerker 在 1952 年证明的. N 的标准 F 表示也可转换为二元数码的形式,即式(1)可改写为

$$N = \sum_{i=2}^{n} c_i f_i \quad (c_i = 0 \text{ 或 } 1) \quad (4)$$

从而 N 对应于一个二元码

$$C = (c_n, \cdots, c_2) \tag{5}$$

而条件（3）已含在其中，条件（2）则变换为 C 中不出现相邻的 1，此时也称 C 为 1 不相邻序列. 此种形式在现代密码学中有其应用.

如果在自然数的 F 表示式（1）中不要求适合条件（2），那么在哪些情况下仍有表示的唯一性呢？我们有：

定理 2　把自然数 N 表示形如式（1）的和，如果只要求 $k_1 > k_2 > \cdots > k_r \geqslant 2$，那么，当且仅当 N 为形如 $f_n - 1$ 的数时表示才是唯一的，即标准表示.

证明　充分性. 设 $N = f_n - 1$，则必 $k_1 = n - 1$. 若不然，必有 $k_1 \leqslant n - 2$，此时将有

$$N \leqslant f_{n-2} + f_{n-3} + \cdots + f_2 = f_n - 2$$

此乃矛盾. 所以 $k_1 = n - 1$. 又由

$$N - f_{k_1} = f_{n-2} - 1$$

同理可证 $k_2 = n - 3$. 依此类推可得

$$N = f_{n-1} + f_{n-3} + f_{n-5} + \cdots + f_r$$

$r = 2$ 或 3，依 n 为奇或偶而定，故 N 有唯一表示即标准表示.

必要性. 设 N 具有表示的唯一性，由定理 1，此唯一表示必为标准表示，设为形式（1），今只要证式（2）中右边等号均成立且 $k_r = 2$ 或 3，则证明了 N 具有 $f_n - 1$ 之形（理由见充分性证明）. 反设有某个 i $(1 \leqslant i \leqslant r-1)$ 使 $k_{i+1} \leqslant k_i - 3$，则在式（1）中可将 f_{k_i} 换成 $f_{k_i-1} + f_{k_i-2}$，这与表示的唯一性矛盾，同理，若 $k_r > 3$，则 f_{k_r} 可换成 $f_{k_r-1} + f_{k_r-2}$ 而引出矛盾. 证毕.

下面证明标准 F 表示的两个简单性质，它们在一

种叫 Nim 的对策中有用.

定理 3 设 $f_n < N < f_{n+1}$, N 的标准 F 表示为式(1),则:

i)当 $k_i > k_j$ 时

$$f_{k_i} > 2f_{k_j} \tag{6}$$

ii)

$$f_{k_r} < 2(f_{n+1} - N) \tag{7}$$

证明 i)此时有 $k_i \geqslant k_j + 2$,所以

$$f_{k_i} \geqslant f_{k_j+2} = f_{k_j+1} + f_{k_j} > 2f_{k_j}$$

ii)此时有

$$f_{n+1} - N \geqslant f_{k_1+1} - f_{k_1} - f_{k_1-2} - \cdots - f_{k_1-2j} - f_{k_r}$$
$$= f_{k_1-2j-1} - f_{k_r} \geqslant f_{k_1-2j-1} - f_{k_1-2j-2} = f_{k_1-2j-3}$$

所以

$$2(f_{n+1} - N) \geqslant 2f_{k_1-2j-3} > f_{k_1-2j-2} \geqslant f_{k_r}$$

1907 年, Wythoff 在提出一种新的 Nim 对策时引出了如下有趣的正整数对序列

$$(1,2),(3,5),(4,7),(6,10),(8,13),$$
$$(9,15),(11,18),(12,20),(14,23),(16,26),$$
$$(17,28),(19,31),(21,34),(22,36),\cdots$$
$$\tag{8}$$

此序列中任一数对 (a_n, b_n) 称为 Wythoff 对,可以严格定义如下:

i) $a_1 = 1$, $n > 1$ 时, a_n 为在 $(a_1, b_1), \cdots, (a_{n-1}, b_{n-1})$ 中未出现过的最小正整数;

ii)

$$b_n = a_n + n \tag{9}$$

Wythoff 对有许多有趣的性质,它与自然数的 F 表示有密切的联系. 事实上,我们有:

定理 4　设正整数对 (a_n, b_n) 定义如下：

i) $(a_1, b_1) = (1, 2)$；

ii) $n > 1$ 时，设 $n-1$ 的一种 F 表示为

$$n-1 = f_{k_1} + f_{k_2} + \cdots + f_{k_r} \quad (k_1 > \cdots > k_r \geqslant 2) \quad (10)$$

令

$$a_n = f_{k_1+1} + \cdots + f_{k_r+1} + f_2 \tag{11}$$

$$b_n = f_{k_1+2} + \cdots + f_{k_r+2} + f_3 \tag{12}$$

则 (a_n, b_n) 为 Wythoff 对.

此定理并未要求式(10)为 $n-1$ 的标准 F 表示，因而此种表示不一定是唯一的，那么，a_n 和 b_n 是否与所选择的表示法有关，亦即能否唯一确定呢？为解决这一问题，在证明此定理之前，我们先证 Carlitz 在 1968 年和 1972 年的两个结果.

定理 5　设自然数 m 有两种不同的 F 表示

$$m = f_{k_1} + \cdots + f_{k_r} = f_{j_1} + \cdots + f_{j_s} \tag{13}$$

$$(k_1 > \cdots > k_r \geqslant 2, j_1 > \cdots > j_s \geqslant 2)$$

则

$$f_{k_1-1} + \cdots + f_{k_r-1} = f_{j_1-1} + \cdots + f_{j_s-1} \tag{14}$$

且

$$f_{k_1+1} + \cdots + f_{k_r+1} = f_{j_1+1} + \cdots + f_{j_s+1} \tag{15}$$

证明　先证式(14). $m = 1$ 时，$m = f_2$ 是唯一的表示，所以 $f_{2-1} = f_1$ 的值唯一. 设对小于 m 之自然数，式(14)成立. 今分别考察下列情况：

$k_1 = j_1$ 时，则有

$$f_{k_2} + \cdots + f_{k_r} = f_{j_2} + \cdots + f_{j_s} < m$$

依归纳假设有

$$f_{k_2-1} + \cdots + f_{k_r-1} = f_{j_2-1} + \cdots + f_{j_s-1}$$

两边同加 $f_{k_1-1} = f_{j_1-1}$ 即得所证.

$k_1 \neq j_1$ 时, 不妨设 $k_1 > j_1$. 此时仿定理 2 之证明可知, 必有 $j_1 = k_1 - 1$. 下面再分三种情形考虑:

i) $k_2 = k_1 - 1$ 时, 则 $k_2 = j_1$, 此时仿 $k_1 = j_1$ 之情形可证.

ii) $k_2 = k_1 - 2$ 时, 则式 (13) 化为

$$2f_{k_2} + f_{k_3} + \cdots + f_{k_r} = f_{j_2} + \cdots + f_{j_s}$$

因为

$$j_2 \leqslant j_1 - 1 = k_1 - 2 = k_2$$

而且 $j_2 < k_2$ 不成立, 所以 $j_2 = k_2$. 故得

$$f_{k_2} + f_{k_3} + \cdots + f_{k_r} = f_{j_3} + \cdots + f_{j_s} < m$$

由归纳假设有

$$f_{k_2 - 1} + \cdots + f_{k_r - 1} = f_{j_3 - 1} + \cdots + f_{j_s - 1}$$

两边同加

$$f_{k_1 - 1} = f_{j_1} = f_{j_1 - 1} + f_{j_1 - 2} = f_{j_1 - 1} + f_{j_2 - 1}$$

即证.

iii) $k_2 < k_1 - 2$ 时, 式 (13) 可化为

$$f_{k_1 - 2} + f_{k_2} + \cdots + f_{k_r} = f_{j_2} + \cdots + f_{j_s} < m$$

由归纳假设有

$$f_{k_1 - 3} + f_{k_2 - 1} + \cdots + f_{k_r - 1} = f_{j_2 - 1} + \cdots + f_{j_s - 1}$$

两边同加

$$f_{k_1 - 1} - f_{k_1 - 3} = f_{k_1 - 2} = f_{j_1 - 1}$$

即证. 综上, 式 (14) 已获证明. 至于式 (15) 之证明, 完全可仿上进行, 只是在利用归纳假设时作相应改变而已. 定理证毕.

由定理 5 可以得到:

定理 6 在定理 4 中定义的正整数对 (a_n, b_n) 对于每个 n 是唯一确定的, 且具有下列性质:

i) a_n 和 b_n 均为严格递增的;

ii) $b_n = a_n + n$；

iii) 对每个自然数 N，均存在自然数 n，使得 $N = a_n$ 或 $N = b_n$，但不存在 $m \neq n$，使 $N = a_m = b_n$。

证明　唯一确定性已由定理 5 得证。下证诸性质。其中 i) 和 ii) 由定义显然可得。只证 iii)。因 a_n 之值与 $n-1$ 的 F 表示的选择无关，故可设式（10）为标准表示。若 $k_r \geqslant 3$，则式（11）已是 a_n 之标准 F 表示。若 $k_r = 2$。则必存在 $i,1 \leqslant i \leqslant r$，使得

$$N - 1 = f_{k_1} + \cdots + f_{k_{r-i}} + f_{2i} + f_{2i-2} + \cdots + f_2$$

且

$$k_{r-i} > 2i + 2 \quad (i < r)$$

或

$$n - 1 = f_{2i} + f_{2i-2} + \cdots + f_2 \quad (i = r)$$

于是由式（11）相应地有

$$a_n = f_{k_1+1} + \cdots + f_{k_{r-i}+1} + f_{2i+1} +$$
$$f_{2i-1} + \cdots + f_7 + f_5 + f_3 + f_2$$
$$= f_{k_1+1} + \cdots + f_{k_{r-i}+1} + f_{2i+2} \qquad （Ⅰ）$$

或

$$a_n = f_{2i+2} \qquad （Ⅱ）$$

以上均为 a_n 之标准 F 表示，其特点是表示式中最小加项之下标为偶数。同理可证 b_n 之标准 F 表示中，其最小加项之下标为奇数。由标准 F 表示之唯一性知，任何 $a_m \neq b_n$。对于任何自然数 $N > 1$，若其标准 F 表示中最小加项之下标为偶数，则其表示式必为式（Ⅰ）或式（Ⅱ）之右边的形式，或为式（11）右边（$k_r \geqslant 3$）的形式。由此仿上述证明逆推之可得

$$N - f_2 = f_{k_1+1} + \cdots + f_{k_r+1}$$

为标准 F 表示，且 $k_r \geqslant 2$。于是取

$$n = f_{k_1} + \cdots + f_{k_r+1}$$

时，则由式(10)及式(11)可得 $N = a_n$. 同理，当 $N > 1$ 且其标准 F 表示中最小加项之下标为奇数时，必存在 n 使 $N = b_n$. 又 $N = 1$ 时显然. 证毕.

下面给出定理 4 的证明：

$n = 1$，显然. $n > 1$ 时，只要证 a_n 为未在 (a_1, b_1)，…，(a_{n-1}, b_{n-1}) 中出现过的最小正整数即可. 设这个最小正整数为 N. 则 $N > 1$. 若 $a_n \neq N$，则由严格递增性知 $a_n > N$，而更有

$$b_n = a_n + n > N$$

于是再由严格递增性知 N 不在任何 (a_n, b_n) 中出现，这与定理 6 之 iii) 矛盾. 证毕.

由上述定理又可立即得到下面的：

定理 7 全体 Wythoff 对 (a_n, b_n) 将 $\mathbf{Z}^+$ 划分为两类：$\mathbf{Z}^+ = Z_1 \cup Z_2$，其中，$Z_1 = \{a_1, a_2, \cdots\}$，$Z_2 = \{b_1, b_2, \cdots\}$，$Z_1$（或 Z_2）中每个数的标准 F 表示中最小加项之下标为偶数（或相应地为奇数）.

定理 8 正整数对 (a_n, b_n) $(n = 1, 2, \cdots)$ 构成全部 Wythoff 对的充要条件是定理 6 的条件 i) ~ iii) 满足.

Wythoff 对还有一个有趣的性质，就是与所谓"黄金分割数" $\dfrac{1+\sqrt{5}}{2}$ 有密切的联系，即有（Carlitz）：

定理 9 设 $\tau = \dfrac{1+\sqrt{5}}{2}$，则对 $n \in \mathbf{Z}^+$，$a_n = [n\tau]$ 和 $b_n = [n\tau^2]$ 构成 Wythoff 对.

证明 只要证明定理 6 的条件 i) ~ iii) 满足即可. 因为 $\tau > 1$，所以 i) 显然. 又

$$b_n = [n(\tau+1)] = [n\tau] + n = a_n + n$$

所以 ii)满足. 下证 iii). 先证对任何整数 $m > 1$ 有

$$\left[\left[\frac{m}{\tau}\right]\tau\right] = m - 1 \qquad (16)$$

或

$$\left[\left[\frac{m}{\tau^2}\right]\tau^2\right] = m - 1 \qquad (17)$$

若不然,则由

$$\left[\frac{m}{\tau}\right]\tau < m$$

及

$$\left[\frac{m}{\tau^2}\right]\tau^2 < m$$

知,必有

$$\left[\frac{m}{\tau}\right]\tau < m - 1 \ \text{且} \left[\frac{m}{\tau^2}\right]\tau^2 < m - 1$$

于是

$$\left[\frac{m}{\tau}\right] + \left[\frac{m}{\tau^2}\right] < \frac{m-1}{\tau} + \frac{m-1}{\tau^2} = m - 1$$

另一方面

$$\left[\frac{m}{\tau}\right] + \left[\frac{m}{\tau^2}\right] \geqslant \left[\frac{m}{\tau} + \frac{m}{\tau^2}\right] - 1 = m - 1$$

此乃矛盾. 故式(16)和式(17)必有一成立. 对任一自然数 N,令 $m = N + 1$. 当式(16)成立时取 $n = \left[\frac{m}{\tau}\right]$,则得 $N = a_n$,当式(17)成立时,取 $n = \left[\frac{m}{\tau^2}\right]$,则得 $N = b_n$.

剩下要证明的是,不存在 m, n 使

$$\left[m\tau\right] = \left[n\tau^2\right]$$

反设有

$$\left[m\tau\right] = \left[n\tau^2\right] = k$$

则有

$$m\tau - 1 < k < m\tau$$

且

$$n\tau^2 - 1 < k < n\tau^2$$

两不等式各边分别除以 τ 和 τ^2,然后相加得

$$m + n - 1 < k < m + n$$

此显然不可能. 证毕.

由定理 9 可进一步得到 Wythoff 对的一些恒等性质.

定理 10　Wythoff 对 (a_n, b_n) 适合下列恒等式:

i)

$$a_{b_n} = a_n + b_n \text{ 且 } b_{b_n} = a_n + 2b_n \tag{18}$$

ii)

$$a_{a_n} = b_n - 1 \text{ 且 } b_{a_n} = a_n + b_n - 1 \tag{19}$$

iii)

$$a_{m+1} - a_m = 2(\text{当 } m = a_n)\text{ 或 }1(\text{当 } m = b_n) \tag{20}$$

iv)

$$b_{m+1} - b_m = 3(\text{当 } m = a_n)\text{ 或 }2(\text{当 } m = b_n) \tag{21}$$

证明　i)前一式即要证

$$\left[\left[n\tau^2\right]\tau\right] = \left[n\tau\right] + \left[n\tau^2\right] = 2\left[n\tau\right] + n \tag{22}$$

设

$$n\tau = \left[n\tau\right] + \varepsilon_n$$

则 $0 < \varepsilon_n < 1$,又 $0 < \tau - 1 < 1$,所以

$$\begin{aligned}
\left[\left[n\tau^2\right]\tau\right] &= \left[\left[n(\tau+1)\right]\tau\right] = \left[\left(\left[n\tau\right]+n\right)\tau\right]\\
&= \left[(n\tau - \varepsilon_n + n)\tau\right] = \left[2n\tau + n - \varepsilon_n\tau\right]\\
&= \left[2(n\tau - \varepsilon_n) + (2-\tau)\varepsilon_n\right] + n\\
&= 2\left[n\tau\right] + n
\end{aligned}$$

后一式由 $b_{b_n} = a_{b_n} + b_n$ 即证.

ii) 只证前一式, 即要证

$$\big[[n\tau]\tau\big]=\big[n\tau^2\big]-1=[n\tau]+n-1 \qquad (23)$$

因为

$$\big[[n\tau]\tau\big]=\big[(n\tau-\varepsilon_n)\tau\big]=\big[n\tau^2-\varepsilon_n\tau\big]$$
$$=\big[n\tau+n-\varepsilon_n\tau\big]$$
$$=\big[(n\tau-\varepsilon_n)-(\tau-1)\varepsilon_n\big]+n$$
$$=[n\tau]+n-1$$

故证.

iii) $m=a_n=[n\tau]$ 时, 利用 i), ii) 之结果有

$$a_{m+1}=\big[([n\tau]+1)\tau\big]=\big[(n\tau-\varepsilon_n+1)\tau\big]$$
$$=\big[n\tau+n-\varepsilon_n\tau+\tau\big]=[n\tau]+1+n=a_m+2$$

所以

$$a_{m+1}-a_m=2$$
$$m=b_n=\big[n\tau^2\big]=[n\tau]+n$$

时可相仿证之.

iv) $b_{m+1}-b_m=(a_{m+1}+m+1)-(a_m+m)$, 然后利用 iii) 之结果即证.

自然数的 F 表示问题有如下一些方面的推广: 1968 年, Klarner 提出了用 $\{f_n\}_{-\infty}^{+\infty}$ 同时表示两个非负整数的问题, 并证明了, 给定两个非负整数 M 和 N, 存在一个整数集 $\{k_1,\cdots,k_r\}$, 使得同时有

$$M=f_{k_1}+\cdots+f_{k_r}\text{ 和 }N=f_{k_1+1}+\cdots+f_{k_r+1}$$

并且 $i\neq j$ 时

$$|k_i-k_j|\geqslant2$$

1979 年, Hoggatt 等推广了 Wythoff 的对策问题, 并提出了广义 Wythoff 对的概念. 1985 年, Bicknell-Johnson 把广义 Wythoff 对应用到了 Klarner 所提出的推广的 F 表示法中.

1972 年,Carlitz 等提出了自然数的 Lucas 表示(或 L 表示)问题,即把一个自然数 N 表示为正的互异的 Lucas 数之和的问题. 而所谓 N 的标准 L 表示指用 Lucas 序列 $\{l_n\}_0^\infty$ 中的项把 N 表示为

$$N = l_{k_1} + \cdots + l_{k_r} \tag{24}$$

且

i)

$$k_{i+1} \leqslant k_i - 2 \quad (i=1,\cdots,r-1) \tag{25}$$

ii)若 $k_r = 0$,则

$$k_{r-1} \geqslant 3 \tag{26}$$

不难证明,对于自然数的 L 表示,也有与定理 1 相仿的结果,其他一些结果也是如此. 故为节省篇幅,我们只以 F 表示作为代表.

§2　F 表示中的加项个数

设自然数 N 的标准 F 表示为式(1),其中加项的个数 r 记为 $F(N)$. $F(N)$ 也代表 N 所对应的二元码 (5)中 1 的个数. 求 $F(N)$ 的问题,由于其有实际意义,引起许多人的兴趣. 1952 年,Lekkerkerker 对于从 f_n 到 $f_{n+1} - 1$ 之间的数的标准 F 表示的加项数之和

$$\zeta(n) = \sum_{i=f_n}^{f_{n+1}-1} F(i) \tag{27}$$

做了一个估计,他证明了

$$\lim_{n \to \infty} \frac{\zeta(n+1)}{nf_n} = \frac{5 - \sqrt{5}}{10} \tag{28}$$

1983 年,Pihko 给出了一个完全而准确的结果:

定理 11　设 $\zeta(n)$ 之意义如式（27），则

$$\zeta(n) = \frac{f_n + nl_{n-2}}{5} \qquad (l_n \text{ 为 Lucas 数}) \qquad (29)$$

证明　当 $m < f_n$ 时，显然有

$$F(f_n + m) = 1 + F(m)$$

所以

$$\zeta(n) = \sum_{m=0}^{f_{n+1}-1} F(f_n + m) = f_{n-1} + \sum_{m=1}^{f_{n-1}-1} F(m)$$

同理

$$\zeta(n+1) = f_n + \sum_{m=1}^{f_n-1} F(m)$$

则

$$\zeta(n+1) - \zeta(n) = f_{n-2} + \sum_{m=f_{n-1}}^{f_n-1} F(m)$$

即得

$$\zeta(n+1) - \zeta(n) = \zeta(n-1) = f_{n-2} \qquad (30)$$

显然有初始条件

$$\zeta(2) = \zeta(3) = 1 \qquad (31)$$

令 $\alpha, \beta = \frac{1 \pm \sqrt{5}}{2}$，可知非齐次递归方程（30）有形如 $\zeta(n) = \lambda n \alpha^{n-1}$ 和 $\mu n \beta^{n-1}$ 之特解. 实际代入可求得

$$\lambda = \frac{1}{\sqrt{5}(\alpha+2)} \text{ 和 } \mu = \frac{-1}{\sqrt{5}(\beta+2)}$$

于是通解为

$$\zeta(n) = c_1 \alpha^n + c_2 \beta^n + \frac{n\left(\dfrac{\alpha^{n-1}}{\alpha+2} - \dfrac{\beta^{n-1}}{\beta+2}\right)}{\sqrt{5}}$$

$$= c_1 \alpha^n + c_2 \beta^n + \frac{nl_{n-2}}{5}$$

191

以初始条件代入上式得

$$c_1 = -c_2 = \frac{1}{5\sqrt{5}}$$

于是上式化为式(29). 证毕.

从式(29)可以立即推出式(28). 在 Pihko 的文章中还把式(28)的结果推广到了一类更广泛的所谓A - 序列.1988 年,Pihko 对 F 表示和 L 表示中的所谓极大(小)表示的数字和进行了研究,得出了类似于上述的结果. 另一方面,1986 年,Coquet 和 Bosch 对平均阶 $\frac{1}{N}\sum\limits_{0 \le n < N} F(n)$ 进行了估计,而 1989 年,Pethõ 和 Tichy 进一步把上述结果推广到了高阶 F-L 序列的情形. 设 $w \in \Omega_z(a_1, \cdots, a_k), a_1 \ge a_2 \ge \cdots \ge a_k > 0, w_0 = 1, w_i > a_1(w_0 + \cdots + w_{i-1})(i = 1, \cdots, k-1)$. 对自然数 $n, w_l \le n < w_{l+1}(l \ge 0)$,定义 n 的 w 表示如下

$$n = \sum_{j=0}^{l} \varepsilon_j w_j \qquad (32)$$

其中

$$\varepsilon_j = \left[\frac{n_j}{w_j}\right], \varepsilon_0 = n_0 \qquad (33)$$

而

$$n_{j-1} = n_j - \varepsilon_j w_j, n_l = n \quad (1 \le j \le l) \qquad (34)$$

定义

$$S(n) = \sum_{j=0}^{l} \varepsilon_j \qquad (35)$$

Pethõ 和 Tichy 证明了

$$\frac{1}{N}\sum_{n<N} S(n) = c \cdot \lg N + \psi(\frac{\lg N}{\lg \alpha_1}) + O(\frac{\lg N}{N})$$

$$(36)$$

其中 c 为仅与 w 有关的正常数，ψ 为仅与 w 有关的周期为 1 的有界函数，α_1 为 w 的主特征根.

对于一般的自然数 N，求 $F(N)$ 的表达式是一个困难问题. 1988 年，Freitag 和 Filipponi 给出了如下一种方法：对任何 $N > 1$，必存在 $n > 1$ 使 $N \mid f_n$（比如取 n 为 N 在 f 中的出现秩）. 令 $\dfrac{f_n}{N} = d$，则 $N = \dfrac{f_n}{d}$，因而

$$F(N) = F\left(\frac{f_n}{d}\right)$$

对于 $2 \leqslant d \leqslant 20$ 及适合一定条件的 n，他们给出了 $F\left(\dfrac{f_n}{d}\right)$ 的明显表达式，但其叙述与证明均较长（共 20 个定理）. 我们下面将提出较一般的结果，而选取他们的结果作为具体例子.

定理 12　两个 Fibonacci 数之差的标准 F 表示及加项数如下

$$F(f_{2m} - f_{2n}) = F\left(\sum_{i=n}^{m-1} f_{2i+1}\right) = m - n \quad (m > n > 0) \tag{37}$$

$$F(f_{2m+1} - f_{2n+1}) = F\left(\sum_{i=n+1}^{m} f_{2i}\right) = m - n \quad (m > n \geqslant 0) \tag{38}$$

$$
\begin{aligned}
F(f_{2m} - f_{2n+1}) &= F\left(\sum_{i=n+1}^{m-1} f_{2i+1} + f_{2n}\right) \\
&= m - n - \delta(n, 0) \quad (m > n \geqslant 0)
\end{aligned}
\tag{39}
$$

$$
\begin{aligned}
F(f_{2m+1} - f_{2n}) &= F\left(\sum_{i=n+1}^{m} f_{2i} + f_{2n-1}\right) \\
&= m - n + 1 \quad (m \geqslant n > 0)
\end{aligned}
\tag{40}
$$

其中 $\delta(x,y)$ 为 Kronecker 函数.

证明 显然有

$$f_{2n} = \sum_{i=0}^{n-1} f_{2i+1} \ \text{及} \ f_{2n+1} = \sum_{i=1}^{n} f_{2i} \quad (n > 0) \quad (41)$$

以之代入定理中各式的左边即得所证.

推论 1 $F(f_m - f_n) = \left[\dfrac{m-n+1}{2} \right] +$

$$\delta(n,1)\dfrac{1+(-1)^m}{2}$$

$$(m > n > 0) \quad (42)$$

定理 13 对于 Fibonacci 数和 Lucas 数有

$$F(f_m l_{2n}) = F(f_{m+2n} + f_{m-2n}) = 2 \quad (m > 2n > 0) \quad (43)$$

$$F(f_m l_0) = F(2f_m) = F(f_{m+1} + f_{m-2}) = 2 \quad (m > 2) \quad (44)$$

$$F(f_{2m+1} l_{2n+1}) = F\left(\sum_{i=m-n}^{m+n} f_{2i+1}\right) = 2n+1 \quad (m > n \geqslant 0) \quad (45)$$

$$F(f_{2m} l_{2n+1}) = F\left(\sum_{i=m-n}^{m+n} f_{2i}\right) = 2n+1 \quad (m > n \geqslant 0) \quad (46)$$

$$F(l_{2m} f_{2n}) = F\left(\sum_{i=m-n}^{m+n-1} f_{2i+1}\right) = 2n \quad (m > n > 0) \quad (47)$$

$$F(l_{2m+1} f_{2n}) = F\left(\sum_{i=m-n+1}^{m+n} f_{2i}\right) = 2n \quad (m \geqslant n > 0) \quad (48)$$

$$F(l_m f_{2n+1}) = F(f_{m+2n+1} + f_{m-2n-1}) = 2 \quad (m > 2n+1 \geqslant 0) \quad (49)$$

$$F(l_m f_1) = F(l_m) = F(f_{m+1} + f_{m-1}) = 2 \quad (m > 1)$$
$$(50)$$

推论 2

$$F(f_m l_n) = 1 + (-1)^n + n\,\frac{1 - (-1)^n}{2} \quad (m > n \geqslant 0)$$
$$(51)$$

$$F(l_m f_n) = 1 - (-1)^n + n\,\frac{1 + (-1)^n}{2} \quad (m > n > 0)$$
$$(52)$$

定理 14　i)若 $s \geqslant 3, k \geqslant 1, N$ 的标准 L 表示中最大项之下标小于或等于 $s - 2$,则

$$F(f_{2sk-s}N) = F(f_s N) \qquad (53)$$

ii)若 $s \geqslant 3, k \geqslant 2, N$ 的标准 F 表示中最大项之下标小于或等于 $s - 2$,则

$$F(l_{sk-s}N) = F(l_s N) \qquad (54)$$

iii)若 $s \geqslant 2, k \geqslant 4, N$ 的标准 F 表示中最大项之下标小于或等于 $2s - 2$,则

$$F(l_{sk-2s}N) = F(l_{2s}N) \qquad (55)$$

证明　i)设 N 的标准 L 表示为

$$N = l_{k_1} + \cdots + l_{k_r} \quad (k_1 > \cdots > k_r)$$

记 $2sk - s = \tau$,则

$$f_\tau N = \sum_{i=1}^{r} f_\tau l_{k_i} = \sum [f_{\tau + k_i} + (-1)^{k_i} f_{\tau - k_i}]$$
$$= f_{\tau + k_1} + \cdots + f_{\tau + k_r} + (-1)^{k_r} f_{\tau - k_r} + \cdots +$$
$$(-1)^{k_2} f_{\tau - k_2} + (-1)^{k_1} f_{\tau - k_1} \qquad (\mathrm{I})$$

当 $k_r \neq 0$ 时,若 $k_1, \cdots, k_r$ 均为偶数,则由已知条件知式(I)为 $f_\tau N$ 之标准 F 表示,因而

$$F(f_\tau N) = 2r$$

若 $k_1, \cdots, k_r$ 中有奇数,但其中不存在 i 使 k_i 和 k_{i+1} 均为奇数,则将式(Ⅰ)之右边适当添括号以后,负数项将全部出现在形如 $[f_{\tau-k_{i+1}} - f_{\tau-k_i}]$ 的括号之中. 将这样每个括号按定理 12 作标准 F 表示以后,式(Ⅰ)就化为 $f_\tau N$ 的标准 F 表示. 由已知,$\tau - k_1 \geqslant 2$,故不会有 $\tau - k_i = 1$ 之情况. 因而依式(42),对每个这种括号有

$$F(f_{\tau-k_{i+1}} - f_{\tau-k_i}) = \Big[\frac{k_i - k_{i+1} + 1}{2}\Big]$$

由此可知,$k_r \neq 0$ 时,$F(f_\tau N)$ 之值与 τ 无关,从而与 k 无关.

当 $k_r = 0$ 时,由标准 L 表示之定义,必有 $k_{r-1} \geqslant 3$. 利用式(44),式(Ⅰ)可化为

$$f_\tau N = f_{\tau+k_1} + \cdots + f_{\tau+k_{r-1}} + f_{\tau-1} + f_{\tau-2} +$$
$$(-1)^{k_{r-1}} f_{\tau-k_{r-1}} + \cdots + (-1)^{k_1} f_{\tau-k_1}$$

若 $k_{r-1} > 3$,则上式中各相邻项下标相差至少为 2,可仿前讨论得 $F(f_\tau N)$ 之值与 k 无关. 若 $k_{r-1} = 3$,则可化

$$f_{\tau-2} - f_{\tau-3} = f_{\tau-4}$$

又若 $k_{r-2} = 5$,则又化

$$f_{\tau-4} - f_{\tau-5} = f_{\tau-6}, \cdots$$

如此继续,最后必化为各相邻项下标相差至少为 2 的情形,从而也可证得 $F(f_\tau N)$ 之值与 k 无关.

若存在 i,使 k_i 和 k_{i+1} 均为奇数,则可利用

$$-f_m - f_n = -f_{m+1} + (f_{m-1} - f_n)$$

及适当地添括号可化为已讨论过的情况.

综上,取 $k = 1$,即得所证.

ⅱ)和 ⅲ)完全可仿 ⅰ)证之,而且更简单一些,因为在 N 的 F 表示中不会出现下标为 0 的情形.

在以下的讨论中,恒约定 $d > 1$,且简记

$$\alpha(d, f) = w(d) = w$$

定理 15　若 $2 \| \omega = \omega(d)$, $d \mid l_{\frac{\omega}{2}}$,则

$$F(\frac{f_{\omega k}}{d}) = F(\frac{f_{\frac{\omega}{2}} l_{\frac{\omega}{2}}}{d}) k \tag{56}$$

证明　设

$$\omega = 2s, 2 \nmid s$$

则

$$f_{2sk} - f_{2sk-2s} = f_{2sk-s} l_s$$

由此

$$\frac{f_{\omega k}}{d} = \frac{f_{2sk}}{d} = f_{2sk-s} N + \frac{f_{2s(k-1)}}{d}$$

其中 $N = \dfrac{l_s}{d}$. 显然 $\omega > 2$,又已知 $2 \| \omega$,则

$$\omega \geqslant 6, s \geqslant 3$$

又

$$N < \frac{2 l_{s-1}}{2} = l_{s-1}$$

则 N 之标准 L 表示中最大项下标 $k_1 \leqslant s - 2$. 根据式 (53) 之推证过程及定理 12, $f_{2sk-s} N$ 之标准 F 表示中最小项的下标 $\geqslant 2sk - s - k_1 - 1 \geqslant 2s(k-1) + 1$,它显然比 $\dfrac{f_{2s(k-1)}}{d}$ 之标准 F 表示中最大项之下标至少大 2,故有

$$F(\frac{f_{2sk}}{d}) = F(f_s N) + F(\frac{f_{2s(k-1)}}{d})$$

此为关于 k 之一阶递归方程,解得

$$F(\frac{f_{2sk}}{d}) = F(f_s N) k$$

即证.

Zernov 定理

定理 16 若 $2 \parallel \omega = \omega(d)$，则

$$F(\frac{f_{\omega k}}{d}) = F(\frac{l_\omega f_\omega}{d})[\frac{k}{2}] + F(\frac{f_\omega}{d})\frac{1-(-1)^k}{2} \quad (57)$$

证明 利用

$$f_{\omega k} - f_{\omega k - 2\omega} = l_{\omega k - \omega} f_\omega$$

及式(54)可得

$$F(\frac{f_{\omega k}}{d}) = F(\frac{l_\omega f_\omega}{d}) + F(\frac{\omega(k-2)}{d})$$

再由对应于 $k = 1, 2$ 时的初始条件分别解得

$$F(\frac{f_{\omega 2k}}{d}) = F(\frac{l_\omega f_\omega}{d})k$$

及

$$F(\frac{f_{\omega(2k+1)}}{d}) = F(\frac{l_\omega f_\omega}{d})k + F(\frac{f_\omega}{d})$$

即证.

注 此定理包含了定理 15 的结果. 事实上, 当 $2 \parallel \omega, d \mid l_{\frac{\omega}{2}}$ 时可直接验证式(57)和式(56)之右边相等.

定理 17 若 $2 \nmid \omega = \omega(d)$, 则

$$F(\frac{f_{\omega k}}{d}) = F(\frac{l_{2\omega} l_\omega f_\omega}{d})[\frac{k}{4}] + F(\frac{f_{\omega \tau_k}}{d}) \quad (58)$$

其中 τ_k 为 k 的模 4 最小非负剩余, 并规定 $F(0) = 0$.

证明 利用

$$f_{\omega k} - f_{\omega k - 4\omega} = l_{\omega k - 2\omega} f_{2\omega}$$

及式(55)可得

$$F(\frac{f_{\omega k}}{d}) = F(\frac{l_{2\omega} f_{\omega k}}{d}) + F(\frac{f_{\omega(k-4)}}{d})$$

结合 $k = 1, 2, 3, 4$ 时之初始值可分别解得

$$F\left(\frac{f_{4k\omega}}{d}\right) = F\left(\frac{l_{2\omega}f_{2\omega}}{d}\right)k$$

$$F\left(\frac{f_{\omega(4k+1)}}{d}\right) = F\left(\frac{l_{2\omega}f_{2\omega}}{d}\right)k + F\left(\frac{f_{\omega}}{d}\right)$$

$$F\left(\frac{f_{\omega(4k+2)}}{d}\right) = F\left(\frac{l_{2\omega}f_{2\omega}}{d}\right)k + F\left(\frac{f_{2\omega}}{d}\right)$$

$$F\left(\frac{f_{\omega(4k+3)}}{d}\right) = F\left(\frac{l_{2\omega}f_{2\omega}}{d}\right)k + F\left(\frac{f_{3\omega}}{d}\right)$$

即证.

对于式(58),在计算过程中,我们可以利用

$$f_{2\omega} = f_{\omega}l_{\omega}, f_{3\omega} = (l_{2\omega} - 1)f_{\omega}$$

等公式以简化计算. 定理 14 的证明过程实际上为我们运用定理 15 ~ 17 提供了具体的计算方法.

例 1 $d = 19$ 时,$\omega = 18, 2 \parallel \omega$,且 $d \mid l_9, l_9 = 76$,故利用式(56)较为简便. 此时 $F\left(\frac{f_9 l_9}{19}\right) = F(4f_9) = F(f_9 l_3) = 3$(根据式(45)),所以

$$F\left(\frac{f_{18k}}{19}\right) = 3k$$

例 2 $d = 18$ 时,$\omega = 12$,此时只能用式(57). 因

$$F\left(\frac{l_{12}f_{12}}{18}\right) = F(8l_{12}) = F(l_{12}f_6) = 6$$

根据式(47)

$$F\left(\frac{f_{12}}{18}\right) = F(f_6) = 1$$

所以

$$F\left(\frac{f_{12k}}{18}\right) = 6 \cdot \left[\frac{k}{2}\right] + \frac{1 - (-1)^k}{2}$$
$$= 3k(\text{当 } 2 \mid k) \text{ 或 } 3k - 2(\text{当 } 2 \nmid k)$$

例 3 $d = 17$ 时，$\omega = 9$，此时只能用式 (58). 我们有

$$F\left(\frac{l_{18}l_9f_9}{17}\right) = F(2l_{18}l_9) = F(l_{18} \cdot l_9f_3)$$

$$= F(l_{18}(f_{12} + f_6))$$

$$= F(f_{30} - f_6 + f_{24} - f_{12})$$

$$= F(f_{30} + f_{24} - (f_{13} - f_{11}) - f_6)$$

$$= F(f_{30} + (f_{24} - f_{13}) + (f_{11} - f_6))$$

$$= 1 + \frac{24 - 13 + 1}{2} + \frac{11 - 6 + 1}{2}$$

$$= 10 \quad (\text{根据式}(42))$$

又

$$F\left(\frac{f_9}{17}\right) = F(2) = 1$$

$$F\left(\frac{f_{18}}{17}\right) = F(l_9f_3) = 2$$

$$F\left(\frac{f_{27}}{17}\right) = F(2(l_{18} - 1)) = F(l_{18}f_3 - f_3)$$

$$= F(f_{21} + (f_{15} - f_3)) = 1 + 6 = 7$$

所以

$$F\left(\frac{f_{9k}}{17}\right) = 10 \cdot \left[\frac{k}{4}\right] + \delta_k \quad (\delta_k = 0, 1, 2, 7)$$

依 $k \equiv 0, 1, 2, 3 \pmod 4$ 而定.

以上几例均与 Freitag 的文章之结果相吻合，其他例子便不再叙述. 另外，上文的两位作者还在 1989 年研究了 $F\left(\frac{f_n^2}{d}\right)$ 与 $F\left(\frac{l_n^2}{d}\right)$ 的值，对于 $F\left(\frac{f_{ks}^2}{f_s}\right)$，$F\left(\frac{f_{2ks}^2}{l_s}\right)$，$F\left(\frac{l_{ks}^2}{l_s}\right)$ 等情况得出了一般公式并给出了相应表示法.

其基本方法是利用 Fibonacci 数的和的恒等式. 有兴趣的读者可参看淡祥柏的文章.

§3 两个 Fibonacci Nim

对策 I 有一堆棋子, 甲、乙二人轮流从中取子. 甲先取, 他至少要取一个, 但不准取完全堆. 以后每人每次也至少要取一个, 但不能超过对方刚才那次所取数的两倍. 谁使剩余棋子数变为 0 即为胜者.

像上述这种形式的对策, 很早就在中国的民间游戏中流传, 旧名"拧法", 广东话称之为"翻摊", 在 19 世纪末叶开始传入欧洲, Nim 大概就是"拧"的音译. Nim 属于一种更广泛的累加式有限对策, 但 Nim 本身又有许多类型和特殊的解法.

对策 I 是 Whinihan 在 1963 年根据自然数的 F 表示设计的. 他的目的是, 如果棋子总数 N 不是一个 Fibonacci 数, 那么乙总无法拿光棋子, 而只能由甲拿光. 事实上, 设 N 的标准 F 表示为

$$N = f_{k_1} + \cdots + f_{k_r} \quad (k_1 > \cdots > k_r \geqslant 2 \text{ 且 } r \geqslant 2)$$

甲首先取 f_{k_r} 个棋子. 按式 (6), $f_{k_{r-1}} > 2f_{k_r}$, 因此乙所取数 $x < f_{k_{r-1}}$, 故乙不能取光棋子. 设 $f_{k_{r-1}} - x$ 的标准 F 表示为

$$f_{k_{r-1}} - x = f_{m_1} + \cdots + f_{m_t}$$

则

$$N - x = f_{k_1} + \cdots + f_{k_{r-2}} + f_{m_1} + \cdots + f_{m_t}$$

也为标准 F 表示. 因

Zernov 定理

$$N' = f_{k_{r-1}} - x < f_{k_{r-1}}$$

故由式(7),有

$$f_{m_t} < 2(f_{k_{r-1}} - N') = 2x$$

于是甲可取 f_{m_t} 个棋子. 若 $N-x$ 的 F 表示中只有 f_{m_t} 一项,则甲已取光而获胜. 否则,$N-x$ 的 F 表示中至少两项,甲取 f_{m_t} 个后,乙面对上次同样的形势,无法取光棋子. 如此继续,因棋子总数有限,故必最后由甲取光棋子而获胜.

但当棋子总数

$$N = f_n \geqslant 2$$

则若乙是明智者时,甲必败. 事实上,因

$$f_n - f_{n-2} = f_{n-1} < 2f_{n-2}$$

如果甲取 $x \geqslant f_{n-2}$ 个,则乙可取完剩下棋子;如果甲取 $x < f_{n-2}$ 个,则

$$f_{n-1} < f_n - x < f_n$$

因而 $f_n - x$ 非 Fibonacci 数,由前面的讨论知乙必胜.

对策Ⅱ 设有两堆棋子,甲、乙二人轮流取子. 每人每次可以从一堆中取任意个或从两堆中各取同样多个,每次至少取一个. 谁使剩下棋子数变为 0,则为胜者.

此对策首先由 Wythoff 于 1907 年提出,1958 年,Isaacs以另一种形式(移动平面上的格点)重新发现. 1967 年,Kenyon 指出上述两种形式是等价的,并指出这种游戏在中国早已出现. 下面分析其解法.

以数对 (a,b)(我们称为点)表每次取过后两堆剩下的棋子数,而且始终以 a 表较少的一堆棋子数(在取的过程中哪一堆较少是不固定的). 解法的基本思

想与对策 I 相仿,就是甲设法采取一种取法,使得甲每次取过后,乙总无法取光剩下的棋子. 假设对策从点 (a,b) 开始,并设它不是一个 Wythoff 对(以下简称 W 对). 若 $ab=0$ 或 $a=b$,则甲可取光全部棋子. 否则,我们证明甲有一种取法,使 (a,b) 变为一个 W 对. 由定理 6,存在一个 W 对 (a_n,b_n),使 $a=a_n$ 或 $a=b_n$. 分下列情况讨论:

当 $a=b_n$ 时,则

$$b > a = b_n > a_n$$

因此只要从 b 个棋子中取 $b-a_n$ 个,则得点 (a_n,b_n).

当 $a=a_n$ 时,若 $b>b_n$,则甲从 b 个棋子中取 $b-b_n$ 个即可. 若 $b<b_n$,因

$$b_n = a_n + n$$

故必有

$$b = a_n + r \quad (0 < r < n)$$

今考察 W 对 (a_r,b_r),设

$$k = a_n - a_r$$

则

$$(a,b) = (a_r+k, a_r+k+r) = (a_r+k, b_r+k)$$

于是甲从每堆各取 k 个棋子即可.

现在乙面临一个 W 对 (a_m,b_m),他无论怎样取,必变为 $(a_m-x, b_m), (a_m, b_m-x), (a_m-x, b_m-x)$ 三种形式的点之一,显然这些点既不是 $(0,0)$,也不是 W 对. 于是甲又可把它变成 $(0,0)$ 或 W 对. 如此继续,经有限步后甲必胜.

F-L 连分数

§1 Fibonacci 连分数

上一章是自然数的 F 表示,本章实际上是某些实数的 F-L 表示(通过连分数).

由

$$\frac{f_{n+1}}{f_n} = \frac{f_n + f_{n-1}}{f_n} = 1 + \frac{1}{\dfrac{f_n}{f_{n-1}}}$$

逐步迭代可得

$$\frac{f_{n+1}}{f_n} = 1 + \cfrac{1}{1 + \cfrac{1}{\ddots 1 + \cfrac{1}{1}}} \quad (n \geqslant 1)$$

因此

$$\lim_{n \to \infty} \frac{f_{n+1}}{f_n} = \tau = \frac{1 + \sqrt{5}}{2}$$

所以我们得到连分数展开式.

定理 1　　$$\tau = 1 + \cfrac{1}{1 + \cfrac{1}{1 + \ddots}} \tag{1}$$

且 $\dfrac{f_{n+1}}{f_n}$ 为其第 $n-1$ 个渐近分数.

从连分数理论知,分母不大于 f_n 之有理分数中以 $\dfrac{f_{n+1}}{f_n}$ 最接近 τ,故我们利用 Fibonacci 序列迅速找到了 τ 的最佳渐近分数. 我们下面研究 $\dfrac{f_{n+1}}{f_n}$ 逼近 τ 的方式和程度.

定理 2　i) $\dfrac{f_{2n}}{f_{2n-1}} < \dfrac{f_{2n+2}}{f_{2n+1}} < \cdots < \tau < \cdots$

$$< \dfrac{f_{2n+3}}{f_{2n+2}} < \dfrac{f_{2n+1}}{f_{2n}} \tag{2}$$

ii)在 τ 的任何两个相邻的渐近分数中至少有一个适合

$$\left| \tau - \dfrac{f_{n+1}}{f_n} \right| < \dfrac{1}{\sqrt{5} f_n^2} \tag{3}$$

证明　i)在证明第 13 章的定理 12 的过程中已证.

ii)令 $\bar{\tau} = \dfrac{1 - \sqrt{5}}{2}$,则有

$$(-1)^n = f_{n+1}^2 - f_n f_{n+1} - f_n^2$$
$$= (f_{n+1} - \tau f_n) \cdot (f_{n+1} - \bar{\tau} f_n)$$
$$= (f_{n+1} - \tau f_n) \cdot (f_{n-1} + \tau f_n)$$

所以

Zernov 定理

$$|\tau - \frac{f_{n+1}}{f_n}| = \frac{1}{f_n^2\tau + f_{n+1}f_n}$$

由式（2）知，$\frac{f_{n+1}}{f_n}$ 和 $\frac{f_n}{f_{n-1}}$ 中必有一个小于 τ，不妨设

$\frac{f_n}{f_{n-1}} < \tau$，则

$$\frac{f_{n-1}}{f_n} > \frac{1}{\tau} = \tau - 1 = -\bar{\tau}$$

所以

$$\tau + \frac{f_{n-1}}{f_n} > \tau - \bar{\tau} = \sqrt{5}$$

由此即得所证者.

　　Hurwicz 曾证明任何正无理数 α 的两个连续渐近
分数中至少有一个适合

$$|\alpha - \frac{p}{q}| < \frac{1}{2q^2}$$

三个连续渐近分数中至少有一个适合

$$|\alpha - \frac{p}{q}| < \frac{1}{\sqrt{5}q^2}$$

式（3）乃 Hurwicz 的结果之具体化和加强.

　　因为

$$\frac{f_{n+1}}{f_n} - \frac{f_n}{f_{n-1}} = \frac{f_{n+1}f_{n-1} - f_n^2}{f_nf_{n-1}} = \frac{(-1)^n}{f_nf_{n-1}}$$

所以 $\frac{f_{n+1}}{f_n}$ 又可作为下列无穷级数的近似值

$$\tau = 1 + \sum_{n=2}^{\infty} \frac{(-1)^n}{f_nf_{n-1}} \qquad (4)$$

　　又因为

$$\frac{\dfrac{f_{n+1}}{f_n}}{\dfrac{f_n}{f_{n-1}}} = \frac{f_{n+1}f_{n-1}}{f_n^2} = \frac{f_n^2 + (-1)^n}{f_n^2} = 1 + \frac{(-1)^n}{f_n^2}$$

所以 $\dfrac{f_{n+1}}{f_n}$ 还可作为下列无穷乘积的近似值

$$\tau = \prod_{n=1}^{\infty} \left[1 + \frac{(-1)^{n+1}}{f_{n+1}^2} \right] \tag{5}$$

在数值分析的实际应用中,要求尽快使 $\dfrac{f_{n+1}}{f_n}$ 之值逼近 τ. 这常可应用一种所谓"Aitken 加速法". 对序列 $\{x_n\}$,作变换

$$T_r(x_n) = \frac{x_{n+r}x_{n-r} - x_n^2}{x_{n+r} - 2x_n + x_{n-r}} \quad (1 \le r < n) \tag{6}$$

这就是 Aitken 加速公式. 此公式右边的分子与二阶 F-L 序列恒等式一致,这使我们想到上述变换可能对 Fibonacci 序列产生一个好的结果. 事实上,1984 年, Phillips 证明了:

定理 3　$\quad T_r\left(\dfrac{f_{n+1}}{f_n}\right) = \dfrac{f_{2n+1}}{f_{2n}} \tag{7}$

证明　以 $x_n = \dfrac{f_{n+1}}{f_n}$ 代入式(6),则右边的分子为

$$\frac{f_{n+r+1}f_{n-r+1}f_n^2 - f_{n+r}f_{n-r}f_{n+1}^2}{f_{n+r}f_{n-r}f_n^2}$$

$$= \frac{(f_{n+r+1}f_{n-r+1} - f_{n+1}^2)f_n^2 - (f_{n+r}f_{n-r} - f_n^2)f_{n+1}^2}{f_{n+r}f_{n-r}f_n^2}$$

$$= \frac{(-1)^{n+r}f_r^2(f_n^2 + f_{n+1}^2)}{f_{n+r}f_{n-r}f_n^2}$$

Zernov 定理

$$= \frac{(-1)^{n+r} f_r^2 f_{2n+1}^2}{f_{n+r} f_{n-r} f_n^2}$$

又

$$x_n - x_{n-r} = \frac{f_{n+1} f_{n-r} - f_{n-r+1} f_n}{f_n f_{n-r}}$$

$$= \frac{(-1)^{n-r-1} f_r}{f_n f_{n-r}}$$

在上式中以 $n+r$ 代替 n 得

$$x_{n+r} - x_n = \frac{(-1)^{n-1} f_r}{f_{n+r} f_n}$$

于是式(6)右边的分母为

$$\frac{(-1)^{n-r} f_r [f_{n+r} - (-1)^r f_{n-r}]}{(f_{n+r} f_{n-r} f_n)}$$

$$= \frac{(-1)^{n-r} f_r^2 l_n}{f_{n+r} f_{n-r} f_n} \tag{8}$$

即证得式(7).

我们还可用变换 T_r 连续作用而反复加速,Eisenstein 的文章中证明了 $r=1$ 时:

定理 4 $\qquad T_1^k \left(\dfrac{f_{n+1}}{f_n} \right) = \dfrac{f_{2n+1}^k}{f_{2n}^k} \tag{9}$

此公式容易利用式(7)以归纳法证之,证明从略.

Fibonacci 序列是 $\Omega(1,1)$ 中的主序列,是否还有其他二阶 F-L 主序列与它的特征根的连分数具有类似的关系呢? Hardy 和 Wright 的书中曾研究一种更一般的情况,即:

定理 5 设 $a,c>0$,u 为 $\Omega_z(ac,c)$ 中的主序列,$\alpha = \dfrac{ac + \sqrt{(ac)^2 + 4c}}{2}$,则(令 $b = ac$):

i)

$$\alpha = b + \cfrac{1}{a + \cfrac{1}{b + \cfrac{1}{a + \ddots}}} = [\dot{b}, \dot{a}] \qquad (10)$$

ii) 设 $\dfrac{p_{n-1}}{q_{n-1}}$ 为 α 的第 $n-1$ 个渐近分数,则

$$p_{n-1} = \frac{u_{n+1}}{c^{\left[\frac{n}{2}\right]}}, q_{n-1} = \frac{u_n}{c^{\left[\frac{n}{2}\right]}}$$

因而

$$\frac{u_{n+1}}{u_n} = \frac{p_{n-1}}{q_{n-1}} \qquad (11)$$

证明　i) 显然. 对于 ii),由

$$q_0 = 1 = u_1, q_1 = a = \frac{u_2}{c}$$

$$p_0 = b = u_2, p_1 = ab + 1 = \frac{u_3}{c}$$

及

$$u_{n+1} = acu_n + cu_{n-1}$$

可用归纳法证之.

对于一般的 $\Omega_z(a, b)$,如果其特征根 $\alpha > 0$ 为无理数,则其连分数为周期的. 但其渐近分数与 Ω 中主序列相邻项之比有何种关系,目前尚未发现一般结果.

§2 广义 Fibonacci 连分数

今考察 $\Omega_z(a,b)$，设其特征根 $\alpha = \dfrac{a+\sqrt{\Delta}}{2}$ 和 $\beta = \dfrac{a-\sqrt{-\Delta}}{2}$ 为无理数，且 $|\beta| < 1$. 上一节中，我们是要求用简单连分数表示 α，本节我们将放宽为一般的连分数. 这对于用与 F-L 数有关的连分数表示 α 将开辟一个广阔的途径. 事实上，用这种连分数一般地还能表示 α 的幂. 首先，Eisenstein 于 1984 年提出了用 Lucas 数 l_n 构造一个连分数表示 $\tau = \dfrac{1+\sqrt{5}}{2}$ 的幂的问题. 这个问题于 1985 年为 Lord 所解决，即证明了

$$\tau^n = l_n - \cfrac{(-1)^n}{l_n - \cfrac{(-1)^n}{l_n - \ddots}} \tag{12}$$

1988 年，Shannon 和 Horadam 研究了一般情况，即用一般二阶 F-L 数 w_n 构造一般连分数(即称广义 Fibonacci 连分数)来表示 α 的幂. 我们下面介绍他们的结果，但所用方法有所不同.

引理 设连分数

$$a_0 + \cfrac{b_1}{a_1 + \cfrac{b_2}{a_2 + \ddots \cfrac{b_k}{a_k + \ddots}}} \tag{13}$$

的第 k 个渐近分数为 $x_k(k=0,1,\cdots)$，则 x_k 可表示成

$x_k = \dfrac{p_k}{q_k}$，适合

i）

$$p_k = a_k p_{k-1} + b_k p_{k-2} \qquad (14)$$

$$q_k = a_k q_{k-1} + b_k q_{k-2} \qquad (15)$$

而

$$p_0 = a_0, p_1 = a_1 a_0 + b_1, q_0 = 1, q_1 = a_1 \qquad (16)$$

ii）

$$p_k q_{k-1} - p_{k-1} q_k = (-1)^{k-1} b_k \cdots b_1 \qquad (17)$$

因而

$$x_k - x_{k-1} = \frac{p_k}{q_k} - \frac{p_{k-1}}{q_{k-1}} = \frac{(-1)^{k-1} b_k \cdots b_1}{q_k q_{k-1}} \qquad (18)$$

定理 6　设 $\Omega_z(a,b)$ 的特征根 α,β 为无理数，$|\beta|<1, w_n \in \Omega_z$ 有通项

$$w_n = \lambda \alpha^n + \mu \beta^n \qquad (\lambda>0) \qquad (19)$$

令

$$d_n = \lambda \mu (-b)^n \qquad (20)$$

若对某个 n 有 $d_n<0, w_n>0$，则

$$\lambda \alpha^n = w_n - \cfrac{d_n}{w_n - \cfrac{d_n}{w_n - \ddots}} \qquad (21)$$

证明　根据引理的记号有

$$a_0 = a_k = w_n > 0, b_k = -d_n \qquad (k=1,2,\cdots)$$

这时

$$p_k = w_n p_{k-1} - d_n p_{k-2} \qquad (22)$$

$$q_k = w_n q_{k-1} - d_n q_{k-2} \qquad (23)$$

而

$$p_0 = w_n, p_1 = w_n^2 - d_n, q_0 = 1, q_1 = w_n \quad (24)$$

又

$$x_k - x_{k-1} = \frac{(-1)^{k-1}(-d_n)^k}{q_k q_{k-1}} \quad (25)$$

$$x_k - x_{k-2} = \frac{(-1)^k w_n (-d_n)^{k-1}}{q_k q_{k-2}} \quad (26)$$

当 $d_n < 0$，则由式(23)和式(24)可得 $q_k > 0 (k = 0, 1, \cdots)$. 于是由式(25)和式(26)得

$$x_0 < x_2 < \cdots < x_{2k-2} < x_{2k} < \cdots < x_{2k+1} < x_{2k-1} < \cdots < x_3 < x_1$$

由此可知 $k \to \infty$ 时, $\lim x_{2k}$ 和 $\lim x_{2k-1}$ 均存在, 且极限位于 x_0 和 x_1 之间. 于是又有

$$\lim_{k \to \infty}(x_k - x_{k-2}) = 0$$

由此推出

$$\lim_{k \to \infty}\frac{(-d_n)^k}{q_k q_{k-2}} = 0$$

另一方面, 由

$$|\beta| = \frac{|a - \sqrt{\Delta}|}{2} < 1$$

知必有 $a > 0$. 否则

$$|\alpha| \leqslant |\beta| < 1$$

导致

$$|b| = |\alpha| \cdot |\beta| < 1$$

与 $b \in \mathbf{Z}$ 及 α, β 为无理数矛盾. 于是 $\alpha > 0, \alpha = |\frac{b}{\beta}| > 1$. 又由

$$d_n = \lambda \alpha^n \cdot \mu \beta^n < 0$$

知

$$\mu\beta^n < 0$$

再由式 (23),有

$$q_k > w_n q_{k-1} \geqslant q_{k-1} > 0$$

于是又有

$$|x_k - x_{k-1}| < \frac{(-d_n)^k}{q_k q_{k-2}} \to 0 \qquad (k \to \infty)$$

故知 $k \to \infty$ 时,$\lim x_k = \zeta$ 存在. 也就是说,式 (21) 右边之连分数收敛于 ζ. 因而适合

$$\zeta = w_n - \frac{d_n}{\zeta}$$

即

$$0 = \zeta^2 - w_n\zeta + d_n = (\zeta - \lambda\alpha^n)(\zeta - \mu\beta^n)$$

所以

$$\zeta = \lambda\alpha^n \text{ 或 } \mu\beta^n$$

但

$$\zeta > x_0 = w_n > 0 > \mu\beta^n$$

故必

$$\zeta = \lambda\alpha^n$$

定理得证.

Shannon 和 Horadam 实际上只推广了式 (12) 当 n 为奇数的情况. 下面我们补充一个结果,在此基础上可进一步推广上述两人的结果.

定理 7 在定理 5 的条件下,若 $d_n > 0$,$w_n > 0$,且 $\lambda\alpha^n \geqslant \mu\beta^n$,则式 (21) 成立.

证明 由式 $(22) \sim (24)$ 知,序列 $\{p_k\}$,$\{q_k\}$ 均属

Zernov 定理

于 $\Omega(w_n, -d_n)$, 其特征根为

$$\delta = \lambda\alpha^n, \theta = \mu\beta^n$$

由已知条件可知 $\delta, \theta > 0$, 当 $\delta > \theta$ 时, $\Omega(w_n, -d_n)$ 中主序列之通项为

$$u_k = \frac{\delta^k - \theta^k}{\delta - \theta}$$

于是

$$p_k = p_1 u_k - p_0 d_n u_{k-1} = (\delta^2 + \delta\theta + \theta^2) u_k - (\delta + \theta)\delta\theta u_{k-1}$$

$$q_k = q_1 u_k - q_0 d_n u_{k-1} = (\delta + \theta) u_k - \delta\theta u_{k-1}$$

因为 $k \to \infty$ 时

$$\frac{u_k}{u_{k-1}} = \frac{\delta^k - \theta^k}{\delta^{k-1} - \theta^{k-1}}$$

$$= \frac{\delta - \theta \cdot (\frac{\theta}{\delta})^{k-1}}{1 - (\frac{\theta}{\delta})^{k-1}} \to \delta$$

故此时

$$\frac{p_k}{q_k} = \frac{\dfrac{(\delta^2 + \delta\theta + \theta^2) u_k}{u_{k-1}} - (\delta + \theta)\delta\theta}{\dfrac{(\delta + \theta) u_k}{u_{k-1}} - \delta\theta}$$

$$\to \frac{(\delta^2 + \delta\theta + \theta^2)\delta - (\delta + \theta)\delta\theta}{(\delta + \theta)\delta - \delta\theta} = \delta$$

此即式(21)成立.

当 $\delta = \theta$ 时

$$u_k = k\delta^{k-1}, u_{k-1} = (k-1)\delta^{k-2}$$

$k \to \infty$ 时仍有

214

$$\frac{u_k}{u_{k-1}} \to \delta$$

因而也有

$$\frac{p_k}{q_k} \to \delta$$

故式(21)也成立.

注　实际上,上述两定理的条件可统一归纳并放宽为 $w_n d_n \neq 0$, $|\lambda \alpha^n| \geq |\mu \beta^n|$,并且不必要求 α, β 为无理数. 修改后的定理可统一采用后一定理的证法证明之.

现在我们回过头来看式(13). $l_n = \tau^n + \bar{\tau}^n$, $\lambda = \mu = 1$, $d_n = (-1)^n$. n 为奇数时, $d_n < 0$,满足定理 5 的条件. n 为偶数时, $d_n > 0$,而 $\tau^n > \bar{\tau}^n$,故满足定理 7 的条件. 因而式(13)成立.

F-L 整数的舍入函数表示

第 15 章

§1 由特征根的幂产生的
舍入函数

由第 13 章与 14 章可知,一些实数能够用 F-L 整数表示,那么,一个相反的问题,怎样使 F-L 整数本身更简单地表示出来,就自然地出现了. 这个问题既有理论意义,又有实际意义. 比如,对于 Fibonacci 数

$$f_n = \frac{\tau^n - \bar{\tau}^n}{\sqrt{5}}, \tau = \frac{1 + \sqrt{5}}{2}$$

由于显然有

$$\frac{|\bar{\tau}|^n}{\sqrt{5}} < \frac{1}{2}$$

所以

$$f_n = \left[\frac{\tau^n}{\sqrt{5}} + \frac{1}{2} \right] \qquad (1)$$

216

即要计算 f_n,只要计算 $\dfrac{\tau^n}{\sqrt 5}$ 后再四舍五入. 这种方法已有

人用于计算机程序中. 1982 年,Spikerman 对于 $f^3 \in \Omega$ $(1,1,1)$,$f_0^{(3)}=0$,$f_1^{(3)}=f_2^{(3)}=1$,证明了

$$f_n^{(3)} = \Big[\frac{(\rho-1)\rho^{n-1}}{4\rho-6} + \frac{1}{2} \Big] \qquad (2)$$

其中

$$\rho = \frac{\sqrt[3]{19+3\sqrt{33}} + \sqrt[3]{19-3\sqrt{33}} + 1}{3}$$

1990 年,Capocelli 和 Cull 把上述结果推广到了 $f^{(k)} \in \Omega(1,\cdots,1)$,$f_0^{(k)}=0$,$f_1^{(k)}=1$,$f_j^{(k)}=2^{j-2}(j=2,\cdots,k-1)$的情形. 他们证明了:

定理 1 设 α 为

$$g(x) = x^k - x^{k-1} - \cdots - x - 1 \qquad (k \geqslant 2)$$

的唯一正实根,则对于 $n \geqslant -k+2$ 有

$$f_n^{(k)} = \Big[\frac{\alpha^{n-1}(\alpha-1)}{(k+1)\alpha-2k} + \frac{1}{2} \Big] \qquad (3)$$

我们先证明若干引理,既为定理的证明作准备,同时也对 $f^{(k)}$ 及其特征根的性质作一了解.

引理 1 $g(x)$有唯一正根 $\alpha_1 = \alpha$ 适合

$$2 - 2^{1-k} < \alpha < 2 - 2^{-k} \qquad (4)$$

其余的根 $\alpha_i (i=2,\cdots,k)$适合

$$\frac{1}{\sqrt[k]{3}} < |\alpha_i| < 1 \qquad (5)$$

又若 $2 | k$,则有一负根,设为 α_k,适合

$$-1 + \frac{2}{3k} < \alpha_k < -1 + \frac{2}{k} \qquad (6)$$

证明 因为 $g(1) < 0$,可化

Zernov 定理

$$g(x) = \frac{x^{k+1} - 2x^k + 1}{x-1} = \frac{p(x)}{x-1}$$

所以 $g(x)$ 与 $p(x)$ 除 1 以外,根完全相同. 由

$$\gcd(p'(x), p(x)) = 1$$

知 $g(x)$ 无重根. 依笛卡儿符号法则,$g(x)$ 有唯一正根 $\alpha_1 = \alpha$.

因为

$$p(2 - 2^{1-k}) = -2(1 - 2^{-k})^k + 1 < 0$$

及

$$p(2 - 2^{-k}) = -(1 - 2^{-k-1})^k + 1 > 0$$

故得式(4).

对其他根 α_i,我们有

$$0 = |g(\alpha_i)| \geq |\alpha_i|^k - |\alpha_i|^{k-1} - \cdots - |\alpha_i| - 1$$

及

$$0 = |p(\alpha_i)| \geq 2|\alpha_i|^k - |\alpha_i|^{k+1} - 1$$

即

$$g(|\alpha_i|) \leq 0$$

及

$$p(|\alpha_i|) = (|\alpha_i| - 1)g(|\alpha_i|) \geq 0$$

由此可知 $g(|\alpha_i|) = 0$ 或 $|\alpha_i| < 1$. 若 $g(|\alpha_i|) = 0$,则必 $|\alpha_i| = \alpha$,即有 $\alpha_i = \alpha\beta$,β 为单位模的复数,但由

$$(\alpha\beta)^k = (\alpha\beta)^{k-1} + \cdots + (\alpha\beta) + 1$$

可得

$$\alpha^k = \alpha^{k-1}\beta^{-1} + \cdots + \alpha\beta^{-k+1} + \beta^{-k}$$

$$\leq \alpha^{k-1} + \cdots + \alpha + 1$$

故必右边等号成立,而这只有 $\beta = 1$ 才能达到,于是 $\alpha_i = \alpha$,此不可能. 所以 $|\alpha_i| < 1$.

另一方面,考察 $p(x)$ 的互倒多项式

$$h(x) = x^{k+1} - 2x + 1$$

它与 $p(x)$ 的根互为倒数. 设 $|x_0| > 1$ 使 $h(x_0) = 0$,则

$$|x_0| \cdot |x_0^k - 2| = 1$$

由此推出

$$|x_0^k - 2| < 1$$

进而推出 $|x_0^k| < 3$,即 $|x_0| < \sqrt[k]{3}$. 因此对 $|\alpha_i| < 1$ 有

$$|\alpha_i| > \frac{1}{\sqrt[k]{3}}$$

即得式(5).

最后,当 $2 \mid k$ 时同样可知 $g(x)$ 有唯一负根 α_k 位于区间 $(-1, 0)$ 中,且在曲线 $y = x^k$ 和 $y = \dfrac{1}{2-x}$ 的交点上. 因此在此区间内 $x^{k+2} < x^k$,所以 k 增大时,交点将左移,亦即 α_k 随 k 之增大而单调减小. α_k 之下界可应用 Newton 法于 $g(x)$ 而得到,上界可由

$$p\left(-1 + \frac{2}{k}\right) > 0$$

得到,证毕.

引理 2　对每个 $\alpha_j, 2 \leqslant j \leqslant \left[\dfrac{k+1}{2}\right]$,若 α_j 为虚根时位于上半复平面内,则有

$$\frac{2(j-1)\pi}{k} < \arg \alpha_i \leqslant \frac{2(j-1)\pi}{k-1}$$

证明　考察

$$h(x) = x^{k+1} - 2x + 1$$

的一个虚根

$$x_0 = \rho(\cos \varphi + i\sin \varphi)$$

Zernov 定理

由 $h(x_0) = 0$ 得

$$\rho^{k+1}\cos(k+1)\varphi - 2\rho\cos\varphi + 1 = 0$$

及

$$\rho^{k+1}\sin(k+1)\varphi - 2\rho\sin\varphi = 0$$

从两式消去 ρ 得

$$2^{k+1}\sin^k(k\varphi) - \sin^{k+1}[(k+1)\varphi] = 0$$

当 φ 分别取 $\dfrac{2(j-1)\pi}{k}$ 和 $\dfrac{2(j-1)\pi}{k-1}$ 时，上式左边之值分别小于 0 和大于或等于 0，故 φ 必位于某个区间 $\left[\dfrac{2(j-1)\pi}{k}, \dfrac{2(j-1)\pi}{k-1}\right]$ 之内. 再考虑 x_0 之共轭虚根，就可得 $p(x)$ 之根的辐角的性质，引理即证.

引理 3 $\quad f_n^{(k)} = \displaystyle\sum_{j=1}^{k} \dfrac{\alpha_j^{n-1}(\alpha_j - 1)}{(k+1)\alpha_j - 2k}$ $\qquad$ (7)

证明 $\quad$ 首先，$f^{(k)}$ 之特征多项式

$$g(x) = \frac{p(x)}{x-1}$$

则

$$g'(x) = \frac{p'(x)(x-1) - p(x)}{(x-1)^2}$$

所以

$$g'(\alpha_j) = \frac{\alpha_j^{k-1}((k+1)\alpha_j - 2k)}{\alpha_j - 1}$$

其次，$f^{(k)}$ 之初始多项式为

$$\begin{aligned}
U_0(x) &= 0 \cdot x^{k-1} + (1-0)x^{k-2} + (1-1-0)x^{k-3} + \\
&\quad (2-1-1-0)x^{k-4} + \cdots + \\
&\quad (2^{k-3} - 2^{k-4} - \cdots - 2^2 - 2 - 1 - 1 - 0) \\
&= x^{k-2}
\end{aligned}$$

220

所以

$$U_0(\alpha_j) = \alpha_j^{k-2}$$

即证.

下面我们研究 $f_n^{(k)}$ 与式（7）中含 $\alpha_1 = \alpha$ 的项之间的差的性质. 记

$$c_j = \frac{\alpha_j - 1}{(k+1)\alpha_j - 2k}$$

$$e_n = f_n^{(k)} - c_1\alpha_1^{n-1} = f_n^{(k)} - c\alpha^{n-1} = \sum_{j=2}^{k} c_j\alpha_j^{n-1} \quad (8)$$

引理 4　序列 $\{e_n\}$ 中至多连续有 $k-1$ 个项同号.

证明　由

$$\begin{aligned}
g(x) = (x-\alpha)\big[\, & x^{k-1} + (\alpha-1)x^{k-2} + \\
& (\alpha^2 - \alpha - 1)x^{k-3} + \cdots + \\
& (\alpha^{k-1} - \alpha^{k-2} - \cdots - \alpha - 1)\,\big]
\end{aligned}$$

及

$$g(\alpha_j) = 0$$

知，当 $\alpha_j \neq \alpha_1 (\alpha_1 = \alpha)$ 时

$$\begin{aligned}
& \alpha_j^{k-1} + (\alpha-1)\alpha_j^{k-2} + \\
& (\alpha^2 - \alpha - 1)\alpha_j^{k-3} + \cdots + \\
& (\alpha^{k-1} - \alpha^{k-2} - \cdots - \alpha - 1) = 0
\end{aligned}$$

上式可改写为矩阵形式，令

$$\boldsymbol{B}_j' = (\,\alpha_j^{k-1} \quad \alpha_j^{k-2} \quad \cdots \quad \alpha_j \quad 1\,)$$

$$\boldsymbol{A}' = (1 \quad \alpha-1 \quad \alpha^2-\alpha-1 \quad \cdots \quad \alpha^{k-1}-\alpha^{k-2}-\cdots-\alpha-1)$$

则有

$$\boldsymbol{A}'\boldsymbol{B}_j = 0 \quad (2 \leqslant j \leqslant k)$$

再令

$$\boldsymbol{D}' = (\,e_{n+k-1} \quad e_{n+k-2} \quad \cdots \quad e_{n+1} \quad e_n\,)$$

Zernov 定理

则

$$D = \sum_{j=2}^{n} c_j \alpha^{n-1} B_j$$

于是

$$A'D = \sum_{j=2}^{n} c_j \alpha^{n-1} A'B_j = 0$$

即

$$e_{n+k-1} + (\alpha-1)e_{n+k-2} + \cdots + (\alpha^{k-1} - \alpha^{k-2} - \cdots - \alpha - 1)e_n = 0$$

由第 14 章的引理及其证明知，$1, \alpha - 1, \cdots, \alpha^{k-1} - \alpha^{k-2} - \cdots - \alpha - 1$ 均为正，故连续 k 个数 $e_n, e_{n+1}, \cdots, e_{n+k-1}$ 不可能全部同号.

引理 5 $\{e_n\}$ 适合

$$e_{n+1} = 2e_n - e_{n-k} \tag{9}$$

证明   由式（8）知 $\{e_n\} \in \Omega(g(x))$，故有

$$\begin{aligned} e_{n+1} &= e_n + e_{n-1} + \cdots + e_{n-k+1} \\ &= e_n + (e_{n-1} + \cdots + e_{n-k+1} + e_{n-k}) - e_{n-k} \\ &= 2e_n - e_{n-k} \end{aligned}$$

引理 6   若 $|e_n| \geq \dfrac{1}{2}$，则对某个 $2 \leq i \leq k$，$|e_{n-i}| > \dfrac{1}{2}$.

证明   若 e_n 与 e_{n+1} 异号，则由式（9）有

$$e_{n+1}^2 = 2e_n e_{n+1} - e_{n+1} e_{n-k} > 0$$

因此 e_{n+1} 与 e_{n-k} 异号，而上式化为

$$-2|e_n| \cdot |e_{n+1}| + |e_{n+1}| \cdot |e_{n-k}| > 0$$

所以

$$|e_{n-k}| > 2|e_n| > \frac{1}{2}$$

222

若 e_n 与 e_{n+1} 同号,如果 $|e_{n-k}| > \dfrac{1}{2}$,则已证. 否则

$|e_{n-k}| \leqslant \dfrac{1}{2}$. 而由

$$e_{n-k} = 2e_n - e_{n+1} = \operatorname{sgn}(e_n)(2|e_n| - |e_{n+1}|)$$

得

$$-\frac{1}{2} \leqslant 2|e_n| - |e_{n+1}| \leqslant \frac{1}{2}$$

于是

$$|e_{n+1}| \geqslant 2|e_n| - \frac{1}{2} \geqslant \frac{1}{2}$$

若 e_{n+1} 与 e_{n+2} 异号,则仿上可证得

$$|e_{n-k+1}| > \frac{1}{2}$$

若 e_{n+1} 与 e_{n+2} 同号,仿上又可得

$$|e_{n+2}| \geqslant \frac{1}{2}$$

如此继续,由引理 4,在 $e_n, e_{n+1}, \cdots, e_{n+k-1}$ 中必有两相

邻项异号,因而在 $|e_{n-k}|, |e_{n-k+1}|, \cdots, |e_{n-2}|$ 中必有大

于 $\dfrac{1}{2}$ 者,证毕.

引理 7　对于 $-k+2 \leqslant i \leqslant 1$,有 $|e_i| < \dfrac{1}{2}$.

证明　由递归关系及初始条件可逆推得

$$f_0^{(k)} = f_{-1}^{(k)} = f_{-2}^{(k)} = \cdots = f_{-k+2}^{(k)} = 0$$

又由式(8)有

$$e_0 = -c\alpha^{-1}, e_{-1} = -c\alpha^{-2}, \cdots, e_{-k+2} = -c\alpha^{-k+1}$$

因为 $c > 0, \alpha > 1$,所以

$$|e_0| > |e_{-1}| > \cdots > |e_{-k+2}|$$

故只要证 $|e_0|$ 和 $|e_1| < \dfrac{1}{2}$ 即可. $|e_0| < \dfrac{1}{2}$ 等价于

$$(k+1)\alpha(2-\alpha) < 2$$

由第 14 章的引理 1, 有

$$2 - \alpha < 2^{1-k}$$

故上式左边 $< \dfrac{(k+1)\alpha}{2^{k-1}} < \dfrac{2(k+1)}{2^{k-1}}$.

因而只要证 $k+1 \leqslant 2^{k-1}$ 即可. 但此式对 $k \geqslant 3$ 成立, 从而 $|e_0| < \dfrac{1}{2}$ 成立. 又 $k=2$ 时可直接验证 $|e_0| < \dfrac{1}{2}$ 也成立.

因为 $e_0, e_{-1}, \cdots, e_{-k+2}$ 均为负, 则 e_1 必为正, 于是 $|e_1| < \dfrac{1}{2}$ 等价于

$$1 - \frac{\alpha - 1}{(k+1)\alpha - 2k} < \frac{1}{2}$$

亦即

$$\alpha < \frac{2(k+1)}{k-1}$$

由于 $\alpha < 2$, 此不等式显然成立. 证毕.

第 14 章的定理 7 的证明: 只要证明对一切 $n \geqslant -k+2$, $|e_n| < \dfrac{1}{2}$ 即可.

引理 7 已证明对 $-k+2 \leqslant n \leqslant 1$ 成立. 今证 $|e_2| < \dfrac{1}{2}$. 若不然, $|e_2| \geqslant \dfrac{1}{2}$, 则由引理 6, 存在 $2 \leqslant i \leqslant k$, 使 $|e_{2-i}| > \dfrac{1}{2}$, 而 $1 > 2-i \geqslant -k+2$, 此乃矛盾. 仿此可用归纳法完成证明.

§2　舍入函数 $\left[\alpha n + \dfrac{1}{2}\right]$ 的迭代

我们有

$$f_{i+1} = \frac{f_i + \sqrt{5f_i^{\,2} + 4(-1)^i}}{2}$$

容易证明,当 $i \geqslant 2$ 时

$$\sqrt{5}f_i - 1 < \sqrt{5f_i^{\,2} + 4(-1)^i} < \sqrt{5}f_i + 1$$

于是

$$f_i\frac{1+\sqrt{5}}{2} - \frac{1}{2} < f_{i+1} < f_i\frac{1+\sqrt{5}}{2} + \frac{1}{2}$$

即对于 $\tau = \dfrac{1+\sqrt{5}}{2}, i \geqslant 2$,有

$$f_{i+1} = \left[\tau f_i + \frac{1}{2}\right] \qquad (10)$$

这就把 $\{f_i\}$ 所适合的二阶递归关系变成了一阶递归关系. 如果作函数

$$r(n) = \left[\tau n + \frac{1}{2}\right] \qquad (11)$$

则上述一阶递归关系可改写为对舍入函数 $r(n)$ 的迭代关系,即

$$f_2 = f_1, f_{i+1} = r(f_i) = r^{i-1}(f_2) = r^i(1) \quad (i \geqslant 2) \qquad (12)$$

由此我们还得到一个有趣的等式

$$\left[\tau\left[\tau f_i + \frac{1}{2}\right] + \frac{1}{2}\right] = \left[\tau f_i + \frac{1}{2}\right] + f_i \qquad (13)$$

1991 年,Kimberling 针对上式提出了一个推广性

的问题:对于给定的哪些整数 a,b,存在实数 ζ,使得

$$\left[\zeta\left[n\zeta+\frac{1}{2}\right]+\frac{1}{2}\right]=a\left[n\zeta+\frac{1}{2}\right]+b \qquad (14)$$

对一切整数 $n\geqslant 1$ 成立? 若存在,是否唯一? 接着,他解决了这一问题. 下面介绍他的解法,在讨论中我们恒假定 a,b 为非零整数,$\Delta=a^2+4b\geqslant 0$,$\alpha=\dfrac{a+\sqrt{\Delta}}{2}$,$\beta=\dfrac{a-\sqrt{\Delta}}{2}$.

引理 8 $|\beta|<1\Leftrightarrow|b-1|<|a|$

$$|\beta|=1\Leftrightarrow|b-1|=|a| \qquad (15)$$

证明 $|\beta|\leqslant 1\Leftrightarrow a-2\leqslant\sqrt{a^2+4b}\leqslant a+2.$

显然 $a\geqslant -2$. 当 $a\geqslant 2$ 时,上式等价于

$$a^2-4a+4\leqslant a^2+4b\leqslant a^2+4a+4$$

亦即

$$-a\leqslant b-1\leqslant a$$

当且仅当 $|\beta|=1$ 时等号成立. 此即所需证者. 当 $a=\pm 1$ 时,只要 $b\geqslant 1$ 且 $\sqrt{1+4b}\leqslant 3$ 即可,得 $-1<b-1\leqslant 1$,此也为所需证者. 当 $a=-2$ 时,仅当 $b=-1$ 时 $|\beta|=1$. 此也符合式(15). 证毕.

引理 9   若 $|b-1|<|a|$,则式(14)对 $\zeta=\alpha$ 和一切 $n\geqslant 1$ 成立.

证明   此时有 $|\beta|<1$. 令

$$s=n\alpha+\frac{1}{2}-\left[n\alpha+\frac{1}{2}\right]$$

则

$$\left|s-\frac{1}{2}\right|<\frac{1}{2}<\frac{1}{2|\beta|}$$

此式可改写为

$$0 < -\frac{1}{2}\beta + \beta s + \frac{1}{2} < 1$$

利用

$$\alpha\beta = -b$$

得

$$0 < -\alpha\beta n - \frac{1}{2}\beta + \beta s + \frac{1}{2} - bn < 1$$

即

$$0 < -\beta\left(\alpha n + \frac{1}{2} - s\right) + \frac{1}{2} - bn < 1$$

即

$$0 < (\alpha - a)\left[\alpha n + \frac{1}{2}\right] + \frac{1}{2} - bn < 1$$

亦即

$$0 < \alpha\left[\alpha n + \frac{1}{2}\right] + \frac{1}{2} - a\left[\alpha n + \frac{1}{2}\right] - bn < 1$$

此即所需证者.

定理 2　若 $|b-1| < |a|$，则存在唯一的 ζ，使式(14)对一切 $n \geq 1$ 成立，进而言之，$\zeta = \alpha$.

Kimberling 在证此定理时增加了一条关于 α 的连分数性质的引理，把证明复杂化了，而且似有不妥之处，我们采用如下简单证法.

证明　只需证唯一性. 设 ζ 适合式(14). 记

$$s = n\zeta + \frac{1}{2} - \left[n\zeta + \frac{1}{2}\right]$$

则式(14)化为

$$0 < \zeta\left(n\zeta + \frac{1}{2} - s\right) + \frac{1}{2} - a\left(n\zeta + \frac{1}{2} - s\right) - bn < 1$$

Zernov 定理

即

$$0 < ((\zeta - a)\zeta - b)n + (\zeta - a)\left(\frac{1}{2} - s\right) + \frac{1}{2} < 1$$

$$(16)$$

若

$$(\zeta - a)\zeta \neq b$$

则 $n \to \infty$ 时, 上述不等式不成立, 这与式(14)对一切 $n \geq 1$ 成立的要求矛盾. 所以

$$(\zeta - a)\zeta = b$$

令 $\mu = a - \zeta$, 则

$$\zeta + \mu = a, \zeta\mu = -b$$

故 ζ, μ 必各为 α, β 之一. 若 $\zeta = \beta$, 则式(16)化为

$$-\frac{1}{2} < \left(s - \frac{1}{2}\right)\alpha < \frac{1}{2}$$

由此

$$\alpha < \frac{\frac{1}{2}}{|s - \frac{1}{2}|}$$

$$(17)$$

因为 $|\beta| < 1$, 可知 $\zeta = \beta$ 为无理数. 令

$$n\beta - [n\beta] = x_n$$

任取 $\frac{1}{2} < t < 1$, 可知 t 为 $\{x_n\}$ 的极限点. 取 $0 < \varepsilon < t - \frac{1}{2}$, 则存在 n, 使

$$\frac{1}{2} < t - \varepsilon < x_n < t + \varepsilon$$

此时可得 $s = x_n - \frac{1}{2}$. 令 $t \to \frac{1}{2}$, 则

$$\varepsilon \to 0 , x_n \to \frac{1}{2}$$

从而 $s \to 0$，于是由式（17）得 $\alpha \leqslant 1$．这就引出 $|b| < 1$ 的矛盾．故必 $\zeta = \alpha$．

定理 3　对任一个 $n \in \mathbf{Z}^{+}$，构造序列 $\{w_k\}$ 如下

$$w_1 = n , w_{k+1} = \left[\alpha w_k + \frac{1}{2} \right] \quad (k \geqslant 1) \quad (18)$$

则当且仅当 $|b-1| < |a|$ 或 $\alpha , \beta \in \mathbf{Z}$ 时对一切 $n \in \mathbf{Z}^{+}$ 有

$$w_{k+2} = a w_{k+1} + b w_k \quad (k \geqslant 1)$$

证明　充分性．当 $|b-1| < a$ 时，由定理 2，式（14）对 $\zeta = \alpha$ 和一切 $n \in \mathbf{Z}^{+}$ 成立，亦即

$$w_3 = a w_2 + b w_1$$

成立．由式（18）知 $w_k \in \mathbf{Z}^{+}$（$k \geqslant 1$），因此在式（14）中以 w_k 代 n 得

$$w_{k+2} = \left[\alpha w_{k+1} + \frac{1}{2} \right] = a w_{k+1} + b w_k$$

当 $\alpha , \beta \in \mathbf{Z}$ 时，由式（18），对一切 $k \geqslant 1$ 有

$$w_{k+1} = \alpha w_k$$

于是

$$
\begin{aligned}
w_{k+2} - a w_{k+1} - b w_k &= w_{k+2} - (\alpha + \beta) w_{k+1} + \alpha \beta w_k \\
&= w_{k+2} - \alpha w_{k+1} - \beta (w_{k+1} - \alpha w_k) \\
&= 0
\end{aligned}
$$

故结论也成立．

必要性．若 $|b-1| > |a|$，且 $\alpha , \beta \in \mathbf{Z}$，则由引理 7，$|\beta| > 1$．而由

$$w_{k+2} = a w_{k+1} + b w_k = (\alpha + \beta) w_{k+1} - \alpha \beta w_k$$

得

$$w_{k+2} - \alpha w_{k+1} = \beta (w_{k+1} - \alpha w_k)$$

于是

$$w_{k+2} - \alpha w_{k+1} = \beta^k (w_2 - \alpha w_1)$$

从已知条件可知 $w_2 \neq \alpha w_1$，由此

$$|w_{k+1} - \alpha w_k| \to \infty \quad (k \to \infty)$$

故 k 充分大时，式（18）不成立，此乃矛盾. 故证.

注 上述定理是对 Kimberling 的结果的修正，他忽略了 $\alpha, \beta \in \mathbf{Z}$ 的情况.

同一年，Kimberling 在另一文献中把类似的结果推广到了高阶情形，我们即将在下一节介绍.

§3 Stolarsky 数阵

我们已经知道全体 Wythoff 对中的数不重叠地覆盖了正整数集. 1977 年，Stolarsky 发现了一个有趣的事实，用无数个 $\Omega(1,1)$ 中的整数序列可以不重叠地覆盖 $\mathbf{Z}^+$. 把这些序列排成一个数阵时如下所示

1	2	3	5	8	13	21	⋯
4	6	10	16	26	42	68	⋯
7	11	18	29	47	76	123	⋯
9	15	24	39	63	102	165	⋯
12	19	31	50	81	131	212	⋯
14	23	37	60	97	157	254	⋯
17	28	45	73	118	191	309	⋯

⋮

记此数阵中第 i 行第 j 列的元素为 $s(i,j)$（$i,j = 1$，

$2,\cdots$),则此数阵的构成规则是:

　　i) $s(1,j)=f_{j+1}$ 为 Fibonacci 数;

　　ii) $i>1$ 时,$s(i,1)$ 为在前面所有 $i-1$ 行中未曾出现过的最小正整数,而

$$s(i,j+2)=s(i,j+1)+s(i,j)\quad(j\geqslant1)$$

实际上,就是

$$s(i,j+1)=\left[\tau s(i,j)+\frac{1}{2}\right]\quad(j\geqslant1,\tau=\frac{1+\sqrt{5}}{2})$$

　　这一发现,引起了一些人的兴趣,Stolarsky 的结果,首先被推广到一般的二阶 F-L 序列,而 1991 年又被 Kimberling 推广到高阶情形. 在推广中,舍入函数的迭代是一个重要工具. 我们下面着重介绍 Kimberling 的结果.

　　一个正整数的数阵 $s(i,j)$($i,j=1,2,\cdots$)称为一个 Stolarsky 数阵(更详细地,一个 $(a_1,\cdots,a_k)$ Stolarsky 数阵),如果:

　　i) 每个正整数在此数阵中恰出现一次;

　　ii) 存在整数 $a_1,\cdots,a_k,a_k\neq0,k\geqslant2$,使得对一切 $i\geqslant1,j\geqslant1$ 有

$$s(i,j+k)=a_1s(i,j+k-1)+\cdots+a_{k-1}s(i,j+1)+a_ks(i,j)\tag{19}$$

　　下面是一个三阶 Stolarsky 数阵,它的每一行都是 $\Omega(3,2,1)$ 中的序列. 值得注意的是,它的第一行不是 $\Omega(3,2,1)$ 中主序列 $0,0,1,3,11,\cdots$ 去掉前面两个零得到的. 实际上,其每行均是按公式

$$s(i,j+1)=\left[\alpha s(i,j)+\frac{1}{2}\right]$$

得到的,其中
$$\alpha = 3.627\,365\,084\,711\,83\cdots$$
为 $x^3 - 3x^2 - 2x - 1$ 的主实根.

1	4	15	54	196	711	2 579	9 355	⋯
2	7	25	91	330	1 197	4 342	1 5750	⋯
3	11	40	145	526	1 908	6 921	25 105	⋯
5	18	65	236	856	3 105	11 263	40 855	⋯
6	22	80	290	1 052	3 816	13 842	50 210	⋯
8	29	105	381	1 382	5 013	18 184	65 960	⋯

$$\vdots$$

引理 10 若 $\alpha > 1, m, n \in \mathbf{Z}^+, m < n$,则
$$\left[\alpha m + \frac{1}{2}\right] < \left[\alpha n + \frac{1}{2}\right]$$

证明 由已知,$m \leqslant n - 1$,则
$$\alpha m \leqslant \alpha n - \alpha < \alpha n - 1$$

故
$$\left[\alpha m + \frac{1}{2}\right] \leqslant \left[\alpha n - 1 + \frac{1}{2}\right] < \left[\alpha n + \frac{1}{2}\right]$$

引理 11 设
$$f(x) = x^k - a_1 x^{k-1} - \cdots - a_k$$
有一主实根 $\alpha > 1$,对任意 $n \in \mathbf{Z}^+$,令
$$g(n) = \left[\alpha n + \frac{1}{2}\right]$$

若
$$g^{k+m}(n) = a_1 g^{k+m-1}(n) + \cdots + a_{k-1} g^{m+1}(n) + a_k g^m(n) \tag{20}$$

对一切 $n \in \mathbf{Z}^+$ 及 $m = 0$ 成立,则此式对一切 $n \in \mathbf{Z}^+$ 及 $m \geq 0$ 均成立.

证明　当

$$g^k(n) = a_1 g^{k-1}(n) + \cdots + a_{k-1} g(n) + a_k n$$

对一切 $n \in \mathbf{Z}^+$ 成立时,以 $g^m(n)$ 代其中的 n 即得式 (20),证毕.

引理 12　在引理 11 的条件下,记

$$r_k = \left\{ \alpha g^{k-1}(n) + \frac{1}{2} \right\}$$
$$= \alpha g^{k-1}(n) + \frac{1}{2} - \left[\alpha g^{k-1}(n) + \frac{1}{2} \right]$$

则

$$g^i(n) = \alpha^i n + \frac{\alpha^i - 1}{2(\alpha - 1)} - \sum_{j=1}^{i} r_j \alpha^{i-j} \quad (i \geq 1)$$

证明　由

$$g(n) = \alpha n + \frac{1}{2} - r_1$$

故 $i = 1$ 时引理成立. 利用

$$g^{i+1}(n) = \alpha g^i(n) + \frac{1}{2} - r_{i+1}$$

可用归纳法证之.

定理 4　在引理 12 的条件下,令

$$M = \frac{a_1 + \cdots + a_k - 1}{2(\alpha - 1)} - \frac{r_1 a_k}{\alpha} - \frac{r_2(a_k + a_{k-1}\alpha)}{\alpha^2} -$$
$$\frac{r_3(a_k + a_{k-1}\alpha + a_{k-2}\alpha^2)}{\alpha^3} - \cdots -$$
$$\frac{r_{k-1}(a_k + a_{k-1}\alpha + \cdots + a_2\alpha^{k-2})}{\alpha^{k-1}} - r_k \quad (21)$$

作数阵 $\{s(i,j)\}$ 如下：

i)
$$s(1,1)=1, s(1,j)=\left[\alpha j+\frac{1}{2}\right] \quad (j\geqslant 1) \quad (22)$$

ii) $i>1$ 时，$s(i,1)$ 为不在 $s(t,j)$ $(1\leqslant t\leqslant i-1, j\geqslant 1)$ 之中的最小正整数，而
$$s(i,j+1)=\left[\alpha s(i,j)+\frac{1}{2}\right] \quad (j\geqslant 1) \quad (23)$$

则 $\{s(i,j)\}$ 为 Stolarsky 数阵之充要条件是 $|M|<1$.

证明 由 $\{s(i,j)\}$ 之构成法知，每个 $n\in\mathbf{Z}^+$ 必在其中出现. 今证每个 n 不重复出现. 首先由引理 10，数阵中的每行单调增加. 又每行的第一个数 $s(i,1)$ 不在前面的行出现. 因此对任何 $1\leqslant t\leqslant i-1$，必存在 $j\geqslant 1$，使
$$s(t,j)<s(i,1)<s(t,j+1)$$
由此可得
$$\left[\alpha s(t,j)+\frac{1}{2}\right]<\left[\alpha s(i,1)+\frac{1}{2}\right]<\left[\alpha s(t,j+1)+\frac{1}{2}\right]$$
即
$$s(t,j+1)<s(i,2)<s(t,j+2)$$
此说明 $s(i,2)$ 不在前面任一行中出现. 依归纳法可证任何 $s(i,j)$ 亦如此.

这样，$\{s(i,j)\}$ 为 Stolarsky 数阵之充要条件就是式(20)对任何 $n\in\mathbf{Z}^+$ 及 $m\geqslant 0$ 成立了. 而依引理 11，只需对 $m=0$ 成立即可. 我们有

$$g^k(n)-\sum_{i=1}^{k}a_i g^{k-i}(n)$$
$$=\alpha^k n+\frac{\alpha^k-1}{2(\alpha-1)}-\sum_{j=1}^{k}r_j\alpha^{k-j}-$$

$$\sum_{i=1}^{k} a_i (\alpha^{k-i} n + \frac{\alpha^{k-i} - 1}{2(\alpha - 1)} - \sum_{j=1}^{k-i} r_j \alpha^{k-i-j})$$

$$= nf(\alpha) + (\alpha^k - 1 - a_1(\alpha^{k-1} - 1) - a_2(\alpha^{k-2} - 1) - \cdots -$$

$$\frac{a_{k-1}(\alpha - 1)}{2(\alpha - 1)} - r_1(\alpha^{k-1} - a_1\alpha^{k-2} - \cdots - a_{k-2}\alpha - a_{k-1}) -$$

$$r_2(\alpha^{k-2} - a_1\alpha^{k-3} - \cdots - a_{k-2}) - \cdots - r_{k-1}(\alpha - a_1) - r_k$$

利用 $f(\alpha) = 0$ 的关系对上式右边各项加以变形,可知其结果恰为 M. 上式左边为一整数,故右边亦然. 式(20)成立之充要条件为 $M = 0$,但此条件等价于 $|M| < 1$. 证毕.

此定理应用于下面的几个推论,可得到一些具体的结果.

推论 1　设 $a_1, \cdots, a_k$ 为非负整数 $(a_k \neq 0)$,且

$$a_1 \geqslant 1 + a_2 + \cdots + a_k \qquad (24)$$

则 $\{s(i,j)\}$ 为 Stolarsky 数阵.

证明　$f(x) = x^k - a_1 x^{k-1} - \cdots - a_k$,由已知条件,$x \geqslant a_1 + 1$ 时

$$f(x) > 0, f(a_1) < 0$$

故 $f(x)$ 之主实根 α 适合 $a_1 < \alpha < a_1 + 1$. 于是

$$M < \frac{a_1 + \cdots + a_k - 1}{2(a_1 - 1)}$$

$$\leqslant \frac{2(a_1 - 1)}{2(a_1 - 1)} = 1$$

又在式(21)中令 $r_i = 1 - \varepsilon_i (i = 1, \cdots, k)$ 得

$$M = -\frac{a_1 + \cdots + a_k - 1}{2(\alpha - 1)} + \frac{\varepsilon_1 a_k}{\alpha} + \frac{\varepsilon_2 (a_k + a_{k-1}\alpha)}{\alpha^2} + \cdots +$$

$$\frac{\varepsilon_{k-1}(a_k + a_{k-1}\alpha + \cdots + a_2\alpha^{k-2})}{\alpha^{k-1}} + \varepsilon_k$$

$$> -\frac{a_1 + \cdots + a_k - 1}{2(\alpha - 1)} \geqslant -1$$

依定理得证.

由推论 1,可以构造出任何 $k(\geqslant 2)$ 阶的 Stolarsky 数阵. 但条件(24)并非必要的. 下面两个推论说明了这种情况.

推论 2 设 α 为 $p(x) = x^k - x^{k-1} - \cdots - x - 1$ ($k \geqslant 2$) 的主实根,则以

$$f(x) = (x-1)p(x) = x^{k+1} - a_1 x^k - \cdots - a_{k+1}$$

为特征多项式构造的数阵 $\{s(i,j)\}$ 为 Stolarsky 数阵.

证明 实际上

$$f(x) = x^{k+1} - 2x^k + 1$$

所以

$$a_1 = 2, a_{k+1} = -1$$

其余的 $a_i = 0$. 故有

$$M = -\frac{r_1 a_{k+1}}{\alpha} - \frac{r_2(a_{k+1} + a_k \alpha)}{\alpha^2} - \cdots -$$

$$\frac{r_k(a_{k+1} + a_k \alpha + \cdots + a_2 \alpha^{k-1})}{\alpha^k} - r_{k+1}$$

$$= -r_{k+1} + \sum_{i=1}^{k} \frac{r_i}{\alpha^i} < \alpha^{-k} \sum_{i=0}^{k-1} \alpha^i = 1$$

而 $M > -1$ 乃显然. 故证.

推论 3 设 $p(x) = x^3 - c_1 x^2 - c_2 x - c_3$ 有一主实根 α 适合

$$c_3 \geqslant 1, c_2 \geqslant c_3(1 - \alpha^{-1}), c_1 \geqslant (c_2 + c_3 \alpha^{-1})(1 - \alpha^{-1})$$

则以

$$f(x) = (x-1)p(x) = x^4 - a_1 x^3 - a_2 x^2 - a_3 x - a_4$$

为特征多项式构造的数阵 $\{s(i,j)\}$ 为 Stolarsky 数阵.

证明

$$a_1 = c_1 + 1, a_2 = c_2 - c_1, a_3 = c_3 - c_2, a_4 = -c_3$$

$$M = \frac{r_1 c_3}{\alpha} + \frac{r_2(c_3 + \alpha(c_2 - c_3))}{\alpha^2} +$$

$$\frac{r_3(c_3 + \alpha(c_2 - c_3) + \alpha^2(c_1 - c_2))}{\alpha^3} - r_4$$

根据已知条件可知 r_2, r_3 之系数均非负, 而 $c_3 \geqslant 1$, 所以

$$M < \frac{c_3}{\alpha} + \frac{c_3 + \alpha(c_2 - c_3)}{\alpha^2} + \frac{c_3 + \alpha(c_2 - c_3) + \alpha^2(c_1 - c_2)}{\alpha^3} - r_4$$

$$= \frac{c_1 \alpha^2 + c_2 \alpha + c_3}{\alpha^3} - r_4 = 1 - r_4 \leqslant 1$$

又 $M > -1$ 乃显然, 故证.

对于 $k = 2$, 由定理 4, 我们有:

定理 5　设 $f(x) = x^2 - ax - b$ (a, b 为非零整数) 有实根 α, β, 且 $|\beta| \leqslant 1, \alpha > 1$, 则按 α 和 $f(x)$ 构造的数阵 $\{s(i,j)\}$ 为 Stolarsky 数阵.

Kimberling 曾提出一个问题:是否存在一个 Stolarsky 数阵, 它至少有一行为 $\Omega(f(x))$ ($\partial^\circ f = 2$) 中的序列, 而不是 $\Omega(f(x))$ 中的序列的行都是 $\Omega(g(x))$ ($\partial^\circ g = 3$) 中的序列, 且 $\gcd(f(x), g(x)) = 1$?

当然, 这个问题应该是指这些序列分别以 $f(x)$ 和 $g(x)$ 为极小多项式, 否则问题就是平凡的了.

第四编
Fibonacci 数与黄金分割率

黄金数的整数次幂与 Fibonacci-Lucas 数的若干关系式①

① 本章摘自《数学的实践与认识》2010 年 10 月的第 40 卷第 20 期.

首都师范大学初等教育学院的郜舒竹教授 2010 年给出 Fibonacci 等距子列定义,由此入手得到黄金数的整数次幂与 Fibonacci 数以及 Lucas 数的若干关系式.

§1 引言

早在 400 年前的 17 世纪初,Johannes Kepler 等人就了解了黄金数 $\Phi = \dfrac{1+\sqrt{5}}{2}$ 与 Fibonacci 数列 $\{f_n\}$ 的一种关系,即随着自然数 n 的无限增大,$\dfrac{f_{n+1}}{f_n}$ 越来越接近 $\Phi^{[1]}$,用极限符号可以表达为

第 16 章

$$\lim_{n \to \infty} \frac{f_{n+1}}{f_n} = \Phi$$

从 Fibonacci 数列的发展趋势这一角度建立了黄金数与 Fibonacci 数之间的关系.

§2 定义及引理

Fibonacci 数列 $\{f_n\}$ 由如下的递推公式给出

$$f_0 = 0, f_1 = 1, f_n = f_{n-1} + f_{n-2} \quad (n \geqslant 2)$$

其通项公式为

$$f_n = \frac{1}{\sqrt{5}}(\Phi^n - \phi^n) \quad \left(\Phi = \frac{1 + \sqrt{5}}{2}, \phi = \frac{1 - \sqrt{5}}{2}, n \geqslant 0\right)$$

$$(1)$$

其中 Φ 和 ϕ 符合关系式

$$\Phi + \phi = 1$$

Lucas 数列 $\{L_n\}$ 的递推关系为

$$L_0 = 2, L_1 = 1, L_n = L_{n-1} + L_{n-2} \quad (n \geqslant 2)$$

通项公式为

$$L_n = \Phi^n + \phi^n \quad (n \geqslant 0) \tag{2}$$

定义 对任意自然数 $m \geqslant 1$，Fibonacci 数列 $\{f_n\}$ 可以分为 m 个子列 $\{f_{mk+i}\}_{k=0}^{\infty}$ $(i = 0, 1, \cdots, m-1)$，称这些子列是距离为 m 的 Fibonacci 等距子列.

引理 1 对任意自然数 $m \geqslant 1$，m 个距离为 m 的 Fibonacci 等距子列 $\{f_{mk+i}\}_{k=0}^{\infty}$ $(i = 0, 1, \cdots, m-1)$ 每一项与之前一项比值所形成数列的极限均为 Φ^m，即

242

$$\lim_{k\to\infty}\frac{f_{m(k+1)+i}}{f_{mk+i}}=\Phi^m \quad (m\geqslant 1;i=0,1,\cdots,m-1)\,(3)$$

证明 由式(1)直接计算即得.

引理 2 Fibonacci 数和 Lucas 数符合下列各式

$$f_{M+N}=\frac{1}{2}(f_M L_N+f_N L_M) \quad (M,N\in\mathbf{Z};M,N\geqslant 0)\,(4)$$

$$\lim_{k\to\infty}\frac{L_k}{f_k}=\sqrt{5} \tag{5}$$

$$L_N=f_{N-1}+f_{N+1} \quad (N\in\mathbf{Z};N\geqslant 1) \tag{6}$$

$$L_N^2=5f_n^2+4(-1)^N \quad (N\in\mathbf{Z};N\geqslant 0) \tag{7}$$

$$\sum_{k=1}^{m}f_k=f_{m+2}-1 \quad (m\in\mathbf{Z};m\geqslant 1) \tag{8}$$

§3 定理及其证明

定理 1 对任意自然数 $m\geqslant 1$,Fibonacci 数列的 m 个等距子列 $\{f_{mk+i}\}_{k=0}^{\infty}(i=0,1,\cdots,m-1)$ 每一项与之前一项比值所形成数列的极限可以表示为如下三种形式:

用 Fibonacci 数和 Lucas 数表示为

$$\lim_{k\to\infty}\frac{f_{m(k+1)+i}}{f_{mk+i}}=\frac{1}{2}(L_m+\sqrt{5}f_m) \quad (m\geqslant 1;i=0,1,\cdots,m-1)$$

$$\tag{9}$$

仅用 Fibonacci 数表示为

$$\lim_{k\to\infty}\frac{f_{m(k+1)+i}}{f_{mk+i}}=f_{m-1}+\Phi f_m \quad (m\geqslant 1;i=0,1,\cdots,m-1)$$

$$\tag{10}$$

仅用 Lucas 数表示为

$$\lim_{k\to\infty}\frac{f_{m(k+1)+i}}{f_{mk+i}}=\frac{1}{2}(L_m+\sqrt{L_m^2+4(-1)^{m+1}})$$

$$(m\geqslant 1;i=0,1,\cdots,m-1)\qquad(11)$$

证明 首先证明式(9),利用引理 2 中的式(4)和式(5)直接计算

$$\lim_{k\to\infty}\frac{f_{m(k+1)+i}}{f_{mk+i}}=\lim_{k\to\infty}\frac{1}{2}\cdot\frac{f_{mk+i}L_m+f_m L_{mk+i}}{f_{mk+i}}$$

$$=\lim_{k\to\infty}\frac{1}{2}(L_m+\frac{f_m L_{mk+i}}{f_{mk+i}})$$

$$=\frac{1}{2}(L_m+f_m\lim_{k\to\infty}\frac{L_{mk+i}}{f_{mk+i}})$$

$$=\frac{1}{2}(L_m+\sqrt{5}f_m)$$

所以式(9)成立,利用这一结果和引理 2 中的式(6)可以推出式(10)

$$\lim_{k\to\infty}\frac{f_{m(k+1)+i}}{f_{mk+i}}=\frac{1}{2}(L_m+\sqrt{5}f_m)$$

$$=\frac{1}{2}(f_{m-1}+f_{m+1}+\sqrt{5}f_m)$$

$$=\frac{1}{2}(f_{m-1}+f_{m-1}+f_m+\sqrt{5}f_m)$$

$$=\frac{1}{2}[2f_{m-1}+(1+\sqrt{5})f_m]$$

$$=f_{m-1}+\Phi f_m$$

式(11)可以从式(7)和式(9)直接得到.

定理 2 对任意自然数 $m\geqslant 1$,黄金数 $\Phi=\dfrac{1+\sqrt{5}}{2}$ 的 m 次幂 Φ^m 可以用 Fibonacci 数 f_m 和 Lucas 数 L_m 分别表示为

$$\Phi^m = \frac{1}{2}(L_m + \sqrt{5}f_m) \qquad (12)$$

$$\Phi^m = f_{m-1} + \Phi f_m \qquad (13)$$

$$\Phi^m = \frac{1}{2}(L_m + \sqrt{L_m^2 + 4(-1)^{m+1}}) \qquad (14)$$

证明 利用引理 1 和定理 1 直接得到.

推论 1 对任意自然数 $m \geqslant 1$, 公比为 $\Phi = \dfrac{1+\sqrt{5}}{2}$ 的等比数列 $\{\Phi^k\}$ 的前 m 项和为

$$\sum_{k=1}^{m} \Phi^k = (f_{m+1} - 1) + \Phi(f_{m+2} - 1) \qquad (15)$$

证明 利用引理 2 中的式 (8) 和定理 2 中的式 (13) 直接可得.

推论 2 对任意自然数 $m \geqslant 1$, $\phi = \dfrac{1-\sqrt{5}}{2}$ 的 m 次幂可以用 Fibonacci 数 f_m 表示为如下形式

$$\phi^m = f_{m-1} + \phi f_m \qquad (16)$$

证明 在式 (13) 两侧同时加上 ϕ^m 得

$$L_m = f_{m-1} + (1-\phi)f_m + \phi^m \qquad (17)$$

利用引理 2 中的式 (6) 对其化简即得式 (16) 成立.

推论 3 对任意自然数 $m \geqslant 1$, 公比为 $\phi = \dfrac{1-\sqrt{5}}{2}$ 的等比数列 $\{\phi^k\}$ 的前 m 项和为

$$\sum_{k=1}^{m} \phi^k = (f_{m+1} - 1) + \phi(f_{m+2} - 1) \qquad (18)$$

证明 与推论 1 的证明过程类似.

对比 (13) 和 (16) 两式以及 (15) 和 (18) 两式可以看出, 利用 Fibonacci 数 f_n 表达 Φ^n 与 ϕ^n, 具有相同的表达形式.

参考资料

［1］Roger Herz-Fischler. A Mathematical History of the Golden Number［M］. Dover Publications, INC. 162.

［2］Thomas C. New Fibonacci and Lucas Identities. The Mathematical Gazette, 1998,82(495):481-484.

Lucas 数列与 Fibonacci 数列的递归关系研究

法国数学家 Edward Lucas 曾将数列 $0,1,1,2,3,4,8,13,\cdots$ 命名为 Fibonacci 数,随之而来的则是另外一个数列 $2,1,3,4,7,11,18,\cdots$ 这就是人们所说的 Lucas 数列. Lucas 数列与 Fibonacci 数列有着相同的递归方程,但其首项不同

$$\begin{cases} L_{n+2} = L_n + L_{n+1} \\ L_0 = 2 \\ L_1 = 1 \end{cases}$$

$$\begin{cases} F_{n+2} = F_n + F_{n+1} \\ F_0 = 0 \\ F_1 = 1 \end{cases}$$

事实上,在 Lucas 数列与 Fibonacci 数列中呈现了许多相似的性质. 在 Fibonacci 数列中,如果 p 是 q 的因子,那么 Fibonacci 数 F_p 同样是 F_q 的因子. 例如,3 是 6 的因子,那么 $F_3 = 2$ 也是 $F_6 = 8$ 的因子.

Zernov 定理

现在将此结论推广至全 Fibonacci 数, 上海市浦东复旦附中分校的梁正之老师 2016 年发现, 因为 n 是 $2n$ 的因子, 所以 F_n 是 F_{2n} 的因子, 且 $k = \dfrac{F_{2n}}{F_n}$ 为整数.

同时发现了 k 即为 Lucas 数, 那么可以作出关于 Fibonacci 数与 Lucas 数的关系假设, 即

$$F_{2n} = F_n \times L_n \tag{1}$$

为了证明这个猜想, 首先要找到一个 F_{2n} 不再使用任意其余的 Fibonacci 数, 因此引用了黄金比 Φ

$$\frac{AB}{AC} = \frac{AC}{CB}, \Phi = \frac{1+\sqrt{5}}{2}$$

那么

$$\Phi^2 = \left(\frac{1+\sqrt{5}}{2}\right)^2 = \frac{3+\sqrt{5}}{2}$$

$$\Phi + 1 = \frac{1+\sqrt{5}}{2} + 1 = \frac{3+\sqrt{5}}{2} = \Phi^2$$

若将黄金比与 Fibonacci 数联系即可得

$$\Phi^2 = F_2\Phi + F_1$$

因此可以猜测

$$\Phi^n = F_n\Phi + F_{n-1} \tag{2}$$

证法如下

$$\Phi^n = F_n\Phi + F_{n-1}$$

由上可得, 当 $n=2$ 时, 左边 $= \dfrac{3+\sqrt{5}}{2} =$ 右边.

若 $n = k(k \geqslant 2)$ 时成立, 则

$$\Phi^k = F_k\Phi + F_{k-1}$$

当 $n = k+1(k \geqslant 2)$ 时

$$\Phi^{k+1} = \Phi^k - \Phi = (F_k\Phi + F_{k-1})\Phi$$

248

$$= F_k \Phi^2 + (F_{k+1} - F_k) \Phi$$

$$F_k(\Phi^2 - \Phi) + F_{k+1} \Phi = F_{k+1} \Phi + F_k$$

所以得证. 即

$$\Phi^n = F_n \Phi + F_{n-1}$$

成立.

现在继续观察

$$\frac{-1}{\Phi} = \frac{-1}{\dfrac{1+\sqrt{5}}{2}} = \frac{1-\sqrt{5}}{2}$$

$$F_2\left(\frac{-1}{\Phi}\right) + F_1 = 1 \times \frac{1-\sqrt{5}}{2} + 1 = \frac{3-\sqrt{5}}{2}$$

$$\left(\frac{-1}{\Phi}\right)^2 = \left(\frac{1-\sqrt{5}}{2}\right)^2 = \frac{3-\sqrt{5}}{2} = F_2\left(\frac{-1}{\Phi}\right) + F_1$$

当 $n = 3$ 时

$$\left(\frac{-1}{\Phi}\right)^3 = F_3\left(\frac{-1}{\Phi}\right) + F_2$$

$$左边 = \left(\frac{1-\sqrt{5}}{3}\right)^3 = 2 - \sqrt{5}$$

$$= 右边 = 2 \times \frac{1-\sqrt{5}}{2} + 1 = 2 - \sqrt{5}$$

此时再次猜测,在 $n \in \mathbf{Z}_+$ 时

$$\left(\frac{-1}{\Phi}\right)^n = F_n\left(\frac{-1}{\Phi}\right) + F_{n-1} \tag{3}$$

证法如下:由前面可知 $n = 2, n = 3$ 时成立.

如果 $n = k(k \geqslant 3)$ 时成立,则

$$\left(\frac{-1}{\Phi}\right)^k = F_k\left(\frac{-1}{\Phi}\right) + F_{k-1}$$

当 $n = k + 1(k \geqslant 3)$ 时,则

Zernov 定理

$$\left(\frac{-1}{\Phi}\right)^{k+1} = \left(\frac{-1}{\Phi}\right)^{k} \cdot \left(\frac{-1}{\Phi}\right)$$

$$= \left\{ F_k\left(\frac{-1}{\Phi}\right) + F_{k-1} \right\} \cdot \left(\frac{-1}{\Phi}\right)$$

$$= F_k\left(\frac{-1}{\Phi}\right)^2 + \left(F_{k+1} - F_k\right) \cdot \left(\frac{-1}{\Phi}\right)$$

$$= F_k\left\{\left(\frac{-1}{\Phi}\right)^2 - \left(\frac{-1}{\Phi}\right)\right\} + F_{k+1}\left(\frac{-1}{\Phi}\right)$$

$$= F_k\left\{\left(\frac{-1}{\varphi}\right) + 1 - \left(\frac{-1}{\Phi}\right)\right\} + F_{k+1}\left(\frac{-1}{\Phi}\right)$$

$$= F_{k+1}\left(\frac{-1}{\Phi}\right) + F_k$$

所以得证. 即

$$\left(\frac{-1}{\Phi}\right)^n = F_n\left(\frac{-1}{\Phi}\right) + F_{n-1}$$

成立.

由(2) - (3), 可得这样的结论

$$F_n = \frac{\Phi^n - (-\Phi)^{-n}}{\sqrt{5}} \tag{4}$$

验证结论的正确性:由(2) - (3)得

$$\Phi^n - \left(\frac{-1}{\Phi}\right)^n = F_n\Phi - F_n\left(\frac{-1}{\Phi}\right)$$

这一结论即是著名 的 Binet 递归方程.

那么由上述内容,可以猜测 Lucas 数列与黄金比的关系

$$L_n = \Phi^n + \left(-\frac{1}{\Phi}\right)^n \tag{5}$$

$$L_n = \Phi^n + (-\Phi)^{-n} \tag{6}$$

无穷电阻网与黄金分割率

上海市宝山区教育学院的王凤春，云南省景东彝族自治县第一中学的李胜两位老师 2017 年介绍了 Fibonacci 数列的黄金分割性质与无限电阻网络的关系.

§1 Fibonacci 数列与黄金分割率

如将 Fibonacci 数列 $\{F_n\}$ 的相邻两项中的前者除以后者，该比值的极限为

$$\lim_{n \to \infty} \frac{F_n}{F_{n+1}} = \frac{\sqrt{5}-1}{2} \approx 0.618 = \Phi$$

因此 Fibonacci 数列，又称黄金分割数列. Fibonacci 数列使人们对黄金分割的认识从静态走向动态.

Fibonacci 数列 $\{F_n\}$ 中每相邻两项的值也构成一个新的数列，用

$$\left\{ U_n \mid U_n = \frac{F_n}{F_{n+1}} \right\}$$

表示

$$\frac{1}{1}, \frac{1}{2}, \frac{2}{3}, \frac{3}{5}, \frac{5}{8}, \frac{8}{13}, \frac{13}{21}, \frac{21}{34}, \cdots$$

可以验证:数列 $\{U_n\}$ 中相邻两项分布于 Φ 的两侧,且奇数项大于 Φ,偶数项小于 Φ,但数列 $\{U_n\}$ 的极限为 Φ.

由 $\{U_n\}$ 奇数项构成的数列为

$$\left\{ P_n \mid P_n = \frac{F_{2n-1}}{F_{2n}} \right\} : \frac{1}{1}, \frac{2}{3}, \frac{5}{8}, \frac{13}{21}, \cdots$$

它是一个单调递减数列,但各项均大于 Φ,其极限为 Φ,即数列 $\{P_n\}$ 从大于 Φ 的方向趋近于 Φ.

而由 $\{U_n\}$ 偶数项构成的数列为

$$\left\{ Q_n \mid Q_n = \frac{F_{2n}}{F_{2n+1}} \right\} : \frac{1}{2}, \frac{3}{5}, \frac{8}{13}, \frac{21}{34}, \cdots$$

它是一个单调递增数列,各项均小于 Φ,其极限也为 Φ,即数列 $\{Q_n\}$ 从小于 Φ 的方向趋近于 Φ.

这样得到 Fibonacci 数列 $\{F_n\}$ 的三个派生数列: $\{U_n\}, \{P_n\}, \{Q_n\}$.

§2 Fibonacci 数列与无穷电阻网

问题 1 如图 1,阻值均为 $1\ \Omega$ 的电阻组成的无穷网络,则 AB 端的电阻 $R_{AB} = \underline{\hspace{2cm}}\ \Omega$.

这个电路叫 Γ_n 型电阻网络,问题可以用以下的

数学模型求解.

容易计算当 $n = 1, 2, 3, \cdots$ 的电阻, 如图 2 所示.

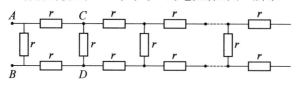

图 1

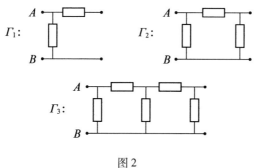

图 2

计算得

$$R_1 = 1, R_2 = \frac{2}{3}, R_3 = \frac{5}{8}, \cdots$$

对比 Fibonacci 数列, 发现

$$R_1 = \frac{F_1}{F_2}, R_2 = \frac{F_3}{F_4}, R_3 = \frac{F_5}{F_6}, \cdots, R_n = \frac{F_{2n-1}}{F_{2n}}$$

这里用数学归纳法证明.

当 $k = 1$ 时

$$R_1 = \frac{F_1}{F_2}$$

显然成立. 假设当 $k = n - 1$ 时

$$R_{n-1} = \frac{F_{2(n-1)-1}}{F_{2(n-1)}} = \frac{F_{2n-3}}{F_{2n-2}}$$

那么, 当 $k = n$ 时, 由 Fibonacci 数列的递推关系

$$F_n = F_{n-1} + F_{n-2}$$

如图 3 得

$$R_n = \left(1 + \frac{1}{1+R_{n-1}}\right)^{-1} = \left(1 + \frac{1}{1+\frac{F_{2n-3}}{F_{2n-2}}}\right)^{-1} = \frac{F_{2n-1}}{F_{2n}}$$

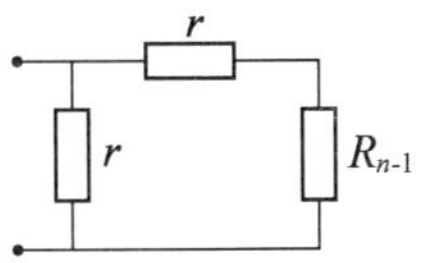

图 3

由上式判断, $\Gamma_n (n = 1,2,3,\cdots)$ 网络的等效电阻 R_n 构成的数列 $\{R_n\}$ 就是 Fibonacci 数列的派生数列 $\{P_n\}$. 所以, 无限网络的等效电阻

$$R = \lim_{n \to \infty} R_n = \lim_{n \to \infty} \frac{F_{2n-1}}{F_{2n}} = \frac{\sqrt{5}-1}{2} (\Omega)$$

问题 2 将 n 个阻值均为 $1\ \Omega$ 的电阻按照图 4 所示逐个连接, 求所构成电路的等效电阻 R_{AB} 的值.

解 将这些电阻标记为 $r_1, r_2, \cdots, r_n$, 用 R_n 表示前 n 个电阻构成电路的等效电阻值. 对 $n = 1,2,3,\cdots$, 根据电路的连接计算得到

$$R_1 = \frac{1}{1}, R_2 = \frac{1}{2}, R_3 = \frac{3}{2}, R_4 = \frac{3}{5},$$

$$R_5 = \frac{8}{5}, R_6 = \frac{8}{13}, R_7 = \frac{21}{13}, \cdots$$

254

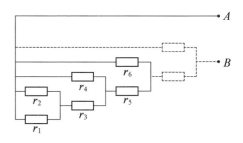

图 4

显然 R_n 构成的数列 $\{R_n\}$ 的奇数项构成了 Fibonacci 数列的派生数列 $\left\{\dfrac{1}{P_n}\right\}$，偶数项构成了 Fibonacci 数列的派生数列 $\{Q_n\}$.

这个数列的奇数项 R_{2n-1} 的分母记为 a_{2n-1}，偶数项 R_{2n} 的分子记为 a_{2n}，所得一个新数列 $\{a_n\}$：$1,1,2,3,5,\cdots$ 恰为 Fibonacci 数列.

由此

$$R_{AB} = \lim_{n \to \infty} R_{2n} = \lim_{n \to \infty} \frac{F_{2n}}{F_{2n+1}} = \frac{\sqrt{5}-1}{2}(\Omega)$$

对于很大的 n，若 n 为奇数，电路 AB 的等效电阻约为 $1.618\cdots$，若 n 为偶数，则等效电阻约为 $0.618\cdots$，这正是黄金比例分割数.

笔者应用 Fibonacci 数列的性质和极限思想完成了特定电路的分析和计算，突出了动态的渐近过程，实现了从电路角度验证 Fibonacci 数列 $\{F_n\}$ 的相关特性，即 Fibonacci 数列与黄金分割的关系. 一个问题涉及了物理和数学两个学科，使无穷网络的电阻与数列、极限联系起来，加深了对该知识的认识.

对一个问题的审视

问题 在矩形 $ABCD$ 中，$AB = a$，$AD = wa$，w 是方程 $x^2 + x - 1 = 0$ 的正根. 作 EF，使 $ADEF$ 为正方形，得矩形 $BCEF$；作 HG，使 $CEGH$ 为正方形，得矩形 $FBHG$；如此无限继续下去（图1），求所有这些矩形 $T_1 = ABCD$，$T_2 = BCEF$，$T_3 = BHGF$，… 面积之和（选自甘肃省 1989 年高中毕业会考题.）

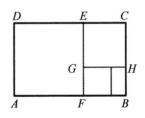

图1

甘肃渭源县莲峰中学的陈具才和甘肃渭源县清源中学的周力平两位老师深入研究了这个问题.

256

1. 问题的解法

显然有

$$1 - w = w^2$$

或

$$1 - w^2 = w$$

且 $0 < w < 1$. $T_1, T_2, \cdots$ 的面积依次记为 $S_1, S_2, \cdots$.

解法 1　T_1 的长和宽分别是 a, wa，T_2 的长和宽分别是 $wa, a - wa = w^2 a$，T_3 的长和宽分别是 $w^2 a$，$wa - w^2 a = w^3 a$，设 T_k 的长和宽分别是 $w^{k-1} a, w^k a$，则 T_{k+1} 的长和宽分别是 $w^k a$，$w^{k-1} a - w^k a = w^{k-1} (1-w) a = w^{k+1} a$. 于是

$$S_1 = wa^2, S_2 = w^3 a^2, \cdots, S_n = w^{2n-1} a^2, \cdots$$

构成以 w^2 为公比的无穷递缩等比数列，故

$$S_1 + S_2 + S_3 + \cdots = \frac{S_1}{1 - w^2} = \frac{w}{1 - w^2} a^2 = \frac{w}{w} a^2 = a^2$$

解法 2　先用数学归纳法证明每个矩形的宽和长的比均为 w. 对 T_1 显然正确. 假设 T_k 的宽和长分别为 p, q 且

$$p : q = w$$

则 T_{k+1} 的宽和长分别为 $q - p, p$，且

$$\frac{q - p}{p} = \frac{q}{p} - 1 = \frac{1}{w} - 1 = \frac{1 - w}{w} = \frac{w^2}{w} = w$$

故每个矩形的宽长之比均为 w.

设 T_n 的宽和长分别为 $s, t (n \in \mathbf{N})$，则

$$\frac{S_{n+1}}{S_n} = \frac{s(t-s)}{st} = 1 - \frac{s}{t} = 1 - w = w^2$$

从而 $\{S_n\}$ 是无穷递缩等比数列，所以

$$S_1 + S_2 + \cdots = \frac{S_1}{1 - w^2} = \frac{wa^2}{1 - w^2} = a^2$$

2. 几何解释

问题的答案启发我们作出几何解释:将 T_1, T_2, T_3, T_4, … 按图 2 所示方法拼合在一起,本题的结果表明,这无穷多个矩形合成的极限图形将是一个边长为 a 的正方形.

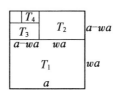

图 2

矩形	T_1	T_2	T_3	…
长	a	wa	$a - wa$	…
宽	wa	$a - wa$	$wa - (a - wa)$	…

3. 条件的等价情形

由解法 $1,2$ 看到,在矩形 T_1 的宽长之比为

$$\frac{wa}{a} = w$$

的条件下,必有任一矩形 $T_n (n \in \mathbf{N})$ 的宽长之比均为定值 w,且 T_n 的宽是 T_{n+1} 的长. 那么将问题的条件变换,会有什么情况呢? 我们考察两种情形:

ⅰ)设有一串矩形 T_1, T_2, …,其中每个矩形的宽长之比为定值 m,且 T_{n+1} 是由 T_n 截掉一个与 T_n 有公共内角的最大正方形所得 $(n \in \mathbf{N})$.

设 T_n 的宽和长分别为 p, q,则 $\frac{p}{q} = m$,T_{n+1} 的两边各为 $q - p, p$,若

$$m = \frac{p}{q-p} = \frac{1}{\dfrac{q}{p}-1} = \frac{1}{\dfrac{1}{m}-1}$$

则

$$1 - m = 1, m = 0$$

这不可能;若

$$m = \frac{q-p}{p} = \frac{1}{m} - 1$$

则

$$m^2 + m - 1 = 0$$

可见符合条件的定比 m 只能是方程

$$x^2 + x - 1 = 0$$

的正根 w.

ⅱ) 设有一串矩形 $T_1, T_2, \cdots$,其中 T_{n+1} 的长是 T_n 的宽,且 T_{n+1} 由 T_n 截去一个与 T_n 有公共内角的最大正方形而得($n \in \mathbf{N}$).

这件事的可能性是无疑的,有原题为例. 值得探究的是,这些矩形特别是 T_1 的长宽之间有何关系?

矩形	T_1	T_2	T_3	T_4	T_5	T_6	$\cdots$
长	a	b	$a-b$	$2b-a$	$2a-3b$	$5b-3a$	$\cdots$
宽	b	$a-b$	$2b-a$	$2a-3b$	$5b-3a$	$5a-8b$	$\cdots$
关系	$a>b$ 即 $\dfrac{b}{a}<1$	$b>a-b$ 即 $\dfrac{b}{a}>\dfrac{1}{2}$	$\dfrac{b}{a}<\dfrac{2}{3}$	$\dfrac{b}{a}>\dfrac{3}{5}$	$\dfrac{b}{a}<\dfrac{5}{8}$	$\dfrac{b}{a}>\dfrac{8}{13}$	$\cdots$

(1) $\dfrac{b}{a}$ 要同时小于 $1, \dfrac{2}{3}, \dfrac{5}{8}, \dfrac{13}{21}, \cdots$,$a_n = \dfrac{k_2}{k_1}$,

$$a_{n+1} = \frac{k_1+k_2}{2k_1+k_2} = \frac{1+\dfrac{k_2}{k_1}}{2+\dfrac{k_2}{k_1}} = \frac{1+a_n}{2+a_n}, \cdots;$$

（2）$\dfrac{b}{a}$ 也要同时大于 $\dfrac{1}{2}, \dfrac{3}{5}, \dfrac{8}{13}, \dfrac{21}{34}, \cdots, b_n = \dfrac{l_2}{l_1}$,

$b_{n+1} = \dfrac{l_1 + l_2}{2l_1 + l_2} = \dfrac{1 + b_n}{2 + b_n}, \cdots$. 这是两个分别递减、递增的

单调有界数列，设其极限分别为 m, M，由

$$a_{n+1} = \dfrac{1 + a_n}{2 + a_n}$$

取极限得

$$m = \dfrac{1 + m}{2 + m}$$

即

$$m^2 + m - 1 = 0$$

同理

$$M^2 + M - 1 = 0$$

故

$$M = m = w$$

（1）（2）同时成立的条件即为

$$\dfrac{b}{a} = w$$

亦即 T_1 的宽长之比为 w.

综上可知，原题条件 $\Leftrightarrow$ 情形（1）$\Leftrightarrow$ 情形（2）.

4. 黄金数的效应

方程

$$x^2 + x - 1 = 0$$

的正根

$$w = \dfrac{\sqrt{5} - 1}{2} \approx 0.618$$

是具有极高美学价值的"黄金数". 我们知道，一个矩形的宽长之比为黄金数时，这个矩形最为和谐美观. 原

题由于 T_1 中 ω 的作用,使每个矩形 T_n 的宽长之比均为定值 w,且 T_n 的宽是 T_{n+1} 的长,这是两个很美的现象. 更令人叫绝的是,w 使所有矩形 T_n 能够巧妙地合成一个正方形.

黄金分割与正五星形

中科院应用数学所的方伟武研究员指出

$$\theta = \frac{\sqrt{5}-1}{2} = 0.618$$

称为黄金数,它不但在优选法、黄金分割上有重要作用,在 Diophantine 逼近上也占有独特地位. 这个数与某些多边形似乎也有渊源.

例如,我们知道,若正多边形外接圆半径为 1,则正十边形的边长是 θ,正五边形的边长是 $\theta\sqrt{4-\theta^2}$. 本章则给出正五星形与 θ 的一些关系(它们或许与人们视正五星形为一种优美图形有一点关联,如果承认黄金分割是一种优美分割的话),并用多种方法证明.

正五星形如图 1,我们将证明:

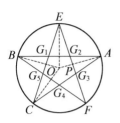

图 1

A. 设 G_1, G_2 为 EF, EC 与线段 AB 的交点, 则其一在 AB 的 0.618 处, 另一在 AB 的 0.382 处, 即

$$\frac{BG_2}{AB} = \frac{AG_1}{AB} = \theta$$

$$\frac{BG_1}{AB} = \frac{G_2A}{AB} = 1 - \theta$$

B. $BG_2 = AG_1 = $ 同一外接圆中正五边形的边长;

C. 正五边形 $G_1G_2G_3G_4G_5$ 与正五边形 $BEAFC$ 的边长之比为 θ^2, 面积之比为 θ^4.

关键在 A 的证明. 设

$$BG_1 = AG_2 = t, \quad G_1G_2 = g$$

我们需证明

$$\frac{t+g}{2t+g} = \theta$$

也就是需证明

$$g = \theta t$$

因为如果 $g = \theta t$, 那么

$$\frac{t+g}{2t+g} = \frac{1+\theta}{2+\theta} = \theta.$$

我们用三种方法证明 A.

A-a:

不妨设 AB 长度为 1，我们有：

ⅰ）$\angle BOC = \dfrac{2\pi}{5}$；

ⅱ）圆周角等于同弧上圆心角之半，$\angle BAC = \dfrac{2\pi}{10}$；

ⅲ）AO 与 EF 垂直

$$G_2 P = \frac{1}{2} G_1 G_2 = \frac{g}{2}$$

所以

$$\frac{\frac{g}{2}}{t} = \sin \frac{A}{2} = \sin \frac{2\pi}{20} = \cos \frac{2\pi}{5}$$

则

$$g = 2t\cos \frac{2\pi}{5}$$

ⅳ）先证等式

$$\cos \frac{4\pi}{5} + \cos \frac{2\pi}{5} + \frac{1}{2} = 0$$

此式左边乘以 $2\sin \dfrac{\pi}{5}$，得

$$2\sin \frac{\pi}{5} \cos \frac{4\pi}{5} + 2\sin \frac{\pi}{5} \cos \frac{2\pi}{5} + \sin \frac{\pi}{5} = 0$$

$$左边 = \sin \frac{5\pi}{5} - \sin \frac{3\pi}{5} + \sin \frac{3\pi}{5} - \sin \frac{\pi}{5} + \sin \frac{\pi}{5} = 0$$

证毕.

ⅴ）由

$$\cos \frac{4\pi}{5} = 2\cos^2 \frac{2\pi}{5} - 1$$

得

$$2\cos^2\frac{2\pi}{5} - 1 + \cos\frac{2\pi}{5} + \frac{1}{2} = 0$$

令

$$\theta = 2\cos\frac{2\pi}{5}$$

得

$$\theta^2 + \theta - 1 = 0$$

解之得

$$\theta = \frac{1}{2}(\sqrt{5} - 1) \quad (\theta > 0)$$

代入ⅲ)即得

$$g = \theta t$$

A-b：

在图 2 中作辅助线 G_1G_3，由于顶角相等的等腰三角形的底角也相等，因此

$$\angle BG_1C = \angle AG_1G_3$$

$\triangle BG_1G_3$ 与 $\triangle AG_1C$ 相似，所以

$$\frac{BG_1}{BG_3} = \frac{AG_1}{AC}$$

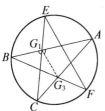

图 2

即

$$\frac{t}{t+g} = \frac{t+g}{2t+g}$$

Zernov 定理

令

$$g = \theta' t$$

则有

$$\frac{1}{1+\theta'} = \frac{1+\theta'}{2+\theta'}$$

即得

$$\theta'^2 + \theta' - 1 = 0$$

即可证

$$\theta' = \theta, \quad g = \theta t$$

A-c：

设正五星形外接圆半径为 1，在图 1 中：

ⅰ）$AB = 2\cos\dfrac{A}{2} = 2\cos\dfrac{2\pi}{20} = 2\sqrt{1 - \sin^2\dfrac{2\pi}{20}}.$

ⅱ）先证等式

$$\sin\frac{2\pi}{20} = \frac{\theta}{2}$$

因为

$$2 \cdot \frac{2\pi}{20} + 3 \cdot \frac{2\pi}{20} = \frac{\pi}{2}$$

所以

$$\sin 2 \cdot \frac{2\pi}{20} = \cos 3 \cdot \frac{2\pi}{20}$$

则

$$2\sin\frac{2\pi}{20}\cos\frac{2\pi}{20} = 4\cos^3\frac{2\pi}{20} - 3\cos\frac{2\pi}{20}$$

化简之，得

$$4\sin^2\frac{2\pi}{20} + 2\sin\frac{2\pi}{20} - 1 = 0$$

解之, 得

$$\sin \frac{2\pi}{20} = \frac{1}{4}(\sqrt{5} - 1) = \frac{\theta}{2}$$

ⅲ) 我们已知正五边形的边长为 $\theta \sqrt{4 - \theta^2}$, 即在图 1 中

$$BE = \theta \sqrt{4 - \theta^2}$$

因为

$$\angle EG_2 B = \frac{1}{2}(\overset{\frown}{AF} + \overset{\frown}{BE})$$

$$= \frac{1}{2}(\overset{\frown}{BC} + \overset{\frown}{CF}) = \angle BEF$$

所以

$$BG_2 = BE = \theta \sqrt{4 - \theta^2}$$

ⅳ) 将 ⅱ) 代入 ⅰ) 有

$$AB = 2 \sqrt{1 - (\frac{\theta}{2})^2} = \sqrt{4 - \theta^2}$$

所以

$$\frac{BG_2}{AB} = \frac{\theta \sqrt{4 - \theta^2}}{\sqrt{4 - \theta^2}} = \theta$$

从

$$\begin{cases} 2t + g = \sqrt{4 - \theta^2} \\ t + g = \theta \sqrt{4 - \theta^2} \end{cases}$$

可得

$$t = \sqrt{4 - \theta^2} \cdot (1 - \theta)$$

$$g = \sqrt{4 - \theta^2} \cdot (2\theta - 1)$$

则

$$\frac{g}{t} = \frac{2\theta - 1}{1 - \theta} = \theta$$

所以

$$g = \theta t$$

证毕.

B. B 的证明不难从 A-c 的证明中得出.

C. 小正五边形 $G_1G_2G_3G_4G_5$ 的边长

$$G_1G_2 = g = (BG_2 - g)\theta$$

可得

$$g = \frac{BG_2 \cdot \theta}{1 + \theta} = BG_2 \cdot \theta^2 = BE \cdot \theta^2$$

所以

$$\frac{G_1G_2}{BE} = \theta^2$$

由此,两个正五边形面积之比是 θ^4 也不难得出.

王元论黄金数与数值积分

第 21 章

§1 引 言

黄金数

$$\omega = \frac{\sqrt{5}-1}{2}$$

不仅在黄金分割法中有用,而且在丢番图逼近论中亦具有重要作用. 这使我们想到黄金数与数值积分之间的内在联系. 基于 ω 的有理逼近

$$\left| \frac{F_{m-1}}{F_m} - \omega \right| < \frac{1}{\sqrt{5}\, F_m^2}$$

我们在 1960 年发现了一个非常有效的求积公式

$$\int_0^1 \int_0^1 f(x,y)\,\mathrm{d}x\mathrm{d}y \approx \frac{1}{F_m} \sum_{k=1}^{F_m} f\left(\frac{k}{F_m}, \left\{ \frac{F_{m-1}k}{F_m} \right\} \right) \tag{1}$$

此处 $\{\xi\}$ 表示 ξ 的分数部分.

Zernov 定理

为了将这一方法推广至 s 维的情况,这里 $s > 2$,我们必须推广与黄金数 ω 相关联的 Fibonacci 数.

由于

$$\omega = 2\cos\frac{2\pi}{5}$$

所以可以先将黄金数推广为集合

$$\omega_j = 2\cos\frac{2\pi j}{m} \quad (1 \leqslant j \leqslant s-1)$$

其中 m 是一个不小于 5 的整数,$S = \dfrac{\varphi(m)}{2}$($\varphi$ 是 Euler 函数). 集合 $\{1, \omega_j\}$ $(1 \leqslant j \leqslant s-1)$ 为分圆域

$$\mathscr{R}_s = Q(\cos\frac{2\pi}{m})$$

的一组整底. 利用 $\mathscr{R}_s$ 的一组独立单位系,我们可以得到整数集贯

$$(h_{1,l}, \cdots, h_{s-1,l}, n_l) \quad (i = 1, 2, \cdots) \quad (2)$$

满足

$$\left|\frac{h_{j,l}}{n_l} - \omega_j\right| < c(\mathscr{R}_s) n_l^{-1-\frac{1}{s-1}} \quad (1 \leqslant j \leqslant s-1)$$

此处 $c(\mathscr{R}_s)$ 表示一个仅取决于 $\mathscr{R}_s$ 的正常数. 式(2)的贯可以看作是 Fibonacci 贯的推广. 因此我们得到用单和逼近重积分的一个 s 维求积公式

$$\int_0^1 \cdots \int_0^1 f(x_1, \cdots, x_s) \, \mathrm{d}x_1 \cdots \mathrm{d}x_s$$

$$\approx \frac{1}{n_l} \sum_{k=1}^{n_l} f\left(\frac{k}{n_l}, \left\{\frac{h_{1,l}k}{n_l}\right\}, \cdots, \left\{\frac{h_{s-1,l}k}{n_l}\right\}\right) \quad (3)$$

这一公式在实际应用时非常有效. 但是,由于这一方法的应用必须有电子计算机,而且常常是有相当数学训练的科学工作者才需要用它,因此,这一方法确实无须

加以普及. 此外,为了实际应用的需要,我们编集了一个表,包括当 $2 \leqslant s \leqslant 18$ 时,若干组整数集合(2)及其对应的求积公式(3)的误差估计.

整数集贯(2)不仅对数值积分有用,凡服从一致分布的伪随机数用得着的地方都可能有用,特别用于某些多因素优选法中寻找作为迭代的初始点.

我们关于高维空间数值积分的研究,说明了从事数学方法的普及工作,不仅没有妨碍我们的理论研究工作,它还起到促进的作用.

在这一章中,我们仅给出公式(1)的误差估计. 关于这个理论的全面而深入的探讨,我们建议读者参看我们的书《数论在近似分析中的应用》[1].

§2　若干引理

命 $f(x,y)$ 为一个周期函数,每一变数都有周期 1 且有 Fourier 展开

$$f(x,y) = \sum_{m=-\infty}^{\infty} \sum_{n=-\infty}^{\infty} C(m,n) \mathrm{e}^{2\pi\mathrm{i}(mx+ny)}$$

此处

$$|C(m,n)| \leqslant C(\overline{m}\,\overline{n})^{-a}$$

其中 $\overline{x} = \max(1,|x|)$ 及 $\alpha(>1)$,$C(>0)$ 为常数. 这种函数的全体构成的函数类,记为 $E(\alpha,C)$.

引理 1　命 m 与 $n(>0)$ 为两个整数,则

$$\frac{1}{n}\sum_{k=0}^{n-1} \mathrm{e}^{2\pi\mathrm{i}\frac{mk}{n}} = \begin{cases} 1 & (n \mid m) \\ 0 & (\text{其他情形}) \end{cases}$$

证明　当 $n \mid m$ 时,引理显然成立. 否则

$$e^{2\pi i\frac{mk}{n}} \neq 1$$

所以

$$\sum_{k=0}^{n-1} e^{2\pi i\frac{mk}{n}} = (e^{2\pi i\frac{mn}{n}} - 1)(e^{2\pi i\frac{m}{n}} - 1)^{-1} = 0$$

引理 2 对于任意正整数 n, a_1 与 a_2，这里 $(a_i, n) = 1, i = 1, 2$（此处 $(,)$ 表示最大公约数），皆有

$$\sup_{f \in E(\alpha,C)} \left| \int_0^1\int_0^1 f(x,y)\,\mathrm{d}x\mathrm{d}y - \frac{1}{n}\sum_{k=1}^n f\left(\frac{a_1 k}{n}, \frac{a_2 k}{n}\right) \right|$$

$$\leq C(\wedge(a_1,a_2) + 2^{\alpha+1}(1+2\zeta(\alpha))^2 n^{-\alpha})$$

此处

$$\zeta(\alpha) = \sum_{m=1}^{\infty} m^{-\alpha}$$

及

$$\wedge(a_1,a_2) = \sum_{\substack{a_1 m_1 + a_2 m_2 \equiv 0(\bmod n) \\ -\frac{n}{2} < m_i \leq \frac{n}{2}}}{}' (\overline{m_1}, \overline{m_2})^{-\alpha}$$

其中 $\sum{}'$ 表示在求和范围中去掉 $m_1 = m_2 = 0$ 项.

证明 由引理 1 可知

$$\frac{1}{n}\sum_{k=1}^n f\left(\frac{a_1 k}{n}, \frac{a_2 k}{n}\right)$$

$$= \frac{1}{n}\sum_{k=1}^n \sum_{m_1=-\infty}^{\infty}\sum_{m_2=-\infty}^{\infty} C(m_1,m_2) e^{2\pi i\frac{(a_1 m_1 + a_2 m_2)k}{n}}$$

$$= \sum_{m_1=-\infty}^{\infty}\sum_{m_2=-\infty}^{\infty} C(m_1,m_2) \frac{1}{n}\sum_{k=1}^n e^{2\pi i\frac{(a_1 m_1 + a_2 m_2)k}{n}}$$

$$= \sum_{a_1 m_1 + a_2 m_2 \equiv 0(\bmod n)} C(m_1,m_2)$$

$$= C(0,0) + \sum_{a_1 m_1 + a_2 m_2 \equiv 0(\bmod n)}{}' C(m_1,m_2)$$

由于

$$C(0,0) = \int_0^1\!\!\int_0^1 f(x,y)\,\mathrm{d}x\mathrm{d}y$$

所以

$$\sup_{f\in E(\alpha,C)}\left|\int_0^1\!\!\int_0^1 f(x,y)\,\mathrm{d}x\mathrm{d}y - \frac{1}{n}\sum_{k=1}^{n}f\!\left(\frac{a_1 k}{n},\frac{a_2 k}{n}\right)\right|$$

$$\leqslant C\Omega(a_1,a_2)$$

此处

$$\Omega(a_1,a_2) = \sum_{a_1 m_1 + a_2 m_2 \equiv 0(\bmod\,n)}(\overline{m_1}\ \overline{m_2})^{-\alpha}$$

若 $(m_1^{(0)},m_2^{(0)})$ 是同余式

$$a_1 m_1 + a_2 m_2 \equiv 0(\bmod\,n) \qquad (4)$$

的一组解,此处

$$-\frac{n}{2} < m_i^{(0)} \leqslant \frac{n}{2} \quad (i=1,2)$$

则

$$m_i = m_i^{(0)} + l_i n \quad (i=1,2) \qquad (5)$$

也是式(4)的一组解. 另一方面,式(4)的任意解皆可以表为形式(5),所以

$$\Omega(a_1,a_2) = \sum_{\substack{a_1 m_1 + a_2 m_2 \equiv 0(\bmod\,n)\\ -\frac{n}{2} < m_i^{(0)} \leqslant \frac{n}{2}}}\left[\overline{(m_1^{(0)}+l_1 n)}\ \overline{(m_2^{(0)}+l_2 n)}\right]^{-\alpha}$$

由于

$$(a_i,n) = 1 \quad (i=1,2)$$

所以,$m_1^{(0)}$ 与 $m_2^{(0)}$ 给了一个之后,另一个就唯一地确定了. 由于

$$\sum_{-\frac{n}{2}<m\leqslant\frac{n}{2}}\sum_{l=-\infty}^{\infty}(\overline{m+ln})^{-\alpha} \leqslant 1 + 2\sum_{m=1}^{\infty}\overline{m}^{-\alpha} = 1 + 2\zeta(\alpha)$$

与

$$\sum_{l=-\infty}^{\infty}{}'(\overline{m+ln})^{-\alpha} \leqslant 2\sum_{l=1}^{\infty}\left[n\!\left(l-\frac{1}{2}\right)\right]^{-\alpha} \leqslant 2^{\alpha+1}\zeta(\alpha)n^{-\alpha}$$

所以

$$\Omega(a_1, a_2) - \bigwedge(a_1, a_2)$$

$$= 2 \sum_{\substack{a_1 m_1^{(0)} + a_2 m_2^{(0)} \equiv 0 (\bmod n) \\ -\frac{n}{2} < m_i^{(0)} \leqslant \frac{n}{2}}} \sum_{l_1 = -\infty}^{\infty} {}' \overline{(m_1^{(0)} + l_1 n)}^{-\alpha} \sum_{l_2 = -\infty}^{\infty} \overline{(m_2^{(0)} + l_2 n)}^{-\alpha}$$

$$\leqslant 2^{\alpha+1} (1 + 2\zeta(\alpha))^2 n^\alpha$$

§3 求积公式的误差估计

定理 1 令 n 为一个大于 3 的整数,则

$$\sup_{f \in E(\alpha, C)} \left| \int_0^1 \int_0^1 f(x, y) \mathrm{d}x \mathrm{d}y - \frac{1}{F_n} \sum_{k=1}^{F_n} f\left(\frac{k}{F_n}, \frac{F_{n-1}k}{F_n} \right) \right|$$

$$\leqslant C \left\{ 4\zeta(\alpha) 5^\alpha \omega^{-\alpha} \left(\ln \frac{1}{\omega} \right)^{-1} F_n^{-\alpha} \ln(\sqrt{5} \omega F_n) + \right.$$

$$\left. 2^{\alpha+1} \left[1 + 2\zeta(\alpha) \right]^2 F_n^{-\alpha} \right\}$$

证明 首先我们估计和

$$\bigwedge(1, F_{n-1}) = \sum_{\substack{m_1 + F_{n-1} m_2 \equiv 0 (\bmod F_n) \\ -\frac{F_n}{2} < m_i \leqslant \frac{F_n}{2}}} {}' (\overline{m_1}\, \overline{m_2})^{-\alpha}$$

显然 $m_2 \neq 0$,否则,由

$$F_n \mid m_1$$

与

$$-\frac{F_n}{2} < m_1 \leqslant \frac{F_n}{2}$$

可知 $m_1 = 0$,此为矛盾. 任意给出 m_2,我们得

$$m_1 = y F_n - F_{n-1} m_2$$

此处 y 为满足

$$-\frac{1}{2} < y - \frac{F_{n-1}}{F_n}m_2 \leqslant \frac{1}{2}$$

的整数. 因此

$$\wedge (1, F_{n-1}) \leqslant 2 \sum_{1 \leqslant x \leqslant \frac{F_n}{2}} \left[\overline{x(\overline{F_{n-1}x - F_n y})} \right]^{-\alpha} \leqslant 2 \sum_{m=2}^{n-1} J_m$$

$$(6)$$

此处

$$J_m = \sum_{F_{m-1} \leqslant x < F_m} \left[\overline{x(\overline{F_{n-1}x - F_n y})} \right]^{-\alpha}$$

注意

$$F_{n-1} \geqslant \frac{1}{2}(F_{n-1} + F_{n-2}) = \frac{1}{2}F_n$$

可知

$$F_m F_{m-2} - F_{m-1}^2 = (-1)^{m-1}$$

所以,任何给出整数 x 与 y,方程组

$$\begin{cases} x = F_{m-1}u + F_m v \\ y = F_{m-2}u + F_{m-1}v \end{cases}$$

有唯一的整数解 u, v. 显而易见,当

$$F_{m-1} \leqslant x < F_m$$

时,有

$$uv < 0$$

现在我们将证明在区间 $[F_{m-1}, F_m)$ 中任意两个不同的整数 x 与 x',它们分别对应的整数 u 与 u' 亦不相同. 否则,由

$$x = F_{m-1}u + F_m v$$
$$x' = F_{m-1}u' + F_m v'$$

可知

$$F_m \mid (x - x')$$

这不可能, 故得所欲论证. 由此可知

$$F_{n-1}F_k - F_n F_{k-1} = (-1)^{k-1} F_{n-k}$$

所以

$$|F_{n-1}x - F_n y|$$
$$= |F_{n-1}(F_{m-1}u + F_m v) - F_n(F_{m-2}u + F_{m-1}v)|$$
$$= |(F_{n-1}F_{m-1} - F_n F_{m-2})u + (F_{n-1}F_m - F_n F_{m-1})v|$$
$$= |F_{n-m+1}u - F_{n-m}v| \geqslant F_{n-m+1}|u|$$

因此

$$J_m \leqslant \sum_{F_{m-1} \leqslant x < F_m} (xF_{n-m+1}|u|)^{-\alpha}$$
$$\leqslant (F_{m-1}F_{n-m+1})^{-\alpha} \sum_{u=-\infty}^{\infty}{}' \overline{u}^{-\alpha}$$
$$= 2\zeta(\alpha)(F_{m-1}F_{n-m+1})^{-\alpha} \qquad (7)$$

当 $k \geqslant 1$ 时

$$\omega^{-k+1} \geqslant F_k \geqslant \frac{1}{\sqrt{5}}\omega^{-k+1}(\omega^{-1} - \omega) = \frac{1}{\sqrt{5}}\omega^{-k+1}$$

所以

$$k - 2 \leqslant \frac{\ln F_n + \ln(\sqrt{5}\omega)}{\ln(\omega^{-1})}$$

及

$$F_{m-1}F_{n-m+1} \geqslant \frac{1}{5}\omega^{-n+2}$$

因此, 由式(7)可知

$$J_m \leqslant 2\zeta(\alpha)5^{\alpha}\omega^{-2\alpha}\omega^{n\alpha} \leqslant 2\zeta(\alpha)5^{\alpha}\omega^{-\alpha}F_n^{-\alpha}$$

从而由式(6)得

$$\wedge(1, F_{n-1}) \leqslant 4\zeta(\alpha)5^{\alpha}\omega^{-\alpha}(n-2)F_n^{-\alpha}$$
$$\leqslant 4\zeta(\alpha)5^{\alpha}\omega^{-\alpha}\left(\ln\frac{1}{\omega}\right)^{-1}\left[\ln F_n + \ln(\sqrt{5}\omega)\right]F_n^{-\alpha}$$

故由引理 2 可知定理成立.

§4 求积公式的 Ω 结果和下界

定理 2 对于任何整数 $n > 1$ 及两个与 n 互素的整数 a_1 与 a_2 皆有

$$\sup_{f \in E(\alpha, C)} \left| \int_0^1 \int_0^1 f(x, y) \,\mathrm{d}x\mathrm{d}y - \frac{1}{n} \sum_{k=1}^n f\left(\frac{a_1 k}{n}, \frac{a_2 k}{n}\right) \right|$$

$$\geqslant \alpha C \frac{\ln n}{n^\alpha}$$

证明 取 $E(\alpha, C)$ 内的函数

$$f(x, y) = C \sum_{m_1 = -\infty}^{\infty} \sum_{m_2 = -\infty}^{\infty} (\overline{m}_1 \, \overline{m}_2)^{-\alpha} \mathrm{e}^{2\pi\mathrm{i}(m_1 x + m_2 y)}$$

则

$$\left| \int_0^1 \int_0^1 f(x, y) \,\mathrm{d}x\mathrm{d}y - \frac{1}{n} \sum_{k=1}^n f\left(\frac{a_1 k}{n}, \frac{a_2 k}{n}\right) \right| = C\Omega$$

此处

$$\Omega = \sum_{a_1 m_1 + a_2 m_2 \equiv 0 \,(\mathrm{mod}\, n)}{}^{\prime} (\overline{m}_1 \, \overline{m}_2)^{-\alpha}$$

由于

$$(a_1, n) = 1$$

所以存在 $\overline{a}_1$，使

$$\overline{a}_1 a_1 \equiv 1 \,(\mathrm{mod}\, n)$$

因此

$$\Omega = \sum_{m_1 + am_2 \equiv 0 \,(\mathrm{mod}\, n)} (\overline{m}_1 \, \overline{m}_2)^{-\alpha}$$

此处

$$a = \overline{a}_1 a_2 \,(\mathrm{mod}\, n) \quad (1 \leqslant a < n)$$

将 $\dfrac{a}{n}$ 表为简单连分数,并假定 $\dfrac{p_0}{q_0}, \dfrac{p_1}{q_1}, \cdots, \dfrac{p_m}{q_m}$ 为其渐近分数,此处 $p_m = a$ 及 $q_m = n$. 由此可知

$$\left| \frac{p_l}{q_l} - \frac{p_m}{q_m} \right| \leqslant \frac{1}{q_l q_{l+1}} \quad (0 \leqslant l \leqslant m-1)$$

即

$$|p_l q_m - q_l p_m| \leqslant \frac{q_m}{q_{l+1}} \quad (0 \leqslant l \leqslant m-1)$$

由于

$$m_1 = p_l q_m - q_l p_m, m_2 = q_l \quad (0 \leqslant l \leqslant m-1)$$

为同余式

$$m_1 + a m_2 \equiv 0 (\bmod n)$$

的解,所以

$$\Omega \geqslant \sum_{l=1}^{m-1} \left[q_l (p_l q_m - q_l p_m) \right]^{-\alpha} \geqslant \sum_{l=0}^{m-1} (q_m q_l)^{-\alpha} q_{l+1}^{\alpha}$$

$$\geqslant m \left(\frac{q_m}{q_{m-1}} \frac{q_{m-1}}{q_{m-2}} \cdots \frac{q_l}{q_0} \right)^{\frac{\alpha}{m}} q_m^{-\alpha} = m q_m^{\frac{\alpha}{m}} q_m^{-\alpha}$$

$$= (m e^{\frac{\alpha}{m} \ln q_m}) q_m^{-\alpha} \geqslant \alpha q_m^{-\alpha} \ln q_m$$

其中我们用到这样的不等式,即有限个正整数的算术平均不小于它们的几何平均.

由定理 2 可知,除一个常数之外,由定理 1 给出的误差估计是臻于至善的.

§5 注 记

对于 $s = 2$ 的梯形公式,我们有:

定理 3 命 $n = m^2$,则

$$\sup_{f \in E(\alpha,C)} \left| \int_0^1 \int_0^1 f(x,y)\,\mathrm{d}x\mathrm{d}y - \frac{1}{n}\sum_{l_1=0}^{m-1}\sum_{l_2=0}^{m-1} f\left(\frac{l_1}{m},\frac{l_2}{m}\right) \right|$$

$$\leqslant C[2\zeta(\alpha)+1]^2 n^{-\frac{\alpha}{2}} \tag{8}$$

证明　由引理 1 可知

$$\frac{1}{n}\sum_{l_1=0}^{m-1}\sum_{l_2=0}^{m-1} f\left(\frac{l_1}{m},\frac{l_2}{m}\right)$$

$$= \frac{1}{n}\sum_{l_1=0}^{m-1}\sum_{l_2=0}^{m-1}\sum_{m_1=-\infty}^{\infty}\sum_{m_2=-\infty}^{\infty} C(m_1,m_2)\,\mathrm{e}^{2\pi\mathrm{i}\frac{(l_1 m_1 + l_2 m_2)}{m}}$$

$$= \sum_{m_1=-\infty}^{\infty}\sum_{m_2=-\infty}^{\infty} C(m_1,m_2)\frac{1}{n}\sum_{l_1=0}^{m-1}\sum_{l_2=0}^{m-1}\mathrm{e}^{2\pi\mathrm{i}\frac{(l_1 m_1 + l_2 m_2)}{m}}$$

$$= C(0,0) + \underset{\substack{m_1\equiv 0(\mathrm{mod}\,m)\\ m_2\equiv 0(\mathrm{mod}\,m)}}{\sum}{}' C(m_1,m_2)$$

所以

$$\sup_{f \in E(\alpha,C)} \left| \int_0^1 \int_0^1 f(x,y)\,\mathrm{d}x\mathrm{d}y - \frac{1}{n}\sum_{l_1=0}^{m-1}\sum_{l_2=0}^{m-1} f\left(\frac{l_1}{m},\frac{l_2}{m}\right) \right|$$

$$\leqslant C\underset{\substack{m_1\equiv 0(\mathrm{mod}\,m)\\ m_2\equiv 0(\mathrm{mod}\,m)}}{\sum} (\overline{m_1}\,\overline{m_2})^{-\alpha}$$

$$\leqslant Cm^{-\alpha}\left(\sum_{k=-\infty}^{\infty} k^{-\alpha}\right)^2 = C[2\zeta(\alpha)+1]^2 n^{-\frac{\alpha}{n}}$$

$$f(x,y) = Cm^{-\alpha}(\mathrm{e}^{2\pi imx} + \mathrm{e}^{-2\pi imx})$$

则

$$f(x,y) \in E(\alpha,C)$$

而且

$$\left| \int_0^1 \int_0^1 f(x,y)\,\mathrm{d}x\mathrm{d}y - \frac{1}{n}\sum_{l_1=0}^{m-1}\sum_{l_2=0}^{m-1} f\left(\frac{l_1}{m},\frac{l_2}{m}\right) \right| = 2Cn^{-\frac{\alpha}{2}}$$

这说明式(8)中的误差项 $n^{-\frac{\alpha}{2}}$ 已不允许再作实质性的改进,它比由定理 1 给出的误差项 $n^{-\alpha}\ln n$ 坏多了.还应注意,由 Monte Carlo 方法给出的求积公式仅能得到概率意义上的误差项 $O(n^{-\frac{1}{2}})$.

参考资料

[1] 华罗庚, 王元. 数论在近似分析中的应用. 北京: 科学出版社, 1978; Springer Verlag, 1981.
　英文版校订者注: 一些补充参考资料如下:

[2] Davis P J, Rabinowitz P. Method of Numerical Integration. Academic Press, 1975.

[3] Lang S. Algebraic Number Theory. Springer Verlag, 1986.

[4] Stewart I N, Tall D O. Algebraic Number Theory. 2nd ed. Chapman and Hall Ltd., 1987.

[5] Stroud A M. Numerical Quadrature and Solution of Ordinary Differential Equations. Springer Verlag, 1974.

第五编
Fibonacci 数列的性质

Fibonacci 数列的一个奇妙性质

辽宁本溪县第二中学的胡良海老师发现如下性质:

我们知道,满足 $\tan\alpha = 1$ 的锐角 α 为 45°. 在教材中(代数第一册甲种本 214 页)又有如下两题:

已知 α,β 是锐角,$\tan\alpha = \dfrac{1}{2}$,$\tan\beta = \dfrac{1}{3}$,求证:$\alpha + \beta = 45°$(与原题叙述不同);如果 α,β,γ 都是锐角,并且它们的正切依次为 $\dfrac{1}{2}$,$\dfrac{1}{5}$,$\dfrac{1}{8}$,求证 $\alpha + \beta + \gamma = 45°$.

观察正切值 1 与 $\dfrac{1}{2}$,$\dfrac{1}{3}$;$\dfrac{1}{3}$ 与 $\dfrac{1}{5}$,$\dfrac{1}{8}$ 的关系,易知有

$$\frac{\dfrac{1}{2}+\dfrac{1}{3}}{1-\dfrac{1}{2}\times\dfrac{1}{3}}=1$$

283

$$\frac{\dfrac{1}{5}+\dfrac{1}{8}}{1-\dfrac{1}{5}\times\dfrac{1}{8}}=\frac{1}{3}$$

依此关系,如能从

$$\frac{x+y}{1-xy}=\frac{1}{8}$$

中求出 x,y,那么正切值依次为 $\dfrac{1}{2}$,$\dfrac{1}{5}$,x,y 的锐角之和必为 $45°$.经计算,不难得

$$x=\frac{1}{13},y=\frac{1}{21}$$

仿此继续计算,又能得到正切值依次为 $\dfrac{1}{2}$,$\dfrac{1}{5}$,$\dfrac{1}{13}$,$\dfrac{1}{34}$,$\dfrac{1}{55}$ 的锐角之和为 $45°$.

为方便计算,我们定义:对应角之和为 $45°$ 的下列每组正切值 $1;\dfrac{1}{2}$,$\dfrac{1}{3};\dfrac{1}{2}$,$\dfrac{1}{5}$,$\dfrac{1}{8};\cdots$称之为 $45°$ 角的一项正切序列值,二项正切序列值,三项正切序列值,……

很显然,应用上面给出的方法,经计算是可以求出四项、五项乃至 n 项正切序列值的.然而此法因计算麻烦而不可取,那么,是否有简便易行的方法?

我们把已经得到的五组正切序列值写成如下"三角"形式,不妨称为"正切三角"

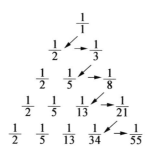

细心观察,我们会发现"正切三角"有许多有趣的性质,如:

ⅰ)每一横行前面的数的分母之和,比最后一个数的分母少 1.(如第五横行,$2 + 5 + 13 + 34 = 54$,比 55 少 1);

ⅱ)某一横行去掉最后一个数,后面一个数与前面一个数的分母之差,依次是上面诸横行最后一个数的分母(去掉第一横行 $\frac{1}{1}$).(如第四横行,$34 - 13 = 21$,$13 - 5 = 8$,$5 - 2 = 3$,依次是 $\frac{1}{21}$,$\frac{1}{8}$,$\frac{1}{3}$ 的分母);

ⅲ)划掉"正切三角"右斜线上的数 $\frac{1}{1}$,$\frac{1}{3}$,$\frac{1}{8}$,$\frac{1}{21}$,$\frac{1}{55}$,剩下的数中每一横行相邻两数分母的平方和,等于它们积的 3 倍减 1(如第四横行 $\frac{1}{5}$ 与 $\frac{1}{13}$ 相邻,有 $5^2 + 13^2 = 3 \times 5 \times 13 - 1$);

ⅳ)"正切三角"中,箭头处的分母是前面两个数分母之和(如 $5 + 8 = 13$,$8 + 13 = 21$).

应用"正切三角"的性质,我们就能迅速地求出任意项正切序列值.如用性质 ⅳ),只需两次分母相加,

就立得六项正切序列值

$$\frac{1}{2},\frac{1}{5},\frac{1}{13},\frac{1}{34},\frac{1}{87},\frac{1}{144}$$

七项正切序列值

$$\frac{1}{2},\frac{1}{5},\frac{1}{13},\frac{1}{34},\frac{1}{89},\frac{1}{233},\frac{1}{377}$$

至此,我们觉得用"正切三角"性质 iv),求某项正切序列值,虽比前面的方法简便些,但尚需依赖它的前项正切序列值. 而且,"正切三角"能否无限地写下去,我们还没有回答这个问题! 这就诱使我们去探讨 45°角的正切序列值的一般形式.

再次研究"正切三角",我们发现"→"连接的分母,从小到大排列起来

$$1,2,3,5,8,13,21,34,55,\cdots$$

(添上 1),正是我们熟知的著名的 Fibonacci 数列 F_n.

如果把 $\frac{1}{1},\frac{1}{1},\frac{1}{2},\frac{1}{3},\frac{1}{5},\frac{1}{8},\frac{1}{13},\frac{1}{21},\frac{1}{34},\frac{1}{55},\cdots$ 叫作 F_n 的倒数列,那么,一项正切序列值 1,可由倒数列的前两项划去首项得到;二项正切序列值 $\frac{1}{2},\frac{1}{3}$,可由倒数列前四项划去不包括第四项的偶数项和首项得到:

$\cancel{\frac{1}{1}},\cancel{\frac{1}{1}},\frac{1}{2},\frac{1}{3}$;取倒数列的前八项,划去不包括第八项的偶数项和首项 $\cancel{\frac{1}{1}},\cancel{\frac{1}{1}},\frac{1}{2},\cancel{\frac{1}{3}},\frac{1}{5},\cancel{\frac{1}{8}},\frac{1}{13},\frac{1}{21}$,就得到四项正切序列值 $\frac{1}{2},\frac{1}{5},\frac{1}{13},\frac{1}{21}$. 据此规律,便有:

定理 $\dfrac{1}{F_3},\dfrac{1}{F_5},\cdots,\dfrac{1}{F_{2n-1}},\dfrac{1}{F_{2n}}$ 是 45°角的 n 项正切序列值($n \geqslant 2$).

我们用 F_n 数列的递推式

$$F_{n+2} = F_{n+1} + F_n$$

性质

$$(F_{2n+1})^2 = F_{2n} \cdot F_{2n+2} + 1$$

来证明:

ⅰ)当 $n=2$ 时,$\dfrac{1}{F_3}$,$\dfrac{1}{F_5}$ 即 $\dfrac{1}{2}$,$\dfrac{1}{3}$,为 $45°$ 角的二项正切序列值.

ⅱ)假设 $n=k(k \geqslant 2)$ 时,$\dfrac{1}{F_3}$,$\dfrac{1}{F_5}$,$\cdots$,$\dfrac{1}{F_{2k-1}}$,$\dfrac{1}{F_{2k}}$ 是 k 项正切序列值,那么,当 $n=k+1$ 时,由于

$$\frac{\dfrac{1}{F_{2k+1}} + \dfrac{1}{F_{2k+2}}}{1 - \dfrac{1}{F_{2k+1}} \cdot \dfrac{1}{F_{2k+2}}}$$

$$= \frac{F_{2k+1} + F_{2k+2}}{F_{2k+1} \cdot F_{2k+2} - 1} = \frac{F_{2k+3}}{F_{2k+1}(F_{2k+1} + F_{2k}) - 1}$$

$$= \frac{F_{2k+3}}{(F_{2k+1})^2 - 1 + F_{2k+1} \cdot F_{2k}} = \frac{F_{2k+3}}{F_{2k} \cdot F_{2k+2} + F_{2k+1} \cdot F_{2k}}$$

$$= \frac{F_{2k+3}}{F_{2k}(F_{2k+2} + F_{2k+1})} = \frac{F_{2k+3}}{F_{2k} \cdot F_{2k+3}} = \frac{1}{F_{2k}}$$

结合归纳假设,知 $\dfrac{1}{F_3}$,$\dfrac{1}{F_5}$,$\cdots$,$\dfrac{1}{F_{2k-1}}$,$\dfrac{1}{F_{2k+1}}$,$\dfrac{1}{F_{2k+2}}$ 是 $45°$ 角的 $k+1$ 项正切序列值.

由ⅰ)ⅱ)知定理正确.

F_n 数列的这个奇妙性质,揭示了 F_n 数列与角之间的内在联系

$$\arctan \frac{1}{F_3} + \arctan \frac{1}{F_5} + \cdots + \arctan \frac{1}{F_{2n-1}} + \arctan \frac{1}{F_{2n}} = \frac{\pi}{4}$$

体现这种关系的"正切三角"

Zernov 定理

$$\frac{1}{F_2}$$

$$\frac{1}{F_3} \qquad \frac{1}{F_4}$$

$$\frac{1}{F_3} \qquad \frac{1}{F_5} \qquad \frac{1}{F_6}$$

$$\frac{1}{F_3} \qquad \frac{1}{F_5} \qquad \frac{1}{F_7} \qquad \frac{1}{F_8}$$

$$\frac{1}{F_3} \qquad \frac{1}{F_5} \qquad \frac{1}{F_7} \qquad \frac{1}{F_9} \qquad \frac{1}{F_{10}}$$

$$\vdots$$

$$\frac{1}{F_3} \quad \frac{1}{F_5} \qquad \cdots \qquad \frac{1}{F_{2n-1}} \quad \frac{1}{F_{2n}}$$

以它独特的外形美和强烈的规律性,令人神往,摧人深思!

Fibonacci 数的若干性质①

① 本章摘自《青海师范大学学报(自然科学版)》1989 年第 2 期.

青海师范大学的孔庆新和西北工业大学的周肇锡两位教授 1989 年得出了一系列 Fibonacci 数列的性质;推导出与 Fibonacci 数列密切相关的 Lucas 数列

$$L_n = L_{n-1} + L_{n-2} \quad (n \geq 2, L_0 = 2, L_1 = 1)$$

的类似结论,并提出一个猜想

$$S_{k,2l+1} = F_k + F_{(2l \mp 1) \mp k} + F_{2(2l \mp 1) \mp k} + \cdots + F_{n(2l \mp 1) \mp k}$$

$$= \frac{1}{L_{2l \mp 1}} \left[(F_{2l \mp 1} + 1) F_{n(5l \mp 1) \mp k} + F_{2l} F_{n(2l \mp 1) \mp k} + \psi_{k \cdot 2l \mp 1} \right]$$

第 23 章

§1 基本定义

定义 1[1] 数列 $\{F_n\}$ 若满足递推公式

Zernov 定理

$$F_n = F_{n-1} + F_{n-2} \quad (n \geq 2)$$

及初始条件

$$F_0 = 1, F_1 = 1$$

则称 $F_n = F_{n-1} + F_{n-2}$ 为 Fibonacci 关系式；$F_0 = 1$，$F_1 = 1$，$F_2 = 2$，$F_3 = 3$，$F_4 = 5$，$\cdots$，$F_n = F_{n-1} + F_{n-2}$ 称为 Fibonacci 数；数列 $\{F_n\}_0^\infty$ 称为 Fibonacci 数列.

定义 2[2] 数列 $\{L_n\}$ 若满足递推关系

$$L_n = L_{n-1} + L_{n-2} \quad (n \geq 2)$$

及初始条件

$$L_0 = 2, L_1 = 1$$

则称 $L_n = L_{n-1} + L_{n-2}$ 为 Lucas 关系式；$L_0 = 2$，$L_1 = 1$，$L_2 = 3$，$L_3 = 4$，$L_4 = 7$，$\cdots$，$L_n = L_{n-1} + L_{n-2}$ 称为 Lucas 数；数列 $\{L_n\}_0^\infty$ 称为 Lucas 数列.

定理 1 $L_n = F_n + F_{n-2} (n \geq 2)$

证明 用数学归纳法证明，事实上，当 $n = 2$ 时

$$L_2 = 3, F_2 + F_0 = 2 + 1 = 3$$

成立. 由

$$L_k = F_k + F_{k-2}$$

推出

$$L_{k+1} = F_{k+1} + F_{k-1}$$

即可. 事实上

$$
\begin{aligned}
L_{k+1} &= L_k + L_{k-1} \\
&= F_k + F_{k-2} + F_{k-1} + F_{k-2-1} \\
&= (F_k + F_{k-1}) + (F_{k-2} + F_{k-3}) \\
&= F_{k+1} + F_{k-1}
\end{aligned}
$$

定理 1′ $F_n = \dfrac{L_n + L_{n+2}}{5}$

§2 主要结果 I

现在我们推出 Fibonacci 数的以下性质：

定理 2 $F_0 + F_3 + F_6 + \cdots + F_{3n} = \dfrac{F_{3n+2}}{2}$

证明 令

$$S_{0,3} = F_0 + F_3 + F_6 + \cdots + F_{3n} \qquad (1)$$

$$S_{3n} = F_0 + F_1 + F_2 + F_3 + \cdots + F_{3n-1} + F_{3n} \qquad (2)$$

由基本关系式

$$F_n = F_{n-1} + F_{n-2}$$

推知

$$F_1 + F_2 = F_3$$
$$F_4 + F_5 = F_6$$
$$\vdots$$
$$F_{3n-2} + F_{3n-1} = F_{3n}$$

式(2)可化作

$$
\begin{aligned}
S_{3n} &= F_0 + F_3 + F_3 + F_6 + F_6 + \cdots + F_{3n} + F_{3n} \\
&= F_0 + 2(F_3 + F_6 + \cdots + F_{3n}) \\
&= -F_0 + 2(F_0 + F_3 + F_6 + \cdots + F_{3n}) \\
&= 2S_{0,3} - 1 \qquad (3)
\end{aligned}
$$

已知

$$S_{3n} = F_0 + F_1 + F_2 + \cdots + F_{3n} = F_{3n+2} - 1 \qquad (4)$$

故由式(3)(4)得

$$S_{0,3} = \frac{1}{2} F_{3n+2}$$

用类似的方法可得出以下结论：

推论 1 $S_{1,3} = F_1 + F_4 + F_7 + \cdots + F_{3n+1}$

$$= \frac{1}{2}(F_{3n+3} - 1)$$

$S_{2,3} = F_2 + F_5 + F_8 + \cdots + F_{3n+2} = \frac{1}{2}(F_{3n+4} - 1)$

定理 3 $S_{0,4} = F_0 + F_4 + F_8 + \cdots + F_{4n} = F_{2n} \cdot F_{2n+1}$

引理 1 $F_{4(n+1)} = (F_{2n+2})^2 + (F_{2n+1})^2$

推论 2 $S_{2,4} = F_2 + F_6 + F_{10} + \cdots + F_{4n+2}$

$$= F_{2n+1} F_{2n+2}$$

定理 4 $S_{1,4} = F_1 + F_5 + F_9 + \cdots + F_{4n+1}$

$$= F_{2n+1} F_{2n+1}$$

引理 2 $F_{4n+1} = (F_{2n+1})^2 - (F_{2n-1})^2$

证明

$$F_{4n+1} = F_{4n} + F_{4n-1} = F_{4n} + (F_{4n} - F_{4n-2})$$

同理可用数学归纳法证明定理 4.

推论 3 $S_{3,4} = F_3 + F_7 + F_{11} + \cdots + F_{4n+3}$

$$= F_{2n+1} F_{2n+3}$$

定理 3, 定理 4, 推论 2, 推论 3 可统一表示为

$$S_{k,4} = F_{2n+1} F_{2n+k} \quad (k = 0, 1, 2, 3)$$

定理 3 和定理 4 可用数学归纳法证明.

§3 主要结果 II

类似于定理 2, 可推出 Lucas 数列的若干关系式.

定理 5 $L_0 + L_3 + L_6 + \cdots + L_{3n} = \frac{1}{2}(L_{3n+2+1})$

推论 4 $M_{1,3} = L_1 + L_4 + L_7 + \cdots + L_{3n+1} = \frac{1}{2}(L_{3n+3} - 2)$

$$M_{2,3} = L_2 + L_5 + L_8 + \cdots + L_{3n+2} = \frac{1}{2}(L_{3n+4} - 1)$$

定理 6 $$L_0 + L_4 + L_8 + \cdots + L_{4n}$$

$$= 1 + \frac{L_{2n+1}(L_{2n} + L_{2n+2})}{5}$$

证明 令

$$M_{0,4} = L_0 + L_4 + L_8 + \cdots + L_{4n}$$

由联系 Lucas 数与 Fibonacci 数关系的定理 1,推知

$$
\begin{aligned}
M_{0,4} &= L_0 + L_4 + L_8 + \cdots + L_{4n} \\
&= L_0 + (F_4 + F_2) + (F_8 + F_6) + \cdots + \\
&\quad (F_{4n} + F_{4n-2}) \\
&= L_0 + (F_4 + F_8 + \cdots + F_{4n}) + \\
&\quad (F_2 + F_6 + \cdots + F_{4n-2}) \\
&= L_0 + (F_0 + F_4 + F_8 + \cdots + F_{4n}) - \\
&\quad F_0 + (F_2 + F_6 + \cdots + F_{4n-2}) \\
&= (F_0 + F_4 + F_8 + \cdots + F_{4n}) + \\
&\quad (F_2 + F_6 + \cdots + F_{4n-2}) + 1
\end{aligned}
$$

由定理 3,推论 2 得

$$
\begin{aligned}
M_{0,4} &= F_{2n}F_{2n+1} + F_{2n-1}F_{2n} + 1 \\
&= F_{2n}(F_{2n+1} + F_{2n-1}) + 1 \\
&= F_{2n}L_{2n+1} + 1
\end{aligned}
\tag{5}
$$

由定理 $1'$,有

$$F_n = \frac{1}{5}(L_n + L_{n+2})$$

得

$$F_{2n} = \frac{1}{5}(L_{2n} + L_{2n+2})$$

则

$$M_{0,4} = 1 + \frac{1}{5} L_{2n+1} (L_{2n} + L_{2n+2})$$

类似地,有以下关系式:

推论5 $\quad M_{1,4} = L_1 + L_5 + L_9 + \cdots + L_{4n+1}$

$$= \frac{1}{5} L_{2n+1} (L_{2n+1} + L_{2n+3})$$

$$M_{2,4} = L_2 + L_6 + L_{10} + \cdots + L_{4n+2}$$

$$= \frac{1}{5} L_{2n+2} (L_{2n+1} + L_{2n+3})$$

$$M_{3,4} = L_3 + L_7 + L_{11} + \cdots + L_{4n+3}$$

$$= \frac{1}{5} L_{2n+3} (L_{2n+1} + L_{2n+3})$$

§4　主要结果 Ⅲ

还可考虑更一般的关系式:

定理7 $\quad S_{0,5} = F_0 + F_5 + F_{10} + \cdots + F_{5n}$

$$= \frac{1}{11} (F_{5n+3} + 3 F_{5n+2} + 2)$$

$$S_{1,5} = F_1 + F_6 + F_{11} + \cdots + F_{5n+1}$$

$$= \frac{1}{11} (4 F_{5n+3} + F_{5n+2} - 3)$$

$$S_{2,5} = F_2 + F_7 + F_{12} + \cdots + F_{5n+2}$$

$$= \frac{1}{11} (5 F_{5n+3} + 4 F_{5n+2} - 1)$$

$$S_{3,5} = F_3 + F_8 + F_{13} + \cdots + F_{5n+3}$$

$$= \frac{1}{11} (9 F_{5n+3} + 5 F_{5n+2} - 4)$$

$$S_{4,5} = F_4 + F_9 + F_{14} + \cdots + F_{5n+4}$$

$$= \frac{1}{11}(14F_{5n+3} + 9F_{5n+2} - 5)$$

推论 6　$S_{0,6} = F_0 + F_6 + F_{12} + \cdots + F_{6n} = \dfrac{F_{6n+3} + 1}{4}$

$S_{1,6} = F_1 + F_7 + F_{13} + \cdots + F_{6n+1} = \dfrac{F_{6n+4} - 1}{4}$

$S_{2,6} = F_2 + F_8 + F_{14} + \cdots + F_{6n+2} = \dfrac{F_{6n+5}}{4}$

$S_{3,6} = F_3 + F_9 + F_{15} + \cdots + F_{6n+3} = \dfrac{F_{6n+6} - 1}{4}$

$S_{4,6} = F_4 + F_{10} + F_{16} + \cdots + F_{6n+4} = \dfrac{F_{6n+7} - 1}{4}$

$S_{5,6} = F_5 + F_{11} + F_{17} + \cdots + F_{6n+5} = \dfrac{F_{6n+8} - 2}{4}$

推论 7　$S_{0,7} = F_0 + F_2 + F_{14} + \cdots + F_{7n}$

$$= \frac{4F_{7n+3} + 5F_{7n+2} + 7}{29}$$

$S_{1,7} = F_1 + F_8 + F_{15} + \cdots + F_{7n+1}$

$$= \frac{4F_{7n+4} + 5F_{7n+3} - 6}{29}$$

$S_{2,7} = F_2 + F_9 + F_{16} + \cdots + F_{7n+2}$

$$= \frac{4F_{7n+5} + 5F_{7n+4} + 1}{29}$$

$S_{3,7} = F_3 + F_{10} + F_{17} + \cdots + F_{7n+3}$

$$= \frac{4F_{7n+6} + 5F_{7n+5} - 5}{29}$$

$S_{4,7} = F_4 + F_{11} + F_{18} + \cdots + F_{7n+4}$

$$= \frac{4F_{7n+7} + 5F_{7n+6} - 4}{29}$$

$$S_{5,7} = F_5 + F_{12} + F_{19} + \cdots + F_{7n+5}$$

$$= \frac{4F_{7n+8} + 5F_{7n+7} - 9}{29}$$

$$S_{6,7} = F_6 + F_{13} + F_{20} + \cdots + F_{7n+6}$$

$$= \frac{4F_{7n+9} + 5F_{7n+8} - 13}{29}$$

推论 8 $S_{0,9} = F_0 + F_9 + F_{18} + \cdots + F_{9n}$

$$= \frac{56F_{9n} + 34F_{9n-1} + 20}{76}$$

$$S_{1,9} = F_1 + F_{10} + F_{19} + \cdots + F_{9n+1}$$

$$= \frac{56F_{9n+1} + 34F_{9n} - 14}{76}$$

$$S_{2,9} = F_2 + F_{11} + F_{20} + \cdots + F_{9n+2}$$

$$= \frac{56F_{9n+2} + 34F_{9n+1} + 6}{76}$$

$$S_{3,9} = F_3 + F_{12} + F_{21} + \cdots + F_{9n+3}$$

$$= \frac{56F_{9n+3} + 34F_{9n+2} - 8}{76}$$

$$S_{4,9} = F_4 + F_{13} + F_{22} + \cdots + F_{9n+4}$$

$$= \frac{56F_{9n+4} + 34F_{9n+3} - 2}{76}$$

$$S_{5,9} = F_5 + F_{14} + F_{23} + \cdots + F_{9n+5}$$

$$= \frac{56F_{9n+5} + 34F_{9n+4} - 10}{76}$$

$$S_{6,9} = F_6 + F_{15} + F_{24} + \cdots + F_{9n+6}$$

$$= \frac{56F_{9n+6} + 34F_{9n+5} - 12}{76}$$

$$S_{7,9} = F_7 + F_{16} + F_{25} + \cdots + F_{9n+7}$$

$$= \frac{56F_{9n+7} + 34F_{9n+6} - 22}{76}$$

$$S_{8,9} = F_8 + F_{17} + F_{26} + \cdots + F_{9n+8}$$
$$= \frac{56F_{9n+8} + 34F_{9n+7} - 34}{76}$$

推论 9　$S_{0,11} = F_0 + F_{11} + F_{22} + \cdots + F_{11n}$
$$= \frac{145F_{11n} + 89F_{11n-1} + 54}{199}$$

$$S_{1,11} = F_1 + F_{12} + F_{23} + \cdots + F_{11n+1}$$
$$= \frac{145F_{11n+1} + 89F_{11n} - 35}{199}$$

$$S_{2,11} = F_2 + F_{13} + F_{24} + \cdots + F_{11n+2}$$
$$= \frac{145F_{11n+2} + 89F_{11n+1} + 19}{199}$$

$$S_{3,11} = F_3 + F_{14} + F_{25} + \cdots + F_{11n+3}$$
$$= \frac{145F_{11n+3} + 89F_{11n+2} - 16}{199}$$

$$S_{4,11} = F_4 + F_{15} + F_{26} + \cdots + F_{11n+4}$$
$$= \frac{145F_{11n+4} + 89F_{11n+3} + 3}{199}$$

$$S_{5,11} = F_5 + F_{16} + F_{27} + \cdots + F_{11n+5}$$
$$= \frac{145F_{11n+5} + 89F_{11n+4} - 13}{199}$$

$$S_{6,11} = F_6 + F_{17} + F_{28} + \cdots + F_{11n+6}$$
$$= \frac{145F_{11n+6} + 89F_{11n+5} - 10}{199}$$

$$S_{7,11} = F_7 + F_{18} + F_{29} + \cdots + F_{11n+7}$$
$$= \frac{145F_{11n+7} + 89F_{11n+6} - 23}{199}$$

$$S_{8,11} = F_8 + F_{19} + F_{30} + \cdots + F_{11n+8}$$
$$= \frac{145F_{11n+8} + 89F_{11n+7} - 33}{199}$$

$$S_{9,11} = F_9 + F_{20} + F_{31} + \cdots + F_{11n+9}$$

$$= \frac{145F_{11n+9} + 89F_{11n+8} - 56}{199}$$

$$S_{10,11} = F_{10} + F_{21} + F_{32} + \cdots + F_{11n+10}$$

$$= \frac{145F_{11n+10} + 89F_{11n+9} - 89}{199}$$

推论 10 $\quad S_{k,13} = F_k + F_{k+13} + F_{k+26} + \cdots + F_{13n+k}$

$$= \frac{1}{521}(378F_{13n+k} + 233F_{13n-1+k} + \alpha_k)$$

其中 $\alpha_0 = 143$，$\alpha_1 = -90$，$\alpha_2 = 53$，$\alpha_3 = -37$，$\alpha_4 = 16$，$\alpha_5 = -21$，$\alpha_6 = -5$，$\alpha_7 = -26$，$\alpha_8 = -31$，$\alpha_9 = -57$，$\alpha_{10} = -88$.

推论 11 $\quad S_{k,15} = F_k + F_{15+k} + F_{30+k} + \cdots + F_{15n+k}$

$$= \frac{1}{1\ 364}(988F_{15n+n} + 610F_{15n-1+k} + \beta_k)$$

其中 $\beta_0 = 376$，$\beta_1 = -234$，$\beta_2 = 142$，$\beta_3 = -92$，$\beta_4 = 50$，$\beta_5 = -42$，$\beta_6 = 8$，$\beta_7 = -34$，$\beta_8 = -26$，$\beta_9 = -60$，$\beta_{10} = -86$，$\beta_{11} = -146$，$\beta_{12} = -232$，$\beta_{13} = -378$，$\beta_{14} = -610$.

猜想 $\quad S_{k,2l+1} = F_k + F_{(2l+1)+k} + F_{2(2l+1)+k} + \cdots + F_{n(2l+1)+k}$

$$= -\frac{1}{L_{2l+1}}\left[(F_{2l+1} + 1)F_{(2l+1)n+k} + F_{2l}F_{(2l+1)n-1+k} + \psi_{k,2l+1}\right]$$

其中 $l = 0,1,2,3,\cdots$；$k = 0,1,2,\cdots,2l$；$k \in \mathbf{N}$；$\psi_{0,2l+1} = F_{2l-1} - 1$，$\psi_{1,2l+1} = -1 - F_{2l-2}$；其余由 ψ_j，$2L+1 = \psi_{j-2,2l+1} + \psi_{j-1,2l+1}$ 的递推关系导出，$j = 2,3,4,\cdots,2l$.

参考资料

［1］Mott J L, Abraham kander, Theod-ore P Baker. Dis-crete Mathematics for computer Scientists, 1983.

［2］邵品宋. Fibonacci 序列及应用. 曲阜师范大学学报（自然科学版）,1988(3):117.

Fibonacci 数的若干性质（Ⅰ）[①]

第 24 章

青海师大数学系的孔庆新教授1990 年证明了《Fibonacci 数的若干性质》一文中提出的猜想是正确的. 类似地,还得到了 Lucas 数的相应结果,从而导出了一般的结论.

§1　前　言

在参考资料［1］中,作者提出了一个猜想:

猜想　$S_{k,2l+1} = F_k + F_{k+(2l+1)} +$

$$F_{k+2(2l+1)} + \cdots + F_{k+n(2l+1)}$$

$$= \frac{1}{L_{2l+1}} \big[F_{2l} F_{n(2l+1)-1+k} +$$

$$(F_{2l+1} + 1) F_{n(2l+1)+k} +$$

$$(-1)^k F_{2l-(k+1)} - F_k \big]$$

①　本章摘自《青海师范大学学报（自然科学版）》1990 年第 1 期.

其中 $l = 0, 1, 2, \cdots; k = 0, 1, 2, \cdots, 2l; n \in \mathbf{N}; F_{-1} = 0$.

§2   猜想的证明

现在用组合分析,建立组合关系式的方法来证明此猜想. 为了证明,我们需要几个引理.

引理 1[2] $F_0 + F_1 + F_2 + \cdots + F_{n-1} + F_n = F_{n+2} - 1$

引理 2[2] $L_0 + L_1 + L_2 + \cdots + L_{n-1} + L_n = L_{n+2} - 1$

引理 3[3] $F_n^2 - F_{n+1}F_{n-1} = (-1)^n$ $(n \geqslant 1)$

引理 4[1] $L_n = F_n + F_{n-2}$

猜想的证明   令

$$S_{0,2l+1} = F_0 + F_{(2l+1)} + F_{2(2l+1)} + \cdots +$$
$$F_{(n-1)(2l+1)} + F_{n(2l+1)}$$
$$S_{1,2l+1} = F_1 + F_{1+(2l+1)} + F_{1+2(2l+1)} + \cdots +$$
$$F_{1+(n-1)(2l+1)} + F_{1+n(2l+1)}$$
$$S_{2,2l+1} = F_2 + F_{2+(2l+1)} + F_{2+2(2l+1)} + \cdots +$$
$$F_{2+(n-1)(2l+1)} + F_{2+n(2l+1)}$$
$$\vdots$$
$$S_{2l-1,2l+1} = F_{2l-1} + F_{(2l-1)+(2l+1)} +$$
$$F_{(2l-1)+2(2l+1)} + \cdots +$$
$$F_{(2l-1)+(n-1)(2l+1)} + F_{(2l-1)+n(2l+1)}$$
$$S_{2l,2l+1} = F_{2l} + F_{2l+(2l+1)} + F_{2l+2(2l+1)} + \cdots +$$
$$F_{2l+(n-1)(2l+1)} + F_{2l+n(2l+1)}$$

由基本关系式

$$F_n = F_{n-1} + F_{n-2}$$

得

$$S_{0,2l+1} + S_{1,2l+1} = S_{2,2l+1} \quad (1)$$

事实上

$$S_{0,2l+1} + S_{1,2l+1}$$
$$= F_0 + F_{(2l+1)} + F_{2(2l+1)} + \cdots + F_{(n-1)(2l+1)} +$$
$$F_{n(2l+1)} + F_1 + F_{1+(2l+1)} + F_{1+2(2l+1)} + \cdots +$$
$$F_{1+(n-1)(2l+1)} + F_{1+n(2l+1)}$$
$$= (F_0 + F_1) + (F_{(2l+1)} + F_1 + F_{(2l+1)}) +$$
$$(F_{2(2l+1)} + F_{1+2(2l+1)}) + \cdots +$$
$$(F_{(n-1)(2l+1)} + F_{1+(n-1)(2l+1)}) +$$
$$(F_{n(2l+1)} + F_{1+n(2l+1)})$$
$$= F_2 + F_{2+(2l+1)} + F_{2+2(2l+1)} + \cdots +$$
$$F_{2+(n-1)(2l+1)} + F_{2+n(2l+1)} = S_{2,2l+1}$$

同理有

$$\begin{cases} S_{1,2l+1} + S_{2,2l+1} = S_{3,2l+1} \\ S_{2,2l+1} + S_{3,2l+1} = S_{4,2l+1} \\ \quad\vdots \\ S_{2l-2,2l+1} + S_{2l-1,2l+1} = S_{2l,2l+1} \end{cases} \quad (2)$$

由引理 1，有

$$S_{0,2l+1} + S_{1,2l+1} + S_{2,2l+1} + \cdots + S_{2l-1,2l+1} + S_{2l,2l+1}$$
$$= F_{n(2l+1)+2l+2} - 1$$

事实上

$$S_{0,2l+1} + S_{1,2l+1} + S_{2,2l+1} + \cdots + S_{2l-1,2l+1} + S_{2l,2l+1}$$
$$= (F_0 + F_{(2l+1)} + F_{2(2l+1)} + \cdots + F_{(n-1)(2l+1)} +$$
$$F_{n(2l+1)}) + (F_1 + F_{1+(2l+1)} + F_{1+2(2l+1)} + \cdots +$$
$$F_{1+(n-1)(2l+1)} + F_{1+n(2l+1)}) +$$
$$(F_2 + F_{2+(2l+1)} + F_{2+2(2l+1)} + \cdots + F_{2+(n-1)(2l+1)} +$$
$$F_{2+n(2l+1)}) + \cdots + (F_{2l-1} + F_{(2l-1)+(2l+1)} +$$

$$F_{(2l-1)+2(2l+1)} + F_{(2l-1)+3(2l+1)} + \cdots +$$

$$F_{(2l-1)+(n-1)(2l+1)} + F_{(2l-1)+n(2l+1)}) +$$

$$(F_{2l} + F_{2l(2l+1)} + F_{2l+2(2l+1)} + \cdots +$$

$$F_{2l+(n-1)(2l+1)} + F_{2l+n(2l+1)}$$

$$= \sum_{k=0}^{n(2l+1)+2l} F_k = F_{n(2l+1)+2l+2} - 1 \qquad (3)$$

由式（2），知

$$S_{2,2l+1} = S_{0,2l+1} + S_{1,2l+1} = F_0 S_{0,2l+1} + F_1 S_{1,2l+1}$$

$$S_{3,2l+1} = S_{1,2l+1} + S_{2,2l+1} = S_{1,2l+1} + S_{0,2l+1} + S_{1,2l+1}$$

$$= S_{0,2l+1} + 2S_{1,2l+1} = F_1 S_{0,2l+1} + F_2 S_{2,2l+1}$$

同理

$$\begin{cases} S_{4,2l+1} = F_2 S_{0,2l+1} + F_3 S_{1,2l+1} \\ S_{5,2l+1} = F_3 S_{0,2l+1} + F_4 S_{1,2l+1} \\ \quad\vdots \\ S_{2l-1,2l+1} = F_{2l-3} S_{0,2l+1} + F_{2l-2} S_{1,2l+1} \\ S_{2l,2l+1} = F_{2l-2} S_{0,2l+1} + F_{2l-1} S_{1,2l+1} \end{cases} \qquad (4)$$

将式（4）各项代入式（3），便有

$$S_{0,2l+1} + S_{1,2l+1} + S_{2,2l+1} + S_{3,2l+1} + \cdots +$$

$$S_{2l-2,2l+1} + S_{2l-1,2l+1} + S_{2l,2l+1}$$

$$= S_{0,2l+1} + S_{1,2l+1} + (F_0 S_{0,2l+1} + F_1 S_{1,2l+1} +$$

$$(F_1 S_{0,2l+1} + F_2 S_{1,2l+1}) + \cdots + (F_{2l-4} S_{0,2l+1} +$$

$$F_{2l-3} S_{1,2l+1}) + (F_{2l-3} S_{0,2l+1} + F_{2l-2} S_{1,2l+1}) +$$

$$(F_{2l-2} S_{0,2l+1} + F_{2l-1} S_{1,2l+1})$$

$$= S_{0,2l+1} + (F_0 + F_1 + F_2 + \cdots + F_{2l-4} + F_{2l-3} +$$

$$F_{2l-2}) S_{0,2l+1} + (F_0 + F_1 + F_2 + \cdots + F_{2l-3} +$$

$$F_{2l-2} + F_{2l-1}) S_{1,2l+1} = S_{0,2l+1} +$$

$$(F_{2l-2+2} - 1) S_{0,2l+1} + (F_{2l-1+2} - 1) S_{1,2l+1}$$

$$= F_{2l}S_{0,2l+1} + (F_{2l+1}-1)S_{1,2l+1}$$

即

$$F_{2l}S_{0,2l+1} + (F_{2l+1}-1)S_{1,2l+1} = F_{n(2l+1)+2l+2} - 1$$

$$(5)$$

由一般 $S_{k,2l+1}$ 的表达式推广,有

$$S_{2l+1,2l+1}$$

$$= F_{(2l+1)} + F_{(2l+1)+(2l+1)} + F_{(2l+1)+2(2l+1)} + \cdots +$$

$$\quad F_{(2l+1)+(n-1)(2l+1)} + F_{(2l+1)+n(2l+1)}$$

$$= F_{(2l+1)} + F_{2(2l+1)} + F_{3(2l+1)} + \cdots +$$

$$\quad F_{n(2l+1)} + F_{(n+1)(2l+1)}$$

$$= \left[F_0 + F_{(2l+1)} + F_{2(2l+1)} + F_{3(2l+1)} + \cdots \right.$$

$$\quad \left. + F_{n(2l+1)} \right] - F_0 + F_{(n+1)(2l+1)}$$

$$= S_{0,2l+1} - 1 + F_{(n+1)(2l+1)}$$

再由式(4)推广得

$$S_{2l+1,2l+1} = F_{2l-1}S_{0,2l+1} + F_{2l}S_{1,2l+1}$$

故

$$F_{2l-1}S_{0,2l+1} + F_{2l}S_{1,2l+1} = S_{0,2l+1} - 1 + F_{(n-1)(2l+1)}$$

或

$$(F_{2l-1}-1)S_{0,2l+1} + F_{2l}S_{1,2l+1} = F_{n(2l+1)+(2l+1)} - 1$$

$$(6)$$

视 $S_{0,2l+1}, S_{1,2l+1}$ 为未知数,用克来姆法则联立解方程组(5)(6);得

$$\triangle = \begin{vmatrix} F_{2l} & F_{2l+1}-1 \\ F_{2l-1}-1 & F_{2l} \end{vmatrix}$$

$$= (F_{2l})^2 - (F_{2l+1}-1)(F_{2l-1}-1)$$

$$= (F_{2l})^2 - F_{2l+1}F_{2l-1} + F_{2l+1} + F_{2l-1} - 1$$

在引理 3 中令 $n = 2l$，则

$$(F_{2l})^2 - F_{2l+1}F_{2l-1} = 1$$

又由引理 4 有

$$L_{2l+1} = F_{2l+1} + F_{2l-1}$$

故上式可化作

$$\triangle = (F_{2l})^2 - F_{2l+1}F_{2l-1} + F_{2l+1} + F_{2l-1} - 1 = L_{2l+1}$$

$$（7）$$

$$
\begin{aligned}
\triangle_0 &= \begin{vmatrix} F_{n(2l+1)+(2l+2)} - 1 & F_{2l+1} - 1 \\ F_{n(2l+1)+(2l+1)} - 1 & F_{2l} \end{vmatrix} \\
&= F_{2l}\left(F_{n(2l+1)+(2l+2)} - 1\right) - \\
&\quad \left(F_{2l+1} - 1\right)\left(F_{n(2l+1)+(2l+1)} - 1\right) \\
&= F_{2l}F_{n(2l+1)+(2l+2)} - F_{2l} - \\
&\quad F_{2l+1}F_{n(2l+1)+(2l+1)} + F_{2l+1} + \\
&\quad F_{n(2l+1)\cdot(2l+1)} - 1 \\
&= F_{2l}\left(F_{n(2l+1)+(2l+1)} + F_{n(2l+1)+2l}\right) + \\
&\quad \left(F_{2l+1} - F_{2l} - 1\right) + F_{n(2l+1)+(2l+1)} - \\
&\quad \left(F_{2l} + F_{2l-1}\right)F_{n(2l+1)+(2l+1)} \\
&= F_{2l}F_{n(2l+1)+2l} + \left(1 - F_{2l-1}\right)F_{n(2l+1)+(2l+1)} + \\
&\quad \left(F_{2l-1} - 1\right)
\end{aligned}
$$

$$
\begin{aligned}
S_{0,2l+1} &= \frac{\triangle_0}{\triangle} = \frac{1}{L_{2l+1}}\Big[F_{2l}F_{n(2l+1)+2l} + \left(1 - F_{2l-1}\right) \cdot \\
&\quad F_{n(2l+1)+(2l+1)} + \left(F_{2l-1} - 1\right)\Big]
\end{aligned} \qquad （8）
$$

$$
\begin{aligned}
\triangle_1 &= \begin{vmatrix} F_{2l} & F_{n(2l+1)+(2l+2)} - 1 \\ F_{2l-1} - 1 & F_{n(2l+1)+(2l+1)} - 1 \end{vmatrix} \\
&= F_{2l}\left(F_{n(2l+1)+(2l+1)} - 1\right) - \\
&\quad \left(F_{2l-1} - 1\right)\left(F_{n(2l+1)+(2l+2)} - 1\right) \\
&= F_{2l}F_{n(2l+1)+(2l+1)} - F_{2l} - F_{2l-1}F_{n(2l+1)+(2l+1)} -
\end{aligned}
$$

$$F_{2l-1}F_{n(2l+1)+2l} + F_{2l-1} + F_{n(2l+1)+(2l+1)} +$$
$$F_{n(2l+1)+2l} - 1$$
$$= F_{2l}F_{n(2l+1)+(2l+1)} + (1-F_{2l-1})F_{n(2l+1)+(2l+1)} +$$
$$(1-F_{2l-1})F_{n(2l+1)+2l} - (F_{2l} - F_{2l-1} + 1)$$
$$= F_{2l}F_{n(2l+1)+(2l+1)} + (1-F_{2l-1})(F_{n(2l+1)+(2l+1)} +$$
$$F_{n(2l+1)+2l}) - (F_{2l-1} + F_{2l-2} - F_{2l-1} + 1)$$
$$= F_{2l}F_{n(2l+1)+(2l+1)} + (1-F_{2l-1})F_{n(2l+1)+2l+2} + (F_{2l-1} - 1)$$
$$S_{1,2l+1} = \frac{\triangle_1}{\triangle} = \frac{1}{L_{2l+1}}[F_{2l}F_{n(2l+1)+(2l+1)} + (1-F_{2l-1}) \cdot$$
$$F_{n(2l+1)+(2l+2)} + (F_{2l-1} - 1)] \tag{9}$$

由基本关系式

$$S_{0,2l+1} + S_{1,2l+1} = S_{2,2l+1}$$

易得

$$S_{2,2l+1} = S_{0,2l+1} + S_{1,2l+1}$$
$$= \frac{1}{L_{2l+1}}[F_{2l}F_{n(2l+1)+2l} + (1-F_{2l-1})F_{n(2l+1)+(2l+1)} +$$
$$(F_{2l-1} - 1)] + \frac{1}{L_{2l+1}}[F_{2l}F_{n(2l+1)+(2l+1)} +$$
$$(1-F_{2l-1})F_{n(2l+1)+(2l+2)} - (F_{2l-2} + 1)]$$
$$= \frac{1}{L_{2l+1}}[F_{2l}(F_{n(2l+1)+2l} + F_{n(2l+1)+(2l+1)} +$$
$$(1-F_{2l-1})(F_{n(2l+1)+(2l+1)} + F_{n(2l+1)+(2l+2)} +$$
$$(F_{2l-1} - 1 - F_{2l-2} - 1)]$$
$$= \frac{1}{L_{2l+1}}[F_{2l}F_{n(2l+1)+(2l+2)} + (1-F_{2l-1}) \cdot$$
$$F_{n(2l+1)+(2l+3)} + (F_{2l-3} - 2)] \tag{10}$$

同理可得

$$S_{3,2l+1} = \frac{1}{L_{2l+1}}[F_{2l}F_{n(2l+1)+(2l+3)} + (1-F_{2l-1}) \cdot$$

$$F_{n(2l+1)+(2l+4)} - F_{2l-4} - 3\,] \qquad (11)$$

$$S_{4,2l+1} = \frac{1}{L_{2l+1}} [\, F_{2l}F_{n(2l+1)+(2l+4)} + (1 - F_{2l-1}) \cdot$$

$$F_{n(2l+1)+(2l+5)} + (F_{2l-5} - 5)\,]$$

$$\vdots$$

一般可概括为

$$S_{k,2l+1} = \frac{1}{L_{2l+1}} [\, F_{2l}F_{n(2l+1)+(2l+k)} + (1 - F_{2l-1}) \cdot$$

$$F_{n(2l+1)+(2l+1)+k} + ((-1)^k F_{2l-(k+1)} - F_k)\,]$$

用同样的方法可证明以下结论是正确的.

定理 1　$S_{k,2l} = F_k + F_{k+2l} + F_{k+4l} + \cdots + F_{k+2nl}$

$$= \frac{1}{L_{2l-1}+1} [\, (F_{2l-1}+1) F_{2nl+k} + (F_{2l-2}$$

$$+1) F_{2nl+(k-1)} + (-1)^k F_{2l-(k+3)} -$$

$$\frac{1}{2} (1 + (-1)^{k+1})\,]$$

定理 2　$M_{k,2l+1} = L_k + L_{k+(2l+1)} + L_{k+2(2l+1)} + \cdots +$

$$L_{k+(n-1)(2l+1)} + L_{k+n(2l+1)}$$

$$= \frac{1}{L_{2l+1}} [\, (F_{2l+1}+1) L_{n(2l+1)+k} +$$

$$F_{2l}L_{n(2l+1)+k-1} + (-1)^k L_{2l+1-k} - L_k\,]$$

其中 $l = 0,1,2,\cdots; k = 0,1,2,\cdots,2l; n \in \mathbf{N}$.

定理 3　$M_{k,2l} = L_k + L_{k+2l} + L_{k+4l} + \cdots +$

$$L_{k+2(n-1)l} + L_{k+2nl}$$

$$= \frac{1}{L_{2l-1}+1} [\, (F_{2l-1}+1)L_{2nl+k} + (F_{2l-1}+1) \cdot$$

$$L_{2nl+k-1} + (-1)^k L_{2l-1-k} - L_{k-1}\,]$$

其中 $l = 1,2,3,\cdots; k = 0,1,2,\cdots,2l-1; n \in \mathbf{N}$; 且

$L_{-1} = -1.$

参考资料

[1]孔庆新,周肇锡. Fibonacci 数的若干性质. 青海师
范大学学报(自然科学版),1989(2):7-12.

[2]Joc L. Mott Abraham Kandel Theodorc P. Baker：
Discretc Mathematies for Computer Scietists. Reston,
Virginia. 1983.

[3]邵品琮. Fibonacci 序列及其应用. 曲阜师范大学学
报(自然科学版),1988(3).

Fibonacci 数的若干性质（Ⅱ）[①]

青海师大的孔庆新教授 1991 年又用组合分析和数学归纳法推导出 Fibonacci 数的以下一些性质：

ⅰ）$\sum_{k=1}^{n} kF_k = nF_{n+2} - F_{n+3} + 3$；

ⅱ）$\sum_{k=1}^{n} (n-k+1)F_k = F_{n+4} - (2n+5)$；

ⅲ）$\sum_{k=0}^{n} F_k F_{k+m} = \begin{cases} F_n F_{m+n+1} & (n \text{ 为奇数}) \\ F_{n+1} F_{m+n} & (n \text{ 为偶数}) \end{cases}$；

ⅳ）$\sum_{k=0}^{n} F_k^2 - \sum_{k=0}^{n} F_{k-1}F_{k+1} = \frac{1}{2}\{1 + (-1)^n\}$；

ⅴ）$\sum_{k=0}^{n} F_k^5 = \frac{1}{25}\big[\frac{1}{11}(14F_{5n+3} + 9F_{5n+2} - 5) + 10(F_{n+2}-1) + (-1)^n \frac{5}{2}F_{3n+3} + \frac{5}{2}\big]$.

---

① 本章摘自《青海师范大学学报（自然科学版）1991 年第 2 期.

此外,类似地还得出了 Lucas 数列及序列

$$\{V(n) = V(n-1) + V(n-2) + 1\}$$
$$(V(0) = 1, V(1) = 2)$$

的若干性质.

§1 Fibonacci 数的若干性质

命题 1 $$\sum_{k=1}^{n} kF_k = F_1 + 2F_2 + \cdots + (n-1)F_{n-1} + nF_n$$
$$= nF_{n+2} - F_{n+3} + 3$$

证明   i)归纳基础:当 $n = 1$ 时,原命题成立;

ii)归纳假设:设当 $n = p$ 时,结论成立,即

$$\sum_{k=1}^{p} kF_k = pF_{p+2} - F_{p+3} + 3$$

iii)归纳步骤:若能推导出 $n = p + 1$ 时,命题亦成立

$$\sum_{k=1}^{p+1} kF_k = (p+1)F_{p+3} - F_{p+4} + 3$$

便可,即

$$\sum_{k=1}^{p+1} kF_k = \sum_{k=1}^{p} kF_k + (p+1)F_{p+1}$$
$$= pF_{p+2} - F_{p+3} + 3 + pF_{p+1} + F_{p+1}$$
$$= p(F_{p+2} + F_{p+1}) - F_{p+3} + 3 + (F_{p+3} - F_{p+2})$$
$$= pF_{p+3} + F_{p+3} - (F_{p+3} + F_{p+2}) + 3$$
$$= (p+1)F_{p+3} - F_{p+4} + 3$$

引理 1[2] $$\sum_{k=1}^{n} F_k = F_0 + F_1 + F_2 + \cdots + F_{n-1} + F_n$$
$$= F_{n+2} - 1$$

命题 2　$\displaystyle\sum_{k=0}^{n}(n-k+1)F_k = nF_1 + (n-1)F_2 + \cdots +$

$$2F_{n-1} + F_n$$
$$= F_{n+4} - (2n+5)$$

证明　令

$$M = \sum_{k=1}^{n}(n-k+1)F_k$$
$$= nF_1 + (n-1)F_2 + \cdots + 2F_{n-1} + F_n \quad (1)$$

由命题 1，有

$$F_1 + 2F_2 + 3F_3 + \cdots + nF_n = nF_{n+2} - F_{n+3} + 3 \quad (2)$$

由式 $(1)+(2)$ 得

$$(n+1)(F_1 + F_2 + F_3 + \cdots + F_{n-1} + F_n)$$
$$= M + nF_{n+2} - F_{n+3} + 3$$

或

$$(n+1)(F_{n+2} - 2) = M + nF_{n+2} - F_{n+3} + 3$$

所以

$$M = (n+1)(F_{n+2} - 2) - nF_{n+2} + F_{n+3} - 3$$
$$= nF_{n+2} + F_{n+2} - 2n - 2 - nF_{n+2} + F_{n+3} - 3$$
$$= (F_{n+2} + F_{n+3}) - 2n - 5 = F_{n+4} - (2n+5)$$

命题 3　$\displaystyle\sum_{k=0}^{n}F_k F_{k+m} = \begin{cases} F_n F_{m+n+1} & (n\ \text{为奇数}) \\ F_{n+1} F_{m+n} & (n\ \text{为偶数}) \end{cases}$

其中 m 为一给定的正整数.

证明　用对 n 的归纳法证明，分两种情形：

情形 1. n 取奇数，设 $n=1$，原式成立. 今设 $n=p$ （奇数）时，命题成立，即

$$\sum_{k=0}^{p}F_k F_{k+m} = F_p F_{m+p+1}$$

若能推出 $n=p+1$（偶数）时，结论亦成立

Zernov 定理

$$\sum_{k=0}^{p+1} F_k F_{k+m} = F_{p+2} F_{m+p+1}$$

便可,即

$$\sum_{k=0}^{p+1} F_k F_{k+m} = \sum_{k=0}^{p} F_k F_{k+m} + F_{p+1} F_{p+1+m}$$
$$= F_p F_{m+p+1} + F_{p+1} F_{p+1+m}$$
$$= F_{m+p+1} (F_p + F_{p+1})$$
$$= F_{p+2} F_{m+p+1}$$

情形 2. n 取偶数时可类似证明.

由此立即可得以下推论,使之成为本命题的特例.

推论 1[2]　$\displaystyle\sum_{k=0}^{n} F_k^2 = F_n F_{n+1}$

事实上,在命题 3 中,令 $m=0$ 即可.

推论 2[1]　$\displaystyle\sum_{k=0}^{n} F_k F_{k+1} = \begin{cases} F_n F_{n+2} & (n \text{ 为奇数}) \\ F_{n+1} F_{n+1} & (n \text{ 为偶数}) \end{cases}$

事实上,在命题 3 中,令 $m=1$ 即可.

此外,还可能得:

推论 3　$\displaystyle\sum_{k=0}^{n} F_k F_{k+2} = \begin{cases} F_n F_{n+3} & (n \text{ 为奇数}) \\ F_{n+1} F_{n+2} & (n \text{ 为偶数}) \end{cases}$

在命题 2 中,令 $m=2$ 即可.

推论 4　$\displaystyle\sum_{k=0}^{n} F_{k-1} F_{k+1} = \begin{cases} F_n F_{n+1} & (n \text{ 为奇数}) \\ F_{n-1} F_{n+2} & (n \text{ 为偶数}) \end{cases}$

事实上

$$\sum_{k=0}^{n} F_{k-1} F_{k+1} = F_{-1} F_1 + F_0 F_2 + F_1 F_3 + \cdots + F_{n-1} F_{n+1}$$

$$= \sum_{k=0}^{n} F_k F_{k+2} - F_n F_{n+2}$$

$$= \begin{cases} F_n F_{n+3} - F_n F_{n+2} = F_n(F_{n+3} - F_{n+2}) \\ \qquad\qquad\qquad = F_n F_{n+1} \quad (n \text{ 为奇数}) \\ F_{n+1} F_{n+2} - F_n F_{n+2} = F_{n+2}(F_{n+1} - F_n) \\ \qquad\qquad\qquad = F_{n-1} F_{n+2} \quad (n \text{ 为偶数}) \end{cases}$$

由推论 3,推论 4 及基本关系式

$$F_n^2 - F_{n-1} F_{n+1} = (-1)^n$$

直接可以得出以下命题:

命题 4　$\displaystyle\sum_{k=0}^{n} F_k^2 - \sum_{k=0}^{n} F_{k-1} F_{k+1} = \frac{1}{2}\{1 + (-1)^n\}$

计算 Fibonacci 数方幂和 $\displaystyle\sum_{k=0}^{n} F_k^m$ 的问题是在研究 Fibonacci 数基本性质中的一个有趣而又较难的课题. 当 $m = 0,1,2,3$ 时,已得出以下结果[1,2],如

$$\sum_{k=0}^{n} F_k^0 = 1 + 1 + \cdots + 1 = 1 + n$$

$$\sum_{k=0}^{n} F_k^1 = F_0 + F_1 + \cdots + F_n = F_{n+2} - 1$$

$$\sum_{k=0}^{n} F_k^2 = F_0^2 + F_1^2 + \cdots + F_n^2 = F_n F_{n+1}$$

$$\sum_{k=0}^{n} F_k^3 = F_0^3 + F_1^3 + \cdots + F_n^3$$

$$= \frac{1}{10}\left[F_{3n+4} + (-1)^n 6 F_{n-1} + 5 \right]$$

而当 $m \geqslant 4$ 时,求一般 $\displaystyle\sum_{k=0}^{n} F_k^m$ 的表达式还不多见. 这里我们将导出 $m = 5$ 即 $\displaystyle\sum_{k=0}^{n} F_k^5$ 的表达式,从而可以受到启发,研究更高阶方幂的求和问题.

Zernov 定理

命题 5　　$\sum\limits_{k=0}^{n} F_k^5 = F_0^5 + F_1^5 + F_2^5 + \cdots + F_{n-1}^5 + F_n^5$

$$= \frac{1}{25}\Big[\frac{1}{11}(14F_{5n+3} + 9F_{5n+2} - 5) +$$

$$(-1)^n \cdot \frac{5}{2} F_{3n+3} +$$

$$\frac{5}{2} + 10(F_{n+2} - 1) \Big]$$

引理 2[1]（比内公式）

$$F_n = \frac{1}{\sqrt{5}}\Big[\Big(\frac{1+\sqrt{5}}{2} \Big)^{n+1} - \Big(\frac{1-\sqrt{5}}{2} \Big)^{n+1} \Big]$$

$$= \frac{1}{\sqrt{5}}(p^{n+1} - q^{n+1})$$

其中

$$p = \frac{1+\sqrt{5}}{2}, q = \frac{1-\sqrt{5}}{2}$$

引理 3[1]　　$pq = \frac{1+\sqrt{5}}{2} \times \frac{1-\sqrt{5}}{2} = -1$

引理 4[5]　　$S_{k,2l} = F_k + F_{k+2l} + F_{k+4l} + \cdots + F_{k+2nl}$

$$= \frac{1}{L_{2l-1} + 1}\Big[(F_{2l-1} + 1) F_{2nl+k} +$$

$$(F_{2l-2} + 1) F_{2nl+k-1} +$$

$$(-1)^k F_{2l-k-3} - F_{k-1} -$$

$$\frac{1}{2}(1 + (-1)^k) \Big]$$

其中 $l = 1, 2, 3, \cdots ; k = 0, 1, 2, \cdots, 2l-1 ; n \in \mathbf{N} ; F_{-1} = 0.$

命题 5 **的证明**　由于

$$F_n = \frac{1}{\sqrt{5}}(p^{n+1} - q^{n+1})$$

314

故

$$F_n^5 = \left[\frac{1}{\sqrt{5}} (p^{n+1} - q^{n+1}) \right]^5 = \frac{1}{25} \times \frac{1}{\sqrt{5}} \left[p^{5(n+1)} - \right.$$

$$5p^{4(n+1)}q^{n+1} + 10p^{3(n+1)}q^{2(n+1)} - 10p^{2(n+1)} \cdot$$

$$q^{3(n+1)} + p^{n+1}q^{4(n+1)} - q^{5(n+1)} \right]$$

$$= \frac{1}{25} \times \frac{1}{\sqrt{5}} \left[(p^{5(n+1)} - q^{5(n+1)}) - \right.$$

$$5p^{n+1}q^{n+1}(p^{3(n+1)} - q^{3(n+1)}) +$$

$$10p^{2(n+1)}q^{2(n+1)}(p^{n+1} - q^{n+1}) \right]$$

$$= \frac{1}{25} \left[F_{5n+4} + (-1)^n 5F_{3n+2} + 10F_n \right]$$

于是

$$\sum_{k=0}^{n} F_k^5 = \sum_{k=0}^{n} \frac{1}{25} \left[F_{5k+1} + (-1)^k 5F_{3k+2} + 10F_k \right]$$

$$= \frac{1}{25} \left[\sum_{k=0}^{n} F_{5k+4} + 5 \sum_{k=0}^{n} (-1)^k F_{3k+2} + 10 \sum_{k=0}^{n} F_k \right]$$

$$(3)$$

下面,对式(3)右端三项分别展开讨论.

ⅰ)由引理 4 可得

$$\sum_{k=0}^{n} F_{5k+4} = F_4 + F_9 + F_{14} + \cdots + F_{5n-1} + F_{5n+4}$$

$$= \frac{1}{11}(14F_{5n+3} + 9F_{5n+2} - 5) \qquad (4)$$

ⅱ)由引理 4,经过归纳整理可得

$$\sum_{k=0}^{n} (-1)^k F_{3k+2}$$

$$= \begin{cases} \dfrac{1}{4} \left[F_{3n+5} - F_{3n+2} + 2 \right] & (n \text{ 为偶数}) \\ \dfrac{1}{4} \left[F_{3n+2} - F_{3n+5} + 2 \right] & (n \text{ 为奇数}) \end{cases} \qquad (5)$$

由于

$$F_{3n+5} - F_{3n+2} = F_{3n+3} + F_{3n+4} - F_{3n+2}$$
$$= F_{3n+3} + F_{3n+2} + F_{3n+3} - F_{3n+2} = 2F_{3n+3}$$

式(5)可统一表示为

$$\sum_{k=0}^{n} (-1)^k F_{3k+2} = \frac{1}{2} \left[(-1)^n F_{3n+3} + 1 \right] \qquad (6)$$

ⅲ)由引理 1 有

$$\sum_{k=0}^{n} F_k = F_{n+2} - 1 \qquad (7)$$

将(4)(6)(7)各式结果代入式(3)便得所求结论

$$\sum_{k=0}^{n} F_k^5 = \frac{1}{25} \left[\frac{1}{11} (14F_{5n+3} + 9F_{5n+2} - 5) + \right.$$
$$\left. (-1)^n \frac{5}{2} F_{3n+3} + \frac{5}{2} + 10(F_{n+2} - 1) \right]$$

注 1)当 m 为偶数时,导不出 F_n 与 p,q 的联系式,用此法求 $\sum_{k=0}^{n} F_k^m$ 是不可能的,需另辟途径;

2)当 m 为不小于 7 的奇数时,用此法可求解,但会越来越繁琐,需要寻求行之有效的方法.

§2 Lucas 数的若干性质

Lucas 数列与 Fibonacci 数列有着密切的联系,因为定义它们的递推关系是相同的[2]

$$F_n = F_{n-1} + F_{n-2}$$
$$L_n = L_{n-1} + L_{n-2}$$

只是初始条件有所不同

$$F_0 = 1, F_1 = 1$$

$$L_0 = 2, L_1 = 1$$

因此有许多基本性质是非常相似的,由反映 Lucas 数与 Fibonacci 数基本关系的表达式

$$L_n = F_n + F_{n-2} \quad [3]$$

我们不难得出以下结果(证略).

命题 6　$\displaystyle\sum_{k=1}^{n} kL_k = L_1 + 2L_2 + 3L_3 + \cdots +$
$$(n-1)L_{n-1} + nL_n$$
$$= nL_{n+2} - L_{n+3} + 4$$

命题 7　$\displaystyle\sum_{k=1}^{n} (n-k+1)L_k$
$$= nL_1 + (n-1)L_2 + \cdots + 2L_{n-1} + L_n$$
$$= L_{n+4} - (3n+7)$$

§3　序列$\{V(n) = V(n-1) + V(n-2) + 1\}$的
若干性质

序列
$$\{V(n) = V(n-1) + V(n-2) + 1\}$$
$$V(0) = 1, V(1) = 2$$

是图论中研究树图的性质时的一个重要参数[2],其基本性质在参考资料[7]中已作过初步研究. 这里我们再导出以下基本关系式:

引理 5[7]　$V(n) = F_{n+2} - 1; F_n = V(n-2) + 1$

命题 8　$\displaystyle\sum_{k=1}^{n} kV(k) = V(1) + 2V(2) + \cdots + (n-$
$$1)V(n-1) + nV(n)$$

$$= nV(n+2) - V(n+3) -$$
$$\left[\frac{n(n-1)}{2} - 7\right]$$

证明

$$\sum_{k=1}^{n} kV(k)$$

$$= V(1) + 2V(2) + 3V(3) + \cdots +$$
$$(n-1)V(n-1) + nV(n)$$

$$= (F_3 - 1) + 2(F_4 - 1) + 3(F_5 - 1) + \cdots +$$
$$(n-1)(F_{n+1} - 1) + n(F_{n+2} - 1)$$

$$= F_3 + 2F_4 + 3F_5 + \cdots + (n-1)F_{n+2} - (1 + 2 +$$
$$3 + \cdots + n - 1 + n)$$

$$= F_1 + 2F_2 + 3F_3 + 4F_4 + 5F_5 + \cdots +$$
$$(n+1)F_{n+1} + (n+2)F_{n+2} - \frac{1}{2}n(n+1) - F_1 -$$
$$2F_2 - 2F_3 - 2F_4 - 2F_5 - \cdots - 2F_{n+1} - 2F_{n+2}$$

$$= \sum_{k=1}^{n+2} kF_k - 2(F_1 + F_2 + F_3 + F_4 + F_5 + \cdots +$$
$$F_{n+1} + F_{n+2}) + 1 - \frac{1}{2}n(n+1)$$

$$= \left[(n+2)F_{n+4} - F_{n+5} + 3\right] - 2(F_{n+4} - 2) + 1 -$$
$$\frac{1}{2}n(n+1)$$

$$= nF_{n+4} + 2F_{n+4} - F_{n+5} + 3 - 2F_{n+4} + 4 + 1 - \frac{1}{2}n(n+1)$$

$$= nF_{n+4} - F_{n+5} + 8 - \frac{1}{2}n(n+1)$$

$$= n[V(n+2) + 1] - [V(n+3) + 1] + 8 - \frac{1}{2}n(n+1)$$

$$= nV(n+2) + n - V(n+3) - 1 + 8 - \frac{1}{2}n(n+1)$$

$$= nV(n+2) - V(n+3) - \left[\frac{n(n-1)}{2} - 7\right]$$

引理 6[7]　$\displaystyle\sum_{k=0}^{n} V(k)$

$$= V(0) + V(1) + \cdots + V(n-1) + V(n)$$

$$= V(n+2) - 3 - n$$

命题 9　$\displaystyle\sum_{k=1}^{n} (n-k+1)V(k)$

$$= nV(1) + (n-1)V(2) + \cdots +$$

$$2V(n-1) + V(n)$$

$$= V(n+4) - \left[\frac{n(n+11)}{2} + 12\right]$$

证明　令

$$N = \sum_{k=1}^{n} (n-k+1)V(k)$$

$$= nV(1) + (n-1)V(2) + \cdots + V(n) \qquad (8)$$

由命题 8 有

$$\sum_{k=1}^{n} kV(k) = V(1) + 2V(2) + \cdots + nV(n)$$

$$= nV(n+2) - V(n+3) - \left[\frac{n(n-1)}{2} - 7\right]$$

$$(9)$$

由式(8) +(9)得

$$N + nV(n+2) - V(n+3) - \left[\frac{n(n-1)}{2} - 7\right]$$

$$= (n+1)\left[V(1) + V(2) + V(3) + \cdots + V(n-1) + V(n)\right]$$

$$= (n+1)\left[V(n+2) - 4 - n\right]$$

所以

$$N = (n+1)[V(n+2) - 4 - n] - nV(n+2) + V(n+3) + \left[\frac{n(n-1)}{2} - 7\right]$$

$$= nV(n+2) + V(n+2) - 4n - 4 - n^2 - n - nV(n+2) + V(n+3) + \left[\frac{n(n-1)}{2} - 7\right]$$

$$= V(n+2) + V(n+3) - n^2 - 5n - 4 + \left[\frac{n(n-1)}{2} - 7\right]$$

$$= [V(n+2) + V(n+3) + 1] - 1 - n^2 - 5n - 4 + \left[\frac{n(n-1)}{2} - 7\right]$$

$$= V(n+4) - \frac{2n^2 + 10n - n^2 + n}{2} - 12$$

$$= V(n+4) - \left[\frac{n(n+11)}{2} + 12\right]$$

命题 10

$$\sum_{k=0}^{n} V(k)V(k+m)$$

$$= V(0)V(m) + V(1)V(m+1) + \cdots + V(n)V(m+n)$$

$$= \begin{cases} [V(n)+1][V(m+n+1)+1] - \\ V(n+2) - V(m+n+2) + V(m-1) + \\ (3+n) \quad (n \text{ 为奇数}) \\ [V(n+1)+1][V(m+n)+1] - \\ V(n+2) - V(m+n+2) + V(m-1) + \\ (3+n) \quad (n \text{ 为偶数}) \end{cases}$$

证明 利用引理 5 可将原式化作

$$\sum_{k=0}^{n} V(k)V(k+m)$$

$$= V(0)V(m) + V(1)V(m+1) +$$

$$V(2)V(m+2) + \cdots + V(n-1)V(m+n-1) + V(n)V(m+n)$$

$$= (F_2 - 1)(F_{m+2} - 1) + (F_3 - 1)(F_{m+3} - 1) + (F_4 - 1)(F_{m+4} - 1) + \cdots + (F_{n+1} - 1)(F_{m+n+1} - 1) + (F_{n+2} - 1)(F_{m+n+2} - 1)$$

$$= F_2 F_{m+2} - F_2 - F_{m+2} + 1 + F_3 F_{m+3} - F_3 - F_{m+3} + 1 + F_4 F_{m+4} - F_4 - F_{m+4} + 1 + F_5 F_{m+5} - F_5 - F_{m+5} + \cdots + F_{n+1} F_{m+n+1} - F_{n+1} - F_{m+n+1} + 1 + F_{n+2} F_{m+n+2} - F_{n+2} - F_{m+n+2} + 1$$

$$= \sum_{k=0}^{n+2} F_k F_{m+k} - F_0 F_m - F_1 F_{m+1} - \sum_{k=0}^{n+2} F_k + F_0 + F_1 - \sum_{k=0}^{n} F_{m+2+k} + (1+n)$$

$$= \sum_{k=0}^{n+2} F_k F_{m+k} - \sum_{k=0}^{n+2} F_k - \sum_{k=0}^{m+n+2} F_k + \sum_{k=0}^{m-1} F_k + (3+n)$$

$$= \begin{cases} F_{n+2} F_{m+n+3} - (F_{n+4} - 1) - (F_{m+n+4} - 1) + (F_{m+1} - 1) + (3+n) & (n \text{ 为奇数}) \\ F_{n+3} F_{m+n+2} - (F_{n+4} - 1) - (F_{m+n+4} - 1) + (F_{m+1} - 1) + (3+n) & (n \text{ 为偶数}) \end{cases}$$

$$= \begin{cases} [V(n)+1][V(m+n+1)+1] - V(n+2) - V(m+n+2) + V(m-1) + (3+n) & (n \text{ 为奇数}) \\ [V(n+1)+1][V(m+n)+1] - V(n+2) - V(m+n+2) + V(m-1) + (3+n) & (n \text{ 为偶数}) \end{cases}$$

Zernov 定理

参考资料

[1] 吴振奎. 斐波那契数列(世界数学名题欣赏丛书).
沈阳:辽宁教育出版社,1987.

[2] Joe L M, Abraham Kandel, Theodore P B. Discrete
Mathematics for Computer Scientists, Reston, Vir-
gimia, 1983.

[3] 孔庆新,周肇锡. Fibonacci 数的若干性质. 青海师
范大学学报(自然科学版),1989(2).

[4] 孔庆新,周肇锡. 与 Fibonacci 数有关的几个问题.
青海师范大学学报(自然科学版),1989(4).

[5] 孔庆新. Fibonacci 数的若干性质(Ⅱ). 青海师范大
学学报(自然科学版),1990(1).

[6] 孔庆新,周肇锡. 一组组合关系式. 青海师范大学
学报(自然科学版),1990(3).

[7] 孔庆新,吴建民,周肇锡. 序列 $\{V(n) = V(n-1) + V(n-2) + 1\}$ 的若干性质. 青海师范专科学校学报
(综合版),1990(4).

[8] 邵品琮. Fibonacci 序列及其应用. 曲阜师范大学学
报(自然科学版),1988(3).

322

Fibonacci 数和 Lucas 数的若干性质(Ⅲ)①

青海德令哈农场中学的赵海兴和青海师范大学数学系的孔庆新两位老师 1993 年用组合分析的方法对 Fibonacci 数列 $\{F_n\}$ 和 Lucas 数列 $\{L_n\}$ 进行了深入的研究,得出了一系列的有关性质.

第

26

章

§1 基本引理

引理 1[1,2]　$F_n = \dfrac{1}{\sqrt{5}}(\tau_1^n - \tau_2^n)$; $L_n = \tau_1^n + \tau_2^n, n = 0,1,2,\cdots,$ 其中 $\tau_1 = \dfrac{1+\sqrt{5}}{2}$, $\tau_2 = \dfrac{1-\sqrt{5}}{2}$, 易知

$$\tau_1 + \tau_2 = 1, \tau_1 \tau_2 = -1$$

① 本章摘自《青海师范大学学报(自然科学版)》1993 年第 2 期.

引理 2[2] $n^m = \sum_{k=1}^{n} S(m,k)P(n,k)$，其中 $S(m, n)$ 为第二类 Stirling 数，$P(n,k)$ 为排列数.

引理 3   i) $\sum_{k=1}^{n} P(k,m)\tau_1^k = (-1)^m m! \cdot$

$$\left[\sum_{r=0}^{m} C(n+1,r)\tau_1^{n+2(m-r+1)} - \tau_1^{2m+1}\right]$$

ii) $\sum_{k=1}^{n} P(k,m)\tau_2^k = (-1)^m m! \left[\sum_{r=0}^{mn} (-1)^r C(n+1,r)\tau_2^{n+2(m-r+1)} - \tau_2^{2m+1}\right]$

证明   i) 设

$$\begin{aligned}
S_m &= \sum_{k=1}^{n} C(k,m)\tau_1^k \\
&= C(1,m)\tau_1^2 + \cdots + C(n,m)\tau_1^n
\end{aligned}$$

由于

$$1 + (1+x)\tau_1 + (1+x)^2\tau_1^2 + \cdots + (1+x)^n\tau_1^n$$

$$= \frac{1-(1+x)^{n+1}\tau_1^{n+1}}{(1-\tau_1)-\tau_1 x} \tag{1}$$

由基本关系式

$$\tau_1 + \tau_2 = 1, \tau_1\tau_2 = -1$$

可将式(1)化作

$$1 + (1+x)\tau_1 + (1+x)^2\tau_1^2 + \cdots + (1+x)^n\tau_1^n$$

$$= \frac{-\tau_1 + (1+x)^{n+1}\tau_1^{n+2}}{1+\tau_1^2 x} \tag{2}$$

即

$$(1+\tau_1^2 x)[1+(1+x)\tau_1 + (1+x)^2\tau_1^2 + \cdots + (1+x)^n\tau_1^n]$$

$$= -\tau_1 + (1+x)^{n+1}\tau_1^{n+2} \tag{3}$$

展开式(3)，并分别比较两端 $X^0, X^1, X^2, \cdots, X^m$ 项的系数，便可建立以下的递推关系组

$$S_0 = C(0,0)\tau_1^0 + C(1,0)\tau_1^2 + \cdots + C(n,0)\tau_1^n$$
$$= -\tau_1 + C(n+1,0)\tau_1^{n+2}$$
$$\tau_1^2 S_0 + S_1 = C(n+1,1)\tau_1^{n+2}$$
$$\tau_1^2 S_1 + S_2 = C(n+1,2)\tau_1^{n+2}$$
$$\vdots$$
$$\tau_1^2 S_{m-1} + S_m = C(n+1,m)\tau_1^{n+2}$$

由此便可递推出

$$S_m = (-1)^m \sum_{k=0}^{m} (-1)^k C(n+1,k)\tau_1^{n+2(m-k+1)} - \tau_1^{2m+1}$$

$$(4)$$

而

$$m!\, S_m = m! \sum_{k=1}^{n} C(k,m)\tau_1^k = \sum_{k=1}^{n} m!\,C(k,m)\tau_1^k$$
$$= \sum_{k=1}^{n} P(k,m)\tau_1^k$$

在式（4）两端同乘以 $m!$ 便可求得

$$P(1,m)\tau_1 + P(2,m)\tau_1^2 + \cdots + P(n,m)\tau_1^n$$
$$= (-1)^m m! \Big[\sum_{r=0}^{m} (-1)^r C(n+1,r) \cdot$$
$$\tau_1^{n+2(m-r+1)} - \tau_1^{2m+1} \Big]$$

同理可证 ii）.

类似于引理 3 的证明，还可证出：

引理 4　i）$\displaystyle\sum_{k=1}^{n} (-1)^k P(k,m)\tau_1^k = m! \cdot$

$$\Big[\sum_{\tau=0}^{m} (-1)^{n-m-r} C(n+1,r)\tau_1^{n-m+r-1} + \tau_2^{n+2} \Big]$$

ii）$\displaystyle\sum_{k=1}^{n} (-1)^k P(k,m)\tau_2^k = m! \Big[\sum_{r=0}^{m} (-1)^{n+m-\tau} \cdot$

$$C(n+1,r)\tau_2^{n-m+\tau-1} + \tau_1^{n+2} \Big]$$

§2 主要结果

1. Fibonacci 数 F_n，Lucas 数 L_n 与组合数 $P(n,m)$ 的关系：

定理 1
$$\sum_{k=1}^{n} P(k,m)F_k = (-1)^m m! \cdot$$
$$\left[\sum_{r=0}^{m} (-1)^r C(n+1,r) F_{n+2(m-r+1)} - F_{2m+1} \right]$$

证明 由引理 1 可知

$$\sum_{k=1}^{n} P(k,m)F_k$$

$$= P(1,m)F_1 + P(2,m)F_2 + \cdots + P(n,m)F_n$$

$$= \frac{1}{\sqrt{5}} \big[P(1,m)(\tau_1 - \tau_2) + P(2,m)(\tau_1^2 - \tau_2^2) + \cdots + P(n,m)(\tau_1^n - \tau_2^n) \big]$$

$$= \frac{1}{\sqrt{5}} \big[P(1,m)\tau_1 + P(2,m)\tau_1^2 + \cdots + P(n,m)\tau_1^n \big] - \big[P(1,m)\tau_2 + P(2,m)\tau_2^2 + \cdots + P(n,m)\tau_2^n \big]$$

$$= \frac{1}{\sqrt{5}} \Big\{ (-1)^m m! \Big[\sum_{r=0}^{m} (-1)^r C(n+1,r)\tau_1^{n+2(m-r+1)} - \tau_1^{2m+1} \Big] - (-1)^m m! \Big[\sum_{r=0}^{m} (-1)^r C(n+1,r) \cdot \tau_2^{n+2(m-\tau+1)} - \tau_2^{2m+1} \Big] \Big\}$$

$$= (-1)^m m! \Big[\sum_{r=0}^{m} (-1)^r C(n+1,r) \frac{1}{\sqrt{5}} (\tau_1^{n+2(m-r+1)} - \tau_2^{n+2(m-r+1)}) - \frac{1}{\sqrt{5}} (\tau_1^{2m+1} - \tau_2^{2m+1}) \Big]$$

$$= (-1)^m m! \Big[\sum_{r=0}^{m} (-1)^r C(n+1,r) F_{n+2(m-r+1)} - F_{2m+1} \Big]$$

仿定理 1,应用引理 1、引理 4 可证得:

定理 2 $\sum_{k=1}^{n} (-1)^k P(k,m) F_k = m! \cdot$

$$\Big[\sum_{r=0}^{m} (-1)^{n+m-r} C(n+1,r) F_{n-m+r-1} - F_{m+2} \Big]$$

由于 Lucas 数列 $\{L_n\}$ 与 Fibonacci 数列 $\{F_n\}$ 有密切关系;二者所满足的递推关系类同,只是初始条件不同

$$F_1 = 1, F_2 = 1; L_0 = 2, L_1 = 1$$

由此很自然地可以得出 Lucas 数的以下性质(证略).

定理 3 $\sum_{k=1}^{n} P(k,m) L_k = (-1)^m m! \cdot$

$$\Big[\sum_{r=0}^{m} (-1)^r C(n+1,r) L_{n-2(m-r+1)} - L_{2m+1} \Big]$$

定理 4 $\sum_{k=1}^{n} (-1)^k P(k,m) L_k = m! \cdot$

$$\Big[\sum_{r=0}^{m} (-1)^r C(n+1,r) L_{n-m+r-1} + L_{m+2} \Big]$$

2. Fibonacci 数 F_n,Lucas 数 L_n 与自然数方幂 K^m 之间的组合关系.

定理 5 $\sum_{k=1}^{n} k^m F_k = \sum_{k=1}^{n} (-1)^k S(m,k) k! \cdot$

$$\Big[\sum_{r=0}^{k} (-1)^r C(n+1,r) F_{n+2(k-r+1)} - F_{2k+1} \Big]$$

证明　由引理 2,我们有

$$\sum_{k=1}^{n} k^m F_k = \sum_{k=1}^{n} \sum_{r=1}^{n} S(m,r) P(k,r) F_k$$

$$= \sum_{r=1}^{n} S(m,r) \sum_{k=1}^{n} P(k,r) F_k$$

$$= \sum_{r=1}^{n} S(m,r)(-1)^r r! \cdot$$

$$\left[\sum_{k=0}^{r}(-1)^k C(n+1,k) F_{n+2(r-k+1)} - F_{2k+1} \right]$$

$$= \sum_{k=1}^{n}(-1)^k S(m,k)k! \cdot$$

$$\left[\sum_{r=0}^{k}(-1)^k C(n+1,r) F_{n+2(k-r+1)} - F_{2k+1} \right]$$

相应地由引理 2,定理 2 可证得:

定理 6 $\displaystyle \sum_{k=1}^{n}(-1)^k k^m F_k = \sum_{k=1}^{n} S(m,k)k! \cdot$

$$\left[\sum_{r=0}^{k}(-1)^{n+k-r} C(n+1,r) F_{n-k+r-1} - F_{k+2} \right]$$

特别地,若令 $m=1,2,3$,则可得以下推论.

推论 1[3] ⅰ)$\displaystyle \sum_{k=1}^{n} kF_k = nF_{n+2} - F_{n+3} - 2$

ⅱ)$\displaystyle \sum_{k=1}^{n} k^2 F_k = (n^2+2)F_{n+2} - (2k-3)F_{n+1} - 8$

ⅲ)$\displaystyle \sum_{k=1}^{n} k^3 F_k = (n^3+6n-12)F_{n+2} - (3n^2-9n+19)F_{n+3} + 50$

推论 2 ⅰ)$\displaystyle \sum_{k=1}^{n}(-1)^k F_k = (-1)^n [(n+1) \cdot F_{n-1} - F_{n-2}] - 2$

ⅱ)$\displaystyle \sum_{k=1}^{n}(-1)^k k^2 F_n = (-1)^n [(n^2+2n+3)F_{n-1} - (2n+5)F_{n-2}] - 8$

ⅲ)$\displaystyle \sum_{k=1}^{n}(-1)^k k^3 F_k = (-1)^n [(n^3+3n^2+9n+19)F_{n-1} - (3n^2+15n+$

$$31)F_{n-2}] - 50$$

对于 Lucas 数列,我们也可以得到类似定理 5 ~ 6 及推论 1 ~ 2 的结果.

定理 7　$$\sum_{k=1}^{n} k^m L_k = \sum_{k=1}^{n} (-1)^k S(m,k)k! \cdot$$

$$\left[\sum_{r=0}^{k} (-1)^r C(n+1,r)L_{n+2(k-r+1)} - L_{2r+1} \right]$$

定理 8　$$\sum_{k=1}^{n} (-1)^k k^m L_k = \sum_{k=1}^{n} S(m,k)k! \cdot$$

$$\left[\sum_{r=0}^{k} (-1)^{n+k-r} C(n+1,r)L_{n-k+r-1} + L_{k+2} \right]$$

推论 3　ⅰ)$$\sum_{k=1}^{n} kL_k = nL_{n+2} - L_{n+3} + 4$$

ⅱ)$$\sum_{k=1}^{n} k^2 L_k = (n^2 + 2)L_{n+2} - (2n - 3)L_{n-3} - 18$$

ⅲ)$$\sum_{k=1}^{n} k^3 L_k = (n^3 + 6n - 12)L_{n+2} - (3n^2 - 9n + 19)L_{n+3} + 112$$

推论 4　ⅰ)$$\sum_{k=1}^{n} (-1)^k kL_k = (-1)^n [(n+1) \cdot L_{n-1} - L_{n-2} + 4]$$

ⅱ)$$\sum_{k=1}^{n} (-1)^k k^2 L_k = (-1)^n [(n^2 + 2n + 3)L_{n-1} - (2n + 5)L_{n-2}] + 18$$

ⅲ)$$\sum_{k=1}^{n} (-1)^k k^3 L_k = (-1)^n [(n^3 + 3n^2 + 9n + 19)L_{n+1} - (3n^2 + 15n + 31)L_{n-2}] + 112$$

参考资料

[1] 吴振奎. 斐波那契数列. 沈阳:辽宁教育出版社,
1987.

[2] 孔庆新. 组合数学基础. 青海师大自编教材,1992.

[3] 孔庆新. Fibonacci 数的若干性质(Ⅲ). 青海师范大
学学报(自然科学版),1991(2).

[4] 孔庆新,赵海兴. Fibonacci 数和 Lucas 数的若干性
质. 陕西师大学版(自然科学版),运筹学专辑,
1992.

[5] 赵海兴. Fibonacci 数和 Lucas 数的若干性质(Ⅱ).
青海省首届青年学术会议论文集,1992.

Fibonacci 数列、Lucas 数列的若干性质(Ⅳ)[①]

洛阳师范高等专科学校的张之正和青海师范大学的孔庆新两位教授1997 年利用算子极方便地得到了 Fibonacci 数列与 Lucas 数列的若干性质.

§1 引 言

Fibonacci 数列定义为
$$F_n = F_{n-1} + F_{n-2}$$
$$F_0 = 1, F_1 = 1$$
Lucas 数列定义为
$$L_n = L_{n-1} + l_{n-2}$$
$$L_0 = 2, L_1 = 1$$

这是两个著名的数列,迄今,已有许多人各自从不同角度及使用不同的

---

① 本章选自《青海师范大学学报(自然科学版)1997 年第 1 期.

331

方法,研究它们的特性,得到了许多重要性质,本章则从一个新的途径,即利用推移算子的性质,极方便地得到了 Fibonacci 数列与 Lucas 数列的若干新奇结果,是以往工作的继续和发展.

为方便计算,引入以下记号[1]:

I——表示恒等算子;

E——表示推移算子.

§2 主要结果

命题 1 设任一序列 $\{X_n\}$ 满足

$$F_{s-1}I + F_s E = E^s \qquad (1)$$

则

$$E^{sn} = \sum_{i=0}^{n} C(n,i) F_{s-1}^{n-i} F_s^i E^i$$

$$F_{s-1}^n I = \sum_{i=0}^{n} C(n,i)(-1)^{n-i} F_s^{n-i} E^{n+(s-1)i}$$

$$F_s^n E^n = \sum_{i=0}^{n} C(n,i)(-1)^{n-i} F_{s-1}^{n-i} E^{si}$$

于是有

$$X_{sn+k} = \sum_{i=0}^{n} C(n,i) F_{s-1}^{n-i} F_s^i X_{i+k}$$

$$F_{s-1}^n X_k = \sum_{i=0}^{n} C(n,i)(-1)^{n-i} F_s^{n-i} X_{n+(s-1)i+k}$$

$$F_s^n X_{n+k} = \sum_{i=0}^{n} C(n,i)(-1)^{n-i} F_{s-1}^{n-i} X_{si+k}$$

证明 利用牛顿二项式展开定理可得.

332

定理 1　$F_{sn+k} = \sum_{i=0}^{n} C(n,i) F_{s-1}^{n-i} F_s^i F_{i+k}$　　　　（2）

$F_{s-1}^n F_k = \sum_{i=0}^{n} C(n,i)(-1)^{n-i} F_s^{n-i} F_{n+(s-1)i+k}$　　（3）

$F_s^n F_{n+k} = \sum_{i=0}^{n} C(n,i)(-1)^{n-i} F_{s-1}^{n-i} F_{si+k}$　　　（4）

证明　由于 $\{F_n\}$ 具有性质[2]

$$F_{s-1} F_k + F_s F_{k+1} = F_{k+s}$$

于是数列 $\{F_n\}$ 满足式（1），故得证.

定理 1 中，式（2）（3）（4）分别是参考资料［1］，［3］，［4］的一个结果，本章利用算子方法简便，并且也从本质上说明了此类性质成立的缘由.

定理 2　$L_{sn+k} = \sum_{i=0}^{n} C(n,i) F_{s-1}^{n-i} F_s^i L_{i+k}$　　　　（5）

$F_{s-1}^n L_k = \sum_{i=0}^{n} C(n,i)(-1)^{n-i} F_s^{n-i} L_{n+(s-1)i+k}$　　（6）

$F_s^n L_{n+k} = \sum_{i=0}^{n} C(n,i)(-1)^{n-i} F_s^{n-i} L_{si+k}$　　　（7）

证明　由于数列 $\{L_n\}$ 具有性质[5]

$$F_{s-1} L_k + F_s L_{k+1} = L_{k+s}$$

因而 $\{L_n\}$ 满足式（1），故得证.

命题 2　若任一序列 $\{X_n\}$ 满足

$$E^{2n} = L_n E^n + (-1)^{n+1} I$$　　　　（8）

则

$$E^{2nr} = \sum_{i=0}^{n} C(r,i)(-1)^{(n+1)(r-i)} L_n^i E^{ni}$$

$$I = \sum_{i=0}^{n} C(r,i)(-1)^{(n+1)r+i} L_n^i E^{n(2r-i)}$$

$$L_n^r E^{nr} = \sum_{i=0}^{n} C(r,i)(-1)^{(n+1)(r-i)+i} E^{2ni}$$

于是有

$$X_{2nr+k} = \sum_{i=0}^{r} C(r,i)(-1)^{(n+1)(r-i)} L_n^i X_{ni+k}$$

$$X_k = \sum_{i=0}^{r} C(r,i)(-1)^{(n+1)r+i} X_{n(2r-i)+k}$$

$$L_n^r X_{nr+k} = \sum_{i=0}^{r} C(r,i)(-1)^{n(r-i)+r} X_{2ni+k}$$

证明 同样利用二项式展开定理,可证.

定理 3

$$F_{2nr+k} = \sum_{i=0}^{r} C(r,i)(-1)^{(n+1)(r-i)} L_n^i F_{ni+k} \qquad (9)$$

$$F_k = \sum_{i=0}^{r} C(r,i)(-1)^{(n+1)r+i} L_n^i F_{n(2r-i)+k} \qquad (10)$$

$$L_n^r F_{nr+k} = \sum_{i=0}^{r} C(r,i)(-1)^{n(r-i)+r} F_{2ni+k} \qquad (11)$$

$$L_{2nr+k} = \sum_{i=0}^{r} C(r,i)(-1)^{(n+1)(r-i)} L_n^i L_{ni+k} \qquad (12)$$

$$L_k = \sum_{i=0}^{r} C(r,i)(-1)^{(n+1)r+i} L_n^i L_{(2r-i)+k} \qquad (13)$$

$$L_n^r L_{nr+k} = \sum_{i=1}^{r} C(r,i)(-1)^{n(r-i)+r} L_{2ni+k} \qquad (14)$$

证明 由于 $\{F_n\}$, $\{L_n\}$ 具有下述性质[6]

$$L_{2n+k} = L_n L_{n+k} + (-1)^{n+1} L_k$$

$$F_{2n+k} = L_n F_{n+k} + (-1)^{n+1} F_k$$

因此,$\{F_n\}$, $\{L_n\}$ 满足式(8),故定理得证.

§3 数论性质

定理 4 $F_{sn+k} \equiv F_{s-1}^n F_k (\bmod F_s)$

$$F_{sn+k} \equiv F_s^n F_{n+k} (\bmod F_{s-1})$$

证明　由式(2),我们有

$$F_{sn+k} = F_{s-1}^n F_k + \sum_{i=0}^n C(n,i) F_{s-1}^{n-i} F_s^i F_{i+k}$$

$$= \sum_{i=1}^n C(n,i) F_{s-1}^{n-i} F_s^i F_{i+k} + F_s^n F_{n+k}$$

得证.

利用类似的方法,从式(5)(9)(12)可分别得到以下结果:

定理 5　$L_{sn+k} = F_{s-1}^n L_k (\bmod F_s)$

$$L_{sn+k} = F_s^n L_{n+k} (\bmod F_{s-1})$$

定理 6　$F_{2nr+k} = (-1)^{(n+1)r} F_k (\bmod L_n)$

$$L_{2nr+k} = (-1)^{(n+1)r} L_k (\bmod L_n)$$

参考资料

[1] 徐利治, 蒋茂森. 获得互反公式的一类可逆图示程序及其应用. 吉林大学学报(自然科学版), 1980, 4:43-45.

[2] 陈景润. 组合数学. 河南教育出版社, 1985.

[3] 何延模. 斐波那契数列的一个奇妙的性质. 湖南数学通讯, 1995, 2:35-37.

[4] 王锦功. 关于 Fibonacci 数列与 Lucas 数列的结构性质. 吉林大学学报(自然科学版), 1985, 4:18-23.

［5］孔庆新,高英级. Fibonacci 数的若干性质(Ⅳ). 青
　　海师范大学学报(自然科学版),1992,4:8-16.

［6］宋长新. Fibonacci 数列和 Lucas 数列的若干性质.
　　青海师范大学学报(自然科学版),1995,3:9-15.

线性递归序列模 q[①]

① 本章选自《数学年刊》2006，27A(5)：561-570.

设 $\{u_k\}_{k\geqslant 0}$ 为一个线性递归序列,序列 $\{u_k(\bmod\ q)\}_{k\geqslant 0}$ 是周期的,很多人都对其周期有过研究. 华南理工大学的吴敏和清华大学数学系的杨亚敏两位教授 2006 年应用二次数域中理想的理论,较完全地刻画了二次线性递归序列模 q 的周期长度,所获结果加强并推广了 Engstrom 及 Wall 的结论.

§1 引 言

1. 二次线性递归序列

一个 d 次实线性递归序列 $\{u_k\}_{k\geqslant 0}$ 是由 d 个初始值 $u_0,u_1,\cdots,u_{d-1}$ 及线性递归关系

第

28

章

337

$$u_{k+d} = a_{d-1}u_{k+d-1} + a_{d-2}u_{k+d-2} + \cdots +$$
$$a_1 u_{k+1} + a_0 u_k$$

确定的.

设 u_k 和 $a_j(0 \leqslant j \leqslant d-1)$ 为整数,一个比较明显的事实是 $\{u_k(\bmod q)\}$ 是周期的,其中 $q \geqslant 2$ 为整数,且当 q 与 a_0 互素时,序列 $\{u_k(\bmod q)\}$ 是严格周期的.

Carmicheal[1] 和 Engstrom[3] 考虑了一类特殊的线性递归序列 $\{u_k\}$ 模 q 的周期,其中 Engstrom 用数域中的戴德金理想分解定理,获得了非常好的结果. Wall[6] 用初等数论的方法研究了 Fibonacci 序列模 q 的周期,获得的结论更精细.

最近,Qu 等[5] 给出了 β – 展式和线性递归序列模 q 的周期长度之间的关系. 由分形几何和 Tiling 理论的一些知识,他们证明了:若 β 为一个二次 Pisot 单位, $x \in Q(\beta)$ 有严格周期的 β – 展式,则 x 的 β – 展式的周期长度等于由 β 和 x 所确定的一个二次线性递归序列模 q 的周期长度. 例如:若 $\beta = \dfrac{\sqrt{5}+1}{2}$,则 $\dfrac{p}{q} \in (0,1)$(其中 $(p,q)=1$)的 β – 展式的周期长度等于 Fibonacci 序列模 q 的周期长度.

受参考资料[5]的启发,我们将对二次线性递归序列模 q 的周期长度给出一个全面的刻画,所获的结果加强并推广了参考资料[3,6]的结果,同时这些结果可直接用于 β – 展式,使我们对 β – 展式的周期长度有一个更深入的了解.

在本章中,总假设 $\{u_k\}_{k \geqslant 0}$ 为一个二次线性递归序

338

列,初始值为 u_0, u_1 且满足下列递归关系

$$u_{k+2} = a_1 u_{k+1} + a_0 u_k \qquad (1)$$

我们的主要目的是研究 $\{u_k (\bmod q)\}$ 的周期.

不失一般性,假设 $(u_0, u_1) = 1$,即 u_0, u_1 为互素的两个整数. 记

$$H(q) = H(u_0, u_1, q)$$

为 $\{u_k (\bmod q)\}$ 的最小正周期长度,于是:

引理 1[3,6]　若 $q = p_1^{e_1} p_2^{e_2} \cdots p_k^{e_k}$ 为 q 的素因子分解,则

$$H(q) = \mathrm{lcm}\{H(p_1^{e_1}), \cdots, H(p_k^{e_k})\} \qquad (2)$$

其中 lcm 表示最小公倍数.

从而,为确定线性递归序列模 q 的周期长度 $H(q)$,只需确定 $H(p^m)$,其中 p 为素数,$m \geqslant 1$ 为整数.

2. 退化及非退化情形

设

$$P(x) = x^2 - a_1 x - a_0$$

是由式(1)确定的多项式. 若 $P(x)$ 在 $\mathbf{Q}$ 上可约,即

$$P(x) = (x - w)(x - v) \quad (w, v \text{ 为整数})$$

称序列 $\{u_k\}_{k \geqslant 0}$ 是退化的,此时

$$u_{k+2} - v u_{k+1} = w(u_{k+1} - v u_k)$$

从而

$$u_k = \begin{cases} [(u_1 - w u_0)(k-1) + u_1] w^{k-1} & (w = v) \\ \dfrac{u_1 - v u_0}{w - v} w^k - \dfrac{u_1 - w u_0}{w - v} v^k & (w \neq v) \end{cases}$$

由费马小定理可直接确定 $H(p^m)$.

以下总假设 $P(x)$ 在 $\mathbf{Q}$ 上不可约,即序列 $\{u_k\}_{k \geqslant 0}$

非退化,记 β,β' 为 $P(x)$ 的两个根,即 β,β' 为两个互相共轭的二次代数整数.

引理 2 $\{u_k\}$ 的一般形式为

$$u_k = \frac{x_0\beta^k - x'_0(\beta')^k}{\beta - \beta'} \qquad (3)$$

其中

$$x_0 = u_0(a_0\beta^{-1}) + u_1, \quad x'_0 = u_0(a_0(\beta')^{-1}) + u_1$$

关于 $\{u_k\}_{k\geqslant 0}$ 的上述更一般的结果见 Engstrom[3].

设 $\mathbf{Q}(\beta)$ 为 β 在有理数域 $\mathbf{Q}$ 上生成的二次数域. D_0 为 $\mathbf{Q}(\beta)$ 的判别式, $D = a_1^2 + 4a_0$ 为多项式 $P(x)$ 的判别式,则 $P(x)$ 在 $\mathbf{Q}(\beta)$ 上的指数 $I = \sqrt{\dfrac{D}{D_0}}$ 为一个有理整数.

设 d_0 为 D 的最大的无平方因子,则

$$\mathbf{Q}(\beta) = \mathbf{Q}(\sqrt{d_0})$$

且若

$$d_0 \equiv 1\,(\bmod\ 4)$$

则

$$D_0 = d_0$$

若

$$d_0 \equiv 2,3\,(\bmod\ 4)$$

则

$$D_0 = 4d_0$$

在这两种情形下,都有 $1, \dfrac{D_0 + \sqrt{D_0}}{2}$ 为域 $\mathbf{Q}(\beta)$ 的一组整基.

3. 已知的结果

在 $\{u_k\}$ 的定义中,当初始值 $u_0 = 0, u_1 = 1$ 时,记 $\{u_k\}$ 为 $\{f_k\}$,称 $\{f_k\}$ 为一般 Fibonacci 序列,记 $h(q)$ 为 $\{f_k(\bmod q)\}$ 的周期长度. 特别地,若 $a_0 = \pm 1$,则称 $\{f_k\}$ 为一般单位 Fibonacci 序列;若 $a_1 = a_0 = 1$,则 $\{f_k\}$ 即为 Fibonacci 序列. 对一般 Fibonacci 序列,Carmichael[2] 对其整除性作了非常细致的研究. $\{u_k\}$ 与 $\{f_k\}$ 之间有一个比较明显的关系

$$u_k = u_1 f_k + u_0 a_0 f_{k-1}$$

由上述关系,立即可以得到 $H(q) \mid h(q)$. 对于一般 Fibonacci 序列模 q 的周期长度,Engstrom[3] 和 Wall[6] 分别研究了 $h(p)$ 和 $h(p^m)$ 的性质. 下述定理 1 和定理 2 关于函数 $h(p)$,定理 3 关于函数 $h(p^m)$.

定理 1[3]　设 p 是一个奇素数,则:

ⅰ)若 $p \mid D$,则 $h(p) = ap$,其中 $a \mid (p-1)$.

ⅱ)若 $(p, D) = 1$ 且 $P(x) \equiv 0 (\bmod p)$ 有两个不同的根,则 $h(p) \mid (p-1)$.

ⅲ)若 $(p, D) = 1$ 且 $P(x) \equiv 0 (\bmod p)$ 没有根,则 $h(p) \mid (p^2 - 1)$.

特别地,对于 Fibonacci 序列,由于

$$P(x) = x^2 - x - 1$$

则当 $p = 10k \pm 1$ 时

$$P(x) \equiv 0 (\bmod p)$$

有两个不同的根. 当 $p = 10k \pm 3$ 时

$$P(x) \equiv 0 (\bmod p)$$

没有根. Wall[6] 获得了更精细的结论.

定理 2[6]　设 p 为奇素数, $\{f_k\}$ 为 Fibonacci 序列, 则:

ⅰ)若 $p=5$, 则 $h(p)=20$.

ⅱ)若 $p=10k\pm1$, 则 $h(p)\mid(p-1)$.

ⅲ)若 $p=10k\pm3$, 则 $h(p)\mid2(p+1)$.

函数 $h(p)$ 的性质比较随意, 有些人甚至考虑用 $h(p)$ 来产生随机数(见参考资料[6]及其中的参考文献). 下面的定理给出了函数 $h(p^m)$ 的一些信息.

定理 3[3]　设 p 为素数, 则 $h(p^{m+1})=h(p^m)$ 或 $ph(p^m)$, 从而 $h(p^m)\mid p^{m-1}h(p)$.

4. 本章的主要结果

本章主要研究函数 $H(p)$ 和 $H(p^m)$, 它比 $h(p)$ 和 $h(p^m)$ 的性质更复杂, 更加难以确定.

第一个主要结论是关于 $h(p)$, 它针对一般单位 Fibonacci 序列, 是定理 2 的推广.

定理 4　设 $a_0=\pm1$, p 为奇素数, 则:

ⅰ)若 $p\mid D$, 则 $a_0=1$ 时, $h(p)=4p$; $a_0=-1$ 时, $h(p)=p$ 或 $2p$.

ⅱ)若 $(p,D)=1$ 且 $P(x)\equiv0\pmod{p}$ 没有根, 则 $a_0=1$ 时, $h(p)\mid2(p+1)$; $a_0=-1$ 时, $h(p)\mid(p+1)$.

定理 4 将在 §4 中证明, 证明的关键是在数域 $\mathbf{Q}(\beta)$ 中构造一个与理想 p 互素的理想构成的剩余系 $R(p)$ 的子群.

在 §5 中, 将通过函数 $h(p^m)$ 和 $H(p^m)$ 之间的关系来帮助了解 $H(p^m)$ 的性质(见定理 8 和定理 9). 作为这两个定理的一个推广论, 有:

命题 1 若 p 为一个奇素数,则存在正整数 m',使得当 $m \geq m'$ 时,$h(p) \mid H(p^m)$.

在 §6 和 §7 中,主要研究序列

$$H(p), H(p^2), \cdots, H(p^m), \cdots \qquad (4)$$

将证明存在整数 m_0,使得当 $m \geq m_0$ 时

$$H(p^{m+1}) = pH(p^m)$$

即:

定理 5 设 p 为一个素数且 $p \nmid (a_0, a_1)$.

i)设 p 为奇素数. 若 $h(p) \mid H(p^m)$ 且 $H(p^{m+1}) \neq H(p^m)$,则

$$H(p^{m+k}) = p^k H(p^m) \quad (k \geq 1)$$

ii)设 $p = 2$. 若 $h(4) \mid H(2^m)$ 且 $H(2^{m+1}) \neq H(2^m)$,则

$$H(2^{m+k}) = 2^k H(2^m) \quad (k \geq 1)$$

注 1 若 $p \mid (a_0, a_1)$,则当 $k \geq 2m$ 时,$u_k \equiv 0 \pmod{p^m}$,从而任意 $m \geq 1$,$H(p^m) = 1$.

下面总假设 $p \nmid (a_0, a_1)$.

定理 5 是本章的主要结论,将作为定理 10 和定理 11 来证明. 对于一般的 Fibonacci 序列,由定理 5 可以得到下列推论,它比定理 3 的结论更强.

推论 1 i)设 p 是一个奇素数,则存在整数 m,使得

$$h(p) = h(p^2) = \cdots = h(p^m) \neq h(p^{m+1})$$

且

$$h(p^{m+k}) = p^k h(p) \quad (k \geq 1)$$

ⅱ）存在整数 m，使得

$$h(4) = h(8) = \cdots = h(2^m) \neq h(2^{m+1})$$

且

$$h(2^{m+k}) = 2^k h(2) \quad (k \geqslant 1)$$

本章的内容安排如下．§2 证明几个引理．在§3 中，将在二次数域中刻画函数 $H(p^m)$．§4 主要研究函数 $h(p)$，将证明定理 4．§5 研究函数 $H(p^m)$ 和 $h(p^m)$ 之间的关系．对序列（4）的研究，§6 研究 p 为奇素数的情形，$p = 2$ 时的情形放在§7．

§2 预备引理

在本节中，我们将证明几个预备引理．在二次数域 $K = \mathbf{Q}(\beta)$ 中，当谈到整除性时，我们总用 p 表示理想 (p)．记 $\left(\dfrac{b}{p}\right)$ 为 Legendre 符号，下面的引理给出了 K 中理想分解成素理想的一个判定准则．

引理 3 若 p 是一个奇素数，则：

ⅰ）$P(x) \equiv 0 (\bmod\ p)$ 有两个相等的根当且仅当 $\left(\dfrac{D}{p}\right) = 0$．此时，$p$ 可以分解成两个次数为 1 的相同的素理想的乘积．

ⅱ）$P(x) \equiv 0 (\bmod\ p)$ 有两个不等的根当且仅当 $\left(\dfrac{D}{p}\right) = 1$．此时，$p$ 可以分解成两个次数为 1 的不相同的素理想的乘积．

ⅲ) $P(x) \equiv 0 \pmod{p}$ 没有根当且仅当 $\left(\dfrac{D}{p}\right) = -1$. 此时, p 是一个次数为 2 的素理想.

证明　由于 p 是一个奇素数, 则

$$x^2 - a_1 x - a_0 \equiv 0 \pmod{p}$$

有解当且仅当

$$(2x - a_1)^2 \equiv a_1^2 = 4a_0 \pmod{p}$$

有解. 具体证明见 Hecke[4].

设 x 为 K 的一个代数整数, $\mathfrak{R}$ 为 K 的一个理想. 记 $H(x, \mathfrak{R})$ 为序列 $x, x\beta, x\beta^2, \cdots$ 模 $\mathfrak{R}$ 的最小正周期长度.

引理 4　设 $\mathfrak{R}_1, \mathfrak{R}_2, \cdots, \mathfrak{R}_m$ 为 K 中互不相同的素理想. 若 $q = \mathfrak{R}_1^{e_1} \mathfrak{R}_2^{e_2} \cdots \mathfrak{R}_m^{e_m}$, 则

$$H(x, q) = \operatorname{lcm}\left\{H(x, \mathfrak{R}_1^{e_1}) H(x, \mathfrak{R}_2^{e_2}), \cdots, H(x, \mathfrak{R}_m^{e_m})\right\}$$

下述引理见 Hecke[4].

引理 5(数域中的费马定理)　设 $\mathfrak{R}$ 为 K 的一个素理想, 记 $N(\mathfrak{R})$ 为 $\mathfrak{R}$ 的模, 则对于任一 α 为 K 的代数整数, 有

$$\alpha^{N(\mathfrak{R})} \equiv \alpha \pmod{\mathfrak{R}}$$

引理 6　设 p 为素数, u, v 为有理整数且 $p \nmid I$, 则 $p^m \mid (u(a_0 \beta^{-1}) + v)$ 当且仅当 $p^m \mid u, p^m \mid v$.

证明　只需证当 $m = 1$ 时结论成立, 当 $m > 1$ 时由归纳即得.

记

$$\gamma = u(a_0 \beta^{-1}) + v, \gamma' = u(a_0 (\beta^{-1})') + v$$

由于 $p \mid \gamma$, 则 $p \mid \gamma'$, 从而

$$p \mid \frac{\gamma + \gamma'}{2}$$

则

$$p^2 \mid \gamma \cdot \gamma' - \left(\frac{\gamma + \gamma'}{2} \right)^2$$

即

$$p^2 \mid \frac{-u^2 D}{4}$$

又 $p \nmid I$,则 $p^2 \nmid D$(否则 $(u_0, u_1) \neq 1$,矛盾).

由于 u 是有理整数,则 $p \mid u$,从而 $p \mid v$.

§3 $H(P^m)$ 在数域中的刻画

在数域 K 中定义序列 $\{x_k\}_{k \geqslant 0}$ 如下

$$x_k = u_k(a_0 \beta^{-1}) + u_{k+1} \quad (k \geqslant 0) \tag{5}$$

显然

$$x_k \in K, x_{k+1} = \beta x_k$$

从而

$$x_k = x_0 \beta^k \quad (\forall k \geqslant 0)$$

在本节中,将证明当 $p \nmid I$ 时,函数 $H(p^m)$ 可以通过序列(5)来刻画.

定理 6 设 p 为奇素数且 $p \nmid I$,则序列 $\{x_k(\bmod p^m)\}$ 和 $\{u_k(\bmod p^m)\}$ 有相同的周期. 若 $p \nmid a_0$,则它们都是严格周期的;若 $p \mid a_0$,则它们都在 m 项之后周期.

证明 一方面,由式(5),x_k 为 u_k 和 u_{k+1} 的线性组合. 从而若 h 是 $\{u_k(\bmod p^m)\}$ 的周期,则 h 也是 $\{x_k$

346

$(\bmod\ p^m)\}$ 的周期.

另一方面,若 h 是 $\{x_k(\bmod\ p^m)\}$ 的周期,设在 k_0 项之后周期,则对 $k \geqslant k_0$,有

$$u_k(a_0\beta^{-1}) + u_{k+1} \equiv u_{k+h}(a_0\beta^{-1}) + u_{k+h+1}(\bmod\ p^m)$$

即

$$(u_{k+h} - u_k)(a_0\beta^{-1}) + (u_{k+h+1} - u_{k+1}) \equiv (\bmod\ p^m)$$

由引理 6 得

$$u_{k+h} \equiv u_k(\bmod\ p^m) \quad (k \geqslant k_0)$$

从而 h 是 $\{u_k(\bmod\ p^m)\}$ 的周期. 事实上,已经证明了对于任意 $k \geqslant k_0$,有

$$x_k \equiv x_{k+h}(\bmod\ p^m)$$

当且仅当

$$u_k \equiv u_{k+h}(\bmod\ p^m).$$

若 $p \nmid a_0$,则 $\{u_k(\bmod\ p^m)\}$ 是严格周期的,故 $\{x_k(\bmod\ p^m)\}$ 也是严格周期的. 若 $p \mid a_0$,只需要证明 $\{x_k(\bmod\ p^m)\}$ 在 m 项之后开始周期.

记

$$p = \Re\Re'$$

其中

$$\Re = (p,\beta), \Re' = (p,\beta')$$

考虑序列 $\{\beta^k(\bmod\ (\Re')^m)\}$,由于存在整数 $r,s,r>s$,使得

$$\beta^r \equiv \beta^s(\bmod\ (\Re')^m)$$

且

$$(\Re',\beta) = 1$$

347

则

$$\beta^{r-s} \equiv 1(\bmod (\mathfrak{R}')^m)$$

因此序列 $\{\beta^k(\bmod(\mathfrak{R}')^m)\}$ 是严格周期的,从而 $\{x_0\beta^k(\bmod(\mathfrak{R}')^m)\}$ 也是严格周期的. 又 $\{x_0\beta^k(\bmod(\mathfrak{R})^m)\}$ 在 m 项之后均为 0,故 $\{x_k(\bmod p^m)\}$ 在 m 项之后周期.

注2 当 $p \mid I$ 时,由于 $p\nmid(a_0,a_1)$,则 $p\nmid a_0$,这种情形比较复杂,不能得到序列 $\{x_k(\bmod p^m)\}$ 和 $H(p^m)$ 之间的类似关系. 但是对于 $H(p)$,我们可以用 Engstrom 变换来确定它(见参考资料[3]). 仍记

$$P(x) = x^2 - a_1 x - a_0$$

取多项式

$$Q(x) = x^2 - \tilde{a}_1 x - \tilde{a}_0$$

其中

$$\tilde{a}_0 = a_0, \tilde{a}_1 = a_1 + p$$

则:

ⅰ) $P(x) \equiv Q(x)(\bmod p)$.

ⅱ) $p\nmid I'$,其中 I' 为 $Q(x)$ 的指数.

由多项式 $Q(x)$,可以得到一个相应的序列 $\{\tilde{u}_k\}$,其中初始值 $\tilde{u}_0 = u_0, \tilde{u}_1 = u_1$ 且满足递归关系

$$\tilde{u}_{k+2} = \tilde{a}_1 \tilde{u}_{k+1} + \tilde{a}_0 \tilde{u}_k$$

显然

$$\tilde{u}_k \equiv u_k(\bmod p)$$

从而这两个序列模 p 的周期是一致的. 因此,我们可通过研究 $\{\tilde{u}_k\}$ 来决定 $H(p)$.

对 $H(p^m)(m>1)$, $p\mid I$. 上述方法失效, 将在 §6 中用另外的方法处理.

§4　一般单位 Fibonacci 序列模 p

在本节中研究一般 Fibonacci 序列模 p, 即初始值 $u_0=0$, $u_1=1$ 且 $a_0=\pm1$. 我们将把参考资料 [6] 的结论一般化.

定理 7　设 p 为奇素数. 若 $a_0=\pm1$, 则:

ⅰ) 若 $p\mid D$, 则 $a_0=1$ 时, $h(p)=4p$. $a_0=-1$ 时, $h(p)=p$ 或 $2p$.

ⅱ) 若 $(p,D)=1$ 且 $P(x)\equiv0\pmod p$ 没有根, 则 $a_0=1$ 时, $h(p)\mid2(p+1)$. $a_0=-1$ 时, $h(p)\mid(p+1)$.

证明　ⅰ) 当 $a_0=1$ 时. 首先假设 $p\nmid I$. 由于

$$\beta=\frac{a_1+\sqrt{D}}{2}$$

由二项式定理易得

$$p\mid\beta^p-(\beta')^p$$

但

$$p\nmid\beta^p+(\beta')^p$$

由于

$$\beta^{4p}-1=(\beta^p-(\beta')^p)(\beta^p+(\beta')^p)\beta^{2p}$$

而

$$\beta^{2p}-1=(\beta^p+(\beta')^p)\beta^p$$

则

$$p \mid \beta^{4p} - 1$$

但

$$p \nmid \beta^{2p} - 1$$

由定理 6,有 $h(p) \mid 4p$ 但 $h(p) \nmid 2p$. 从而 $h(p) = 4p$ 或 4. 由于 $p \mid D, p \nmid I$,则 $p \nmid a_1$ 且 $p \nmid \sqrt{D}$,又

$$\beta^4 - 1 = (\beta - \beta')(\beta + \beta')\beta^2 = a_1 \sqrt{D}\beta^2$$

故 $p \nmid (\beta^4 - 1)$,则 $h(p) \nmid 4$. 故 $h(p) = 4p$.

其次,当 $p \mid I$ 时,由注 2,同样的讨论可以得到 $h(p) = 4p$.

当 $a_0 = -1$ 时,注意到

$$\beta^{2p} - 1 = (\beta^p - (\beta')^p)\beta^p$$

则 $p \mid \beta^{2p} - 1$. 故 $h(p) = p$ 或 $2p$.

ⅱ) 由引理 3,p 是 K 上的 2 次素理想. 令 $G(p)$ 为模 p 的完全剩余系构成的集合,则 $G(p)$ 在加法下构成一个阶为 p^2 的阿贝尔群.

设 $\Re(p)$ 为与 p 互素的剩余系构成的 $G(p)$ 的子群,则

$$\Re(p) = G(p) \setminus \{0\}$$

在乘法下构成一个循环群.

对 $a \in \{1, 2, \cdots, p-1\}$,定义

$$\Re_a(p) := \{x \in \Re(p); N(x) \equiv a \,(\mathrm{mod}\ p)\}$$

显然 $\Re_1(p), \Re_2(p), \cdots, \Re_{p-1}(p)$ 为 $\Re(p)$ 的一个划分,则 $\Re(p)$ 被分为 $p-1$ 个等价类,每一个等价类中剩余系的个数均为 $p+1$.

事实上,任取 $a, b \in \{1, 2, \cdots, p-1\}$. 若

$$\left(\frac{a}{p}\right) = \left(\frac{b}{p}\right)$$

则存在 $1 \leqslant \kappa \leqslant p-1$，使得

$$\kappa^2 a \equiv b \pmod{p}$$

由 $(\kappa, p) = 1$ 得映射

$$x \to \kappa^2 x$$

是从 $\mathfrak{R}_a(p)$ 到 $\mathfrak{R}_b(p)$ 的单射，从而

$$\#\mathfrak{R}_a(p) \leqslant \#\mathfrak{R}_b(p)$$

（其中 $\#A$ 表示集合 A 中元素的个数）.

同理

$$\#\mathfrak{R}_b(p) \leqslant \#\mathfrak{R}_a(p)$$

故

$$\#\mathfrak{R}_b(p) = \#\mathfrak{R}_a(p)$$

若

$$\left(\frac{a}{p}\right) \neq \left(\frac{b}{p}\right)$$

则

$$\left(\frac{D_0}{p}\right) = -1$$

从而

$$\left(\frac{D_0 a}{p}\right) = \left(\frac{b}{p}\right)$$

则存在 $1 \leqslant \kappa \leqslant p-1$，使得

$$\kappa^2 D_0 a \equiv b \pmod{p}$$

映射

$$x \to k^2 D_0 x$$

是从 $\mathfrak{R}_a(p)$ 到 $\mathfrak{R}_b(p)$ 的单射,与上述情形同样的论述得

$$\#\mathfrak{R}_b(p) = \#\mathfrak{R}_a(p)$$

特别地,取 $a = 1$,可以得到 $\mathfrak{R}_1(p)$ 与 $\mathfrak{R}_1(p) \cup \mathfrak{R}_{p-1}(p)$ 均为 $\mathfrak{R}p$ 的子群,阶分别为 $p + 1$ 和 $2(p + 1)$.

当 $a_0 = -1$ 时,$\beta \in \mathfrak{R}_1(p)$,则

$$\beta^{p+1} \equiv 1(\bmod\ p)$$

又 $(p, D) = 1$,则由定理 6,有

$$h(p) \mid (p + 1)$$

当 $a_0 = 1$ 时,$\beta \in \mathfrak{R}_1(p) \cup \mathfrak{R}_{p-1}(p)$,则

$$\beta^{2(p+1)} \equiv 1(\bmod\ p)$$

又 $(p, D) = 1$,则

$$h(p) \mid 2(p + 1).$$

§5 $H(p^m)$ 与 $h(p^m)$ 之间的关系

首先考虑 $H(p)$ 和 $h(p)$ 之间的关系.

定理 8 设 p 为奇素数且 $p \nmid (a_0, a_1)$.

ⅰ)若 $p \mid D$,则 $H(p) = h(p)$ 或 $\dfrac{h(p)}{p}$.

ⅱ)若 $(p, D) = 1$ 且 $p = \mathfrak{R}_1 \mathfrak{R}_2$,则 $H(p) = h(p)$ 或 $h(\mathfrak{R}_1)$ 或 $h(\mathfrak{R}_2)$.

ⅲ)若 $(p, D) = 1$ 且 p 为一个素理想,则 $H(p) = h(p)$.

证明 当 $p \nmid I$ 时,若 $p \nmid a_0$,由定理 6,$H(p)$ 是使得

352

$p \mid x_0 (\beta^H - 1)$ 的 最 小 的 正 整 数 H；特 别 地，若 $(p, x_0) = 1$，则 $H(p)$ 是使得 $p \mid (\beta^H - 1)$ 的最小的正整数 H，即

$$H(p) = h(p)$$

由于 $(u_0, u_1) = 1$，则由定理 6，总有 $p \nmid x_0$.

ⅰ）若 $p \mid D$，则

$$\left(\frac{D}{p} \right) = 0, p = \Re^2$$

从而 $(p, x_0) = 1$ 或 $\Re$. 当 $(p, x_0) = 1$ 时

$$H(p) = h(p)$$

当 $(p, x_0) = \Re$ 时

$$H(p) = h(\Re) = a$$

其中 a 是使得

$$\beta^H \equiv 1 \pmod{\Re}$$

的最小的正整数（事实上，a 即为定理 1 的情形 ⅰ）中的 a）. 由于 ap 使得

$$\beta^H \equiv 1 \pmod{\Re^2}$$

的最小的正整数，故 $h(p) = ap$，从而

$$H(p) = \frac{h(p)}{p}$$

ⅱ）若 $p = \Re_1 \Re_2$，则 $(p, x_0) = 1, \Re_1$ 或 $\Re_2$. 若 $(p, x_0) = 1$，则 $H(p) = h(p)$；若 $(p, x_0) = \Re_1$ 或 $\Re_2$，由于

$$h(p) = \mathrm{lcm}\{ h(\Re_1), h(\Re_2) \}$$

故 $H(p) = h(\Re_2)$ 或 $h(\Re_1)$.

ⅲ）若 p 为素理想，则 $(p, x_0) = 1$，从而 $H(p) = h(p)$.

若 $p \mid a_0$，令 $v_k = u_{k+1}$（$k \geq 0$），由定理 6，序列 $\{v_k (\bmod p)\}$ 是 $\{u_k (\bmod p)\}$ 的严格周期部分，由上述讨论及这两个序列有相同的周期即得结论成立.

若 $p \mid I$，由于 $p \nmid (a_0, a_1)$，由 Engstrom 变换即得.

接下来考虑 $H(p^m)$ 与 $h(p^m)$ 之间的关系.

定理 9 设 p 为奇素数且 $p \nmid (a_0, a_1)$.

ⅰ）若 $p \mid D$，则 $H(p^m) = \dfrac{h(p^m)}{p^j}$（$0 \leq j \leq m$）.

ⅱ）若 $(p, D) = 1$ 且 $p = \Re_1 \Re_2$，则
$$H(p^m) = h(p^m)$$

或
$$H(p^m) = \mathrm{lcm}\{h(\Re_1^{m-k}), h(\Re_2^m)\}$$

或
$$H(p^m) = \mathrm{lcm}\{h(\Re_1^m), h(\Re_2^{m-k})\} \quad (1 \leq k \leq m)$$

ⅲ）若 $(p, D) = 1$ 且 p 是一个素理想，则
$$H(p^m) = h(p^m)$$

证明 ⅰ）由定理 3，有
$$h(p^m) = ap^k \quad (1 \leq k \leq m)$$

下证
$$H(p^m) = ap^l \quad (l \leq k)$$

当 $m = 1$ 时，由定理 8 中的情形 ⅰ）得 $H(p) = a$ 或 ap.

当 $m \geq 1$ 时，由于
$$H(p^m) \mid h(p^m)$$

则
$$H(p^m) \mid ap^k$$

另一方面

354

$$H(p) \mid H(p^m)$$

即

$$a \mid H(p^m)$$

从而 $H(p^m) = ap^l, l \le k.$ 故结论成立.

ⅱ）若 $(p, x_0) = 1$，则

$$H(p^m) = h(p^m)$$

若 $(p, x_0) \ne 1.$ 由于 $p \nmid x_0$，则

$$(x_0, p^m) = \Re_1^k \text{ 或 } \Re_2^k \quad (1 \le k \le m)$$

从而

$$H(p^m) = \operatorname{lcm}\{h(\Re_1^{m-k}), h(\Re_2^m)\}$$

或

$$H(p^m) = \operatorname{lcm}\{h(\Re_1^m), h(\Re_2^{m-k})\} \quad (1 \le k \le m)$$

ⅲ）由于 p 为素理想，则 $(p, x_0) = 1$，从而 $(p^m, x_0) = 1$，故

$$H(p^m) = h(p^m)$$

由定理 9，马上可以得到命题 1.

§6　序列 $\{H(p^m)\}_{m \ge 1}$（p 为奇素数）

本节研究 p 为奇素数时的序列 $\{H(p^m)\}_{m \ge 1}$. 若 m_0 是使得

$$h(p^{m+1}) = ph(p^m) \quad (m \ge m_0)$$

的最小的正整数，称序列

$$H(p), H(p^2), \cdots, H(p^{m_0}), H(p^{m_0+1}), \cdots$$

从第 m_0 项开始正规. 本节的目的是证明序列 $\{H(p^m)\}$ 总是从某一项开始正规.

定理 10 设 p 为一个奇素数, $p \nmid (a_0, a_1)$. 若

$$h(p) \mid H(p^m)$$

且

$$H(p^{m+1}) \neq H(p^m)$$

则

$$H(p^{m+k}) = p^k H(p^m) \quad (k \geqslant 1)$$

由于当 m 趋于无穷时, $H(p^m)$ 趋于无穷, 由命题 1 知, 满足定理 10 的 m 总是存在的.

在证明这个定理之前, 先证明一个引理.

对于

$$x_0 = u_0 (a_0 \beta^{-1}) + u_1$$

记

$$x_0 (\beta^k - 1) = A_k + B_k \sqrt{d_0}$$

则 $2A_k, 2B_k$ 为有理整数.

引理 7 设 p 是一个奇素数, $p^s \mid I$ 且 $p^{s+1} \nmid I$. 若 $\{u_k \pmod{p^m}\}$ 是严格周期的, 则 $H = H(p^m)$ 是使得 $p^m \mid 2A_H$ 且 $p^{m+s} \mid 2B_H$ 的最小正整数.

证明 由定义, H 是使得

$$p^m \mid (u_H - u_0), \quad p^m \mid (u_{H+1} - u_1) \tag{6}$$

成立的最小整数. 由引理 2 得

$$u_{H+k} - u_k = \frac{x_0 (\beta^H - 1) \beta^k - (x_0 (\beta^H - 1) \beta^k)'}{\beta - \beta'}$$

一方面

356

$$u_H - u_0 = 2\frac{B_H}{\varepsilon I}$$

其中 $\varepsilon = 1$ 或 2 , 则

$$p^m \mid (u_H - u_0)$$

当且仅当

$$p^{m+s} \mid 2B_H$$

另一方面

$$u_{H+1} - u_1 = \frac{A_H \varepsilon I + a_1 B_H}{\varepsilon I}$$

则

$$p^m \mid (u_{H+1} - u_1)$$

当且仅当

$$p^{m+s} \mid (A_H \varepsilon I + a_1 B_H)$$

即

$$p^m \mid 2A_H$$

且

$$p^{m+s} \mid 2B_H$$

得证.

定理 10 的证明　首先假设 $p \nmid a_0$, 此时 $\{u_k(\bmod p^m)\}$ 是严格周期的.

由于

$$H(p^m) \mid H(p^{m+1})$$

设

$$H(p^{m+1}) = \kappa H(p^m) = \kappa H$$

则 H 和 κ 分别是使得

$$p^m \mid 2A_H , p^{m+s} \mid 2B_H \tag{7}$$

$$p^{m+1}|2A_{\kappa H}, p^{m+1+s}|2B_{\kappa H} \tag{8}$$

成立的最小的正整数. 由

$$H(p^{m+1}) \neq H(p^m)$$

得

$$p^{m+1} \nmid 2A_H \text{ 或 } p^{m+1+s} \nmid 2B_H \tag{9}$$

记

$$\beta^H - 1 = X + Y\sqrt{d_0}$$

其中 $2X, 2Y$ 为有理整数. 由于 $h(p)|H$, 得

$$p|2X, p^{1+s}|2Y \tag{10}$$

令

$$x_0(\beta^{\kappa H} - 1) = x_0(\beta^H - 1)L(\kappa)$$

其中

$$L(\kappa) = \beta^{(\kappa-1)H} + \beta^{(\kappa-2)H} + \cdots + \beta^H + 1 = E + F\sqrt{d_0} \tag{11}$$

由式(10)及二项式定理得

$$(2E, p) = 1, p^{1+s}|2F \quad (\kappa < p) \tag{12}$$

$$(2E, p^2) = p, p^{2+s}|2F \quad (\kappa = p) \tag{13}$$

注意到

$$A_{\kappa H} = A_H E + B_H F d_0, B_{\kappa H} = A_H F + B_H E \tag{14}$$

若在式(9)中, $p^{m+1} \nmid 2A_H$, 则由式(7)(12)(14)得

$$p^{m+1} \nmid 2A_{\kappa H} \quad (\kappa < p)$$

同样地, 由式(7)(13)(14)得

$$p^{m+1}|2A_{\kappa H}, p^{m+1+s}|B_{\kappa H}, p^{m+2} \nmid 2A_{\kappa H} \quad (\kappa = p)$$

故由式(8)得

$$H(p^{m+1}) = pH(p^m)$$

且
$$H(p^{m+2}) \neq H(p^{m+1})$$

同理得,若在式(9)中,$p^{m+s+1} \nmid 2B_H$ 时
$$H(p^{m+1}) = pH(p^m)$$

且
$$H(p^{m+2}) \neq H(p^{m+1})$$

其次,考虑当 $p \mid a_0$ 时,由定理 6,序列 $\{u_k(\bmod p^m)\}$ 在 m 项之后开始周期. 令
$$v_0 = u_{m+2}, v_1 = u_{m+3}$$

且 $\{v_k\}$ 与 $\{u_k\}$ 有相同的线性递归关系,则当 $n \leqslant m+2$ 时,$\{v_k(\bmod p^n)\}$ 是严格周期的且与 $\{u_k(\bmod p^n)\}$ 有相同的周期. 由上述讨论即得
$$H(p^{m+1}) = pH(p^m)$$

且
$$H(p^{m+2}) \neq H(p^{m+1})$$

最后由归纳,可以得到
$$H(p^{m+k}) = p^k H(p^m) \quad (k \geqslant 1)$$

注 3　考虑序列
$$H(p), H(p^2), \cdots, H(p^{m_0}), H(p^{m_0+1}), \cdots$$
中前不规则的 m_0 项.

ⅰ)若 $p \mid D$,则
$$H(p^k) = ap^l$$
其中 a 满足 $a = \dfrac{h(p)}{p}$. 从而前 m_0 项为 $a, \cdots, a, ap, \cdots, ap$.

ⅱ)若 $(p, D) = 1$ 且 $p = \Re_1, \Re_2$,则 $(x_0, \Re_1) = 1$ 或 $(x_0, \Re_2) = 1$. 不妨设 $(x_0, \Re_1) = 1$,j 是使得 $\Re_2^j \mid x_0$ 的最

大整数,则

$$H(p^i) = h(\mathfrak{R}_1^i) \quad (i = 1, \cdots, j)$$

从而

$$h(p) \mid H(p^{j+1})$$

且

$$H(p^{j+1}) = H(p^{j+2}) = \cdots = H(p^{m_0})$$

ⅲ)若$(p, D) = 1$ 且 p 是一个素理想,则由定理 8 得

$$H(p) = h(p)$$

此时

$$H(p) = \cdots = H(p^{m_0}) = h(p)$$

§7 序列$\{H(2^m)\}_{m \geqslant 1}$

本节中讨论 $p = 2$ 的情形.

定理 11 设 $2 \nmid (a_0, a_1)$. 若

$$h(4) \mid H(2^m)$$

且

$$H(2^{m+1}) \neq H(2^m)$$

则

$$H(2^{m+k}) = 2^k H(2^m) \quad (k \geqslant 1)$$

证明 同定理 10,只需要证明 $\{u_k (\bmod 2^m)\}$ 严格周期时结论成立.

记 $H = H(2^m)$,则 H 是使得

$$u_H - u_0 \equiv 0 (\bmod 2^m), u_{H+1} - u_1 \equiv 0 (\bmod 2^m) \ (15)$$

成立的最小正整数. 由题设

360

$$H(2^{m+1}) \neq H(2^m)$$

有

$$u_H - u_0 \equiv 2^m (\bmod\ 2^{m+1}) \text{ 或 } u_{H+1} - u_1 \equiv 2^m (\bmod\ 2^{m+1})$$

$$(16)$$

令

$$v_k = \frac{u_{k+H} - u_k}{2^m}$$

显然 $\{v_k\}$ 为一个有理整数序列且和 $\{u_k\}$ 满足相同的线性递归关系. 由于 $h(4) \mid H$,则 H 是 $\{v_k(\bmod\ 4)\}$ 的周期. 从而

$$v_H \equiv v_0 (\bmod\ 4), v_{H+1} \equiv v_1 (\bmod\ 4)$$

即

$$u_{2H} - u_H \equiv u_H - u_0 (\bmod\ 2^{m+2})$$

$$u_{2H+1} - u_{H+1} \equiv u_{H+1} - u_1 (\bmod\ 2^{m+2})$$

联合式(15)得

$$H(2^{m+1}) = 2H$$

下面只需证

$$H(2^{m+2}) \neq 2H$$

则由归纳即得结论成立. 不失一般性,假设式(16)中

$$u_H - u_0 \equiv 2^m (\bmod\ 2^{m+1})$$

成立,则

$$u_{2H} - u_H \equiv u_H - u_0 = \pm 2^m (\bmod\ 2^{m+2})$$

从而

$$u_{2H} - u_0 = (u_{2H} - u_H) + (u_H - u_0) \equiv 2^{m+1} (\bmod\ 2^{m+2})$$

故

$$H(2^{m+2}) \neq 2H$$

参考资料

[1] Carmichael R D. On the numerical factors of the a-rithmetic forms $\alpha^n \pm \beta^n$ [J], Ann. of Math. , 1913/1914,15(2):30-70.

[2] Carmichael R D. On sequences defined by linear recurrent relations[J], Quarterly J. Math. , 1920,48:343-372.

[3] Engstrom H T. On sequences defined by linear recurrent relations [J], Trans. Amer. Math. Soc. , 1931,33(1):210-218.

[4] Hecke E. Lectures on the Theory of Algebraic Numbers [M], GTM 77, New York:Springer-Verlag 1981.

[5] Qu Y H. Rao H, Yang Y M. Periods of β-expansions and linear recurrent sequence [J], Acta Arith. , 2005,120(1):27-37.

[6] Wall D D. Fibonacci series modulo m [J], Amer. Math. Monthly, 1960,67:525-532.

第六编
Fibonacci 数列与平方数

一类二阶递推数列含有平方数的充要条件①

设 a,b 是适合 $a^2 > b$, $(a,b) = 1$ 的非零整数,数列 $\{L_n\}_{n=1}^{\infty}$ 满足 $L_0 = 1$, $L_1 = a$, $L_{n+1} = 2aL_n - bL_{n-1}$ $(n > 0)$. 长沙铁道学院科研所的乐茂华教授 1989 年证明了:当 $b \equiv 1 \pmod 4$ 时,$\{L_n\}_{n=1}^{\infty}$ 中含有平方数的充要条件是某一 L_m 是平方数,这里 $m \in \{1, 2, 4, 8\}$.

Mordell[1] 曾经提到有关二阶递推数列中是否含有平方数的问题. 本章将讨论以下类型的数列

$$\{L_n\}_{n=1}^{\infty} : L_0 = 1, L_1 = a,$$

$$L_{n+1} = 2aL_n - bL_{n-1} \quad (n > 0) \quad (1)$$

其中 a,b 是适合

$$ab \neq 0, a^2 > b, (a,b) = 1 \quad (2)$$

的整数. 在参考资料[2]中,作者实质上证明了:当 $b = 1$ 时,数列(1)含有平方

第 29 章

---

① 本章摘自《数学杂志》1989 年第 9 卷第 3 期.

数的充要条件是 L_1 或者 L_2 的平方数. 本章将证明以下较一般的结果.

定理 当 $b \equiv 1 \pmod 4$ 时,数列(1)含有平方数的充要条件是某一 L_m 是平方数,这里

$$m \in \begin{cases} \{1,2,4,8\} & (a>0) \\ \{2,4,8\} & (a<0) \end{cases}$$

特别是当 b 有适合 $p \equiv \pm 3 \pmod 8$ 的素因子 p 时,式(1)含有平方数的充要条件是 a 为平方数.

上述结果的证明主要依靠柯召[3] 提出的一种初等方法以及以下引理.

引理 当 q 是适合 $q>5, q \equiv 1 \pmod 4$ 的素数时,必有适合

$$q > a_1 > 1 \tag{3}$$
$$a_1 \equiv 1 \pmod 4 \tag{4}$$

的整数 a_1 可使

$$\left(\frac{a_1}{q} \right) = -1$$

这里"$-$"是 Legendre 符号.

证明 设 N 是连续整数 $1, 2, \cdots, q$ 中可使 x 和 $x+2 (1 \leqslant x \leqslant q-3)$ 均为模 q 的二次非剩余的 x 的个数. 对此有

$$N = \frac{1}{4} \left(\sum_{x=1}^{q} f(x) - \sum_{x=q-2}^{q} f(x) \right) \tag{5}$$

其中

$$f(x) = \left(1 - \left(\frac{x}{q} \right) \right) \left(1 - \left(\frac{x+2}{q} \right) \right)$$

根据参考资料[4]中的定理 7.6.2,从式(5)可得

$$N = \frac{1}{4}\left(q - 2 + (-1)^{\frac{q2-1}{n}}2 + \sum_{x=1}^{n}\left(\frac{x(x+2)}{q}\right)\right)$$

$$= \frac{1}{4}(q - 3 + (-1)^{\frac{q2-1}{n}}2)$$

由此可知,在题设条件下必有一对 $x, x+2\,(1 \leqslant x \leqslant q-3)$ 均为模 q 的二次非剩余. 若 $2 \nmid x$,则引理已证. 若 $2 \mid x$,则因 $q-x$ 和 $q-x-2$ 也都是模 q 的二次非剩余,故得引理.

定理的证明　首先考虑 L_n 的一些基本性质. 设

$$D = a^2 - b, \rho = a + \sqrt{D}, \bar{\rho} = a - \sqrt{D}$$

由于

$$L_n = \frac{1}{2}(\rho^n + \bar{\rho}^n) \tag{6}$$

故有

$$L_n \begin{cases} < 0 & (a < 0\ 且\ 2 \nmid n) \\ > 0 & (其他情况) \end{cases} \tag{7}$$

根据 Waring 公式(参见参考资料[5]中公式(1.76)),从式(6)可得

$$L_n = \frac{1}{2}\sum_{j=0}^{\left[\frac{n}{2}\right]} (-1)^i \begin{bmatrix} n \\ i \end{bmatrix} (\rho + \bar{\rho})^{n-2i} (\rho\bar{\rho})^i$$

$$= \frac{1}{2}\sum_{i=0}^{\left[\frac{n}{2}\right]} (-1)^i \begin{bmatrix} n \\ i \end{bmatrix} (2a)^{n-2i} b^i \tag{8}$$

其中

$$\begin{bmatrix} n \\ i \end{bmatrix} = \frac{(n-i-1)!\ n}{(n-2i)!\ i!} \quad (i = 0, \cdots, \left[\frac{n}{2}\right])$$

都是正整数,由于从式(8)可知

$$L_n \equiv 2^{n-1}a^n \pmod{b}$$

故从式(2)可得

$$(L_n, b) = 1 \tag{9}$$

设 s 是正整数，$\varepsilon = \rho^s$，$\bar{\varepsilon} = \bar{\rho}^s$. 对于正奇数 t，设

$$E(t) = \frac{\varepsilon^t + \bar{\varepsilon}^t}{\varepsilon + \bar{\varepsilon}}$$

因为

$$E(t) = \frac{L_{st}}{L_s}$$

故从式(7)可知 $E(t)$ 是正数. 同时，与式(8)相仿地有

$$E(t) = \sum_{j=0}^{\frac{t-1}{2}} (-1)^j \begin{bmatrix} t \\ j \end{bmatrix} (4L_s^2)^{\frac{t-1}{2}-j} b^{sj} \tag{10}$$

所以 $E(t)$ 是满足

$$E(t) \equiv 1 \pmod{4} \tag{11}$$

$$E(t) \equiv (-1)^{\frac{t-1}{2}} tbs^{\left(\frac{t-1}{2}\right)} \pmod{L_s} \tag{12}$$

的正整数. 另外，对于适合 $t > t' \geqslant 1$ 的奇数 t'，从

$$\frac{\varepsilon^t + \bar{\varepsilon}^t}{\varepsilon + \bar{\varepsilon}} = (\varepsilon^{t-t'} + \bar{\varepsilon}^{t-t'})\left(\frac{\varepsilon^{t'} + \bar{\varepsilon}^{t'}}{\varepsilon + \bar{\varepsilon}}\right) - (\overline{\varepsilon\varepsilon})^{t'}\left(\frac{\varepsilon^{t-2t'} + \bar{\varepsilon}^{t-2t'}}{\varepsilon + \bar{\varepsilon}}\right)$$

可知

$$E(t) \equiv \begin{cases} -b^{st'}E(t - 2t') \pmod{E(t')} & (t > 2t') \\ -b^{n(t-t')}E(|t - 2t'|) \pmod{E(t')} & (t < 2t') \end{cases} \tag{13}$$

由于本定理的充分性十分明显，现证明其必要性，如果数列(1)含有平方数，则不妨设 L_m 是其中具有最小下标的平方数. 此时

$$m = 2^r m_1 \quad (r \geqslant 0, 2 \cdot m_1) \tag{14}$$

$$L_m = x^2 \quad (x \text{ 是正整数}) \tag{15}$$

当 $m_1 > 1$ 时，m_1 必有奇素因子 q. 设 $m = qs$，从式（6）（15）可得

$$L_s E(q) = x^2 \tag{16}$$

根据式（9）（12），从式（16）可知有正整数 c, x_1, x_2 可使

$$L_s = cx_1^2, E(q) = cx_2^2, c = 1 \text{ 或 } q, cx_1 x_2 = x$$

若 $c = 1$，则 L_s 也是平方数，与前设矛盾，故必有 $c = q$. 此时

$$L_s = qx_1^2 \tag{17}$$

$$E(q) = qx_2^2 \tag{18}$$

根据式（11），从式（18）可知

$$q \equiv 1 (\bmod 4)$$

同时，从参考资料［2］中的引理 3 可知，对于适合式（3）的奇数 α_1，必有适合 $\alpha_1 > \alpha_2 > \cdots > \alpha_k = 1$ 的奇数 $\alpha_2, \cdots, \alpha_k$ 以及正整数 $\beta_1, \cdots, \beta_{k-1}$ 可使

$$q = 2\beta_1 \alpha_1 + \delta_1 \alpha_2, \delta_1 = \pm 1, \alpha_{i-1} = 2\beta_i \alpha_i + \delta_i \alpha_{i+1},$$
$$\sigma_i = \pm 1 \quad (i = 2, \cdots k - 1) \tag{19}$$

当 $q > 2a_1$ 时，根据 Jacobi 符号的性质，从式（10）（11）（12）（13）可得

$$\left(\frac{E(q)}{E(\alpha_1)} \right) = \left(\frac{-b^n E(q - 2\alpha_1)}{E(\alpha_1)} \right) = \left(\frac{b^{3\alpha_1}}{E(\alpha_1)} \right) \left(\frac{E(q - 2\alpha_1)}{E(\alpha_1)} \right)$$

$$= \begin{cases} \left(\dfrac{E(q - 2\alpha_1)}{E(\alpha_1)} \right) & (2|s) \\[3mm] \left(\dfrac{E(\alpha_1)}{|b|} \right) \left(\dfrac{E(q - 2\alpha_1)}{E(\alpha_1)} \right) = \left(\dfrac{(2L_s)^{\alpha_1 - 1}}{|b|} \right) \left(\dfrac{E(q - 2\alpha_1)}{E(\alpha_1)} \right) & (2 \nmid s) \end{cases}$$

$$= \left(\frac{E(q - 2\alpha_1)}{E(\alpha_1)} \right) \qquad (20)$$

当 $q < 2\alpha_1$ 时,因为 $2 \mid q - \alpha_1$,故从式(11)(13)可得

$$\left(\frac{E(q)}{E(\alpha_1)} \right) = \left(\frac{-b^{s(q-\alpha_1)}E(|4 - 2\alpha_1|)}{E(\alpha_1)} \right) = \left(\frac{E(|q - 2\alpha_1|)}{E(\alpha_1)} \right)$$

结合式(20)即得

$$\left(\frac{E(q)}{E(\alpha_1)} \right) = \left(\frac{E(|q - 2\alpha_1|)}{E(\alpha_1)} \right)$$

因此,反复上述过程,从式(19)可知:对于适合式(3)
的奇数 α_1 都有

$$\left(\frac{E(q)}{E(\alpha_1)} \right) = \left(\frac{E(|q - 2\alpha_1|)}{E(\alpha_1)} \right) = \cdots = \left(\frac{E(|q - 2\beta_1\alpha_1|)}{E(\alpha_1)} \right)$$

$$= \left(\frac{E(\alpha_2)}{E(\alpha_2)} \right) = \cdots = \left(\frac{E(\alpha_k)}{E(\alpha_{k-1})} \right) = \left(\frac{E(1)}{E(\alpha_{k-1})} \right) = 1$$

$$(21)$$

另一方面,从式(12)(17)(18)可得

$$\left(\frac{E(q)}{E(\alpha_1)} \right) = \left(\frac{qx_2^2}{E(\alpha_1)} \right) = \left(\frac{q}{E(\alpha_1)} \right) = \left(\frac{E(\alpha_1)}{q} \right)$$

$$= \left(\frac{(-1)^{\frac{\alpha_1 - 1}{2}} \alpha_1 b^{s(\frac{\alpha_1 - 1}{2})}}{q} \right) = \left(\frac{\alpha_1}{q} \right) \left(\frac{b^{s(\frac{\alpha_1 - 1}{2})}}{q} \right) (22)$$

由于从引理可知:当 $q > 5, q \equiv 1 \pmod 4$ 时,必有适合
式(3)(4)的整数 α_1 可使

$$\left(\frac{\alpha_1}{q} \right) = -1$$

此时从式(22)即得

$$\left(\frac{E(q)}{E(\alpha_1)} \right) = -1$$

与式(21)矛盾. 因此式(17)中的 q 仅可能等于 5,当

$q = 5$ 时,从式(17)(18)可得

$$16L_s^4 - 20b^s L_s^2 + 5b^{2s} = 5x_2^2$$

由此可知 $5 \mid L_s$,且当 $L_s = 5l$ 时

$$(50l^2 - b^3)^2 - x_2^2 = 500l^4 \qquad (23)$$

由于

$$50l^2 = 2L_s^2 = \frac{1}{2}(\varepsilon + \overline{\varepsilon})^2 > \varepsilon \, \overline{\varepsilon} = b^s$$

所以

$$50l^2 - b^2 > 0$$

并且从式(9)可知

$$(50l^2 - b^s + x_2, 50l^2 - b - x_2) = 2$$

因此从式(23)可知有适合

$$l_1 l_2 = l, (l_1, l_2) = 1, 2 \mid l_1 l_2$$

的正整数 l_1, l_2 可使

$$50l^2 - b^s + x_2 = \begin{cases} 2l_1^4 \\ 250l_2^4 \end{cases}$$

$$50l^2 - b^s - x_2 = \begin{cases} 250l_2^4 \\ 2l_1^4 \end{cases}$$

由此立得

$$-1 \equiv -b^s = l_1^4 - 50l_1^2 l_2^2 + 125 l_2^4 \equiv l_1^4 + l_2^4 \equiv 1 \pmod{4}$$

这一矛盾,从以上分析可知式(14)中的 $m_1 = 1$.

当式(14)中的 $r \geqslant 4$ 时,$m = 16s$,设 $\varepsilon = \rho^s, \overline{\varepsilon} = \overline{\rho}^s$.
从式(15)可得

$$\left(\frac{x + b^{4s}}{2}\right)^2 + \left(\frac{x - b^{4s}}{2}\right)^2 = (2L_{4s}^2 - b^{4s})^2 \qquad (24)$$

由于

$$x = \sqrt{\frac{1}{2}(\varepsilon^{1s} + \overline{\varepsilon}^{1s})} > (\varepsilon\,\overline{\varepsilon})^4 = b^{4s}$$

$$2L_{4s}^2 = \frac{1}{2}(\varepsilon^4 + \overline{\varepsilon}^4)^2 > (\varepsilon\,\overline{\varepsilon})^4 = b^{4s}$$

故从式(9)可知 $\frac{1}{2}(x + b^{4s})$, $\frac{1}{2}(x - b^{4s})$, $2L_{4s}^2 - b^{4s}$ 是两两互素的正整数. 因此, 根据参考资料 [4] 中定理 11.6.1, 从式(24)可知有适合 $u > v > 0$, $(u,v) = 1, 2 \mid uv$ 的正整数 u,v 可使

$$\frac{x + b^{4s}}{2} = \begin{cases} u^2 - v^2 \\ 2uv \end{cases}$$

$$\frac{x - b^{4s}}{2} = \begin{cases} 2uv \\ u^2 - v^2 \end{cases} \tag{25}$$

$$2L_{4s}^2 - b^{4s} = u^2 + v^2$$

从前一种情况可得

$$b^{4s} = (u - v)^2 - 2v^2 \tag{26}$$

$$L_{4s}^2 = u(u - v) \tag{27}$$

由于 $(u, u - v) = 1$, 从式(27)可得

$$u = l_1^2, u - v = l_2^2, l_1 l_2 = L_{4s}$$

将此代入式(26)立得

$$l_2^4 - b^{4s} = 2v^2$$

从参考资料 [4] 中的习题 11.7.1 之(c)可知这是不可能的. 同理可证后一种情况. 由此可知式(14)中的 $r \leq 3$.

综上所述, 可知 $m \in \{1, 2, 4, 8\}$. 另外, 当 $a < 0$ 时, $L_1 = a$ 不是平方数, 故此时 $m \in \{2, 4, 8\}$.

此外, 如果式(15)中的 m 是偶数, 则有

$$x^2 - 2L_{\frac{m}{2}}^2 = -b^{\frac{m}{2}} \tag{28}$$

由于从式(9)(28)可知

$$(x, 2L_{\frac{m}{2}}) = 1$$

所以对于 b 的奇素因子 p，从式(28)可知 $\left(\dfrac{2}{p}\right) = 1$，因此

$$p \equiv \pm 1 (\bmod 8)$$

由此可知，当 b 有适合

$$p \equiv \pm 3 (\bmod 8)$$

的素因子 p 时，数列(1)含有平方数的充要条件是 $L_1 = a$ 为平方数. 定理证完.

参考资料

[1] Mordell L J. Diophantine Equations, Academic Press, New York, 1969.

[2] 乐茂华. 方程 $x^4 - Dy^2 = 1$ 有正整数解的充要条件, 科学通报, 1984, 22: 1407; 长春师院学报(自然科学版), 1984: 34-38.

[3] Chao Ko. On the diophantine equation $x^2 = y^2 + 1$, $xy \neq 0$, Sci. Sin., 1965, 3: 457-460.

[4] 华罗庚. 数论导引, 科学出版社, 北京, 1979.

[5] Lidl R, Niederreiter H. Finite Fields, Addison-Wesley Pub. Co., Reading, Mathachusettes, 1983.

一类序列的平方数[①]

设 $u_1 = 1$，$u_2 = 4$，$u_n = 4u_{n-1} - u_{n-2}$ $(n \geqslant 3)$ 及 $v_1 = 4$，$v_2 = 14$，$v_n = 4v_{n-1} - v_{n-1}(n \geqslant 3)$，浙江师大的陈建明教授 1989 年证明了：

定理 1 $v_n = x^2$ 仅当 $n = 1$，$x = \pm 2$；

$v_n = 2x^2$ 对任意 n 均无解.

定理 2 $u_n = x^2$ 仅当 $n = 1,2$，$x = \pm 1$，± 2；

$u_n = 2x^2$ 对任意 n 均无解.

对于递归序列

$$u_0 = 1，u_1 = 1，u_{n+2} = u_{n+1} + u_n$$

及

$$v_0 = 2，v_1 = 1，v_{n+2} = v_{n+1} + v_n$$

已有许多研究. 特别对上述两个序列，已有许多证明，除已知的平方数外没有其他平方数.[1]

---

① 本章摘自《浙江师范大学学报(自然科学版)1989 年 5 月第 12 卷第 1 期.

在证明上述定理以前先建立下列引理.

引理 1　对于 u_n,即得一个周期为 4 的序列 $1,0$, $-1,0,1,0,-1,0,\cdots$,即:

$n \equiv 0 \pmod{2}$ 时

$$u_n \equiv 0 \pmod{4}$$

$n \equiv 3 \pmod{4}$ 时

$$u_n \equiv 3 \pmod{4}$$

$n \equiv 1 \pmod{4}$ 时

$$u_n \equiv 1 \pmod{4}$$

证明　$n = 1, n = 2$ 时显然,$n \geqslant 3$.

由于

$$u_n \equiv 4u_{n-1} - u_{n-2}$$
$$\equiv -u_{n-2} \pmod{4}$$

故当 $n \equiv 0 \pmod{2}$ 时

$$n - 2 \equiv 0 \pmod{2}$$

由于 $n = 2$ 时

$$u_2 \equiv 0 \pmod{4}$$

故

$$u_n \equiv 0 \pmod{4}$$

当 $n \equiv 1 \pmod{2}$ 时

$$n - 2 \equiv 1 \pmod{2}$$

而由

$$u_n \equiv -u_{n-2} \pmod{4}$$

即知:

$n \equiv 3 \pmod{4}$ 时

$$u_n \equiv 3 \pmod{4}$$

$n \equiv 1 \pmod{4}$ 时

Zernov 定理

$$u_n \equiv 1 \pmod 4$$

引理2 设 $n \geqslant 1$,则

$$u_n = \frac{\alpha^n - \beta^n}{2\sqrt{3}}, v_n = \alpha^n + \beta^n$$

其中

$$\alpha = 2 + \sqrt{3}, \beta = 2 - \sqrt{3}$$

引理3 $v_n^2 - 4 \times 3 u_n^2 = 4$

证明 $v_n^2 - 4 \times 3 u_n^2 = (\alpha^n + \beta^n)^2 - (\alpha^n - \beta^n)^2$
$$= 4\alpha^n\beta^n = 4$$

引理4 i)$2u_{n+m} = u_n v_m + u_m v_n$

ii)$2v_{m+n} = 12 u_m v_n + v_m v_n$

iii)$v_{2m} = v_m^2 - 2$

iv)$u_{2m} = u_m v_m$

引理5 不定方程 $x^4 - 3y^2 = 1$ 没有正整数解.

证明 见参考资料[2].

引理6 不定方程 $y^2 - 3x^4 = 1$ 仅有正整数解

$$x = 1, y = 2$$

和

$$x = 2, y = 7$$

证明 见参考资料[2].

引理7 不定方程 $4x^4 - 3y^2 = 1$ 仅有解为 $x = \pm 1$,
$y = \pm 1$.

证明 见参考资料[3].

定理1的证明 若 $v_n = x^2$,则由引理3知

$$x^4 - 3 \times 4 u_n^2 = 4$$

由于 $2 \mid v_n$,设 $x = 2x_1$,即 $16 \mid x^4$. 代入得

$$16x_1^4 - 3 \times 4u_n^2 = 4$$

故

$$4x_1^4 - 3u_n^2 = 1$$

由引理 7 知上述仅有解 $x_1 = \pm 1$，即 $x = \pm 2$，从而知 $n = 1$.

若 $v_n = 2x^2$，则由引理 3 知

$$4x^4 - 3 \times 4u_n^2 = 4$$

故

$$x^4 - 3u_n^2 = 1$$

由引理 5 知此不可能，故定理 1 成立.

定理 2 的证明　设 $u_n = x^2$，代入

$$v_n^2 - 3 \times 4u_n^2 = 4$$

由 $2 \mid v_n$ 即知

$${v'}_n^{\,2} - 3x^4 = 1$$

其中 $v_n = 2{v'}_n$.

由引理 6 知上述不定方程仅有解为

$$x = \pm 1, x = \pm 2$$

即

$$n = 1, n = 2$$

当 $u_n = 2x^2$ 时，$n = 2m$，则由引理 4 知

$$u_{2m} = u_m v_m$$

即

$$2x^2 = u_m v_m, 2 \mid v_m$$

即

$$x^2 = u_m \frac{v_m}{2}$$

因

$$(u_m, v_m) = 1$$

或

$$(u_m, v_m) = 2$$

故

$$\left(u_m, \frac{v_m}{2}\right) = 1$$

故

$$u_m = y^2, \frac{v_m}{2} = z^2, x = yz$$

而由定理 1 知

$$u_m = 2z^2$$

无解, 故当

$$n \equiv 0 \pmod{2}$$

时, $u_n = 2x^2$ 不能成立.

当 $n = 2m + 1$ 时, 由引理 1 知

$$u_n \equiv 1 \pmod{2}$$

故不可能有 $u_n = 2x^2$. 定理 2 证毕.

推论 不定方程 $y^2 - 3 \times 4x^4 = 1$ 无整数解.

证明 $y^2 - 3 \times 4x^2 = 1$ 的基本解为 $7 + 4\sqrt{3}$, 故

$$y + 2\sqrt{3}x^2 = (7 + 4\sqrt{3})^n = (2 + \sqrt{3})^{2n}$$

$$y - 2\sqrt{3}x^2 = (7 - 4\sqrt{3})^n = (2 - \sqrt{3})^{2n}$$

于是

$$2x^2 = \frac{(2 + \sqrt{3})^{2n} - (2 - \sqrt{3})^{2n}}{2\sqrt{3}} = u_{2m}$$

由定理 2 知上式无解, 故推论成立.

参考资料

[1] 柯召,孙琦. 谈谈不定方程. 上海:上海教育出版社,1980:74-76.

[2] Ljunggren W. Some remarks on the diophantine Cquations $x^2 - dy^4 = 1$ and $x^4 - dy^2 = 1$. J. London Math. Soc, 1966(41):542-544.

[3] 曹珍富等. 关于一类丢番图方程的解. 黑龙江大学学报(自然科学版),1985(1):24-26.

一类二阶循环序列中存在平方数的注记[①]

第 31 章

浙江师大数学系的陈建明教授 1993 年考虑了二阶循环序列

$$L_0 = 0, L_1 = 1, L_{n+2} = 2kL_{n+1} - L_n \quad (n \geqslant 0)$$

$$V_0 = 2, V_1 = 2k, V_{n+2} = 2kV_{n+1} - V_n \quad (n \geqslant 0)$$

中存在平方数的条件, 通过若干不定方程的研究得出若干结果.

Mordell 在参考资料[1]中曾经提到有关二阶循环数列中是否有平方数的问题. 本章讨论以下类型的序列(1)和(2)中含有平方数的条件, 其中 k 为自然数. 在参考资料[2]中, 乐茂华实质上得到了序列(2)中使得 $V_n = 2x^2$ 成立的条件, 我们用初等的方法研究 $L_n = x^2$ 和 $V_n = x^2$ 成立的条件, 首先讨论两个不定方程, 然后将它们应用于式(1)和(2)得出若干结果

① 本章摘自《浙江师范大学学报(自然科学版)1993 年 11 月第 16 卷第 4 期.

$$L_0 = 1, L_1 = 1, L_{n+2} = 2kL_{n+1} - L_n \quad (n \geqslant 0) \quad (1)$$

$$V_0 = 2, V_1 = 2k, V_{n+2} = 2kV_{n+1} - V_n \quad (n \geqslant 0) \quad (2)$$

设 ε 和 $\bar{\varepsilon}$ 为 $x^2 - 2kx + 1 = 0$ 的两个根,则对于序列(1)和(2)有

$$L_n = \frac{\varepsilon^n - \bar{\varepsilon}^n}{2\sqrt{D}}, V_n = \varepsilon^n + \bar{\varepsilon}^n$$

其中 $n \geqslant 0$, $D = k^2 - 1$,熟知

$$V_n - 4DL_n^2 = 4 \quad\quad (3)$$

引理 1[3] 　不定方程 $x^2 - 2y^4 = -1$ 仅有正整数解 $x = 1, y = 1$ 和 $x = 239, y = 13$.

定理 1　不定方程

$$x^2 - (k^2 - 1)y^4 = 1 \quad\quad (4)$$

除 $k = 2a^2$ 和 $k = 13^2$ 外,仅有正整数解 $x = k, y = 1$;当 $k = 2a^2$ 时有正整数解

$$x = 2a^2, y = 1$$

及

$$x = 8a^4 - 1, y = 2a$$

当 $k = 13^2$ 时有正整数解

$$x = 13^2, y = 1$$

及

$$x = 6\,076\,649\,281, y = 2 \times 13 \times 239 = 6\,214.$$

证明　显然对 $\forall k \in \mathbf{N}$,式(4)恒有正整数解

$$x = k, y = 1$$

二次域 $R(\sqrt{k^2 - 1})$, $\delta = k + \sqrt{k^2 - 1}$ 为基本单位数,据参考资料[4]知式(4)的一切正整数解 $x + y^2\sqrt{k^2 - 1}$ 可由 δ, δ^2 或 δ, δ^4 之一给出.

若

$$x + y^2 \sqrt{k^2 - 1} = (k + \sqrt{k^2 - 1})^2$$
$$= (2k^2 - 1) + 2k\sqrt{k^2 - 1}$$

则

$$x = 2k^2 - 1, y^2 = 2k$$

从而仅当 $k = 2a^2$ 时,方程(4)有两组正整数解 $x = 2a^2$, $y = 1$ 和 $x = 8a^4 - 1, y = 2a$.

若

$$x + y^2 \sqrt{k^2 - 1} = (k + \sqrt{k^2 - 1})^4$$
$$= 8k^4 - 8k^2 + 1 + 4k(2k^2 - 1)\sqrt{k^2 - 1}$$

则

$$x = 8k^4 - 8k^2 + 1, y^2 = 4k(2k^2 - 1) \qquad (5)$$

由式(5)的第二式知

$$\left(\frac{y}{2}\right)^2 = k(2k^2 - 1)$$

显然

$$(k, 2k^2 - 1) = 1$$

故

$$k = l^2, 2k^2 - 1 = m^2, \frac{y}{2} = lm \qquad (6)$$

由式(6)即知

$$m^2 - 2l^4 = -1$$

由引理 1 知仅有正整数解为 $m = 1, l = 1$ 及 $m = 239$, $l = 13$,当 $m = l = 1$ 时

$$y = 2, x = 7$$

此解已由 δ^2 给出(在最后一组解中令 $a = 1$). 当 $m = 239, l = 13$ 时,由式(5)即得 $x = 6\ 076\ 649\ 281$, $y = 6\ 214$,证毕.

推论 1 序列(1)当且仅当 $k = 2a^2$ 及 $k = 13^2$ 时有

两个平方数存在.

证明 显然式(1)对于任意的正整数 k 均含有平方数 1,根据式(3),若 $L_n = y^2$,则

$$V_n^2 - 4(k^2 - 1)y^4 = 4$$

由式(2)知 $2 \mid V_n$,故对于任意的 $n \geq 0$,有

$$\left(\frac{V_n}{2}\right)^2 - (k^2 - 1)y^4 = 1$$

由定理 1 即知推论 1 成立.

下面考虑不定方程

$$4x^4 - (k^2 - 1)y^2 = 1 \tag{7}$$

显然当 $k \equiv 1 \pmod 2$ 时,式(7)无解,故可设 $k \equiv 0 \pmod 2$.

定理 2 若 $k^2 - 1 = pq, p \equiv 1 \pmod 4$ 为素数,且 $\left(\dfrac{\dfrac{p+1}{2}}{p}\right) = -1$,则式(7)无正整数解.

证明 由式(7)知

$$(2x^2 + 1)(2x^2 - 1) = pqy^2 \tag{8}$$

因 p 为素数,故 p 整除等式左边的两个因数之一. 若

$$p \mid (2x^2 + 1)$$

则

$$2x \equiv -1 \pmod p$$

即

$$x^2 \equiv -\frac{p+1}{2} \pmod p$$

而

$$p \equiv 1 \pmod 4$$

时

$$\left(\dfrac{-\dfrac{p+1}{2}}{p}\right)=\left(\dfrac{\dfrac{p+1}{2}}{p}\right)=-1$$

故
$$p\nmid(2x^2+1)$$

同理
$$p\nmid(2x^2-1)$$

从而式(7)无正整数解.

推论 2 当 k 的个位数是 4,6 时,式(7)无整数解.

证明 此时,有 $5\mid k^2-1$,而 5 是满足定理 2 条件的素数,则推论 2 成立.

定理 3 若 $p=k-1,q=k+1,p\mid(2x^2\pm1),q\mid(2x^2\mp1),p=3,5(\bmod 8)$ 为素数,则式(7)无正整数解.

证明 由式(7)知
$$(2x^2+1)(2x^2-1)=pqy^2$$
得
$$4x^2=pe^2+qf^2 \tag{9}$$
对式(9)取模 p,则即知
$$\left(\dfrac{q}{p}\right)=1$$
而
$$\left(\dfrac{q}{p}\right)=\left(\dfrac{2}{p}\right)=-1$$
矛盾.

定理 4 若 $p=k+1,q=k-1,p\mid(2x^2+1),q\mid(2x^2-1)$,则式(7)除 $2x^2+1=p,2x^2-1=q$ 特殊情况外,无其他正整数解.

证明　由式(7)和条件知

$$2x^2 + 1 = pe^2, 2x^2 - 1 = qf^2, y = ef$$

则

$$4x^2 = pe^2 + qf^2 \qquad (10)$$

$$2 = pe^2 - qf^2 \qquad (11)$$

由式(11)知

$$e = 1, f = 1$$

为基本解,对于不定方程

$$x^2 - pqy^2 = 1 \qquad (12)$$

显然基本解为

$$\varepsilon = k + \sqrt{pq}$$

故式(11)的全部解为:$(\sqrt{p} + \sqrt{q})\varepsilon^n$ 和 $(\sqrt{p} - \sqrt{q})\varepsilon^n$,
$n \geqslant 0$.

因为由

$$px^2 - qy^2 = 2$$

得

$$(px)^2 - (pq)y^2 = 2p \qquad (13)$$

设式(13)的基本解为 u_0, v_0,则

$$0 \leqslant v_0 \leqslant \frac{y_0 \sqrt{2p}}{\sqrt{2(x_0 + 1)}} = 1 \quad (y_0 = 1, x_0 = k, p = k + 1)$$

且 $(\sqrt{p} + \sqrt{q})\varepsilon^n$ 和 $(\sqrt{p} - \sqrt{q})\varepsilon^n$ 可解为两个不同的结合类.

设

$$\varepsilon^n = x_n + y_n \sqrt{pq}$$

则式(11)的一切解可表示为

$$A_n \sqrt{p} + B_n \sqrt{q} = (\sqrt{p} + \sqrt{q})(x_n + y_n \sqrt{pq})$$

$$= (x_n + qy_n)\sqrt{p} + (x_n + py_n)\sqrt{q} \qquad (14)$$

或

$$A_n \sqrt{p} + B_n \sqrt{q} = (\sqrt{p} - \sqrt{q})(x_n + y_n \sqrt{pq})$$
$$= (x_n - qy_n)\sqrt{p} + (-x_n + py_n)\sqrt{q} \quad (15)$$

由式(14)得

$$A_n = x_n + qy_n, B_n = x_n + py_n$$

代入式(10)得

$$p(x_n + qy_n)^2 + q(x_n + py_n)^2 = (2x)^2 \quad (16)$$

利用待定系数法可设

$$2x = ax_n + by_n$$

代入式(16)展开得

$$(p+q)x_n^2 + 4pqx_ny_n + pq(p+q)y_n^2$$
$$= a^2 x_n^2 + 2abx_ny_n + b^2 y_n^2$$

故

$$a^2 = p + q = 2k \quad (17)$$
$$b^2 = pq(p+q) = 2k(k^2 - 1) \quad (18)$$

由式(17)知 $k = 2m^2$ 代入式(18)即得

$$b^2 = 4m^2(4m^4 - 1)$$

此不可能,故要使式(16)成立仅有当 $y_n = 0$,即 $n = 0$,此时 $e = 1, f = 1$ 满足式(10),从而

$$4x^2 = 2k$$

而当 $k = 2m^2$ 时,$x = m, y = 1$ 为式(7)的一个正整数解.

对于式(15)可同理讨论,即知仅当 $k = 2m^2$ 时有解 $x = m, y = 1$.

推论3 当 $k = 2^l, l = 1 \pmod 2$ 时,不定方程(7)有解 $x = 2^{\frac{l-1}{2}}, y = 1$.

定理5 若 $k - 1 = b^2$,而 $k + 1 = p$ 为素数,则除

$k = 2$ 外,式(7)无整数.

证明 由式(7)知

$$2(x^2 \pm 1)(2x^2 \mp 1) = b^2 p y^2 \qquad (19)$$

情形 $1 : b^2 \mid (2x^2 \pm 1), p \mid (2x^2 \mp 1)$. 由式(19)得

$$2x^2 \pm 1 = pe^2, 2x^2 \mp 1 = b^2 f^2, y = ef \qquad (20)$$

$$4x^2 = pe^2 + b^2 f^2$$

$$(2x \pm bf)(2x \mp bf) = pe^2 \qquad (21)$$

设

$$(2x + bf, 2x - bf) = d$$

故

$$d \mid 4x, d \mid 2bf$$

则

$$d \mid 2(2x, bf)$$

由式(20)的第二式知

$$(2x, bf) = 1$$

bf 为奇数,故 $2x \pm bf$ 为奇数,从而 $d = 1$. 由式(21)得

$$2x \pm bf = pg^2, 2x \mp bf = h^2, e = hg, 4x = pg^2 + h^2 \qquad (22)$$

将 $4x$ 和 e 的表达式代入式(20)的第一式得

$$(pg^2 + h^2)^2 \pm 8 = 8p(gh)^2$$

展开配方化简得

$$(pg^2 - 3h^2)^2 - 8h^4 = \mp 8$$

即

$$2\left(\frac{pg^2 - 3h^2}{4}\right)^2 - h^4 = \mp 1 \qquad (23)$$

等式右边的正负号依 $b^2 \mid (2x^2 - 1)$ 或 $b^2 \mid (2x^2 + 1)$ 而定.

当 $b^2 \mid (2x^2 - 1)$ 时,式(23)的右边取负号,熟知它

仅有的整数解为

$$pg^2 - 3h^2 = 0$$

即

$$p = 3, h = 1$$

从而

$$p = 3, g = 1$$

即 $k = 2$,从而此时

$$x = 1, y = 1$$

为仅有的一个正整数解.

当 $b^2 \mid (2x^2 + 1)$ 时,式(23)的右边取正号,熟知,它仅有解

$$h = 1, \frac{pg^2 - 3h^2}{4} = 1$$

即

$$pg^2 = 7, p = 7$$

故 $k = 6$,而 $k - 1 = 5$ 不为平方数,故此时无整数解.

情形 $2: b^2 p \mid (2x^2 \pm 1)$. 由式(19)得

$$2x^2 \pm 1 = b^2 pe^2, 2x^2 \mp 1 = f^2, y = ef$$

则

$$4x^2 - f^2 = b^2 pe^2$$

故

$$(2x \pm f)(2x \mp f) = b^2 pe^2 \qquad (24)$$

易证

$$(2x + f, 2x - f) = 1$$

故由式(24)即得

$$2x \pm f = pg^2$$
$$2x \mp f = b^2 h^2$$
$$e = gh \qquad (25)$$

或

$$2x \pm f = pb^2 g^2$$
$$2x \mp f = h^2 \qquad\qquad (26)$$
$$e = gh$$

无论式（25）或（26）均可类似于情形 1 归纳为形如 (23)的方程.

类似于定理 5 还有:

定理 6　若 $k + 1 = b^2$,而 $k - 1 = p$ 为系数,则除 $k = 8$ 外,式(7)无整数解.

推论 4　当 k 满足定理 2,定理 3,定理 4,定理 5, 定理 6 中所述条件,则除 $k = 2a^2$ 外,序列(2)无平方数 存在.

参考资料

[1]Mordell L J. Diophantine Enqations. Academic Prass. New York. 1969:60.

[2]乐茂华. 科学通报,1984,29(22):1407.

[3]Ljunggrcn W. Auh. Norshc Vid. Aked. Oslo. 1942,51.

[4]Mordell L J. Diophantine Enqations. Academic Prass. New York. 1969:271.

第七编
Fibonacci 数列的概率性质

广义 Fibonacci 序列的概率性质

§1 问题的引出

在参考资料[1]中给出了这样两个结果：

i ）从自然数序列中（有放回）随机取两项，则它们互素的概率是 $\dfrac{6}{\pi^2}$；

ii ）从 Fibonacci 序列中（有放回）随机取两项，则它们互素的概率 P 满足

$$\frac{7}{\pi^2} < P < \frac{8}{\pi^2}$$

由此我们自然提出下面的问题：

1）从自然数序列中（有放回）随机取 m（>1）项，问它们的最大公因子是 1 的概率为多少？

2）对任意给定的自然数 m（>1），n，从自然数序列中（有放回）随机取 m 项，问它们的最大公因子是 n 的概率为多少？

3)结果 ⅱ)中给出的 P 的精确值为多少?

4)从 Fibonacci 序列中(有放回)随机取 $m(>1)$ 项,问它们的最大公因子是 1 的概率为多少?

河北大学数学系 77 级的杜兆伟同学 1981 年研究了广义 Fibonacci 序列的概率性质. 在定理 2 中解决了 1),2)两个问题;在定理 1,定理 3 中分别给出了当$(a, b)=1$ 时,从 $\{F_n\}_{n=1}^{\infty}$ 中(有放回)随机取 $m(>1)$ 项,它们的最大公因子是 1 的充要条件及概率精确值,而把问题 3),问题 4)的解答作为定理 3 的直接推论给出.

§2 几个引理

定义 1 对任意给定的自然数 a,b,令

$$F_0 = 0, F_1 = 1$$
$$F_{n+1} = aF_n + bF_{n-1} \quad (n=1,2,\cdots) \tag{1}$$

称序列$\{F_n\}_{n=1}^{\infty}$为广义 Fibonacci 序列.

显然 $a=b=1$ 时,此序列正是 Fibonacci 序列,因此序列$\{F_n\}_{n=1}^{\infty}$是 Fibonacci 序列的广义形式.

引理 1 任意给两个自然数 n 和 $r,n \geqslant r+1$(r 可以为零),则关系式

$$F_n = F_{r+1} \cdot F_{n-r} + bF_r \cdot F_{n-(r+1)} \tag{2}$$

成立.

证明 任意 n,对 $r<n$ 用归纳法:

$r=0$ 时,结论显然.

当 $r>0$ 时

$$F_n = F_r F_{n-r+1} + bF_{r-1}F_{n-r}$$

394

$$= F_r(aF_{n-r} + bF_{n-r-1}) + bF_{r-1}F_{n-r}$$
$$= F_{r+1}F_{n-r} + bF_r F_{n-(r+1)}.$$

由归纳原理知 $r < n$ 时,式(2)成立. 证毕!

引理 2　若 $m \mid n$,则 $F_m \mid F_n$.

证明　设 $n = mk$. 对 k 用归纳法:

$k = 1$ 时,命题显然成立.

假定小于 k 时,命题成立.

当自然数 k 时,由引理 1,有

$$F_n = F_m F_{n-m+1} + bF_{m-1}F_{n-m} \qquad (3)$$

因为 $m \mid (n-m)$,故由归纳假定 $F_m \mid F_{n-m}$,于是从式(3)便得 $F_m \mid F_n$.

由归纳原理,对任意自然数 k,命题成立. 证毕!

引理 3　设 $(a,b) = 1, K = \min\{s \geqslant 1 : p \mid F_s\}$,其中 p 为某个素数,则 $p \mid F_n$ 的充要条件是 $K \mid n$.

证明　必要性. 设 $n = \lambda K + r, 0 \leqslant r < K, \lambda$ 为非负整数. 对 λ 用归纳法:

$\lambda = 0$ 时,显然有

$$p \mid F_r \Rightarrow r = 0$$

即 $\lambda = 0$ 时命题成立.

假定小于 λ 时命题成立.

由引理 1,有

$$F_n = F_{r+1}F_{\lambda K} + bF_r F_{K(\lambda-1)+K-1}$$

于是由引理 2,$(a,b) = 1$ 及归纳假设知

$$p \mid F_n \Rightarrow p \mid F_r \Rightarrow r = 0$$

即 λ 时命题成立.

由归纳原理,必要性成立.

充分性. 若 $K \mid n$,由引理 2,$F_K \mid F_n$. 从 $p \mid F_K$ 便知 $p \mid F_n$. 充分性得证.

至此引理 3 证毕!

§3 问题的解决

定理 1 在条件 $(a,b)=1$ 下有

ⅰ) $a \neq 1$ 时

$$(F_{t_1},\cdots,F_{t_m})=1 \Leftrightarrow (t_1,\cdots,t_m)=1$$

ⅱ) $a=1$ 时

$$(F_{t_1},\cdots,F_{t_m})=1 \Leftrightarrow (t_1,\cdots,t_m)=1 \text{ 或 } 2$$

证明 ⅰ) 如果

$$(F_{t_1},\cdots,F_{t_m}) \neq 1$$

则有素数 p 使得 $p|F_{t_i}(i=1,2,\cdots,m)$. 设

$$K=\min\{s \geqslant 1 : p|F_s\}$$

因为 $F_1=1$, 故 $K>1$. 由引理 3 有

$$K|t_i \quad (i=1,2,\cdots,m)$$

从而

$$(t_1,\cdots,t_m) \geqslant K>1$$

所以当 $(t_1,\cdots,t_m)=1$ 时, 定有

$$(F_{t_1},\cdots,F_{t_m})=1$$

反之, 如果

$$(t_1,\cdots,t_m)=s \neq 1$$

则 $F_s \neq 1$. 故有某素数 $p, p|F_s$. 由引理 2, 有

$$F_s|F_{t_i} \quad (i=1,2,\cdots,m)$$

从而

$$p|F_{t_i} \quad (i=1,\cdots,m)$$

于是

$$(F_{t_1},\cdots,F_{t_m}) \geqslant p \neq 1$$

396

因此当
$$(F_{t_1}, \cdots, F_{t_m}) = 1$$
时,定有
$$(t_1, \cdots, t_m) = 1$$

ⅱ)如果
$$(F_{t_1}, \cdots, F_{t_m}) \neq 1$$
则有某素数 p 使得 $p \mid F_{t_i} (i = 1, \cdots, m)$. 设
$$K = \min\{s \geqslant 1 : p \mid F_s\}$$
因为 $F_1 = F_2 = 1$,所以 $K > 2$. 由引理 3,有
$$K \mid t_i \quad (i = 1, \cdots, m)$$
于是
$$(t_1, \cdots, t_m) \geqslant K > 2$$
因此当 $(t_1, \cdots, t_m) = 1$ 或 2 时,定有
$$(F_{t_1}, \cdots, F_{t_m}) = 1$$

反之,如果
$$(t_1, \cdots, t_m) = s > 2$$
则 $F_s > 1$,故有某素数 $p, p \mid F_s$. 由引理 2,有
$$F_s \mid F_{t_i} \quad (i = 1, \cdots, m)$$
从而
$$p \mid F_{t_i} \quad (i = 1, \cdots, m)$$
于是
$$(F_{t_1}, \cdots, F_{t_m}) \geqslant p \neq 1$$
因此当 $(F_{t_1}, \cdots, F_{t_m}) = 1$ 时,定有 $(t_1, \cdots, t_m) = 1$ 或 2.
证毕!

定义 2 $\quad \zeta(m) = \sum\limits_{l=1}^{\infty} \dfrac{1}{l^m} \quad (m > 1)$

$m(>1), n$ 表示任意自然数,我们用 A_m^n 表示"从自然数序列中(有放回)随机取 m 项,其最大公因子是

n"的事件;$B_i^n(i=1,2,\cdots)$ 表示"第 i 次从自然数序列中(有放回)随机取出的数是 n 的倍数"的事件;Q 表示"必然事件". 于是我们有下面的定理.

定理 2　$m(>1)$,n 为任意给定的自然数,则

$$P(A_m^n) = \frac{1}{n^m}\zeta(m)^{-1}$$

证明　显然固定 m,$A_m^n(n=1,2,\cdots)$ 是彼此互不相容的,且

$$\Omega = \bigcup_{n=1}^{\infty} A_m^n \qquad (4)$$

另一方面,对固定 n,$B_i^n(i=1,2,\cdots)$ 是彼此独立的,且

$$P(B_i^n) = \frac{1}{n} \quad (i=1,2,\cdots)$$

于是

$$P\left(\bigcap_{i=1}^{m} B_i^n\right) = \frac{1}{n^m}$$

利用条件概率的乘法公式[2],并注意

$$A_m^n \subset \bigcap_{i=1}^{m} B_i^n$$

得

$$P(A_m^n) = P\left(A_m^n \cap \bigcap_{i=1}^{m} B_i^n\right) = P\left(\bigcap_{i=1}^{m} B_i^n\right) \cdot P\left(A_m^n \,\bigg|\, \bigcap_{i=1}^{m} B_i^n\right)$$

$$= P\left(\bigcap_{i=1}^{m} B_i^n\right) \cdot P(A_m^1) = \frac{1}{n^m} P(A_m^1) \qquad (5)$$

从式(4)(5)可以得到

$$1 = P(\Omega) = P\left(\bigcup_{n=1}^{\infty} A_m^n\right) = \sum_{n=1}^{\infty} P(A_m^n)$$

$$= \sum_{n=1}^{\infty} \frac{1}{n^m} P(A_m^1) = P(A_m^1) \cdot \zeta(m)$$

从而

$$P(A_m^1) = \zeta(m)^{-1}$$

由式(5)便得

$$P(A_m^n) = \frac{1}{n^m}\zeta(m)^{-1}$$

证毕!

特别取

$$m = 2, n = 1$$

则 A_2^1 表示"从自然数序列中(有放回)随机取两项为互素"这一事件. 由定理 2, 有

$$P(A_2^1) = \zeta(2)^{-1} = \frac{6}{\pi^2}$$

这就是熟知的 Chebyshev 结果.

定理 3 在条件 $(a,b) = 1$ 下, 有:

ⅰ) $a \neq 1$ 时, 从 $\{F_n\}_{n=1}^{\infty}$ 中(有放回)随机取 $m(>1)$ 项, 其最大公因子为 1 的概率是 $\zeta(m)^{-1}$;

ⅱ) $a = 1$ 时, 从 $\{F_n\}_{n=1}^{\infty}$ 中(有放回)随机取 $m(>1)$ 项, 其最大公因子为 1 的概率是 $\left(1 + \frac{1}{2^m}\right) \cdot \zeta(m)^{-1}$.

证明 用 B_m 表示"从 $\{F_n\}_{n=1}^{\infty}$ 中(有放回)随机取 $m(>1)$ 项, 其最大公因子为 1"的事件. 由定理 1, 有:

ⅰ) $a \neq 1$ 时

$$P(B_m) = P(A_m^1)$$

ⅱ) $a = 1$ 时

$$P(B_m) = P(A_m^1 \cup A_m^2)$$

因为 A_m^1, A_m^2 是互不相容的, 故由定理 2 便可得定理 3. 证毕!

特别在定理 3 中取

$$a = b = 1, m = 2$$

便得问题 3) 之解答

$$P = \frac{15}{2\pi^2}$$

若取 $a = b = 1$，便得问题 4) 之解答.

参考资料

[1] Advanced problems 6300, Ame. Math. Monthly, 87:6(1980), 494.

[2] 王梓坤. 概率论基础及其应用, 北京: 科学出版社, 1976.

再论 Fibonacci 数列的概率性质[①]

第

33

章

华东地质学院的刘龙章,徐辉两位教授 1996 年得到了从 Fibonacci 数列 $\{F_n\}_{n=1}^{\infty}$ 中(有放回)随机取 $m(\geqslant 2)$ 项,其最大公因子为 $F_{n_0}(n_0 \geqslant 3)$ 的概率;讨论了 Mersenne 数列 $\{2^n - 1\}_{n=1}^{\infty}$ 的概率性质,并发现它与 Fibonacci 数列的概率性质相似.

§1 引　言

定义 1　令
$$F_0 = 0, F_1 = 1$$
$$F_{n+1} = F_n + F_{n-1} \quad (n = 1, 2, \cdots)$$
我们称数列 $\{F_n\}_{n=1}^{\infty}$ 为 Fibonacci 数列.

参考资料[1,2]中给出了如下结果:

---

① 本章摘自《数学的实践与认识》1996 年 7 月第 26 卷第 3 期.

ⅰ）从自然数列中（有放回）随机取 $m(\geqslant 2)$ 项，其最大公因子为 n 的概率是

$$p = \frac{1}{n^m}\zeta^{-1}(m) \quad (\zeta(m) = \sum_{l=1}^{\infty}\frac{1}{l^m})$$

ⅱ）从 Fibonacci 数列中（有放回）随机取 $m(\geqslant 2)$ 项，其中最大因子为 1 的概率是

$$p = \left(1 + \frac{1}{2^m}\right)\zeta^{-1}(m)$$

由此我们自然会提出这样的两个问题：

1）从 Fibonacci 数列中（有放回）随机取 $m(\geqslant 2)$ 项，则它们的最大公因子为 $F_{n_0}(n_0 \geqslant 3)$ 的概率为多少？

2）是否存在与 Fibonacci 数列的概率性质相似的数列？

§2　定理的证明

为了本章的需要，将参考资料[1,2]中关于 Fibonacci 数列的性质叙述如下：

性质 1　对任意给定的自然数 n 和 r，$n \geqslant r+1$（r 可以为零），则关系式

$$F_n = F_{r+1}F_{n-r} + F_r F_{n-(r+1)}$$

成立.

性质 2　设 $m \mid n$，则 $F_m \mid F_n$.

性质 3　设 $k = \min\{s \geqslant 1 : p \mid F_s\}$，其中 p 为某个素

数,则 $p \mid F_n \Leftrightarrow k \mid n$.

性质 4　从 Fibonacci 数列中(有放回)随机取 m ($\geqslant 2$)项 $F_{t_1}, F_{t_2}, \cdots, F_{t_m}$,则

$$(F_{t_1}, F_{t_2}, \cdots, F_{t_m}) = 1 \Leftrightarrow (t_1, t_2, \cdots, t_m) = 1 \text{ 或 } 2$$

性质 1 ~ 4 的证明过程可参见参考资料[2].

引理 1　设 $k = \min\{s \geqslant 1 : q \mid F_s\}$,其中 q 是某个正整数,则 $q \mid F_n \Leftrightarrow k \mid n$.

证明　必要性. 设 $n = \lambda k + r, 0 \leqslant r < k, \lambda$ 为非负整数,对 λ 用归纳法:

$\lambda = 0$ 时,显然有

$$q \mid F_r \Rightarrow r = 0$$

即 $\lambda = 0$ 时命题成立.

假定小于 λ 时命题成立.

由性质 1 有

$$\begin{aligned} F_n &= F_k F_{n-k+1} F_{k-1} F_{n-k} \\ &= F_k F_{k(\lambda-1)+r+1} + F_{k-1} F_{k(\lambda-1)+r} \end{aligned}$$

从

$$q \mid F_k, q \mid F_n$$

便知

$$q \mid F_{k-1} F_{k(\lambda-1)+r}$$

由性质 4 知

$$(F_k, F_{k-1}) = 1 \Rightarrow (q, F_{k-1}) = 1$$

所以

$$q \mid F_{k(\lambda-1)+r}$$

由归纳假定知, $r = 0$,即 $k \mid n$. 由归纳原理,必要性得

证.

充分性. 若 $k\mid n$, 由性质 2 知, $F_k\mid F_n$, 又从 $q\mid F_k$ 便知, $q\mid F_n$ 充分性得证. 证毕.

定理 1 从 Fibonacci 数列中(有放回)随机取 m ($\geqslant 2$)项 $F_{t_1},F_{t_2},\cdots,F_{t_m}$, 则

$$(F_{t_1},F_{t_2},\cdots,F_{t_m})=F_{n_0}\Leftrightarrow(t_1,t_2,\cdots,t_m)=n_0 \quad(n_0\geqslant 3)$$

证明 必要性. 若

$$(F_{t_1},F_{t_2},\cdots,F_{t_m})=F_{n_0}$$

令

$$k=\min\{s\geqslant 1:F_{n_0}\mid F_s\}$$

因 $F_{n_0}>1$, 所以 $k=n_0$. 由引理 1 知

$$n_0\mid t_i \quad(i=1,2,\cdots,m)$$

即有

$$(t_1,t_2,\cdots,t_m)\geqslant n_0 \qquad(1)$$

如果

$$(t_1,t_2,\cdots,t_m)=l>n_0$$

则

$$F_l>F_{n_0}$$

(因 $n_0\geqslant 3$), 由性质 2 知

$$F_l\mid F_{t_i} \quad(i=1,2,\cdots,m)$$

即有

$$(F_{t_1},F_{t_2},\cdots,F_{t_m})\geqslant F_l>F_{n_0} \qquad(2)$$

由式(1)(2)便知:

若

$$(F_{t_1},F_{t_2},\cdots,F_{t_m})=F_{n_0}$$

404

定有

$$(t_1, t_2, \cdots, t_m) = n_0$$

必要性得证.

充分性. 若

$$(t_1, t_2, \cdots, t_m) = n_0$$

由性质 2 知

$$F_{n_0} \mid F_{t_i} \quad (i = 1, 2, \cdots, m)$$

即

$$(F_{t_1}, F_{t_2}, \cdots, F_{t_m}) \geqslant F_{n_0} \qquad (3)$$

如果

$$(F_{t_1}, F_{t_2}, \cdots, F_{t_m}) = q > F_{n_0}$$

而令

$$k = \min\{s \geqslant 1 : q \mid F_s\}$$

显然 $k > n_0$. 由

$$q \mid F_{t_1}, q \mid F_{t_2}, \cdots, q \mid F_{t_m}$$

及引理 1 便知

$$k \mid t_1, k \mid t_2, \cdots, k \mid t_m$$

即有

$$(t_1, t_2, \cdots, t_m) \geqslant k > n_0 \qquad (4)$$

因此由式(3)和(4)得,若

$$(t_1, t_2, \cdots, t_m) = n_0$$

定有

$$F_{t_1}, F_{t_2}, \cdots, F_{t_m}) = F_{n_0}$$

充分性得证. 证毕.

§3 问题的解决

定理 2 设从 Fibonacci 数列中(有放回)随机取 $m(\geqslant 2)$ 项,则它们的最大公因子为 $F_{n_0}(n_0 \geqslant 3)$ 的概率 p 是

$$p = \frac{1}{n_0^m}\zeta^{-1}(m) \quad (n_0 \geqslant 3)$$

证明 用 $B_m^{n_0}$ 表示"从 Fibonacci 数列中(有放回)随机取 $m(\geqslant 2)$ 项,其最大公因子为 F_{n_0}"的事件;A_m^n 表示"从自然数列中(有放回)随机取 $m(\geqslant 2)$ 项,其最大公因子为 n"的事件. 由定理 1,有

$$p(B_m^{n_0}) = p(A_m^{n_0}) = \frac{1}{n_0^m}\zeta^{-1}(m)$$

注 由定理 2 立即得到几个有趣的概率,即从 Fibonacci 数列中(有放回)随机取两项,则它们的最大公因子为 2,3,5(因为 $F_3 = 2, F_4 = 3, F_5 = 5$)的概率分别是 $\dfrac{2}{3\pi^2}, \dfrac{3}{8\pi^2}$ 和 $\dfrac{6}{25\pi^2}$.

定义 2 设

$$M_n = 2^n - 1 \quad (n = 0, 1, 2, \cdots)$$

称数列 $\{M_n\}_{n=1}^{\infty}$ 为 Mersenne 数列. 若 p 是某个素数,形如 $2^p - 1$ 的数叫作 Mersenne 数[5].

引理 2 对任意给定的自然数 n 和 $r, n \geqslant r+1$(r 可以为零),则关系式

406

$$M_n = 2^r M_{n-r} + M_r$$

成立.

引理 3　若 $m \mid n$,则 $M_m \mid M_n$.

引理 2 和 3 的结论是显然的,其证明从略.

引理 4　设 $k = \min\{s \geqslant 1 : q \mid M_s\}$,其中 q 是某个奇数,则

$$q \mid M_n \Leftrightarrow k \mid n$$

证明　充分性. 若 $k \mid n$,由引理 3 得知,$M_k \mid M_n$,从 $q \mid M_k$ 便知 $q \mid M_n$. 充分性得证.

必要性. 设 $n = \lambda k + r, 0 \leqslant r < k, \lambda$ 为非负整数,对 λ 用归纳法.

当 $\lambda = 0$ 时,显然

$$q \mid M_r \Rightarrow r = 0$$

即 $\lambda = 0$ 时,命题成立.

假定小于 λ,命题成立.

当自然数 λ 时,由引理 2 知

$$M_n = 2^k M_{n-k} + M_k$$

即

$$M_n = 2^k M_{k(\lambda-1)+r} + M_k$$

从

$$q \mid M_n, q \mid M_k, (q, 2^k) = 1$$

便得出

$$q \mid M_{k(\lambda-1)+r}$$

由归纳假定知 $r = 0$,即 $k \mid n$,由归纳原理,必要性得证. 证毕.

定理 3　设从 Mersenne 数列中（有放回）随机取 $m(\geqslant 2)$ 项 $M_{t_1},M_{t_2},\cdots,M_{t_m}$，则：

ⅰ) $(M_{t_1},M_{t_2},\cdots,M_{t_m})=1\Leftrightarrow(t_1,t_2,\cdots,t_m)=1$；

ⅱ) $(M_{t_1},M_{t_2},\cdots,M_{t_m})=M_{n_0}\Leftrightarrow(t_1,t_2,\cdots,t_m)=n_0.$

证明　结论 ⅱ) 的证明方法与定理 1 的证法类似，这里从略. 下面仅给出结论 ⅰ) 的证明.

必要性. 如果

$$(t_1,t_2,\cdots,t_m)=l>1$$

则

$$M_l>1$$

由引理 3 知

$$M_l\mid M_{t_i}\quad(i=1,2,\cdots,m)$$

从而

$$(M_{t_1},M_{t_2},\cdots,M_{t_m})\geqslant M_l>1$$

所以当

$$(M_{t_1},M_{t_2},\cdots,M_{t_m})=1$$

时，定有

$$(t_1,t_2,\cdots,t_m)=1$$

必要性得证.

充分性. 如果

$$M_{t_1},M_{t_2},\cdots,M_{t_m})=q\neq1$$

显然 q 为大于 1 的奇数且

$$q\mid M_{t_i}\quad(i=1,2,\cdots,m)$$

设

$$k=\min\{s\geqslant1;q\mid M_s\}$$

因为 $M_1 = 1$,故有 $k > 1$. 由引理 4 知

$$k \mid t_i \quad (i = 1, 2, \cdots, m)$$

从而

$$(t_1, t_2, \cdots, t_m) \geqslant k > 1$$

因此当

$$(t_1, t_2, \cdots, t_m) = 1$$

时,定有

$$(M_{t_1}, M_{t_2}, \cdots, M_{t_m}) = 1$$

充分性得证. 证毕.

定理 4　设 $\{M_n\}_{n=1}^{\infty}$ 为 Mersenne 数列,则:

i)从 $\{M_n\}_{n=1}^{\infty}$ 中(有放回)随机取 $m\,(\geqslant 2)$ 项,其最大公因子为 1 的概率是 $\xi^{-1}(m)$.

ii)从 $\{M_n\}_{n=1}^{\infty}$ 中(有放回)随机取 $m\,(\geqslant 2)$ 项,其最大公因子为 M_{n_0} 的概率是 $\dfrac{1}{n_0^m}\xi^{-1}(m)$.

定理 4 的证明方法与定理 2 类似,本章从略. 值得指出的是 Mersenne 数列的这一概率性质与 Fibonacci 数列的概率性质很相似.

参考资料

[1]Advanced Problems 6300, Ame. Math. Monthly 1980,87(6):494.

[2]杜兆伟.广义斐波那契数列的概率性质.数学的实

践与认识,1984,1:18-21.

[3]叶世奇. 广义 Fibonacci 数列. 数学的实践与认识,
1992,1:37-49.

[4]王梓坤. 概率论基础及其应用. 北京:科学出版社,
1976.

[5]柯召,孙琦. 数论讲义(上册). 北京:高等教育出版
社,1986.

互素点集的概率

两整数互素的概率为 $\prod_p \left(1 - \dfrac{1}{p^2}\right)$，中国科学技术大学的宋向军，孙衡两位教授将这一事实推广至任何整数组构成的集合上.

我们已知两整数互素的概率为

$$\prod_p \left(1 - \frac{1}{p^2}\right) = \frac{6}{\pi^2} \text{[1]}$$

（$\prod\limits_p$ 是过所有素数求积，下同），本章将予以推广. 先引入记号和定义. 下面的集合仅限于 $\mathbf{R}^n$ 中的整点集 $\mathbf{Z}^n$，例如

$$[a,b]^n = \{(x_1, x_2, \cdots, x_n) \in \mathbf{Z}^n \mid$$
$$a \leqslant x_i \leqslant b, i = 1, 2, \cdots, n\}$$

整点 $x = (x_1, \cdots, x_n)(n > 1)$，被称为素点，如果 $x_1, \cdots, x_n$ 的最大公约数为 1.

若两点

$$x = (x_1, \cdots, x_n)$$

与

$$y = (y_1, \cdots, y_n)$$

411

Zernov 定理

满足

$$x_i = y_i (\bmod p) \quad (i = 1, \cdots, n)$$

则记

$$x \equiv y (\bmod p)$$

易见 $\mathbf{Z}^n$ 在 $\equiv (\bmod p)$ 下分成 p^n 个等价类.

给定整点集 A 及素数 p, 记 $T_p A$ 为满足下列条件的集合:

ⅰ) $\forall x \in A$, $\exists y \in T_p A$ 使 $x \equiv y (\bmod p)$, 反之亦然.

ⅱ) $T_p A \subset [0, p-1]^n$

给定 p, 易见 $T_p A$ 由 A 唯一确定, 且 $\forall x_1, x_2 \in T_p A$, $x_1 \neq x_2$, 则

$$x_1 \not\equiv x_2 (\bmod p)$$

故 $|T_p A| \leqslant p^n (1 \cdot 1$ 表集的势$)$.

整点集 A 关于 $a = (a_1, a_2, \cdots, a_n)$ 的平移是指集合

$$A + a = \{(x_1 + a_1, \cdots, x_n + a_n) \mid (x_1, \cdots, x_n) \in A\}$$

易见下述引理 1 成立.

引理 1 整点集 A 为素点集的充要条件为任意 p 为素数, $0 \in T_p A$(其中 $0 = \underbrace{(0, \cdots, 0)}_{n}$).

引理 2 $|T_p A| = |T_p (A + a)|$.

证明 设 $x, y \in A$, 有

$$x \not\equiv y (\bmod p) \Rightarrow x_i \not\equiv y_i (\bmod p) \quad (i = 1, \cdots, n)$$

$$\Rightarrow x_i + a_i \not\equiv y_i + a_i (\bmod p)$$

$$\Rightarrow x + a \not\equiv y + a (\bmod p)$$

故映射 $f: T_p A \to T_p (A + a)$, $x \mapsto x + a (\bmod p)$ 为单射.

所以

$$|T_p A| \leqslant |T_p(A+a)|$$

同理

$$|T_p(A+a)| \leqslant |T_p A|$$

故

$$|T_p A| = |T_p(A+a)|$$

定理　设 $A \subset \mathbf{Z}^n$，$|T_p A| = m_p$，则 A 的所有平移中出现素点集的概率为

$$\prod_p \left(1 - \frac{m_p}{p^n}\right)$$

证明　记事件

$$\begin{aligned} B_p &= \{A+a \text{ 中至少有一点的坐标的最大公约数} \\ &\quad \text{为 } p \text{ 整除} \mid a \in \mathbf{Z}^n \} \\ &= \{0 \in T_p(A+a) \mid a \in \mathbf{Z}^n\} \end{aligned}$$

如果 B_p 发生的概率为

$$P(B_p) = \frac{m_p}{p^n}$$

且任意有限个 B_p 是相互独立的,则

$$P\{A+a \text{ 为素点集} \mid a \in \mathbf{Z}^n\}$$

$$= P \overline{\{\exists p, \text{使 } A+a \text{ 中至少有一点的各坐标均被}}$$

$$\overline{p \text{ 整除} \mid a \in \mathbf{Z}^n\}}$$

$$= P\overline{\left(\bigcup_p \{0 \in T_p A \mid a \in \mathbf{Z}^n\}\right)}$$

$$= P\left(\bigcap_p \overline{B_p}\right)$$

但由概率的上连续性知

Zernov 定理

$$P\left(\bigcap_p \overline{B}_p\right) = P\left(\lim_{N\to\infty}\bigcap_{p<N}\overline{B}_p\right)$$

$$= \lim_{N\to\infty}P\left(\bigcap_{p<N}\overline{B}_p\right) = \lim_{N\to\infty}\prod_{p<N}P(\overline{B}_p)$$

$$= \prod_p P(\overline{B}_p) = \prod_p\left(1 - \frac{m_p}{p^n}\right)$$

因此,下面只需证 $P(B_p) = \dfrac{m_p}{p^n}$ 及有限个 B_p 间是相互独立的. 任意 k 个不同素数 $p_1,\cdots,p_k$ 及正整数 N,记

$$N = l \cdot p_1 \cdot \cdots \cdot p_k + r \quad (0 \leqslant r < p_1 \cdot \cdots \cdot p_k)$$

则

$$P(B_{p_1}\cap B_{p_2}\cap\cdots\cap B_{p_k})$$

$$= \lim_{N\to\infty}\frac{|\{a\in[0,N-1]^n | 0\in T_{p_i}(A+a),i\leqslant k\}|}{N^n}$$

$$= \lim_{N\to\infty}\left(\frac{|a\in[0,l_{p_1\cdots p_k}-1]^n | 0\in T_{p_i}(A+a),i\leqslant k\}|}{N^n} + \right.$$

$$\left. \frac{|\{a\in[0,N-1]^n\setminus[0,l_{p_1\cdots p_k}-1]^n | 0\in T_{p_i}(A+a),i\leqslant k\}|}{N^n}\right)$$

$$(*)$$

但

$$0 \leqslant \frac{|\{a\in[0,N-1]^n\setminus[0,lp_1\cdots p_k-1]^n | 0\in T_{p_i}(A+a),i\leqslant k\}|}{N^n}$$

$$\leqslant \frac{|\{a\in[0,N-1]^n\setminus[0,lp_1\cdots p_k-1]^n\}|}{N^n}$$

$$= \frac{[N^n - (lp_1\cdots p_k)^n]}{N^n}$$

$$= 1 - \frac{(N-r)^n}{N^n}\to 0 \quad (N\to\infty)$$

414

又

$$\frac{lp_1\cdots p_k - 1}{N} \to 1 \quad (N \to \infty)$$

故由式（ $*$ ）知

$$P(B_{p_1} \cap \cdots \cap B_{p_k})$$

$$= \lim_{l\to\infty} \frac{|\{a \in [0, l_{p_1\cdots p_k} - 1]^n | 0 \in T_{p_i}(A+a), i \leqslant k\}|}{(l\,p_1\cdots p_k)^n}$$

$$= \lim_{l\to\infty} \frac{l^n \cdot |\{a \in [0, p_1\cdots p_k - 1]^n | 0 \in T_{p_i}(A+a), i \leqslant k\}|}{(l_{p_1\cdots p_k})^n}$$

$$= \frac{|\{a \in [0, p_1\cdots p_k - 1]^n | 0 \in T_{p_i}(A+a), i \leqslant k\}|}{(p_1\cdots p_k)^n}$$

上式可看成下述过程的概率:共分 k 步完成;第 i 步是从集 A 按 $\mathrm{mod}\ p_i$ 形成的 $|T_{p_i}(A)|$ 个等价类中任取一类 $\tilde{\boldsymbol{x}}$,使 A 平移 $\boldsymbol{a} \in [0, p_1\cdots p_k - 1]^n$ 之后, $\tilde{\boldsymbol{x}} + \boldsymbol{a} = \boldsymbol{0}$. 易见共有 $(p_1\cdots p_{i-1}p_{i+1}\cdots p_k)^n$ 个向量 $\boldsymbol{a}$ 满足上式,故其概率为

$$\frac{|T_{p_i}A| \cdot (p_1\cdots p_{i-1}p_{i+1}\cdots p_k)^n}{(p_1\cdots p_k)^n} = \frac{|T_{p_i}A|}{p_i^n}$$

所以

$$P(B_{p_1} \cap \cdots \cap B_{p_k}) = \prod_{i=1}^{k} \frac{|T_{p_i}A|}{p_i^n}$$

取 $k = 1$,故

$$P(B_p) = \frac{|T_p A|}{p^n}$$

故

$$P(B_{p_1} \cap \cdots \cap B_{p_k}) = \prod_{i=1}^{k} P(B_{p_k})$$

即任意有限个 B_p 相互独立. 证毕.

在定理中取 $n = 2$, A 为独点集,则 $m_p = 1$. 即得两个整数互素的概率为

$$\prod_{p} \left(1 - \frac{1}{p^2}\right)$$

参考资料

[1] 华罗庚. 数论导引. 北京:科学出版社,1957.

第八编
Fibonacci 数列的其他性质

某些级数的无理性

中国科学院应用数学研究所的朱尧辰研究员 1997 年证明了某些与二阶线性递推数列有关的无穷级数的和的无理性. 特别地, 推广了某些与 Fibonacci 和 Lucas 数列有关的无理性结果.

§1　引　言

在已知的无理性结果中有一些与 Fibonacci 数 F_n 和 Lucas 数 L_n 有关, 例如, 已经证明

$$\gamma_1 = \sum_{k=0}^{\infty} \frac{1}{F_{2^k}}, \gamma_2 = \sum_{k=0}^{\infty} \frac{1}{F_{2^k+1}}, \gamma_3 = \sum_{k=0}^{\infty} \frac{1}{L_{2^k}}$$

$$\tag{1}$$

都是无理数(见参考资料[1~3]等). 本章应用一个新的无理性判别法则, 考虑了某些与二阶线性递推序列有关的无穷级数之和的无理性, 特别地, 我们从两个不同的角度推广了式(1)中级数的

无理性结果. 例如, 设 $c > \dfrac{1 + \sqrt{5}}{2}$ 是任意实数, 那么级

数 $\sum\limits_{k \in N} \dfrac{1}{F_{[c^k]}}$ 之和是无理数, 此处 $[a]$ 表示实数 a 的整

数部分, N 是自然数集的任意无穷子集且 $\mathbf{N} \backslash N$ 也是无穷集.

§2 预备知识

设 a 为给定复数, U 为正整数, 我们记集合

$$\mathfrak{L}(U \mid a) = \{ |k_1 + k_2 a| \mid k_1, k_2 \in \mathbf{Z},$$
$$|k_1|, |k_2| \leqslant U, k_1 + k_2 a \neq 0 \}$$

我们定义变量 $u \in \mathbf{N}$ 的函数

$$L(u \mid a) = \min \mathfrak{L}(u \mid a)$$

引理 1(无理性判别法则) 设 θ 为非零复数. 如果存在无穷复数列 $\{\theta_n\}_{n=1}^{\infty}$, 递增正整数列 $\{u_n\}_{n=1}^{\infty}$ 及常数 $0 < \gamma < 1$, 使对任何 $q \in N$, 当 $n \geqslant n_0(q)$ 时

$$0 < |q(\theta - \theta_n)| \leqslant \gamma L(u_n \mid \theta_n) \tag{2}$$

那么 θ 为无理数.

证明 见参考资料[4]的推论 2.

下面来考虑由下列递推式定义的数列 R_n, 有

$$R_{n+1} = AR_n + BR_{n-1} \quad (n \geqslant 0)$$

假定它满足下列诸条件:

ⅰ)$A, B \in \mathbf{Z}, B \neq 0$;

ⅱ)多项式 $x^2 - Ax - B$ 有两个不同的实或复根 α

和 β, $|\alpha| \geqslant |\beta|$, 且 $\dfrac{\alpha}{\beta}$ 不是单位根;

ⅲ)初值 $R_0, R_1 \in \mathbf{Z}$,且

$$(R_1 - \alpha R_0)(R_1 - \beta R_0) \neq 0$$

在这些假定下可知 $|\alpha| > 1$,且 R_n 可表为

$$R_n = a\alpha^n + b\beta^n \quad (n \geq 0) \tag{3}$$

其中 a, b 为次数不大于 2 的代数数,并且还有下述:

引理 2　存在只与 a, b 有关的可计算常数 n_1 和 c_1 使 $|R_n| \geq |\alpha|^{n - c_1 \log n}, n \geq n_1$.

证明　见参考资料[5]的定理 3.1.

在下文中我们可以认为所有 $R_n \neq 0$,这是因为 R_n $(n \geq 0)$ 中至多只有一项为 0(见参考资料[6]),我们可以将它去掉而不改变下标记号. 我们还用 n_i, c_i 等表示与变量 n 无关的正常数. 有关线性递归的进一步知识可参考[5]或[7].

§3　结果

定理 1　设 $\sigma, \tau, \lambda_n (n \geq 1) \in N, \lambda_n \to \infty$,且极限

$$\lim_{n \to \infty} \frac{\lambda_{n+1}}{\lambda_n} = \lambda \tag{4}$$

存在. 又设 $b_n (n \geq 1) \in \mathbf{Z}$ 适合

$$|b_n| \leq |R_{\lambda_n}|^{\sigma(1-\varepsilon)} \quad (n \geq n_2) \tag{5}$$

其中 $0 < \varepsilon \leq 1$ 为常数. 那么当 $\lambda > 1 + \dfrac{1}{\varepsilon}$ 时,级数

$$\Phi = \sum_{\kappa=0}^{\infty} \frac{b_\kappa}{R_{\sigma \lambda_\kappa}} + \tau$$

之和为无理数.

证明　我们令

Zernov 定理

$$\varphi_n = \sum_{\kappa=0}^{n-1} \frac{b_\kappa}{R_\sigma \lambda_{\kappa+\tau}} \quad (n \geqslant 1)$$

显然不可能对所有充分大的 n 有

$$\Phi - \varphi_n = 0$$

必要时以子列 $\varphi_{\kappa_n}(\{\kappa_n\}_{n=1}^\infty \subset N)$ 代替 φ_n, 不妨认为当 n 充分大时 $\Phi - \varphi_n \neq 0$. 取 α_1 适合

$$|\alpha|^{\frac{\sigma}{\lambda-1}} < \alpha_1 < |\alpha|^{\sigma\varepsilon} \qquad (6)$$

由式(3)(5)及引理 2 可知当 n 充分大时

$$\left| \frac{b_n}{R_{\sigma\lambda_n+\tau}} \right| \leqslant c_2 \alpha_1^{-\lambda_n}$$

于是得到

$$|\Phi - \varphi_n| \leqslant c_3 \alpha_1^{-\lambda_n} \qquad (n \geqslant n_3) \qquad (7)$$

又由式(3)得到

$$L(n \mid \varphi_n) \geqslant \left(\prod_{k=0}^{n-1} |R_{\sigma\lambda_k+\tau}| \right)^{-1} \geqslant c_4^n |\alpha|^{-(\lambda_0+\cdots+\lambda_{n-1})\sigma}$$

$$(8)$$

注意式(4)蕴含

$$\lim_{n \to \infty} \frac{\lambda_0 + \cdots + \lambda_{n-1}}{\lambda_n} = \frac{1}{\lambda - 1}$$

故由式(6)(7)和(8)知引理 1 的条件(2)(取 $\gamma = \dfrac{1}{2}$)

在此成立,于是定理得证.

在定理 1 中取 $b_n = 1, \sigma = \varepsilon = 1, \tau = 0$ 或 1,并结合式(1)中级数的无理性可得:

推论 1 当实数 $c \geqslant 2$ 时,下列级数的值为无理数

$$\gamma_1' = \sum_{k=0}^\infty \frac{1}{F_{[c^k]}}, \gamma_2' = \sum_{k=0}^\infty \frac{1}{F_{[c^k]+1}}, \gamma_3' = \sum_{k=0}^\infty \frac{1}{L_{[c^k]}}$$

定理 2 设 $N = \{k_n\}_{n=0}^\infty$ 是严格递增的自然数列, 使

$$R_{k_n} \mid R_{k_n+1} \quad (n \geqslant 0)$$

又设 $b_k (k \in \mathbf{N}) \in \mathbf{Z}$ 适合

$$|b_k| \leqslant |R_k|^\delta \quad (k = k_n \in N, n \geqslant n_4) \tag{9}$$

其中 δ 是常数. 记

$$r = \min \left\{ \frac{R_{k_n+1}}{R_{k_n}} \mid n \geqslant n_5 \right\}$$

那么当 $0 \leqslant \delta < 1 - \dfrac{1}{r}$ 时, 级数

$$\Theta = \sum_{k \in N} \frac{b_k}{R_k}$$

之和为无理数.

注 1　由参考资料 [8], 定理 2 中的 N 总是存在的.

证明　我们令

$$\theta_n = \sum_{k=0}^{k_{n-1}} \frac{b_k}{R_k} \quad (n \geqslant 1)$$

类似于前可认为 n 充分大时

$$\Theta - \theta_n \neq 0$$

取 α_2 适合

$$|\alpha|^{\frac{1}{r}} < \alpha_2 < |\alpha|^{1-\delta} \tag{10}$$

由式(3)(9)和引理 2 得知当 n 充分大时

$$\left| \frac{b_k}{R_k} \right| \leqslant c_5 \alpha_2^{-k} \quad (k = k_n \in N)$$

注意

$$k_j \geqslant r^{j-n+1} k_{n-1} \quad (j \geqslant n-1)$$

我们有

$$|\Theta - \theta_n| \leqslant c_6 \alpha_2^{-r k_{n-1}} \quad (n \geqslant n_6)$$

还易见

$$L(n|\theta_n) \geqslant |R_{k_{n-1}}|^{-1} \geqslant c_\eta |\alpha|^{-k_{n-1}}$$

注意式(10),由上面两个式子可知引理 1 的条件(2)在此也成立,于是定理得证.

在定理 2 中取

$$b_k = 1, \delta = 0$$

立得:

推论 2 设 $\sigma \geqslant 1, d \geqslant 2$ 为整数,$e \geqslant 3$ 为奇数,则下列级数之和均为无理数

$$\gamma_1'' = \sum_{k=0}^{\infty} \frac{1}{F_{\sigma \cdot d^k}}, \gamma_3'' = \sum_{k=0}^{\infty} \frac{1}{L_{\sigma \cdot e^k}}$$

定理 3 设 $\widetilde{\Phi}$ 和 $\widetilde{\Theta}$ 表示用任意方式从表示 Φ 和 Θ 的级数中去掉无穷多项所得到的无穷级数之和,那么当 $\lambda > \dfrac{1 + \sqrt{1 + \dfrac{4}{\varepsilon}}}{2}$ 时,$\widetilde{\Phi}$ 为无理数,当 $0 \leqslant \delta < 1 - \dfrac{1}{r^2}$ 时,$\widetilde{\Theta}$ 为无理数.

证明 先考虑 $\widetilde{\Phi}$ 的无理性. 设 $\{t_n\}_{n=1}^{\infty}$ 和 $\{s_n\}_{n=1}^{\infty}$ 是两个如下的正整数列

$$0 = t_1 \leqslant s_1 < t_2 \leqslant s_2 < \cdots < t_n \leqslant s_n < \cdots, t_{n+1} - s_n \geqslant 2$$
$$(n = 1, 2, \cdots)$$

并定义整数列 $\{f_n\}_{n=0}^{\infty}$ 如下

$$f_k = 0 \quad (s_n < k < t_{n+1})$$
$$f_k = 1 \quad (t_n \leqslant k \leqslant s_n) \quad (n = 1, 2, \cdots)$$

因为改变级数初始若干有理项不影响级数值的无理性,我们只需证明当 $\lambda > \dfrac{1 + \sqrt{1 + \dfrac{4}{\varepsilon}}}{2}$ 时,级数

424

$$\Phi_1 = \sum_{k=0}^{\infty} \frac{f_k b_k}{R_{\sigma \lambda_k + \tau}}$$

的值是无理数. 为此我们令

$$\widetilde{\varphi}_n = \sum_{k=0}^{s_n} \frac{f_k b_k}{R_{\sigma \lambda_k + \tau}} \quad (n \geqslant 1)$$

并取 α_3 满足不等式

$$|\alpha|^{\frac{\sigma}{\lambda(\lambda-1)}} < \alpha_3 < |\alpha|^{\sigma \varepsilon}$$

那么有

$$|\Phi_1 - \widetilde{\varphi}_n| \leqslant c_8 \alpha_3^{-\lambda_{t_{n+1}}} \quad (n \geqslant n_7)$$

以及

$$L(n \mid \widetilde{\varphi}_n) \geqslant c_9^n |\alpha|^{-(\lambda_0 + \cdots + \lambda_{s_n})\sigma}$$

注意

$$\lim_{n \to \infty} \frac{\lambda_0 + \cdots + \lambda_{s_n}}{\lambda_{t_{n+1}}} \leqslant \frac{1}{\lambda(\lambda-1)}$$

可仿前得到结论.

对于 $\widetilde{\Theta}$ 的无理性证法类似,但相应于式(10)应取 α_4 满足不等式

$$|\alpha|^{\frac{1}{t^2}} < \alpha_4 < |\alpha|^{1-\delta}$$

细节从略. 证毕.

推论 3　设 N 是 **N** 的无穷子集,且 **N**\\N 也是无穷集,则下列级数之值均为无理数:

ⅰ) $\displaystyle\sum_{k \in N} \frac{1}{F_{[c^n]}}$, $\displaystyle\sum_{k \in N} \frac{1}{F_{[c^n]+1}}$, $\displaystyle\sum_{k \in N} \frac{1}{L_{[c^n]}}$, 其中 $c > \dfrac{1+\sqrt{5}}{2}$ 为任意实数;

ⅱ) $\displaystyle\sum_{k \in N} \frac{1}{F_{\sigma \cdot d^k}}$, $\displaystyle\sum_{k \in N} \frac{1}{L_{\sigma \cdot e^k}}$,其中 $\sigma \geqslant 1$,$d \geqslant 2$ 为任意

整数, $e \geqslant 3$ 为任意奇数.

注 2　我们猜测当 $c > 1$ 时推论 1 和推论 3 中的情形 i)的级数之值均为无理数.

参考资料

[1] Erdös P, Grabam R L. Old and new problems and results in combinatorial number theory. Genève: Imprimerie Kunding, 1980.

[2] Good I J. A reciprocal series of Fibonacci numbers. Fibonacci Quart, 1974, 12:346.

[3] Badea C. The irrationality of certain infinite series. Glasgow Math J, 1987, 29:221-228.

[4] 朱尧辰. 数域上的线性无关性. 数学学报, 1997, 40 (5):713-716.

[5] Shorey T N, Tijdeman R. Exponential Diophantine Equations. Cambridge: Cambridge Univ Press, 1986.

[6] Kiss P. Zero terms in second order linear recurrences. Math Sem Notes (Kobe Univ), 1979, 7: 145-152.

[7] Vajda S. Fibonacci & Lucas Numbers, and the Golden Section. New York: John Wiley & Sons, 1989.

[8] Bundschuh P, Pethö A. Zur Transzendenz gewisser Reihen. Mh Math, 1987, 104:199-223.

一个序列的组合解释及其应用[①]

惠州学院数学系的刘国栋教授 2005 年给出了一个序列的组合解释,讨论了这个序列在研究两类 Chebyshev 多项式,广义 Fibonacci 序列和广义 Lucas 序列中的一些应用.

第

§1 引 言

36

设 n,k 是任意正整数且 $n \geq k$, j 是任意整数,序列 $\{\vartheta(n,k,j)\}$ 满足下列递归关系

章

$$\vartheta(n,k,j) = \frac{n-k+1}{k-1}\vartheta(n,k-1,j) +$$
$$\frac{n+k-2}{k-1}\vartheta(n-1,k-1,j-1) \quad (1)$$

其中 $\vartheta(n,1,0) = 1$,当 $j \geq k$ 或 $j < 0$ 时

$$\vartheta(n,k,j) = 0$$

---

① 本章摘自《数学物理学报》2005,25A(1):35-40.

由式(1)我们可以逐一求出 $\vartheta(n,k,j)$:

ⅰ) $\vartheta(n,1,0)=1$

ⅱ) $\vartheta(n,2,0)=n-1,\vartheta(n,2,1)=n$

ⅲ) $\vartheta(n,3,0)=\dfrac{1}{2}(n-1)(n-2)$

$$\vartheta(n,3,1)=\dfrac{1}{2}(n-2)(2n+1)$$

$$\vartheta(n,3,2)=\dfrac{1}{2}(n^2-1)$$

ⅳ) $\vartheta(n,4,0)=\dfrac{1}{6}(n-1)(n-2)(n-3)$

$$\vartheta(n,4,1)=\dfrac{1}{2}(n-3)(n-2)(n+1)$$

$$\vartheta(n,4,2)=\dfrac{1}{2}(n-3)(n^2+n-1)$$

$$\vartheta(n,4,3)=\dfrac{1}{6}n(n-2)(n+2)$$

ⅴ) $\vartheta(n,5,0)=\dfrac{1}{24}(n-1)(n-2)(n-3)(n-4)$

$$\vartheta(n,5,1)=\dfrac{1}{12}(n-4)(n-3)(n-2)(2n+3)$$

$$\vartheta(n,5,2)=\dfrac{1}{8}(n-4)(n-3)(2n^2+4n-1)$$

$$\vartheta(n,5,3)=\dfrac{1}{24}(n-4)(4n^3+6n^2-16n-9)$$

$$\vartheta(n,5,4)=\dfrac{1}{24}(n^2-1)(n^2-9),\cdots$$

第一类 Chebyshev 多项式 $T_n(x)$ 和第二类 Chebyshev 多项式 $U_n(x)$ 分别由下列展开式给出(见参考资料[1]和[2])

$$\sum_{n=0}^{\infty} T_n(x)t^n = \frac{1-xt}{1-2xt+t^2} \quad (-1<x<1,|t|<1)$$

$$(2)$$

$$\sum_{n=0}^{\infty} U_n(x)t^n = \frac{1}{1-2xt+t^2} \quad (-1<x<1,|t|<1)$$

$$(3)$$

广义 Fibonacci 序列 $F_n(p,q)(n\geq0)$ 和广义 Lucas 序列 $L_n(p,q)(n\geq0)$ 定义为(见参考资料[3])

$$F_n(p,q) = \frac{\alpha^n-\beta^n}{\alpha-\beta}, L_n(p,q) = \alpha^n+\beta^n \quad (4)$$

这里

$$\alpha = \frac{p+\sqrt{p^2-4q}}{2}, \beta = \frac{p-\sqrt{p^2-4q}}{2}$$

$$(p>0,q\neq0,p^2-4q>0)$$

$$F_n(1,-1) = F_n, L_n(1,-1) = L_n$$

分别是普通的 Fibonacci 序列和 Lucas 序列.

本章的目的是给出序列 $\{\vartheta(n,k,j)\}$ 的组合解释,说明这个序列在研究第一类 Chebyshev 多项式,第二类 Chebyshev 多项式,广义 Fibonacci 序列的广义 Lucas 序列中的应用.

§2　一些引理

引理 1　若记

$$U_n^{(k)}(x) = \sum_{v_1+v_2+\cdots+v_k=n} U_{v_1}(x)U_{v_2}(x)\cdots U_{v_k}(x)$$

则

Zernov 定理

$$2k(1-x^2)U_n^{(k+1)}(x) = (n+2k)U_n^{(k)}(x) - (n+1)xU_{n+1}^{(k)}(x)$$
$$(5)$$

这里的求和表示对满足 $v_1 + v_2 + \cdots + v_k = n$ 的所有非负整数组 $(v_1, v_2, \cdots, v_k)$ 求和.

证明 由

$$\sum_{n=0}^{\infty} U_n^{(k)}(x)t^n = (\sum_{n=0}^{\infty} U_n(x)t^n)^k = \left(\frac{1}{1-2xt+t^2}\right)^k$$

有

$$\sum_{n=0}^{\infty} (n+1)U_{n+1}^{(k)}(x)t^n$$

$$= \frac{\mathrm{d}}{\mathrm{d}t}\left(\frac{1}{1-2xt+t^2}\right)^k$$

$$= k\left(\frac{1}{1-2xt+t^2}\right)^{k-1}\frac{2(x-t)}{(1-2xt+t^2)^2}$$

$$= \frac{2k(x^2-1)}{x-t}\left(\frac{1}{1-2xt+t^2}\right)^{k+1} + \frac{2k}{x-t}\left(\frac{1}{1-2xt+t^2}\right)^k$$

$$= \frac{2k(x^2-1)}{x-t}\sum_{n=0}^{\infty} U_n^{(k+1)}(x)t^n + \frac{2k}{x-t}\sum_{n=0}^{\infty} U_n^{(k)}(x)t^n$$

即

$$(x-t)\sum_{n=0}^{\infty} (n+1)U_{n+1}^{(k)}(x)t^n$$

$$= 2k(x^2-1)\sum_{n=0}^{\infty} U_n^{(k+1)}(x)t^n + 2k\sum_{n=0}^{\infty} U_n^{(k)}(x)t^n$$

比较上式两边 t^n 的系数,即可得到等式(5).

引理 2 ⅰ) $U_n(x) = 2xU_{n-1}(x) - U_{n-2}(x)$ $\quad(6)$

ⅱ) $(1-x^2)U_n(x) = T_n(x) - xT_{n+1}(x)$ $\quad(7)$

引理 3 ⅰ) $T_{mn}(x) = T_n(T_m(x))$ $\quad(8)$

ⅱ) $U_{m(n+1)-1}(x) = U_{m-1}(x)U_n(T_m(x))$ $\quad(9)$

引理 4　i) $F_{n+1}(p,q) = (\sqrt{q})^n U_n\left(\dfrac{p}{2\sqrt{q}}\right)$　　（10）

ii) $L_n(p,q) = 2(\sqrt{q})^n T_n\left(\dfrac{p}{2\sqrt{q}}\right)$　　　　　（11）

§3　序列 $\{\vartheta(n,k,j)\}$ 的组合解释及其应用

设 $k \geqslant 2$ 是正整数, j 是非负整数, $0 \leqslant j \leqslant k-1$, 由 $k-1-j$ 个 a, j 个 b 组成的集合记为

$$\Omega_{k-1,j} = \{(k-1-j) \cdot a, j \cdot b\}$$

称 $\Omega_{k-1,j}$ 为一个多重集. $x_1 x_2 \cdots x_{k-1}$ 是集合 $\{a,b\}$ 的一个可重复排列, 且 $x_1 x_2 \cdots x_{k-1}$ 中有 $k-1-j$ 个 a, j 个 b, 则称 $x_1 x_2 \cdots x_{k-1}$ 是多重集 $\Omega_{k-1,j}$ 的一个全排列. 易知 $\Omega_{k-1,j}$ 的全排列共有 $\dbinom{k-1}{j} = \dfrac{(k-1)!}{j!\ (k-1-j)!}$ 个.

设 $n \geqslant k \geqslant 2$, $0 \leqslant j \leqslant k-1$, 对多重集 $\Omega_{k-1,j} = \{(k-1-j) \cdot a, j \cdot b\}$ 的任意一个全排列 $x_1 x_2 \cdots x_{k-1}$, 我们令

$$\sigma_{k-1-j,j}(x_1, x_2, \cdots, x_{k-1}; k, n) := \frac{1}{(k-1)!} \prod_{i=1}^{k-1} (y_i + (k-i)z_i)$$

（12）

其中 $y_1, y_2, \cdots, y_{k-1}, z_1, z_2, \cdots, z_{k-1}$ 满足下列条件:

　i) 若 $x_1 = a$, 则 $y_1 = n$, 若 $x_1 = b$, 则 $y_1 = n-1$;

　ii) 对 $\forall j, 1 \leqslant j \leqslant k-1$, 若 $x_j = a$, 则 $z_j = -1$, 若 $x_j = b$, 则 $z_j = 1$;

　iii) 对 $\forall j, 1 \leqslant j \leqslant k-2$, 若 $x_j = x_{j+1} = a$ 或 $x_j = b$, $x_{j+1} = a$, 则 $y_{j+1} = y_j$; 若 $x_j = x_{j+1} = b$ 或 $x_j = a, x_{j+1} = b$, 则 $y_{j+1} = y_j - 1$.

下面我们证明,当 $n \geqslant k \geqslant 2, 0 \leqslant j \leqslant k-1$ 时

$$\vartheta(n,k,j) = \sum_{x_1 x_2 \cdots x_{k-1}} \sigma_{k-1-j,j}(x_1, x_2, \cdots, x_{k-1}; k, n) \quad (k \geqslant 2)$$

(13)

这里 $\sum\limits_{x_1 x_2 \cdots x_{k-1}}$ 表示对多重集 $\Omega_{k-1,j} = \{(k-1-j) \cdot a, j \cdot b\}$ 的所有全排列求和.

首先,我们有

$$\sum_{x_1 x_2 \cdots x_{k-1}} \sigma_{k-1,0}(x_1, x_2, \cdots, x_{k-1}; k, n)$$

$$= \sigma_{k-1,0}(a, a, \cdots, a; k, n)$$

$$= \frac{1}{(k-1)!} \prod_{i=1}^{k-1}(n-k+i) = \vartheta(n,k,0) \quad (14)$$

和

$$\sum_{x_1 x_2 \cdots x_{k-1}} \sigma_{0,k-1}(x_1, x_2, \cdots, x_{k-1}; k, n)$$

$$= \sigma_{0,k-1}(b, b, \cdots, b; k, n)$$

$$= \frac{1}{(k-1)!} \prod_{i=1}^{k-1}(n+k-2i) = \vartheta(n,k,k-1)$$

(15)

式(14)和(15)说明当 $k=2$ 时,式(13)成立,假设式(13)对自然数 $k-1$ 已经成立,则由假设和式(1),我们有

$$\sum_{x_1 x_2 \cdots x_{k-1}} \sigma_{k-1-j,j}(x_1, x_2, \cdots, x_{k-1}; k, n)$$

$$= \sum_{a x_2 \cdots x_{k-1}} \sigma_{k-1-j,j}(a, x_2, \cdots, x_{k-1}; k, n) +$$

$$\sum_{b x_2 \cdots x_{k-1}} \sigma_{k-1-j,j}(b, x_2, \cdots, x_{k-1}; k, n)$$

$$= \frac{n-k+1}{k-1} \sum_{x_2 \cdots x_{k-1}} \sigma_{k-2-j,j}(x_2, \cdots, x_{k-1}; k-1, n) +$$

$$\frac{n+k-2}{k-1}\sum_{x_2\cdots x_{k-1}}\sigma_{k-1-j,j-1}(x_2,\cdots,x_{k-1};k-1,n-1)$$

$$=\frac{n-k+1}{k-1}\vartheta(n,k-1,j)+\frac{n+k-2}{k-1}\vartheta(n-1,k-1,$$

$$j-1)=\vartheta(n,k,j) \tag{16}$$

式(16)说明,式(13)对自然数 k 也成立. 故式(13)对一切自然数 $k\geqslant2$ 成立.

定理 1　当 $n\geqslant0,k\geqslant2$ 时,有

$$(2(1-x^2))^{k-1}U_n^{(k)}(x)$$

$$=\sum_{j=0}^{k-1}(-1)^j x^j\vartheta(n+k,k,k-1-j)U_{n+j}(x) \tag{17}$$

证明　ⅰ)当 $k=2$ 时,由引理 1,有

$$2(1-x^2)U_n^{(2)}(x)=(n+2)U_n(x)-(n+1)xU_{n+1}(x)$$

$$=\sum_{j=0}^{1}(-1)^j x^j\vartheta(n+2,2,1-j)U_{n+j}(x)$$

$$\tag{18}$$

式(18)说明结论对自然数 $k=2$ 成立.

ⅱ)假设结论对自然数 k 已经成立,由引理 1,假设和式(1),有

$$(2(1-x^2))^{k-1}U_n^{(k)}(x)$$

$$=\frac{n+2k-2}{k-1}(2(1-x^2))^{k-2}U_n^{(k-1)}(x)-$$

$$\frac{(n+1)x}{k-1}(2(1-x^2))^{k-2}U_{n+1}^{(k-1)}(x)$$

$$=\frac{n+2k-2}{k-1}\sum_{j=0}^{k-2}(-1)^j x^j\vartheta(n+k-1,k-1,$$

$$k-2-j)U_{n+j}(x)-$$

$$\frac{(n+1)x}{k-1}\sum_{j=0}^{k-2}(-1)^j x^j\vartheta(n+k,k-1,$$

$$k - 2 - j)U_{n+1+j}(x)$$

$$= \sum_{j=0}^{k-1}(-1)^j x^j \vartheta(n+k,k,k-1-j)U_{n+j}(x) \quad (19)$$

式(19)说明结论对自然数 $k+1$ 也成立. 综合 ⅰ) 和
ⅱ)知结论成立.

推论 1　ⅰ)　$\sum_{j=0}^{n} U_j(x)U_{n-j}(x)$

$$= \frac{1}{2(1-x^2)}((n+2)U_n(x) -$$

$$(n+1)xU_{n+1}(x)) \quad (20)$$

ⅱ)　$\sum_{v_1+v_2+v_3=n} U_{v_1}(x)U_{v_2}(x)U_{v_3}(x)$

$$= \frac{1}{8(1-x^2)^2}((n+2)(n+4 -$$

$$(n+1)x^2)U_n(x) - (n+1)(2n+7 -$$

$$2(n+2)x^2)xU_{n+1}(x)) \quad (21)$$

定理 2　当 $n \geq k \geq 1, m \geq 1$ 时,有

$$\sum_{v_1+v_2+\cdots+v_k=n} F_{mv_1}(p,q)F_{mv_2}(p,q)\cdots F_{mv_k}(p,q)$$

$$= \left(\frac{F_m(p,q)}{(L_m(p,q))^2-4q^m}\right)^{k-1}\sum_{i=0}^{k-1}(-1)^i 2^i q^{mi}(L_m(p,q))^{k-1-i} \cdot$$

$$\vartheta(n,k,i)F_{m(n-i)}(p,q) \quad (22)$$

证明　将

$$U_n^{(k)}(x) = \sum_{v_1+v_2+\cdots+v_k=n} U_{v_1}(x)U_{v_2}(x)\cdots U_{v_k}(x)$$

中的 x 用 $T_m(x)$ 替换,并由引理 3 的情形 ⅱ),得

$$\sum_{v_1+v_2+\cdots+v_k=n} U_{mv_1+m-1}(x)U_{mv_2+m-1}(x)\cdots U_{mv_k+m-1}(x)$$

$$= (U_{m-1}(x))^k U_n^{(k)}(T_m(x)) \quad (23)$$

在式(23)中令 $x = \frac{p}{2\sqrt{q}}$,并由引理 4,得

$$\sum_{v_1+v_2+\cdots+v_k=n} F_{mv_1+m}(p,q)F_{mv_2+m}(p,q)\cdots F_{mv_k+m}(p,q)$$

$$= (\sqrt{q})^{mn}(F_m(p,q))^k U_n^{(k)}(T_m(\frac{p}{2\sqrt{q}})) \qquad (24)$$

在定理 1 中令 $x = T_m(\frac{p}{2\sqrt{q}})$，并由引理 3，得

$$(2(1-(T_m(\frac{p}{2\sqrt{q}}))^2))^{k-1}U_n^{(k)}(T_m(\frac{p}{2\sqrt{q}}))$$

$$= \sum_{j=0}^{k-1}(-1)^j(T_m(\frac{p}{2\sqrt{q}}))^j\vartheta(n+k,k,k-1-$$

$$j)U_{n+j}(T_m(\frac{p}{2\sqrt{q}}))$$

$$= \frac{1}{U_{m-1}(\frac{p}{2\sqrt{q}})}\sum_{j=0}^{k-1}(-1)^j(T_m(\frac{p}{2\sqrt{q}}))^j\vartheta(n+k,k,k-$$

$$1-j)U_{m(n+j+1)-1}(\frac{p}{2\sqrt{q}})$$

$$= \frac{1}{U_{m-1}(\frac{p}{2\sqrt{q}})}\sum_{j=0}^{k-1}(-1)^{k-1-i}(T_m(\frac{p}{2\sqrt{q}}))^{k-1-i}\vartheta(n+$$

$$k,k,i)U_{m(n+k-i)-1}(\frac{p}{2\sqrt{q}}) \qquad (25)$$

由式(24)(25)和引理 4，有

$$\sum_{v_1+v_2+\cdots+v_k=n} F_{mv_1+m}(p,q)F_{mv_2+m}(p,q)\cdots F_{mv_k+m}(p,q)$$

$$= \frac{(F_m(p,q))^{k-1}}{((L_m(p,q))^2-4q^m)^{k-1}}\sum_{i=0}^{k-1}(-1)^i 2^i q^{mi}(L_m(p,$$

$$q))^{k-1-i}\vartheta(n+k,k,i)F_{m(n+k-i)}(p,q)$$

即

Zernov 定理

$$\sum_{v_1+v_2+\cdots+v_k=n} F_{mv_1}(p,q)F_{mv_2}(p,q)\cdots F_{mv_k}(p,q)$$

$$= \left(\frac{F_m(p,q)}{(L_m(p,q))^2-4q^m}\right)^{k-1}\sum_{i=0}^{k-1}(-1)^i 2^i q^{mi}(L_m(p,q))^{k-1-i}\vartheta(n,k,i)F_{m(n-i)}(p,q)$$

推论 2　当 $m\geqslant 1,k\geqslant 2$ 时,有

$$\sum_{i=0}^{k-1}(-1)^i\left(\frac{2q^m}{L_m(p,q)}\right)^i\vartheta(k,k,i)F_{m(k-i)}(p,q)$$

$$= \left(\frac{(L_m(p,q))^2-4q^m}{L_m(p,q)}\right)^{k-1}F_m(p,q) \tag{26}$$

注 1　在推论 2 中令 $m=1$,我们可得到下列恒等式

$$\sum_{i=0}^{k-1}(-1)^i\left(\frac{2q}{p}\right)^i\vartheta(k,k,i)F_{k-i}(p,q) = \left(\frac{p^2-4q}{p}\right)^{k-1} \tag{27}$$

在式(27)中令

$$p=1,q=-1$$

我们可得到下列有趣的恒等式

$$\sum_{i=0}^{k-1}2^i\vartheta(k,k,i)F_{k-i} = 5^{k-1} \tag{28}$$

注 2　在定理 2 中,当 $k=2,3,4$ 时,即为 Zhao Fengzhen 和 Wang Tianming 在参考资料[3]和[5]中所得的结果.

注 3　在定理 2 中,当 $m=1,k=2,3,4$ 时,即为 Zhang Wenpeng 在参考资料[6]中所得的结果.

定理 3　当 $n\geqslant k\geqslant 2,m\geqslant 1$ 时,有

$$\sum_{v_1+v_2+\cdots+v_k=n} F_{mv_1}(p,q)F_{mv_2}(p,q)\cdots F_{mv_k}(p,q)$$

$$= \left(\frac{F_{2m}(p,q)}{(L_m(p,q))^2-4q^m}\right)^k\sum_{i=0}^k(-1)^i\left(\frac{2q^m}{L_m(p,q)}\right)^i\cdot$$

第36章 一个序列的组合解释及其应用

$$(\vartheta(n,k,i) + \vartheta(n,k,i-1))L_{m(n-i)}(p,q) \quad (29)$$

证明 由定理 1 和引理 2 中的情形 ii),有

$$U_n^{(k)}(x) = 2^{1-k}(1-x^2)^{-k}\sum_{j=0}^{k}(-1)^j x^j(\vartheta(n+k,k,k-j) +$$

$$\vartheta(n+k,k,k-1-j))T_{n+j}(x)$$

在上式中令

$$x = T_m\left(\frac{p}{2\sqrt{q}}\right)$$

并由式(25),引理 3 和引理 4,得

$$\sum_{v_1+v_2+\cdots+v_k=n} F_{mv_1+m}(p,q)F_{mv_2+m}(p,q)\cdots F_{mv_k+m}(p,q)$$

$$= \left(\frac{F_{2m}(p,q)}{(L_m(p,q))^2-4q^m}\right)^k \sum_{i=0}^{k}(-1)^i\left(\frac{2q^m}{L_m(p,q)}\right)^i \cdot$$

$$(\vartheta(n+k,k,i) + \vartheta(n+k,k,i-1))L_{m(n+k-i)}(p,q)$$

即

$$\sum_{v_1+v_2+\cdots+v_k=n} F_{mv_1}(p,q)F_{mv_2}(p,q)\cdots F_{mv_k}(p,q)$$

$$= \left(\frac{F_{2m}(p,q)}{(L_m(p,q))^2-4q^m}\right)^k \sum_{i=0}^{k}(-1)^i\left(\frac{2q^m}{L_m(p,q)}\right)^i \cdot$$

$$(\vartheta(n,k,i) + \vartheta(n,k,i-1))L_{m(n-i)}(p,q)$$

推论 3 当 $m \geqslant 1, k \geqslant 2$ 时,有

$$\sum_{i=0}^{k}(-1)^i\left(\frac{2q^m}{L_m(p,q)}\right)^i(\vartheta(k,k,i) + \vartheta(k,k,i-1)) \cdot$$

$$L_{m(k-i)}(p,q) = \left(\frac{(L_m(p,q))^2-4q^m}{L_m(p,q)}\right)^k \quad (30)$$

注 4 在推论 4 中令 $m = 1$,有下列包含广义 Lu-cas 序列的恒等式

$$\sum_{i=0}^{k}(-1)^i\left(\frac{2q}{p}\right)^i(\vartheta(k,k,i) +$$

437

$$\vartheta(k,k,i-1))L_{k-i}(p,q)$$

$$= (\frac{p^2 - 4q}{p})^k \tag{31}$$

在上式中令 $p=1, q=-1$,我们可得到下列有趣的恒等式

$$\sum_{i=0}^{k} 2^i(\vartheta(k,k,i) + \vartheta(k,k,i-1))L_{k-i} = 5^k \tag{32}$$

参考资料

[1] Szego G. Orthogonal Polynomials. New York: Amer Math Soc, 1959.

[2] Rainville E D. Special Functions. New York: Macmillan Co, 1960.

[3] Zhao Fengzhen, Wang Tianming. Generalizations some identities involving the Fibonacci numbers. The Fibonacci Quarterly, 2001, 39(2): 165-167.

[4] Zeitlin D. On convoluted numbers and sums. American Mathematical Monthly, 1967, 74(3): 235-246.

[5] Zhao Fengzhen, Wang Tianming. Errata for "Generalizations some identities involving the Fibonacci numbers". The Fibonacci Quarterly, 2001, 39(5): 408.

[6] Zhang Wenpeng. Some identities involving Fibonacci numbers. The Fibonacci Quarterly, 1997, 35(3): 225-229.

Fibonacci 数列倒数的无穷和①

西北大学数学系的王婷婷 2012 年利用初等方法以及取整函数的性质研究了 Fibonacci 数列三次倒数的求和问题,获得了该和式倒数取整后的确切值,也就是给出了一个包含 Fibonacci 数列有趣的恒等式.

§1 引 言

著名的 Fibonacci 数列 $\{F_n\}$ 在数学的理论研究与应用研究中占有十分重要的地位,多少年来一直引起不少数学家以及数学爱好者的兴趣和重视,并取得了不少重要的研究成果. 有关 Fibonacci 数的性质及其应用的研究工作可见参考资料 $[1 \sim 4]$. 最近,日本学者

---

① 本章摘自《数学学报中文版》2012 年 5 月第 55 卷第 3 期.

Zernov 定理

Ohtsuka 和 Nakamura[5]发现了一些关于 Fibonacci 数的倒数以及平方倒数和的公式,证明了以下的结论

$$\left\lfloor \left(\sum_{k=n}^{\infty} \frac{1}{F_k} \right)^{-1} \right\rfloor = \begin{cases} F_{n-2} & (n \text{ 是偶数且 } n \geqslant 2) \\ F_{n-2} - 1 & (n \text{ 是一个正奇数}) \end{cases}$$

$$\left\lfloor \left(\sum_{k=n}^{\infty} \frac{1}{F_k^2} \right)^{-1} \right\rfloor = \begin{cases} F_{n-1}F_n - 1 & (n \text{ 是一个偶数且 } n \geqslant 2) \\ F_{n-1}F_n & (n \text{ 是一个正奇数}) \end{cases}$$

这里 $\lfloor x \rfloor$ 取整函数,表示小于或等于 x 的最大整数.

这些结果是十分有趣的,至少它表明了 Fibonacci 数列的一些新的性质. 自然地我们会问:是否存在一个相应的 Fibonacci 数列三次方倒数和的公式? 遗憾的是到目前为止还没有发现这一结果. 在一次与 Ohtsuka 教授的私人通信中,我们问他是否存在一个有关 Fibonacci 数三次倒数和的计算公式,即

$$F(3,n) \equiv \left\lfloor \left(\sum_{k=n}^{\infty} \frac{1}{F_k^3} \right)^{-1} \right\rfloor \qquad (1)$$

的计算公式,他告诉我们,两年前自己就想借助于计算机试图建立这样一个公式,但最终失败了.事实上,三次倒数问题中的主项比较复杂,不如参考资料[5]中的结果那么整齐,因而很难猜出其主项的具体形式.此外,参考资料[5]中所用到的方法也非常特殊,看上去似乎不适用其他高次幂的情况.本章利用一个新的初等方法来研究这个问题,给出了式(1)的一个确切的计算公式,也就是证明了下面的结论:

定理 对任意正整数 $n \geqslant 1$,我们有恒等式

$$F(3,n) = \begin{cases} F_n F_{n-1}^2 + F_{n-2} F_n^2 + \left\lfloor \dfrac{1}{11}(14F_{n-2} - 5F_n) \right\rfloor \\ \quad (n \text{ 是一个偶数且 } n \geq 2) \\[2mm] F_n F_{n-1}^2 + F_{n-2} F_n^2 + \left\lfloor \dfrac{1}{11}(5F_n - 14F_{n-2}) \right\rfloor \\ \quad (n \text{ 是一个正奇数}) \end{cases}$$

这里我们规定 $F_{-1} = F_1 = 1$.

§2　定理的证明

证明的思路　为了完成定理的证明,首先需要猜出定理中的各项. 分 $n = 2m$ 及 $2m + 1$ 两种情况讨论. 当 $n = 2m$ 时,利用待定系数法确定出有理数 U 和 V, 使得对所有 $k \geq m$,不等式

$$\frac{1}{F_{2k}^3} + \frac{1}{F_{2k+1}^3} < \frac{1}{F_{2k-1}^2 F_{2k} + F_{2k-2} F_{2k}^2 + U F_{2k} + V F_{2k-2}} - \frac{1}{F_{2k+1}^2 F_{2k+2} + F_{2k} F_{2k+2}^2 + U F_{2k+2} + V F_{2k}}$$

及不等式

$$\frac{1}{F_{2k}^3} + \frac{1}{F_{2k+1}^3} > \frac{1}{F_{2k-1}^2 F_{2k} + F_{2k-2} F_{2k}^2 + \dfrac{1}{11} + U F_{2k} + V F_{2k-2}} - \frac{1}{F_{2k+1}^2 F_{2k+2} + F_{2k} F_{2k+2}^2 + \dfrac{1}{11} + U F_{2k+2} + V F_{2k}}$$

同时成立. 经过比较系数以及复杂的数值计算,可以确

定出常数 $U = -\dfrac{5}{11}$ 和 $V = \dfrac{14}{11}$（过程略）. 然后注意到恒等式

$$\sum_{k=n}^{\infty} \frac{1}{F_k^3} = \sum_{k=m}^{\infty} \left(\frac{1}{F_{2k}^3} + \frac{1}{F_{2k+1}^3} \right)$$

反复使用前面两个不等式就可以得到无穷级数

$$\sum_{k=n}^{\infty} \frac{1}{F_k^3}$$

的上、下界估计, 再利用取整函数的性质就可以推出我们的定理对偶数 n 成立. 同理也可以处理 $n = 2m + 1$ 的情况, 这样就可以证明我们的结论.

定理的证明 首先考虑 $n = 2m$ 是偶数时的情况. 显然, 这时的定理可由不等式

$$\frac{1}{F_{2m-1}^2 F_{2m} + F_{2m-2} F_{2m}^2 - \dfrac{1}{11}(5F_{2m} - 14F_{2m-2}) + \dfrac{1}{11}}$$

$$< \sum_{k=2m}^{\infty} \frac{1}{F_k^3} < \frac{1}{F_{2m-1}^2 F_{2m} + F_{2m-2} F_{2m}^2 - \dfrac{1}{11}(5F_{2m} - 14F_{2m-2})}$$

$$(2)$$

直接推出.

现在证明对所有的正整数 k, 有不等式

$$\frac{1}{F_{2k}^3} + \frac{1}{F_{2k+1}^3} < \frac{1}{F_{2k-1}^2 F_{2k} + F_{2k-2} F_{2k}^2 - \dfrac{1}{11}(5F_{2k} - 14F_{2k-2})} -$$

$$\frac{1}{F_{2k+1}^2 F_{2k+2} + F_{2k} F_{2k+2}^2 - \dfrac{1}{11}(5F_{2k+2} - 14F_{2k})} \quad (3)$$

设

$$L_n = \alpha^n + \beta^n$$

是 Lucas 数

$$F_n = \frac{1}{\sqrt{5}}(\alpha^n - \beta^n)$$

其中

$$\alpha = \frac{1+\sqrt{5}}{2}, \beta = \frac{1-\sqrt{5}}{2}$$

由 Fibonacci 数,Lucas 数的定义以及二项式展开并注
意到

$$\alpha \cdot \beta = -1$$

不难推出

$$F_{2k}^3 = \frac{1}{5}(F_{6k} - 3F_{2k})$$

$$F_{2k+1}^3 = \frac{1}{5}(F_{6k+3} + 3F_{2k+1})$$

$$F_{2k}^3 + F_{2k+1}^3 = \frac{1}{5}(2F_{6k+2} + 3F_{2k-1})$$

$$F_{2k}^3 F_{2k+1}^3 = \frac{1}{125}(L_{12k+3} - 3L_{8K+2} + 5)$$

$$F_{2k-1}^2 F_{2k} + F_{2k-2} F_{2k}^2 = \frac{1}{5}(2F_{6k-2} - F_{2k} - 2F_{2k-2})$$

$$F_{6k} + F_{6k+3} = 2F_{6k+2}$$

$$F_{6k+4} - F_{6k-2} = 4F_{6k+1}$$

所以不等式(3)等价于

Zernov 定理

$$\frac{2F_{6k+2}+3F_{2k-1}}{\left(F_{6k}-3F_{2k}\right)\left(F_{6k+3}+3F_{2k+1}\right)}$$

$$<\frac{8F_{6k+1}-\frac{36}{11}F_{2k+1}+\frac{48}{11}F_{2k-1}}{\left(2F_{6k-2}-\frac{36}{11}F_{2k}+\frac{48}{11}F_{2k-2}\right)\left(2F_{6k+4}-\frac{36}{11}F_{2k+2}+\frac{48}{11}F_{2k}\right)}$$

（4）

则由 Fibonacci 数列,Lucas 数列的性质可得

$$\left(F_{6k}-3F_{2k}\right)\left(F_{6k+3}+3F_{2k+1}\right)=\frac{L_{12k+3}-3L_{8k+2}+5}{5}$$

以及

$$\left(2F_{6k-2}-\frac{36}{11}F_{2k}+\frac{48}{11}F_{2k-2}\right)\cdot$$

$$\left(2F_{6k+4}-\frac{36}{11}F_{2k+2}+\frac{48}{11}F_{2k}\right)$$

$$=\frac{1}{5}\left(4L_{12k+2}-\frac{144}{11}L_{8k}-\frac{216}{11}L_{8k-1}-\right.$$

$$\left.\frac{25}{11}\left(13L_{4k+1}+L_{4k-1}\right)-\frac{360}{11}\right)$$

由这两个恒等式和不等式(4),我们知道不等式(3)等价于

$$\frac{2F_{6k+2}+3F_{2k-1}}{L_{12k+3}-3L_{8k+2}+5}$$

$$<\frac{8F_{6k+1}-\frac{36}{11}F_{2k+1}+\frac{48}{11}F_{2k-1}}{4L_{12k+2}-\frac{144}{11}L_{8k}-\frac{216}{11}L_{8k-1}-\frac{25}{11}\left(13L_{4k+1}+L_{4k-1}\right)-\frac{360}{11}}$$ （5）

为方便起见,我们设

444

$$A = \left(4L_{12k+2} - \frac{144}{11}K_{8k} - \frac{216}{11}L_{8k-1} - \right.$$

$$\left. \frac{25}{11}(13L_{4k+1} + L_{4k-1}) - \frac{360}{11}\right) \cdot$$

$$(2F_{6k+2} + 3F_{2k-1})$$

及

$$B = (L_{12k+3} - 3L_{8k+2} + 5)\left(8F_{6k+1} - \frac{36}{11}F_{2k+1} + \frac{48}{11}F_{2k-1}\right)$$

则我们有

$$A = 8(F_{18k+4} - F_{6k}) + 12(F_{14k+1} + F_{10k+3}) -$$

$$\frac{288}{11}(F_{14k+2} - F_{2k-2}) - \frac{432}{11}(F_{10k-1} + F_{6k+1}) -$$

$$\frac{432}{11}(F_{14k+1} - F_{2k-3}) - \frac{648}{11}(F_{10k-2} + F_{6k}) -$$

$$\frac{650}{11}(F_{10k+3} - F_{2k+1}) - \frac{975}{11}(F_{6k} + F_{2k+2}) -$$

$$\frac{50}{11}(F_{10k+1} - F_{2k+3}) - \frac{75}{11}(F_{6k-2} + F_{2k}) -$$

$$\frac{360}{11}(2F_{6k+2} + 3F_{2k-1})$$

$$= 8F_{18k+4} - \frac{288}{11}F_{14k+2} - \frac{300}{11}F_{14k+1} -$$

$$\frac{870}{11}F_{10k+2} - \frac{512}{11}F_{10k} - \frac{1\,504}{11}F_{6k} -$$

$$\frac{1\,077}{11}F_{6k+2} - \frac{89}{11}F_{2k+4} + \frac{513}{11}F_{2k+2}$$

$$B = 8(F_{18k+4} - F_{6k+2}) - 24(F_{14k+3} - F_{2k+1}) +$$

$$40F_{6k+1} - \frac{36}{11}(F_{14k+4} + F_{10k+2}) +$$

$$\frac{108}{11}(F_{10k+3} + F_{6k+1}) - \frac{180}{11}F_{2k+1} + \frac{48}{11}(F_{14k+2} +$$

$$F_{10k+4}) - \frac{108}{11}(F_{10k+1} + F_{6k+3}) + \frac{240}{11}F_{2k-1}$$

$$= 8F_{18k+4} - \frac{288}{11}F_{14k+2} - \frac{300}{11}F_{14k+1} +$$

$$\frac{48}{11}F_{10k+4} + \frac{72}{11}F_{10k+2} - \frac{196}{11}F_{6k+2} +$$

$$\frac{440}{11}F_{6k+1} + \frac{84}{11}F_{2k+1} + \frac{240}{11}F_{2k-1}$$

注意到

$$F_{n+2} = F_{n+1} + F_n$$

我们有

$$B - A = \frac{1\,086}{11}F_{10k+2} + \frac{464}{11}F_{10k} + \frac{1\,321}{11}F_{6k+2} +$$

$$\frac{1\,064}{11}F_{6k} + \frac{78}{11}F_{2k+2} - \frac{653}{11}F_{2k} > 0$$

对所有整数 $k \geqslant 1$ 成立,所以不等式(3)(4)及(5)对所有 $k \geqslant 1$ 成立.

现在反复应用式(3),我们有

$$\sum_{k=2m}^{\infty} \frac{1}{F_k^3} = \sum_{k=m}^{\infty} \left(\frac{1}{F_{2k}^3} + \frac{1}{F_{2k+1}^3} \right)$$

$$< \sum_{k=m}^{\infty} \frac{1}{F_{2k-1}^2 F_{2k} + F_{2k-2}^2 F_{2k} - \frac{1}{11}(5F_{2k} - 14F_{2k-2})} -$$

$$\sum_{k=m}^{\infty} \frac{1}{F_{2k+1}^2 F_{2k+2} + F_{2k}F_{2k+2}^2 - \frac{1}{11}(5F_{2k+2} - 14F_{2k})}$$

$$= \frac{1}{F_{2m-1}^2 F_{2m} + F_{2m-2}F_{2m}^2 - \frac{1}{11}(5F_{2m} - 14F_{2m-2})} \quad (6)$$

另一方面,我们可以证明不等式

$$\frac{1}{F_{2k}^3} + \frac{1}{F_{2k+1}^3}$$

$$> \frac{1}{F_{2k-1}^2 F_{2k} + F_{2k-2}F_{2k}^2 + \frac{1}{11} - \frac{1}{11}(5F_{2k} - 14F_{2k-2})} -$$

$$\frac{1}{F_{2k+1}^2 F_{2k+2} + F_{2k}F_{2k+2}^2 + \frac{1}{11} - \frac{1}{11}(5F_{2k+2} - 14F_{2k})}$$

$$(7)$$

这个不等式等价于

$$\frac{2F_{6k+2} + 3F_{2k-1}}{(F_{6k} - 3F_{2k})(F_{6k+3} + 3F_{2k+1})}$$

$$> \frac{8F_{6k+1} - \frac{36}{11}F_{2k+1} + \frac{48}{11}F_{2k-1}}{(2F_{6k-2} - \frac{36}{11}F_{2k} + \frac{48}{11}F_{2k-2} + \frac{5}{11})(2F_{6k+4} - \frac{36}{11}F_{2k+2} + \frac{48}{11}F_{2k} + \frac{5}{11})}$$

或

$$\frac{5}{11}(2F_{6k+2} + 3F_{2k-1})(4F_{6k+2} + 4F_{6k} -$$

$$\frac{12}{11}F_{2k+1} - \frac{72}{11}F_{2k-1} + \frac{5}{11}) > B - A$$

或

$$8L_{12k+3} + 16L_{12k+2} - \frac{84}{11}L_{8k} + \frac{72}{11}L_{8k-1} +$$

$$\frac{120}{11}L_{4k-1} - \frac{180}{11}L_{4k-2} + \frac{10}{11}F_{6k+2} + \frac{15}{11}F_{2k-1} + \frac{132}{11}$$

$$> \frac{11}{5}(B - A) \qquad (8)$$

很显然,不等式(8)对所有正整数 $k \geqslant 1$ 成立,所以不等式(7)成立. 现在反复应用不等式(7),有

$$\sum_{k=2m}^{\infty} \frac{1}{F_k^3} = \sum_{k=m}^{\infty} \left(\frac{1}{F_{2k}^3} + \frac{1}{F_{2k+1}^3} \right)$$

$$> \frac{1}{F_{2m-1}^2 F_{2m} + F_{2m-2}F_{2m}^2 + \frac{1}{11} - \frac{1}{11}(5F_{2m} - 14F_{2m-2})}$$

$$\qquad (9)$$

结合式(6)和(9)立即可得不等式(2).

现在来证明 $n = 2m + 1$ 是奇数时的情况. 显然,这时我们的定理等价于

$$F_{2m}^2 F_{2m+1} + F_{2m-1}F_{2m+1}^2 + \frac{1}{11}(5F_{2m+1} - 14F_{2m-1})$$

$$< \left(\sum_{k=2m+1}^{\infty} \frac{1}{F_k^3} \right)^{-1} < F_{2m}^2 F_{2m+1} + F_{2m-1}F_{2m+1}^2 +$$

$$\frac{1}{11}(5F_{2m+1} - 14F_{2m-1}) + \frac{1}{11}$$

或

$$\frac{1}{F_{2m}^2 F_{2m+1} + F_{2m-1}F_{2m+1}^2 + \frac{1}{11}(5F_{2m+1} - 14F_{2m-1}) + \frac{1}{11}}$$

$$< \sum_{k=2m+1}^{\infty} \frac{1}{F_k^3}$$

$$< \frac{1}{F_{2m}^2 F_{2m+1} + F_{2m-1} F_{2m+1}^2 + \frac{1}{11}(5F_{2m+1} - 14F_{2m-1})}$$

（10）

首先,证明不等式

$$\frac{1}{F_{2k+1}^3} + \frac{1}{F_{2k+2}^3}$$

$$< \frac{1}{F_{2k}^2 F_{2k+1} + F_{2k-1} F_{2k+1}^2 + \frac{1}{11}(5F_{2k+1} - 14F_{2k-1})} -$$

$$\frac{1}{F_{2k+2}^2 F_{2k+3} + F_{2k+1} F_{2k+3}^2 + \frac{1}{11}(5F_{2k+3} - 14F_{2k+1})} \quad （11）$$

同理可由 Fibonacci 数,Lucas 数的定义以及二项式展
开,我们也可以推出

$$F_{2k+1}^3 = \frac{1}{5}(F_{6k+3} + 3F_{2k+1})$$

$$F_{2k+2}^3 = \frac{1}{5}(F_{6k+6} - 3F_{2k+2})$$

$$F_{2k}^2 F_{2k+1} + F_{2k-1} F_{2k+1}^2 = \frac{1}{5}(2F_{6k+1} + 3F_{2k-1} + F_{2k})$$

$$F_{6k+6} + F_{6k+3} = 2F_{2k+5}$$

$$3F_{2k+1} - 3F_{2k+2} = -3F_{2k}$$

所以不等式(11)等价于不等式

$$\frac{2F_{6k+5} - 3F_{2k}}{(F_{6k+3} + 3F_{2k+1})(F_{6k+6} - 3F_{2k+2})}$$

$$< \frac{8F_{6k+4} - \frac{48}{11}F_{2k} + \frac{36}{11}F_{2k+2}}{\left(2F_{6k+1} - \frac{48}{11}F_{2k-1} + \frac{36}{11}F_{2k+1}\right)\left(2F_{6k+7} - \frac{48}{11}F_{2k+1} + \frac{36}{11}F_{2k+3}\right)}$$

$$(12)$$

由 Lucas 数的定义和性质, 可得

$$\left(F_{6k+3} + 3F_{2k+1}\right)\left(F_{6k+6} - 3F_{2k+2}\right) = \frac{L_{12k+9} + 3L_{8k+6} - 5}{5}$$

和

$$\left(2F_{6k+1} - \frac{48}{11}F_{2k-1} + \frac{36}{11}F_{2k+1}\right) \cdot$$

$$\left(2F_{6k+7} - \frac{48}{11}F_{2k+1} + \frac{36}{11}F_{2k+3}\right)$$

$$= \frac{1}{5}\left(4L_{12k+8} + \frac{360}{11}L_{8k+3} + \frac{144}{11}L_{8k+2} - \right.$$

$$\left. \frac{40\,200}{121}L_{4k-1} - \frac{24\,000}{121}L_{4k-2} + \frac{6\,360}{121}\right)$$

由这两个恒等式及不等式(12), 我们知道不等式(11)
等价于

$$\frac{2F_{6k+5} - 3F_{2k}}{L_{12k+9} + 3L_{8k+6} - 5}$$

$$< \frac{8F_{6k+4} - \frac{48}{11}F_{2k} + \frac{36}{11}F_{2k+2}}{4L_{12k+8} + \frac{360}{11}L_{8k+3} + \frac{144}{11}L_{8k+2} - \frac{40\,200}{121}L_{4k-1} - \frac{24\,000}{121}L_{4k-2} + \frac{6\,360}{121}}$$

$$(13)$$

为方便起见, 我们设

$$A' = \left(4L_{12k+8} + \frac{360}{11}L_{8k+3} + \frac{144}{11}L_{8k+2} - \right.$$

$$\left. \frac{40\ 200}{121}L_{4k-1} - \frac{24\ 000}{121}L_{4k-2} + \frac{6\ 360}{121} \right) \cdot$$

$$\left(2F_{6k+5} - 3F_{2k} \right)$$

和

$$B' = \left(L_{12k+9} + 3L_{8k+6} - 5 \right)\left(8F_{6k+4} - \frac{48}{11}F_{2k} + \frac{36}{11}F_{2k+2} \right)$$

则我们有

$$A' = 8\left(F_{18k+13} + F_{6k+3} \right) - \frac{576}{11}\left(F_{14k+9} + F_{2k-1} \right) +$$

$$\frac{432}{11}\left(F_{14k+11} + F_{2k+1} \right) - 12\left(F_{14k+8} - F_{10k+8} \right) +$$

$$\frac{864}{11}\left(F_{10k+4} - F_{6k+4} \right) - \frac{648}{11}\left(F_{10k+6} - F_{6k+6} \right)$$

$$= 8F_{18k+13} - \frac{312}{11}F_{14k+9} + \frac{300}{11}F_{14k+11} - \frac{252}{11}F_{10k+5} +$$

$$\frac{480}{11}F_{10k+4} + \frac{736}{11}F_{6k+3} + \frac{432}{11}F_{6k+4} +$$

$$\frac{432}{11}F_{2k+1} - \frac{576}{11}F_{2k-1}$$

$$B' = 8\left(F_{18k+13} - F_{6k+5} \right) - \frac{48}{11}\left(F_{14k+9} - F_{10k+9} \right) +$$

$$\frac{36}{11}\left(F_{14k+11} - F_{10k+7} \right) + 24\left(F_{14k+10} - F_{2k+2} \right) -$$

$$\frac{144}{11}\left(F_{10k+6} + F_{6k+6} \right) + \frac{108}{11}\left(F_{10k+8} - F_{6k+4} \right) -$$

$$40F_{6k+4} + \frac{240}{11}F_{2k} - \frac{180}{11}F_{2k+2}$$

$$= 8F_{18k+13} - \frac{312}{11}F_{14k+9} + \frac{300}{11}F_{14k+11} + \frac{168}{11}F_{10k+7} +$$

$$\frac{12}{11}F_{10k+6} - \frac{232}{11}F_{6k+5} - \frac{692}{11}F_{6k+4} -$$

$$\frac{444}{11}F_{2k+2} + \frac{240}{11}F_{2k}$$

注意到

$$F_{n+2} = F_{n+1} + F_n$$

我们有

$$B' - A' = \frac{600}{11}F_{10k+5} - \frac{300}{11}F_{10k+4} - \frac{1\,356}{11}F_{6k+4} -$$

$$\frac{968}{11}F_{6k+3} - \frac{1\,080}{11}F_{2k} - \frac{300}{11}F_{2k-1} > 0$$

对所有 $k \geq 1$ 成立. 所以不等式(11)(12)和(13)对所有 $k \geq 1$ 成立.

现在反复应用不等式(11),我们有

$$\sum_{k=2m+1}^{\infty} \frac{1}{F_k^3} = \sum_{k=m}^{\infty} \left(\frac{1}{F_{2k+1}^3} + \frac{1}{F_{2k+2}^3} \right)$$

$$< \sum_{k=m}^{\infty} \frac{1}{F_{2k}^2 F_{2k+1} + F_{2k-1}F_{2k+1}^2 + \frac{1}{11}(5F_{2k+1} - 14F_{2k-1})} -$$

$$\sum_{k=m}^{\infty} \frac{1}{F_{2k+2}^2 F_{2k+3} + F_{2k+1}F_{2k+3}^2 + \frac{1}{11}(5F_{2k+3} - 14F_{2k+1})}$$

$$= \frac{1}{F_{2m}^2 F_{2m+1} + F_{2m-1}F_{2m+1}^2 + \frac{1}{11}(5F_{2m+1} - 14F_{2m-1})}$$

(14)

452

另一方面,我们还可以证明不等式

$$\frac{1}{F_{2k+1}^3} + \frac{1}{F_{2k+2}^3}$$

$$> \frac{1}{F_{2k}^2 F_{2k+1} + F_{2k-1} F_{2k+1}^2 + \frac{1}{11}(5F_{2k+1} - 14F_{2k-1}) + \frac{1}{11}} -$$

$$\frac{1}{F_{2k+2}^2 F_{2k+3} + F_{2k+1} F_{2k+3}^2 + \frac{1}{11} + \frac{1}{11}(5F_{2k+3} - 14F_{2k+1})}$$

$$(15)$$

事实上,这个不等式等价于

$$\frac{2F_{6k+5} - 3F_{2k}}{(F_{6k+3} + 3F_{2k+1})(F_{6k+6} - 3F_{2k+2})}$$

$$> \frac{8F_{6k+4} - \frac{48}{11}F_{2k} + \frac{36}{11}F_{2k+2}}{(2F_{6k+1} - \frac{48}{11}F_{2k-1} + \frac{36}{11}F_{2k+1} + \frac{5}{11})(2F_{6k+7} - \frac{48}{11}F_{2k+1} + \frac{36}{11}F_{2k+3} + \frac{5}{11})}$$

或

$$\frac{5}{11}(2F_{6k+5} - 3F_{2k})(2F_{6k+1} + 2F_{6k+7} +$$

$$\frac{96}{11}F_{2k} - \frac{12}{11}F_{2k-1} + \frac{5}{11}) > B' - A'$$

或

$$4L_{12k+6} + 4L_{12k+12} - \frac{36}{11}L_{8k+1} - \frac{1\,074}{11}L_{4k} - \frac{264}{11}L_{4k-1} +$$

$$\frac{10}{11}F_{6k+5} - \frac{15}{11}F_{2k} + \frac{980}{11} > \frac{11}{5}(B' - A') \qquad (16)$$

很显然,不等式(16)对所有 $k \geqslant 1$ 成立,故不等式(15)

成立. 反复应用不等式(15),我们有

$$\sum_{k=2m+1}^{\infty} \frac{1}{F_k^3} = \sum_{k=m}^{\infty} \left(\frac{1}{F_{2k+1}^3} + \frac{1}{F_{2k+2}^3} \right)$$

$$> \cfrac{1}{F_{2m}^2 F_{2m+1} + F_{2m-1} F_{2m+1}^2 + \frac{1}{11}(5F_{2m+1} - 14F_{2m-1}) + \frac{1}{11}}$$

$$(17)$$

结合式(14)和(17),我们立即推出不等式(10). 于是完成了定理的证明.

参考资料

[1] Duncan R L. Applications of uniform distribution to the Fibonacci numbers, The Fibonacci Quarterly, 1967, 5(2):137-140.

[2] Wiemann M, Cooper C. Divisibility of an F-L Type Convolution, Applications of Fibonacci Numbers, Vol. 9, Kluwer Acad. Publ., Dordrecht, 2004: 267-287.

[3] Prodinger H. On a sum of Melham and its variants, The Fibonacci Quarterly, 2008/2009, 46/47: 207-215.

[4] Ma R. Zhang W P. Several identities involving the Fibonacci numbers and Lucas numbers, The Fibonacci Quarterly, 2007, 45:164-170.

[5] Ohtsuka H, Nakamura S. On the sum of reciprocal Fibonacci numbers, The Fibonacci Quarterly, 2008/2009, 46/47:153-159.

第九编
Lucas 数列的性质

关于 Lucas 数列同余性质的研究[①]

① 本章选自《纯粹数学与应用数学》2012 年 4 月,第 28 卷第 2 期.

第

38

章

西北工业大学理学院的马荣和西安交通大学电信学院的张玉龙两位教授 2012 年将二项式系数的性质应用到 Lucas 数列的研究中,并结合 Fibonacci 数列与 Lucas 数列的恒等式得到几个有趣的 Lucas 数列的同余式.

§1 引 言

众所周知,Fibonacci 数列通常用二阶线性递归公式定义为

$$F_{n+2} = F_{n+1} + F_n \qquad (1)$$

满足初值

$$F_0 = 0, F_1 = 1$$

它的通项公式为

Zernov 定理

$$F_n = \frac{1}{\sqrt{5}}(\alpha^n - \beta^n) \qquad (2)$$

其中

$$\alpha = \frac{1+\sqrt{5}}{2}, \beta = \frac{1-\sqrt{5}}{2}$$

Fibonacci 数列具有其特有的性质[1~3]. 例如,在参考资料[4]中,对任意奇素数 $p \neq 5$ 有

$$5F_{\frac{p\pm1}{2}}^2 \equiv \begin{cases} \dfrac{5\left(\dfrac{p}{5}\right) \pm 5}{2} (\bmod\ p) & (p \equiv 1(\bmod\ 4)) \\[4mm] \dfrac{5\left(\dfrac{p}{5}\right) \mp 3}{2} (\bmod\ p) & (p \equiv 3(\bmod\ 4)) \end{cases}$$

其中 $\left(\dfrac{p}{5}\right)$ 为 Legendre 符号.

另一个重要的数列是 Lucas 数列 L_n ($n = 0, 1, 2, \cdots$),它也是用与 Fibonacci 数列一样的递归公式来定义

$$L_{n+2} = L_{n+1} + L_n$$

唯一不同的是初值

$$L_0 = 2, L_1 = 1$$

因此,也可以得到 Lucas 数列的通项

$$L_n = \alpha^n + \beta^n \quad (\alpha, \beta \text{ 同式}(2))$$

当 n 是素数时,知道 L_n 模 n 同余于 1,这一性质对部分 n 是合数的情况也成立. 关于 F_n 与 L_n 的其他性质,请参见参考资料[5~8].

本章利用包含 $F_m^{2n}, F_m^{2n+1}, L_m^{2n}$ 和 L_m^{2n+1} 的几个恒等式研究关于 Lucas 数列的同余性质,最终得到关于 L_n

对素数模 p 的几个更为有意义的同余公式. 这不仅丰富了 Fibonacci 数列与 Lucas 数列的性质, 并且在证明过程中, 综合运用二项式系数与同余的性质, 巧妙地转化问题并最终解决问题, 即要证明下面几个定理.

定理 1　对任意奇素数 $p \geqslant 3$, 有同余公式:

如果 $p \equiv 1 \pmod 4$ 有

$$\sum_{i=1}^{\frac{p-1}{2}} L_{4i-1} \equiv \left(\frac{5}{p}\right) - 1 \pmod p$$

$$\equiv \begin{cases} 0 & (5 \text{ 是模 } p \text{ 的平方剩余}) \\ -2 & (5 \text{ 是模 } p \text{ 的平方非剩余}) \end{cases} \quad (3)$$

如果 $p \equiv 3 \pmod 4$, 有

$$\sum_{i=0}^{\frac{p-3}{2}} L_{4i+1} \equiv \left(\frac{5}{p}\right) - 1 \pmod p$$

$$\equiv \begin{cases} 0 & (5 \text{ 是模 } p \text{ 的平方剩余}) \\ -2 & (5 \text{ 是模 } p \text{ 的平方非剩余}) \end{cases} \quad (4)$$

$$\sum_{i=0}^{\frac{p-3}{2}} L_{p-1-2i} \equiv 0 \pmod p \quad (p \geqslant 3) \quad (5)$$

定理 2　对任意正整数 k 和任意奇素数 $p \geqslant 3$, 有

$$\sum_{i=1}^{k} \binom{2k}{k-i} L_{2ip} \equiv 5^k - \binom{2k}{k} \pmod p \quad (6)$$

$$\sum_{i=1}^{k} (-1)^{k-i} \binom{2k}{k-i} L_{2ip} \equiv 1 - (-1)^k \binom{2k}{k} \pmod p$$

$$(7)$$

特别地, 在定理 2 中, 当取 $k = 1, 2, 3$ 时, 有如下推论:

推论 1　对任意素数 $p \geqslant 2$, 有如下同余式

459

$$L_{2p} \equiv 3 \,(\mathrm{mod}\ p)$$

$$L_{4p} \equiv 7 \,(\mathrm{mod}\ p)$$

$$L_{6p} \equiv 18 \,(\mathrm{mod}\ p)$$

§2 几个引理

为了证明定理,需要以下几个引理,首先得到几个关于 F_n 的新的恒等式.

引理1 对任意非负整数 m 和 n,有

$$F_n^{2m} = 5^{-m}\left(\sum_{i=0}^{m-1} (-1)^{i(n+1)} \binom{2m}{i} L_{2n(m-i)} + \right.$$

$$\left. (-1)^{(n+1)m} \binom{2m}{m} \right) \qquad (8)$$

$$F_n^{2m+1} = 5^{-m} \sum_{i=0}^{m} (-1)^{i(n+1)} \binom{2m+1}{i} F_{n(2m+1-2i)}$$

$$(9)$$

其中

$$\binom{k}{j} = \frac{k!}{j!\ (k-j)!}$$

是二项式系数.

证明 证明第一个公式,第二个公式同理可得. 根据 α, β 的定义,有

$$\alpha\beta = -1, \alpha + \beta = 1$$

因此,由式(2)和式(5)得到

$$F_n^{2m} = \left(\frac{1}{\sqrt{5}}(\alpha^n - \beta^n) \right)^{2m}$$

$$= 5^{-m} \sum_{i=0}^{2m} (-1)^i \binom{2m}{i} \alpha^{n(2m-i)} \beta^{ni}$$

$$= 5^{-m} \left(\sum_{i=0}^{m-1} (-1)^{i(n+1)} \binom{2m}{i} \left(\alpha^{2n(m-i)} + \right. \right.$$

$$\left. \beta^{2n(m-i)} \right) + (-1)^{m(n+1)} \binom{2m}{m} \right)$$

$$= 5^{-m} \left(\sum_{i=0}^{m-1} (-1)^{i(n+1)} \binom{2m}{i} L_{2n(m-i)} + \right.$$

$$\left. (-1)^{m(n+1)} \binom{2m}{m} \right)$$

这就证明了引理 1.

引理 2　对任意非负整数 n 和正整数 m,有恒等式

$$L_n^{2m} = \sum_{i=0}^{m-1} (-1)^{in} \binom{2m}{i} L_{2n(m-i)} + (-1)^{nm} \binom{2m}{m} \tag{10}$$

$$L_n^{2m+1} = \sum_{i=0}^{m} (-1)^{in} \binom{2m+1}{i} L_{n(2m+1-2i)} \tag{11}$$

证明　见参考资料[6]的定理 1 和定理 2.

引理 3　对任意非负整数 m,有

$$\sum_{i=0}^{m-1} \binom{2m}{i} L_{2(m-i)} + \binom{2m}{m} = 5^m \tag{12}$$

$$\sum_{i=0}^{m} \binom{2m+1}{i} F_{2m+1-2i} = 5^m \tag{13}$$

$$\sum_{i=0}^{m-1} (-1)^i \binom{2m}{i} L_{2(m-i)} + (-1)^m \binom{2m}{m} = 1 \tag{14}$$

$$\sum_{i=0}^{m} (-1)^i \binom{2m+1}{i} L_{2m+1-2i} = 1 \qquad (15)$$

证明 在引理 1 和引理 2 中,取 $n=1$,立即得到引理 3.

§3 定理的证明

首先证明定理 1. 仅证式(3)和式(4). 在引理 3 的式(12)中,令

$$m = \frac{p-1}{2} \quad (p \geqslant 3)$$

有

$$\sum_{i=0}^{\frac{p-3}{2}} \binom{p-1}{i} L_{p-1-2i} + \binom{p-1}{\frac{p-1}{2}} = 5^{\frac{p-1}{2}} \qquad (16)$$

反复利用公式

$$\binom{n+1}{j+1} = \binom{n}{j+1} + \binom{n}{j}$$

得到

$$\binom{p-1}{i} = \binom{p}{i} - \binom{p-1}{i-1}$$

$$= \binom{p}{i} - \left(\binom{p}{i-1} - \binom{p-1}{i-2} \right) = \cdots$$

$$= \sum_{l=0}^{i-1} (-1)^l \binom{p}{i-l} + (-1)^i \qquad (17)$$

式(17)的最后一个等式代入式(16),发现如下规律

$$5^{\frac{p-1}{2}} = \sum_{i=0}^{\frac{p-3}{2}} \left(\sum_{l=0}^{i-1} (-1)^l \binom{p}{i-l} + (-1)^i \right) L_{p-1-2i} +$$

$$\sum_{l=0}^{\frac{p-3}{2}} (-1)^l \binom{p}{\frac{p-1}{2}-l} + (-1)^{\frac{p-1}{2}}$$

$$= \sum_{i=1}^{\frac{p-3}{2}} \sum_{l=0}^{i-1} (-1)^l \binom{p}{i-l} l_{p-1-2i} +$$

$$\sum_{i=0}^{\frac{p-3}{2}} (-1)^i L_{p-1-2i} +$$

$$\sum_{l=0}^{\frac{p-3}{2}} (-1)^l \binom{p}{\frac{p-1}{2}-l} + (-1)^{\frac{p-1}{2}}$$

$$= \sum_{i=1}^{\frac{p-3}{2}} L_{p-1-2i} \sum_{k=1}^{i} (-1)^{i-k} \binom{p}{k} +$$

$$\sum_{i=0}^{\frac{p-3}{2}} (-1)^i L_{p-1-2i} +$$

$$\sum_{k=1}^{\frac{p-1}{2}} (-1)^{\frac{p-1}{2}-k} \binom{p}{k} + (-1)^{\frac{p-1}{2}} \qquad (18)$$

因为

$$p \left| \binom{p}{i} \right. \quad (1 \leqslant i \leqslant p-1)$$

对式(18)两边取模 p,有

$$5^{\frac{p-1}{2}} \equiv \sum_{i=0}^{\frac{p-3}{2}} (-1)^i L_{p-1-2i} + (-1)^{\frac{p-1}{2}} (\bmod\ p) \quad (19)$$

另一方面,由 L_n 的递归公式很容易得到

Zernov 定理

$$\sum_{i=0}^{\frac{p-3}{2}} (-1)^i L_{p-1-2i} = \begin{cases} \sum_{i=1}^{\frac{p-1}{4}} L_{4i-1} & (p \equiv 1(\bmod 4)) \\ \sum_{i=0}^{\frac{p-3}{4}} L_{4i+1} + L_0 & (p \equiv 3(\bmod 4)) \end{cases}$$

$$（20）$$

因此,当 $p \equiv 1(\bmod 4)$,有

$$\sum_{i=1}^{\frac{p-1}{4}} L_{4i-1} \equiv 5^{\frac{p-1}{2}} - 1$$

当 $p \equiv 3(\bmod 4)$,有

$$\sum_{i=0}^{\frac{p-3}{4}} L_{4i+1} \equiv 5^{\frac{p-1}{2}} - 1$$

利用欧拉公式和 Legendre 符号的定义立即可以得到
定理 1 的结果.

注 本定理还可利用 Lucas 数列的通项公式以及
等比级数求和得到定理 1 的结果,这样做和本定理的
证明复杂度相当,因此只列其中一种做法.

定理 2 的证明 仅证明式(6),其他的可类似得
到. 由引理 3 中式(12),令 $m = kp$,有

$$5^{kp} = \sum_{i=0}^{kp-1} \binom{2kp}{i} L_{2(kp-i)} + \binom{2kp}{kp}$$

$$= \sum_{i=0}^{k-1} \binom{2kp}{ip} L_{2kp-2ip} +$$

$$\sum_{\substack{1 \le i \le p-1 \\ 0 \le j \le k-1}} \binom{2kp}{jp+i} L_{2kp-2(jp+i)} + \binom{2kp}{kp}$$

$$（21）$$

因为

$$\binom{2kp}{jp+i} = \frac{(2kp)(2kp-1)\cdots(2kp-(jp+i)+1)}{(jp+i)(jp+i-1)\cdots1}$$

$$(1 \le i \le p-1, 0 \le j \le k-1)$$

所以有

$$p^{j+1} \mid (2kp)(2kp-1)\cdots(2kp-(jp+i)+1)$$

但

$$p^{j+1} \nmid (jp+i)!$$

因此

$$\binom{2kp}{jp+i} \equiv 0 \pmod{p} \qquad (22)$$

又因为

$$\binom{2kp}{ip} = \frac{(2kp)(2kp-1)\cdots(2kp-ip+1)}{(ip)(ip-1)\cdots1}$$

$$= \prod_{0 \le l \le i-1} \frac{(2k-l)p}{(i-l)p} \prod_{\substack{0 \le l \le i-1 \\ 1 \le m \le p-1}} \frac{2kp-(lp+m)}{ip-(lp+m)}$$

对任意整数 l 和 $m(0 \le l \le i-1, 1 \le m \le p-1)$，有

$$\frac{2kp-(lp+m)}{ip-(lp+m)} \equiv 1 \pmod{p}$$

因此得到

$$\binom{2kp}{ip} \equiv \binom{2k}{i} \pmod{p} \qquad (23)$$

结合式（22）和式（23），对式（21）两边取模 p，由欧拉 – 费马定理[9]，立即得到

$$\sum_{i=0}^{k-1} \binom{2k}{i} L_{2kp-2ip} \equiv 5^k - \binom{2k}{k} \pmod{p}$$

这就证明了定理 2.

参考资料

[1] Paulo Ribenboim. The New Book of Prime Number Records[M]. New York：Springer, 1996.

[2] Franz Lemmermeyer. Reciprocity Laws [M]. New York：Springer, 2000.

[3] Derek Jennings. Some polynomial identities for the Fibonacci and Lucas numbers [J]. The Fibonacci Quarterly, 1993,31(2):134-137.

[4] Constance Brown. Fibonacci Analysis[M]. Hoboken：Bloomberg Press, 2008.

[5] Zhang Wenpeng. Some identities involving the Fibonacci numbers and Lucas numbers[J]. The Fibonacci Quarterly, 2004,42:149-154.

[6] Ma Rong, Zhang Wenpeng. Several identities involving the Fibonacci numbers and Lucas numbers[J]. The Fibonacci Quarterly, 2007,45:164-170.

[7] Duncan R L. Applications of uniform distribution to the Fibonacci numbers[J]. The Fibonacci Quarterly, 1967,5:137-140.

[8] Kuipers L. Remark on a paper by R. L. Duncan concerning the uniform distribution mod 1 of the sequence of the Logarithms of the Fibonacci numbers [J]. The Fibonacci Quarterly, 1969,7:465-466.

[9] Apostol Tom M. Intruduction to Analytic Number Theorem[M]. New York：Springer-Verlag, 1976.

丢番图方程 $(8a^3 - 3a)^{2x} + (3a^2 - 1)^y = (4a^2 - 1)^{z①}$

佛山科学技术学院数学系的胡永忠教授 2007 年应用 Bilu, Hanrot 和 Voutier 关于本原素因子的深刻理论及二次数域类数的一些结果证明了丢番图方程

$$(8a^3 - 3a)^{2x} + (3a^2 - 1)^y = (4a^2 - 1)^z$$

仅有正整数解

$$(x, y, z) = (1, 1, 3).$$

§1 引 言

设 A, B, C 是大于 1 且两两互素的正整数,方程

$$A^x + B^y = C^z \quad (x, y, z \in \mathbf{N}) \quad (1)$$

是一类最基本的 S 单位方程. 1933 年, Mahler[1] 运用 p-adic 形式的丢番图,逼

---

① 本章摘自《四川大学学报(自然科学版)》2007 年 4 月第 44 卷第 2 期.

近方法证明了该方程仅有有限多组解. 由于他的方法是非实效的, 所以无法得出解的可有效计算的上界. 1940 年, Gel fond[2] 最先给出了实效性的结果. 1994 年, Terai[3] 曾经猜想如果方程(1)存在正整数解(x, y, z)适合 $\min\{x, y, z\} > 1$, 则该方程仅有此一个解. 1999 年, 曹珍富[4] 指出 Terai 猜想是不正确的, 并给出了反例, 例如, 方程 $3^x + 2^y = 5^z$ 有两组解$(x, y, z) = (2, 4, 2)$ 和$(1, 1, 2)$; $7^x + 2^y = 3^z$ 也有两组解$(x, y, z) = (2, 5, 4)$ 和$(1, 1, 2)$, 并据此提出 Terai 猜想应该增加

$$\max\{A, B, C\} > 7$$

的条件. 然而, 乐茂华[5] 发现增加了此条件后的 Terai 猜想也有无穷多个反例. 例如, 当 $A = 2, B = 2^n - 1$ 以及 $C = 2^n + 1$, 其中 n 是任何大于 2 的正整数时, A, B, C 是满足 $\max\{A, B, C\} > 7$ 的正整数, 而且方程(1)有解

$$(x, y, z) = (n + 2, 2, 2)$$

此外方程(1)还有一组解

$$(x, y, z) = (1, 1, 1)$$

参考资料[5]作者建议将 Terai 猜想改为:

猜想 方程(1)最多有一组解(x, y, z)适合 $\min\{x, y, z\} > 1$.

目前有关方程(1)解数的已知结果都支持此猜想成立, 近年来这方面的文章对此猜想的一些特别形式作了证明[3~7], 但要完全解决, 看来还有很长的路要走.

在本章中, 我们考虑丢番图方程

$$(8a^3 - 3a)^{2x} + (3a^2 - 1)^y = (4a^2 - 1)^z$$

$$(x > 0, y > 0, z > 0) \tag{2}$$

的解与解数问题, 我们将证明:

定理 1　设整数 $a>3$,则丢番图方程(2)仅有正整数解

$$(x,y,z)=(1,1,3)$$

§2　定义和引理

定义 1　设 α,β 为代数整数,$\alpha+\beta$ 与 $\alpha\cdot\beta$ 是非零互素的有理整数,且 $\dfrac{\alpha}{\beta}$ 不是单位根,则 (α,β) 称为 Lucas 数偶. 对于给定的 Lucas 数偶 (α,β),我们定义如下的 Lucas 序列

$$u_n=u_n(\alpha,\beta)=\frac{\alpha^n-\beta^n}{\alpha-\beta}\quad(n=0,1,2,\cdots)$$

两对 Lucas 数偶 (α_1,β_1) 和 (α_2,β_2) 称为等价的,如果

$$\frac{\alpha_1}{\beta_2}=\frac{\alpha_2}{\beta_2}\in\{\pm1\}$$

定义 2　设 (α,β) 为 Lucas 数偶,素数 $p\mid u_n(\alpha,\beta)$ 且 $p\nmid(\alpha-\beta)^2u_1\cdots u_n$,则称 p 是 $u_n(\alpha,\beta)$ 的本原素除子.

显然,如果两对 Lucas 数偶 (α_1,β_1) 和 (α_2,β_2) 等价,则

$$u_n(\alpha_1,\beta_1)=\pm u_n(\alpha_2,\beta_2)$$

因此,它们同时具有或不具有本原素除子.

引理 1[8]　对于任意大于 30 的正整数 n,Lucas 数 $u_n(\alpha,\beta)$ 具有本原素除子;当 $n\leqslant30$ 时,没有本原素除子的 (α,β,n) 可以完全决定.

469

引理 2[8]　设 $5 \leqslant n \leqslant 30$ 且 $n \neq 6$，则所有使 $u_n(\alpha, \beta)$ 不具有本原素除子的 Lucas 数偶 (α, β) 可表为

$$(\alpha, \beta) = (\frac{a - \sqrt{b}}{2}, \frac{a + \sqrt{b}}{2})$$

及与它们等价的 Lucas 数偶，其中 n, a, b 适合：

当 $n = 5$ 时，$(a, b) = (1, 5), (1, -7), (2, -40)$，$(1, -11), (1, -15), (12, -76)$ 或 $(12, -1\ 364)$；

当 $n = 7$ 时，$(a, b) = (1, -7)$ 或 $(1, -19)$；

当 $n = 8$ 时，$(a, b) = (1, -7)$ 或 $(2, -24)$

当 $n = 10$ 时，$(a, b) = (2, -8), (5, -3)$ 或 $(5, -47)$；

当 $n = 12$ 时，$(a, b) = (1, -5), (1, -7), (1, -11)$ 或 $(1, -19)$；

当 $n = 13, 18$ 或 30 时，$(a, b) = (1, -7)$.

引理 3　设 a 是一个正整数，$h(\mathbf{Q}(\sqrt{-q}))$ 表示二次数域 $\mathbf{Q}(\sqrt{-q})$ 的类数，则

$$h(\mathbf{Q}(\sqrt{-(3a^2 - 1)})) \leqslant \frac{3a^2 - 1}{2}$$

证明　设 q 是一个大于 4 的无平方因子的整数，则[9]

$$h(\mathbf{Q}(\sqrt{-q})) = \frac{1}{2 - (\frac{\Delta}{a})} \sum_{s=1}^{[\frac{1}{2}|\Delta|]} (\frac{\Delta}{s})$$

其中

$$\Delta = \begin{cases} -q & (q = (\mathrm{mod}\ 4)) \\ -4q & (q = 1, 2(\mathrm{mod}\ 4)) \end{cases}$$

如果 a 是偶数，则存在整数 t 及大于 4 且模 4 余 3

的整数 q,使得

$$3a^2-1=t^2q$$

于是

$$h(\mathbf{Q}(\sqrt{-(3a^2-1)}))=a(\mathbf{Q}(\sqrt{-q}))\leqslant\frac{q-1}{2}<\frac{3a^2-1}{2}$$

如果 a 是奇数,则存在整数 t 及大于 4 且模 4 余 1 的整数 q,使得

$$3a^2-1=2t^2q$$

注意到此时 $\Delta=-8q$ 及 $\left(\dfrac{-8q}{2\mathrm{i}}\right)=0$,于是

$$h(\mathbf{Q}(\sqrt{-(3a^2-1)}))=h(\mathbf{Q}(\sqrt{-2q}))\leqslant q<\frac{3a^2-1}{2}$$

引理 4[10]　丢番图方程

$$\frac{x^n+1}{x+1}=y^2\quad(x,n\in\mathbf{N},n>1)$$

没有使 n 为奇数且 $x>1$ 的解.

§3　定理 1 的证明

设 (x,y,z) 是方程(2)的正整数解,由于 $4a^2-1$ 至少有一个模 4 余 -1 的素因子 n,通过对式(2)计算 Legendre 符号可知 y 是奇数. 再通过对式(2)两端取模 a^2 知 z 也是奇数. 由式(2)可得

$$(8a^3-3a)^{2x}+y\cdot 3a^2-\frac{y(y-1)}{2}(3a^2)^2+\cdots$$

$$=z\cdot 4a^2-\frac{z(z-1)}{2}(4a^2)^2+\cdots\tag{3}$$

容易验证当 $a>3$ 时

$$(3a^2-1)^4 > (a^2+1)(4a^2-1)^3 \qquad (4)$$

从式(2)知

$$(4a^2-1)^z > (3a^2-1)^y$$

结合式(4)我们有

$$4z > 3y \qquad (5)$$

以下我们将证明分成两个部分.

ⅰ)$x=1$,我们将证明 $y=1$. 现假设 $y \geqslant 3$. 由式(3)可得

$$9+3y \equiv 4z(\bmod a^2) \qquad (6)$$

如果

$$9+3y=4z$$

由

$$(4a^2-1)^z > (3a^2-1)^y$$

并结合式(4)推得

$$(a^2+1)^z < (3a^2-1)^9$$

由于当 $a \geqslant 5$ 时

$$(a^2+1)^4 > (3a^2-1)^3$$

所以 $z < 12$,从而

$$(y,z) \in \{(1,3),(5,6),(9,9)\}$$

容易验证此时仅当

$$(y,z)=(1,3)$$

适合式(2),如果

$$9+3y > 4z$$

从式(5)和式(6)知

$$9 > 9-(4z-3y) > 0$$

及

$$a^2 \mid (9-4z+3y)$$

但这显然是不可能的,因此我们有

472

$$4z > 3y + 9$$

结合式(6)我们有

$$4z \geqslant 9 + 3y + a^2 \qquad (7)$$

情形 1：a 是奇数，设

$$2^t \mid a^2 - 1$$

则 $t \geqslant 3$ 且 $a^2 \equiv 1 \pmod{2^t}$，在式(2)两端取模 2^3 得

$$1 + 2^y \equiv 3^z \pmod{2^3}$$

由于 z 是奇数，因此推得 $y = 1$.

情形 2：a 是偶数，设

$$3a^2 - 1 = l^2 q$$

q 是不含平方因子的奇数，则 $q \geqslant 5$ 且 $q \equiv -1 \pmod 4$.
由式(6)可得

$$y \equiv 1 \pmod 4$$

结合式(3)有

$$9 + 3y \equiv 4z \pmod{2a^2}$$

结合式(5)可得

$$4z \geqslant 1 + 3y + 2a^2 \qquad (8)$$

由式(2)知

$$y \geqslant z + 1$$

结合式(8)我们有

$$z \geqslant 2a^2 + 4 \qquad (9)$$

容易验证

$$\gcd\left(8a^3 - 3a + (3a^2-1)^{\frac{y-1}{2}}\sqrt{-(3a^2-1)},\right.$$

$$\left. 8a^3 - 3a - (3a^2-1)^{\frac{y-1}{2}}\sqrt{-(3a^2-1)}\right) = \varepsilon$$

其中 ε 是虚二次数域

$$\mathbf{Q}\left(\sqrt{-(3a^2-1)}\right) = \mathbf{Q}(\sqrt{-q})$$

中的单位，由于 $q \notin \{1, 3\}$，因此 $\varepsilon = \pm 1$. 我们可在代

数整数环 $\mathbf{Z}[\sqrt{-(3a^2-1)}]$ 中分解式(2)有

$$8a^3 - 3a + (3a^2-1)^{\frac{\nu-1}{2}}\sqrt{-(3a^2-1)} = P^z \quad (10)$$

以及

$$8a^3 - 3a - (3a^2-1)^{\frac{\nu-1}{2}}\sqrt{-(3a^2-1)} = \overline{P}^z \quad (11)$$

这里 P 和 $\overline{P}$ 是共轭互素的理想且

$$P\,\overline{P} = 4a^2 - 1$$

设 n_0 是使 p^n 为主理想的最小正整数 n,则 $n_0 \mid z$ 且 $n_0 \mid h(\mathbf{Q}(\sqrt{-(3a^2-1)}))$. 据引理 3,有

$$h(\mathbf{Q}(\sqrt{-(3a^2-1)})) < \frac{3a^2}{2}$$

结合式(9)知

$$n_0 \leqslant h(Q(\sqrt{-(3a^2-1)})) < z$$

设 $z = tn_0$,则 $t > 1$. 我们记

$$P^{n_0} = (u + \nu\sqrt{-(3a^2-1)}) \quad (u,\nu \in \mathbf{Z}) \quad (12)$$

则

$$u^2 + (3a^2-1)\nu^2 = (4a^2-1)^{n_0} \quad (13)$$

由式(10)(11)和(12)我们有

$$(3a^2-1)^{\frac{\nu-1}{2}}$$

$$= \pm\frac{(u+\nu\sqrt{-(3a^2-1)})^t - (u-\nu\sqrt{-(3a^2-1)})^t}{2\nu\sqrt{-(3a^2-1)}} \cdot \nu$$

$$(14)$$

设

$$\alpha = u + \nu\sqrt{-(3a^2-1)}$$

$$\beta = u - \nu\sqrt{-(3a^2-1)}$$

容易验证 (α,β) 是 Lucas 数偶. 我们从式(14)可以看

第 39 章　丢番图方程 $(8a^3 - 3a)^{2x} + (3a^2 - 1)^y = (4a^2 - 1)^z$

出，$u_t(\alpha,\beta)$ 的任何素因子都是 $3a^2 - 1$ 的素因子，又因为

$$(\alpha - \beta)^2 = -4v^2(3a^2 - 1)$$

根据定义 2 知 $u_t(\alpha,\beta)$ 没有本原素因子. 利用引理 1 和引理 2 推得 $2 \leqslant t \leqslant 4$ 或者 $t = 6$.

如果 $t = 2$，我们从式(14)可推得

$$(3a^2 - 1)^{\frac{\nu - 1}{2}} = 2u \cdot \nu \tag{15}$$

设 q 是 u 的素因子，根据式(13)和式(15)可知

$$q \mid \gcd(3a^2 - 1, 4a^2 - 1)$$

易知

$$\gcd(3a^2 - 1, 4a^2 - 1) = 1$$

因此 $u = \pm 1$，再由式(13)和式(15)得

$$4 + (3a^2 - 1)^y = 4(4a^2 - 1)^{n_0}$$

上式两端模 a^2 可得

$$3 \equiv -4 \pmod{a^2}$$

这显然与题设不符.

如果 $t = 3$，我们从式(14)可推得

$$(3a^2 - 1)^{\frac{\nu - 1}{2}} = \pm (3u^2 - (3a^2 - 1)v^2)\nu \tag{16}$$

设 q 是 $3u^2 - (3a^2 - 1)v^2$ 的素因子. 根据式(16)可知

$$q \mid \gcd(3u^2, 3a^2 - 1)$$

由式(13)知

$$\gcd(3u^2, 3a^2 - 1) = 1$$

因此

$$3u^2 - (3a^2 - 1)v^2 = \pm 1$$

模 3 并结合式(16)得

$$3u^2 - (3a^2 - 1)^y = 1 \tag{17}$$

于是我们有

475

$$3u^2 = 3a^2 \cdot \frac{1 + (3a^2 - 1)^y}{1 + (3a^2 - 1)}$$

因此 $\dfrac{1 + (3a^2 - 1)^y}{1 + (3a^2 - 1)}$ 是一个完全平方数,由引理 4 知

$y = 1$,从而 $z = 3$.

如果 $t = 4$,我们从式(14)可推得

$$(3a^2 - 1)^{\frac{y-1}{2}} = \pm 4uv\left(u^2 - (3a^2 - 1)v^2\right) \qquad (18)$$

设 q 是 $u^2 - (3a^2 - 1)v^2$ 的素因子,根据式(18)可知

$$q \mid \gcd(u^2, 3a^2 - 1)$$

由式(13)知

$$\gcd(u^2, 3a^2 - 1) = 1$$

因此

$$u^2 - (3a^2 - 1)v^2 = \pm 1$$

且

$$u = \pm 1$$

结合式(18)推得

$$16 - (3a^2 - 1)^y = -16 \qquad (19)$$

上式两端模 a^2 得

$$33 \equiv 0 (\mathrm{mod}\ a^2)$$

这显然与题设不符.

如果 $t = 6$,我们从式(14)可推得

$$(3a^2 - 1)^{\frac{y-1}{2}} = \pm 2uv\left(u^2 - (3a^2 - 1)v^2\right)\left(3u^2 - (3a^2 - 1)v^2\right) \qquad (20)$$

仿照上面的方法,我们依然可得出与题设不符的矛盾.

至此我们证明了 $y = 1$,从而 $z = 3$.

ⅱ)$x > 1$. 由式(3)可得

$$3y \equiv 4z (\mathrm{mod}\ a^2) \qquad (21)$$

如果 a 是偶数,则 y 是偶数,在证明的开始已经排除了

476

这种可能. 以下设 a 是奇数.

仿照我们处理第一部分的情形 1 的方法, 我们可证明 $y = 1$. 容易验证 $x = 2$ 不是方程的解, 以下我们设 $x \geqslant 3$. 由式 (2) 可得

$$(8a^3 - 3a)^{2x} + 3a^2$$

$$= z \cdot 4a^2 - \frac{z(z-1)}{2}(4a^2)^2 + \cdots \qquad (22)$$

因此我们有

$$3 \equiv 4z - 8z(z-1)a^2 (\bmod a^4) \qquad (23)$$

及

$$3 \equiv 4z (\bmod a^2) \qquad (24)$$

于是 $4z - 3$ 是 a^2 的奇数倍.

如果

$$4z - 3 = a^2$$

从式 (23) 可得

$$5 \equiv 0 (\bmod a^2)$$

这显然不可能; 如果

$$4z - 3 = 3a^2$$

从式 (23) 可得

$$9 \equiv 0 (\bmod a^2)$$

因为 $a \geqslant 5$, 这显然也不可能; 如果

$$4z - 3 = 5a^2$$

从式 (23) 可得

$$13 \equiv 0 (\bmod a^2)$$

这也不可能, 因此

$$4z - 3 \geqslant 7a^2$$

于是

$$z \geqslant \frac{7a^2 + 3}{4}$$

根据引理 3,我们有

$$h(\mathbf{Q}(\sqrt{-(3a^2-1)})) < z$$

仿照我们处理第一部分的情形 2 的方法,我们同样可以推得

$$y = 1, z = 3$$

于是 $x = 1$.

当 $a = 2$ 或 3 时,熟知

$$h(\mathbf{Q}(\sqrt{-(3a^2-1)})) \leqslant 6$$

当 $z \leqslant 6$ 时,考虑到 y 和 z 都是奇数,不难验证方程(2)仅有解

$$x = 1, y = 1, z = 3$$

当 $z > 6$ 时,仿照我们处理第一部分的情形 2 的方法,我们也可以得到式(14),从而推得方程(2)无解.

至此,定理证明完毕.

参考资料

[1] Mahler K. Zur approximation algebraischer Zalen (I): Über den grö sten prim teiler bin ä rer formen[J]. Math Ann, 1933,107:691.

[2] Gel fond A O. Sur la divisibilité différerce des deux nombres entiers par une puissance de' un ideal premier[J]. Mat Sb, 1940,7:7.

[3] Terai N. The diophantine equation $a^x + b^y = c^z$[J]. Proc Japan Acad Ser A Math Sci, 1994,70:22.

［4］Cao Z F. A note on the diophantine equation $a^x +$ $b^y = c^z$［J］. Acat Arith, 1999, 91:85.

［5］乐茂华. 关于指数丢番图方程 $a^x + b^y = c^z$ 的 Terai 猜想［J］. 数学学报, 2003, 46(2):245.

［6］胡永忠, 袁平之. 指数丢番图方程 $a^x + b^y = c^z$［J］. 数学学报, 2005, 48(6):1175.

［7］Scott R. On the equation $p^x - q^y = c$ and $a^x + b^y = c^z$ ［J］. J Number Theory, 1993, 44:153.

［8］Bilu Y, Hanrot G, Voutier P. Existence of primitive divisors of Lucas and lehmer numbers［J］. J Reine Angew Math, 2001, 539:75.

［9］华罗庚. 数论导引［M］. 北京:科学出版社,1995.

［10］孙琦, 袁平之. 关于丢番图方程 $(ax^n - 1)/(ax - 1) = y^2$ 和 $(ax^y + 1)/(ax + 1) = y^2$［J］. 四川大学学报:自然科学版,1989,26:20

第十编
Fibonacci 数列与
著名多项式

有关两类 Chebyshev 多项式的几个关系式①

　　浙江师范大学数理与信息工程学院的张跃平教授 2007 年利用母函数的方法研究了第一类和第二类 Chebyshev 多项式,得到了两类 Chebyshev 多项式的有趣的关系式;利用 Chebyshev 多项式和 Fibonacci 数,Lucas 数的内在联系,得到了它们有趣的恒等式.

　　著名的第一类和第二类 Chebyshev 多项式 $T_n(x)$ 和 $U_n(x)$ 定义为

$$\frac{1 - xt}{1 - 2xt + t^2} = \sum_{n=0}^{\infty} T_n(x)t^n$$

$$(\mid x \mid \leqslant 1, \mid t \mid \leqslant 1)$$

$$\frac{1}{1 - 2xt + t^2} = \sum_{n=0}^{\infty} U_n(x)t^n,$$

$$(\mid x \mid \leqslant 1, \mid t \mid \leqslant 1)$$

两类 Chebyshev 多项式 $T_n(x)$ 和

---

　　①　本章摘自《浙江师范大学学报(自然科学版)》2007 年 2 月第 30 卷第 1 期.

Zernov 定理

$U_n(x)$ 一直是许多专家、学者研究的热点,得到了很多有益的结果,它与著名的 Fibonacci 数列和 Lucas 数列有密切的关系. Fibonacci 数列和 Lucas 数列由下面的二次线性递推公式给出

$$F_{n+2} = F_{n+1} + F_n \quad (n \geqslant 0)$$
$$L_{n+2} = L_{n+1} + L_n \quad (n \geqslant 0)$$

其中

$$F_0 = 0, F_1 = 1; L_0 = 2, L_1 = 1$$

参考资料[1]研究了 Chebyshev 多项式与 Fibonacci 数和 Lucas 数的组合恒等式之间的关系.

定理 1 设 $T_n(x)$ 和 $U_n(x)$ 分别为第一类和第二类 Chebyshev 多项式,$n \geqslant 0$ 为整数,则

$$U_n(x) = \sum_{i=0}^{n} T_i(x) x^{n-i} \qquad (1)$$

证明 由两类 Chebyshev 多项式的定义[2]得

$$\frac{1 - xt}{1 - 2xt + t^2} = \sum_{n=0}^{\infty} T_n(x) t^n$$

而

$$\frac{1}{1 - 2xt + t^2} = \frac{1 - xt}{1 - 2xt + t^2} \cdot \frac{1}{1 - xt}$$

则

$$\sum_{n=0}^{\infty} U_n(x) t^n = \sum_{n=0}^{\infty} T_n(x) t^n \sum_{n=0}^{\infty} x^n t^n$$
$$= \sum_{n=0}^{\infty} \left(\sum_{i=0}^{n} T_i(x) x^{n-i} \right) t^n \qquad (2)$$

比较式(2)两边 t^n 项的系数即有

$$U_n(x) = \sum_{i=0}^{n} T_i(x) x^{n-i}$$

推论 1　设 $n \geqslant 0$ 为整数，F_n 为 Fibonacci 数，L_n 为 Lucas 数，则

$$F_{n+1} = \frac{\displaystyle\sum_{i=0}^{n} 2^i L_i}{2^{n+1}} \tag{3}$$

$$F_{2(n+1)} = \frac{3^n}{2^{n+1}} \sum_{i=0}^{n} \left(\frac{2}{3}\right)^i L_{2i} \tag{4}$$

$$F_{3(n+1)} = 2^n \sum_{i=0}^{n} \frac{L_{3i}}{2^i} \tag{5}$$

证明　由参考资料[2]知

$$T_n(x) = \frac{1}{2}\left[\left(x + \sqrt{x^2-1}\right)^n + \left(x - \sqrt{x^2-1}\right)^n\right] \tag{6}$$

$$U_n(x) = \frac{1}{2\sqrt{x^2-1}}\left[\left(x + \sqrt{x^2-1}\right)^{n+1} + \left(x - \sqrt{x^2-1}\right)^{n+1}\right] \tag{7}$$

又由参考资料[2]易知

$$U_n\left(\frac{i}{2}\right) = i^n F_{n+1},\ T_n\left(\frac{i}{2}\right) = \frac{i^n}{2} L_n$$

由定理 1 得

$$i^n F_{n+1} = i^n \sum_{a=0}^{n} \frac{L_a}{2^{n-a+1}}$$

即

$$F_{n+1} = \frac{\displaystyle\sum_{a=0}^{n} 2^a L_a}{2^{n+1}}$$

从而证明了式(3).

注意到

Zernov 定理

$$U_n\left(-\frac{3}{2}\right) = (-1)^n F_{2(n+1)}; \quad T_n\left(-\frac{3}{2}\right) = \frac{(-1)^n}{2} L_{2n}$$

$$U_n(-2\mathrm{i}) = \frac{(-\mathrm{i})^n}{2} F_{3(n+1)}; \quad T_n(-2\mathrm{i}) = \frac{(-1)^n}{2} L_{3n}$$

由定理 1 即可证得式(4)(5).

定理 2 设 $U_n(x)$ 为第二类 Chebyshev 多项式, $n \geq 0$ 为整数, 则

$$(x^2 - 1) \sum_{a=0}^{n} C_n^a U_a(x) U_{n-a}(x) = 2^{n-1}(T_{n+2}(x) - x^n) \tag{8}$$

证明 构造函数

$$\varphi(x,t) = \sum_{n=0}^{\infty} \frac{U_n(x)}{n!} t^n$$

$$= \frac{1}{2\sqrt{x^2-1}} \left((x + \sqrt{x^2-1}) \mathrm{e}^{(x+\sqrt{x^2-1})t} - (x - \sqrt{x^2-1}) \mathrm{e}^{(x-\sqrt{x^2-1})t} \right)$$

$$\varphi^2(x,t) = \frac{1}{4(x^2-1)} \left((x + \sqrt{x^2-1})^2 \mathrm{e}^{2(x+\sqrt{x^2-1})t} + (x - \sqrt{x^2-1})^2 \mathrm{e}^{2(x-\sqrt{x^2-1})t} - 2\mathrm{e}^{2xt} \right)$$

$$= \sum_{n=0}^{\infty} \frac{2^n t^n}{4(x^2-1)n!} \left((x + \sqrt{x^2-1})^{n+2} + (x - \sqrt{x^2-1})^{n+2} - 2x^n \right)$$

$$= \frac{1}{4(x^2-1)} \sum_{n=0}^{\infty} \frac{2^{n+1}}{n!} (T_{n+2}(x) - x^n) t^n \tag{9}$$

又

$$\varphi^2(x,t) = \sum_{n=0}^{\infty} \left(\sum_{a+b=n} \frac{U_a(x)}{a!} \frac{U_b(x)}{b!} \right) t^n \tag{10}$$

486

比较式(9)和式(10)中 t^n 项系数,得

$$(x^2 - 1) \sum_{a=0}^{n} C_n^a U_a(x) U_{n-a}(x) = 2^{n-1}(T_{n+2}(x) - x^n)$$

从而证明了定理 2.

推论 2　设 $n \geq 0$ 为整数,F_n 为 Fibonacci 数,L_n 为 Lucas 数,则

$$5 \sum_{a=0}^{n} C_n^a F_{a+1} F_{n+1-a} - 2^n L_{n+2} - 2 = 0 \qquad (11)$$

$$5 \sum_{a=0}^{n} C_n^a F_{2(a+1)} F_{2(n+1-a)} - 2^n L_{2(n+2)} - 2 \times 3^n = 0$$
$$(12)$$

$$5 \sum_{a=0}^{n} C_n^a F_{3(a+1)} F_{3(n+1-a)} - 2^n L_{3(n+2)} - 2^{2n+1} = 0$$
$$(13)$$

证明　由参考资料[2]易知

$$U_n\left(\frac{i}{2}\right) = i^n F_{n+1}; T_n\left(\frac{i}{2}\right) = \frac{i^n}{2} L_n$$

因此,取 $x = \dfrac{i}{2}$,由定理 2 即得

$$\sum_{a=0}^{n} C_n^a F_{a+1} F_{n+1-a} = \frac{1}{5}(2^n L_{n+2} + 2)$$

从而证明了式(11).

分别取 $x = -\dfrac{3}{2}$ 和 $-2i$,由定理 1 即可证得式(12)及式(13).

本章研究了第一类和第二类 Chebyshev 多项式,利用母函数的方法探究了两类 Chebyshev 多项式的恒等式,运用 Chebyshev 多项式和 Fibonacci 数,Lucas 数的内在联系,得到了几个有趣的恒等式.

参考资料

[1] Zhang Wenpeng. Some Identies Inolving the Fibo-
nacci Numbers[J]. The Fibonacci Quarterly, 1997,
35(3):225-229.

[2] Zhang Wenpeng. On Chebyshev Polynomials and Fi-
bonacci Numbers [J]. The Fibonacci Quarterly,
2002,40(3):424- 428.

关于 Lucas 多项式平方和的恒等式[①]

第 41 章

西北大学数学系的杨瑞妮,董晓茹两位教授 2013 年利用广义 Lucas 多项式 $L_n(x,y)$ 的性质,通过构造组合和式 $T_n(x,y;tx^2)$,结合 Bernoulli 多项式的生成函数和 Euler 多项式的生成函数,采用分析学中的方法,得到两个有关 $L_n^2(x,y)$ 的恒等式. 并从这一结果出发,得到了两个推论,推广了相关文献的一些结果.

§1 引言及其结论

设 x,y 为实数,n 为自然数,广义 Lucas 多项式 $L_n(x,y)$ 由如下公式定义[1]

$$L_n(x,y) = \alpha^n(x,y) + \beta^n(x,y) \quad (1)$$

---

① 本章摘自《纯粹数学与应用数学》2013 年 8 月第 29 卷第 4 期.

其中

$$\alpha(x,y) = \frac{1}{2}\left(x + \sqrt{x^2 + 4y}\right)$$
$$\beta(x,y) = \frac{1}{2}\left(x - \sqrt{x^2 + 4y}\right)$$
$$(2)$$

另外,设 z 为复数,对任意实数 t,Bernoulli 多项式[2]和 Euler 多项式[3]分别由如下展开式给出

$$\frac{ze^{zt}}{e^z - 1} = \sum_{n=0}^{\infty} B_n(t)\frac{z^n}{n!} \quad (\mid z \mid < 2\pi) \quad (3)$$

和

$$\frac{2e^{zt}}{e^z + 1} = \sum_{n=0}^{\infty} E_n(t)\frac{z^n}{n!} \quad (\mid z \mid < 2\pi) \quad (4)$$

其中 $B_n(t)$ 和 $E_n(t)$ 分别称为 Bernoulli 多项式和 Euler 多项式,且由定义容易得出

$$B_n(t) = \sum_{j=0}^{n} \binom{n}{j} B_j t^{n-j}$$

其中 j 为自然数,B_j 为 Bernoulli 数,并且

$$B_n(0) = B_n, B_n\left(\frac{1}{2}\right) = (2^{1-n} - 1)B_n$$

和

$$E_n(t) = \sum_{j=0}^{n} \frac{E_j}{2^j}\left(t - \frac{1}{2}\right)^{n-j}$$

其中 E_j 为 Euler 数,并且

$$E_n\left(\frac{1}{2}\right) = 2^{-n}E_n, E_n(0) = -\frac{2(2^{n+1} - 1)}{n+1}B_{n+1}$$

有关 Lucas 多项式的研究是许多学者感兴趣的课题. 例如,2006 年,参考资料[4~5]得到了有关 Bernoulli 多项式和 Euler 多项式的一些恒等式. 最近,参考资料[1]得到了有关 $L_n(x,y)$ 及与 $B_n(t)$ 和 $E_n(t)$ 的

相关恒等式：

命题 1　对于任意的自然数 m，且 x,y,t 为实数，有

$$\sum_{k=0}^{2m}\binom{2m}{k}(-1)^{k}L_{k}(x,y)(tx)^{2m-k}$$

$$= 2\sum_{j=0}^{m}\binom{2m}{2j}\frac{B_{2j}(t)x^{2j-1}}{2m+1-2j}L_{2m+1-2j}(x,y)$$

$$= \sum_{j=0}^{m}\binom{2m}{2j}E_{2j}(t)x^{2j}L_{2m-2j}(x,y)$$

命题 2　对于任意的自然数 m，且 x,y,t 为实数，有

$$\sum_{k=0}^{2m+1}\binom{2m+1}{k}(-1)^{k}L_{k}(x,y)(tx)^{2m+1-k}$$

$$= 2\sum_{j=0}^{m}\binom{2m+1}{2j+1}\frac{B_{2j+1}(t)x^{2j}}{2m+1-2j}L_{2m+1-2j}(x,y)$$

$$= \sum_{j=0}^{m}\binom{2m+1}{2j+1}E_{2j+1}(t)x^{2j+1}L_{2m-2j}(x,y)$$

其中，k,j 为自然数.

本章的主要目的是通过构造 $T_{n}(x,y;tx^{2})$ 来研究形如

$$\sum_{k=0}^{n}\binom{n}{k}(-1)^{k}L_{k}^{2}(x,y)t^{n-k}$$

这样的和式，从而得到如下的结果：

定理 1　对于任意的自然数 m，且 x,y,t 为实数，有

$$\sum_{k=0}^{2m}\binom{2m}{k}(-1)^{k}L_{k}^{2}(x,y)(tx^{2})^{2m-k}$$

$$= 2\sum_{i=0}^{m}\sum_{j=0}^{m}\binom{2m}{2i+2j}\frac{(2i+2j)!}{(2i)!(2j)!}B_{2j}(t)(2yt)^{2i}\cdot$$

$$(x^2 + 2y)^{2j-1} \frac{L_{4m+2-4i-4j}(x,y)}{2m+1-2i-2j} + 2(tx^2+y)^{2m}$$

$$= \sum_{i=0}^{m} \sum_{j=0}^{m} \binom{2m}{2i+2j} \frac{(2i+2j)!}{(2i)!(2j)!} E_{2j}(t)(2yt)^{2i} \cdot$$

$$(x^2+2y)^{2j} L_{4m-4i-4j}(x,y) + 2(tx^2+y)^{2m}$$

定理 2 对于任意的自然数 m,且 x,y,t 为实数,有

$$\sum_{k=0}^{2m+1} \binom{2m+1}{k} (-1)^k L_k^2(x,y)(tx^2)^{2m+1-k}$$

$$= 2 \sum_{i=0}^{m} \sum_{j=0}^{m} \binom{2m+1}{2i+2j+1} \frac{(2i+2j+1)!}{(2i)!(2j+1)!} \cdot$$

$$B_{2j+1}(t)(2yt)^{2i}(x^2+2y)^{2j} \frac{L_{4m+2-4i-4j}(x,y)}{2m+1-2i-2j} +$$

$$2(tx^2+y)^{2m+1}$$

$$= \sum_{i=0}^{m} \sum_{j=0}^{m} \binom{2m+1}{2i+2j+1} \frac{(2i+2j+1)!}{(2i)!(2j+1)!} \cdot$$

$$E_{2j+1}(t)(2yt)^{2i}(x^2+2y)^{2j+1} L_{4m-4i-4j}(x,y) +$$

$$2(tx^2+y)^{2m+1}$$

通过上述定理,很容易得到如下两个推论:

推论 1 在定理 1 中取 $t=0$,通过变形可得下面的等式

$$L_{2m}^2(x,y) = 2 \sum_{j=0}^{m} \binom{2m}{2j} B_{2j}(x^2+2y)^{2j-1} \cdot$$

$$\frac{L_{4m+2-4j}(x,y)}{2m+1-2j} + 2y^{2m}$$

$$= -2 \sum_{j=0}^{m} \binom{2m}{2j} \frac{2^{2j+1}-1}{2j+1} B_{2j+1}(x^2+2y)^{2j} \cdot$$

$$L_{4m-4j}(x,y) + 2y^{2m}$$

492

在定理 2 中,取 $t = 0$,经过简单化简可得等式

$$L_{2m+1}^2(x,y)$$

$$= -2\sum_{j=0}^{m}\binom{2m+1}{2j+1}B_{2j+1}(x^2+2y)^{2j}\cdot$$

$$\frac{L_{4m+2-4j}(x,y)}{2m+1-2j}+2y^{2m+1}$$

$$= \sum_{j=0}^{m}\binom{2m+1}{2j+1}\frac{4^{j+1}-1}{j+1}B_{2j+2}(x^2+2y)^{2j+1}\cdot$$

$$L_{4m-4i-4j}(x,y)+2y^{2m+1}$$

推论 2　在定理 1 中取 $t = \dfrac{1}{2}$,通过变形可得等式

$$2\sum_{i=0}^{m}\sum_{j=0}^{m}\binom{2m}{2i+2j}\frac{(2i+2j)!}{(2i)!(2j)!}(2^{1-2j}-1)\cdot$$

$$B_{2j}y^{2i}(x^2+2y)^{2j-1}\frac{L_{4m+2-4i-4j}(x,y)}{2m+1-2i-2j}$$

$$= \sum_{i=0}^{m}\sum_{j=0}^{m}\binom{2m}{2i+2j}\frac{(2i+2j)!}{(2i)!(2j)!}4^{-j}E_{2j}y^{2i}\cdot$$

$$(x^2+2y)^{2j}L_{4m-4i-4j}(x,y)$$

$$= \sum_{k=0}^{m}\binom{2m}{2k}y^{2m-2k}2^{1-2k}(x\sqrt{x^2+4y})^{2k}$$

在定理 2 中取 $t = \dfrac{1}{2}$,经过化简可得等式

$$2\sum_{i=0}^{m}\sum_{j=0}^{m}\binom{2m+1}{2i+2j+1}\frac{(2i+2j+1)!}{(2i)!(2j+1)!}(4^{-j}-1)\cdot$$

$$B_{2j+1}y^{2i}(x^2+2y)^{2j}\frac{L_{4m+2-4i-4j}(x,y)}{2m+1-2i-2j}$$

$$= \sum_{i=0}^{m}\sum_{j=0}^{m}\binom{2m+1}{2i+2j+1}\frac{(2i+2j+1)!}{(2i)!(2j+1)!}2^{-2j-1}\cdot$$

$$E_{2j+1}y^{2i}(x^2+2y)^{2j+1}L_{4m-4i-4j}(x,y)$$

$$= - \sum_{k=0}^{m} \binom{2m+1}{2k} y^{2m+1-2k} 2^{1-2k} (x \sqrt{x^2 + 4y})^{2k}$$

§2 引理及其证明

为了完成定理的证明,需要以下两个引理.

引理 1 对于自然数 m, n,且 $m \leqslant n$,有下面的关系式

$$L_m(x,y) L_n(x,y) = L_{m+n}(x,y) + (-y)^m L_{n-m}(x,y)$$

$$(5)$$

证明 由式(1)和式(2)可得如下等式

$$
\begin{aligned}
L_m(x,y) L_n(x,y) &= (\alpha^m(x,y) + \beta^m(x,y)) \cdot \\
&\quad (\alpha^n(x,y) + \beta^n(x,y)) \\
&= \alpha^{m+n}(x,y) + \beta^{m+n}(x,y) + \\
&\quad (\alpha(x,y)\beta(x,y))^m \cdot \\
&\quad (\alpha^{n-m}(x,y) + \beta^{n-m}(x,y)) \\
&= L_{m+n}(x,y) + (-y)^m L_{n-m}(x,y)
\end{aligned}
$$

引理得证.

引理 2 当 n 取自然数时,有

$$(\mathrm{e}^{2yz} - \mathrm{e}^{-x^2 z}) \sum_{n=0}^{\infty} L_{2n}(x,y) \frac{z^n}{n!}$$

$$= 2\mathrm{e}^{2yz} \sum_{n=0}^{\infty} L_{4n+2}(x,y) \frac{z^{2n+1}}{(2n+1)!} \qquad (6)$$

$$(\mathrm{e}^{2yz} + \mathrm{e}^{-x^2 z}) \sum_{n=0}^{\infty} L_{2n}(x,y) \frac{z^n}{n!}$$

$$= 2\mathrm{e}^{2yz} \sum_{n=0}^{\infty} L_{4n}(x,y) \frac{z^{2n}}{(2n)!} \qquad (7)$$

证明　首先,由式(2),有

$$e^{-x^2z+\alpha^2(x,y)z} + e^{-x^2z+\beta^2(x,y)z}$$

$$= e^{-(x^2-\alpha^2(x,y))z} + e^{-(x^2-\beta^2(x,y))z}$$

$$= e^{-(\beta^2(x,y)-2y)z} + e^{-(\alpha^2(x,y)-2y)z}$$

$$= e^{2yz}(e^{-\beta^2(x,y)z} + e^{-\alpha^2(x,y)z})$$

由上式可得

$$e^{-x^2z}\sum_{n=0}^{\infty} L_{2n}(x,y)\frac{z^n}{n!} = e^{2yz}\sum_{n=0}^{\infty} L_{2n}(x,y)\frac{(-z)^n}{n!}$$

因此,便有下面的等式

$$(e^{2yz} - e^{-x^2z})\sum_{n=0}^{\infty} L_{2n}(x,y)\frac{z^n}{n!}$$

$$= e^{2yz}\sum_{n=0}^{\infty} L_{2n}(x,y)\frac{z^n}{n!} - e^{2yz}\sum_{n=0}^{\infty} L_{2n}(x,y)\frac{(-z)^n}{n!}$$

$$= 2e^{2yz}\sum_{n=0}^{\infty} L_{4n+2}(x,y)\frac{z^{2n+1}}{(2n+1)!}$$

以及

$$(e^{2yz} + e^{-x^2z})\sum_{n=0}^{\infty} L_{2n}(x,y)\frac{z^n}{n!}$$

$$= e^{2yz}\sum_{n=0}^{\infty} L_{2n}(x,y)\frac{z^n}{n!} + e^{2yz}\sum_{n=0}^{\infty} L_{2n}(x,y)\frac{(-z)^n}{n!}$$

$$= 2e^{2yz}\sum_{n=0}^{\infty} L_{4n}(x,y)\frac{z^{2n}}{(2n)!}$$

由上面两个等式即证引理 1.

§3　定理的证明

有了上面的引理,就可以证明定理了. 首先来观察以下组合和式

495

Zernov 定理

$$T_n(x, y; t) = \sum_{k=0}^{n} \binom{n}{k} (-1)^k (L_k^2(x, y) - 2(-y)^k) t^{n-k} \qquad (8)$$

利用式(1)(2)以及引理1,上式还可化为

$$T_n(x, y; t) = (t - \alpha^2(x, y))^n + (t - \beta^2(x, y))^n \quad (9)$$

将式(9)中的 t 替换为 $x^2 t$,可得如下和式

$$\sum_{n=0}^{\infty} T_n(x, y; x^2 t) \frac{z^n}{n!}$$

$$= \sum_{n=0}^{\infty} (x^2 t - \alpha^2(x, y))^n \frac{z^n}{n!} +$$

$$\sum_{n=0}^{\infty} (tx^2 - \beta^2(x, y))^n \frac{z^n}{n!}$$

$$= e^{(t-1)x^2 z - 2yz} (e^{\beta^2(x,y)z} + e^{\alpha^2(x,y)z})$$

$$= e^{(t-1)x^2 z - 2yz} \sum_{n=0}^{\infty} L_{2n}(x, y) \frac{z^n}{n!}$$

应用引理中式(6),上式可化为

$$\sum_{n=0}^{\infty} T_n(x, y; x^2 t) \frac{z^n}{n!}$$

$$= \frac{2 e^{(t-1)x^2 z}}{e^{2yz} - e^{-x^2 z}} \sum_{n=0}^{\infty} L_{4n+2}(x, y) \frac{z^{2n+1}}{(2n+1)!} \qquad (10)$$

由式(3),上式可变为

$$\sum_{n=0}^{\infty} T_n(x, y; x^2 t) \frac{z^n}{n!}$$

$$= e^{-2yzt} \frac{2 e^{(x^2 + 2y)zt}}{e^{(x^2 + 2y)z} - 1} \sum_{n=0}^{\infty} L_{4n+2}(x, y) \frac{z^{2n+1}}{(2n+1)!}$$

$$= 2 e^{-2yzt} \sum_{j=0}^{\infty} B_j(t) \frac{((2y + x^2)z)^{j-1}}{j!} \cdot$$

$$\sum_{n=0}^{\infty} L_{4n+2}(x, y) \frac{z^{2n+1}}{(2n+1)!}$$

$$= 2 \sum_{i=0}^{\infty} \sum_{j=0}^{\infty} \sum_{n=0}^{\infty} \binom{2n+i+j}{i+j} \frac{(i+j)!}{i!j!} \cdot$$

$$B_j(t)(-2yt)^i(x^2+2y)^{j-1} \cdot$$

$$\frac{L_{4n+2}(x,y)}{2n+1} \frac{z^{2n+i+j}}{(2n+i+j)!}$$

比较上式中 z^{2m} 与 z^{2m+1} 的系数分别可获以下两个等式

$$T_{2m}(x,y;tx^2) = 2 \sum_{i=0}^{m} \sum_{j=0}^{m} \binom{2m}{2i+2j} \frac{(2i+2j)!}{(2i)!(2j)!} \cdot$$

$$B_{2j}(t)(2yt)^{2i}(x^2+2y)^{2j-1} \frac{L_{4m+2-4i-4j}(x,y)}{2m+1-2i-2j} \quad (11)$$

和

$$T_{2m+1}(x,y;tx^2)$$

$$= 2 \sum_{i=0}^{m} \sum_{j=0}^{m} \binom{2m+1}{2i+2j+1} \frac{(2i+2j+1)!}{(2i)!(2j+1)!} \cdot$$

$$B_{2j+1}(t)(2yt)^{2i}(x^2+2y)^{2j} \frac{L_{4m+2-4i-4j}(x,y)}{2m+1-2i-2j} \quad (12)$$

类似地,考虑组合和式

$$\sum_{n=0}^{\infty} T_n(x,y;tx^2) \frac{(-z)^n}{n!}$$

$$= \sum_{n=0}^{\infty} \left((tx^2 - \alpha^2(x,y))^n - (tx^2 - \beta^2(x,y))^n \right) \frac{(-z)^n}{n!}$$

$$= e^{-tx^2 z} \sum_{n=0}^{\infty} L_{2n}(x,y) \frac{z^n}{n!}$$

应用引理 2 中式(7),上式可化为

$$\sum_{n=0}^{\infty} T_n(x,y;tx^2) \frac{(-z)^n}{n!}$$

$$= e^{2yz} \frac{2e^{-tx^2 z}}{e^{2yz} + e^{-x^2 z}} \sum_{n=0}^{\infty} L_{4n}(x,y) \frac{z^{2n}}{(2n)!} \quad (13)$$

由式(4),式(13)可变为

Zernov 定理

$$\sum_{n=0}^{\infty} T_n(x,y;tx^2)\frac{(-z)^n}{n!}$$

$$= \frac{2e^{-tx^2z}}{1 + e^{-(x^2+2y)z}}\sum_{n=0}^{\infty} L_{4n}(x,y)\frac{z^{2n}}{(2n)!}$$

$$= \sum_{i=0}^{\infty}\sum_{j=0}^{\infty}\sum_{n=0}^{\infty}\binom{2n+i+j}{i+j}\frac{(i+j)!}{i!\,j!}E_j(t)(2yt)^i(-1)^j \cdot$$

$$(x^2+2y)^j L_{4n}(x,y)\frac{z^{2n+i+j}}{(2n+i+j)!}$$

比较上式中 z^{2m} 与 z^{2m+1} 的系数,有以下两个等式

$$T_{2m}(x,y;tx^2) = \sum_{i=0}^{m}\sum_{j=0}^{m}\binom{2m}{2i+2j}\frac{(2i+2j)!}{(2i)!\,(2j)!} \cdot$$

$$E_{2j}(t)(2yt)^{2i}(x^2+2y)^{2j}L_{4m-4i-4j}(x,y) \qquad (14)$$

和

$$T_{2m+1}(x,y;tx^2)$$

$$= \sum_{i=0}^{m}\sum_{j=0}^{m}\binom{2m+1}{2i+2j+1}\frac{(2i+2j+1)!}{(2i)!\,(2j+1)!} \cdot$$

$$E_{2j+1}(t)(2yt)^{2i}(x^2+2y)^{2j+1}L_{4m-4i-4j}(x,y) \qquad (15)$$

综上式(11)(14)和(8),可得

$$\sum_{k=0}^{2m}\binom{2m}{k}(-1)^k L_k^2(x,y)(tx^2)^{2m-k}$$

$$= 2\sum_{i=0}^{m}\sum_{j=0}^{m}\binom{2m}{2i+2j}\frac{(2i+2j)!}{(2i)!\,(2j)!} \cdot$$

$$B_{2j}(t)(2yt)^{2i}(x^2+2y)^{2j-1} \cdot$$

$$\frac{L_{4m+2-4i-4j}(x,y)}{2m+1-2i-2j} + 2(tx^2+y)^{2m}$$

$$= \sum_{i=0}^{m}\sum_{j=0}^{m}\binom{2m}{2i+2j}\frac{(2i+2j)!}{(2i)!\,(2j)!} \cdot$$

$$E_{2j}(t)(2yt)^{2i}(x^2+2y)^{2j} \cdot$$

$$L_{4m-4i-4j}(x,y) + 2(tx^2 + y)^{2m}$$

结合式(12)(15)和(8),便得

$$\sum_{k=0}^{2m+1} \binom{2m+1}{k}(-1)^k L_k^2(x,y)(tx^2+y)^{2m+1-k}$$

$$= 2\sum_{i=0}^{m}\sum_{j=0}^{m}\binom{2m+1}{2i+2j+1}\frac{(2i+2j+1)!}{(2i)!(2j+1)!}\cdot$$

$$B_{2j+1}(t)(2yt)^{2i}(x^2+2y)^{2j}\cdot$$

$$\frac{L_{4m+2-4i-4j}(x,y)}{2m+1-2i-2j} + 2(tx^2+y)^{2m+1}$$

$$= \sum_{i=0}^{m}\sum_{j=0}^{m}\binom{2m+1}{2i+2j+1}\frac{(2i+2j+1)!}{(2i)!(2j+1)!}\cdot$$

$$E_{2j+1}(t)(2yt)^{2i}(x^2+2y)^{2j+1}\cdot$$

$$L_{4m-4i-4j}(x,y) + 2(tx^2+y)^{2m+1}$$

两个定理得证.

　　类似地,利用以上的方法和步骤还可以对有关 Lucas 多项式的更高次恒等式进行推导,进而获得更为一般的推广结果. 巧妙的构造法和分析学中的方法值得在以后的研究中将其推广,应用到更多的多项式中去,例如 Chebyshev 多项式[6].

参考资料

[1]Claudio de Jesus Pita Ruiz Velasco. A Note on Fibonacci & Lucas and Bernoulli & Euler Polynomials [J]. Journal of Integer Sequences, 2012,15:1-17.

[2]Ireland K, Rosen M. A classical introduction to modern number theory[M]. znd ed. New York: Spring-

Verlag,1990.

[3] Tom M Apostol. Introduction to Analytic Number Theory[M]. New York: Spring-Verlag, 1976.

[4] Sun Zhi wei, Pan Hao. Identities concerning Bernoulli and Euler polynomials[J]. Acta Arith, 2006, 125:21-39.

[5] Pan Hao, Sun Zhi wei. New identities involving Bernoulli and Euler polynomials[J]. Combin. Theory Ser. A, 2006,125:156-175.

[6] 刘国栋, 罗辉. 一些包含 Chebyshev 多项式和 Stirling 数的恒等式[J]. 纯粹数学与应用数学, 2010,26(2):177-182.

若干包含 Laguerre 多项式的等式和同余式[①]

第 42 章

令 $L_n(x)$ 为 Laguerre 多项式,即
$$L_0(x) = 1, L_1(x) = -x + 1$$
且对所有整数 $n \geq 1$,有递推公式
$$L_{n+1}(x) = (2n + 1 - x)L_n(x) - n^2 L_{n-1}(x)$$

榆林学院数学与统计学院的祁兰和西北大学数学学院的呼家源两位教授 2016 年使用组合及初等方法研究一类包含 $L_n(x)$ 的卷积和式,给出其有趣的计算公式,并得到一些包含 Laguerre 多项式的等式和同余式,这些结果均有着重要的应用.

§1 引 言

对任意的整数 $n \geq 0$,著名的 Laguerre

---

① 本章摘自《数学的实践与认识》2016 年 10 月第 46 卷第 19 期.

多项式 $L_n(x)$ 的定义由以下递推形式给出

$$L_0(x) = 1, L_1(x) = -x + 1$$

且对所有的 $n \geqslant 1$ 有

$$L_{n+1}(x) = (2n + 1 - x) L_n(x) - n^2 L_{n-1}(x) \quad (1)$$

这些多项式均为正交多项式,即满足

$$\int_0^{+\infty} e^{-x} \cdot L_m(x) \cdot L_n(x) dx = \begin{cases} 0 & (m \neq n) \\ (n!)^2 & (m = n) \end{cases}$$

而且 Laguerre 多项式的生成函数及精确表达式分别为

$$\frac{1}{1-t} \cdot e^{\frac{-xt}{1-t}} = \sum_{n=0}^{\infty} L_n(x) \cdot \frac{t^n}{n!} \quad (2)$$

$$L_n(x) = e^x \frac{d^n}{dx^n} (x^n \cdot e^{-x}) = \sum_{k=0}^{n} (-1)^k \binom{n}{k} \cdot \frac{n!}{k!} \cdot x^k$$

$$(3)$$

其中

$$\binom{n}{k} = \frac{n!}{k!(n-k)!}$$

另外这类多项式 $L_n(x)$ 还满足微分方程

$$x \frac{d^2 y}{dx^2} + (1-x) \frac{dy}{dx} + ny = 0 \quad (n = 0, 1, 2, \cdots) \quad (4)$$

近些年来,一些专家和学者一直致力于研究 Laguerre 多项式 $L_n(x)$ 的各种性质,并得到一些有趣的结果[1~5]. 而且从参考资料[6~9]中可见 Laguerre 多项式有着重要的应用. 例如,P. Sánchez-Moreno 和 D. Manzano,J. S. Dehesa[7]对 Laguerre 多项式 $L_n^{(\alpha)}(x)$ 的扩展手段进行了研究,并得到一些重要的结果.

另一方面,近期王思一在参考资料[10]中研究了

下面和式的计算问题

$$\sum_{a_1+a_2+\cdots+a_k=n} U_{a_1}(x) \cdot U_{a_2}(x) \cdot \cdots \cdot U_{a_{k-1}}(x) \cdot U_{a_k}(x)$$

$$(5)$$

其中 $\displaystyle\sum_{a_1+a_2+\cdots+a_k=n}$ 表示对所有满足

$$a_1 + a_2 + \cdots + a_k = n$$

的 k 维非负整数指标 $(a_1, a_2, \cdots, a_k)$ 求和，$U_n(x)$ 表示第二类 Chebyshev 多项式. 对于一些特殊的正整数 k，它还给出一个关于式(5)的有趣的计算公式.

受王思一这项工作的启发，我们着手考虑包含 Laguerre 多项式 $L_n(x)$ 的和式的计算问题，即研究

$$\sum_{a_1+a_2+\cdots+a_k=n} \frac{L_{a_1}(x)}{(a_1)!} \cdot \frac{L_{a_2}(x)}{(a_2)!} \cdot \cdots \cdot \frac{L_{a_k}(x)}{(a_k)!} \quad (6)$$

然而第二类 Chebyshev 多项式 $U_n(x)$ 却不同于 Laguerre 多项式 $L_n(x)$，而且 $U_n(x)$ 与 $L_n(x)$ 两者最大的不同在于前者的定义是线性递推公式，而后者定义中的递推关系是非线性的.

本章我们将研究式(6)的计算问题，主要利用组合技巧和简单的初等方法，给出用一些 Laguerre 多项式 $L_n(x)$ 表示出式(6)的准确方法，即我们将证明以下结论：

定理　设 n, k 为非负整数，则存在两个可计算的整系数多项式 $R(n,k,x)$ 和 $S(n,k,x)$，使得

$$\sum_{a_1+a_2+\cdots+a_k+a_{k+1}=n} \frac{L_{a_1}(x)}{(a_1)!} \cdot \frac{L_{a_2}(x)}{(a_2)!} \cdot \cdots \cdot$$

$$\frac{L_{a_k}(x)}{(a_k)!} \cdot \frac{L_{a_{k+1}}(x)}{(a_{k+1})!}$$

$$= \frac{1}{(n+k)!(k+1)^k x^k} \cdot$$

$$[R(n,k,x) \cdot L_{n+k-1}((k+1)x) +$$

$$S(n,k,x) \cdot L_{n+k}((k+1)x)]$$

如果取定理中的 $k = 2,3$ 和 4,则可以得到以下三个有趣的推论:

推论 1 对任意的非负整数 n,有

$$\sum_{a+b+c=n} \frac{L_a(x)}{a!} \cdot \frac{L_b(x)}{b!} \cdot \frac{L_c(x)}{c!}$$

$$= \frac{1}{9x^2(n+1)!} \cdot [L_{n+2}(3x) +$$

$$(3x-1)(n+2) \cdot L_{n+1}(3x)]$$

推论 2 对任意的非负整数 n,有

$$\sum_{a+b+c+d=n} \frac{L_a(x)}{a!} \cdot \frac{L_b(x)}{b!} \cdot \frac{L_c(x)}{c!} \cdot \frac{L_d(x)}{d!}$$

$$= \frac{2x(n+3)-1}{32x^3(n+2)!} \cdot L_{n+3}(4x) -$$

$$\frac{(n+3)(2nx-8x^2+10x-1)}{32x^3(n+2)!} \cdot L_{n+2}(4x)$$

推论 3 对任意的非负整数 n,有

$$\sum_{a+b+c+d+e=n} \frac{L_a(x)}{a!} \cdot \frac{L_b(x)}{b!} \cdot \frac{L_c(x)}{c!} \cdot \frac{L_d(x)}{d!} \cdot \frac{L_e(x)}{e!}$$

$$= -\frac{(n-4)(125x^3-50x^2n-275x^2+20xn+110x-6)}{625x^4(n+3)!} \cdot$$

$$L_{n+3}(5x) - \frac{25x^2(n+4)-20x(n+4)+6}{625x^4(n+3)!} \cdot L_{n+4}(5x)$$

另外由 $L_n(x)$ 的定义知

$$\sum_{a_1+a_2+\cdots+a_k=n} \frac{n!}{(a_1)!(a_2)!\cdots(a_k)!} \cdot L_{a_1}(x) \cdot L_{a_2}(x)\cdots L_{a_k}(x)$$

是关于 x 的整系数多项式,因此从这些推论,我们可以推出以下同余式.

推论 4　对任意的非负整数 n,我们有同余式

$$L_{n+2}(x) + (x-1)(n+2)L_{n+1}(x)$$
$$\equiv 0(\bmod(n+1)x^2)$$

推论 5　对任意的非负整数 n,我们有同余式

$$(nx+3x-1) \cdot L_{n+3}(x) -$$
$$(n+3)(nx-x^2+5x-2)L_{n+2}(x)$$
$$\equiv 0(\bmod(n+1)(n+2)x^3)$$

推论 6　对任意的非负整数 n,我们有同余式

$$(n+4)(x^3-2nx^2-11x^2+$$
$$4nx+22x-6) \cdot L_{n+3}(x) -$$
$$((n+4)(x^2-4x)+6) \cdot L_{n+4}(x)$$
$$\equiv 0(\bmod(n+1)(n+2)(n+3)x^4)$$

当整数 $k \geq 5$ 时,我们显然可以利用 $L_{n+k}((k+1)x)$ 和 $L_{n+k-1}((k+1)x)$ 表示式(6).但是当 k 足够大时,则很难计算 $R(n,k,x)$ 和 $S(n,k,x)$.因此我们在此没有列出更一般的结论.

§2　若干引理

本节中,我们将给出一些引理,首先我们有以下引

理：

引理 1 对任意的整数 $n \geq 1$，多项式 $L_n(x)$ 满足等式

$$x L'_n(x) = n \cdot L_n(x) - n^2 \cdot L_{n-1}(x)$$

证明 由式（3）及 $L_n(x)$ 导数的性质，我们有

$$L'_n(x) = e^x \frac{d^n}{dx^n}(e^{-x}x^n) + e^x \frac{d^n}{dx^n}(-e^{-x}x^n) +$$

$$e^x \frac{d^n}{dx^n}(ne^{-x}x^{n-1})$$

$$= L_n(x) - L_n(x) + ne^x \frac{d}{dx}(e^{-x} \cdot L_{n-1}(x))$$

$$= n \cdot (L'_{n-1}(x) - L_{n-1}(x))$$

或

$$L'_{n+1}(x) = (n+1) \cdot (L'_n(x) - L_n(x)) \qquad (7)$$

另一方面，由递推公式（1）我们有

$$L'_{n+1}(x) = -L_n(x) + (2n+1-x)L'_n(x) - n^2 L'_{n-1}(x) \tag{8}$$

结合式（7）和（8），我们便可以立即得到

$$(n+1)(L'_n(x) - L_n(x))$$

$$= -L_n(x) + (2n+1-x)L'_n(x) - n^2 L'_{n-1}(x)$$

$$= -L_n(x) + (2n+1-x)L'_n(x) -$$

$$n^2\left(\frac{L'_n(x)}{n} + L_{n-1}(x)\right)$$

即

$$x L'_n(x) = n \cdot L_n(x) - n^2 \cdot L_{n-1}(x)$$

这就证明了引理 1.

引理 2 任意的正整数 $n \geq k \geq 0$，我们有等式

$$x \cdot L_n^{(k+2)}(x) = (x-k-1) \cdot L_n^{(k+1)}(x) + (k-n) \cdot L_n^{(k)}(x)$$

证明　由式（4）我们知道 Laguerre 多项式 $L_n(x)$
满足微分方程

$$xL''_n(x) + (1-x)L'_n(x) + nL_n(x) = 0 \qquad (9)$$

现对式（9）左右两端同时求 k 阶导数可得

$$x \cdot L_n^{(k+2)}(x) + k \cdot L_n^{(k+1)}(x) + (1-x) \cdot$$

$$L_n^{(k+1)}(x) - k \cdot L_n^{(k)}(x) + n \cdot L_n^{(k)}(x) = 0$$

即

$$x \cdot L_n^{(k+2)}(x) = (x-k-1) \cdot L_n^{(k+1)}(x) + (k-n) \cdot L_n^{(k)}(x)$$

这就证明了引理 2.

引理 3　设 k 是正整数，则对任意的非负整数 n，
我们有

$$\sum_{a_1+a_2+\cdots+a_k=n} \frac{L_{a_1}(x)}{(a_1)!} \cdot \frac{L_{a_2}(x)}{(a_2)!} \cdot \cdots \cdot \frac{L_{a_k}(x)}{(a_k)!}$$

$$= (-1)^{k-1} \cdot \frac{L_{n+k-1}^{(k-1)}(kx)}{(n+k-1)!}$$

证明　首先对式（2）两端同时求 k 次幂，并整理
等式右边 得

$$\frac{1}{(1-t)^k} \cdot e^{\frac{-xkt}{1-t}}$$

$$= \sum_{n=0}^{\infty} \Big(\sum_{a_1+a_2+\cdots+a_k=n} \frac{L_{a_1}(x)}{(a_1)!} \cdot \frac{L_{a_2}(x)}{(a_2)!} \cdot \cdots \cdot \frac{L_{a_k}(x)}{(a_k)!} \Big) \cdot t^n$$

$$(10)$$

另一方面，又由公式（2）我们有

$$\frac{-kt}{(1-t)^2} \cdot e^{\frac{-xkt}{1-t}}$$

Zernov 定理

$$= \frac{\mathrm{d}}{\mathrm{d}x}\Big[\frac{1}{1-t} \cdot \mathrm{e}^{\frac{-xkt}{1-t}}\Big]$$

$$= \sum_{n=0}^{\infty} \frac{k \cdot \mathrm{L}'_n(kx)}{n!} \cdot t^n$$

$$= \sum_{n=0}^{\infty} \frac{k \cdot \mathrm{L}'_{n+1}(kx)}{(n+1)!} \cdot t^{n+1}$$

$$\frac{(-kt)^2}{(1-t)^3} \cdot \mathrm{e}^{\frac{-xkt}{1-t}}$$

$$= \frac{\mathrm{d}^2}{\mathrm{d}x^2}\Big[\frac{1}{1-t} \cdot \mathrm{e}^{\frac{-xkt}{1-t}}\Big]$$

$$= \sum_{n=0}^{\infty} \frac{k^2 \cdot \mathrm{L}''_{n+2}(kx)}{(n+2)!} \cdot t^{n+2}$$

$$\vdots$$

$$\frac{(-kt)^{k-1}}{(1-t)^k} \cdot \mathrm{e}^{\frac{-xkt}{1-t}}$$

$$= \frac{\mathrm{d}^{k-1}}{\mathrm{d}x^{k-1}}\Big[\frac{1}{1-t} \cdot \mathrm{e}^{\frac{-xkt}{1-t}}\Big]$$

$$= \sum_{n=0}^{\infty} \frac{k^{k-1} \cdot \mathrm{L}^{(k-1)}_{n+k-1}(kx)}{(n+k-1)!} \cdot t^{n+k-1}$$

或

$$\frac{1}{(1-t)^k} \cdot \mathrm{e}^{\frac{-xkt}{1-t}} = (-1)^{k-1} \cdot \sum_{n=0}^{\infty} \frac{L^{(k-1)}_{n+k-1}(kx)}{(n+k-1)!} \cdot t^n$$

$$(11)$$

比较式(10)和式(11)中 t^n 的系数,我们有

$$\sum_{a_1+a_2+\cdots+a_k=n} \frac{\mathrm{L}_{a_1}(x)}{(a_1)!} \cdot \frac{\mathrm{L}_{a_2}(x)}{(a_2)!} \cdot \cdots \cdot \frac{\mathrm{L}_{a_k}(x)}{(a_k)!}$$

$$= (-1)^{k-1} \cdot \frac{\mathrm{L}^{(k-1)}_{n+k-1}(kx)}{(n+k-1)!}$$

这就证明了引理 3.

引理 4　对任意的非负整数 n 和 k，我们有

$$\sum_{a_1+a_2+\cdots+a_k+a_{k+1}=n} \frac{L_{a_1}(x)}{(a_1)!} \cdot \frac{L_{a_2}(x)}{(a_2)!} \cdot \cdots \cdot \frac{L_{a_k}(x)}{(a_k)!} \cdot \frac{L_{a_{k+1}}(x)}{(a_{k+1})!}$$

$$= (-1)^k \cdot \frac{L_{n+k}^{(k)}((k+1)x)}{(n+k)!}$$

$$= \frac{(-1)^k}{(n+k)!} \cdot \frac{1}{(k+1)x} \cdot \left[((k+1)x+1-k) \cdot \right.$$

$$\left. L_{n+k}^{(k-1)}((k+1)x) - (n+2) \cdot L_{n+k}^{(k-2)}((k+1)x) \right]$$

其中 $L_n^{(k)}(x)$ 表示 $L_n(x)$ 关于 x 和 k 阶导数.

证明　该引理可以直接由引理 2 和引理 3 推出.

§3　定理的证明

这一节我们将用完全数学归纳法完成本章定理的证明. 由引理 1 并取引理 3 中的 $k=2$ 得

$$\sum_{a+b=n} \frac{L_a(x)}{a!} \cdot \frac{L_b(x)}{b!} = \frac{L'_{n+1}(2x)}{(n+1)!}$$

$$= -\frac{1}{(n+1)!} \cdot \frac{2xL'_{n+1}(2x)}{2x}$$

$$= \frac{1}{(n+1)!(2x)} \cdot \left[(n+1)^2 L_n(2x) - \right.$$

$$\left. (n+1)L_{n+1}(2x) \right]$$

故当 $k=1$ 时定理成立.

假设定理对所有的正整数 $1 \leqslant k \leqslant m$ 均成立. 即当 $1 \leqslant k \leqslant m$ 时，我们有

Zernov 定理

$$\sum_{a_1+a_2+\cdots+a_k+a_{k+1}=n} \frac{L_{a_1}(x)}{(a_1)!} \cdot \frac{L_{a_2}(x)}{(a_2)!} \cdot \cdots \cdot \frac{L_{a_k}(x)}{(a_k)!} \cdot \frac{L_{a_{k+1}}(x)}{(a_{k+1})!}$$

$$= (-1)^k \cdot \frac{L_{n+k}^{(k)}((k+1)x)}{(n+k)!}$$

$$= \frac{1}{(n+k)!(k+1)^k x^k} \cdot [R_k(n,k,x) L_{n+k-1}((k+1)x) +$$

$$S_k(n,k,x) L_{n+k}((k+1)x)] \tag{12}$$

则当 $k = m+1$ 时,由归纳假设的式(12)及引理 1 ~ 4, 我们有

$$\sum_{a_1+a_2+\cdots+a_{m+2}=n} \frac{L_{a_1}(x)}{(a_1)!} \cdot \frac{L_{a_2}(x)}{(a_2)!} \cdot \cdots \cdot \frac{L_{a_{m+2}}(x)}{(a_{m+2})!}$$

$$= (-1)^{m+1} \cdot \frac{L_{n+m+1}^{(m+1)}((m+2)x)}{(n+m+1)!}$$

$$= \frac{(-1)^{m+1}}{(n+m+1)!} \frac{1}{(m+2)x} [((m+2)x - m) \cdot$$

$$L_{n+m+1}^{(m)}((m+2)x) - (n+2) L_{n+m+1}^{(m-1)}((m+2)x)]$$

$$= \frac{1}{(n+m+1)!} \cdot \frac{1}{(m+2)^{m+1} x^{m+1}} \cdot [R_{m+1}(n,m+1,x) \cdot$$

$$L_{n+m}((m+2)x) + S_{m+1}(n,m+1,x) \cdot$$

$$L_{n+m+1}((m+2)x)]$$

故当 $k = m+1$ 时定理也成立. 由完全归纳法便得定理 的结论.

我们现在来证明推论 1. 取引理 4 中的 $k = 2$,由引 理 2 和引理 1,我们有

$$\sum_{a+b+c=n} \frac{L_a(x)}{a!} \cdot \frac{L_b(x)}{b!} \cdot \frac{L_c(x)}{c!}$$

$$= (-1)^2 \cdot \frac{L_{n+2}''(3x)}{(n+2)!}$$

510

$$= \frac{1}{(n+2)!} \cdot \frac{1}{3x} \big[(3x-1) \cdot \mathrm{L}'_{n+2}(3x) -$$

$$(n+2) \cdot \mathrm{L}_{n+2}(3x) \big]$$

$$= \frac{3x-1}{9x^2(n+2)!} \cdot \big[(n+2)\mathrm{L}_{n+2}(3x) -$$

$$(n+2)^2 \mathrm{L}_{n+1}(3x) \big] - \frac{n+2}{3x(n+2)!} \cdot \mathrm{L}_{n+2}(3x)$$

$$= \frac{-1}{9x^2(n+1)!} \cdot \big[\mathrm{L}_{n+2}(3x) +$$

$$(3x-1)(n+2) \cdot \mathrm{L}_{n+1}(3x) \big]$$

这便证明了推论 1.

再来证明推论 2. 我们取引理 4 中的 $k=3$, 则由式 (9), 引理 1, 引理 2, 引理 3 我们有

$$\sum_{a+b+c+d=n} \frac{\mathrm{L}_a(x)}{a!} \cdot \frac{\mathrm{L}_b(x)}{b!} \cdot \frac{\mathrm{L}_c(x)}{c!} \cdot \frac{\mathrm{L}_d(x)}{d!}$$

$$= (-1)^3 \cdot \frac{\mathrm{L}'''_{n+3}(4x)}{(n+3)!}$$

$$= \frac{-1}{(n+3)!} \cdot \frac{1}{4x} \cdot \big[(4x-2) \cdot$$

$$\mathrm{L}''_{n+3}(4x) - (n+2) \cdot \mathrm{L}'_{n+3}(4x) \big]$$

$$= \frac{-(4x-2)}{16x^2(n+3)!} \cdot \big[(4x-1) \cdot \mathrm{L}'_{n+3}(4x) - (n+3) \cdot$$

$$\mathrm{L}_{n+3}(4x) \big] + \frac{n+2}{4x(n+3)!} \cdot \mathrm{L}'_{n+3}(4x)$$

$$= \frac{4nx - 16x^2 + 20x - 2}{64x^3(n+3)!} \cdot \big[(n+3) \cdot$$

$$\mathrm{L}_{n+3}(4x) - (n+3)^2 \cdot$$

$$\mathrm{L}_{n+2}(4x) \big] + \frac{4x-2}{16x^2(n+2)!} \cdot \mathrm{L}_{n+3}(4x)$$

$$= \frac{2x(n+3)-1}{32x^3(n+2)!} \cdot L_{n+3}(4x) -$$

$$\frac{(n+3)(2nx-8x^2+10x-1)}{32x^3(n+2)!} \cdot L_{n+2}(4x)$$

这就证明了推论 2.

现在我们来证明推论 3. 我们取引理 4 中的 $k=4$,则由引理 2,引理 3,引理 1 得

$$\sum_{a+b+c+d+e=n} \frac{L_a(x)}{a!} \cdot \frac{L_b(x)}{b!} \cdot$$

$$\frac{L_c(x)}{c!} \cdot \frac{L_d(x)}{d!} \cdot \frac{L_e(x)}{e!}$$

$$= (-1)^4 \cdot \frac{L_{n+4}^{(4)}(5x)}{(n+4)!}$$

$$= \frac{1}{(n+4)!} \cdot \frac{1}{5x} \cdot [(5x-3) \cdot$$

$$L'''_{n+4}(5x) - (n+2) \cdot L''_{n+4}(5x)]$$

$$= \frac{5x-3}{25x^2(n+4)!} \cdot [(5x-2) \cdot$$

$$L''_{n+4}(5x) - (n+3) \cdot L'_{n+4}(5x)] - \frac{n+2}{25x^2(n+4)!} \cdot$$

$$[(5x-1)L'_{n+4}(5x) - (n+4)L_{n+4}(5x)]$$

$$= \frac{(5x-3)(5x-2)}{125x^3(n+4)!} \cdot [(5x-1)L'_{n+4}(5x) -$$

$$(n+4)L_{n+4}(5x)] - \frac{10xn+25x-4n-11}{25x^2(n+4)!} \cdot$$

$$L'_{n+4}(5x) + \frac{(n+2)(n+4)}{25x^2(n+4)!} \cdot L_{n+4}(5x)$$

$$= \frac{125x^3 - 50x^2n - 275x^2 + 20xn + 110x - 6}{625x^4(x+3)!} \cdot$$

$$\left[L_{n+4}(5x) - (n+4)L_{n+3}(5x) \right] +$$

$$\frac{5xn - 25x^2 + 35x - 6}{125x^3(n+3)!} \cdot L_{n+4}(5x)$$

$$= -\frac{(n+4)(125x^3 - 50x^2 n - 275x^2 + 20xn + 110x - 6)}{625x^4(n+3)!} \cdot$$

$$L_{n+3}(5x) - \frac{25x^2(n+4) - 20x(n+4) + 6}{625x^4(n+3)!} \cdot L_{n+4}(5x)$$

这就证明了推论 3.

推论 4 ~ 6 很容易证明. 这里我们仅证明推论 5,同理便可以推出推论 4 和推论 6. 如果

$$a_1 + a_2 + \cdots + a_k = n$$

则 $\dfrac{n!}{(a_1)! \cdot (a_2)! \cdot \cdots \cdot (a_k)!}$ 必定是整数. 因此由推论 2,我们有同余式

$$(4nx + 12x - 1) \cdot L_{n+3}(4x) -$$

$$(n-3)(4nx - 16x^2 + 20x - 2) \cdot L_{n+2}(4x)$$

$$\equiv 0 (\bmod 64(n+1)(n+2)x^3) \qquad (13)$$

在同余(13)中,我们用 y 替换 $4x$,得

$$(ny + 3y - 1)L_{n+3}(y) -$$

$$(n+3)(ny - y^2 + 5y - 2)L_{n+2}(y)$$

$$\equiv 0 (\bmod (n+1)(n+2)y^3)$$

这便证明了本章中的所有结论.

参考资料

[1] 范钦珊. 数学手册[M]. 北京:高等教育出版社,

2006.

[2] Abramowitz M, Stegun I A. Handbook of mathematical functions [M]. New York, 1965.

[3] Dunham Jackson. Fourier series and orthogonal polynomials [M]. Dover Publications, 2004.

[4] Ahmed Ali Al-Gonah. Generating functions involving Hermite-Laguerre polynomials using operational methods [J]. Applied Mathematics and Computation, 2014, 239:38-46.

[5] Mourad E H. Ismail, Jiang Zeng. A combinatiorial approach to the 2D-Hermite and 2d-Laguerre polynomials [J]. Advances in Applied Mathematics, 2015, 64:70-88.

[6] Ana F, Loureiro P. Maroni. Quadratic decomposition of Laguerre polynomials via lowering operators [J]. Journal of Approximation Theory, 2011, 163:888-903.

[7] Sánchez-Moreno P, Manzano D, Dehesa J S. Direct spreading measures of Laguerre polynomials [J]. Journal of Computational and Applied Mathematics, 2011, 235:1129-1140.

[8] Dan Dai, Mourad E H. Ismail, Jun Wang. Asymptotic for Laguerre polynomials with large order and parameters [J]. Journal of Approximation Theory, 2015, 193:4-19.

[9] Antonio J. Durán, Mario Pérez. Admissibility condi-

514

tion for exceptional Laguerre polynomials[J]. Journal of Mathematical Analysis and Applications, 2015,424:1042-1053.

[10] Siyi Wang. Some new identities of Chebyshev polynomials and their applications [J]. Advances in Difference Equations, 2015,2015:355.

关于著名多项式和著名数列的恒等式

§1 关于 Chebyshev 多项式和 Fibonacci 数的恒等式

著名的 Fibonacci 数列和 Lucas 数列分别由二次线性递推公式

$$F_{n+2} = F_{n+1} + F_n$$

和

$$L_{n+2} = L_{n+1} + L_n \quad (n \geqslant 0)$$

所定义,其中

$$F_0 = 0, F_1 = 1, L_0 = 2, L_1 = 1$$

这两个数列在数学的理论研究和实际应用中有着重要的作用,从而引起了不少学者的重视,并对这两个数列的不同特性进行了深入细致的研究. 张文鹏教授在这方面做了许多开创性的工作,给出了许多包含 Chebyshev 多项式,Fibonacci 数和 Lucas 数的恒等式.

第 43 章　　关于著名多项式和著名数列的恒等式

定义 1　第一类 Chebyshev 多项式 $T_n(x)$ ($n=0$, $1,\cdots,n$)由递推公式

$$T_{n+2}(x) = 2xT_{n+1}(x) - T_n(x)$$

给出,其中 $n \geqslant 0$, $T_0(x) = 1$, $T_1(x) = x$.

定义 2　第二类 Chebyshev 多项式 $U_n(x)$ ($n=0$, $1,\cdots,n$)由递推公式

$$U_{n+2}(x) = 2xU_{n+1}(x) - U_n(x)$$

给出,其中,$n \geqslant 0$, $U_0(x) = 1$, $U_1(x) = 2x$.

为方便起见,用 $T_n^{(k)}(x)$ 和 $U_n^{(k)}(x)$ 分别表示 $T_n(x)$ 和 $U_n(x)$ 对 x 的 k 阶导数. 来证明下列定理:

定理 1　对于第二类 Chebyshev 多项式 $U_n(x)$,对任意正整数 k 和非负整数 n,有恒等式

$$\sum_{a_1+a_2+\cdots+a_{k+1}=n} \prod_{i=1}^{k+1} U_{a_i}(x) = \frac{1}{2^k \cdot k!} U_{n+k}^{(k)}(x)$$

这里 $\displaystyle\sum_{a_1+a_2+\cdots+a_{k+1}=n}$ 是对满足 $a_1 + a_2 + \cdots + a_{k+1} = n$ 的所有 $k+1$ 维非负整数坐标 $(a_1, a_2, \cdots, a_{k+1})$ 求和.

证明　首先,注意到

$$T_n(x) = \frac{1}{2}\left[(x + \sqrt{x^2+1})^n + (x - \sqrt{x^2+1})^n \right]$$

$$(1)$$

和

$$U_n(x) = \frac{1}{2\sqrt{x^2-1}}\left[(x + \sqrt{x^2+1})^{n+1} - (x - \sqrt{x^2+1})^{n+1} \right]$$

$$(2)$$

很容易得出 $T_n(x)$ 和 $U_n(x)$ 的生成函数分别为

$$G(t,x) = \frac{1-xt}{1-2xt+t^2} = \sum_{n=0}^{\infty} T_n(x) \cdot t^n \quad (3)$$

和

$$F(t,x) = \frac{1}{1 - 2xt + t^2} = \sum_{n=0}^{\infty} U_n(x) \cdot t^n \quad (4)$$

那么由式(4)有

$$\frac{\partial F(t,x)}{\partial x} = \frac{2t}{(1 - 2xt + t^2)^2} = \sum_{n=0}^{\infty} U'_{n+1}(x) \cdot t^{n+1}$$

$$\frac{\partial^2 F(t,x)}{\partial x^2} = \frac{2! \cdot (2t)^2}{(1 - 2xt + t^2)^3} = \sum_{n=0}^{\infty} U''_{n+2}(x) \cdot t^{n+2}$$

$$\frac{\partial^k F(t,x)}{\partial x^k} = \frac{k! \cdot (2t)^k}{(1 - 2xt + t^2)^{k+1}} = \sum_{n=0}^{\infty} U^{(k)}_{n+k}(x) \cdot t^{n+k}$$

$$(5)$$

在这里用到了 $U_n(x)$ 是 n 次多项式.

因此,由式(5)有

$$\sum_{n=0}^{\infty} \Big(\sum_{a_1 + a_2 + \cdots + a_{k+1} = n} U_{a_1}(x) \cdot$$

$$U_{a_2}(x) \cdot \cdots \cdot U_{a_{k+1}}(x) \Big) \cdot t^n$$

$$= \Big(\sum_{n=0}^{\infty} U_n(x) \cdot t^n \Big)^{k+1}$$

$$= \frac{1}{(1 - 2xt + t^2)^{k+1}}$$

$$= \frac{1}{k! (2t)^k} \frac{\partial^k F(t,x)}{\partial x^k}$$

$$= \frac{1}{2^k \cdot k!} \sum_{n=0}^{\infty} U^{(k)}_{n+k}(x) \cdot t^n$$

对比上式两边 t^n 项的系数,得到恒等式

$$\sum_{a_1 + a_2 + \cdots + a_{k+1} = n} U_{a_1}(x) \cdot U_{a_2}(x) \cdot \cdots \cdot U_{a_{k+1}}(x)$$

$$= \frac{1}{2^k \cdot k!} U_{n+k}^{(k)}(x)$$

于是完成了定理 1 的证明.

定理 2　对任意的正整数 k 和非负整数 n,有恒等式

$$\sum_{a_1 + a_2 + \cdots + a_{k+1} = n+2k+2} \prod_{i=1}^{k+1} (a_i + 1) U_{a_i}(x)$$

$$= \frac{1}{2^{2k+1} \cdot (2k+1)!} \sum_{h=0}^{k+1} (-1)^h \binom{k+1}{h} U_{n+4k+3-2h}^{(2k+1)}(x)$$

这里

$$\binom{k}{h} = \frac{k!}{h! \ (k-h)!}$$

证明　注意到

$$\frac{\mathrm{d}(T_n(x))}{\mathrm{d}x} = nU_{n-1}(x)$$

和

$$\frac{\partial G(t,x)}{\partial x} = \frac{t - t^3}{(1 - 2xt + t^2)^2} = \sum_{n=0}^{\infty} T'_{n+1}(x) \cdot t^{n+1}$$

或

$$\frac{1 - t^2}{(1 - 2xt + t^2)^2} = \sum_{n=0}^{\infty} (n+1) U_n(x) \cdot t^n \qquad (6)$$

在式(5)中取 $k = 2m+1$,两边同时乘以 $(1 - t^2)^{m+1}$ 可得

$$\frac{(1 - t^2)^{m+1}}{(1 - 2xt + t^2)^{2m+2}}$$

$$= \frac{1}{2^{2m+1} \cdot (2m+1)!} \sum_{n=0}^{\infty} U_{n+2m+1}^{(2m+1)}(x) \cdot t^n (1 - t^2)^{m+1}$$

$$(7)$$

结合式(6)和(7),有

$$\sum_{a_1+a_2+\cdots+a_{m+1}=n+2m+2}(a_1+1)\cdots(a_{m+1}+1)U_{a_1}(x)\cdots U_{a_{m+1}}(x)$$

$$=\frac{1}{2^{2m+1}\cdot(2m+1)!}\sum_{h=0}^{m+1}(-1)^h\binom{m+1}{h}U_{n+4m+3-2h}^{(2m+1)}(x)$$

于是完成了定理 2 的证明.

定理 3 对任意的正整数 k 和非负整数 n,有恒等式

$$\sum_{a_1+a_2+\cdots+a_{k+1}=n+k+1}\prod_{i=1}^{k+1}T_{a_i}(x)$$

$$=\frac{1}{2^k\cdot k!}\sum_{h=0}^{k+1}(-x)^h\binom{k+1}{h}U_{n+2k+1-h}^{(k)}(x)$$

证明 对式(5)两边同时乘以 $(1-xt)^{k+1}$ 得

$$\frac{(1-xt)^{k+1}}{(1-2xt+t^2)^{k+1}}=\frac{1}{2^k\cdot k!}\sum_{n=0}^{\infty}U_{n+k}^{(k)}(x)\cdot t^n(1-xt)^{k+1}$$

$$(8)$$

考虑到

$$(1-xt)^{k+1}=\sum_{h=0}^{k+1}(-1)^h t^h\binom{k+1}{h}$$

对比式(8)等号两边 t^{n+k+1} 项的系数,即可完成定理 3 的证明.

从这些定理中,根据 Chebyshev 多项式和 Fibonacci 数,Lucas 数的关系,便有:

推论 1 设 F_n 为第 n 个 Fibonacci 数. 对任意正整数 k 和非负整数 n,有恒等式

$$\sum_{a_1+a_2+\cdots+a_{k+1}=n}F_{a_1+1}\cdot F_{a_2+1}\cdot\cdots\cdot F_{a_{k+1}+1}$$

$$= \frac{(-\mathrm{i})^n}{2^k \cdot k!} U_{n+k}^{(k)}\left(\frac{\mathrm{i}}{2}\right)$$

$$\sum_{a_1+a_2+\cdots+a_{k+1}=n} F_{2(a_1+1)} \cdot F_{2(a_2+1)} \cdot \cdots \cdot F_{2(a_{k+1}+1)}$$

$$= \frac{(-1)^n}{2^k \cdot k!} U_{n+k}^{(k)}\left(\frac{-3}{2}\right)$$

$$\sum_{a_1+a_2+\cdots+a_{k+1}=n} F_{3(a_1+1)} \cdot F_{3(a_2+1)} \cdot \cdots \cdot F_{3(a_{k+1}+1)}$$

$$= \frac{2\mathrm{i}^n}{2^k} U_{n+k}^{(k)}(-2\mathrm{i})$$

这里 $\mathrm{i}^2 = -1$. 特别地, 当 $k=2$, 有恒等式

$$\sum_{a+b+c=n} F_{a+1} \cdot F_{b+1} \cdot F_{c+1}$$

$$= \frac{1}{50}\left[(n+2)(5n+17)F_{n+3} - 6(n+3)F_{n+2}\right]$$

$$\sum_{a+b+c=n} F_{2(a+1)} \cdot F_{2(b+1)} \cdot F_{2(c+1)}$$

$$= \frac{1}{50}\left[18(n+3)F_{2n+4} + (n+2)(5n-7)F_{2n+6}\right]$$

$$\sum_{a+b+c=n} F_{3(a+1)} \cdot F_{3(b+1)} \cdot F_{3(c+1)}$$

$$= \frac{1}{50}\left[(n+2)(5n+8)F_{3n+9} - 6(n+3)F_{3n+6}\right]$$

推论 2 设 F_n 为第 n 个 Fibonacci 数, 对任意正整数 k 和非负整数 n, 有恒等式

$$\sum_{a_1+a_2+\cdots+a_{k+1}=n+2k+2} (a_1+1)\cdots(a_{k+1}+1) \cdot$$

$$F_{a_1+1} \cdot F_{a_2+1} \cdot \cdots \cdot F_{a_{k+1}+1}$$

$$= \frac{(-\mathrm{i})^{n+2k+2}}{2^{2k+1} \cdot (2k+1)!} \sum_{h=0}^{k+1} (-1)^h \cdot$$

$$\binom{k+1}{h} U_{n+4k+3-2h}^{(2k+1)}\left(\frac{\mathrm{i}}{2}\right)$$

$$\sum_{a_1+a_2+\cdots+a_{k+1}=n+2k+2}(a_1+1)\cdots(a_{k+1}+1)\cdot$$

$$F_{2(a_1+1)}\cdot F_{2(a_2+1)}\cdot\cdots\cdot F_{2(a_{k+1}+1)}$$

$$=\frac{(-1)^n}{2^{2k+1}\cdot(2k+1)!}\sum_{h=0}^{k+1}(-1)^h\cdot$$

$$\binom{k+1}{h} U_{n+4k+3-2h}^{(2k+1)}\left(\frac{-3}{2}\right)$$

$$\sum_{a_1+a_2+\cdots+a_{k+1}=n+2k+2}(a_1+1)\cdots(a_{k+1}+1)\cdot$$

$$F_{3(a_1+1)}\cdot F_{3(a_2+1)}\cdot\cdots\cdot F_{3(a_{k+1}+1)}\cdot$$

$$=\frac{\mathrm{i}^{n+2k+2}}{2^k\cdot(2k+1)!}\sum_{h=0}^{k+1}(-1)^h\cdot$$

$$\binom{k+1}{h} U_{n+4k+3-2h}^{(2k+1)}(-2\mathrm{i})$$

推论 3 设 L_n 为第 n 个 Lucas 数,对任意正整数 k 和非负整数 n,有恒等式

$$\sum_{a_1+\cdots+a_{k+1}=n+k+1}L_{a_1}\cdot L_{a_2}\cdot\cdots\cdot L_{a_{k+1}}$$

$$=\frac{(-\mathrm{i})^{n+k+1}}{2^{-1}\cdot k!}\sum_{h=0}^{k+1}\left(\frac{-\mathrm{i}}{2}\right)^h\binom{k+1}{h} U_{n+2k+1-h}^{(k)}\left(\frac{\mathrm{i}}{2}\right)$$

$$\sum_{a_1+\cdots+a_{k+1}=n+k+1}L_{2a_1}\cdot L_{2a_2}\cdot\cdots\cdot L_{2a_{k+1}}$$

$$=\frac{(-\mathrm{i})^{n+k+1}}{2^{-1}\cdot k!}\sum_{h=0}^{k+1}\left(\frac{3}{2}\right)^h\binom{k+1}{h} u_{n+2k+1-h}^{(k)}\left(\frac{-3}{2}\right)$$

$$\sum_{a_1+\cdots+a_{k+1}=n+k+1}L_{3a_1}\cdot L_{3a_2}\cdot\cdots\cdot L_{3a_{k+1}}$$

$$= \frac{\mathrm{i}^{n+k+1}}{2^{-1} \cdot k!} \sum_{h=0}^{k+1} (2\mathrm{i})^h \binom{k+1}{h} U_{n+2k+1-h}^{(k)}(-2\mathrm{i})$$

这里 $\mathrm{i}^2 = -1$. 特别地,当 $k=2$,有恒等式

$$\sum_{a+b+c=n+3} L_a \cdot L_b \cdot L_c$$

$$= \frac{n+5}{2} \big[(n+10) F_{n+3} + 2(n+7) F_{n+2} \big]$$

$$\sum_{a+b+c=n+3} L_{2a} \cdot L_{2b} \cdot L_{2c}$$

$$= \frac{n+5}{2} \big[3(n+10) F_{2n+5} + (n+16) F_{2n+4} \big]$$

$$\sum_{a+b+c=n+3} L_{3a} \cdot L_{3b} \cdot L_{3c}$$

$$= \frac{n+5}{2} \big[4(n+10) F_{3n+7} + 3(n+9) F_{3n+6} \big]$$

证明 在定理 $1 \sim 3$ 中,分别取 $x = \dfrac{\mathrm{i}}{2}, \dfrac{-3}{2}$ 和 $-2\mathrm{i}$,

并且考虑

$$U_n\left(\frac{\mathrm{i}}{2}\right) = \mathrm{i}^n F_{n+1}$$

$$U_n\left(\frac{-3}{2}\right) = (-1)^n F_{2(n+1)}$$

$$U_n(-2\mathrm{i}) = \frac{(-\mathrm{i})^n}{2} F_{3(n+1)}$$

$$T_n\left(\frac{\mathrm{i}}{2}\right) = \frac{\mathrm{i}^n}{2} L_n$$

$$T_n\left(\frac{-3}{2}\right) = \frac{(-1)^n}{2} L_{2n}$$

$$T_n(-2\mathrm{i}) = \frac{(-\mathrm{i})^n}{2} L_{3n}$$

$$F_{n+2} = F_{n+1} + F_n$$

同时

$$(1 - x^2) U'_n(x) = (n+1) U_{n-1}(x) - nx U_n(x)$$

和

$$(1 - x^2) U''_n = 3x U'_n(x) - n(n+2) U_n(x)$$

就可完成推论 1 ~ 3 的证明.

推论 4 对任意非负整数 n,有同余式

$$(n+2)(5n+8) F_{3n+9} \equiv 6(n+3) F_{3n+6} \pmod{400}$$

推论 1 中,满足 $2 \mid F_{3(a+1)}$ 的 $a \geqslant 0$ 的所有整数都有推论 4.

§2 Chebyshev 多项式和 Fibonacci 数、Lucas 数的恒等式

由式(1)和(2)有

$$\sum_{n=0}^{\infty} \frac{T_n(x)}{n!} t^n = \frac{1}{2} \sum_{n=0}^{\infty} \frac{1}{n!} [(x + \sqrt{x^2 - 1})^n + (x - \sqrt{x^2 - 1})^n] t^n$$

$$= \frac{1}{2} (e^{(x + \sqrt{x^2 - 1})t} + e^{(x - \sqrt{x^2 - 1})t}) = \Phi_1(t)$$

$$\sum_{n=0}^{\infty} \frac{U_n(x)}{n!} t^n = \frac{1}{2\sqrt{x^2 - 1}} \sum_{n=0}^{\infty} \frac{1}{n!} [(x + \sqrt{x^2 - 1})^{n+1} - (x - \sqrt{x^2 - 1})^{n+1}] t^n$$

$$= \frac{1}{2\sqrt{x^2 - 1}} ((x + \sqrt{x^2 - 1}) e^{(x + \sqrt{x^2 - 1})t} -$$

$$(x - \sqrt{x^2 - 1}) \mathrm{e}^{(x - \sqrt{x^2 - 1})t)} = \Phi_2(t)$$

于是，$\dfrac{T_n(x)}{n!}$ 和 $\dfrac{U_n(x)}{n!}$ 分别由 $\Phi_1(t)$ 与 $\Phi_2(t)$ 的展

开式系数来定义，本节用初等方法给出形如

$$\sum_{a_1 + a_2 + \cdots + a_k = n} \frac{T_{ma_1}(x)}{a_1!} \cdot \frac{T_{ma_2}(x)}{a_2!} \cdot \cdots \cdot \frac{T_{ma_k}(x)}{a_k!}$$

与

$$\sum_{a_1 + a_2 + \cdots + a_k = n} \frac{U_{ma_1}(x)}{a_1!} \cdot \frac{U_{ma_2}(x)}{a_2!} \cdot \cdots \cdot \frac{U_{ma_k}(x)}{a_k!}$$

的一组恒等式，在此基础上得到了 Fibonacci 数和 Lucas 数的一组有趣的恒等式.

引理 1　$T_n(x)$ 和 $U_n(x)$ 分别为第一类和第二类 Chebyshev 多项式，m, n 为任意正整数，有

$$T_n(T_m(x)) = T_{mn}(x), U_n(T_m(x)) = \frac{U_{m(n+1)-1}(x)}{U_{m-1}(x)}$$

证明　对任意的整数 m，由式 (1) 有

$$T_m^2(x) - 1 = \frac{1}{4}\left[(x + \sqrt{x^2 - 1})^m + (x - \sqrt{x^2 - 1})^m\right]^2 - 1$$

$$= \frac{1}{4}\left[(x + \sqrt{x^2 - 1})^m - (x - \sqrt{x^2 - 1})^m\right]^2$$

或

$$\sqrt{T_m^2(x) - 1} = \frac{1}{2}\left[(x + \sqrt{x^2 - 1})^m - (x - \sqrt{x^2 - 1})^m\right]$$

因此

$$T_m(x) + \sqrt{T_m^2(x) - 1} = (x + \sqrt{x^2 - 1})^m$$

$$T_m(x) - \sqrt{T_m^2(x) - 1} = (x - \sqrt{x^2 - 1})^m$$

结合式 (1) 和上两式，有

Zernov 定理

$$U_n(T_m(x))$$

$$= \frac{1}{2\sqrt{T_m^2(x)-1}}\left[(T_m(x)+\sqrt{T_m^2(x)-1})^{n+1}-\right.$$

$$\left.(T_m(x)-\sqrt{T_m^2(x)-1})^{n+1}\right]$$

$$= \frac{(x+\sqrt{x^2-1})^{m(n+1)}-(x-\sqrt{x^2-1})^{m(n+1)}}{(x+\sqrt{x^2-1})^m-(x-\sqrt{x^2-1})^m}$$

$$= \frac{U_{m(n+1)-1}(x)}{U_{m-1}(x)}$$

同理,可得

$$T_n(T_m(x)) = T_{mn}(x)$$

于是完成了引理 1 的证明.

定理 4 设 m 和 n 是正整数,对于任意的正整数 k,有

$$\sum_{a_1+a_2+\cdots+a_k=n} \frac{T_{ma_1(x)}}{a_1!} \cdot \frac{T_{ma_2(x)}}{a_2!} \cdot \cdots \cdot \frac{T_{ma_k(x)}}{a_k!}$$

$$= \frac{1}{n! \cdot 2^k} \sum_{l=0}^{k} \binom{k}{l}(kT_m(x)+(k-2l)\sqrt{T_m^2(x)-1})^n$$

证明 由

$$\Phi_1(t) = \sum_{n=0}^{\infty} \frac{T_n(x)}{n!}t^n$$

有

$$\Phi_1^k(t) = \sum_{n=0}^{\infty} \left(\sum_{a_1+a_2+\cdots+a_k=n} \frac{T_{a_1}(x)}{a_1!} \cdot \frac{T_{a_2}(x)}{a_2!} \cdot \cdots \cdot \frac{T_{a_k}(x)}{a_k!}\right)t^n$$

而

$$\Phi_1^k(t) = \frac{1}{2^k}(e^{(x+\sqrt{x^2-1})t}+e^{(x-\sqrt{x^2-1})t})^k$$

526

$$= \frac{1}{2^k} \sum_{l=0}^{k} \binom{k}{l} e^{(k-l)(x+\sqrt{x^2-1})t} \cdot e^{l(x-\sqrt{x^2-1})t}$$

$$= \frac{1}{2^k} \sum_{n=0}^{\infty} \sum_{l=0}^{k} \binom{k}{l} \frac{(kx+(k-2l)\sqrt{x^2-1})^n}{n!} t^n$$

比较上两式中 t^n 的系数有

$$\frac{T_{a_1}(x)}{a_1!} \cdot \frac{T_{a_2}(x)}{a_2!} \cdot \cdots \cdot \frac{T_{a_k}(x)}{a_k!}$$

$$= \frac{1}{n! \cdot 2^k} \sum_{l=0}^{k} \binom{k}{l} (kx+(k-2l)\sqrt{x^2-1})^n$$

用 $T_m(x)$ 替换 x 得

$$\frac{T_{a_1}(T_m(x))}{a_1!} \cdot \frac{T_{a_2}(T_m(x))}{a_2!} \cdot \cdots \cdot \frac{T_{a_k}(T_m(x))}{a_k!}$$

$$= \frac{1}{n! \cdot 2^k} \sum_{l=0}^{k} \binom{k}{l} (kx+(k-2l)\sqrt{x^2-1})^n$$

再应用

$$T_n(T_m(x)) = T_{mn}(x)$$

有

$$\sum_{a_1+a_2+\cdots+a_k=n} \frac{T_{ma_1}(x)}{a_1!} \cdot \frac{T_{ma_2}(x)}{a_2!} \cdot \cdots \cdot \frac{T_{ma_k}(x)}{a_k!}$$

$$= \frac{1}{n! \cdot 2^k} \sum_{l=0}^{k} \binom{k}{l} (kT_m(x)+(k-2l) \cdot$$

$$\sqrt{T_m^2(x)-1})^n$$

　　事实上,第 n 个 Fibonacci 数为

$$F_n = \frac{1}{\sqrt{5}} \Big[\Big(\frac{1+\sqrt{5}}{2} \Big)^n - \Big(\frac{1-\sqrt{5}}{2} \Big)^n \Big] \quad (n=0,1,2,\cdots)$$

$$(9)$$

于是在定理 4 的结论中,令 $x = \dfrac{\mathrm{i}}{2}$ 并应用

$$T_n\left(\frac{\mathrm{i}}{2}\right) = \frac{\mathrm{i}^n}{2} L_n$$

可得到 Lucas 数和 Fibonacci 数的运算关系,即:

推论 5 对 Lucas 数 L_n 和 Fibonacci 数 F_n,有恒等式

$$\sum_{a_1 + a_2 + \cdots + a_k = n} \frac{L_{ma_1}}{a_1!} \cdot \frac{L_{ma_2}}{a_2!} \cdot \cdots \cdot \frac{L_{ma_k}}{a_k!}$$

$$= \frac{1}{n! \cdot 2^n} \sum_{l=0}^{k} \binom{k}{l} (kL_m + (k - 2l)\sqrt{5} F_m)^n$$

定理 5 设 m 和 n 是正整数,对于任意的正整数 k,有

$$\sum_{a_1 + a_2 + \cdots + a_k = n} \frac{U_{m(a_1+1)-1}(x)}{a_1!} \cdot \frac{U_{m(a_2+1)-1}(x)}{a_2!} \cdot \cdots \cdot \frac{U_{m(a_k+1)-1}(x)}{a_k!}$$

$$= \frac{U_{m-1}^k(x)}{n! \cdot 2^k \sqrt{x^2 - 1}^k} \sum_{l=0}^{k} (-1)^l \binom{k}{l} (T_m(x) + \sqrt{T_m^2(x) - 1})^{k-l} \cdot$$

$$(T_m(x) - \sqrt{T_m^2(x) - 1})^l \cdot (kT_m(x) +$$

$$(k - 2l)\sqrt{T_m^2(x) - 1})^n$$

证明 由

$$\Phi_2(t) = \sum_{n=0}^{\infty} \frac{U_n(x)}{n!} t^n$$

因此

$$\Phi_2^k(t) = \sum_{n=0}^{\infty} \left(\sum_{a_1 + a_2 + \cdots + a_k = n} \frac{U_{a_1}(x)}{a_1!} \cdot \frac{U_{a_2}(x)}{a_2!} \cdot \cdots \cdot \frac{U_{a_k}(x)}{a_k!} \right) t^n$$

而

$$\Phi_2^k(t) = \left(\frac{1}{2\sqrt{x^2-1}} \left((x+\sqrt{x^2+1})\mathrm{e}^{(x+\sqrt{x^2-1})t} - \right. \right.$$

$$\left. \left. (x-\sqrt{x^2+1})\mathrm{e}^{(x-\sqrt{x^2-1})t} \right) \right)^k$$

$$= \frac{1}{2^k\sqrt{(x^2-1)^k}} \sum_{l=0}^{k} \binom{k}{l} (x+$$

$$\sqrt{x^2-1})^{k-l} \mathrm{e}^{(k-l)(x+\sqrt{x^2-1})t} \cdot$$

$$(-1)^l (x-\sqrt{x^2-1})^l \mathrm{e}^{l(x-\sqrt{x^2-1})t}$$

$$= \frac{1}{2^k n! \sqrt{(x^2-1)^k}} \sum_{n=0}^{\infty} \sum_{l=0}^{k} (-1)^l \binom{k}{l} \cdot$$

$$(x+\sqrt{x^2+1})^{k-l} (x-\sqrt{x^2-1})^l \cdot$$

$$\frac{(kx+(k-2l)\sqrt{x^2-1})^n}{n!} t^n$$

比较上两式中 t^n 的系数有

$$\sum_{a_1+a_2+\cdots+a_k=n} \frac{U_{a_1}(x)}{a_1!} \cdot \frac{U_{a_2}(x)}{a_2!} \cdot \cdots \cdot \frac{U_{a_k}(x)}{a_k!}$$

$$= \frac{1}{2^k n! \sqrt{(x^2-1)^k}} \sum_{l=0}^{k} (-1)^l \binom{k}{l} (x+\sqrt{x^2+1})^{k-l} \cdot$$

$$(x-\sqrt{x^2-1})^l (kx+(k-2l)\sqrt{x^2-1})^n$$

用 $T_m(x)$ 替换 x 得

$$\sum_{a_1+a_2+\cdots+a_k=n} \frac{U_{a_1}(T_m(x))}{a_1!} \cdot$$

$$\frac{U_{a_2}(T_m(x))}{a_2!} \cdot \cdots \cdot \frac{U_{a_k}(T_m(x))}{a_k!}$$

$$= \frac{1}{2^k n! \sqrt{(x^2-1)^k}} \sum_{l=0}^{k} (-1)^l \binom{k}{l} \cdot$$

$$(T_m(x) + \sqrt{T_m^2(x) - 1})^{k-1} \cdot$$
$$(T_m(x) - \sqrt{T_m^2(x) - 1})^l (kT_m(x) +$$
$$(k - 2l)\sqrt{T_m^2(x) - 1})^n$$

再应用

$$U_n(T_m(x)) = \frac{U_{m(n+1)-1}(x)}{U_{m-1}(x)}$$

有

$$\sum_{a_1+a_2+\cdots+a_k=n} \frac{U_{m(a_1+1)-1}(x)}{a_1!} \cdot$$
$$\frac{U_{m(a_2+1)-1}(x)}{a_2!} \cdot \ldots \cdot \frac{U_{m(a_k+1)-1}(x)}{a_k!}$$

$$= \frac{U_{m-1}^k(x)}{n! \cdot 2^k (\sqrt{T_m^2(x) - 1})^k} \sum_{l=0}^{k} (-1)^l \binom{k}{l} \cdot$$
$$(T_m(x) + \sqrt{T_m^2(x) - 1})^{k-l} \cdot$$
$$(T_m(x) - \sqrt{T_m^2(x) - 1})^l \cdot$$
$$(kT_m(x) + (k - 2l)\sqrt{T_m^2(x) - 1})^n$$

于是完成了定理 5 的证明.

而且,在定理 5 中令 $x = \frac{i}{2}$ 并应用

$$U_n\left(\frac{i}{2}\right) = i^n F_{n+1}, T_m\left(\frac{i}{2}\right) = \frac{i^m}{2} L_m$$

有:

推论 6 对 Lucas 数 L_n 和 Fibonacci 数 F_n,有恒等式

$$\sum_{a_1+a_2+\cdots+a_k=n} \frac{F_{m(a_1+1)}}{a_1!} \cdot \frac{F_{m(a_2+1)}}{a_2!} \cdot \ldots \cdot \frac{F_{m(a_k+1)}}{a_k!}$$

$$= \frac{1}{n! \cdot 2^n (\sqrt{5})^k} \sum_{l=0}^{k} \binom{k}{l} \left(\frac{1+\sqrt{5}}{2}\right)^{m(k-l)} \left(\frac{1-\sqrt{5}}{2}\right)^{ml} \cdot$$

$$(kL_m + (k-2l)\sqrt{5}F_m)^n$$

§3　Fibonacci 数偶次幂的积和式

本节根据 Chebyshev 多项式和 Fibonacci 数的关系给出关于

$$\sum_{d_1+d_2+\cdots+d_p=n} F_{qd_1}^{2m} F_{qd_2}^{2m} \cdots F_{qd_p}^{2m}$$

的计算式,这里的和式针对所有 p 维非负整数坐标 $(d_1, d_2, \cdots, d_p)$ 且 $d_1 + d_2 + \cdots + d_p = n$, p 和 q 为任意正整数, n 为任意非负整数.

定义 3　Gegenbauer 多项式 $C_n^\lambda(x)$ ($n = 0, 1, 2, \cdots$)由下列生成函数定义

$$(1 - 2xt + t^2)^{-\lambda} = \sum_{n=0}^{\infty} C_n^\lambda(x) t^n$$

$$\left(\lambda > -\frac{1}{2}, -1 < x < 1, |t| < 1\right) \quad (10)$$

事实上,应用初等方法和 Chebyshev 多项式的性质证明下面的引理:

引理 2　对任意正整数 m, n 和 p,有恒等式

$$\sum_{d_1+d_2+\cdots+d_p=n} U_{d_1}^{2m}(x) U_{d_2}^{2m}(x) \cdots U_{d_p}^{2m}(x)$$

$$= \frac{2^p}{4^{mp}(x^2-1)^{mp}} \sum_{a_0+a_1+\cdots+a_m=p} \sum_{b_0+b_1+\cdots+b_m=n} \binom{a_0 a_1 \cdots a_m}{p} \cdot$$

Zernov 定理

$$\prod_{k=0}^{m}(-1)^{(m-k)a_k}\binom{2m}{k}^{a_k}\sum_{r_k=0}^{a_k}\binom{a_k}{r_k}\cdot$$

$$(-1)^{r_k}\sqrt{(x^2-1)U_{2k}^2(x)+1}^{r_k}\cdot$$

$$C_{b_k-r_k}^{a_k}(\sqrt{(x^2-1)U_{2k}^2(x)+1})$$

证明 注意到

$$\binom{n}{k}=\binom{n}{n-k}$$

$$(x+\sqrt{x^2-1})(x-\sqrt{x^2-1})=1$$

和

$$T_{-n}(x)=T_n(x)$$

有

$$U_n^{2m}(x)=\frac{1}{2^{2m}\sqrt{x^2-1}^{2m}}\big[(x+\sqrt{x^2-1})^n-$$

$$(x-\sqrt{x^2-1})^n\big]^{2m}$$

$$=\frac{2}{4^m(x^2-1)^m}\sum_{k=0}^{m}(-1)^{m-k}\binom{2m}{k}\cdot$$

$$\big[(x+\sqrt{x^2-1})^{2nk}+(x-\sqrt{x^2-1})^{2nk}\big]$$

也就是

$$U_n^{2m}(x)=\frac{2}{4^m(x^2-1)^m}\sum_{k=0}^{m}(-1)^{m-k}\binom{2m}{k}T_{2nk}(x)$$

由于

$$T_n(T_m(x))=T_{mn}(x)$$

有

$$U_n^{2m}(x)=\frac{2}{4^m(x^2-1)^m}\sum_{k=0}^{m}(-1)^{m-k}\cdot$$

$$\binom{2m}{k} T_n(T_{2k}(x))$$

设

$$f(x,t) \;=\; \sum_{n=0}^{\infty} U_n^{2m}(x) t^n$$

考虑到上式有

$$f(x,t) \;=\; \sum_{n=0}^{\infty} \Big[\frac{2}{4^m(x^2-1)^m} \sum_{k=0}^{m} (-1)^k \binom{2m}{k} T_n(T_{2k}(x)) \Big] t^n$$

$$\;=\; \frac{2}{4^m(x^2-1)^m} \sum_{k=0}^{m} (-1)^{m-k} \binom{2m}{k} \sum_{n=0}^{\infty} T_n(T_{2k}(x)) t^n$$

$$\;=\; \frac{2}{4^m(x^2-1)^m} \sum_{k=0}^{m} (-1)^{m-k} \binom{2m}{k} G(T_{2k}(x),t)$$

所以

$$f^p(x,t) \;=\; \frac{2^p}{4^{mp}(x^2-1)^{mp}} \Big[\sum_{k=0}^{m} (-1)^{m-k} \cdot$$

$$\binom{2m}{k} g(T_{2k}(x),t) \Big]^p$$

$$\;=\; \frac{2^p}{4^{mp}(x^2-1)^{mp}} \sum_{a_0+a_1+\cdots+a_m=p} \binom{p}{a_0 a_1 \cdots a_m} \cdot$$

$$\sum_{k=0}^{m} (-1)^{(m-k)a_k} \binom{2m}{k}^{a_k} G_{a_k}(T_{2k}(x),t)$$

由式(10)和(3)有

$$G^{a_k}(T_{2k}(x),t)$$

$$\;=\; (1 - T_{2k}(x)t)^{a_k} \sum_{n=0}^{\infty} C_n^{a_k}(T_{2k}(x)) t^n$$

$$\;=\; \sum_{n=0}^{\infty} \sum_{r_k=0}^{a_k} \binom{a_k}{r_k} (-1)^{r_k} T_{2k}^{r_k}(x) C_{n-r_k}^{a_k}(T_{2k}(x)) t^n$$

结合上述两式可以得到

$$f^p(x,t) = \sum_{n=0}^{\infty} \frac{2^p}{4^{mp}(x^2-1)^{mp}} \cdot$$

$$\sum_{a_0+a_1+\cdots+a_m=p} \sum_{b_0+b_1+\cdots+b_m=n} \binom{p}{a_0 a_1 \cdots a_m} \cdot$$

$$\prod_{k=0}^{m} (-1)^{(m-k)a_k} \binom{2m}{k}^{a_k} \sum_{r_k=0}^{a_k} \binom{a_k}{r_k} \cdot$$

$$(-1)^{r_k} T_{2k}^{r_k}(x) C_{b_k-r_k}^{a_k}(T_{2k}(x)) t^n$$

和

$$f^p(x,t) = \left(\sum_{n=0}^{\infty} U_n^{2m}(x) t^n \right)^p$$

$$= \sum_{n=0}^{\infty} \left(\sum_{a_1+a_2+\cdots+a_p=n} U_{a_1}^{2m}(x) U_{a_2}^{2m}(x) \cdots U_{a_p}^{2m}(x) \right) t^n$$

比较上两式 t^n 项的系数

$$\sum_{d_1+d_2+\cdots+d_p=n} U_{d_1}^{2m}(x) U_{d_2}^{2m}(x) \cdots U_{d_p}^{2m}(x)$$

$$= \frac{2^p}{4^{mp}(x^2-1)^{mp}} \sum_{a_0+a_1+\cdots+a_m=p} \sum_{b_0+b_1+\cdots+b_m=n} \binom{p}{a_0 a_1 \cdots a_m} \cdot$$

$$\prod_{k=0}^{m} (-1)^{(m-k)a_k} \binom{2m}{k}^{a_k} \sum_{r_k=0}^{a_k} \binom{a_k}{r_k} \cdot$$

$$(-1)^{r_k} T_{2k}^{r_k}(x) C_{b_k-r_k}^{a_k}(T_{2k}(x))$$

注意到

$$T_n(x) = \sqrt{(x^2-1)U_n^2(x)+1}$$

于是完成了引理 2 的证明.

定理 6 对任意正整数 m,n,p,q 有恒等式

$$\sum_{d_1+d_2+\cdots+d_p=n} F_{qd_1}^{2m} F_{qd_2}^{2m} \cdots F_{qd_p}^{2m}$$

$$= \frac{(-1)^{mqn}2^p}{5^{mp}} \sum_{a_0+a_1+\cdots+a_m=p} \sum_{b_0+b_1+\cdots+b_m=n} \binom{p}{a_0 a_1 \cdots a_m} \cdot$$

$$\prod_{k=0}^{m} (-1)^{(m-k)a_k} \binom{2m}{k}^{a_k} \sum_{r_k=0}^{a_k} \binom{a_k}{r_k}$$

$$(-1)^{r_k} \left(\frac{5}{4}F_{2qk}^2 + 1\right)^{\frac{r_k}{2}} C_{b_k-r_k}^{a_k}\left(\sqrt{\frac{5}{4}F_{2qk}^2 + 1}\right)$$

证明　首先由 $U_n(x)$ 的定义

$$U_{qn}\left(\frac{\mathrm{i}}{2}\right) = \mathrm{i}^{qn-1}F_{qn}$$

于是取 $x = \frac{\mathrm{i}}{2}$, 有

$$\sum_{d_1+d_2+\cdots+d_p=n} U_{qd_1}^{2m}\left(\frac{\mathrm{i}}{2}\right) U_{qd_2}^{2m}\left(\frac{\mathrm{i}}{2}\right) \cdots U_{qd_p}^{2m}\left(\frac{\mathrm{i}}{2}\right)$$

$$= (-1)^{m(qn-p)} \sum_{d_1+d_2+\cdots+d_p=n} F_{qd_1}^{2m} F_{qd_2}^{2m} \cdots F_{qd_p}^{2m}$$

结合上式和引理 2 有

$$\sum_{d_1+d_2+\cdots+d_p=n} F_{qd_1}^{2m} F_{qd_2}^{2m} \cdots F_{qd_p}^{2m}$$

$$= \frac{(-1)^{mqn}2^p}{5^{mp}} \sum_{a_0+a_1+\cdots+a_m=p} \sum_{b_0+b_1+\cdots+b_m=n} \binom{p}{a_0 a_1 \cdots a_m} \cdot$$

$$\prod_{k=0}^{m} (-1)^{(m-k)a_k} \binom{2m}{k}^{a_k} \sum_{r_k=0}^{a_k} \binom{a_k}{r_k} \cdot$$

$$(-1)^{r_k} \sqrt{\frac{5}{4}F_{2qk}^2 + 1}^{r_k} C_{b_k-r_k}^{a_k}\left(\sqrt{\frac{5}{4}F_{2qk}^2 + 1}\right)$$

于是完成了定理 6 的证明.

在定理中取 $m = 1$ 并且注意到

$$C_n^\lambda(x) = \sum_{l=0}^{[\frac{n}{2}]} (-1)^l \binom{k+n-l-1}{n-l}\binom{n-l}{l}(2x)^{n-2l}$$

即得：

推论 7　对任意正整数 n,p,q 有计算式

$$\sum_{d_1+d_2+\cdots+d_p=n} F_{qd_1}^2 F_{qd_2}^2 \cdots F_{qd_p}^2$$

$$= \frac{(-1)^{qn}2^p}{5^p} \sum_{k=0}^{p} \sum_{j=0}^{n} \sum_{s=0}^{k} \sum_{t=0}^{p-k} \sum_{l=0}^{[\frac{j-s}{2}]} \sum_{r=0}^{[\frac{n-j-t}{2}]}$$

$$(-1)^{k+s+t+l+r} 2^{n+p-k-s-t-2l-2r} \binom{k}{s} \cdot$$

$$\binom{p-k}{t} \binom{k+j-s-l-1}{j-s-l} \binom{j-s-l}{l} \cdot$$

$$\binom{n+p-k-j-t-r-1}{n-j-t-r} \cdot$$

$$\binom{n-j-t-r}{r} \left(\frac{5}{4} F_{2q}^2 + 1\right)^{\frac{n-j-t-2r}{2}}$$

§4　Fibonacci 数奇次幂的积和式

　　§3 得到了 Fibonacci 数偶次幂的积和式, 本节运用同样的方法可以得到 Fibonacci 数奇次幂积和式的计算式, 即通过对第二类 Chebyshev 多项式的研究得到

$$\sum_{d_1+d_2+\cdots+d_p=n} F_{q(d_1+1)}^{2m+1} F_{q(d_2+1)}^{2m+1} \cdots F_{q(d_p+1)}^{2m+1}$$

的计算式. 事实上, 运用初等方法和 Chebyshev 多项式的性质证明:

　　引理 3　对任意正整数 n 和 p, 有恒等式

$$\sum_{d_1+d_2+\cdots+d_p=n} U_{d_1}(x) U_{d_2}(x) \cdots U_{d_p}(x) = C_n^p(x)$$

证明　略.

引理 4　对任意正整数 m, n 和 p, 有恒等式

$$\sum_{d_1+d_2+\cdots+d_p=n} U_{d_1}^{2m+1}(x) U_{d_2}^{2m+1}(x) \cdots U_{d_p}^{2m+1}(x)$$

$$= \frac{1}{4^{mp}(x^2-1)^{mp}} \sum_{a_0+a_1+\cdots+a_m=p} \sum_{b_0+b_1+\cdots+b_m=n} \binom{a_0 a_1 \cdots a_m}{p} \cdot$$

$$\prod_{k=0}^{m} (-1)^{(m-k)a_k} \binom{2m+1}{k}^{a_k} U_{2k}^{a_k}(x) C_{b_k}^{a_k}(T_{2k+1}(x))$$

证明　注意到

$$\binom{n}{k} = \binom{n}{n-k}$$

$$(x + \sqrt{x^2-1})(x - \sqrt{x^2-1}) = 1$$

由 $U_n(x)$ 的定义有

$$U_n^{2m+1}(x) = \frac{1}{2^{2m}\sqrt{x^2-1}^{2m+1}} \Big[(x + \sqrt{x^2-1})^n -$$

$$(x - \sqrt{x^2-1})^n \Big]^{2m+1}$$

$$= \frac{1}{4^m(x^2-1)^m} \sum_{k=0}^{m} (-1)^{m-k} \cdot$$

$$\binom{2m+1}{k} U_{(n+1)(2k+1)-1}(x)$$

应用引理 1, 有

$$U_n^{2m+1}(x) = \frac{1}{4^m(x^2-1)^m} \sum_{k=0}^{m} (-1)^{m-k} \cdot$$

$$\binom{2m+1}{k} U_{2k}(x) U_n(T_{2k+1}(x))$$

Zernov 定理

设

$$f(x,t) = \sum_{n=0}^{\infty} U_n^{2m+1}(x) t^n$$

考虑到上式有

$$f(x,t) = \sum_{n=0}^{\infty} \Big[\frac{1}{4^m(x^2-1)^m} \sum_{k=0}^{m} (-1)^{m-k} \cdot$$

$$\binom{2m+1}{k} U_{2k}(x) U_n(T_{2k+1}(x))\Big] t^n$$

$$= \frac{1}{4^m(x^2-1)^m} \sum_{k=0}^{m} (-1)^{m-k} \binom{2m+1}{k} \cdot$$

$$U_{2k}(x) \sum_{n=0}^{\infty} U_n(T_{2k+1}(x)) t^n$$

$$= \frac{1}{4^m(x^2-1)^m} \sum_{k=0}^{m} (-1)^{m-k} \binom{2m+1}{k} \cdot$$

$$U_{2k}(x) G(T_{2k+1}(x),t)$$

因此

$$f^p(x,t) = \frac{1}{4^{mp}(x^2-1)^{mp}} \Big[\sum_{k=0}^{m} (-1)^{m-k} \binom{2m+1}{k} \cdot$$

$$U_{2k}(x) G(T_{2k+1}(x),t) \Big]^p$$

$$= \frac{1}{4^{mp}(x^2-1)^{mp}} \sum_{a_0+a_1+\cdots+a_m=p} \Big[\binom{p}{a_0 a_1 \cdots a_m} \cdot$$

$$\prod_{k=0}^{m} (-1)^{(m-k)a_k} \binom{2m+1}{k}^{a_k} \cdot$$

$$U_{2k}^{a_k}(x) G^{a_k}(T_{2k+1}(x),t) \Big]$$

由式(10)和(3)有

$$G^{a_k}(T_{2k+1}(x),t) = \sum_{n=0}^{\infty} C_n^{a_k}(T_{2k+1}(x))t^n$$

于是

$$\prod_{k=0}^{m} G^{a_k}(T_{2k+1}(x),t)$$

$$= \sum_{n=0}^{\infty} \Big[\sum_{b_0+b_1+\cdots+b_m=n} \prod_{k=0}^{m} C_{b_k}^{a_k}(T_{2k+1}(x)) \Big] t^n$$

结合上面两个式子,进行整理后再与

$$f^p(x,t) = \Big[\sum_{n=0}^{\infty} U_n^{2m+1}(x)t^n \Big]^p$$

$$= \sum_{n=0}^{\infty} \Big[\sum_{d_1+d_2+\cdots+d_p=n} U_{d_1}^{2m+1}(x)U_{d_2}^{2m+1}(x)\cdots U_{d_p}^{2m+1}(x) \Big] t^n$$

比较 t^n 项系数,即完成了引理 4 的证明.

定理 7　对任意正整数 m,n,p,q 有恒等式

$$\sum_{d_1+d_2+\cdots+d_p=n} F_{q(d_1+1)}^{2m+1} F_{q(d_2+1)}^{2m+1} \cdots F_{q(d_p+1)}^{2m+1}$$

$$= \frac{(-1)\Big(\dfrac{m+1}{2}+n\Big)^{mq} \cdot F_q^{2mp}}{\mathrm{i}^{qn} \cdot \big[(-1)^q L_q^2 - 4\big]^{mp}} \cdot$$

$$\sum_{a_0+a_1+\cdots+a_m=p} \sum_{b_0+b_1+\cdots+b_m=n} \binom{p}{a_0 a_1 \cdots a_m} \cdot$$

$$\prod_{k=0}^{m} (-1)^{(m-k)a_k} \binom{2m+1}{k}^{a_k} \cdot$$

$$F_{(2k+1)q}^a C_{b_k}^{a_k} \Big(\frac{\mathrm{i}^{(2k+1)q}}{2} L_{(2k+1)q} \Big)$$

证明　将

$$x = T_q\Big(\frac{\mathrm{i}}{2}\Big)$$

Zernov 定理

代入引理 4,并注意到

$$U_{d_j}^{2m+1}\left(T_q\left(\frac{\mathrm{i}}{2}\right)\right) = \mathrm{i}(2m+1)qd_j\frac{F_{q(d_j+1)}^{2m+1}}{F_q^{2m+1}}$$

此时引理 4 的左边为

$$\frac{\mathrm{i}^{(2m+1)qn}}{F_q^{(2m+1)p}}\sum_{d_1+d_2+\cdots+d_p=n}F_{q(d_1+1)}^{2m+1}F_{q(d_2+1)}^{2m+1}\cdots F_{q(d_p+1)}^{2m+1}$$

再将

$$U_{2k}^{a_k}\left(T_q\left(\frac{\mathrm{i}}{2}\right)\right) = \frac{\mathrm{i}^{2kqa_k}F_{q(2k+1)}^{a_k}}{F_q^{a_k}}$$

和

$$T_{2k+1}\left(T_q\left(\frac{\mathrm{i}}{2}\right)\right) = \frac{\mathrm{i}^{(2k+1)q}}{2}L_{(2k+1)q}$$

代入引理 4 中恒等式的右边得

$$\frac{1}{\left[(-1)^qL_q^2-4\right]^{mp}}\sum_{a_0+a_1+\cdots+a_m=p}\cdot$$

$$\sum_{b_0+b_1+\cdots+b_m=n}\binom{p}{a_0a_1\cdots a_m}\cdot$$

$$\prod_{k=0}^m(-1)^{(m-k)a_k+kq}\binom{2m+1}{k}^{a_k}\cdot$$

$$\frac{F_{(2k+1)q}^a}{F_q^{a_k}}C_{b_k}^{a_k}\left(\frac{\mathrm{i}^{(2k+1)q}}{2}L_{(2k+1)q}\right)$$

令上两式相等,进行整理即完成了定理 7 的证明.

在定理 7 中取 $m=1$,并考虑 $C_n^k(x)$ 的表达式

$$C_n^k(x) = \sum_{l=0}^{\left[\frac{n}{2}\right]}(-1)^l\binom{k+n-l-1}{n-l}\binom{n-l}{l}(2x)^{n-2l}$$

经过整理有:

推论 8　对任意正整数 m,n,p,q 有计算式

$$\sum_{d_1+d_2+\cdots+d_p=n} F^3_{q(d_1+1)} F^3_{q(d_2+1)} \cdots F^3_{q(d_p+1)}$$

$$= \Big[\frac{F_{3q} \cdot F_q^2}{(-1)^q L_q^2 - 4}\Big]^p \sum_{k=0}^{p} \sum_{j=0}^{n} \sum_{l=0}^{[\frac{j}{2}]} \sum_{r=0}^{[\frac{n-j}{2}]}$$

$$(-1)^{(q+1)(k+r+l)+q(j+p)} \binom{p}{k} \Big(\frac{3F_q}{F_{3q}}\Big)^k \cdot$$

$$L_q^{j-2l} L_{3q}^{n-j-2r} \binom{p-k+n-j-r-1}{n-j-r} \cdot$$

$$\binom{n-j-r}{r} \binom{k+j-l-1}{j-l} \binom{j-l}{l}$$

这三节的内容只给了一部分关于 Fibonacci 数和 Lucas 数的恒等式,以起到抛砖引玉的作用. 其实关于这方面的结论很多,由于篇幅限定,建议读者查阅张文鹏教授、刘端森教授等学者的有关文献.

Legendre 多项式的性质与 Chebyshev 多项式间的关系[①]

汉中师范学院数学系的周亚兰和宝鸡师范学校的王霞两位教授 1999 年讨论了著名的 Legendre 多项式的一些性质,同时得到 Legendre 多项式与 Chebyshev 多项式之间的一些关系.

第

44

章

§1 引　言

著名的 Legendre 多项式 $P_n(x)(n=0,1,2,\cdots)$ 与 Chebyshev 多项式 $T_n(x)(n=0,1,2,\cdots)$ 是由生成函数

$$f(t)=\frac{1}{1-2xt+t^2}$$

的展开式

---

① 本章摘自《纯粹数学与应用数学》1999 年 12 月第 15 卷第 4 期.

$$f(t) = \frac{1}{1 - 2xt + t^2} = \sum_{n=0}^{\infty} P_n(x)t^n$$

$$(-1 \leqslant x \leqslant 1, |t| < 1)$$

及生成函数

$$h(t) = \frac{1}{1 - 2xt + t^2}$$

的展开式

$$h(t) = \frac{1}{1 - 2xt + t^2} = \sum_{n=0}^{\infty} T_n(x)t^n$$

$$(-1 < x < 1, |t| < 1)$$

的系数定义的. 它们在函数的正交性理论研究中占有十分重要的地位, 并引起不少学者的重视和兴趣, 本章主要讨论 Legendre 多项式的一些性质, 同时得到 Legendre 多项式与 Chebyshev 多项式之间的关系, 具体由下面一些恒等式给出.

定理 1 $P_n(x)$ 是 Legendre 多项式, 则:

i) $\displaystyle\sum_{a+b+c=n} P_a(x)P_b(x)P_c(x)$

$$= \frac{(n+1)x}{x^2 - 1}P_{n+1}(x) - \frac{n+1}{x^2 - 1}P_n(x)$$

ii) $\displaystyle\sum_{a+b+c+d+e} P_a(x)P_b(x)P_c(x)P_d(x)P_e(x)$

$$= \frac{(n+1)(n+2)x^2}{3(x^2 - 1)^2}P_{n+2}(x) -$$

$$\frac{(n+1)(2n+5)x}{3(x^2 - 1)^2}P_{n+1}(x) +$$

Zernov 定理

$$\frac{(n+3)(n+1)}{3(x^2-1)^2}P_n(x)$$

iii)

$$\sum_{a+b+c+d+e+f+g=n} P_a(x)P_b(x)P_c(x)P_d(x)P_e(x)P_f(x)P_g(x)$$

$$= \frac{(n+1)(n+2)(n+3)x^3}{15(x^2-1)^3}P_{n+1}(x) -$$

$$\frac{(n+1)(n+2)(3n+12)x^2}{15(x^2-1)^3}P_{n+2}(x) +$$

$$\frac{(n+1)(2n^2+21n+33)x}{15(x^2-1)^3}P_{n+1}(x) -$$

$$\frac{n(n-1)^2+33n+15}{15(x^2-1)^3}P_n(x)$$

定理 2 $P_n(x)$ 为 Legendre 多项式,则

$$\sum_{a_1+a_2+\cdots+a_{2k+1}=n} P_{a_1}(x)P_{a_2}(x)\cdots P_{a_{2k+1}}(x) = \frac{1}{(2k-1)!!}P_{n+k}^{(k)}(x)$$

$$(k \in \mathbf{N})$$

定理 3 $P_n(x)$ 为 Legendre 多项式,$T_n(x)$ 为 Chebyshev 多项式,则

i) $\displaystyle\sum_{a+b=n} P_a(x)P_b(x) = T_n(x)$

ii) $\displaystyle\sum_{a+b+c+d=n} P_a(x)P_b(x)P_c(x)P_d(x)$

$$= \frac{(n+1)x}{2(x^2-1)}T_{n+1}(x) - \frac{n+2}{2(x^2-1)}T_n(x)$$

iii)

$$\sum_{a+b+c+d+e+f=n} P_a(x)P_b(x)P_c(x)P_d(x)P_e(x)P_f(x)$$

544

$$= \frac{(n+1)(n+2)x^2}{8(x^2-1)^2}T_{n+2}(x) - \frac{(n+1)(2n+7)x}{8(x^2-1)^2}T_{n+1}(x) +$$

$$\frac{(n+2)(n+4)}{8(x^2-1)^2}T_n(x)$$

由上面的三个定理可得下面三个推论：

推论 1 $P_n(x)$ 是 Legendre 多项式，则：

ⅰ）$(x^2-1)\mid[xP_{n+1}(x) - P_n(x)]$

ⅱ）$(x^2-1)^2\mid[(n+2)x^2P_{n+2}(x) -$

$(2n+5)xP_{n+1}(x) + (n+3)P_n(x)]$

ⅲ）$(x^2-1)^3\mid[(n+1)(n+2)(n+3)x^3\cdot$

$P_{n+3}(x) - (n+1)(n+2)(3n+12)\cdot$

$x^2 P_{n+2}(x) + (n+1)(2n^2+21n+33)\cdot$

$x P_{n+1}(x) - (n(n-1)^2+15+33n)P_n(x)]$

推论 2 $P_n(x)$ 是 Legendre 多项式，则：

ⅰ）$P'_{n+1}(x) = \dfrac{(n+1)x}{x^2-1}P_{n+1}(x) - \dfrac{n+1}{x^2-1}P_n(x)$

ⅱ）$P''_{n+2}(x) = \dfrac{(n+1)(n+2)x^2}{(x^2-1)^2}P_{n+2}(x) -$

$\dfrac{(n+1)(2n+5)x}{(x^2-1)^2}P_{n+1}(x) +$

$\dfrac{(n+1)(n+3)}{(x^2-1)^2}P_n(x)$

ⅲ）$P'''_{n+3}(x) = \dfrac{(n+1)(n+2)(n+3)x^3}{(x^2-1)^3}P_{n+3}(x) -$

$\dfrac{(n+1)(n+2)(3n+12)x^2}{(x^2-1)^3}P_{n+2}(x) +$

$$\frac{(n+1)(2n^2+21n+33)x}{(x^2-1)^3}P_{n+1}(x) -$$

$$\frac{n(n-1)^2+33n+15}{(x^2-1)^3}P_n(x)$$

推论 3　$T_n(x)$ 是 Chebyshev 多项式,则:

ⅰ) $(x^2-1)\mid[(n+1)T_{n+1}(x)-(n+2)xT_n(x)]$

ⅱ) $(x^2-1)^2\mid[(n+1)(n+2)x^2T_{n+2}(x)-(n+1)(2n+7)T_{n+1}(x)+(n+2)(n+6)T_n(x)]$

§2　定理的证明

定理 1 的证明:

因为

$$f(t)=\frac{1}{1-2xt+t^2}$$

所以

$$f'(t)=\frac{x-t}{(1-2xt+t^2)^{\frac{3}{2}}}$$

则

$$(x-t)f'(t)=\frac{(x-t)^2}{(1-2xt+t^2)^{\frac{3}{2}}}$$

$$=\frac{1}{(1-2xt+t^2)^{\frac{1}{2}}}+\frac{x^2-1}{(1-2xt+t^2)^{\frac{3}{2}}}$$

因此

$$f\,'(t) = \frac{1}{x-t}f(t) + \frac{x^2-1}{x-t}f^{3}(t) \qquad (\ast)$$

所以

$$f^{3}(t) = \frac{x-t}{x^2-1}f\,'(t) - \frac{1}{x^2-1}f(t) \qquad (1)$$

对式(1)关于 t 求导

$$3f^{2}(t)f\,'(t) = \frac{-1}{x^2-1}f\,'(t) + \frac{x-t}{x^2-1}f\,''(t) - \frac{1}{x^2-1}f\,'(t)$$

把式($\ast$)代入

$$3f^{2}(t)\left[\frac{1}{x-t}f(t) + \frac{x^2-1}{x-t}f^{3}(t)\right]$$

$$= \frac{x-t}{x^2-1}f\,''(t) - \frac{2}{x^2-1}f\,'(t)$$

$$3f^{3}(t) + 3(x^2-1)f^{5}(x)$$

$$= \frac{(x-t)^2}{x^2-1}f\,''(t) - \frac{2(x-t)}{x^2-1}f\,'(t)$$

把式(1)代入,得

$$3(x^2-1)f^{5}(t) = \frac{(x-t)^2}{x^2-1}f\,''(t) - \frac{2(x-t)}{x^2-1}f\,'(t) -$$

$$\frac{3(x-t)}{x^2-1}f\,'(t) + \frac{3}{x^2-1}f(t)$$

所以

$$f^{5}(t) = \frac{(x-t)^2}{3(x^2-1)^2}f\,''(t) - \frac{5(x-t)}{3(x^2-1)^2}f\,'(t) +$$

$$\frac{1}{(x^2-1)^2}f(t) \qquad (2)$$

对式(2)关于 t 求导

Zernov 定理

$$5f^4(t)f'(t) = \frac{-2(x-t)}{3(x^2-1)^2}f''(t) + \frac{(x-t)^2}{3(x^2-1)^2}f'''(t) +$$

$$\frac{5}{3(x^2-1)^2}f'(t) - \frac{5(x-t)}{3(x^2-1)^2}f''(t) +$$

$$\frac{1}{(x^2-1)^2}f'(t)$$

$$= \frac{(x-t)^2}{3(x^2-1)^2}f'''(t) - \frac{7(x-t)}{3(x^2-1)^2}f''(t) +$$

$$\frac{8}{3(x^2-1)^2}f'(t)$$

而

$$5f^4(t)f'(t) = 5f^4(t)\left[\frac{1}{x-t}f(t) + \frac{x^2-1}{x-t}f^3(t)\right]$$

$$= \frac{5}{x-t}f^5(t) + \frac{5(x^2-1)}{x-t}f^7(t)$$

因此

$$5(x^2-1)f^7(t)$$

$$= \frac{(x-t)^3}{3(x^2-1)^2}f'''(t) - \frac{7(x-t)^2}{3(x^2-1)^2}f''(t) +$$

$$\frac{8(x-t)}{3(x^2-1)^2}f'(t) - \frac{5(x-t)^2}{3(x^2-1)^2}f''(t) +$$

$$\frac{25(x-t)}{3(x^2-1)^2}f'(t) - \frac{5}{(x^2-1)^2}f(t)$$

所以

$$f^7(t) = \frac{(x-t)^3}{15(x^2-1)^3}f'''(t) - \frac{12(x-t)^2}{15(x^2-1)^3}f''(t) +$$

$$\frac{33(x-t)}{15(x^2-1)^3}f'(t) - \frac{1}{(x^2-1)^3}f(t) \qquad (3)$$

548

又

$$f(t) = \sum_{n=0}^{\infty} P_n(x) t^n$$

所以

$$f'(t) = \sum_{n=1}^{\infty} P_n(x) n t^{n-1} = \sum_{n=0}^{\infty} P_{n+1}(x)(n+1) t^n$$

$$f''(t) = \sum_{n=2}^{\infty} n(n-1) P_n(x) t^{n-2}$$

$$= \sum_{n=0}^{\infty} (n+1)(n+2) P_{n+2}(x) t^n$$

$$f'''(t) = \sum_{n=3}^{\infty} n(n-1)(n-2) P_n(x) t^{n-3}$$

$$= \sum_{n=0}^{\infty} (n+1)(n+2)(n+3) P_{n+3}(x) t^n$$

因为

$$f^3(t) = \sum_{n=0}^{\infty} \left(\sum_{a+b+c=n} P_a(x) P_b(x) P_c(x) \right) t^n$$

$$f^5(t) = \sum_{n=0}^{\infty} \left(\sum_{a+b+c+d+e=n} P_a(x) P_b(x) P_c(x) P_d(x) P_e(x) \right) t^n$$

$$f^7(t) = \sum_{n=0}^{\infty} \Big(\sum_{a+b+c+d+e+f+g=n} P_a(x) P_b(x) P_c(x) \cdot$$

$$P_d(x) P_e(x) P_f(x) P_g(x) \Big) t^n$$

所以由式(1)得

$$\sum_{n=0}^{\infty} \left(\sum_{a+b+c=n} P_a(x) P_b(x) P_c(x) \right) t^n$$

$$= \frac{x-t}{x^2-1} \sum_{n=0}^{\infty} P_{n+1}(x)(n+1) t^n -$$

Zernov 定理

$$\frac{1}{x^2-1}\sum_{n=0}^{\infty}\mathrm{P}_n(x)t^n$$

$$=\frac{x}{x^2-1}\sum_{n=0}^{\infty}\mathrm{P}_{n+1}(x)(n+1)t^n-$$

$$\frac{1}{x^2-1}\sum_{n=0}^{\infty}\mathrm{P}_{n+1}(x)(n+1)t^{n+1}-$$

$$\frac{1}{x^2-1}\sum_{n=0}^{\infty}\mathrm{P}_n(x)t^n$$

比较两边系数得

$$\sum_{a+b+c=n}\mathrm{P}_a(x)\mathrm{P}_b(x)\mathrm{P}_c(x)$$

$$=\frac{(n+1)x}{x^2-1}\mathrm{P}_{n+1}(x)-\frac{n+1}{x^2-1}\mathrm{P}_n(x)$$

由式(2)得

$$\sum_{n=0}^{\infty}\left(\sum_{a+b+c+d+e=n}\mathrm{P}_a(x)\mathrm{P}_b(x)\cdot\right.$$

$$\left.\mathrm{P}_c(x)\mathrm{P}_d(x)\mathrm{P}_e(x)\right)t^n$$

$$=\frac{(x-t)^2}{3(x^2-1)^2}\sum_{n=0}^{\infty}(n+1)(n+2)\mathrm{P}_{n+2}(x)t^n-$$

$$\frac{5(x-t)}{3(x^2-1)^2}\sum_{n=0}^{\infty}\mathrm{P}_{n+1}(x)(n+1)t^n+$$

$$\frac{1}{(x^2-1)^2}\sum_{n=0}^{\infty}\mathrm{P}_n(x)t^n$$

$$=\frac{x^2}{3(x^2-1)^2}\sum_{n=0}^{\infty}(n+1)(n+2)\mathrm{P}_{n+2}(x)t^n-$$

$$\frac{2x}{3(x^2-1)^2}\sum_{n=0}^{\infty}(n+1)(n+2)\mathrm{P}_{n+2}(x)t^{n+1}+$$

550

$$\frac{1}{3(x^2-1)^2}\sum_{n=0}^{\infty}(n+1)(n+2)\mathrm{P}_{n+2}(x)t^{n+2}\;-$$

$$\frac{5x}{3(x^2-1)^2}\sum_{n=0}^{\infty}(n+1)\mathrm{P}_{n+1}(x)t^{n}\;+$$

$$\frac{5}{3(x^2-1)^2}\sum_{n=0}^{\infty}(n+1)\mathrm{P}_{n+1}(x)t^{n+1}\;+$$

$$\frac{1}{(x^2-1)^2}\sum_{n=0}^{\infty}\mathrm{P}_n(x)t^{n}$$

比较两边系数得

$$\sum_{a+b+c+d+e=n}\mathrm{P}_a(x)\mathrm{P}_b(x)\mathrm{P}_c(x)\mathrm{P}_d(x)\mathrm{P}_e(x)$$

$$=\frac{(n+1)(n+2)x^2}{3(x^2-1)^2}\mathrm{P}_{n+2}(x)-\frac{2n(n+1)x}{3(x^2-1)^2}\mathrm{P}_{n+1}(x)\;+$$

$$\frac{n(n-1)}{3(x^2-1)^2}\mathrm{P}_n(x)-\frac{5(n+1)x}{3(x^2-1)^2}\mathrm{P}_{n+1}(x)\;+$$

$$\frac{5n}{3(x^2-1)^2}\mathrm{P}_n(x)+\frac{1}{(x^2-1)^2}\mathrm{P}_n(x)$$

所以

$$\sum_{a+b+c+d+e=n}\mathrm{P}_a(x)\mathrm{P}_b(x)\mathrm{P}_c(x)\mathrm{P}_d(x)\mathrm{P}_e(x)$$

$$=\frac{(n+1)(n+2)x^2}{3(x^2-1)^2}\mathrm{P}_{n+2}(x)\;-$$

$$\frac{(n+1)(2n+5)x}{3(x^2-1)^2}\mathrm{P}_{n+1}(x)\;+$$

$$\frac{(n+1)(n+3)}{3(x^2-1)^2}\mathrm{P}_n(x)$$

由式(3)得

Zernov 定理

$$\sum_{n=0}^{\infty} (\sum_{a+b+c+d+e+f+g=n} P_a(x)P_b(x) \cdot$$

$$P_c(x)P_d(x)P_e(x)P_f(x)P_g(x))t^n$$

$$= \frac{(x-t)^3}{15(x^2-1)^3} \sum_{n=0}^{\infty} (n+1)(n+2) \cdot$$

$$(n+3)P_{n+3}(x)t^n -$$

$$\frac{12(x-t)^2}{15(x^2-1)^3} \sum_{n=0}^{\infty} (n+1) \cdot$$

$$(n+2)P_{n+2}(x)t^n +$$

$$\frac{33(x-t)}{15(x^2-1)^3} \sum_{n=0}^{\infty} (n+1)P_{n+1}(x)t^n -$$

$$\frac{1}{(x^2-1)^3} \sum_{n=0}^{\infty} P_n(x)t^n$$

比较两边系数得

$$\sum_{a+b+c+d+e+f+g=n} P_a(x)P_b(x)P_c(x) \cdot$$

$$P_d(x)P_e(x)P_f(x)P_g(x)$$

$$= \frac{(n+1)(n+2)(n+3)x^3}{15(x^2-1)^3}P_{n+3}(x) -$$

$$\frac{(n+1)(n+2)(3n+12)}{15(x^2-1)^3}P_{n+2}(x) +$$

$$\frac{(n+1)(2n^2+21n+33)x}{15(x^2-1)^3}P_{n+1}(x) -$$

$$\frac{n(n-1)^2+33n+15}{15(x^2-1)^3}P_n(x)$$

由定理 1 易得推论 1.

552

定理 2 的证明：

事实上我们只需证下列等式成立即可

$$f_x^{(k)}(x,t) = (2k-1)!!\ t^k f^{2k+1}(x,t)$$

当 $k = 1$ 时，因为

$$f(x,t) = (1 - 2xt + t^2)^{-\frac{1}{2}} = \sum_{n=0}^{\infty} P_n(x) t^n$$

所以

$$f_x'(x,t) = -\frac{1}{2}(1 - 2xt + t^2)^{-\frac{3}{2}}(-2t) = tf^3(x,t)$$

则 $k = 1$ 时等式成立.

假设 $k = m$ 时等式成立. 即

$$f_x^{(m)}(x,t) = (2m-1)!!\ t^m f^{2m+1}(x,t)$$

当 $k = m + 1$ 时

$$\begin{aligned}
f_x^{(m+1)}(x,t) &= (2m-1)!!\ t^m(2m+1)f^{2m}(x,t)f_x'(x,t) \\
&= (2m+1)!!\ t^m f^{2m}(x,t)tf^3(x,t) \\
&= [2(m+1)-1]!\ t^{m+1}f^{2(m+1)+1}(x,t)
\end{aligned}$$

故对一切自然数 k，等式

$$f_x^{(k)}(x,t) = (2k-1)!!\ t^k f^{2k+1}(x,t)$$

成立.

而

$$f_x^{(k)}(x,t) = \sum_{n=0}^{\infty} P_{n+k}^{(k)}(x) t^{n+k}$$

所以

$$\sum_{n=0}^{\infty} P_{n+k}^{(k)}(x) t^{n+k} = (2k-1)!!t^k \cdot$$

$$\sum_{n=0}^{\infty} \left(\sum_{a_1 + a_2 + \cdots a_{2k+1} = n} P_{a_1}(x) P_{a_2}(x) \cdots P_{a_{2k+1}}(x) \right) t^n$$

因此

$$\sum_{a_1 + a_2 + \cdots + a_{2k+1} = n} P_{a_1}(x) P_{a_2}(x) \cdots P_{a_{2k+1}}(x)$$

$$= \frac{1}{(2k-1)!!} P_{n+k}^{(k)}(x)$$

由定理 1 和定理 2 易得推论 2.

定理 3 的证明：

因为

$$h(t) = \frac{1}{1 - 2xt + t^2}, f(t) = \frac{1}{\sqrt{1 - 2xt + t^2}}$$

所以

$$h'(t) = \frac{2(x-t)}{(1 - 2xt + t^2)^2}$$

则

$$(x-t) h'(t)$$

$$= \frac{2(x-t)^2}{(1 - 2xt + t^2)^2}$$

$$= \frac{2}{1 - 2xt + t^2} + \frac{2(x^2 - 1)}{(1 - 2xt + t^2)^2}$$

$$= 2h(t) + 2(x^2 - 1) h^2(t)$$

因此

$$h'(t) = \frac{2}{x-t} h(t) + \frac{2(x^2 - 1)}{x-t} h^2(t)$$

所以

554

$$h^2(t) = \frac{x-t}{2(x^2-1)}h'(t) - \frac{1}{x^2-1}h(t) \qquad (4)$$

对式(4)关于 t 求导得

$$2h(t)h'(t) = \frac{-1}{2(x^2-1)}h'(t) + \frac{x-t}{2(x^2-1)}h''(t) - \frac{1}{x^2-1}h'(t)$$

$$2h(t)\left[\frac{2}{x-t}h(t) + \frac{2(x^2-1)}{x-t}h^2(t)\right]$$

$$= \frac{x-t}{2(x^2-1)}h''(t) - \frac{3}{2(x^2-1)}h'(t)$$

$$\frac{4}{x-t}h^2(t) + \frac{4(x^2-1)}{x-t}h^3(t)$$

$$= \frac{x-t}{2(x^2-1)}h''(t) - \frac{3}{2(x^2-1)}h'(t)$$

$$4(x^2-1)h^3(t) = \frac{(x-t)^2}{2(x^2-1)}h''(t) - \frac{3(x-t)}{2(x^2-1)}h'(t) -$$

$$\frac{4(x-t)}{2(x^2-1)}h'(t) + \frac{4}{x^2-1}h(t)$$

所以

$$h^3(t) = \frac{(x-t)^2}{8(x^2-1)^2}h''(t) - \frac{7(x-t)}{8(x^2-1)^2}h'(t) +$$

$$\frac{1}{(x^2-1)^2}h(t) \qquad (5)$$

而

$$f^2(t) = h(t) \qquad (6)$$

$$f^4(t) = h^2(t) = \frac{x-t}{2(x^2-1)}h'(t) - \frac{1}{x^2-1}h(t) \quad (7)$$

$$f^6(t) = h^3(t) = \frac{(x-t)^2}{8(x^2-1)^2}h''(t) - \frac{7(x-t)}{8(x^2-1)^2} \cdot$$

Zernov 定理

$$h'(t) + \frac{1}{(x^2-1)^2}h(t) \qquad (8)$$

又

$$h(t) = \sum_{n=0}^{\infty} T_n(x)t^n, f(t) = \sum_{n=0}^{\infty} P_n(x)t^n$$

$$h'(t) = \sum_{n=1}^{\infty} nT_n(x)t^{n-1} = \sum_{n=0}^{\infty} (n+1)T_{n+1}(x)t^n$$

$$h''(t) = \sum_{n=2}^{\infty} n(n-1)T_n(x)t^{n-2}$$

$$= \sum_{n=0}^{\infty} (n+1)(n+2)T_{n+2}(x)t^n$$

由式(6)得

$$\sum_{a+b=n} P_a(x)P_b(x) = T_n(x)$$

由式(7)得

$$\sum_{n=0}^{\infty} \left(\sum_{a+b+c+d=n} P_a(x)P_b(x)P_c(x)P_d(x) \right)t^n$$

$$= \frac{x-t}{2(x^2-1)} \sum_{n=0}^{\infty} (n+1)T_{n+1}(x)t^n -$$

$$\frac{1}{x^2-1} \sum_{n=0}^{\infty} T_n(x)t^n$$

比较系数得

$$\sum_{a+b+c+d=n} P_a(x)P_b(x)P_c(x)P_d(x)$$

$$= \frac{(n+1)}{2(x^2-1)} T_{n+1}(x) - \frac{n+2}{2(x^2-1)} T_n(x)$$

由式(8)得

$$\sum_{n=0}^{\infty} \left(\sum_{a+b+c+d+e+f=n} P_a(x)P_b(x) \cdot \right.$$

$$P_c(x)P_d(x)P_e(x)P_f(x))t^n$$

$$= \frac{(x-t)^2}{8(x^2-1)^2}\sum_{n=0}^{\infty}(n+1)(n+2)T_{n+2}(x)t^n -$$

$$\frac{7(x-t)}{8(x^2-1)^2}\sum_{n=0}^{\infty}(n+1)T_{n+1}(x)t^n +$$

$$\frac{1}{(x^2-1)^2}\sum_{n=0}^{\infty}T_n(x)t^n$$

比较系数得

$$\sum_{a+b+c+d+e+f=n}P_a(x)P_b(x)P_c(x)P_d(x)P_e(x)P_f(x)$$

$$= \frac{(n+1)(n+2)x^2}{8(x^2-1)^2}T_{n+2}(x) -$$

$$\frac{(n+1)(2n+7)x}{8(x^2-1)^2}T_{n+1}(x) +$$

$$\frac{(n+2)(n+6)}{8(x^2-1)^2}T_n(x)$$

由定理 2 易得推论 3.

参考资料

[1] Zhang Wenpeng. Some identities involving the Fibonacci numbers [J]. The Fibonacci Quarterly, 1997,35:225-229.

[2] 郭大钧等. 大学数学手册[M]. 济南:山东科学技术出版社,1985,574-575.

Fibonacci 数与 Legendre 多项式[①]

第 45 章

汉中师范学院数学系的刘延军,李金龙两位教授 2001 年讨论了 Fibonacci 数与 Legendre 多项式之间的关系,得到了一些有趣的恒等式.

§1 引 言

对著名的 Fibonacci 数列 $\{F_n\}$,许多数学家都对其作了大量的研究.如张文鹏教授在参考资料[1]中给出了 $\{F_n\}$ 的一系列组合等式;Robbing 在参考资料[2]中对具有 Px^2+1,Px^3+1 形成的数得出了很多好的结果.本章提供了将 Fibonacci 数与著名的 Legendre 多项式在某些点的函数值联系起来的方法,这里

① 本章摘自《纯粹数学与应用数学》2001 年 6 月第 17 卷第 2 期.

仅就 $x = \dfrac{i}{2}, \dfrac{3}{2}, 2i$ 时给出了它们之间的具体关系,获得了一些有趣的恒等式,即:

定理　设 $P_n(x)$ 为 Legendre 多项式, $U_n(x)$[3] 为 Chebyshev 多项式,则对任意正整数 n 及 k 有

$$\sum_{a_1 + a_2 + \cdots + a_{2k} = n} P_{a_1}(x) P_{a_2}(x) \cdots P_{a_{2k}}(x)$$
$$= \frac{1}{(2k-2)!!} U_{n+k-1}^{(k-1)}(x)$$

由定理就可计算出 k 为任意自然数时,Legendre 多项式在 $x = \dfrac{i}{2}, \dfrac{3}{2}, 2i$ 的函数值与 Fibonacci 数的关系,下面仅写出 $k = 1, 2$ 的情形.

当 n 为正整数时,我们有下面的几个推论:

推论 1　i) $\displaystyle\sum_{a_1 + a_2 = n} P_{a_1}\left(\dfrac{i}{2}\right) P_{a_2}\left(\dfrac{i}{2}\right) = i^n F_{n+1}$

ii) $\displaystyle\sum_{a_1 + a_2 + a_3 + a_4 = n} P_{a_1}\left(\dfrac{i}{2}\right) P_{a_2}\left(\dfrac{i}{2}\right) P_{a_3}\left(\dfrac{i}{2}\right) P_{a_4}\left(\dfrac{i}{2}\right)$

$= \dfrac{1}{5} i^n \left[(n+1) F_{n+2} + 2(n+2) F_{n+1} \right]$

推论 2　i) $\displaystyle\sum_{a_1 + a_2 = n} P_{a_1}\left(\dfrac{3}{2}\right) P_{a_2}\left(\dfrac{3}{2}\right) = F_{2(n+1)}$

ii) $\displaystyle\sum_{a_1 + a_2 + a_3 + a_4 = n} P_{a_1}\left(\dfrac{3}{2}\right) P_{a_2}\left(\dfrac{3}{2}\right) P_{a_3}\left(\dfrac{3}{2}\right) P_{a_4}\left(\dfrac{3}{2}\right)$

$= \dfrac{2}{5} \left[\dfrac{3}{2}(n+1) F_{2(n+2)} - (n+2) F_{2(n+1)} \right]$

推论 3　i) $\displaystyle\sum_{a_1 + a_2 = n} P_{a_1}(2i) P_{a_2}(2i) = \dfrac{i^n}{2} F_{3(n+1)}$

ii) $\displaystyle\sum_{a_1 + a_2 + a_3 + a_4 = n} P_{a_1}(2i) P_{a_2}(2i) P_{a_3}(2i) P_{a_4}(2i)$

$$= \frac{i^n}{20} \left[2(n+1)F_{3(n+2)} + (n+2)F_{3(n+1)} \right]$$

§2 定理的证明

为完成定理的证明,我们需要下面的简单引理.

引理 设 $U_n(x)$ 为 Chebyshev 多项式,$\{F_n\}$ 为 Fibonacci 数列,则有:

i) $U_n(\frac{i}{2}) = i^n F_{n+1}$

ii) $U_n(\frac{3}{2}) = F_{2(n+1)}$

iii) $U_n(2i) = \frac{i^n}{2} F_{3(n+1)}$

证明 由

$$U_0(x) = 1, U_1(x) = 2x$$

及

$$U_{n+1}(x) = 2x U_n(x) - U_{n-1}(x)$$

我们不难推出一般式

$$U_n(x) = \frac{1}{2\sqrt{x^2-1}} \left[(x + \sqrt{x^2-1})^{n+1} - (x - \sqrt{x^2-1})^{n+1} \right]$$

$$(n = 0, 1, 2, \cdots)$$

在上式中令 $x = \frac{i}{2}, \frac{3}{2}, 2i$,则我们可得到:

i) $U_n(\frac{i}{2}) = \frac{1}{2\sqrt{(\frac{i}{2})^2-1}} \left[\left(\frac{i}{2} + \sqrt{(\frac{i}{2})^2-1} \right)^{n+1} - \right.$

$$\left(\frac{i}{2} - \overline{(\frac{i}{2})^2 - 1} \right)^{n+1} \Big]$$

$$= \frac{i^n}{5} \Big[\left(\frac{1+\overline{5}}{2} \right)^{n+1} - \left(\frac{1-\overline{5}}{2} \right)^{n+1} \Big]$$

$$= i^n F_{n+1}$$

ii) $U_n \left(\frac{3}{2} \right) = \dfrac{1}{2\left(\frac{3}{2}\right)^2 - 1} \Big[\left(\frac{3}{2} + \overline{\left((\frac{3}{2})^2 - 1 \right)} \right)^{n+1} -$

$$\left(\frac{3}{2} - \overline{(\frac{3}{2})^2 - 1} \right)^{n+1} \Big]$$

$$= \frac{1}{5} \Big[\left(\frac{3+\overline{5}}{2} \right)^{n+1} - \left(\frac{3-\overline{5}}{2} \right)^{n+1} \Big]$$

$$= \frac{1}{5} \Big[\left(\frac{1+\overline{5}}{2} \right)^{2(n+1)} - \left(\frac{1-\overline{5}}{2} \right)^{2(n+1)} \Big]$$

$$= F_{2(n+1)}$$

iii) $U_n(2i) = \dfrac{1}{2(2i)^2 - 1} \Big[(2i + \overline{(2i)^2 - 1})^{n+1} -$

$$(2i - \overline{(2i)^2 - 1})^{n+1} \Big]$$

$$= \frac{i^{n+1}}{25i} \Big[(2+\overline{5})^{n+1} - (2-\overline{5})^{n+1} \Big]$$

$$= \frac{i^n}{25} \Big[\left(\frac{1+\overline{5}}{2} \right)^{3(n+1)} - \left(\frac{1-\overline{5}}{2} \right)^{3(n+1)} \Big]$$

$$= \frac{i^n}{2} F_{3(n+1)}$$

为证定理只需证明下列等式即可

$$O_x^{(k-1)}(x,t) = (2k-2)!!\ t^{k-1} O(x,t) \quad (k \in \mathbf{N})$$

Zernov 定理

其中

$$O(x,t) = \frac{1}{1 - 2xt + t^2}$$

为 Chebyshev 多项式的生成函数.

当 $k = 1$ 时显然成立.

当 $k = 2$ 时

$$O_x^{(k-1)}(x,t) = O'_x(x,t) = (-1)(1 - 2xt + t^2)^{-2}(-2t)$$
$$= 2tO^2(x,t) = (2k-2)!!\, t^{k-1}(x,t)$$

假设 $k = m$ 时等式成立,即

$$O_x^{(m-1)}(x,t) = (2m-2)!!\, t^{m-1}O^m(x,t)$$

当 $k = m+1$ 时

$$O_x^{(m+1-1)}(x,t) = (2m-2)!!\, t^{m-1}mO^{m-1}(x,t)O_x^1(x,t)$$
$$= (2m-2)!!\, t^{m-1}mO^{m-1}(x,t)2tO^2(x,t)$$
$$= (2m)!!\, t^m O^{m+1}(x,t)$$
$$= [2(m+1)-2]!!\, t^{(m+1)-1}O^{m+1}(x,t)$$

故对一切 $k \in \mathbf{N}$ 等式成立.

而

$$O_x^{(k-1)}(x,t) = \sum_{n=0}^{\infty} U_{n+k-1}^{(k-1)}(x)t^{n+k-1}$$

$P_n(x)$ 的生成函数 $f(x,t)$ 与 $U_n(x)$ 的生成函数 $O(x,t)$ 满足

$$O(x,t) = f^2(x,t)$$

所以有

$$\sum_{n=0}^{\infty} U_{n+k-1}^{(k-1)}(x)t^{n+k-1}$$
$$= (2k-2)!!t^{k-1}O^k(x,t)$$
$$= (2k-2)!!t^{k-1}f^{2k}(x,t)$$

562

$$= (2k - 2)!!t^{k-1} \cdot$$

$$\sum_{n=0}^{\infty} \left(\sum_{a_1 + a_2 + \cdots + a_{2k} = n} P_{a_1}(x) P_{a_2}(x) \cdots P_{a_{2k}}(x) \right) t^n$$

故

$$\sum_{a_1 + a_2 + \cdots + a_{2k} = n} P_{a_1}(x) P_{a_2}(x) \cdots P_{a_{2k}}(x)$$

$$= \frac{1}{(2k - 2)!!} U_{n+k-1}^{(k-1)}(x)$$

于是完成了定理的证明.

最后我们证明推论,仅就推论 1 加以证明.

由于

$$(x^2 - 1) U'_n(x) = nx U_n(x) - (n + 1) U_{n-1}(x)$$

所以由引理及定理即可推出

$$\sum_{a_1 + a_2 = n} P_{a_1}\left(\frac{i}{2}\right) P_{a_2}\left(\frac{i}{2}\right) = U_n\left(\frac{i}{2}\right) = i^n F_{n+1}$$

$$\sum_{a_1 + a_2 + a_3 + a_4 = n} P_{a_1}\left(\frac{i}{2}\right) P_{a_2}\left(\frac{i}{2}\right) P_{a_3}\left(\frac{i}{2}\right) P_{a_4}\left(\frac{i}{2}\right)$$

$$= \frac{1}{2} U'_{n+1}\left(\frac{i}{2}\right)$$

$$= \frac{1}{2} \frac{1}{\left(\frac{i}{2}\right)^2 - 1} \left[(n + 1) \frac{i}{2} U_{n+1}\left(\frac{i}{2}\right) - \right.$$

$$\left. (n + 2) U_n\left(\frac{i}{2}\right) \right]$$

$$= -\frac{2}{5} \left[(n + 1) \frac{i}{2} i^{n+1} F_{n+2} - (n + 2) i^n F_{n+1} \right]$$

$$= \frac{i^n}{5} \left[(n + 1) F_{n+2} + 2(n + 2) F_{n+1} \right]$$

于是就证明了推论 1.

参考资料

［1］Zhang Wenpeng. Some identities involving the Fibonacci numbers［J］. The Fibonacci Quarterly, 1997,35:225-229.

［2］Robbing N. Fibonacci numbers of the forms $Px^2 + 1$, $Px^3 + 1$ where P is a Prime［A］. In Applications of Fibonacci Numbers［C］Dordrecht Kluwer, 1986,1: 77-78.

［3］郭大钧等. 大学数学手册［M］.济南:山东科学技术出版社,1985,574-575.

［4］周亚兰.勒让德多项式的性质与切比雪夫多项式间的关系［J］.纯粹数学与应用数学,1999,15 (4):75-81.

广义 Fibonacci 数的几个组合恒等式[①]

浙江师范大学数理与信息工程学院的朱伟义教授 2007 年利用母函数的方法,研究了第二类 Chebyshev 多项式;利用第二类 Chebyshev 多项式和广义 Fibonacci 数的内在联系,得到了有关广义 Fibonacci 数的几个恒等式.

第 46 章

§1 引 言

Fibonacci 数列是一个非常重要的数列,它们满足下面的递推关系式

$$F_{n+2} = F_{n+1} + F_n \quad (n \geqslant 0)$$

其中

$$F_0 = 1, F_1 = 1$$

Fibonacci 数列有许多有趣的性质,一直是许多专家、学者研究的热点,得到了

① 本章摘自《浙江师范大学学报(自然科学版)》2007 年 2 月第 30 卷第 1 期.

Zernov 定理

很多有益的结果[1~3].

参考资料[1]对 $F_0 = 0, F_1 = 1$ 的常义 Fibonacci 数证明了当 $n \geqslant 3$ 时有

$$\sum_{a+b=n} F_a F_b = \frac{1}{5}\big[(n-1)F_n + 2nF_{n-1}\big] \quad (1)$$

$$\sum_{a+b+c=n} F_a F_b F_c = \frac{1}{50}\big[(5n^2 - 9n - 2)F_{n-1} + (5n^2 - 3n - 2)F_{n-2}\big] \quad (2)$$

$$\sum_{a+b+c+d=n} F_a F_b F_c F_d = \frac{1}{150}\big[(4n^3 - 12n^2 - 4n + 12) \cdot F_{n-2} + (3n^3 - 6n^2 - 3n + 6)F_{n-3}\big] \quad (3)$$

式(1)~(3)中的 $\displaystyle\sum_{a+b=n}$, $\displaystyle\sum_{a+b+c=n}$, $\displaystyle\sum_{a+b+c+d=n}$ 分别表示对满足

$$a + b = n, a + b + c = n, a + b + c + d = n$$

的非负整数组 $(a,b)(a,b,c)(a,b,c,d)$ 求和,下同.

参考资料[4]给出了广义的 Fibonacci 数列的定义

$$U_{n+2} = pU_{n+1} - qU_n \quad (n \geqslant 0)$$

其中

$$U_0 = 1, U_1 = p$$

当 $p = 1, q = -1$ 时即为常义 Fibonacci 数.

第二类 Chebyshev 多项式 $U_n(x)$ 由参考资料[5]定义为

$$\frac{1}{1 - 2xt + t^2} = \sum_{n=0}^{\infty} U_n(x)t^n \quad (|x| \leqslant 1, |t| \leqslant 1)$$

本章利用第二类 Chebyshev 多项式和广义 Fibonacci 数的内在联系,得到了广义 Fibonacci 数的一

组有趣的恒等式,并推广了参考资料[1]的相应结果,即有下面的结论.

§2　主要结论及证明

定理　设 n 是大于或等于零的整数,U_n 为广义的 Fibonacci 数,则

$$\sum_{a+b=n} U_a U_b = \frac{1}{4q-p^2}\left[2q(n+2)U_n - p(n+1)U_{n+1}\right]$$

(4)

$$\sum_{a+b+c=n} U_a U_b U_c = \frac{1}{2(4q-p^2)}\left\{6pq U_{n+1} - \left[3(n+2)p^2 + (4q-p^2)(n+2)(n+4)\right]U_{n+2}\right\}$$

(5)

$$\sum_{a+b+c+d=n} U_a U_b U_c U_d = \frac{1}{6(4q-p^2)^3}\left\{2q(n+4)\cdot\right.$$
$$\left[(n^2+8n+27)p^2 - 4q(n^2+8n+12)\right]U_{n+2} -$$
$$\left[(n^2+8n+27)p^2(n+3) - 4q(n+3)(n^2+8n+12) + 5(n^2+8n+15)(4q-p^2)p\right]U_{n+2}\right\}$$

(6)

为方便证明定理,先证明两个引理.

引理 1　设 $U_n(x)$ 为第二类 Chebyshev 多项式,n 是大于或等于零的整数,则

567

$$\sum_{a+b=n} U_a(x) U_b(x) = \frac{1}{2(1-x^2)} \big[(n+2) U_n(x) -$$

$$(n+1) x U_{n+1}(x) \big] \qquad (7)$$

$$\sum_{a+b+c=n} U_a(x) U_b(x) U_c(x)$$

$$= \frac{1}{8(1-x^2)^2} \{ 3x(n+3) U_{n+1}(x) +$$

$$\big[-3(n+2)x^2 - (1-x^2)(n+2) \cdot$$

$$(n+4) \big] U_{n+2}(x) \} \qquad (8)$$

$$\sum_{a+b+c+d=n} U_a(x) U_b(x) U_c(x) U_d(x)$$

$$= \frac{1}{48(1-x^2)^3} \{ (n+4) \big[(n^2+8n+27)x^2 -$$

$$(n^2+8n+12) \big] U_{n+2}(x) -$$

$$\big[(n^2+8n+27)(n+3)x^2 -$$

$$(n+3)(n^2+8n+12) +$$

$$5(n^2+8n+15)(1-x^2) \big] x U_{n+3}(x) \} \qquad (9)$$

证明 设

$$\frac{1}{1-2xt+t^2} = f(x,t)$$

两边对 x 求偏导得

$$\frac{\partial f}{\partial x} = f^2(x,t) 2t, \frac{\partial^2 f}{\partial x^2} = 8f^3(x,t) t^2, \frac{\partial^3 f}{\partial x^3} = 48f^4(x,t) t^3$$

从而有

$$f^2(x,t) = \frac{1}{2t} \frac{\partial f}{\partial x} \qquad (10)$$

$$f^3(x,t) = \frac{1}{8t^2} \frac{\partial^2 f}{\partial x^2} \qquad (11)$$

$$f^4(x,t) = \frac{1}{48t^3}\frac{\partial^3 f}{\partial x^3} \tag{12}$$

又由参考资料[5]得

$$(1-x^2)U'_n(x) = (n+1)U_{n-1}(x) - nxU_n(x) \tag{13}$$

$$(1-x^2)U''_n(x) - 3xU'_n(x) + n(n+2)U_n(x) = 0 \tag{14}$$

$$U'_n(x) = \frac{1}{1-x^2}\big[(n+1)U_{n-1}(x) - nxU_n(x)\big] \tag{15}$$

$$U''_n(x) = \frac{1}{(1-x^2)^2}\big\{3x\big[(n+1)U_{n-1}(x) - nxU_n(x)\big] - (1-x^2)n(n+2)U_n(x)\big\} \tag{16}$$

而

$$f^k(x,t) = \sum_{n=0}^{\infty}\sum_{a_1+a_2+\cdots+a_n=k} U_{a_1}(x)U_{a_2}(x)\cdots U_{a_k}(x)t^n \tag{17}$$

又

$$\frac{\partial^k f}{\partial x^k} = \sum_{n=k}^{\infty} U_n^{(k)}(x)t^n = \sum_{n=0}^{\infty} U_{n+k}^{(k)}(x)t^{n+k} \tag{18}$$

利用式(10)(15),在式(17)(18)中分别令 $k=2,1$,比较式(17)和式(18)对应项系数得

$$\sum_{a+b=n} U_a(x)U_b(x) = \frac{1}{2(1-x^2)}\big[(n+2)U_n(x) - (n+1)xU_{n+1}(x)\big]$$

利用式(11)(16),在式(17)(18) 中分别令 $k=3,2,$

比较式(17)和式(18)对应项系数得

$$\sum_{a+b+c=n} U_a(x) U_b(x) U_c(x)$$

$$= \frac{1}{8(1-x^2)^2}\{3x(n+3)U_{n+1}(x) +$$

$$[-3(n+2)x^2 - (1-x^2)(n+2) \cdot$$

$$(n+4)]U_{n+2}(x)\}$$

由式(16)得

$$U''_{n+3}(x) = \frac{1}{1-x^2}[3xU'_{n+3}(x) - (n+3)(n+5)U_{n+3}(x)]$$

$$(19)$$

利用式(15)(16)对式(19)求导得

$$U'''_{n+3}(x) = \frac{1}{(1-x^2)^3}\{(n+4)[(n^2+8n+27)x^2 -$$

$$(n^2+8n+12)]U_{n+2}(x) -$$

$$[(n^2+8n+27)(n+3)x^2 -$$

$$(n+3)(n^2+8n+12) +$$

$$5(n^2+8n+15)(1-x^2)]xU_{n+3}(x)\} \quad (20)$$

利用式(12)(20),在式(17)(18)中分别令 $k=4,3$,比较式(17)和式(18)对应项系数得

$$\sum_{a+b+c+d=n} U_a(x) U_b(x) U_c(x) U_d(x)$$

$$= \frac{1}{48(1-x^2)^3}\{(n+4)[(n^2+8n+27)x^2 -$$

$$(n^2+8n+12)]U_{n+2}(x) -$$

$$[(n^2+8n+27)(n+3)x^2 -$$

$$(n+3)(n^2+8n+12) +$$

$$5(n^2+8n+15)(1-x^2)]xU_{n+3}(x)\}$$

这样就证明了引理 1.

引理 2　设 $U_n(x)$ 为第二类 Chebyshev 多项式, n 是大于或等于零的整数, U_n 为广义的 Fibonacci 数, 则

$$U_n = q^{\frac{n}{2}} U_n \left(\frac{p}{2\sqrt{q}} \right) \tag{21}$$

证明　作

$$F(t) = \sum_{n=0}^{\infty} U_n t^n$$

则

$$F(t) = \frac{1}{1 - pt + qt^2} \tag{22}$$

由第二类 Chebyshev 多项式定义得

$$\frac{1}{1 - 2xt + t^2} = \sum_{n=0}^{\infty} U_n(x) t^n \tag{23}$$

在式 (22) 中令

$$t = \frac{s}{\sqrt{q}}, x = \frac{p}{2\sqrt{q}}$$

则

$$\frac{1}{1 - pt + qt^2} = \frac{1}{1 - 2xs + s^2}$$

由 $F(t)$ 的构造和式 (23) 得

$$\sum_{n=0}^{\infty} U_n \left(\frac{1}{\sqrt{q}} \right)^n s^n = \sum_{n=0}^{\infty} U_n \left(\frac{p}{2\sqrt{q}} \right) s^n \tag{24}$$

比较式 (24) 对应系数有

$$U_n = q^{\frac{n}{2}} U_n \left(\frac{p}{2\sqrt{q}} \right)$$

这样就证明了引理 2.

定理的证明　在式(7)～(9)中令 $x = \dfrac{p}{2\sqrt{q}}$，则有

$$U_n = q^{\frac{n}{2}} U_n\left(\frac{p}{2\sqrt{q}}\right)$$

将

$$x = \frac{p}{2\sqrt{q}}, U_n\left(\frac{p}{2\sqrt{q}}\right) = \frac{U_n}{q^{\frac{n}{2}}}$$

代入式(7)～(9)，整理即证明了定理.

推论　设 n 是大于或等于零的整数，F_n 为常义 Fibonacci 数，则

$$\sum_{a+b=n} F_a F_b = \frac{1}{5}\left[(n+1)F_{n+1} + 2(n+2)F_n\right] \tag{25}$$

$$\sum_{a+b+c=n} F_a F_b F_c = \frac{1}{50}\left[(5n^2 + 27n + 34)F_{n+2} - (6n+18)F_{n+1}\right] \tag{26}$$

$$\sum_{a+b+c+d=n} F_a F_b F_c F_d$$
$$= \frac{1}{750}\left\{2(n+4)\left[(n^2 + 8n + 27) + 4(n^2 + 8n + 12)\right]F_{n+2} + \left[(n^2 + 8n + 27)(n+3) + 4(n+3)(n^2 + 8n + 12) - 25(n^2 + 8n + 15)\right]F_{n+3}\right\} \tag{27}$$

证明　在式(4)～(6)中令

$$p = 1, q = -1$$

可立即得到推论.

§3　结　　语

本章用初等方法研究了第二类 Chebyshev 多项式的性质,得到了 Chebyshev 多项式的几个组合恒等式.借助于 Chebyshev 多项式与广义 Fibonacci 数的内在联系,给出了广义 Fibonacci 数 U_n 的几个组合恒等式,并推广了参考资料[1]的相应结果.若对其作进一步的研究,可得到更为复杂的关于广义 Fibonacci 数的恒等式,在此不一一给出了.

参考资料

[1]Zhang Wenpeng. Some Identies Inolving the Fibonacci Numbers[J]. The Fibonacci Quarterly, 1997, 35(3):225-229.

[2]Zhang Wenpeng. On Chebyshev Polynomials and Fibonacci Numbers [J]. The Fibonacci Quarterly, 2002,40(3):424-428.

[3]朱伟义.关于 Fibonacci 数和 Bernoulli 数的一个恒等式[J].浙江师大学报:自然科学版,1999,22(2):6-8.

[4]数学手册编写组.数学手册[M].北京:人民教育出版社,1979:609-611.

[5]耿济.孪生组合恒等式(十)[J].海南大学学报:自然科学版,2003,21(3):193-198.

一些包含 Chebyshev 多项式和 Stirling 数的恒等式①

惠州学院数学系的刘国栋和罗辉两位教授 2010 年利用初等方法研究 Chebyshev 多项式的性质,建立了广义第二类 Chebyshev 多项式的一个显明公式,并得到了一些包含第一类 Chebyshev 多项式,第一类 Stirling 数和 Lucas 数的恒等式.

§1 引言及主要结果

第一类 Chebyshev 多项式 $T_n(x)$ 和第二类 Chebyshev 多项式 $U_n(x)$ 分别满足下列二阶线性递归关系[1~9]

$$T_0(x) = 1, T_1(x) = x$$
$$T_{n+1}(x) = 2xT_n(x) - T_{n-1}(x) \quad (n \in \mathbf{N}_+)$$
$$(1)$$

---

① 本章摘自《纯粹数学与应用数学》2010 年 4 月第 26 卷第 2 期.

$$U_0(x) = 1, U_1(x) = 2x$$

$$U_{n+1}(x) = 2xU_n(x) - U_{n-1}(x) \quad (n \in \mathbf{N}_+) \quad (2)$$

这里 $\mathbf{N}_+$ 是正整数集.

由式(1)和(2),可以得到第一类 Chebyshev 多项式 $T_n(x)$ 和第二类 Chebyshev 多项式 $U_n(x)$ 的生成函数[1~4]

$$\frac{1 - xt}{1 - 2xt + t^2} = \sum_{n=0}^{\infty} T_n(x)t^n \quad (-1 < x < 1, |t| < 1) \tag{3}$$

$$\frac{1}{1 - 2xt + t^2} = \sum_{n=0}^{\infty} U_n(x)t^n \quad (-1 < x < 1, |t| < 1) \tag{4}$$

由式(3)和(4),可得到第一类 Chebyshev 多项式 $T_n(x)$ 和第二类 Chebyshev 多项式 $U_n(x)$ 的如下关系

$$T_n(x) = U_n(x) - xU_{n-1}(x) \quad (n \in \mathbf{N}_+) \tag{5}$$

广义 Fibonacci 序列 $F_n(p,q)$ 和广义 Lucas 序列 $L_n(p,q)$ 定义为[4]

$$F_n(p,q) = \frac{\alpha^n - \beta^n}{\alpha - \beta}, L_n(p,q) = \alpha^n + \beta^n \tag{6}$$

这里

$$\alpha = \frac{p + \sqrt{p^2 - 4q}}{2}, \beta = \frac{p - \sqrt{p^2 - 4q}}{2}$$

$$(p > 0, q \neq 0, p^2 - 4q > 0)$$

$$F_n(1, -1) = F_n, L_n(1, -1) = L_n$$

分别是经典的 Fibonacci 序列和 Lucas 序列[7~10,12].

广义 Fibonacci 序列 $F_n(p,q)$ 和第二类 Chebyshev

多项式 $U_n(x)$, 广义 Lucas 序列 $L_n(p,q)$ 和第一类
Chebyshev 多项式 $T_n(x)$ 分别满足如下关系[4]

$$F_{n+1}(p,q) = (\sqrt{q})^n U_n\left(\frac{p}{2\sqrt{q}}\right), L_n(p,q) = 2(\sqrt{q})^n T_n\left(\frac{p}{2\sqrt{q}}\right)$$
$$(7)$$

第一类 Stirling 数 $s(n,k)$ 由下列展开式给出[13]

$$x(x-1)(x-2)\cdots(x-n+1) = \sum_{k=0}^{n} s(n,k)x^k$$
$$(8)$$

或由下列生成函数给出

$$(\log(1+x))^k = k! \sum_{n=k}^{\infty} s(n,k)\frac{x^n}{n!} \qquad (9)$$

由式(8)或(9),可以得到 $s(n,k)$ 的递推公式

$$s(n,k) = s(n-1,k-1) - (n-1)s(n-1,k)$$
$$(10)$$

并且

$$s(n,0) = \delta_{n,0} \quad (n \in \mathbf{N} := \mathbf{N}_+ \cup \{0\})$$
$$s(n,n) = 1$$
$$s(n,1) = (-1)^{n-1}(n-1)! \quad (n \in \mathbf{N}_+)$$
$$s(n,k) = 0 \quad (k > n \text{ 或 } k < 0)$$

这里 $\delta_{m,n}$ 是 Kronecker 符号.

第一类 Chebyshev 多项式和第二类 Chebyshev 多项式作为特殊函数在函数正交性理论和物理学中占有重要的地位,有着广泛的应用[1~3]. 关于包含第一类 Chebyshev 多项式和第二类 Chebyshev 多项式的多重和的计算问题是近年来许多学者感兴趣的研究课题,

并有了许多研究成果$^{[4\sim6,8\sim9]}$. 本章的主要目的是证明一些包含第一类 Chebyshev 多项式和 Lucas 序列的新的恒等式, 即要证明下列主要结果:

定理 1　设 $n \geqslant k(n, k \in \mathbf{N}_+)$, 则

$$\sum_{\substack{v_1, \cdots, v_k \in \mathbf{N}_+ \\ v_1 + \cdots + v_k = n}} \frac{T_{v_1}(x) T_{v_2}(x) \cdots T_{v_k}(x)}{v_1 v_2 \cdots v_k}$$

$$= \frac{k!(-1)^{n-k}}{2^k} \sum_{j=k}^{n} \frac{s(j,k)}{j!} \binom{j}{n-j}(2x)^{2j-n} \qquad (11)$$

将式(11)中的 x 用 $T_m(x)$ 替换, 并注意到

$$T_n(T_m(x)) = T_{mn}(x)$$

(见参考资料[4,9]), 我们可以得到下列推论:

推论 1　设 $n, k, m \in \mathbf{N}_+, n \geqslant k$, 则

$$\sum_{\substack{v_1, \cdots, v_k \in \mathbf{N}_+ \\ v_1 + \cdots + v_k = n}} \frac{T_{mv_1}(x) T_{mv_2}(x) \cdots T_{mv_k}(x)}{v_1 v_2 \cdots v_k}$$

$$= \frac{k!(-1)^{n-k}}{2^k} \sum_{j=k}^{n} \frac{s(j,k)}{j!} \binom{j}{n-j}(2T_m(x))^{2j-n} \quad (12)$$

注 1　在式(12)中令 $m = 2, 3$, 并注意到

$$T_2(x) = 2x^2 - 1, T_3(x) = 4x^3 - 3x$$

得到下列恒等式

$$\sum_{\substack{v_1, \cdots, v_k \in \mathbf{N}_+ \\ v_1 + \cdots + v_k = n}} \frac{T_{2v_1}(x) T_{2v_2}(x) \cdots T_{2v_k}(x)}{v_1 v_2 \cdots v_k}$$

$$= \frac{k!(-1)^{n-k}}{2^k} \sum_{j=k}^{n} \frac{s(j,k)}{j!} \binom{j}{n-j}(4x^2 - 2)^{2j-n} \quad (13)$$

$$\sum_{\substack{v_1, \cdots, v_k \in \mathbf{N}_+ \\ v_1 + \cdots + v_k = n}} \frac{T_{3v_1}(x) T_{3v_2}(x) \cdots T_{3v_k}(x)}{v_1 v_2 \cdots v_k}$$

$$= \frac{k!(-1)^{n-k}}{2^k} \sum_{j=k}^{n} \frac{s(j,k)}{j!} \binom{j}{n-j} (8x^3 - 4)^{2j-n} \quad (14)$$

定理 2　设 $n,k,m \in \mathbf{N}_+, n \geqslant k$,则

$$\sum_{\substack{v_1,\cdots,v_k \in \mathbf{N}_+ \\ v_1+\cdots+v_k=n}} \frac{L_{mv_1}(p,q) L_{mv_2}(p,q) \cdots L_{mv_k}(p,q)}{v_1 v_2 \cdots v_k}$$

$$= k!(-1)^{n-k} \sum_{j=k}^{n} \frac{s(j,k)}{j!} \binom{j}{n-j} (L_m(p,q))^{2j-n} q^{mn-mj}$$

$$(15)$$

推论 2　设 $n \geqslant k(n,k \in \mathbf{N}_+)$,则

$$\sum_{\substack{v_1,\cdots,v_k \in \mathbf{N}_+ \\ v_1+\cdots+v_k=n}} \frac{L_{v_1}(p,q) L_{v_2}(p,q) \cdots L_{v_k}(p,q)}{v_1 v_2 \cdots v_k}$$

$$= k!(-1)^{n-k} \sum_{j=k}^{n} \frac{s(j,k)}{j!} \binom{j}{n-j} p^{2j-n} q^{n-j} \quad (16)$$

推论 3　设 $n \geqslant k(n,k \in \mathbf{N}_+)$,则

$$\sum_{\substack{v_1,\cdots,v_k \in \mathbf{N}_+ \\ v_1+\cdots+v_k=n}} \frac{L_{2v_1}(p,q) L_{2v_2}(p,q) \cdots L_{2v_k}(p,q)}{v_1 v_2 \cdots v_k}$$

$$= k!(-1)^{n-k} \sum_{j=k}^{n} \frac{s(j,k)}{j!} \binom{j}{n-j} (p^2 - 2q)^{2j-n} q^{2n-2j}$$

$$(17)$$

注 2　在式(16)中令 $p = 1, q = -1$,并注意到

$$L_n(1, -1) = L_n$$

立即得到主要结果[11]

$$\sum_{\substack{v_1,\cdots,v_k \in \mathbf{N}_+ \\ v_1+\cdots+v_k=n}} \frac{L_{v_1} L_{v_2} \cdots L_{v_k}}{v_1 v_2 \cdots v_k}$$

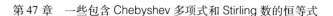

$$= \frac{k!}{n!} \sum_{j=k}^{n} (-1)^{j-k} (n-j)! \binom{n}{j} \binom{j}{n-j} s(j,k) \quad (18)$$

§2　定义和引理

定义　设 α 是复参数,x 是实数,t 是复数,广义第二类 Chebyshev 多项式 $U_n^{(\alpha)}(x)$ 由下列展开式给出[4]

$$\left(\frac{1}{1-2xt+t^2} \right)^{\alpha} = \sum_{n=0}^{\infty} U_n^{(\alpha)}(x) t^n$$

$$(-1 < x < 1, |t| < 1) \quad (19)$$

故

$$U_n^{(1)}(x) = U_n(x)$$

是普通第二类 Chebyshev 多项式,而

$$U_n^{(\frac{1}{2})}(x) = P_n(x)$$

是 Legendre 多项式.

引理　设 $n \geq k (n \in \mathbf{N}_+)$ 并且

$$\Delta(n,k;x) := (-1)^{n-k} \sum_{j=k}^{n} (n-j)! \binom{n}{j} \cdot$$

$$\binom{j}{n-j} (2x)^{2j-n} s(j,k) \quad (20)$$

则

$$n! U_n^{(\alpha)}(x) = \sum_{k=1}^{n} \Delta(n,k;x) \alpha^k \quad (21)$$

证明　由式(19)和(9),得

$$\sum_{n=0}^{\infty} U_n^{(\alpha)}(x) t^n = \left(\frac{1}{1-2xt+t^2} \right)^{\alpha}$$

579

$$= \sum_{j=0}^{\infty} \binom{\alpha + j - 1}{j} (2xt - t^2)^j$$

$$= \sum_{j=0}^{\infty} \binom{\alpha + j - 1}{j} t^j \sum_{n=0}^{j} (-1)^n \binom{j}{n} (2x)^{j-n} t^n$$

$$= \sum_{j=0}^{\infty} \binom{\alpha + j - 1}{j} \sum_{n=j}^{2j} (-1)^{n-j} \binom{j}{n-j} (2x)^{2j-n} t^n$$

$$= \sum_{n=0}^{\infty} \sum_{j=0}^{n} (-1)^{n-j} \binom{j}{n-j} \binom{\alpha + j - 1}{j} (2x)^{2j-n} t^n$$

$$(22)$$

所以有

$$n! U_n^{(\alpha)}(x)$$

$$= n! \sum_{j=0}^{n} (-1)^{n-j} \binom{j}{n-j} \binom{\alpha + j - 1}{j} (2x)^{2j-n}$$

$$= n! \sum_{j=0}^{n} (-1)^{n-j} \binom{j}{n-j} (2x)^{2j-n} \cdot$$

$$(\alpha + j - 1)(\alpha + j - 2) \cdots (\alpha + 1)\alpha$$

$$= \sum_{j=0}^{n} (-1)^{n-j} (n-j)! \binom{n}{j} \binom{j}{n-j} \cdot$$

$$(2x)^{2j-n} \sum_{k=1}^{j} (-1)^{j-k} s(j,k) \alpha^k$$

$$= \sum_{k=1}^{n} (-1)^{n-k} \sum_{j=k}^{n} (n-j)! \binom{n}{j} \cdot$$

$$\binom{j}{n-j} (2x)^{2j-n} s(j,k) \alpha^k$$

$$= \sum_{k=1}^{n} \Delta(n,k;x) \alpha^k$$

注 3　在引理中令 $n = 1,2,3,4$, 可以得到

$$1！U_1^{(\alpha)}(x) = 2\alpha x$$

$$2！U_2^{(\alpha)}(x) = (4x^2 - 2)\alpha + 4x^2\alpha^2$$

$$3！U_3^{(\alpha)}(x) = (16x^3 - 12x)\alpha + (24x^3 - 12x)\alpha^2 + 8x^3\alpha^3$$

$$4！U_4^{(\alpha)}(x) = (96x^4 - 96x^2 + 12)\alpha + (176x^4 - 144x^2 + 12)\alpha^2 + (96x^4 - 48x^2)\alpha^3 + 16x^4\alpha^4$$

§3　定理的证明

定理 1 的证明　一方面由引理, 有

$$k！\Delta(n,k;x) = n！\frac{\mathrm{d}^k}{\mathrm{d}\alpha^k}U_n^{(\alpha)}(x)|_{\alpha=0} \qquad (23)$$

另一方面, 由式(19)可以得到

$$\sum_{n=k}^{\infty}\frac{\mathrm{d}^k}{\mathrm{d}\alpha^k}U_n^{(\alpha)}(x)|_{\alpha=0}t^n = \left(\log\frac{1}{1-2xt+t^2}\right)^k \qquad (24)$$

所以, 由式(23)和(24)有

$$k！\sum_{n=k}^{\infty}\Delta(n,k;x)\frac{t^n}{n！} = \left(\log\frac{1}{1-2xt+t^2}\right)^k \qquad (25)$$

由式(2) ~ (5)有

$$\frac{\mathrm{d}}{\mathrm{d}t}\log\frac{1}{1-2xt+t^2} = \frac{2x-2t}{1-2xt+t^2}$$

$$= \frac{2x^2-2}{x}\frac{1}{1-2xt+t^2} + \frac{2}{x}\frac{1-xt}{1-2xt+t^2}$$

Zernov 定理

$$= \frac{2x^2 - 2}{x} \sum_{n=0}^{\infty} U_n(x) t^n + \frac{2}{x} \sum_{n=0}^{\infty} T_n(x) t^n$$

$$= 2x + \frac{2}{x} \sum_{n=1}^{\infty} (x^2 - 1) U_n(x) t^n +$$

$$\frac{2}{x} \sum_{n=1}^{\infty} (U_n(x) - x U_{n-1}(x)) t^n$$

$$= 2x + 2 \sum_{n=1}^{\infty} (x U_n(x) - U_{n-1}(x)) t^n$$

$$= 2x + 2 \sum_{n=1}^{\infty} (U_{n+1}(x) - x U_n(x)) t^n$$

$$= 2x + 2 \sum_{n=1}^{\infty} T_{n+1}(x) t^n = 2 \sum_{n=0}^{\infty} T_{n+1}(x) t^n \qquad (26)$$

所以

$$\log \frac{1}{1 - 2xt + t^2} = 2 \sum_{n=0}^{\infty} T_{n+1}(x) \frac{t^{n+1}}{n+1}$$

$$= 2 \sum_{n=1}^{\infty} T_n(x) \frac{t^n}{n} \qquad (27)$$

从而

$$k! \sum_{n=k}^{\infty} \Delta(n,k;x) \frac{t^n}{n!} = 2^k \left(\sum_{n=1}^{\infty} \frac{T_n(x)}{n} t^n \right)^k$$

$$= 2^k \sum_{n=k}^{\infty} \left(\sum_{\substack{v_1,\cdots,v_k \in \mathbf{N}_+ \\ v_1 + \cdots + v_k = n}} \frac{T_{v_1}(x) T_{v_2}(x) \cdots T_{v_k}(x)}{v_1 v_2 \cdots v_k} \right) t^n \qquad (28)$$

由式(29),有

$$\Delta(n,k;x) = \frac{n! 2^k}{k!} \sum_{\substack{v_1,\cdots,v_k \in \mathbf{N}_+ \\ v_1 + \cdots + v_k = n}} \frac{T_{v_1}(x) T_{v_2}(x) \cdots T_{v_k}(x)}{v_1 v_2 \cdots v_k}$$

$$(29)$$

由式(29)和(20),立即得到

$$\sum_{\substack{v_1,\cdots,v_k\in\mathbf{N}_+ \\ v_1+\cdots+v_k=n}} \frac{T_{v_1}(x)T_{v_2}(x)\cdots T_{v_k}(x)}{v_1 v_2 \cdots v_k}$$

$$= \frac{k!(-1)^{n-k}}{n!2^k}\sum_{j=k}^{n}(n-j)!\binom{n}{j}\binom{j}{n-j}(2x)^{2j-n}s(j,k)$$

$$(30)$$

这样就完成了定理 1 的证明.

定理 2 的证明　在式(12)中,令 $x=\dfrac{p}{2\sqrt{q}}$,并注意到下列恒等式[7]

$$L_{mn}(p,q)=2(\sqrt{q})^{mn}T_{mn}\left(\frac{p}{2\sqrt{q}}\right)$$

立即可以得到定理 2.

参考资料

[1] Borwein P, Erdélyi T. Polynomials and Polynomial Inequalities [M]. New York：Springer-Verlag, 1995.

[2] Rainville E D. Special Functions[M]. New York：Macmillan Co., 1960.

[3] Szego G. Orthogonal Polynomials[M]. New York：Amer. Math. Soc., 1959.

[4] 刘国栋. 一个序列的组合解释及其应用[J]. 数学物理学报,2005,25(1):35-40.

[5] 罗辉,刘国栋. 关于包含奇 - 偶下标第二类切比雪

夫多项式的恒等式[J]. 纯粹数学与应用数学,
2003,19(3):244-247,252.

[6]亢小玉. 一些包含切比雪夫多项式的恒等式[J].
纯粹数学与应用数学,2000,16(2):55-57.

[7]李桂贞,刘国栋. 一些包含 Fibonacci-Lucas 数的恒
等式和同余式[J]. 纯粹数学与应用数学,2006,22
(2):238-241.

[8]Zhang W P. On Chebyshev polynomials and Fibonac-
ci numbers[J]. Fibonacci Quart., 2002,40(5):
424-428.

[9]Zhang W P. Some identities involving the Fibonacci
numbers and Lucas numbers[J]. Fibonacci Quart.,
2004,42(2):149-154.

[10]Liu G D. Formulas for convolution Fibonacci numb-
ers and polynomials[J]. Fibonacci Quart., 2002,
40(4):352-357.

[11]Liu G D. An identity involving the Lucas numbers
and Stirling numbers[J]. Fibonacci Quart., 2008,
46(2):136-139;2009,47(2):136-139.

[12]Zeitlin D. On convoluted numbers and sums[J].
Amer. Math. Monthly, 1967,74(3):235-246.

[13]Riordan J. Combinatorial Identities[M]. New Yo-
rk: Wiley, 1968.

第十一编
Fibonacci 数列与行列式

关于一类 Fibonacci 行列式的计算[①]

第 48 章

咸阳师专数学系的杨长恩和安康师范学校的吴应龙两位教授 1999 年研究了一类由 Fibonacci 数组成的特殊行列式 $D_n(m,k)$ 的计算问题,并给出了一个有趣的恒等式.

§1 引　言

设
$$F_0 = 0, F_1 = 1$$
当 $n \geq 2$ 时,定义
$$F_n = F_{n-1} + F_{n-2}$$
这样定义的二阶递推数列称为著名的 Fibonacci 数列,记作 $\{F_n\}$. 关于 F_n 的性质,许多学者进行过研究,如 Duncan[1]

① 本章摘自《纯粹数学与应用数学》1999 年 12 月第 15 卷第 4 期.

及 Kuipers[3] 证明了 $\log F_n$ 是关于模 1 一致分布的；Robbing[4] 研究了具有 px^2+1, px^3+1 形式的 Fibonacci 数. Zhang Wenpeng[5] 给出了 $\{F_n\}$ 的一系列组合恒等式,然而更有意思的是美国还成立了 Fibonacci 学会,出版了一种题为《The Fibonacci Quarterly》的学术刊物,专门刊登有关 Fibonacci 数列的研究论文. 本章的主要目的是引入一类由 Fibonacci 数组成的特殊行列式

$$D_n(m,k) = \begin{vmatrix} F_{k+1}^m & F_{k+2}^m & \cdots & F_{k+n}^m \\ F_{k+n+1}^m & F_{k+n+2}^m & \cdots & F_{k+2n}^m \\ \vdots & \vdots & & \vdots \\ F_{k+n(n-1)+1}^m & F_{k+n(n-1)+2}^m & \cdots & F_{k+n^2}^m \end{vmatrix}$$

其中 k 是非负整数,m, n 为自然数,进而我们研究了 $D_n(m,k)$ 值的计算问题,证明了一个有趣的恒等式,即下面的结论：

定理 设 k 为非负整数,则对任意正整数 m 及 n,当 $m \leqslant n-2$ 时有恒等式

$$D_n(m,k) = 0$$

值得说明的是当 $m \geqslant n-1$ 时,定理中的结论不成立. 事实上取

$$n=2, m=1$$

则有

$$D_2(1,0) = \begin{vmatrix} F_1 & F_2 \\ F_3 & F_4 \end{vmatrix} = \begin{vmatrix} 1 & 1 \\ 2 & 3 \end{vmatrix} = 1 \neq 0$$

因此说本章定理中的条件 $m \leqslant n-2$ 是最佳的！

§2 定理的证明

下面我们利用 Fibonacci 数的定义及行列式的性质直接给出定理的证明.

证明 由

$$F_0 = 0, F_1 = 1$$

及

$$F_n = F_{n-1} + F_{n-2}$$

我们不难推出 F_n 的表达式

$$F_n = \frac{1}{\sqrt{5}}\left[\left(\frac{1+\sqrt{5}}{2}\right)^n - \left(\frac{1-\sqrt{5}}{2}\right)^n\right] \quad (n = 0, 1, \cdots)$$

为方便起见,记

$$T = \frac{1+\sqrt{5}}{2}, U = \frac{1-\sqrt{5}}{2}$$

则由二项式展开可得

$$D_n(m,k) = \begin{vmatrix} F_{k+1}^m & F_{k+2}^m & \cdots & F_{k+n}^m \\ F_{k+n+1}^m & F_{k+n+2}^m & \cdots & F_{k+2n}^m \\ \vdots & \vdots & & \vdots \\ F_{k+n(n-1)+1}^m & F_{k+n(n-1)+2}^m & \cdots & F_{k+n^2}^m \end{vmatrix}$$

$$= \frac{1}{(\sqrt{5})^{mn}} \begin{vmatrix} A_{11} & A_{12} & \cdots & A_{1n} \\ A_{21} & A_{22} & \cdots & A_{2n} \\ \vdots & \vdots & & \vdots \\ A_{n1} & A_{n2} & \cdots & A_{nn} \end{vmatrix}$$

其中

Zernov 定理

$$A_{rs} = \sum_{i=0}^{m} (-1)^i C_m^i T^{(k+n(r-1)+s)(m-i)} U^{(k+n(r-1)+s)i}$$

$$(1 \leqslant r,s \leqslant n)$$

现在我们把行列式 $D_n(m,k)$ 按第 1 列系数 $C_m^{i_1}$ 相同的拆成 $m+1$ 个行列式

$$D_n(m,k) = \frac{1}{(\bar{5})^{mn}} \sum_{i_1=0}^{m} (-1)^{i_1} C_m^{i_1} \cdot$$

$$\begin{vmatrix} T^{(k+1)(m-i_1)} U^{(k+1)i_1} & A_{12} & \cdots & A_{1n} \\ T^{(k+n+1)(m-i_1)} U^{(k+n+1)i_1} & A_{22} & \cdots & A_{2n} \\ \vdots & \vdots & & \vdots \\ T^{(k+n(n-1)+1)(m-i_1)} U^{(k+n(n-1)+1)i_1} & A_{n2} & \cdots & A_{nn} \end{vmatrix}$$

再按上述和式中每个行列式的第 2 列系数 $C_m^{i_2}$ 把每个行列式再拆成 $m+1$ 个行列式. 依次下去，一共拆成 $(m+1)n$ 个行列式，即得

$$D_n(m,k)$$

$$= \frac{1}{(\bar{5})^{mn}} \sum_{i_1=0}^{m} \sum_{i_2=0}^{m} \cdots \sum_{i_n=0}^{m} (-1)^{i_1+i_2+\cdots+i_n} C_m^{i_1} C_m^{i_2} \cdots C_m^{i_n} \cdot$$

$$\begin{vmatrix} T^{(k+1)(m-i_1)} U^{(k+1)i_1} & \cdots & T^{(k+n)(m-i_n)} U^{(k+n)i_n} \\ T^{(k+n+1)(m-i_1)} U^{(k+n+1)i_1} & \cdots & T^{(k+2n)(m-i_n)} U^{(k+2n)i_n} \\ \vdots & & \vdots \\ T^{(k+n(n-1)+1)(m-i_1)} U^{(k+n(n-1)+1)i_1} & \cdots & T^{(k+n^2)(m-i_n)} U^{(k+n^2)i_n} \end{vmatrix}$$

上面和式中每个 i_k 的取值范围是 0 到 m 这 $m+1$ 个整数，所以当 $n \geqslant m+2$ 时，由抽屉原理知 $i_1, i_2, \cdots, i_n$ 这 n 个变量中至少有两个是相等的，不妨设为

$$i_s = i_r = i$$

则它们所对应行列式中的那一列分别为

590

$$
\begin{pmatrix}
T^{(k+s)(m-i)}U^{(k+s)i} \\
T^{(k+n+s)(m-i)}U^{(k+n+s)i} \\
\vdots \\
T^{(k+n(n-1)+s)(m-i)}U^{(k+n(n-1)+s)i}
\end{pmatrix}
$$

及

$$
\begin{pmatrix}
T^{(k+r)(m-i)}U^{(k+r)i} \\
T^{(k+n+r)(m-i)}U^{(k+n+r)i} \\
\vdots \\
T^{(k+n(n-1)+r)(m-i)}U^{(k+n(n-1)+r)i}
\end{pmatrix}
$$

显然这两列对应值成比例,公比为 $T^{(s-r)(m-i)}U^{(s-r)i}$,从而当 $n \geq m+2$ 时有

$$
D_n(m,k)=0
$$

这样我们便完成了定理的证明.

　　注　当 $m \geq n-1$ 时,行列式 $D_n(m,k)$ 的值是否有规律性仍然是一个未解决的问题.

参考资料

[1]Duncan R I. Application of uniform distribution to the Fibonacci numbers[J]. The Fibonacci Quarterly, 1967,5(2):137-140.

[2]Hardy G H, Wright E M. An introduction to the theory of numbers[M]. London:Oxford University Press, 4th ed. 1962.

[3]Kuipers L. Remark on a paper by R. L. Duncan

concering the unifrom distribution mod 1 of the sequence of the logarithms of the Fibonacci numbers [J]. The Fibonacci Quarterly, 1969, 7 (5) : 456-466.

[4] Robbins N. Fibonacci numbers of the forms $px^2 + 1$, $px^3 + 1$, where p is a prime [A]. In Applications of Fibonacci Numbers [C]. Dordrecht: Kluwer, 1986, 1 : 77-88.

[5] Zhang Wenpeng. Some identities involving the Fibonacci numbers [J]. The Fibonacci Quarterly, 1997, 35 : 225-229.

Fibonacci 行列式序列与 Hessenberg矩阵

除主对角线、下对角线和上对角线外,其余元素皆为零的 n 阶矩阵称为三对角矩阵. 更一般地,上对角线以上的元素皆为零的但不是下三角方阵的 n 的矩阵 $\boldsymbol{A} = (a_{ij})$(也就是说,当 $j > i+1$ 时 $a_{ij} = 0$,但存在某个 i 使得 $a_{i,i+1} \neq 0$)称为 Hessenberg 矩阵,三对角矩阵是 Hessenberg 矩阵的特例.

问题 1　设 $\boldsymbol{F}_n$ 是主对角线元素皆为 1,上、下对角线元素皆为 i 的 n 阶三对角矩阵,即

$$\boldsymbol{F}_n = \begin{bmatrix} 1 & \mathrm{i} & 0 & \cdots & 0 \\ \mathrm{i} & 1 & \mathrm{i} & \ddots & \vdots \\ 0 & \mathrm{i} & \ddots & \ddots & 0 \\ \vdots & \ddots & \ddots & 1 & \mathrm{i} \\ 0 & \cdots & 0 & \mathrm{i} & 1 \end{bmatrix}$$

计算行列式 $|\boldsymbol{F}_n|, n = 1,2,3,4,5$,从中你发现了什么规律?

问题 2　ⅰ)设 $n \geqslant 1$, $\boldsymbol{B}_n$ 是主对

角线上除 $b_{11}=1$, 其余元素皆为 2, 上对角线元素皆为 -1, 在主对角线以下的元素皆为 1 的 n 阶 Hessenberg 矩阵, 即

$$B_n = \begin{bmatrix} 1 & -1 & 0 & \cdots & 0 \\ 1 & 2 & -1 & \ddots & \vdots \\ 1 & 1 & 2 & \ddots & 0 \\ \vdots & \vdots & \ddots & \ddots & -1 \\ 1 & 1 & \cdots & 1 & 2 \end{bmatrix}$$

设 C_n 是主对角线元素皆为 2, 上对角线元素皆为 -1, 在主对角线以下的元素皆为 1 的 n 阶 Hessenberg 矩阵, 即

$$C_n = \begin{bmatrix} 2 & -1 & 0 & \cdots & 0 \\ 1 & 2 & -1 & \ddots & \vdots \\ 1 & 1 & \ddots & \ddots & 0 \\ \vdots & \ddots & \ddots & 2 & -1 \\ 1 & \cdots & 1 & 1 & 2 \end{bmatrix}$$

计算行列式 $|B_n|$, $|C_n|$, $n=1,2,3,4$, 从中你发现了什么规律?

ⅱ) 如果将 C_n 中的上对角线元素 -1 全改为 1, 则得到 n 阶 Hessenberg 矩阵

$$D_n = \begin{bmatrix} 2 & 1 & 0 & \cdots & 0 \\ 1 & 2 & 1 & \ddots & \vdots \\ 1 & 1 & \ddots & \ddots & 0 \\ \vdots & \ddots & \ddots & 2 & 1 \\ 1 & \cdots & 1 & 1 & 2 \end{bmatrix}$$

计算行列式 $|D_n|$, $n=1,2,3,4$, 从中你发现了什么规律?

探究题 1 如果将问题 1 中三对角矩阵 F_n 中 $(2,$

2）位置上的元素 1 改为 2，则得到 n 阶三对角矩阵

$$L_n = \begin{bmatrix} 1 & i & 0 & \cdots & 0 \\ i & 2 & i & \ddots & \vdots \\ 0 & i & 1 & \ddots & 0 \\ \vdots & \ddots & \ddots & \ddots & i \\ 0 & \cdots & 0 & i & 1 \end{bmatrix}$$

试探求行列式序列 $\{|L_n|\}$ 与 Fibonacci 数列的对应关系.

从以上的讨论中，我们已经得到了计算一些特殊的 Hessenberg 矩阵的行列式的递推关系式，是否能把它们加以推广，从而求得一般的 Hessenberg 矩阵的行列式的递推公式呢？

探究题 2 设 M_n 是 n 阶 Hessenberg 矩阵

$$M_n = \begin{bmatrix} m_{11} & m_{12} & 0 & \cdots & 0 \\ m_{21} & m_{22} & m_{23} & \ddots & \vdots \\ m_{31} & m_{32} & m_{33} & \ddots & 0 \\ \vdots & \ddots & \ddots & \ddots & m_{n-1,n} \\ m_{n1} & m_{n2} & \cdots & m_{n,n-1} & m_{nn} \end{bmatrix}$$

其中 $n \geqslant 1$. 定义 $|M_0| = 1$，而 $|M_1| = m_{11}$，求行列式 $|M_n|(n \geqslant 2)$ 的递推关系式.

问 题 解 答

问题 1 由题意
$$|F_1| = 1, |F_2| = 2, |F_3| = 3$$
将 $|F_4|$ 和 $|F_5|$ 分别按第 4 行和第 5 行展开，得
$$|F_4| = |F_3| + (-1)i \cdot i \cdot |F_2| = |F_3| + |F_2|$$

$$= 3 + 2 = 5$$

$$|\boldsymbol{F}_5| = |\boldsymbol{F}_4| + (-1)\mathrm{i} \cdot \mathrm{i} \cdot |\boldsymbol{F}_3| = |\boldsymbol{F}_4| + |\boldsymbol{F}_3|$$

$$= 5 + 3 = 8$$

可以发现,如果令 $|\boldsymbol{F}_0| = 1$,则行列式序列 $\{|\boldsymbol{F}_n|\}$ 为 $\{1,1,2,3,5,8,\cdots\}$,是满足递推关系

$$|\boldsymbol{F}_n| = |\boldsymbol{F}_{n-1}| + |\boldsymbol{F}_{n-2}| \quad (n = 2,3,\cdots) \quad (1)$$

以及初始条件

$$|\boldsymbol{F}_0| = 1, |\boldsymbol{F}_1| = 1$$

的 Fibonacci 数列,其中只要将 n 阶行列式 $|\boldsymbol{F}_n|$ 按第 n 行展开,就立即可证式(1)成立.

问题 2　ⅰ)由题意得

$$|\boldsymbol{B}_1| = 1, |\boldsymbol{B}_2| = 3$$

$$|\boldsymbol{B}_3| = \begin{vmatrix} 1 & -1 & 0 \\ 1 & 2 & -1 \\ 1 & 1 & 2 \end{vmatrix}$$

$$= \begin{vmatrix} 2 & -1 \\ 1 & 2 \end{vmatrix} + (-1)(-1) \begin{vmatrix} 1 & -1 \\ 1 & 2 \end{vmatrix} \text{(按第 1 行展开)}$$

$$= \begin{vmatrix} 2 & -1 \\ 1 & 2 \end{vmatrix} + \begin{vmatrix} 1 & -1 \\ 1 & 2 \end{vmatrix} = 5 + 3 = 8$$

$$|\boldsymbol{B}_4| = \begin{vmatrix} 1 & -1 & 0 & 0 \\ 1 & 2 & -1 & 0 \\ 1 & 1 & 2 & -1 \\ 1 & 1 & 1 & 2 \end{vmatrix}$$

$$= \begin{vmatrix} 2 & -1 & 0 \\ 1 & 2 & -1 \\ 1 & 1 & 2 \end{vmatrix} + \begin{vmatrix} 1 & -1 & 0 \\ 1 & 2 & -1 \\ 1 & 1 & 2 \end{vmatrix} \text{(按第 1 行展开)}$$

$$= 13 + 8 = 21$$

$$|\boldsymbol{C}_1| = 2, |\boldsymbol{C}_2| = 5$$

$$|C_3| = \begin{vmatrix} 2 & -1 & 0 \\ 1 & 2 & -1 \\ 1 & 1 & 2 \end{vmatrix}$$

$$= 2\begin{vmatrix} 2 & -1 \\ 1 & 2 \end{vmatrix} + \begin{vmatrix} 1 & -1 \\ 1 & 2 \end{vmatrix} \quad (\text{按第 1 行展开})$$

$$= 2 \times 5 + 3 = 13$$

$$|C_4| = \begin{vmatrix} 2 & -1 & 0 & 0 \\ 1 & 2 & -1 & 0 \\ 1 & 1 & 2 & -1 \\ 1 & 1 & 1 & 2 \end{vmatrix}$$

$$= 2\begin{vmatrix} 2 & -1 & 0 \\ 1 & 2 & -1 \\ 1 & 1 & 2 \end{vmatrix} + \begin{vmatrix} 1 & -1 & 0 \\ 1 & 2 & -1 \\ 1 & 1 & 2 \end{vmatrix} (\text{按第 1 行展开})$$

$$= 2 \times 13 + 8 = 34$$

可以发现,只要将 $|B_n|$(或 $|C_n|$)按第 1 行展开就可以得到

$$|B_n| = |C_{n-1}| + |B_{n-1}|$$
$$|C_n| = 2|C_{n-1}| + |B_{n-1}|)$$
$$= |C_{n-1}| + (|C_{n-1}| + |B_{n-1}|)$$
$$= |C_{n-1}| + |B_n|$$

于是,行列式序列

$|B_1|,|C_1|,|B_2|,|C_2|,|B_3|,|C_3|,|B_4|,|C_4|,\cdots$

(即数列 $1,2,3,5,8,13,21,34,\cdots$)构成 Fibonacci 行列式序列.

ⅱ)由题意得

$$|D_1| = 2, |D_2| = 3$$

$$|D_3| = \begin{vmatrix} 2 & 1 & 0 \\ 1 & 2 & 1 \\ 1 & 1 & 2 \end{vmatrix} = 2\begin{vmatrix} 2 & 1 \\ 1 & 2 \end{vmatrix} + (-1)\begin{vmatrix} 2 & 1 \\ 1 & 1 \end{vmatrix}$$

（按第 3 列列开）

$$= \begin{vmatrix} 2 & 1 \\ 1 & 2 \end{vmatrix} + \left[\begin{vmatrix} 2 & 1 \\ 1 & 2 \end{vmatrix} - \begin{vmatrix} 2 & 1 \\ 1 & 1 \end{vmatrix} \right]$$

$$= \begin{vmatrix} 2 & 1 \\ 1 & 2 \end{vmatrix} + \begin{vmatrix} 2 & 0 \\ 1 & 1 \end{vmatrix}$$

（利用行列式性质:如果行列式的一列元素是两组
数的差,则这个行列式等于两个行列式之差.）

$$= 3 + 2 = 5$$

$$|\boldsymbol{D}_4| = \begin{vmatrix} 2 & 1 & 0 & 0 \\ 1 & 2 & 1 & 0 \\ 1 & 1 & 2 & 1 \\ 1 & 1 & 1 & 2 \end{vmatrix}$$

$$= 2 \begin{vmatrix} 2 & 1 & 0 \\ 1 & 2 & 1 \\ 1 & 1 & 2 \end{vmatrix} + (-1) \begin{vmatrix} 2 & 1 & 0 \\ 1 & 2 & 1 \\ 1 & 1 & 1 \end{vmatrix}$$

（按第 4 列展开）

$$= \begin{vmatrix} 2 & 1 & 0 \\ 1 & 2 & 1 \\ 1 & 1 & 2 \end{vmatrix} + \begin{vmatrix} 2 & 1 & 0 \\ 1 & 2 & 0 \\ 1 & 1 & 1 \end{vmatrix} = 5 + 3 = 8$$

可以发现,只要将 $|\boldsymbol{D}_n|$ 按第 n 列展开就可以得到

$$|\boldsymbol{D}_n| = |\boldsymbol{D}_{n-1}| + |\boldsymbol{D}_{n-2}| \quad (n \geqslant 3)$$

因而行列式序列 $\{|\boldsymbol{D}_n|\}$ 构成 Fibonacci 行列式序列.

第十二编
广义 Fibonacci 数列

广义 Fibonacci 数列

第

50

章

暨南大学的叶世绮教授讨论了
$$F_{n+1} = aF_n + bF_{n-1}$$
以及更一般地
$$u_{n+1} = a_0 u_{n-h} + a_1 u_{n-h-1} + \cdots +$$
$$a_{k-1} u_{n-h-k+1}$$

数列的性质,证明了增长率数列$\left\{\dfrac{u_{n+1}}{u_n}\right\}$

的极限存在性,并给出了极限的界的估计,讨论了具有成长期 h,繁殖期 k,衰老期 l,以及具有成长期 t,繁殖期 ∞ 的兔子增长模型,还考虑了一个更一般化的生物群体生长模型,其一个特例可以作为代际交换中代际人口流的一个简单模型.

参考资料[2]给出的广义 Fibonacci 数列的:

定义 1　对于任意给定的自然数 a,b,令

$$F_0 = 0, F_1 = 1$$

Zernov 定理

$$F_{n+1} = aF_n + bF_{n-1} \quad (n = 1,2,\cdots) \tag{1}$$

称数列 $\{F_n\}_{n=0}^{\infty}$ 为广义 Fibonacci 数列.

引理 1　任意给出两个非负整数 n 和 r, $n \geqslant r+1$ (r 可以为 0),则有

$$F_n = F_{r+1}F_{n-r} + bF_rF_{n-(r+1)} \tag{2}$$

引理 2　如果 $m \mid n$,则 $F_m \mid F_n$.

引理 3　设 $(a,b)=1$, $k = \min\{s:p \mid F_s\}$,其中 p 为素数,则 $p \mid F_n$ 的充要条件为 $k \mid n$.

当 $a = b = 1$ 时,广义 Fibonacci 数列为

$$0,1,1,2,3,5,8,13,21,34,55,\cdots \tag{3}$$

可以认为这正是 Fibonacci 数列. 但我们注意到一般参考资料中(如[1],[3])对于 Fibonacci 数列的前两项是取 $F_0 = F_1 = 1$,即整个数列为

$$1,1,2,3,5,8,13,21,34,55,89,\cdots \tag{4}$$

与数列(3)相比较,似乎仅少了起项 0,但对于参考资料[2]中的一些结论要做一定的修改,如:

引理 2′　$\{F_n\}_{n=0}^{\infty}$ 为式(4)确定的 Fibonacci 数列,如果 $m+1 \mid n+1$,则 $F_m \mid F_n$.

引理 3′　设 $\{F_n\}_{n=0}^{\infty}$ 为式(4)确定的 Fibonacci 数列, $k = \min\{s:p \mid F_s\}$,其中 p 为素数,则 $p \mid F_n$ 的充要条件为 $k+1 \mid n+1$.

对于数列(3)的有关结论,只要将数列通项的足码加 1 就可以推广到数列(4)上,可是对于广义 Fibonacci 数列并非这么简单.

为探讨此问题,我们将定义 1 中的广义 Fibonacci 数列称之为广义 Fibonacci - F 数列,而定义广义 Fibonacci - G 数列如下:

定义 2　对于任意给定的自然数 a, b，令

$$G_0 = G_1 = 1$$

$$G_{n+1} = aG_n + bG_{n-1} \quad (n = 1, 2, \cdots) \qquad (5)$$

称数列 $\{G_n\}_{n=0}^{\infty}$ 为广义 Fibonacci – G 数列.

广义 Fibonacci – F 数列与广义 Fibonacci – G 数列通项的基本关系 (1) 和 (5) 是一致的，但由于起项不同，当 $a = b = 1$ 不成立时，两个数列并不像 Fibonacci 数列 (3) 与 (4) 那样仅是"少了起项 0"或"通项的足码加 1"而已，我们观察一下 F_n, G_n 的前几项 (表 1)：

表 1

n	0	1	2	3	4	5	$\cdots$
F_n	0	1	a	$a^2 + b$	$a^2 + 2ab$	$a^3 + 3a^2b + b^2$	$\cdots$
G_n	1	1	$a + b$	$a^2 + ab + b$	$a^3 + a^2b + 2ab + b^2$	$a^4 + a^3b + 3a^2b + 2ab^2 + b^2$	$\cdots$

我们注意到：

性质 1　广义 Fibonacci – F 数列 $\{F_n\}_{n=0}^{\infty}$ 与广义 Fibonacci – G 数列 $\{G_n\}_{n=0}^{\infty}$ 具有关系

$$G_n = F_{n+1} \qquad (6)$$

的充要条件为 $a = 1$.

性质 2　对于广义 Fibonacci – G 数列 $\{G_n\}_{n=0}^{\infty}$，当 $a = 1$ 时，有：

ⅰ) 如果 $m + 1 \mid n + 1$，则 $G_m \mid G_n$；

ⅱ) 设 $k = \min\{s : p \mid G_s\}$，其中 p 为素数，则 $p \mid G_n$ 的充要条件为 $k + 1 \mid n + 1$.

但应注意当 $a \neq 1$ 时，引理 2、引理 3、性质 2 的结论，一般都不成立. 例如，当 $a = 4, b = 1$ 时

$$G_{n+1} = 4G_n + G_{n-1}$$

Zernov 定理

有
$$G_0 = 1, G_1 = 1, G_2 = 5, G_3 = 21, G_4 = 89, G_5 = 377, \cdots$$
明显地
$$G_2 \nmid G_4 , G_2 \nmid G_5$$

下面先从生成函数来研究一下广义 Fibonacci $-F$ 数列和广义 Fibonacci $-G$ 数列的通项. 对于广义 Fibonacci $-F$ 数列, 设

$$F(x) = \sum_{n=0}^{\infty} F_n x^n$$

为生成函数, 则

$$
\begin{aligned}
F(x) &= x + \sum_{n=1}^{\infty} (aF_{n-1} + bF_{n-2}) x^n \\
&= x + ax \sum_{n=2}^{\infty} F_{n-1} x^{n-1} + bx^2 \sum_{n=2}^{\infty} F_{n-2} x^{n-2} \\
&= x + axF(x) + bx^2 F(x)
\end{aligned}
$$

于是

$$F(x) = \frac{x}{1 - ax - bx^2} = \frac{\alpha_F}{1 - \alpha x} + \frac{\beta_F}{1 - \beta x} \qquad (7)$$

其中, α, β 为方程 $x^2 - ax - b = 0$ 的根, 即

$$\alpha = \frac{a + \sqrt{a^2 + 4b}}{2}, \beta = \frac{a - \sqrt{a^2 + 4b}}{2} \qquad (8)$$

而

$$\alpha_F = \frac{1}{\sqrt{a^2 + 4b}}, \beta_F = -\frac{1}{\sqrt{a^2 + 4b}}$$

利用幂级数展开法, 将式(7)展开得

$$F(x) = \alpha_F \sum_{n=0}^{\infty} \alpha^n x^n + \beta_F \sum_{n=0}^{\infty} \beta^n x^n$$

$$= \sum_{n=0}^{\infty} (\alpha_F \alpha^n + \beta_F \beta^n) x^n$$

广义 Fibonacci $-F$ 数列的通项

$$F_n = \alpha_F \alpha^n + \beta_F \beta^n$$

$$= \frac{1}{\sqrt{a^2 + 4b}} (\alpha^n - \beta^n)$$

$$= \frac{1}{\sqrt{a^2 + 4b}} \left[\left(\frac{a + \sqrt{a^2 + 4b}}{2} \right)^n - \left(\frac{a - \sqrt{a^2 + 4b}}{2} \right)^n \right]$$

对于广义 Fibonacci $-G$ 数列,设生成函数为

$$G(x) = \sum_{n=0}^{\infty} G_n x^n$$

则

$$G(x) = 1 + x + \sum_{n=2}^{\infty} (a G_{n-1} + b G_{n-2}) x^n$$

$$= 1 + x + ax \sum_{n=2}^{\infty} a G_{n-1} x^{n-1} + bx^2 \sum_{n=2}^{\infty} G_{n-2} x^{n-2}$$

$$= 1 + (1 - a) x + ax G(x) + bx^2 G(x)$$

于是

$$G(x) = \frac{1 + (1 - a) x}{1 - ax - bx^2}$$

$$= \frac{\alpha_G}{1 - \alpha x} + \frac{\beta_G}{1 - \beta x} \qquad (9)$$

其中,α,β 与广义 Fibonacci $-F$ 数列一样,亦为方程

$$x^2 - ax - b = 0$$

的根,与式(8)一致,而

$$\alpha_G = \frac{\alpha - (a-1)}{\sqrt{a^2 + 4b}}, \beta_G = \frac{a-1-\beta}{\sqrt{a^2 + 4b}}$$

将式(9)用幂级数展开,有

$$G(x) = \alpha_G \sum_{n=0}^{\infty} \alpha^n x^n + \beta_G \sum_{n=0}^{\infty} \beta^n x^n$$

$$= \sum_{n=0}^{\infty} (\alpha_G \cdot \alpha^n + \beta_G \cdot \beta^n) x^n$$

所以广义 Fibonacci - G 数列的通项为

$$G_n = \alpha_G \cdot \alpha^n + \beta_G \cdot \beta^n$$

$$= \frac{1}{\sqrt{a^2 + 4b}} [(\alpha^{n+1} - \beta^{n+1}) -$$

$$(a-1)(\alpha^n - \beta^n)]$$

对比两个数列的通项,得:

性质 3 $G_n = F_{n+1} - (a-1)F_n$

利用性质 3 可直接得到性质 1.

性质 4 对于任意给出的两个自然数 n, m,有

$$G_{n+m} = (a-1)G_{n+m-1} + G_m G_n + b G_{m-1} G_{n-1} \quad (10)$$

或等价地

$$G_{m+n} + b G_{m+n-1} = G_m G_{n+1} + b G_{m-1} G_n \quad (11)$$

证明 从生成函数 $G(x)$ 入手,有

$$\sum_{n=0}^{\infty} G_{n+m} x^{n+m}$$

$$= G(x) - (G_0 + G_1 x + \cdots + G_{m-1} x^{m-1})$$

$$= G(x) - (G_0 + G_1 x + \cdots G_{m-1} x^{m-1}) \cdot$$

$$[G(x)(1 - ax - bx^2) + (a-1)x]$$

$$= [1 - (G_0 + G_1 x + \cdots + G_{m-1} x^{m-1}) \cdot$$

$$(1 - ax - bx^2)] \cdot G(x) -$$

$$(a-1)x(G_0 + G_1 x + \cdots + G_{m-1}x^{m-1})$$

$$= \big[(a-1)x + (aG_{m-1} + bG_{m-2})x^m +$$

$$bG_{m-1}x^{m+1}\big]G(x) -$$

$$(a-1)x(G_0 + G_1 x + \cdots + G_{m-1}x^{m-1})$$

$$= (a-1)x\sum_{i=0}^{\infty} G_{m+i}x^{m+i} + (G_m x^m +$$

$$bG_{m-1}x^{m+1})G(x)$$

$$= \sum_{i=0}^{\infty}(a-1)G_{m+i}x^{m+1+i} +$$

$$\sum_{i=0}^{\infty} G_m G_i x^{m+i} + \sum_{i=0}^{\infty} bG_{m-1}G_i x^{m+1+i}$$

$$= G_m G_0 x^m + \sum_{i=0}^{\infty}\big[(a-1)G_{m+i} +$$

$$G_m G_{i+1} + bG_{m-1}G_i\big]x^{m+1+i}$$

对比两边对应项的系数,有

$$G_m = G_m G_0$$

$$G_{m+n+1} = (a-1)G_{m+n} + G_m G_{n+1} + bG_{m-1}G_n \quad (12)$$

用 $n-1$ 代替式(12)的 n,即得式(10),而由式(5)的
基本关系,代入式(12),又可得式(11),性质 4 证毕.

性质 5　$G_m G_{n+1} - G_n G_{m+1} = b(G_{n-1}G_m - G_{m-1}G_n)$

性质 6　当 $a=1$ 时

$$G_{n+m} = G_n G_m + G_{n-1}G_{m-1}$$

对

$$n = (m+1)k - 1 = (m+1)(k-1) + m$$

有

$$G_n = G_{(m+1)(k-1)}G_m + bG_{(m+1)(k-1)-1}G_{m-1}$$

对 k 进行数学归纳,则不用借助引理 2 也可证明性质

2 中的 i),类似地,不引用引理 2 也可证明性质 2 中的 ii). 为此,我们先证明:

性质 7 对于某个 n,如果素数 p 满足 $p \mid F_n$,且 $p \nmid a$,则 $p \nmid b$.

证明 已知素数 p 满足 $p \mid F_n$,令
$$k = \min\{s : p \mid G_s\}$$
由
$$G_k = aG_{k-1} + bG_{k-2}$$
若 $p \mid b$,由 $p \nmid a$,则 $p \mid G_{k-1}$ 与 $k = \min\{s : p \mid G_s\}$ 矛盾. 故 $p \nmid b$. 性质 7 证毕.

性质 2 之 ii)的证明:

先证充分性. 由性质 6 证得的性质 2 之 i),$k+1 \mid n+1$ 时有 $G_k \mid G_n$,而 $p \mid G_k$,故 $p \mid G_n$.

其次证必要性. 将 n 写为
$$n = l(k+1) + r \quad (r \le k)$$
当 $l = 0$ 时,必有 $r = k$,命题成立.

假设 $l > 0$,由性质 6 有
$$G_n = G_{l(k+1)}G_r + bG_{l(k+1)-1}G_{r-1}$$
因为 $p \mid G_k$,而 $G_k \mid G_{l(k+1)-1}$,故 $p \mid G_{l(k+1)-1}$. 所以当 $p \mid G_n$ 时,有 $p \mid G_{l(k+1)}G_r$. 而我们断定 $p \nmid G_{l(k+1)}$(否则由
$$G_{l(k+1)} = G_{l(k+1)-1} + bG_{l(k+1)-2}$$
及 $p \nmid b$,将会得出 p 整除一切 G_s 的矛盾结果). 于是有 $p \mid G_r$,而 $r \le k, k = \min\{s : p \mid G_s\}$. 故
$$r = k, n+1 = (l+1)(k+1)$$
即我们已完全证毕 $p \mid G_k$ 的充要条件为 $k+1 \mid n+1$,其中

$$k = \min\{s : p \mid G_s\}$$

p 为素数.

从上述讨论可以看出, 对于通项及通项间的整除关系, 当 $a \neq 1$ 时, 广义 Fibonacci – F 数列与广义 Fibonacci – G 数列并无相同之处. 那么什么是这两个数列的共同本质呢? 我们认为应该是式 (1) 和 (5) 确定的关系, 不管起项是 1 或是 0, 甚至前两项还可以是任意实数. 我们把满足关系

$$u_n = a \cdot u_{n-1} + b \cdot u_{n-1} \quad (n = 2, 3, \cdots) \quad (13)$$

的数列都可以看成是广义 Fibonacci 数列. 不管其前两项数值为何, 这类数列的共同特点在于, 其增长率数列

$$\{w_n\}_{n=1}^{\infty} = \left\{\frac{u_{n+1}}{u_n}\right\}_{n=1}^{\infty}$$

具有相同的收敛极限.

事实上

$$w_n = \frac{u_{n+1}}{u_n} = a + b\,\frac{u_{n-1}}{u_n} = a + \frac{b}{w_{n-1}}$$

假设

$$w = \lim_{n \to \infty} w_n$$

则有

$$w = a + \frac{b}{w}$$

即

$$w^2 - aw - b = 0$$

w 是方程

$$x^2 - ax - b = 0$$

的根. 此时负根是没有意义的, 所以 w 即为前面已求

得的

$$\alpha = \frac{a + \sqrt{a^2 + 4b}}{2}$$

性质 8 满足式(13)的广义 Fibonacci 数列 $\{u_n\}_{n=0}^{\infty}$ 的增长率数列极限为

$$\frac{a + \sqrt{a^2 + 4b}}{2}$$

当 $a = b = 1$ 时,即为 Fibonacci 数列,其增长率数列的极限为 $\frac{1 + \sqrt{5}}{2}$.

由式(13)确定的广义 Fibonacci 数列还可以再进一步一般化. 下面我们定义泛广义 Fibonacci 数列.

定义 3 对于给定的自然数 h 和 k,当整数 n 充分大时,恒满足

$$u_{n+1} = a_0 u_{n-h} + a_1 u_{n-h-1} + \cdots + a_{k-1} u_{n-h-k+1} \quad (14)$$

其中,$a_0, a_1, \cdots, a_{k-1}$ 为非负常数,称数列 $\{u_n\}_{n=0}^{\infty}$ 为泛广义 Fibonacci 数列.

定义中所说的 n 充分大时是指至少有

$$n > h + k - 1$$

式(13)确定的 Fibonacci 数列是此定义中 $h = 0, k = 2$ 的一个特例.

我们暂不考虑泛广义 Fibonacci 数列的通项性质,先研究其增长率数列的收敛极限,最后对于其中一种特殊情况予以更详尽的讨论,并指出其实际应用背景.

泛广义 Fibonacci 数列 $\{u_n\}_{n=0}^{\infty}$ 的增长率数列 $\{w_n\}_{n=1}^{\infty}$ 满足关系

$$w_n = \frac{\sum_{i=0}^{k-1} a_i u_{n-h-i}}{u_n} = \sum_{i=0}^{k-1} a_i \frac{1}{\dfrac{u_n}{u_{n-h-i}}}$$

$$= \sum_{i=0}^{k-1} a_i \frac{1}{w_{n-1} w_{n-2} \cdots w_{n-h-i}}$$

k, h 是相对固定的, $i \leqslant k - 1$. 因此设

$$\lim_{n \to \infty} w_n = w$$

则当 $n \to \infty$ 时, 有

$$w = \sum_{i=0}^{k-1} a_i \frac{1}{w^{h+i}}$$

两边乘以 w^{h+k-1}, 移项得

$$w^{h+k} - \sum_{i=0}^{k-1} a_i w^{k-1-i} = 0$$

即 w 是多项式方程

$$x^{h+k} - \sum_{i=0}^{k-1} a_i x^{k-1-i} = 0 \qquad (15)$$

的根.

如果 $k = 1$, 方程 (15) 化为

$$x^{h+1} - a_0 = 0$$

其中有一个唯一的正根 $\sqrt[h+1]{a_0}$, 即泛广义 Fibonacci 数列的增长率数列极限为

$$w = \sqrt[h+1]{a_0}$$

式 (14) 化为

$$u_{n+1} = a_0 u_{n-h}$$

如果 $k > 1$, 式 (15) 的多项式方程的变号系数为 1, 由笛卡儿符号法则知, 有且仅有一个正实根, 且这个

正实根不会超过上限 $1 + \left[\max\limits_{i}\{a_i\}\right]^{\frac{1}{h+1}}$（参看参考资料[6]）. 所以有：

性质 9　泛广义 Fibonacci 数列的增长率数列极限 w 存在，且

$$w < 1 + \left[\max\limits_{i}\{a_i\}\right]^{\frac{1}{h+1}}$$

如果 $\sum\limits_{i=0}^{k-1} a_i > 1$，则还有 $w > 1$.

以式（13）确定的广义 Fibonacci 数列为例，其增长率数列极限 $\dfrac{a + \sqrt{a^2 + 4b}}{2}$ 满足

$$1 < \frac{a + \sqrt{a^2 + 4b}}{2} < 1 + \max\{a, b\}$$

再观察泛广义 Fibonacci 数列的一个特殊情形

$$a_0 = a_1 = \cdots = a_{k-1} = 1$$

将由此所确定的泛广义 Fibonacci 数列称为修正了的 Fibonacci 数列，此时其增长率数列的极限是多项式方程

$$x^{h+k} - x^{h-1} - x^{h-2} - \cdots - x - 1 = 0 \qquad (16)$$

的根.

性质 10　对于 $k > 1$，修正了的 Fibonacci 数列的增长率数列极限 w 满足 $1 < w < 2$.

将式（16）的左端视为 x, h, k 的多元函数，即令

$$F(x, h, k) = x^{h+k} - x^{k-1} - x^{k-2} - \cdots - x - 1 \qquad (17)$$

注意到

$$F'_h(x, h, k) = x^{h+k}\ln x > 0 \qquad (x > 1)$$

所以在 $x \in (1, 2)$ 内，$F(x, h, k)$ 是 h 的递增函数，而由

性质 10,对于每一对 h,k,存在唯一的 $w \in (1,2)$ 使得
$$F(w,h,k) = 0$$
故随着 h 的增大,使得 $F(x,h,k) = 0$ 的 x 零点数值 w 不断递减,另外,由式(17)可推出
$$F(x,h,k+1) = xF(x,h,k) - 1$$
$F(x,h,k+1)$ 在 $F(x,h,k)$ 的 x 零点处取 -1,所以 $F(x,h,k)$ 的 x 零点数值将随着 k 的增大而增大.

性质 11　修正了的 Fibonacci 数列的增长率数列极限 w 与 h,k 有关,它与 h 呈递减关系,与 k 呈递增关系.

Fibonacci 数列是在讨论兔子繁殖问题时作为一个简单的数学模型提出来的(参见参考资料[1,3]),其结论不仅在生物的叶序研究(参见参考资料[1]),而且在概率研究[2]、工程最优设计[4]、准晶体电子研究[5]等方面,也都起着一定的作用. 我们相信本章讨论研究的广义 Fibonacci 数列、泛广义 Fibonacci 数列对其他领域的实际工作也必将起着相当大的作用.

例　Fibonacci 假设每一对成熟兔子每月各繁殖一对小兔,新生小兔经过两个月后达到成熟并开始繁殖小兔,并假设开始只有一对成熟兔子,以后各月成熟兔子的对数就是 Fibonacci 数列(4).

但我们注意到 Fibonacci 的假设与实际情况的差距还是比较大的. 首先,任何一种生物个体的繁殖能力一般来说不是能够永远保持的,而且也都面临死亡. Fibonacci 数列并没有考虑到生物生命过程中这两个重要过程. 如果我们研究考虑了这些因素的数列,得到的恰好是修正的 Fibonacci 数列.

我们假设,新生小兔出生后要经过 h 个月达到成熟,接着连续 k 个月每个月生产一对小兔,然后停止生产,再过 l 个月后自然死亡.以 $v_n^{(i)}$ 表示第 n 个月后月龄为 i 的兔子对数,$i = 1, 2, \cdots, h + k + l$,$v_n^{(0)}$ 表示第 n 个月新生的小兔对数,每对兔子在出生后第 $h+1$ 个月开始繁殖小兔,第 $h + k + 1$ 个月停止繁殖,第 $h + k + l + 1$ 个月死亡.于是有

$$v_n^{(i)} = v_{n-1}^{(i-1)}, i = 1, 2, \cdots, h + k + l (< n)$$

$$v_n^{(0)} = v_n^{(h+1)} + v_n^{(h+2)} + \cdots + v_n^{(h+k)}$$

$$= \sum_{i=1}^{\infty} v_n^{(h+i)} = \sum_{i=1}^{k} v_{n-h-i}^{(0)}$$

第 n 个月后兔子的总对数

$$u_n = v_n^{(0)} + v_n^{(1)} + v_n^{(2)} + \cdots + v_n^{(h+k+l)}$$

$$= \sum_{i=0}^{h+k+l} v_n^{(i)} = \sum_{i=0}^{h+k+l} v_{n-i}^{(0)}$$

所以

$$u_{n+1} = \sum_{i=0}^{n+k+l} v_{n+1-i}^{(0)} = \sum_{i=0}^{h+k+l} \sum_{j=1}^{k} v_{n+1-i-h-j}^{(0)}$$

$$= \sum_{j=1}^{k} \sum_{i=0}^{h+k+1} v_{n+1-h-j-i}^{(0)} = \sum_{j=1}^{k} u_{n+1+h-j} = \sum_{i=0}^{k-1} u_{n-h-j}$$

$$(18)$$

式(18)说明,此时兔子的总对数数列正是修正了的 Fibonacci 数列,而且其中自然数 h, k 得到了充分的现实性的解释.即当 n 充分大时,第 $n + 1$ 个月的兔子总对数等于从第 $n + 1 - h - k$ 个月到第 $n - h$ 个月总共 k 个月的各月兔子总对数的总和.表面上看起来,这一关系似乎仅与兔子的成长期(出生后到成熟开始繁殖小

兔所经的月数 h）和繁殖期（连续繁殖小兔的月数 k）相关，而与兔子的衰老期（停止繁殖后到死亡所经的月数 l）无关. 但实际上，衰老期 l 也是在起作用的. 我们应该注意到上述公式的推导必须是在 n 大于兔子的生命周期（成长期、繁殖期、衰老期之和 $h+k+l$）的情况下进行.

综上所述有：

命题 1　当 n 大于兔子的生命周期时，每个月的兔子总对数等于前面某几个月的兔子总对数的总和，成长期 h 决定往前推的月数，繁殖期 k 决定所需要累加的月数.

我们可以把性质 11 译成与本问题相关的语言：

命题 2　具有成长期 h、繁殖期 k、衰老期 l 的兔子总对数的增长率数列的极限是一个介于 1 与 2 之间的数，它是成长期 h 的递减函数、繁殖期 k 的递增函数，而与衰老期 l 无关.

借助于电子计算机，将对应于 10 以内的成长期 h、繁殖期 k 的增长率数列的极限求出来，列成表（见表 2），其保留了小数点后 6 位数字，命题 2 的结论在表 2 上得到了验证，即从每一行来说，随着 k 的增大，极限值也在增大；从每一列来说，随着 h 的增大，极限值却呈递减.

表 2 成长期长度为 h、生产期长度为 k 的增长率数列极限表

h \ k	2	3	4	5	6	7	8	9	10
0	1.618 034	1.839 287	1.927 562	1.965 948	1.983 583	1.991 964	1.996 031	1.998 030	1.999 019
1	1.324 718	1.465 571	1.534 158	1.570 147	1.590 005	1.601 347	1.607 983	1.611 930	1.614 307
2	1.220 744	1.324 718	1.380 278	1.412 163	1.431 343	1.443 269	1.450 863	1.455 785	1.459 017
3	1.167 304	1.249 852	1.296 466	1.324 718	1.342 636	1.354 368	1.362 231	1.367 594	1.371 302
4	1.134 724	1.203 216	1.243 347	1.268 593	1.285 199	1.296 466	1.304 287	1.309 812	1.313 766
5	1.112 776	1.171 322	1.206 547	1.229 318	1.244 704	1.255 423	1.263 059	1.268 593	1.272 658
6	1.096 982	1.148 114	1.179 499	1.200 215	1.214 506	1.224 668	1.232 055	1.237 516	1.241 607
7	1.085 070	1.130 460	1.158 759	1.177 749	1.191 068	1.200 695	1.207 807	1.213 150	1.217 216
8	1.075 766	1.116 575	1.142 341	1.159 864	1.172 321	1.181 448	1.188 280	1.193 481	1.197 491
9	1.068 297	1.105 367	1.129 016	1.145 278	1.156 971	1.165 633	1.172 192	1.177 240	1.181 176
10	1.062 169	1.096 129	1.117 981	1.133 149	1.144 161	1.152 397	1.158 692	1.163 584	1.167 434

616

Fibonacci 本来所考虑的情况是成长期 $h = 1$、繁殖期 $k = \infty$ 的情形. 其增长率数列的极限与成长期 $h = 0$、繁殖期 $k = 2$ 的增长率数列的极限一致,皆为

$$\frac{1}{2}(1 + \sqrt{5})$$

(约等于 1.618 034). 对于兔子来说,繁殖期 $k = \infty$ 不切合实际,但对于其他生物种体(如菌种等)还是有一定意义的. 一般情况下,有:

命题 3　对于成长期为 t、繁殖期为 ∞ 的增长率数列与成长期为 $t - 1$、繁殖期为 $t + 1$ 的增长率数列具有相同的收敛极限.

证明　对于充分大的 $n(> 2t + 1)$,第 n 个月兔子总对数为

$$u_n = v_n^{(0)} + v_n^{(1)} + \cdots + v_n^{(t)} + v_n^{(*)}$$

其中,$v_n^{(i)}$,$i = 0, 1, 2, \cdots, t$ 的含义如前所述,而 $v_n^{(*)}$ 为处于繁殖期的成熟兔子对数. 这些项具有如下关系

$$v_n^{(0)} = v_n^{(*)}$$

$$v_n^{(i)} = v_{n-1}^{(i-1)} = \cdots = v_{n-i}^{(0)} = v_{n-i}^{(*)}$$

$$v_n^{(*)} = v_{n-1}^{(*)} + v_{n-1}^{(t)}$$

$$= v_{n-2}^{(*)} + v_{n-2}^{(t)} + v_{n-2}^{(t)}$$

$$= \cdots$$

$$= v_{n-t}^{*} + \sum_{i=1}^{t} v_{n-i}^{(t)}$$

$$= v_{n-t}^* + \sum_{i=1}^{t} v_{n-i-t}^{(0)}$$

$$= v_{n-t}^{(*)} + \sum_{i=1}^{t} v_{n-t}^{(i)}$$

$$= u_{n-t} - v_{n-t}^{(0)}$$

所以

$$u_n = \sum_{i=0}^{t} v_n^{(i)} + v_n^{(*)} = \sum_{i=0}^{t} v_{n-1}^{(*)} + v_n^{(*)}$$

$$= \sum_{i=0}^{t} \left(u_{n-i-t} - v_{n-j-t}^{(0)} \right) + v_n^{(*)}$$

$$= \sum_{i=0}^{t} u_{n-t-i} - \left(v_{n-t}^{(0)} + \sum_{i=1}^{t} v_{n-i-t}^{(0)} \right) + v_n^{(*)}$$

$$= \sum_{i=0}^{t} u_{n-t-i} - \left(v_{n-t}^{(*)} + \sum_{i=1}^{t} v_{n-i}^{(t)} \right) + v_n^{(*)}$$

$$= \sum_{i=0}^{t} u_{n-t-i}$$

于是

$$u_{n+1} = \sum_{i=0}^{t} u_{n+1-t-i} \qquad (19)$$

与式(18)比较,可视式(19)为其 $k = t + 1, h = t - 1$ 的特殊情况,命题 3 证毕.

增长率数列极限表中对角线上的数据(即 $k = h + 2$ 时所对应的数据)即为成长期为 $h + 1 (= k - 1)$、繁殖期为无穷的增长率数列的极限. 而且从表上可以看出,沿着对角线增长率数列的极限呈递减趋势,这也能

够从数学上给予严格的证明.

命题 4　具有成长期 t、繁殖期 ∞ 的增长率数列,其极限为成长期 t 的递减函数.

证明　对于成长期 t、繁殖期 ∞ 的增长率数列,由式(19)可知,其极限为如下多项式的零点

$$f(x,t) = x^{2t} - (x^t + x^{t-1} + \cdots + x + 1)$$

$$= x^{2t} - \frac{(x^{t+1} - 1)}{x - 1}$$

对 $f(x,t)$ 关于 t 求偏导数,得

$$f'_t(x,t) = 2x^{2t} \cdot \ln x - \frac{x^{t+1}}{x-1} \ln x$$

$$= 2f(x,t)\ln x + \frac{\ln x}{x-1}(x^{t+1} - 2)$$

$x^{t+1} - 2$ 与 $f(x,t)$ 一样也是一个在开区间 $(1,2)$ 内有唯一的一个零点,且在 $x=1$ 时取负值,在 $x=2$ 时取正值的多项式. 假设 α 是 $x^{t+1} - 2$ 的零点,将其代入 $f(x,t)$,则有

$$f(\alpha,t) = \alpha^{2t} - \frac{\alpha^{t+1} - 1}{\alpha - 1} = \frac{-(\alpha^t - 1)^2}{\alpha - 1} < 0$$

$x^{t+1} - 2$ 的零点 α 使 $f(x,t)$ 取负值,所以 $f(x,t)$ 的零点 ω_0 大于 $x^{t+1} - 2$ 的零点 α,$f(x,t)$ 的零点 ω_0 使 $x^{t+1} - 2$ 取正值,于是

$$f'_t(\omega_0, t) > 0$$

$f(\omega_0, t)$ 是 t 的递增函数,使

$$f(\omega_0, t+1) > 0$$

$f(x, t+1)$ 的零点必小于 ω_0. 命题 4 证毕.

再建立一个生物群体的生长模型. 假设所考虑的生物群体可分为 t 个世代, 分别以 $v(n, i)$, $i = 0, 1, 2, \cdots, t-1$ 记经过 n 个世代之后该种生物群体的第 i 个世代的数目. 再假设第 i 个世代向第 $i+1$ 个世代转换的存活率为 p_{i+1}, 即有

$$v(n+1, i+1) = p_{i+1} v(n, i) \quad (i = 0, 1, \cdots, t-2)$$

第 i 个世代的繁殖率为 q_i, 即

$$v(n, 0) = q_1 v(n, 1) + q_2 v(n, 2) + \cdots + q_{t-1} v(n, t-1)$$

$$= \sum_{i=1}^{t-1} q_i v(n, i) \tag{20}$$

当 $n > t-1$ 时, 有

$$v(n, 0) = \sum_{i=1}^{t-1} q_i \prod_{j=1}^{i} p_j v(n-i, 0) \tag{21}$$

生物群体的总体个数为

$$u_n = v(n, 0) + v(n, 1) + \cdots + v(n, t-1)$$

$$= \sum_{i=1}^{t-1} q_i \prod_{j=1}^{i} p_j v(n-i, 0) + \sum_{i=1}^{t-1} \prod_{j=1}^{i} p_j v(n-i, 0)$$

$$= \sum_{i=1}^{t-1} (1 + q_i) \prod_{j=1}^{i} p_j v(n-i, 0)$$

当 $n > 2t-2$ 时

$$u_n = \sum_{i=1}^{t-1} (1 + q_i) \prod_{j=1}^{i} p_j \sum_{r=1}^{t-1} q_r \prod_{s=1}^{r} p_s v(n-i-r, 0)$$

$$= \sum_{r=1}^{t-1} q_r \prod_{s=1}^{r} p_s \sum_{i=1}^{t-1} (1 + q_i) \prod_{j=1}^{i} p_j v(n - r - i, 0)$$

$$= \sum_{r=1}^{t-1} q_r \prod_{s=1}^{r} p_s u_{n-r} \qquad (22)$$

所以

$$u_{n+1} = \sum_{i=0}^{t-1} q_{i+1} \prod_{j=1}^{i+1} p_j u_{n-i-1} \qquad (23)$$

与式(14)相比较,式(23)是

$$h = 0, k = t - 1$$

$$a_i = q_{i+1} \prod_{j=1}^{i+1} p_j \quad (i = 0, 1, \cdots, t - 2)$$

的广义泛 Fibonacci 数列. 由性质 9 可知:

命题 5　生命群体总体个数的增长率数列的极限不超过 $1 + \max_i \{ q_i \prod_{j=1}^{i+1} p_j \}$.

命题 6　假设繁殖率 q_i 随世代数呈不增趋势(即 $q_1 \geqslant q_2 \geqslant \cdots \geqslant q_{t-1}$),则 $1 + (p_1 q_1)$ 是生物群体总体个数的增长率数列的极限的一个上界.

所以当有必要控制群体数目的发展时,控制第一世代的繁殖率与存活转换率是一个相当的关键. 如果存活转换率 p_1 是不宜下降的,那么控制减小繁殖率 q_1 就显得更为重要.

我们也可以仅考虑某一世代的数目个数所构成的数列.

命题 7　生物群体每一世代的数目增长率数列极

限与总体个数增长率数列极限一致.

证明 对于第 0 个世代,对比一下 (21)(22) 两式,即可得证.

而对于第 $k+1$ 个世代,$k = 0, 1, \cdots, t-2$,有

$$v(n, k+1) = p_{k+1}\cdots p_1 v(n-k-1, 0)$$

$$= p_{k+1}\cdots p_1 \sum_{i=1}^{t-1} q_i \prod_{j=1}^{i} p_j v(n-k-1-i, 0)$$

$$= \sum_{i=1}^{t-1} q_i \prod_{j=1}^{i} p_j p_{k+1}\cdots p_1 v(n-i-k-1, 0)$$

$$= \sum_{i=1}^{t-1} q_i \prod_{j=1}^{i} p_j v(n-i, k+1)$$

得到同样的结果. 命题 7 证毕.

我们再考虑一下 $t = 3$ 的特殊情形. 此时可以将 $v(0, n)$ 视为未成年人口数,$v(1, n)$ 为青年人口数,$v(2, n)$ 为中年人口数,$v(3, n)$ 为老年人口数,由此作为代际交换[7]中代际人口流的一个简单模型. 于是有:

命题 8 人口总数(以及各代入口)的增长率数列的收敛极限 w 为

$$w = a + \sqrt[3]{c + \sqrt[2]{c^2 - b^3}} + \sqrt[3]{c - \sqrt[2]{c^2 - b^3}} \quad (24)$$

其中

$$a = \frac{p_1 q_1}{3}, \quad b = a^2 + \frac{p_1 p_2 q_2}{3}$$

$$c = \frac{3}{2}ab + \frac{p_1 p_2 p_3 q_3}{2} - \frac{1}{2}a^3$$

特别地,当 $q_3 = 0$ 时(即假设老年人不进行繁殖),则

$$w = \frac{p_1 q_1 + \sqrt{(p_1 q_1)^2 + 4 p_1 p_2 p_3 q_2}}{2}$$

而当 $q_2 = q_3 = 0$ 时(即仅有青年人进行繁殖),则

$$w = p_1 q_1$$

该模型的不足之处在于假设 p_i, q_i 是常数,在实际过程中这两组数应该也是变数,繁殖率 q_i 可视为控制变量,而随着时代的发展,医学的进步,存活转换率 p_i 应该是一组递增的变量. 但始终恒有 $p_i \le 1$,因此 $p_1 = p_2 = p_3 = 1$(即假设每个人都活到老年)是其一种极限的上界情形. 所以

$$a = \frac{q_1}{3}, b = \frac{q_1^2}{9} + \frac{q_2}{3}, c = \frac{11}{54} q_1^3 + \frac{2}{3} q_1 q_2 + \frac{q_3}{2}$$

时的 w 值,是式(24)的 w 的一个上界.

参考资料

[1] 杨纪珂,齐翔林,陈霖. 生物数学概论. 科学出版社,1982.

[2] 杜兆伟. 广义斐波那契序列的概率性质. 数学的实践与认识,1984(1).

[3] 王长烈,朱一鸣. 世界数学名题趣题选. 湖南教育出版社,1988.

［4］郭月心. 运筹学. 华南工学院出版社,1985.

［5］陈代森,杨充立. 一维准晶体的电子性质. 暨南大
学学报(自然科学与医学版),1989(1).

［6］王湘浩,谢邦杰. 高等代数. 北京:人民教育出版
社,1964.

［7］杜亚军. 漫话代际交换. 百科知识,1988(11).

孪生组合恒等式——推广 Fibonacci 数与推广 Lucas 数类型[①]

第

51

章

Fibonacci 数与 Lucas 数具有相同的递推关系,它们是一对孪生数列. 数学家 Hardy 和 Wright 提出广义 Fibonacci 数与广义 Lucas 数的概念,海南大学理工学院的耿济教授 2003 年进一步加以推广,应用形式幂级数的方法获得 5 组孪生组合恒等式.

Fibonacci 数与 Lucas 数是数论上的孪生数列,具有相同的二阶线性递推关系. 前者是 1202 年意大利数学家 Fibonacci 著《算盘之书》中从兔子繁殖规律得出的数列

$$f_0 = 1, f_1 = 1, f_2 = 2,$$
$$f_3 = 3, f_4 = 5, f_5 = 8, \cdots$$

其中

$$f_{n+2} = f_{n+1} + f_n$$

---

① 本章摘自《海南大学学报自然科学版》2003 年 9 月第 21 卷第 3 期.

后者是 1891 年法国数学家 Lucas 著《数论》一书中提出的数列

$$l_0 = 2, l_1 = 1, l_2 = 3,$$
$$l_3 = 4, l_4 = 7, l_5 = 11, \cdots$$

其中

$$l_{n+2} = l_{n+1} + l_n$$

这两类数列的通项有几种等价的表达式,例如

$$f_n = \frac{1}{\sqrt{5}} \left[\left(\frac{1+\sqrt{5}}{2} \right)^{n+1} - \left(\frac{1-\sqrt{5}}{2} \right)^{n+1} \right]$$

$$l_n = \left(\frac{1+\sqrt{5}}{2} \right)^n + \left(\frac{1-\sqrt{5}}{2} \right)^n$$

著名数学家 Hardy 和 Wright[10] 提出广义 Fibonacci 数与广义 Lucas 数的概念

$$U_n = \frac{\alpha^{n+1} - \beta^{n+1}}{\alpha - \beta}, V_n = \alpha^n + \beta^n$$

其中 α, β 为 $x^2 - px + q = 0 (p^2 - 4q > 0)$ 的两根,U_n, V_n 满足二阶线性逆推公式

$$U_{n+2} = pU_{n+1} - qU_n, V_{n+2} = pV_{n+1} - qV_n$$

特别当 $p = -q = 1$ 时,U_n 与 V_n 就是 Fibonacci 数与 Lucas 数.

本章进一步提出推广 Fibonacci 数与推广 Lucas 数的概念,应用形式幂级数的方法获得 5 组孪生组合恒等式.

§1 概念和结果

首先,叙述推广 Fibonacci 数与推广 Lucas 数的概

念.

设 n 为自然数,p,q 为整数或实数,α,β 为二次方程 $x^2 - px + q = 0$ 的两根,其中判别式 $\Delta = p^2 - 4q$ 出现 $\Delta > 0, \Delta < 0$ 或 $\Delta = 0$ 中任一种情况,规定

$$F_0 = 1, L_0 = 2$$

又设 $n \geq 1$ 时

$$F_n = \sum_{k=0}^{n} \alpha^{n-k} \beta^k = \begin{cases} \dfrac{\alpha^{n+1} - \beta^{n+1}}{\alpha - \beta} & （当 \alpha \neq \beta 时）\\ (n+1)\alpha^n & （当 \alpha = \beta 时）\end{cases}$$

$L_n = \alpha^n + \beta^n$ 称 F_n 为推广 Fibonacci 数,L_n 为推广 Lucas 数.

性质　数列 F_n 与 L_n 满足下述二阶线性递推关系

$$F_{n+2} = pF_{n+1} - qF_n, L_{n+2} = pL_{n+1} - qL_n$$

证明　由于

$$p = \alpha + \beta, q = \alpha\beta$$

从略.

特例　当 $\Delta > 0$ 时,就有

$$F_n = U_n, L_n = V_n$$

这是广义 Fibonacci 数与广义 Lucas 数.

又当 $p = -q = 1$ 时,又有

$$F_n = f_n, L_n = l_n$$

这是常见的 Fibonacci 数与 Lucas 数.

从上述概念中知道 F_n 与 L_n 有两种不同的表达式,除了已知的 α,β 表达式外,还有 F_n 与 L_n 的 p,q 表达式,叙述如下

$$F_0 = 1$$

$$F_1 = \alpha + \beta = p$$

$$F_2 = (\alpha + \beta)^2 - \alpha\beta = p^2 - q$$

$$F_3 = (\alpha + \beta)^3 - 2(\alpha + \beta)(\alpha\beta) = p^3 - 2pq$$

$$F_4 = (\alpha + \beta)^4 - 3(\alpha + \beta)^2(\alpha\beta) + (\alpha\beta)^2 = p^4 - 3p^2q + q^2$$

$$F_5 = (\alpha + \beta)^5 - 4(\alpha + \beta)^3(\alpha\beta) + 3(\alpha + \beta)(\alpha\beta)^2$$
$$= p^5 - 4p^3q + 3pq^2$$

$$\vdots$$

以及

$$L_0 = 2$$

$$L_1 = \alpha + \beta = p$$

$$L_2 = (\alpha + \beta)^2 - 2\alpha\beta = p^2 - 2q$$

$$L_3 = (\alpha + \beta)^3 - 3(\alpha + \beta)(\alpha\beta) = p^3 - 3pq$$

$$L_4 = (\alpha + \beta)^4 - 4(\alpha + \beta)^2(\alpha\beta) + 2(\alpha\beta)^2 = p^4 - 4p^2q + 2q^2$$

$$L_5 = (\alpha + \beta)^5 - 5(\alpha + \beta)^3(\alpha\beta) + 5(\alpha + \beta)(\alpha\beta)^2$$
$$= p^5 - 5p^3q + 5pq^2$$

$$\vdots$$

此外,这两类数列之间存在关系

$$L_0 = 2F_0, L_n = 2F_n - pF_{n-1} \quad (n = 1, 2, 3, \cdots)$$

这一结果从下面形式幂级数的关系

$$L(t) = (2 - pt)F(t)$$

中比较系数得出.

其次,应用形式幂级数来探讨推广 Fibonacci 数与推广 Lucas 数.

假设形式幂级数

$$F(t) = F_0 + F_1 t + F_2 t^2 + \cdots + F_n t^n + \cdots$$

$$L(t) = L_0 + L_1 t + L_2 t^2 + \cdots + L_n t^n + \cdots$$

分别同乘特殊的形式幂级数

$$P(t) = 1 - pt + qt^2$$

从递推关系得到

$$F(t)P(t) = F_0 = 1$$

$$L(t)P(t) = L_0 + (L_1 - pL_0)t = 2 - pt$$

就有

$$F(t) = \frac{1}{P(t)} = \frac{1}{1 - pt + qt^2}, L(t) = \frac{2 - pt}{P(t)} = \frac{2 - pt}{1 - pt + qt^2}$$

为了深入讨论起见，引进笔者 1995 年获得的结果[1]：

形式幂级数

$$A(t) = \sum_{n=0}^{\infty} a_n t^n, B(t) = \sum_{n=0}^{\infty} b_n t^n$$

存在关系

$$A(t) = \frac{1}{B(t)}$$

其中 $b_0 \neq 0$ 时，就有

$$a_n = \sum_{\alpha_1 + 2\alpha_2 + \cdots + n\alpha_n = n} (-1)^{\alpha_1 + \alpha_2 + \cdots + \alpha_n} \cdot$$

$$\binom{\alpha_1 + \alpha_2 + \cdots + \alpha_n}{\alpha_1, \alpha_2, \cdots, \alpha_n} \frac{b_1^{\alpha_1} b_2^{\alpha_2} \cdots b_n^{\alpha_n}}{b_0^{\alpha_1 + \alpha_2 + \cdots + \alpha_n - 1}}$$

其中记号

$$\binom{\alpha_1 + \alpha_2 + \cdots + \alpha_n}{\alpha_1, \alpha_2, \cdots, \alpha_n} = \frac{(\alpha_1 + \alpha_2 + \cdots + \alpha_n)!}{\alpha_1! \; \alpha_2! \; \cdots \alpha_n!}$$

已知形式幂级数 $F(t)$ 与 $P(t)$ 为互逆关系，选取

$$a_n = F_n \quad (n = 0, 1, 2, \cdots)$$

$$b_0 = 1, b_1 = -p, b_2 = q$$

$$b_n = 0 \quad (n = 3, 4, \cdots)$$

Zernov 定理

得到

$$F_n = \sum_{\alpha_1 + 2\alpha_2 = n} (-1)^{\alpha_2} \begin{pmatrix} \alpha_1 + \alpha_2 \\ \alpha_1, \alpha_2 \end{pmatrix} p^{\alpha_1} q^{\alpha_2}$$

$$= \sum_{k=0}^{\left[\frac{n}{2}\right]} (-1)^k \begin{pmatrix} n-k \\ k \end{pmatrix} p^{n-2k} q^k$$

由于形式幂级数

$$Q(t) = \frac{1 - pt + qt^2}{2 - pt}$$

$$= \frac{1}{2} - \frac{p}{2^2}t - \frac{\triangle}{2^3}t^2 -$$

$$\frac{p\triangle}{2^4}t^3 - \cdots - \frac{p^{n-2}\triangle}{2^{n+1}}t^n - \cdots$$

应用形式幂级数 $L(t)$ 与 $Q(t)$ 的互逆关系,选取

$$a_n = L_n \quad (n = 0, 1, 2, \cdots)$$

以及

$$b_0 = \frac{1}{2}, b_1 = -\frac{p}{2^2}$$

$$b_n = -\frac{p^{n-2}\Delta}{2^{n+1}} \quad (n = 2, 3, \cdots)$$

得到

$$L_n = \sum_{\alpha_1 + 2\alpha_2 + \cdots + n\alpha_n = n} \begin{pmatrix} \alpha_1 + \alpha_2 + \cdots + \alpha_n \\ \alpha_1, \alpha_2, \cdots, \alpha_n \end{pmatrix} \cdot$$

$$\frac{p^{\alpha_1 + (\alpha_3 + 2\alpha_4 + \cdots + (n-2)\alpha_n)} \Delta^{\alpha_2 + \alpha_3 + \cdots + \alpha_n}}{2^{n+1}}$$

$$= \sum_{\alpha_1 + 2\alpha_2 + \cdots + n\alpha_n = n} \begin{pmatrix} \alpha_1 + \alpha_2 + \cdots + \alpha_n \\ \alpha_1, \alpha_2, \cdots, \alpha_n \end{pmatrix} \cdot$$

$$\frac{p^{n-2(\alpha_2+\alpha_2+\cdots+\alpha_n)}\Delta^{\alpha_2+\alpha_3+\cdots+\alpha_n}}{2^{n+1}}$$

现在一方面把上面得到 F_n 与 L_n 的结果,另一方面又把 $\alpha=\dfrac{p+\sqrt{\Delta}}{2},\beta=\dfrac{p-\sqrt{\Delta}}{2}$ 代入定义中的 F_n 与 L_n 中去,两者结合起来,得到下述结果.

第 1 组孪生组合恒等式　设 n 为正整数,p,q 为整数或实数,$\Delta=p^2-4q$,就有

$$\sum_{k=0}^{[\frac{n}{2}]}(-1)^k\binom{n-k}{k}p^{n-2k}q^k$$

$$=\begin{cases}\dfrac{1}{\sqrt{\Delta}}\left[\left(\dfrac{p+\sqrt{\Delta}}{2}\right)^{n+1}-\left(\dfrac{p-\sqrt{\Delta}}{2}\right)^{n+1}\right] & (\Delta\neq 0)\\[3mm](n+1)\left(\dfrac{p}{2}\right)^n & (\Delta=0)\end{cases}$$

$$\sum_{\alpha_1+2\alpha_2+\cdots+n\alpha_n=n}\binom{\alpha_1+\alpha_2+\cdots+\alpha_n}{\alpha_1,\alpha_2,\cdots,\alpha_n}\cdot$$

$$\frac{p^{n-2(\alpha_2+\alpha_3+\cdots+\alpha_n)}\Delta^{\alpha_2+\alpha_3+\cdots+\alpha_n}}{2^{n+1}}$$

$$=\left(\frac{p+\sqrt{\Delta}}{2}\right)^n+\left(\frac{p-\sqrt{\Delta}}{2}\right)^n$$

这组两个恒等式存在着不协调之处,为了改善起见,应用

$$L(t)=(2-pt)F(t)$$

的关系,比较系数得出

$$L_n=\begin{cases}2F_0 & (n=0)\\2F_n-pF_{n-1} & (n\geqslant 1)\end{cases}$$

631

Zernov 定理

从 F_n 中导出

$$L_n = \sum_{k=0}^{[\frac{n}{2}]} (-1)^k \left[2\binom{n-k}{k} - \binom{n-k-1}{k} \right] p^{n-2k} q^k$$

$$= \sum_{k=0}^{[\frac{n}{2}]} (-1)^k \left[2\binom{n-k}{k} - \frac{n-2k}{n-k}\binom{n-k}{k} \right] p^{n-2k} q^k$$

$$= \sum_{k=0}^{[\frac{n}{2}]} (-1)^k \frac{n}{k-k}\binom{n-k}{k} p^{n-2k} q^k$$

$$= \sum_{k=0}^{[\frac{n}{2}]} (-1)^k \begin{bmatrix} n \\ k \end{bmatrix} p^{n-2k} q^k$$

这里

$$\begin{bmatrix} n \\ k \end{bmatrix} = \frac{n}{n-k}\binom{n-k}{k}$$

现在重新组合,得到另一组重要的孪生组合恒等式.

第 2 组孪生组合恒等式　设 n 为正整数,p, q 为整数或实数,$\Delta = p^2 - 4q$,就有

$$\sum_{k=0}^{[\frac{n}{2}]} (-1)^k \binom{n-k}{k} p^{n-2k} q^k$$

$$= \begin{cases} \dfrac{1}{\sqrt{\Delta}} \left[\left(\dfrac{p+\sqrt{\Delta}}{2} \right)^{n+1} - \left(\dfrac{p-\sqrt{\Delta}}{2} \right)^{n+1} \right] & (\Delta \neq 0) \\ (n+1)\left(\dfrac{p}{2} \right)^n & (\Delta = 0) \end{cases}$$

$$\sum_{k=0}^{[\frac{n}{2}]} (-1)^k \begin{bmatrix} n \\ k \end{bmatrix} p^{n-2k} q^k = \left(\frac{p+\sqrt{\Delta}}{2} \right)^n + \left(\frac{p-\sqrt{\Delta}}{2} \right)^n$$

再举两个特例. 当

$$p = 1, q = -1$$

时,从第 2 组中得到 Fibonacci 数与 Lucas 数的等价结果.

第 3 组孪生组合恒等式　设 n 为正整数时,就有

$$\sum_{k=0}^{\left[\frac{n}{2}\right]} \binom{n-k}{k} = \frac{1}{\sqrt{5}}\left[\left(\frac{1+\sqrt{5}}{2}\right)^{n+1} - \left(\frac{1-\sqrt{5}}{2}\right)^{n+1}\right]$$

$$\sum_{k=0}^{\left[\frac{n}{2}\right]} \begin{bmatrix} n \\ k \end{bmatrix} = \left(\frac{1+\sqrt{5}}{2}\right)^{n} + \left(\frac{1-\sqrt{5}}{2}\right)^{n}$$

又当 $\Delta = 0$ 时,即

$$q = \left(\frac{p}{2}\right)^2$$

再从第 2 组中得到另一结果.

第 4 组孪生组合恒等式　设 n 为正整数时,就有

$$\sum_{k=0}^{\left[\frac{n}{2}\right]} (-1)^k \frac{1}{2^{2k}} \binom{n-k}{k} = \frac{n+1}{2^n}$$

$$\sum_{k=0}^{\left[\frac{n}{2}\right]} (-1)^k \frac{1}{2^{2k}} \begin{bmatrix} n \\ k \end{bmatrix} = \frac{1}{2^{n-1}}$$

最后,形式幂级数 $F(t), L(t), P(t), Q(t)$ 之间存在关系

$$P(t) = \frac{1}{F(t)}, Q(t) = \frac{1}{L(t)}$$

由于互逆关系,类似地得到:

第 5 组孪生组合恒等式　设 n 为正整数,p, q 为整数或实数,$\Delta = p^2 - 4q$,F_n 为推广 Fibonacci 数,L_n 为推广 Lucas 数,就有

$$\sum_{\alpha_1 + 2\alpha_2 + \cdots + n\alpha_n = n} (-1)^{\alpha_1 + \alpha_2 + \cdots + \alpha_n} \binom{\alpha_1 + \alpha_2 + \cdots + \alpha_n}{\alpha_1, \alpha_2, \cdots, \alpha_n} \cdot$$

$$F_1^{\alpha_1} F_2^{\alpha_2} \cdots F_n^{\alpha_n} = \begin{cases} -p & (n = 1) \\ q & (n = 2) \\ 0 & (n \geqslant 3) \end{cases}$$

$$\sum_{\alpha_1 + 2\alpha_2 + \cdots + n\alpha_n = n} (-1)^{\alpha_1 + \alpha_2 + \cdots + \alpha_n} \binom{\alpha_1 + \alpha_2 + \cdots + \alpha_n}{\alpha_1, \alpha_2, \cdots, \alpha_n} \cdot$$

$$L_1^{\alpha_1} L_2^{\alpha_2} \cdots L_n^{\alpha_n} = \begin{cases} -\dfrac{p}{4} & (n = 1) \\ -\dfrac{p^{n-2}\Delta}{2^{n+1}} & (n \geqslant 2) \end{cases}$$

§2 其 他

1. 等价定义

推广 Fibonacci 数为

$$F_0 = 1, F_1 = p, F_2 = p^2 - q, F_3 = p^3 - 2pq, \cdots, F_n = pF_{n-1} - qF_{n-2}, \cdots$$

推广 Lucas 数为

$$L_0 = 2, L_1 = p, L_2 = p^2 - 2q, L_3 = p^3 - 3pq, \cdots, L_n = pL_{n-1} - qL_{n-2}, \cdots$$

这一定义与前面叙述的概念是等价的,现在只要从定义中导出前面的概念,证明如下:

根据定义作出形式幂级数

$$F(t) = \sum_{n=0}^{\infty} F_n t^n, L(t) = \sum_{n=0}^{\infty} L_n t^n$$

易知

$$F(t) = \frac{1}{1 - pt + qt^2}, L(t) = \frac{2 - pt}{1 - pt + qt^2}$$

由于 α, β 为

$$x^2 - px + q = 0$$

的两根,得到

$$\alpha + \beta = p, \alpha\beta = q$$

就有

$$F(t) = \frac{1}{1 - (\alpha + \beta)t + \alpha\beta t^2}$$

$$= \begin{cases} \frac{1}{\alpha - \beta}\left[\frac{1}{1 - \alpha t} - \frac{1}{1 - \beta t}\right] & (\alpha \neq \beta) \\ \frac{1}{(1 - \alpha t)^2} & (\alpha = \beta) \end{cases}$$

$$L(t) = \frac{2 - (\alpha + \beta)t}{1 - (\alpha + \beta)t + \alpha\beta t^2} = \frac{1}{1 - \alpha t} + \frac{1}{1 - \beta t}$$

这里

$$\frac{1}{1 - \alpha t} = \sum_{n=0}^{\infty} \alpha^n t^n$$

$$\frac{1}{1 - \beta t} = \sum_{n=0}^{\infty} \beta^n t^n$$

$$\frac{1}{(1 - \alpha t)^2} = \sum_{n=0}^{\infty} (n + 1)\alpha^n t^n$$

分别比较 $F(t), L(t)$ 与展开式中的系数得到

$$F_n = \begin{cases} \frac{\alpha^{n+1} - \beta^{n+1}}{\alpha - \beta} & (\alpha \neq \beta) \\ (n + 1)\alpha^n & (\alpha = \beta) \end{cases} \quad (L_n = \alpha^n + \beta^n)$$

所以上述定义与前面的概念是等价的.

此外,还有一种等价定义,数列

$$F_n = \begin{cases} 1 & (n = 0) \\ \displaystyle\sum_{k=0}^{[\frac{n}{2}]} (-1)^k \binom{n-k}{k} p^{n-2k} q^k & (n \geq 1) \end{cases}$$

$$L_n = \begin{cases} 2 & (n = 0) \\ \displaystyle\sum_{k=0}^{[\frac{n}{2}]} (-1)^k \begin{bmatrix} n \\ k \end{bmatrix} p^{n-2k} q^k & (n \geq 1) \end{cases}$$

以上是推广 Fibonacci 数与推广 Lucas 数的 3 种等价定义.

2. 等价公式

根据推广 Fibonacci 数与推广 Lucas 数的等价定义,很容易得到两个结果.

设 n 为正整数时,就有

$$F_n = \sum_{k=0}^{n} \alpha^{n-k} \beta^k = \sum_{k=0}^{[\frac{n}{2}]} (-1)^k \binom{n-k}{k} p^{n-2k} q^k$$

$$L_n = \alpha^n + \beta^n = \sum_{k=0}^{[\frac{n}{2}]} (-1)^k \begin{bmatrix} n \\ k \end{bmatrix} p^{n-2k} q^k$$

其中

$$p = \alpha + \beta, q = \alpha\beta.$$

这样立刻得两个已知公式

$$\sum_{k=0}^{n} \alpha^{n-k} \beta^k = \sum_{k=0}^{[\frac{n}{2}]} (-1)^k \binom{n-k}{k} (\alpha + \beta)^{n-2k} (\alpha\beta)^k$$

$$\alpha^n + \beta^n = \sum_{k=0}^{\left[\frac{n}{2}\right]} (-1)^k \begin{bmatrix} n \\ k \end{bmatrix} (\alpha + \beta)^{n-2k} (\alpha\beta)^k$$

唐祐华教授从对称多项式基本定理出发,建立上述两个等价公式,都是二项式定理的等价公式[11],与本章的结果是殊途同归.

回过头来,就能发现第 2 组孪生组合恒等式属于等价类型中直接等价的范例,第 3 组和第 4 组孪生组合恒等式属于等价类型中间接等价的范例,本章可作为参考资料[9]的补充,又为本章中"孪生"两字注入新的内容.

3. 记号 $\begin{bmatrix} n \\ k \end{bmatrix}$ 的组合意义

本章多次提到新记号

$$\begin{bmatrix} n \\ k \end{bmatrix} = \frac{n}{n-k} \binom{n-k}{k} \quad (k \leq \left[\frac{n}{2}\right])$$

这一记号的组合意义,可以这样来叙述[12]:

集合 $X = \{1, 2, \cdots, n\}$ 中每个子集合有 k 个元素,既不包含两个相邻的数,又不同时包含 1 与 n,这种子集的总数就是

$$\frac{n}{n-k} \binom{n-k}{k} = \begin{bmatrix} n \\ k \end{bmatrix}$$

如果把集合 $X = \{1, 2, \cdots, n\}$ 中的元素顺序地排列在圆周上,这样 1 与 n 就是相邻的数,由此可知,$\begin{bmatrix} n \\ k \end{bmatrix}$ 是圆周排列上的组合问题.

Zernov 定理

参考资料

[1]耿济,黄循浩. 新型(孪生)组合恒等式(一)——互逆类型[J]. 工科数学,1995(3):139-147.

[2]耿济,李宏桂,黄循浩,等. 孪生组合恒等式(二)——对数类型[J]. 海南大学学报(自然科学版),1999,17(1):1-8.

[3]耿济,唐祐华,黄循浩. 孪生组合恒等式(三)——指数类型[J]. 海南大学学报(自然科学版),2000,18(1):1-8.

[4]耿济. 孪生组合恒等式(四)——幂类型[J]. 海南大学学报(自然科学版),2000,18(3):215-221.

[5]耿济. 孪生组合恒等式(五)——互反类型[J]. 海南大学学报(自然科学版),2001,19(3):197-201.

[6]耿济,高泽图,黄循浩. 孪生组合恒等式(六)——三角类型[J]. 海南大学学报(自然科学版),2001,19(4):305-310.

[7]耿济. 孪生组合恒等式(七)——双曲类型[J]. 海南大学学报(自然科学版),2002,20(3):195-199.

[8]耿济. 孪生组合恒等式(八)——分割类型[J]. 海南大学学报(自然科学版),2002,20(4):295-299.

[9]耿济. 孪生组合恒等式(九)——等价类型[J]. 海南大学学报(自然科学版),2003,21(2):100-104.

[10]HARDY G H, WRIGHT E M. An introduction to

the theory of numbers［M］. Oxford：Great Britain University Press，1981：146-150.

［11］唐祐华. 二项式定理莱布尼兹定理的等价公式的建立和推广［M］. 长沙：湖南大学出版社,1989：65-68.

［12］TOMESCU I. 组合学引论［M］. 清华大学应用数学系离散数学教研组译. 北京：高等教育出版社，1985：70-71.

一类递归序列通项的近似计算[①]

第 52 章

广州大学数学与信息科学学院的罗兰和深圳大学数学与计算科学学院的杨凌两位教授 2011 年研究广义 Fibonacci 序列通项公式的计算方法,利用整系数多项式正根理论,得到了广义 Fibonacci 序列通项的一个十分精确的近似计算方法.

§1 引 言

众所周知,由递推关系式

$$\begin{cases} F_{n+2} = F_{n+1} + F_n \\ F_1 = 1, F_2 = 1 \end{cases} \quad (n \geqslant 1)$$

产生的序列 $\{F_n\}$,即

$$1, 2, 3, 5, 8, 13, 21, 34, \cdots$$

① 本章摘自《纯粹数学与应用数学》2011 年 10 月第 27 卷第 5 期.

称为 Fibonacci 序列[1]. 此序列通过解其递推关系式的特征方程

$$x^2 - x - 1 = 0$$

可得其通项表达式为[2]

$$F_n = \frac{1}{\sqrt{5}}\left[\left(\frac{1+\sqrt{5}}{2}\right)^n - \left(\frac{1-\sqrt{5}}{2}\right)^n\right]$$

$$(n = 1, 2, \cdots)$$

由于 $\dfrac{F_n}{F_{n+1}}$ 的极限正好是通常称为的黄金分割值(约为 0.618),Fibonacci 序列出现在为数众多的领域包括与黄金均值的联系,拟黄金矩形,等周螺线,甚至松果、菠萝、叶子的排列,某些花瓣的花瓣数. 从而,Fibonacci 序列被看作十分重要的序列,而具有类似递推关系定义的序列自然成为人们十分关心和研究的对象,不仅在于这类序列在理论上有着重要的理论意义,而且在经济模型和数据处理等应用方面也扮演着重要的角色[2~5]. 在将 Fibonacci 序列的定义关系式进行推广时,初始条件的确定性与否决定了对应序列的通项的确定性. 例如,由递推关系式

$$\begin{cases} F_{n+m}^{(m)} = F_n^{(m)} + F_{n+1}^{(m)} + \cdots + F_{n+m-1}^{(m)} \\ F_1^{(m)} = 1, F_2^{(m)} = 1, F_3^{(m)} = 2, \qquad (m \geq 2) \\ F_4^{(m)} = F_1^{(m)} + F_2^{(m)} + F_3^{(m)}, \cdots \end{cases}$$

定义的序列 $\{F_n^{(m)}\}$ 称为 m 级推广的 Fibonacci 序列,此序列有确定的通项表达式[1]

$$F_{(s+1)m+k}^{(m)} = \sum_{n_1 + 2n_2 + \cdots + mn_m = sm+k} \frac{(n_1 + \cdots + n_m)!}{n_1! \cdots n_m!}$$

其中 s,k 是正整数.

更一般地,我们有(其他定义可参看参考资料 $[3-4]$):

定义 设 $A_1,A_2,\cdots,A_m$ 是任意 m 个正整数,由如下递推关系式定义的序列

$$\{A_n\}:A_{n+m}=A_n+A_{n+1}+\cdots+A_{n+m-1} \quad (n\geqslant 1)$$

称为广义的 m 级 Fibonacci 数列.

由于 $A_1,A_2,\cdots,A_m$ 的任意性,$\{A_n\}$ 的通项表达式一般情形下很难给出.本章给出一个此类序列的通项近似计算法.

§2 主要结果

定理 1 当 $m\geqslant 2$ 时,整系数多项式

$$f(x)=x^m-x^{m-1}-\cdots-x-1$$

有唯一的正实根 $b\in(\dfrac{3}{2},2)$.

证明 由于多项式的系数间符号变化次数为 1,故由参考资料$[6]$中第八章第二节定理 1 的推论 2 知 $f(x)$ 有唯一的正实根 b,即有

$$b^m=b^{m-1}+b^{m-2}+\cdots+b+1$$

又因

$$f(2)>0,f(\dfrac{3}{2})<0$$

故 $b\in(\dfrac{3}{2},2)$.

现在考察 m 级 $(m \geqslant 2)$ 广义 Fibonacci 数列 $\{A_n\}$.
令

$$A_1 = a_1 b, A_2 = a_2 b^2, \cdots, A_m = a_m b^m$$

并且取

$$\alpha = \min\{a_1, a_2, \cdots, a_m\}, \beta = \max\{a_1, a_2, \cdots, a_m\}$$

定理 2 如上定义的广义的 m 级 $(m \geqslant 2)$ Fibonacci 数列 $\{A_n\}$ 的通项 A_n 满足如下不等式

$$\alpha b^n \leqslant A_n = a_n b^n \leqslant \beta b^n$$

证明 对 n 用归纳法. 当 $n = 1, 2, \cdots, m$ 时, 由 α, β 的定义有

$$\alpha b^n \leqslant A_n = a_n b^n \leqslant \beta b^n$$

假设对 $n(\geqslant 0)$, 有

$$\alpha b^{n+m} \leqslant A_{n+m} \leqslant \beta b^{n+m}$$

那么

$$
\begin{aligned}
A_{n+m+1} &= A_{n+1} + A_{n+2} + \cdots + A_{n+m-1} + A_{n+m} \\
&\leqslant \beta b^{n+1} + \cdots + \beta b^{n+m} \\
&= \beta b^{n+1} (b^{m-1} + b^{m-2} + \cdots + b + 1) \\
&= \beta b^{n+1} \cdot b^m = \beta b^{n+m+1}
\end{aligned}
$$

类似地有

$$A_{n+m+1} \geqslant \alpha b^{n+1} + \cdots + \alpha b^{n+m} = \alpha b^{n+m+1}$$

此定理表示 m 级广义 Fibonacci 数列的通项的计算复杂性等价于 b^n 的计算复杂性, 而其 n 项和 S_n 满足以下不等式

$$\frac{b\alpha}{b-1}(b^{n+1} - 1) \leqslant S_n = A_1 + A_2 + \cdots + A_n$$

$$\leqslant \frac{b\beta}{b-1}(b^{n+1} - 1)$$

即 S_n 的计算复杂性也等价于 b^n 的计算复杂性.

本章指出,对于具体的广义 Fibonacci 数列,通过选择适当的初始值,定理中的 α,β 间的绝对误差可降低. 即初始值的序数取得越大,$\beta-\alpha$ 的值越小,从而相对误差 $\dfrac{A_n}{A_{n+1}}$ 越精确.

§3 应用举例

例 1 考察 Fibonacci 数列 F_n,由于

$$F_8 = 21, F_9 = 34, b = \frac{1+\sqrt{5}}{2}$$

故得

$$0.447b^8 \leqslant F_8 \leqslant 0.447\,2b^8$$

从而

$$0.447\,3b^9 \leqslant F_9 \leqslant 0.447\,37b^9$$

由此可取

$$\alpha = 0.447, \beta = 0.447\,37$$

使得当 $n \geqslant 8$ 时有

$$0.447 \times \left(\frac{1+\sqrt{5}}{2}\right)^n \leqslant F_n \leqslant 0.447\,37 \times \left(\frac{1+\sqrt{5}}{2}\right)^n$$

由上述不等式易得到 $\dfrac{F_n}{F_{n+1}}(n \geqslant 8)$ 的精确估计值为

$$0.999\,172\,944 \times 0.618 \leqslant \frac{F_n}{F_{n+1}} \leqslant 1.000\,671\,14 \times 0.618$$

例 2 在广义的 m 级 ($m \geqslant 2$) 级 Fibonacci 数列

$\{A_n\}$ 中取

$$m = 3 , A_1 = 1 , A_2 = 2 , A_3 = 4$$

由递推关系式可得

$$A_4 = 7 , A_5 = 13 , A_6 = 24 , A_7 = 44 , A_8 = 81$$

$$A_9 = 149 , A_{10} = 274 , A_{11} = 504 , A_{12} = 927$$

利用插值法求得

$$f(x) = x^3 - x^2 - x - 1$$

的唯一的正根

$$b = 1.839\ 28 \pm 0.000\ 01$$

从而

$$0.618\ 449\ 444\ 4 \cdot b^{11} \leqslant A^{11} \leqslant 0.618\ 449\ 444\ 5 \cdot b^{11}$$

$$0.618\ 451\ 365\ 7 \cdot b^{12} \leqslant A^{12} \leqslant 0.618\ 451\ 366 \cdot b^{12}$$

$$0.618\ 446\ 809\ 6 \cdot b^{13} \leqslant A^{13} \leqslant 0.618\ 446\ 809\ 9 \cdot b^{13}$$

当取

$$\alpha = 0.618\ 446\ 809\ 6 , \beta = 0.618\ 451\ 366$$

由定理可得出 $n \geqslant 11$ 时有

$$0.618\ 446\ 809\ 6 \cdot b^n \leqslant A_n \leqslant 0.618\ 451\ 366 \cdot b^n$$

从而得到 $\dfrac{A_n}{A_{n+1}}$ ($n \geqslant 11$) 的精确估计值为

$$0.999\ 992\ 617b \leqslant \frac{A_n}{A_{n+1}} \leqslant 1.000\ 007\ 283b$$

参考资料

[1] Susanna S. Discrete Mathematics Structures With Applications[M]. 2nd ed. Pacific Grove：Cole Pub-

lishing Company，1995.

［2］孙淑玲,许胤龙. 组合数学引论［M］. 合肥：中国科学技术大学出版社,1999.

［3］Dey S，Al-Qaheri H，Sane S，et al. A note on the bounds for the generalized Fibonacci-p-sequence and its application in data-hiding［J］. Int. J. Computer Sci. and Appli. ，2010,7（4）:1-15.

［4］Vella D，Vella A. Cycles in the generalized Fibonacci sequence modulo a prime［J］. Math. Mag. ，2002,75（4）:294-299.

［5］Benjamin A T，Quinn J J. The Fibonacci numbers：exposed more discretely［J］. Quinn. Math. Mag. ，2003,76（3）:182-192.

［6］张远达. 浅谈高次方程［M］. 武汉:湖北教育出版社,1983.

广义的 k 阶 Fibonacci-Jacobsthal 序列及其性质[①]

第
53
章

　　兰州理工大学数学系的崔丽雯和杨胜良两位教授 2011 年定义了一类广义的 k 阶 Fibonacci-Jacobsthal 序列,并给出了第四个初值条件. 借助矩阵的方法得到了 Jacobsthal 序列与 Jacobsthal-Lucas 序列的关系,广义 k 阶 Fibonacci-Jacobsthal 序列与 Jacobsthal 序列,Fibonacci 序列的关系,同时给出了 k 阶 Fibonacci-Jacobsthal 序列的一些性质.

§1 引 言

　　Fibonacci 序列及其推广有许多有趣的性质,而且应用也很广泛[1~2]. 参考资料[2]给出了 Fibonacci 序列 $\{F_n\}$ 的递推关系式

本章摘自《纯粹数学与应用数学》2011 年 12 月第 27 卷第 6 期.

647

Zernov 定理

$$F_n = F_{n-1} + F_{n-2} \quad (n = 2, 3, \cdots) \quad (1)$$

及初值条件

$$F_0 = 0, F_1 = 1$$

类似于 Fibonacci 序列, Jacobsthal 序列 $\{J_n\}$ 和 Jacobsthal-Lucas 序列 $\{j_n\}$ 分别定义为[3~4]

$$J_n = J_{n-1} + 2J_{n-2} \quad (n \geqslant 2, J_0 = 0, J_1 = 1) \quad (2)$$

$$j_n = j_{n-1} + 2j_{n-2} \quad (n \geqslant 2, j_0 = 2, j_1 = 1) \quad (3)$$

参考资料[5]定义了广义的 k 阶线性递推关系式

$$f_n^i = \sum_{j=1}^{k} a_j f_{n-j}^i \quad (n \geqslant 0, 1 \leqslant i \leqslant k) \quad (4)$$

及其初值条件 $f_{1-k}^i, f_{2-k}^i, \cdots, f_0^i$, 其中 $a_j (1 \leqslant j \leqslant k)$ 是常数, 同时定义了一个 $k \times k$ 矩阵

$$(\boldsymbol{F}_n)_{i,j=1,2,\cdots,k} = f_{n-j+1}^i$$

$$= \begin{pmatrix} f_n^1 & f_n^2 & \cdots & f_n^{k-1} & f_n^k \\ f_{n-1}^1 & f_{n-1}^2 & \cdots & f_{n-1}^{k-1} & f_{n-1}^k \\ \vdots & \vdots & & \vdots & \vdots \\ f_{n-k+1}^1 & f_{n-k+1}^2 & \cdots & f_{n-k+1}^{k-1} & f_{n-k+1}^k \end{pmatrix} \quad (5)$$

以及 $\boldsymbol{F}_n$ 的伴随矩阵

$$\boldsymbol{A} = \begin{pmatrix} a_1 & a_2 & a_3 & \cdots & a_{k-1} & a_k \\ 1 & 0 & 0 & \cdots & 0 & 0 \\ 0 & 1 & 0 & \cdots & 0 & 0 \\ \vdots & \vdots & \vdots & & 0 & 0 \\ 0 & 0 & 0 & \cdots & 0 & 0 \\ 0 & 0 & 0 & \cdots & 1 & 0 \end{pmatrix} \quad (6)$$

并得到了结论

$$\boldsymbol{F}_n = \boldsymbol{A}^{n-1} \boldsymbol{F}_1$$

许多学者从不同角度对该序列进行了研究. 参考

资料［3］中给出了满足递推关系式（4）且
$$a_1 = 1, a_2 = 2, a_j = 1 \quad (j = 3, 4, \cdots, k)$$
的广义 k 阶 Jacobsthal 序列 $\{J_n^i\}$，并得到了结论
$$J_{n+1}^1 = J_n^1 + J_n^2$$
参考资料［5］定义了满足递推关系式（4）且
$$a_j = 1 \quad (j = 1, 2, \cdots, k)$$
的广义 k 阶 Fibonacci 序列 $\{g_n^i\}$，并给出了第一个初值条件，当 $1 - k \leqslant n \leqslant 0$，有
$$g_n^i = \begin{cases} 1 & (i + n = 1) \\ 0 & （其他） \end{cases}$$

若令
$$(G_n)_{i, j = 1, 2, \cdots, k} = g_{n-j+1}^i$$
则有
$$G_n = A^n$$
参考资料［6］定义了满足递推关系式（4）且 $a_j = 1, j = 1, 2, \cdots, k$ 的广义 k 阶 Lucas 序列 $\{l_n^i\}$，并给出了第二个初值条件，当 $1 - k \leqslant n \leqslant 0$，有
$$l_n^i = \begin{cases} 2 & (i + n = 2) \\ -1 & (i + n = 1) \\ 0 & （其他） \end{cases}$$

参考资料［7］给出了满足递推关系式（4）且
$$a_1 = 2, a_2 = 1, a_j = 1 \quad (j = 3, 4, \cdots, k)$$
的广义 k 阶 Pell 序列 $\{p_n^i\}$，并给出了第三个初值条件，当 $1 - k \leqslant n \leqslant 0$，有
$$p_n^i = \begin{cases} -2 & (i + n = 1) \\ 2 & (i + n = 2) \\ 0 & （其他） \end{cases}$$

本章主要是给出了第四个初值条件，讨论了 Jacobsthal 序列与其相伴序列 Jacobsthal-Lucas 序列之间的关系,同时定义了一个新的广义 k 阶 Fibonacci-Jacobsthal 序列,建立了 Jacobsthal 序列与 Fibonacci 序列之间的联系,并得到了该序列的一些性质.

§2 Jacobsthal 序列与其相伴序列 Jacobsthal-Lucas 序列

为了讨论 Jacobsthal 序列与其相伴序列 Jacobsthal-Lucas 序列的关系,给出如下定义.

定义 1 设 $n > 0, 1 \leqslant i \leqslant k, j_n^i = \sum_{l=1}^{m} a_l j_{n-l}^i$,其中 $a_1, a_2, \cdots a_m$ 为任意常数,给出第四个初值条件,当 $1 - k \leqslant n \leqslant 0$ 时,有

$$j_n^i = \begin{cases} 2 & (i + n = 1) \\ 1 & (i + n = 2) \\ 0 & (其他) \end{cases} \tag{7}$$

则有以下的定理.

定理 1 设 $\{j_n^i\}$ 是定义 1 中所定义的 k 阶线性序列,令 $(\boldsymbol{B}_n)_{s,t=1,2,\cdots,k} = j_{n-s+1}^t$,$\boldsymbol{A}$ 是式(6)所定义的 $k \times k$ 方阵,则

$$\boldsymbol{B}_n = \boldsymbol{A}^n \boldsymbol{K}$$

其中

$$\boldsymbol{K} = \begin{pmatrix} 2 & 1 & 0 & 0 & \cdots & 0 \\ 0 & 2 & 1 & 0 & \cdots & 0 \\ 0 & 0 & 2 & 1 & \cdots & 0 \\ \vdots & \vdots & \vdots & \vdots & & \vdots \\ 0 & 0 & 0 & 0 & \cdots & 2 \end{pmatrix} \tag{8}$$

证明 易证

$$\boldsymbol{B}_n = \boldsymbol{A}^{n-1}\boldsymbol{B}_1$$

而

$$\boldsymbol{B}_1 = \begin{pmatrix} j_1^1 & j_1^2 & \cdots & j_1^k \\ j_0^1 & j_0^2 & \cdots & j_0^k \\ \vdots & \vdots & & \vdots \\ j_{2-k}^1 & j_{2-k}^2 & \cdots & j_{2-k}^k \end{pmatrix}$$

$$= \begin{pmatrix} 2a_1 & a_1+2a_2 & a_2+2a_3 & \cdots & a_{k-1}+2a_k \\ 2 & 1 & 0 & \cdots & 0 \\ 0 & 2 & 1 & \cdots & 0 \\ \vdots & \vdots & \vdots & & 0 \\ 0 & 0 & 0 & \cdots & 1 \end{pmatrix}$$

$$= \begin{pmatrix} a_1 & a_2 & a_3 & \cdots & a_k \\ 1 & 0 & 0 & \cdots & 0 \\ 0 & 1 & 0 & \cdots & 0 \\ \vdots & \vdots & \vdots & & \vdots \\ 0 & 0 & 0 & \cdots & 0 \end{pmatrix} \begin{pmatrix} 2 & 1 & 0 & \cdots & 0 \\ 0 & 2 & 1 & \cdots & 0 \\ 0 & 0 & 2 & \cdots & 0 \\ \vdots & \vdots & \vdots & & \vdots \\ 0 & 0 & 0 & \cdots & 2 \end{pmatrix}$$

$$= \boldsymbol{A}\boldsymbol{K}$$

故

$$\boldsymbol{B}_n = \boldsymbol{A}^n \boldsymbol{K}$$

推论 1 设

$$(\boldsymbol{B}_n)_{s,t=1,2,\cdots,k} = j_{n-s+1}^t$$

则

$$|\boldsymbol{B}_n| = \begin{cases} (-1)^n (a_k)^n 2^k & (k \text{ 为偶数}) \\ (a_k)^n 2^k & (k \text{ 为奇数}) \end{cases}$$

推论 2 令

$$(\boldsymbol{G}_n)_{i,j=1,2,\cdots,k} = g_{n-j+1}^i, \quad g_n^i = \sum_{j=1}^k a_j g_{n-j}^i$$

且满足第一初值条件,又 $(\boldsymbol{B}_n)_{s,t=1,2,\cdots,t}=j_{n-s+1}^{t}$,$\boldsymbol{K}$ 为式 (8)所定义的 $k \times k$ 方阵,则

$$\boldsymbol{B}_n = \boldsymbol{G}_n \boldsymbol{K} \qquad (9)$$

注 1 在式(9)中令 $k=2$,则有

$$\begin{pmatrix} j_n^1 & j_n^2 \\ j_{n-1}^1 & j_{n-1}^2 \end{pmatrix} = \begin{pmatrix} g_n^1 & g_n^2 \\ g_{n-1}^1 & g_{n-1}^2 \end{pmatrix} \times \begin{pmatrix} 2 & 1 \\ 0 & 2 \end{pmatrix}$$

对比等式两边,得到

$$j_n^2 = g_n^1 + 2g_n^2$$

若令递推关系式(4)中的 $a_1=1,a_2=2$,且满足第一初值条件,则有

$$\{g_n^1\} = \{J_{n+1}\},\{j_n^2\}=\{j_{n+1}\}$$

而由参考资料[3]知

$$g_{n+1}^1 = g_n^1 + g_n^2$$

故有

$$j_{n+1} = 2J_{n+2} - J_{n+1}$$

§3　广义的 k 阶 Fibonacci-Jacobsthal 序列

定义 2　设 $n>0,m \geqslant 0$ 且 $1 \leqslant i \leqslant k$,定义广义的 k 阶 Fibonacci-Jacobsthal 序列

$$V_n^i = V_{n-1}^i + 2^m V_{n-2}^i + \cdots + V_{n-k}^i$$

当 $1-k \leqslant n \leqslant 0$ 时,有

$$V_n^i = \begin{cases} 1 & (i+n=1) \\ 0 & (其他) \end{cases}$$

注 2　若 $k=2,i=m=1$,则

$$\{V_n^1\} = \{J_{n+1}\}$$

若 $m=0$,则

$$\left\{V_n^i\right\} = \left\{g_n^i\right\}$$

由定义 2，我们可以得到关于向量的递推关系式

$$\begin{pmatrix} V_n^i \\ V_{n-1}^i \\ \vdots \\ V_{n-k+1}^i \end{pmatrix} = \begin{pmatrix} 1 & 2^m & 1 & \cdots & 1 & 1 \\ 1 & 0 & 0 & \cdots & 0 & 0 \\ \vdots & \vdots & \vdots & & \vdots & \vdots \\ 0 & 0 & 0 & \cdots & 1 & 0 \end{pmatrix} \begin{pmatrix} V_{n-1}^i \\ V_{n-2}^i \\ \vdots \\ V_{n-k}^i \end{pmatrix}$$

设

$$T = \begin{pmatrix} 1 & 2^m & 1 & \cdots & 1 & 1 \\ 1 & 0 & 0 & \cdots & 0 & 0 \\ \vdots & \vdots & \vdots & & \vdots & \vdots \\ 0 & 0 & 0 & \cdots & 1 & 0 \end{pmatrix} \qquad (10)$$

$$C_n = \begin{pmatrix} V_n^1 & V_n^2 & \cdots & V_n^k \\ V_{n-1}^1 & V_{n-1}^2 & \cdots & V_{n-1}^k \\ \vdots & \vdots & & \vdots \\ V_{n-k+1}^1 & V_{n-k+1}^2 & \cdots & V_{n-k+1}^k \end{pmatrix} \qquad (11)$$

则有下面的定理.

定理 2　设 C_n，T^n 分别为式（10）和式（11）所定义的矩阵，则

$$C_n = T^n$$

证明　易证

$$C_n = TC_{n-1}$$

由归纳法知

$$C_n = T^{n-1}C_1$$

又由于

$$C_1 = T$$

故得

$$C_n = T^n$$

推论 3 设 C_n 是式 (11) 所定义的 $k \times k$ 方阵, 则当 $n \geqslant 1$ 时, 有

$$|C_n| = \begin{cases} (-1)^n (2^m)^n & (k=2) \\ 1 & (k \text{ 是奇数}) \\ (1)^n & (k \neq 2 \text{ 且为偶数}) \end{cases}$$

定理 3 设 V_n^i 是广义的 k 阶 Fibonacci - Jacobsthal 序列, 则当 $m \geqslant 0, n \geqslant 1$, 且 $1 \leqslant i \leqslant k$ 时, 有

$$V_{n+m}^i = \sum_{j=1}^{k} V_n^j V_{m-j+1}^i$$

证明 由定理 2 知

$$C_{n+m} = C_n C_m = C_m C_n$$

又 V_{n+m}^i 是矩阵 C_{n+m} 的第 1 行第 i 列的元素, 故由矩阵乘法的定义知

$$V_{n+m}^i = \sum_{j=1}^{k} V_n^j V_{m-j+1}^i$$

注 3 若令定理 3 的 $k = i = 2, m = 0$, 则

$$\{V_n^2\} = \{F_n\}$$

且有

$$F_{n+m}^2 = F_m^1 F_n^2 + F_n^2 F_{n-1}^2$$

又

$$F_n^1 = F_{n+1}^2$$

故

$$F_{n+m}^2 = F_{m+1}^2 F_n^2 + F_m^2 F_{n+1}^2$$

因此有

$$F_{n+m} = F_{m+1} F_n + F_m F_{n-1}$$

推论 4 设 V_n^i 是广义的 k 阶 Fibonacci-Jacobsthal 数, 则

$$V_{n+1}^1 = V_n^1 + V_n^2, \quad V_{n+1}^2 = 2^m V_n^1 + V_n^3$$

$$V_{n+1}^i = V_n^1 + V_n^{i+1} \quad (i = 3, 4, \cdots, k-1)$$

$$V_{n+1}^k = V_n^1$$

推论 5　设 V_n^i 是广义的 k 阶 Fibonacci-Jacobsthal 数,则当 $n \geqslant 1, t > r \geqslant 1$ 时,有

$$V_{n+t}^i = \sum_{j=1}^k V_{n+r}^j V_{t-r-j+1}^i$$

下面给出广义的 k 阶 Fibonacci-Jacobsthal 序列的前 n 项和公式.

设

$$S_n = \sum_{i=0}^{n-1} V_i^1$$

又由推论 4 知

$$V_{n+1}^k = V_n^1$$

故

$$S_n = \sum_{i=1}^n V_i^k$$

又设 $\boldsymbol{D}, \boldsymbol{W}_n$ 是 $(k+1) \times (k+1)$ 的方阵,且使得

$$\boldsymbol{D} = \begin{pmatrix} 1 & 0 & 0 & \cdots & 0 \\ 1 & & & & \\ 0 & & & \boldsymbol{T} & \\ \vdots & & & & \\ 0 & & & & \end{pmatrix} \quad (12)$$

$$\boldsymbol{W}_n = \begin{pmatrix} 1 & 0 & 0 & \cdots & 0 \\ S_n & & & & \\ S_{n-1} & & & \boldsymbol{C}_n & \\ \vdots & & & & \\ S_{n-k+1} & & & & \end{pmatrix} \quad (13)$$

其中 $\boldsymbol{T}, \boldsymbol{C}_n$ 分别是式 (12) 与式 (13) 定义的.

定理 4 设 $\boldsymbol{D}, \boldsymbol{W}_n$ 分别是式(12)和式(13)所定义的 $(k+1) \times (k+1)$ 方阵,则 $\boldsymbol{W}_n = \boldsymbol{D}^n$.

证明 因为

$$S_n = V_{n-1}^1 + S_{n-1}$$

则可验证

$$\boldsymbol{W}_n = \boldsymbol{W}_{n-1} \boldsymbol{D}$$

故由归纳法得

$$\boldsymbol{W}_n = \boldsymbol{W}_1 \boldsymbol{D}^{n-1}$$

又

$$\boldsymbol{W}_1 = \boldsymbol{D}$$

故得

$$\boldsymbol{W}_n = \boldsymbol{D}^n$$

推论 6 设 V_n^k 是由定义 2 所定义

$$S_n = \sum_{i=1}^{n} V_i^k$$

则

$$V_n^k = 1 + 2^m S_{n-2} + \sum_{j=3}^{k} S_{n-j} \qquad (14)$$

注 4 若令式(14)的

$$k = 2, m = 0$$

则

$$V_n^2 = 1 + S_{n-2}$$

从而有

$$F_n = 1 + S_{n-2}$$

即

$$\sum_{i=1}^{n-2} F_i = F_n - 1$$

注 5 若令式(14)的

656

$$k = 2, m = 1$$

则

$$\sum_{i=1}^{n-1} J_i = \frac{3J_{n-1} + 2J_{n-2} - 1}{2}$$

下面给出广义的 k 阶 Fibonacci-Jacobsthal 序列 $\{V_n^i\}$ 的发生函数.

定理5　广义 k 阶 Fibonacci-Jacobsthal 序列有下列两种形式的发生函数:

i) $G_k(x) = \dfrac{1}{1 - x - 2^m x^2 - \cdots - x^k}$

ii) $G_k(x) = \exp\left\{ \displaystyle\sum_{l=0}^{\infty} \frac{1}{l+1}(x + 2^m x^2 + \cdots + x^k)^{l+1} \right\}$

参考资料

[1] Kilic E. The generalized order-k Fibonacci-Pell sequence by matrix methods[J]. Taiwanese Journal of Mathematics, 2006, 6: 1661-1670.

[2] Vajda S. Fibonacci, Lucas Numbers and the Golden Section[M]. New York: Wiley, 1989.

[3] Yilmaz F, Durmus B. The generalized order-k Jacobsthal numbers [J]. Journal of Integer Sequences, 2009, 34: 1685-1694.

[4] Koken F, Bozkurt D. On the Jacobsthal-Lucas numbers by matrix method [J]. Journal of Integer Sequences, 2008, 33: 1629-1633.

[5] Er M C. Sums of Fibonacci numbers by matrix methods [J]. The Fibonacci Quarterly, 1984, 22: 204-

207.

[6] 王伟. 关于 Nicol 问题的研究 [D]. 南京:南京师范大学图书馆,2008.

[7] Harris K. On the classification of integer n that divide $\varphi(n) + \sigma(n)$ [J]. J. Number Theory, 2009, 129:2093-2110.

关于广义二阶线性递归序列 $H_n(r) = rH_{n-1}(r) + H_{n-2}(r)$ 的单值性 [①]

第 54 章

关于整二阶线性递归序列

$$H_n(r) = rH_{n-1}(r) + H_{n-2}(r)$$

历来是人们关心的一个课题. 1983 年, De Bouvere Larel, Kathrop Regina E[1] 提出并解决了初值 a, b 生成单值广义 Fibonacci 序列(即 $r = 1$)的充要条件. 四川大学的屈明华教授 1987 年将参考资料 [1] 的结论拓广到一般的广义二阶线性递归序列.

定义 整数序列 $\{H_n\}_{-\infty}^{+\infty}$ 叫作单值的, 如果对任意 $n \neq m$, 有 $H_n \neq H_m$.

如无特别声明, 本章所给出的参数均为整数.

考虑初值为 $H_0(r), H_1(r)$ 的整二阶线性递归序列

$$H_0(r), H_1(r),$$

---

① 本章摘自《四川大学学报(自然科学版)》1987 年第 24 卷第 1 期.

Zernov 定理

$$H_n(r) = \gamma H_{n-1}(r) + H_{n-2}(r)$$
$$(n = 2, 3, \cdots) \tag{1}$$

设 α_r, β_r 是

$$x^2 - rx - 1 = 0$$

的两根,由解二阶线性递归序列的公式[2],我们得到

$$H_n(r) = \frac{\alpha_r^n - \beta_r^n}{\alpha_r - \beta_r}, H_1(r) + \frac{\alpha_r^{n-1} - \beta_r^{n-1}}{\alpha_r - \beta_r} H_0(r)$$
$$(n = 0, 1, 2, \cdots) \tag{2}$$

因

$$\alpha_r \beta_r = -1$$

故(2)中 n 可为负整数,我们定义

$$H_n(r) = \frac{\alpha_r^n - \beta_r^n}{\alpha_r - \beta_r} H_1(r) + \frac{\alpha_r^{n-1} - \beta_r^{n-1}}{\alpha_r - \beta_r} H_0(r)$$
$$(n = 0, \pm 1, \pm 2, \cdots) \tag{3}$$

为初值是 $H_0(r), H_1(r)$ 的广义二阶线性递归序列. 对任意 n,(3)显然满足递归关系

$$H_0(r), H_1(r), H_n(r) = r H_{n-1}(r) + H_{n-2}(r)$$
$$(n = 0, \pm 1, \pm 2, \cdots) \tag{4}$$

特别地,当初值

$$H_0(r) = 0, H_1(r) = 1$$

时,我们记

$$H_n(r) = a_n(r) \quad (n = 0, \pm 1, \pm 2, \cdots)$$

此时有

$$a_n(r) = \frac{\alpha_r^b - \beta_r^n}{\alpha_r - \beta_r} \quad (n = 0, \pm 1, \pm 2) \tag{5}$$

$$a_{-m}(r) = (-1)^{m+1} a_m(r) \quad (m = 0, \pm 1, \pm 2) \tag{6}$$

$$H_n(r) = a_n(r) H_1(r) + a_{n-1}(r) H_0(r)$$

$$(n = 0, \pm 1, \pm 2, \cdots) \qquad (7)$$

$$H_{-n}(r) = (-1)^{n+1} a_n(r) H_1(r) +$$
$$(-1)^n a_{n-1}(r) H_0(r) \quad (n \text{ 为整数}) \quad (8)$$

在式(7)中令 $r = 1$，记

$$H_n(1) = F_n$$

称 F_n 为广义 Fibonacci 序列. 令 $r = 2$，记

$$H_n(2) = p_n$$

称 p_n 为广义 Pell 序列.

以下假设整数 $r > 0$.

引理 1　给定 $H_0(r), H_1(r)$ 的下列三个序列的单值性相同.

1）$H_0(r) = a_r, H_1(r) = b_r$；

2）$H_0(r) = a_r d, H'_1(r) = b_r d, d$ 是给定整数；

3）$H''_0(r) = H_{n_0}(r), H''_1(r) = H_{n_0+1}(r)$. 这里 $\{H_n(r)\}$ 是由

$$H_0(r) = a_r, H_0(r) = b_r$$
$$H_n(r) = rH_{n-1}(r) + H_{n-2}(r)$$
$$(n = 1, \pm 1, \pm 2, \cdots)$$

所定义的序列.

证明　由

$$H'_n(r) = dH_n(r), H''_n(r) = H_{n_0+1}(r)$$

立得.

推论　设 $\{a_n(r)\}$ 是由(5)定义的序列,则以初值

$$H_0(r) = a_r = a_{n_0}(r)d, H_1(r) = b_r = a_{n_0+1}(r)d$$

所产生的广义二阶线性递归序列 $\{H_n(r)\}$ 不是单值的.

证明 由式(6)有

$$a_{-(2n+1)}(r) = (-1)^{2n+1+1} a_{2n+1}(r) = a_{2n+1}(r)$$

故 $\{a_n(r)\}$ 不是单值的,由引理 1 立得结论.

引理 2 设

$$H_0(r) = a_r, H_1(r) = b_r, a_r b_r < 0$$

则存在 N,当 $n \geqslant N$ 时,恒有 $H_n(r) > 0$ 或 $H_n(r) < 0$.

证明 因

$$a_n(r) = r a_{n-1}(r) + a_{n-2}(r)$$

故当 $n \geqslant 2$ 时,有

$$\frac{a_n(r)}{a_{n-1}(r)} = r + \underbrace{\frac{1}{r} + \frac{1}{r} + \cdots + \frac{1}{r}}_{n-1\text{个}}$$

于是有

$$\lim_{n \to \infty} \frac{a_n(r)}{a_{n-1}(r)} = a_r = \frac{r + \sqrt{r^2 + 4}}{2} > 0^{[3]}$$

$$(a_r \text{ 是无理数}) \tag{9}$$

1) $a_r > 0, b_r < 0$,由式(7)有

$$H_n(r) = a_{n-1}(r) a_r - |b_r| a_n(r)$$

故:

当 $\dfrac{a_r}{|b_r|} > \alpha_r$ 时,存在 $N, n \geqslant N$ 时

$$H_n(r) > 0$$

当 $\dfrac{a_r}{|b_r|} < \alpha_r$ 时,存在 $N, n \geqslant N$ 时

$$H_n(r) < 0$$

2) $a_r < 0, b_r > 0$,由式(7)有

$$H_n(r) = b_r a_n(r) - |a_r| a_{n-1}(r)$$

故:

当 $\dfrac{|a_r|}{b_r} < \alpha_r$ 时，存在 $N, n \geqslant N$ 时

$$H_n(r) > 0$$

当 $\dfrac{|a_r|}{b_r} > \alpha_r$ 时，存在 $N, n \geqslant N$ 时

$$H_n(r) < 0$$

引理 3　设 $<t>_3$ 表 t 模 3 的最小非负剩余，$\varepsilon_t = \dfrac{2}{3 - (-1)^{<t>_3}}$，则：

1) $(a_{t+1}(r), a_t(r)) = 1$

2) $(a_{t+1}(r) + a_t(r), a_{t+1}(r) - a_t(r))$

$= (a_{t+1}(r) + a_t(r), a_{t+2}(r) - a_t(r))$

$$= \begin{cases} 1 & (2 \mid r) \\ \dfrac{1}{\varepsilon_1} & (2 \nmid r) \end{cases}$$

证明　1) 因

$$a_{t+1}(r) = ra_t(r) + a_{t-1}(r)$$

故

$(a_{t+1}(r), a_t(r)) = (a_t(r), a_{t-1}(r)) = \cdots$

$$= (a_1(r), a_0(r)) = (1, 0) = 1$$

2) 设

$$(a_{t+1}(r) + a_t(r), a_{t+1}(r) - a_t(r)) = d$$

则

$$d \mid 2a_{t+1}(r), 2a_t(r)$$

即

$$d \mid 2$$

ⅰ) $2 \mid r$ 时

$$a_{t-1}(r) + a_t(r) = (r+1)a_t(r) + a_{t-1}(r)$$
$$\equiv a_t(r) + a_{t-1}(r)$$
$$\equiv a_1(r) + a_0(r)$$
$$= 1(\bmod 2)$$

此时 $d = 1$.

ii)$2 \nmid r$ 时,显然有

$$a_{3i}(r) \equiv 0(\bmod 2)$$
$$a_{3i+j}(r) \equiv 1(\bmod 2) \quad (j = 1, 2; i = 0, \pm 1, \pm 2, \cdots)$$

故

$$a_{t+1}(r) + a_t(r) \equiv 0(\bmod 2) \Leftrightarrow t \equiv 1(\bmod 3)$$

即

$$d = 2 \Leftrightarrow t \equiv 1(\bmod 3)$$

此时即

$$d = \frac{3 - (-1)^{<t>_3}}{2} = \frac{1}{\varepsilon_t}$$

因

$$a_{t+2}(r) - a_{t-1}(r) = r(a_{t+1}(r) + a_t(r)) + a_t(r) - a_{t+1}(r)$$

故

$$(a_{t+2}(r) - a_{t-1}(r), a_{t+1}(r) + a_t(r))$$
$$= (a_{t+1}(r) + a_t(r), a_{t+1}(r) - a_t(r))$$

引理 4 设

$$H_0(r) = a_r > 0, H_1(r) = b_r > 0, (a_r, b_r) = 1$$

此时当 $n \geqslant 0$ 时,显然 $H_n(r) > 0$,则存在 $-m < 0$,使得 $H_{-m}(r) = 0$ 的充要条件是

$$a_r = a_m(r), b_r = a_{m+1}(r)$$

证明 充分性显然. 对必要性,由假设, $H_n(r) = 0$ 必 $n < 0$,故设 $-m < 0$, $H_{-m}(r) = 0$,由式(8)得

664

$$a_m(r)b_r - a_{m+1}(r)a_r = 0$$

即

$$a_m(r)b_r = a_{m+1}(r)a_r$$

由引理 3 知

$$(a_m(r),a_{m+1}(r))=1$$

又因 $(a_r,b_r)=1$,立得

$$a_r = a_m(r),b_r = a_{m+1}(r)$$

引理 5　对

$$H_0(r)=a_r>0,H_1(r)=b_r>0,(a_r,b_r)=1$$

则存在 $-n<0$ 使 $H_{-n}(r)<0$.

证明　由式(8)有

$$H_{-n}(r)=(-1)^{n+1}a_n(r)b_r + (-1)^n a_{n+1}(r)a_r$$

由式(9)有:

ⅰ) $\dfrac{b_r}{a_r}>\alpha_r$,对充分大的 $n,2\mid n$ 有

$$H_{-n}(r)=a_{n+1}(r)a_r - a_n(r)b_r < 0$$

ⅱ) $\dfrac{b_r}{a_r}<\alpha_r$,对充分大的 $n,2\nmid n$ 有

$$H_{-n}(r)=a_n(r)b_r - a_{n+1}(r)b_r < 0$$

综上所述,为讨论

$$H_n(r)=rH_{n-1}(r)+H_{n-2}(r)\quad(r>0)$$

的单值性,我们不妨设 $\{H_n\}$ 合

$$r>0,H_0(r)=a_r>0,H_1(r)=b_r>0$$

$$(a_r,b_r)=1,H_{-1}(r)<0 \qquad (10)$$

引理 6　设 $\{H_n(r)\}$ 合(10),则有:

1) 对任意 $n\geqslant 0,H_n(r)>0$.

2) $b_r<ra_r$.

3）对任意 n，$H_n(r) \not\equiv 0$.

4）$H_{-2s}(r) > 0$，$H_{-(2s+1)}(r) < 0$，$S \geqslant 0$.

5）对 $n \geqslant 1$，有

$$D_1 = H_{n+1}(r) - H_n(r) > 0$$
$$D_2 = |H_{-(n+1)}(r)| - |H_{-n}(r)| > 0$$

证明 1）显然，由

$$H_{-1}(r) = b_r - ra_r < 0$$

得出 2）. 对 3），若 $H_n(r) = 0$ 必 $n < 0$，由引理 4 知，存在 $m > 0$，有

$$a_r = a_m(r), b_r = a_{m+1}(r)$$

但

$$b_r - ra_r = a_{m+1}(r) - ra_m(r) = a_{m-1}(r) \geqslant 0$$

这与 2）矛盾. 对 4），用归纳法. 由（10）知 $S = 0$ 显然成立. 不妨设 $S = n$ 时有

$$H_{-2n}(r) > 0, H_{-(2n+1)}(r) < 0$$

当 $S = n+1$ 时，有

$$H_{-2(n+1)}(r) = H_{-(2n+1)-1}(r) = H_{-2n}(r) - rH_{-(2n+1)}(r) > 0$$
$$H_{-(2n+1)-1}(r) = H_{-(2n+1)}(r) - rH_{-2(n+1)}(r) < 0$$

下面证明 5）. 设 $n \geqslant 1$，于是显然

$$D_1 = H_{n+1}(r) - H_n(r) = (r-1)H_n(r) + H_{n-1}(r) > 0$$

由 4）知，当 $2 \mid n$ 时

$$D_2 = -H_{-(n+1)}(r) - H_{-n}(r)$$
$$= rH_{-n}(r) - H_{-(n-1)}(r) - H_{-n}(r)$$
$$= (r-1)H_{-n}(r) - H_{-(n-1)}(r) > 0$$

$2 \nmid n$ 时

$$D_2 = H_{-(n+1)}(r) + H_{-n}(r)$$

$$= -(r-1)H_{-n}(r) + H_{-(n-1)}(r) > 0$$

引理 7　设 $\{H_n(r)\}$ 合(10),则存在 $m \neq t$ 合

$$H_m(r) = H_t(r)$$

的充要条件是下列条件之一成立.

1) $2 \mid r$ 时

$$a_r = 1, b_r = \frac{r}{2}$$

$2 \nmid r$ 时

$$a_r = 2, b_r = r$$

2) $r > 1$ 时

$$a_r = b_r = 1$$

3) 存在 $t > 0, 2 \nmid t$ 合: $2 \mid r$ 时

$$a_r = a_t(r) + a_{t-1}(r)$$
$$b_r = a_t(r) - a_{t-1}(r))$$

$2 \nmid r$ 时

$$a_r = \varepsilon_{t-1}(a_t(r) + a_{t-1}(r))$$
$$b_r = \varepsilon_{t-1}(a_t(r) - a_{t-1}(r))$$

4) 存在 $t > 0, 2 \nmid t$ 合: $2 \mid r$ 时

$$a_r = a_t(r) + a_{t+1}(r)$$
$$b_r = a_{t+2}(r) - a_{t-1}(r)$$

$2 \nmid r$ 时

$$a_r = \varepsilon_t(a_t(r) + a_{t+1}(r))$$
$$b_r = \varepsilon_t(a_{t+2}(r) - a_{t-1}(r))$$

证明　由引理 6 的情形 5)知

$$H_t(r) = H_m(r)$$

必

$$m = 0, t = 1$$

或
$$m = -n < 0, t \geqslant 0$$
前者将得到 2), 对于后者, 当 $2 \nmid n$ 时, 由引理 6 知 $H_{-n}(r) < 0$, 而 $H_t(r) > 0$, 矛盾. 以下假设 $2 \mid n$, 由式 (7)(8) 得

$$\begin{aligned}
H_t(r) &= a_t(r)b_r + a_{t-1}(r)a_r \\
&= (-1)^{n+1}a_n(r)b_r + (-1)^n a_{n+1}(r)a_r \\
&= H_{-n}(r)
\end{aligned}$$

$$a_t(r)b_r + a_{t-1}(r)a_r = a_r a_{n+1}(r) - b_r a_n(r)$$

$$(a_t(r) + a_n(r))b_r = a_r(a_{n+1}(r) - a_{t-1}(r)) \quad (11)$$

因 $a_r, b_r, a_t(r), a_n(r)$ 均大于零, 故

$$a_{n+1}(r) - a_{t-1}(r) > 0$$

得

$$n + 1 > t - 1$$

即

$$n > t - 2 \quad (12)$$

将 $b_r < ra_r$, 代入式 (11) 得

$$a_r(a_{n+1}(r) - a_{t-1}(r)) < ra_r(a_t(r) + a_n(r))$$

$$a_{n+1}(r) - a_{t-1}(r) < ra_t(r) + ra_n(r)$$

$$a_{n+1}(r) - ra_n(r) < ra_t(r) + a_{t-1}(r)$$

$$a_{n-1}(r) < a_{t+1}(r)$$

故有

$$n - 1 < t + 1$$

即

$$n < t + 2 \quad (13)$$

由式 (12)(13) 得出

$$t - 2 < n < t + 2 \qquad (14)$$

ⅰ）$2 \mid t$，由式（14）和 $2 \mid n$ 得

$$n = t \neq 0$$

代入式（11）得出

$$2a_t(r)b_r = a_r(a_{t+1}(r) - a_{t-1}(r)) = ra_t(r)a_r$$

即

$$2b_r = ra_r$$

因 $(a_r, b_r) = 1$，立得条件 1）. 而条件 1）的充分性显然.

ⅱ）$2 \nmid t$，由式（14）和 $2 \mid n$ 得出 $n = t - 1, t + 1$.

当 $n = t - 1$ 时，代入式（11）有

$$(a_t(r) + a_{t-1}(r))b_r = a_r(a_t(r) - a_{t-1}(r))$$

由引理 3）立得条件 3），其充分性显然.

当 $n = t + 1$ 时，代入式（11）有

$$(a_{t+1}(r) + a_t(r))b_r = a_r(a_{t+2}(r) - a_{t-1}(r))$$

由引理 3 立得条件 4）. 其充分性显然.

综上述. 我们立得：

定理 1　广义二阶线性递归序列

$$H_0(r) = a_r, H_1(r) = b_r$$

$$H_n(r) = rH_{n-1}(r) + H_{n-2}(r)$$

$$(r > 0, n = 0, \pm 1, \pm 2, \cdots)$$

为单值的充要条件是，初值 a_r, b_r 不合下列条件.

1）存在 t, d，合

$$a_r = a_t(r)d, b_t = a_{t+1}(r)d$$

2）存在 t, d，合

$$a_r = H'_t(r)d, b_r = H'_{t+1}(r)d$$

这里 $\{H'_n(r)\}$ 是：

ⅰ）$2 \mid r$ 时由

$$a'_t = 1, b'_t = \frac{r}{2}$$

所生成的广义二阶线性递归序列；

ⅱ) $2 \nmid r$ 时由

$$a'_t = 2, b'_t = r$$

生成的广义二阶线性递归序列；

ⅲ) $r \geqslant 2$ 时由

$$a'_t = b'_t = 1$$

生成的广义二阶线性递归序列.

3) 存在 $n, d, t, t > 0, 2 \nmid t$ 合

$$a_r = H''_n(r)d, b_r = H''_{n+1}(r)d$$

此处 $\{H''_n(r)\}$ 是：

ⅰ) $2 \mid r$ 时由

$$a''_t = a_t(r) + a_{t-1}(r), b''_t = a_t(r) - a_{t-1}(r)$$

生成的序列；

ⅱ) $2 \nmid r$ 时由

$$a''_t = \varepsilon_{t-1}(a_t(r) + a_{t-1}(r))$$

$$b''_t = \varepsilon_{t-1}(a_t(r) - a_{t-1}(r))$$

生成的序列.

4) 存在 $n, d, t, t > 0, 2 \nmid t$ 适合

$$a_r = H'''_n(r)d, b_r = H'''_{n+1}(r)d$$

此处 $\{H'''_n(r)\}$ 是：

ⅰ) $2 \mid r$ 时由

$$a'''_t = a_t(r) + a_{t+1}(r), b'''_t = a_{t+2}(r) - a_{t-1}(r)$$

生成的序列；

ⅱ) $2 \nmid r$ 时由

$$a''_t = \varepsilon_t(a_t(r) + a_{t+1}(r))$$

670

$$b'''_t = \varepsilon_t(a_{t+2}(r) - a_{t-1}(r))$$

所生成的序列.

在定理 1 中,分别令

$$r = 1, r = 2$$

我们可得到 De Bouvere Karel, Lathrop Regina E 的结论以及广义 Pell 序列单值的充要条件.

现在讨论 $r' < 0$ 的情形. 令 $r' = -r < 0$,考虑

$$a_0(r^1) = 0, a_1(r') = 1, a_{n+2}(r') = r'a_{n+1}(r') + a_n(r')$$
$$(n = 0, \pm 1, \cdots) \qquad (15)$$

$$H_0(r') = a_{r'}, H_1(r') = b_{r'}$$
$$H_{n+2}(r') = r'H_{n+1}(r') + H_n(r')$$
$$r' = -r < 0$$
$$(n = 0, \pm 1, \cdots) \qquad (16)$$

则由归纳法易证

$$a_t(r') = a_{-t}(r)$$

从而可得

$$H_t(r') = H_{-t}(r)$$

这里 $a_n(r), H_n(r)$ 合

$$a_0(r) = 0, a_1(r) = 1$$
$$a_{n+2}(r) = ra_{n+1}(r) + a_n(r)$$
$$(n = 0, \pm 1, \cdots) \qquad (17)$$

$$H_0(r) = a_r = a_{r'}, H_1(r) = b_r = b_{r'} - ra_{r'}$$
$$H_{n+2}(r) = rH_{n+1}(r) + H_n(r)$$
$$(n = 0, \pm 1, \cdots) \qquad (18)$$

于是我们立得:

定理 2 由式(16)所定义的初值为

Zernov 定理

$$H_0(r') = a_{r'}, H_1(r') = b_{r'}$$

的广义二阶线性递归序列为单值的充要条件是

$$a_r = a_{r'}, b_r = b_{r'} - ra_{r'}$$

不符合定理 1 所给出的 4 个条件.

而当 $r = 0$ 时,为 $H_n(0)$,故 $\{H_n(0)\}$ 不是单值的.

参考资料

[1] De Bouvere Karel, Lathrop kegina E, Fibonacci Q. 1983(21):37-52;Zbl Math, Vol 502,10003.

[2] 柯召,魏万迪. 组合论(上册),科学出版社,1984: 132.

[3] Hardy G H, Wright E M. An introduction to the theory of number. Oxford university press, 1979:140.

第十三编
涉及 Fibonacci 数列的恒等式与同余式

一些包含 Fibonacci-Lucas 数的恒等式和同余式[①]

惠州学院数学系的李桂贞,刘国栋两位教授 2006 年给出了一些包含 Fibonacci-Lucas 数的恒等式和同余式.

§1 引言和主要结果

Fibonacci 数 F_n 和 Lucas 数 L_n 分别定义为

$$F_{n+2} = F_{n+1} + F_n, F_0 = 0, F_1 = 1 \quad (1)$$
$$L_{n+2} = L_{n+1} + L_n, L_0 = 2, L_1 = 1 \quad (2)$$

由式(1)(2),我们有

$$F_{2k} = F_k L_k, L_k^2 = 5F_k^2 + 4(-1)^k \quad (3)$$

第一类 Chebyshev 多项式 $T_n(x)$ 和第二类 Chebyshev 多项式 $U_n(x)$ 分别由下列二阶线性递推关系给出[1~4]

① 本章摘自《纯粹数学与应用数学》2006 年 6 月第 22 卷第 2 期.

第 55 章

Zernov 定理

$$T_{n+2}(x) = 2xT_{n+1}(x) - T_n(x)$$
$$T_0(x) = 1, T_1(x) = x \tag{4}$$

和

$$U_{n+2}(x) = 2xU_{n+1}(x) - U_n(x)$$
$$U_0(x) = 1, U_1(x) = 2x \tag{5}$$

由式(4)(5)可得

$$T_n(x) = \frac{n}{2} \sum_{j=0}^{\left[\frac{n}{2}\right]} \frac{(-1)^j}{n-j} \binom{n-j}{j} (2x)^{n-2j} \tag{6}$$

和

$$U_n(x) = \sum_{j=0}^{\left[\frac{n}{2}\right]} (-1)^j \binom{n-j}{j} (2x)^{n-2j} \tag{7}$$

本章的主要目的是证明一些包含 Fibonacci 数和 Lucas 数的恒等式和同余式,即要证明下列主要结果:

定理 1 设 $n \geqslant 0, k \geqslant 1$ 是整数,则

$$\frac{F_{(2n+1)k}}{F_k} = \sum_{j=0}^{n} (-1)^{(k+1)j} \binom{2n-j}{j} \cdot \tag{8}$$
$$(5F_k^2 + 4(-1)^k)^{n-j}$$

$$\frac{F_{(2n+2)k}}{F_{2k}} = \sum_{j=0}^{n} (-1)^{k+1)j} \binom{2n+1-j}{j} \cdot \tag{9}$$
$$(5F_k^2 + 4(-1)^k)^{n-j}$$

定理 2 设 $n \geqslant 1, k \geqslant 1$ 是整数,则

$$L_{2nk} = 2n \sum_{j=0}^{n} \frac{(-1)^{(k+1)j}}{2n-j} \binom{2n-j}{j} \cdot \tag{10}$$
$$(5F_k^2 + 4(-1)^k)^{n-j}$$

676

$$\frac{L_{(2n+1)k}}{L_k} = (2n+1)\sum_{j=0}^{n}\frac{(-1)^{(k+1)j}}{2n+1-j}\cdot$$
$$\binom{2n+1-j}{j}(5F_k^2+4(-1)^k)^{n-j} \tag{11}$$

推论 1　设 $m\geq 0, k\geq 1$ 是整数,则

$$\frac{F_{(2m+1)k}}{F_k}\equiv(-1)^{km}(2m+1)\ (\bmod\ 5F_k^2) \tag{12}$$

$$\frac{F_{(2m+2)k}}{F_{2k}}\equiv(-1)^{km}(m+1)\ (\bmod\ 5F_k^2) \tag{13}$$

推论 2　设 $m\geq 0, k\geq 1$ 是整数,则

$$L_{2mk}\equiv 2(-1)^{km}\ (\bmod\ 5F_k^2) \tag{14}$$

$$\frac{L_{(2m+1)k}}{l_{2k}}\equiv(-1)^{km}\ (\bmod\ 5F_k^2) \tag{15}$$

推论 3　设 p 是奇质数,则

$$F_{(n+1)p}\equiv\left(\frac{p}{5}\right)F_{n+1}\ (\bmod\ p) \tag{16}$$

$$L_{np}\equiv L_n\ (\bmod\ p) \tag{17}$$

这里 $\left(\dfrac{p}{5}\right)$ 是 Legendre 符号.

定理 3　设 $n\geq 1, k\geq 1$ 是整数,则

$$L_{nk}=\frac{F_{(n+1)k}}{F_k}-(-1)^k\frac{F_{(n-1)k}}{F_k} \tag{18}$$

§2　定理的证明

引理 1[1~2]　ⅰ) $T_{nk}(x)=T_n(T_k(x))$

$$ii) U_n(T_k(x)) = \frac{U_{(n+1)k-1}(x)}{U_{k-1}(x)}$$

引理 $2^{[5]}$ i) $F_{n+1} = i^n U_n\left(-\frac{i}{2}\right)$

ii) $L_n = 2i^n T_n\left(-\frac{i}{2}\right)$ $(i^2 = -1)$

引理 3   设 $n \geqslant 1$ 是整数, 则

$$\sum_{j=0}^{\left[\frac{n}{2}\right]} (-1)^j \binom{n-j}{j} 2^{n-2j} = n+1 \qquad (19)$$

$$\sum_{j=0}^{\left[\frac{n}{2}\right]} \frac{(-1)^j}{n-j} \binom{n-j}{j} 2^{n-2j} = \frac{2}{n} \qquad (20)$$

证明   在式(6)(7)中令 $x=1$, 并注意到

$$U_n(1) = n+1, T_n(1) = 1$$

即得引理 3.

引理 $4^{[6\sim7]}$ 设 p 是奇质数, 则

$$F_p \equiv \left(\frac{p}{5}\right)(\bmod\ p), \ L_p \equiv 1(\bmod\ p) \qquad (21)$$

定理 1 的证明   由式(7), 我们有

$$U_n(T_k(x)) = \sum_{j=0}^{\left[\frac{n}{2}\right]} (-1)^j \binom{n-j}{j} (2T_k(x))^{n-2j} \qquad (22)$$

由式(22)和引理 1 的情形 ii), 我们有

$$U_{(n+1)k-1}(x) = U_{k-1}(x) \sum_{j=0}^{\left[\frac{n}{2}\right]} (-1)^j \cdot$$

$$\binom{n-j}{j} (2T_k(x))^{n-2j} \qquad (23)$$

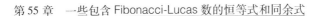

在式(23)中令 $x = -\dfrac{i}{2}(i^2 = -1)$ 并注意到引理 2,我们有

$$F_{(n+1)k} = F_k \sum_{j=0}^{[\frac{n}{2}]} (-1)^{(k+1)j} \binom{n-j}{j} (L_k)^{n-2j} \quad (24)$$

由式(3)(24),我们立即得到定理 1.

定理 2 的证明　由式(6),我们有

$$T_n(T_k(x)) = \frac{n}{2} \sum_{j=0}^{[\frac{n}{2}]} \frac{(-1)^j}{n-j} \binom{n-j}{j} (2T_k(x))^{n-2j} \quad (25)$$

由式(25)和引理 1 的情形 i),我们有

$$T_{nk}(x) = \frac{n}{2} \sum_{j=0}^{[\frac{n}{2}]} \frac{(-1)^j}{n-j} \binom{n-j}{j} (2T_k(x))^{n-2j} \quad (26)$$

在式(26)中令 $x = -\dfrac{i}{2}(i^2 = -1)$ 并注意到引理 2 的情形 ii),我们有

$$L_{nk} = n \sum_{j=0}^{[\frac{n}{2}]} \frac{(-1)^{(k+1)j}}{n-j} \binom{n-j}{j} (L_k)^{n-2j} \quad (27)$$

由式(3)和(27),我们立即得到定理 2.

推论 1 的证明　由定理 1 和引理 3 即得.

推论 2 的证明　由定理 2 和定理 3 即得.

推论 3 的证明　由式(24)(27)和引理 4,我们有

$$F_{(n+1)p} = F_p \sum_{j=0}^{[\frac{n}{2}]} (-1)^{(p+1)j} \binom{n-j}{j} (L_p)^{n-2j}$$

Zernov 定理

$$\equiv F_p \sum_{j=0}^{[\frac{n}{2}]} \binom{n-j}{j} = F_p F_{n+1}$$

$$\equiv \left(\frac{p}{5}\right) F_{n+1} (\bmod\ p) \qquad (28)$$

$$L_{np} = n \sum_{j=0}^{[\frac{n}{2}]} \frac{(-1)^{(p+1)j}}{n-j} \binom{n-j}{j} (L_p)^{n-2j}$$

$$\equiv \sum_{j=0}^{[\frac{n}{2}]} \frac{n}{n-j} \binom{n-j}{j} = L_n (\bmod\ p) \qquad (29)$$

定理 3 的证明 由式(24)(27),我们有

$$L_{nk} = n \sum_{j=0}^{[\frac{n}{2}]} \frac{(-1)^{(k+1)j}}{n-j} \binom{n-j}{j} (L_k)^{n-2j}$$

$$= \sum_{j=0}^{[\frac{n}{2}]} (-1)^{(k+1)j} \left(\binom{n-j}{j} + \binom{n-j-1}{j-1}\right) (L_k)^{n-2j}$$

$$= \sum_{j=0}^{[\frac{n}{2}]} (-1)^{(k+1)j} \binom{n-j}{j} (L_k)^{n-2j} +$$

$$\sum_{j=0}^{[\frac{n}{2}]} (-1)^{(k+1)j} \binom{n-j-1}{j-1} (L_k)^{n-2j}$$

$$= \sum_{j=0}^{[\frac{n}{2}]} (-1)^{k+1)j} \binom{n-j}{j} (L_k)^{n-2j} -$$

$$(-1)^k \sum_{j=0}^{[\frac{n-2}{2}]} (-1)^{(k+1)j} \binom{n-2-j}{j} (L_k)^{n-2-2j}$$

680

$$= \frac{F_{(n+1)k}}{F_k} - (-1)^k \frac{F_{(n-1)k}}{F_k} \qquad (30)$$

定理 3 证毕.

参考资料

［1］Zhang Wenpeng. Some identities involving the Fibonacci numbers and Lucas numbers［J］. the Fibonacci quarterly, 2004, 42(2):149-154.

［2］Liu Guodong. Combinatorial analysis and applications of a sequence［J］. Acta Mathematica Scientia, 2005, 25(1):35-40.

［3］Rainville E D. Special Functions［M］. New York: Macmillan Co. , 1960.

［4］Szego G. Orthogonal Polynomials［M］. New York: Amer. Math. Soc. , 1959.

［5］Zeitlin D. On convoluted numbers and sums［J］. Amer. Math. Monthly, 1967, 74:235-246.

［6］Dickson L E. History of the Theory of Numbers: Vol. I［M］. New York: Dover, 2005.

［7］Ribenboim. The Book of Prime Numbers Records［M］. 2nd ed. Berlin: Springer, 1989.

有关 Fibonacci 数和 Lucas 数的几个恒等式[①]

第

56

章

金华职业技术学院的傅拥军教授 2006 年利用母函数的方法,研究了以 Fibonacci 数和 Lucas 数为系数的指母生成函数,揭示了 Fibonacci 数和 Lucas 数之间的内在联系,得到了几个关于 Fibonacci 数和 Lucas 数的有趣的恒等式.

§1 引 言

著名的 Fibonacci 数列和 Lucas 数列是两个非常重要的数列,它们由下面的二次线性递推公式

$$F_{n+2} = F_{n+1} + F_n \quad (n \geqslant 0)$$

$$L_{n+2} = L_{n+1} + L_n \quad (n \geqslant 0)$$

给出,其中

---

① 本章摘自《浙江师范大学学报(自然科学版)》2006 年 5 月第 29 卷第 2 期.

$$F_0 = 0 , F_1 = 1 , L_0 = 2 , L_1 = 1$$

两数列的通项公式分别为

$$F_n = \frac{1}{\sqrt{5}} (\alpha^n - \beta^n)$$

和

$$L_n = \alpha^n + \beta^n$$

其中

$$\alpha = \frac{1 + \sqrt{5}}{2} , \beta = \frac{1 - \sqrt{5}}{2}$$

满足

$$\lambda F_k + \mu F_{k+1} = F_{k+2}$$

的数列称为广义的 Fibonacci 数列 $\{F_n\}$；若 $\lambda = \mu = 1$，则为通常的 Fibonacci 数列.

　　Fibonacci 数列和 Lucas 数列有许多有趣的性质，一直是许多专家、学者研究的热点，已经得到了很多有益的结果，如 Rubbins 研究了 Fibonacci 数的 $Px^2 \pm 1$，$Px^3 \pm 1$ 的形式[1]；张文鹏研究了 Fibonacci 数的组合恒等式，证明了当 $n \geqslant 3$ 时有[2]

$$\sum_{a+b=n} F_a F_b = \frac{1}{5} \big[(n - 1) F_n + 2n F_{n-1} \big]$$

$$\sum_{a+b+c=n} F_a F_b F_c = \frac{1}{50} \big[(5n^2 - 9n - 2) F_{n-1} + (5n^2 - 3n - 2) F_{n-2} \big]$$

$$\sum_{a+b+c+d=n} F_a F_b F_c F_d = \frac{1}{150} \big[(4n^3 - 12n^2 - 4n + 12) F_{n-2} + (3n^3 - 6n^2 - 3n + 6) F_{n-3} \big]$$

还给出了 Fibonacci 数和 Lucas 数之间的组合恒等式[3]

$$\sum_{a+b+c=n+3} L_a L_b L_c = \frac{n+5}{2} \big[(n+10)F_{n+3} + 2(n+7)F_{n+2} \big]$$

$$\sum_{a+b+c=n+3} L_{2a} L_{2b} L_{2c} = \frac{n+5}{2} \big[3(n+10)F_{2n+5} + (n+16)F_{2n+4} \big]$$

$$\sum_{a+b+c=n+3} L_{3a} L_{3b} L_{3c} = \frac{n+5}{2} \big[4(n+10)F_{3n+7} + 3(n+9)F_{3n+6} \big]$$

笔者用指母函数的方法,研究了以 Fibonacci 数为系数的指母生成函数,揭示了 Fibonacci 数和 Lucas 数之间的内在联系,得到了几个关于 Fibonacci 数和 Lucas 数的有趣的恒等式.

§2 定理及推论

定理 1 设 $a_0, a_1, \cdots, a_{2l-1}$ 为非负整数,$\{F_n\}$ 为 Fibonacci 数列,$l \geqslant 1$,则有

$$\sum_{a_0+a_1+\cdots+a_{2l-1}=n} \frac{F_k^{a_0} F_{k+1}^{a_1} \cdots F_{k+2l-1}^{a_{2l-1}}}{a_0! a_1! \cdots a_{2l-1}!} = \frac{F_{k+2l}^n}{n!} \qquad (1)$$

推论 1 设 n, k 为非负整数,$\{F_n\}$ 为 Fibonacci 数列,则有

$$F_{k+2}^n = \sum_{a=0}^{n} C_n^a F_k^a F_{k+1}^{n-a} \qquad (2)$$

推论 2 对广义 Fibonacci 数列 $\{F_n\}$,满足

$$\lambda F_k + \mu F_{k+1} = F_{k+2}$$

684

则有

$$F_{k+2}^n = \sum_{a=0}^{n} C_n^a (\lambda^a \mu^{n-a}) F_k^a F_{k+1}^{n-a} \qquad (3)$$

推论 3 设 $a_0, a_1, \cdots, a_{2l-1}$ 为非负整数, 对广义 Fibonacci 数列取 $\lambda = 1$, 则有

$$\sum_{a_0 + a_1 + \cdots + a_{2l-1} = n} \frac{F_k^{a_0} F_{k+1}^{a_1} \cdots F_{k+2l-1}^{a_{2l-1}}}{a_0! a_1! \cdots a_{2l-1}!} \mu^{n-a_0} = \frac{F_{k+2l}^n}{n!} \qquad (4)$$

推论 4 对广义 Fibonacci 数列 $\{F_n\}$, 满足

$$\lambda F_k + \mu F_{k+1} = F_{k+2} \quad (k = 0, 1, 2, \cdots)$$

可得

$$\sum_{a_0 + a_1 + \cdots + a_{2l-1} = n} \frac{F_k^{a_0} F_{k+1}^{a_1} \cdots F_{k+2l-1}^{a_{2l-1}}}{a_0! a_1! \cdots a_{2l-1}!} \lambda^{la_0 + \sum_{m=1}^{l-1} ma_{2l-(2m+1)}} \mu^{n-a_0} = \frac{F_{k+2l}^n}{n!}$$

$$(5)$$

定理 2 设 $b_0, b_1, \cdots, b_{2l-1}$ 为非负整数, L_n 为 Lucas 数, $l \geqslant 1$, 则有

$$\sum_{b_0 + b_1 + \cdots + b_{2l-1} = n} \frac{L_k^{a_0} L_{k+1}^{a_1} \cdots L_{k+2l-1}^{a_{2l-1}}}{b_0! b_1! \cdots b_{2l-1}!} = \frac{L_{k+2l}^n}{n!} \qquad (6)$$

§3 结论的证明

定理 1 的证明 $\{F_n\}$ 为 Fibonacci 数列, $l \geqslant 1$, 则对 $\forall k = 0, 1, 2, 3, \cdots$, 有

$$F_k + F_{k+1} + F_{k+3} + F_{k+5} + \cdots + F_{k+2l-1} = F_{k+2l}$$

成立. 构造关系式

$$e^{F_k t} e^{F_{k+1} t} e^{F_{k+3} t} e^{F_{k+5} t} \cdots e^{F_{k+2l-1} t} = e^{F_{k+2l} t} \qquad (7)$$

将

$$e^x = \sum_{n=0}^{\infty} \frac{x^n}{n!}$$

代入式(7),得

$$\sum_{n=0}^{\infty} \frac{(F_k t)^n}{n!} \sum_{n=0}^{\infty} \frac{(F_{k+1} t)^n}{n!} \sum_{n=0}^{\infty} \frac{(F_{k+3} t)^n}{n!} \cdots$$

$$\sum_{n=0}^{\infty} \frac{(F_{k+2l-1} t)^n}{n!} = \sum_{n=0}^{\infty} \frac{F_{k+2l}^n t^n}{n!}$$

整理得

$$\sum_{a_0=0}^{\infty} \frac{(F_k t)^{a_0}}{a_0!} \sum_{a_1=0}^{\infty} \frac{(F_{k+1} t)^{a_1}}{a_1!} \cdot$$

$$\sum_{a_3=0}^{\infty} \frac{(F_{k+3} t)^{a_3}}{a_3!} \cdots \sum_{a_{2l-1}=0}^{\infty} \frac{(F_{k+2l-1} t)^{a_{2l-1}}}{a_{2l-1}!}$$

$$= \sum_{n=0}^{\infty} \sum_{a_0+a_1+\cdots+a_{2l-1}=n} \frac{F_k^{a_0} F_{k+1}^{a_1} \cdots F_{k+2l-1}^{a_{2l-1}} t^n}{a_0! a_1! \cdots a_{2l-1}!}$$

$$= \sum_{n=0}^{\infty} \frac{F_{k+2l}^n t^n}{n!}$$

即

$$\sum_{a_0+a_1+\cdots+a_{2l-1}=n} \frac{F_k^{a_0} F_{k+1}^{a_1} \cdots F_{k+2l-1}^{a_{2l-1}}}{a_0! a_1! \cdots a_{2l-1}!} = \frac{F_{k+2l}^n}{n!}$$

从而证明了定理 1.

推论 1 的证明 令式(1)中的 $l = 1$,则

$$\sum_{a+b=n} \frac{F_k^a F_{k+1}^b}{a! b!} = \frac{F_{k+2}^n}{n!}$$

即

$$F_{k+2}^n = \sum_{a+b=n} \frac{n!}{a!(n-a)!} F_k^a F_{k+1}^{n-a}$$

$$= \sum_{a=0}^{n} C_n^a F_k^a F_{k+1}^{n-a}$$

推论 2 的证明　对广义 Fibonacci 数列 $\{F_n\}$，若

$$\lambda F_k + \mu F_{k+1} = F_{k+2}$$

则有

$$F_{k+2}^n = \sum_{a+b=n} \frac{n!}{a!(n-a)!}(\lambda F_k)^a (\mu F_{k+1})^{n-a}$$

$$= \sum_{a=0}^{n} C_n^a (\lambda^a \mu^{n-a}) F_k^a F_{k+1}^{n-a}$$

即得推论 2 成立.

推论 3、推论 4 的证明　对广义 Fibonacci 数列 $\{F_n\}$，若 $\lambda = 1$，数列 $\{F_n\}$ 满足

$$F_k + \mu F_{k+1} + \mu F_{k+3} + \cdots + \mu F_{k+2l-1} = F_{k+2l} \qquad (8)$$

由定理 1 的证明易得推论 3.

类似地，由

$$\lambda F_k + \mu F_{k+1} = F_{k+2}$$

有

$$\lambda^l F_k + \lambda^{l-1}\mu F_{k+1} + \lambda^{l-2}\mu F_{k+3} +$$

$$\lambda^{l-3}\mu F_{k+5} + \cdots + \lambda\mu F_{k+2l-3} + \mu F_{k+2l-1} = F_{k+2l} \qquad (9)$$

即

$$\sum_{a_0+a_1+\cdots+a_{2l-1}=n} \frac{(\lambda^l F_k)^{a_0}(\lambda^{l-1}\mu F_{k+1})^{a_1}(\lambda^{l-2}\mu F_{k+3})^{a_3}\cdots(\lambda\mu F_{k+2l-3})^{a_{2l-3}}(\mu F_{k+2l-1})^{a_{2l-1}}}{a_0!a_1!\cdots a_{2l-1}!}$$

$$= \frac{F_{k+2l}^n}{n!}$$

从而

$$\sum_{a_0+a_1+\cdots+a_{2l-1}=n} \frac{F_k^{a_0} F_{k+1}^{a_1} \cdots F_{k+2l-1}^{a_{2l-1}}}{a_0!a_1!\cdots a_{2l-1}!} \cdot$$

$$\lambda^{la_0+\sum_{m=1}^{l-1} ma_{2l-(2m+1)}} \mu^{n-a_0} = \frac{F_{k+2l}^n}{n!}$$

687

推论 4 得证.

定理 2 的证明　与定理 1 类似(略).

§4　计算实例

例 1　式(2)表明:Fibonacci 数列任意连续 3 项 F_k, F_{k+1}, F_{k+2} 满足关系式

$$F_{k+2}^n = (F_k + F_{k+1})^n = \sum_{a=0}^{n} C_n^a F_k^a F_{k+1}^{n-a} \quad (10)$$

式(10)可作为二项式定理另证.

例 2　取 Fibonacci 数列 $\{F_n\}$ 的

$$F_5 = 5, F_6 = 8, F_8 = 21, F_9 = 34$$

取 $n = 3$,则

$$\sum_{a_0 + a_1 + a_3 = 3} \frac{F_5^{a_0} F_6^{a_1} F_8^{a_3}}{a_0! \, a_1! \, a_3!}$$

$$= \frac{5^0 \times 8^3 \times 21^3}{3!} + \frac{5^0 \times 8^3 \times 21^0}{3!} +$$

$$\frac{5^3 \times 8^0 \times 21^0}{3!} + \frac{5 \times 8 \times 21}{1!} +$$

$$\frac{5^1 \times 8^2 \times 21^0}{2!} + \frac{5^1 \times 8^0 \times 21^2}{2!} +$$

$$\frac{5^2 \times 8^1 \times 21^0}{2!} + \frac{5^2 \times 8^0 \times 21^1}{2!} +$$

$$\frac{5^0 \times 8^1 \times 21^2}{2!} + \frac{5^0 \times 8^2 \times 21^1}{2!}$$

$$= \frac{21^3 + 8^3 + 5^3}{6} + 840 +$$

$$\frac{320 + 2\,205 + 200 + 525 + 3\,528 + 1\,344}{2}$$

$$= \frac{19\,652}{3}$$

而

$$\frac{F_9^3}{3!} = \frac{34^3}{3!} = \frac{19\,652}{3}$$

故

$$\sum_{a_0 + a_1 + a_3 = 3} \frac{F_5^{a_0} F_6^{a_1} F_8^{a_3}}{a_0!\,a_1!\,a_3!} = \frac{F_9^3}{3!}$$

事实上

$$F_9 = F_5 + F_6 + F_8$$

有

$$F_9^3 = \left[(F_5 + F_6) + F_8 \right]^3$$

$$= F_5^3 + F_6^3 + F_8^3 + 3 (F_5^2 F_6 + F_5 F_6^2 + F_5^2 F_8 + F_6^2 F_8 +$$

$$F_5 F_8^2 + F_6 F_8^2) + 6 F_5 F_6 F_8 = 3! \sum_{a_0 + a_1 + a_3 = 3} \frac{F_5^{a_0} F_6^{a_1} F_8^{a_3}}{a_0!\,a_1!\,a_3!}$$

必须指出,Lucas 数具有与 Fibonacci 数类似的定理与推论;且 Fibonacci 数列、Lucas 数列中的任一项均可作为定理及各推论的起始项 F_k, L_k.

广义 Fibonacci 数的一些恒等式[①]

洛阳师范学院数学与信息科学系的席高文教授 2007 年利用非数学归纳法,以及广义 Fibonacci 数的性质,得到了广义 Fibonacci 数的一些求和公式.

第 57 章

§1 引 言

在参考资料[1]中给出了 Fibonacci 数的一些恒等式,参考资料[2]中利用非数学归纳法给出了一部分恒等式的证明. 若广义 Fibonacci 数定义如下

$$f(k,l,n)$$
$$= kf(k,l,n-1) + lf(k,l,n-2)$$
$$f(k,l,0) = 0, f(k,l,1) = 1 \qquad (1)$$

其中 $n = 0,1,2,\cdots,k,l$ 为任意给定的非

① 本章摘自《纯粹数学与应用数学》2007 年 9 月第 23 卷第 3 期.

零实数. 显然, 当 $l = 1$ 时, 式 (1) 即为参考资料 [2] 中的广义 k – Fibonacci 数 k_n; 当 $k = l = 1$ 时, 式 (1) 即为 Fibonacci 数.

在参考资料 [2] 中, 证明了下列恒等式

$$\sum_{j=1}^{n} k_j = \frac{k_{n+1} + k_n - 1}{k} \tag{2}$$

$$\sum_{j=1}^{n} k_j^2 = \frac{k_{n+1} k_n}{k} \tag{3}$$

$$\sum_{j=1}^{n} j k_j = \frac{(nk - 1) k_{n+1} + (nk - 2) k_n - k_{n-1} + 2}{k^2} \tag{4}$$

设

$$J_j = f(k, l, j)$$

则本章将用同样的方法证明广义 Fibonacci 数的一些恒等式, 即有限和 $\sum_{j=1}^{n} J_j$, $\sum_{j=1}^{n} (-1)^j J_j$, $\sum_{j=1}^{n} J_j^2$, $\sum_{j=1}^{n} (-1)^j J_j^2$, $\sum_{j=1}^{n} J_j^3$, $\sum_{j=1}^{n} j J_j$, $\sum_{j=1}^{n} j J_j^2$, $\sum_{j=1}^{n} j J_j^3$ 的计算公式.

§2　预备知识

为了证明广义 Fibonacci 数式 (1) 的一些恒等式, 首先给出几个引理.

引理 1　$J_{n-1} J_{n+1} - J_n^2 = -(-l)^{n-1}$　$(n \geqslant 1)$

证明　用数学归纳法证明. 当 $n = 1, 2, 3$ 时, 由式 (1) 可知引理 1 显然成立. 假设当 $n = k$ 时引理 1 成立,

691

则当 $n = k + 1$ 时

$$J_k J_{k+2} - J_{k+1}^2 = \frac{1}{k}(J_{k+1} - lJ_{k-1})(kJ_{k+1} + lJ_k) - J_{k+1}^2$$

$$= \frac{1}{k}(lJ_{k+1}J_k - l^2 J_k J_{k-1}) - lJ_{k+1}J_{k-1}$$

$$= \frac{1}{k}[l(kJ_k + lJ_{k-1})J_k - l^2 J_k J_{k-1}] -$$

$$l[J_k^2 - (-1)^{k-1}] = -(-1)^k$$

因此,引理 1 得证.

    引理 2 $J_{n-1}J_n J_{n+1} - J_n^3 = -(-l)^{n-1}J_n$

    证明   因为

$$J_{n-1}J_{n+1} - J_n^2 = -(-l)^{n-1}$$

所以

$$J_{n-1}J_n J_{n+1} - J_n^3 = -(-l)^{n-1}J_n$$

即

$$J_{n-1}J_n J_{n+1} - J_n^3 = -(-l)^{n-1}J_n$$

    引理 3   若 $kl - l^3 + 1 \neq 0$,则

$$\sum_{j=1}^n (-l)^j J_j - \frac{(-l)^{n+3}J_n - (-l)^{n+1}J_{n+1} - l}{kl - l^3 + 1}$$

    证明   设

$$R = -lJ_1 + l^2 J_2 - l^3 J_3 + \cdots + (-l)^n J_n$$

则

$$klR = -kl^2 J_1 + kl^3 J_2 - kl^4 J_3 + \cdots + (-l)^n kl J_n$$

$$-l^3 R = l^4 J_1 - l^5 J_2 + l^6 J_3 - \cdots - (-l)^n l^3 J_n$$

因此,由式(1)得

$$klR - l^3 R = -l^2 J_2 + l^3 J_3 - l^4 J_4 - \cdots -$$

$$(-l)^{n+1}J_{n+1} + (-l)^{n+3}J_n$$

$$= -l\mathrm{J}_1 - R + (-l)^{n+3}\mathrm{J}_n - (-l)^{n+1}\mathrm{J}_{n+1}$$
$$= -l - R + (-l)^{n+3}\mathrm{J}_n - (-l)^{n+1}\mathrm{J}_{n+1}$$

而

$$kl - l^3 + 1 \neq 0$$

即

$$R = \sum_{j=1}^{n} (-l)^j \mathrm{J}_j = \frac{(-l)^{n+3}\mathrm{J}_n - (-l)^{n+1}\mathrm{J}_{n+1} - l}{kl - l^3 + 1}$$

§3 主要结果

定理 1 若 $k + l - 1 \neq 0$，则

$$\sum_{j=1}^{n} \mathrm{J}_j = \frac{\mathrm{J}_{n+1} + l\mathrm{J}_n - 1}{k + l - 1}$$

证明 设

$$S = \mathrm{J}_1 + \mathrm{J}_2 + \mathrm{J}_3 + \cdots + \mathrm{J}_n$$

则

$$kS = k\mathrm{J}_1 + k\mathrm{J}_2 + k\mathrm{J}_3 + \cdots + k\mathrm{J}_n$$
$$lS = t\mathrm{J}_1 + l\mathrm{J}_2 + l\mathrm{J}_3 + \cdots + l\mathrm{J}_n$$

因此,由式(1)得

$$kS + lS = \mathrm{J}_2 + \mathrm{J}_3 + \mathrm{J}_4 + \cdots + \mathrm{J}_{n+1} + l\mathrm{J}_n$$
$$= -\mathrm{J}_1 + S + \mathrm{J}_{n+1} + l\mathrm{J}_n$$
$$= -1 + S + \mathrm{J}_{n+1} + l\mathrm{J}_n$$

而 $k + l - 1 \neq 0$，即

$$S = \sum_{j=1}^{n} \mathrm{J}_j = \frac{\mathrm{J}_{n+1} + l\mathrm{J}_n - 1}{k + l - 1}$$

定理 2 若 $k - l + 1 \neq 0$，则

$$\sum_{j=1}^{n} (-1)^{j} J_{j} = -\frac{(-1)^{n} l J_{n} + (-1)^{n+1} J_{n+1} + 1}{k - l + 1}$$

证明 设

$$T = -J_1 + J_2 - J_3 + \cdots + (-1)^{n} J_{n}$$

则

$$kT = -kJ_1 + kJ_2 - kJ_3 + \cdots + (-1)^{n} kJ_{n}$$

$$-lT = lJ_1 - lJ_2 + lJ_3 - \cdots - (-1)^{n} lJ_{n}$$

因此,由式(1)得

$$kT - lT = -J_2 + J_3 - J_4 + \cdots -$$
$$(-1)^{n+1} J_{n+1} - (-1)^{n} lJ_{n}$$
$$= -J_1 - T - (-1)^{n} lJ_{n} - (-1)^{n+1} J_{n+1}$$
$$= -1 - T - (-1)^{n} lJ_{n} - (-l)^{n+1} J_{n+1}$$

而 $k - l + 1 \neq 0$,即

$$T = \sum_{j=1}^{n} (-1)^{j} J_{j} = -\frac{(-1)^{n} l J_{n} + (-1)^{n+1} J_{n+1} + 1}{k - l + 1}$$

定理 3 若 $k^2 - (l-1)^2 \neq 0$,则

$$\sum_{j=1}^{n} J_{j}^{2} = \frac{1}{k^2 - (l-1)^2} \Big[J_{n+1}^{2} - l^2 J_{n}^{2} - 1 - 2 \sum_{j=1}^{n} (-1)^{j} \Big]$$

证明 因为

$$J_{j+1} = kJ_{j} + lJ_{j-1}, \quad J_{j} = \frac{1}{k}(J_{j+1} - lJ_{j-1})$$

$$J_{j}^{2} = \frac{1}{k^2}(J_{j+1}^{2} + l^2 J_{j-1}^{2} - 2lJ_{j+1}J_{j-1})$$

由引理 1 得

$$\sum_{j=1}^{n} J_{j}^{2} = \sum_{j=1}^{n} \frac{1}{k^2} \big[J_{j+1}^{2} + l^2 J_{j-1}^{2} - 2lJ_{j}^{2} - 2(-l)^{j} \big]$$

$$= \frac{1}{k^2} \Big[\sum_{j=1}^{n} J_{j+1}^{2} + \sum_{j=1}^{n} l^2 J_{j-1}^{2} - 2l \sum_{j=1}^{n} J_{j}^{2} - 2 \sum_{j=1}^{n} (-l)^{j} \Big]$$

694

$$= \frac{1}{k^2}\Big[\sum_{j=1}^{n} \mathrm{J}_{j+1}^2 + l^2 \sum_{j=1}^{n} \mathrm{J}_{j-1}^2 - 2l \sum_{j=1}^{n} \mathrm{J}_j^2 - 2\sum_{j=1}^{n}(-l)^j\Big]$$

$$= \frac{1}{k^2}\Big[(l-1)^2 \sum_{j=1}^{n} \mathrm{J}_j^2 + \mathrm{J}_{n+1}^2 + l^2\mathrm{J}_0^2 - \mathrm{J}_1^2 - l^2\mathrm{J}_n^2 -$$

$$2\sum_{j=1}^{n}(-l)^j\Big]$$

而

$$k^2 - (l-1)^2 \neq 0$$

即

$$\sum_{j=1}^{n} \mathrm{J}_j^2 = \frac{1}{k^2 - (l-1)^2}\Big[\mathrm{J}_{n+1}^2 -$$

$$l^2\mathrm{J}_n^2 - 1 - 2\sum_{j=1}^{n}(-l)^j\Big]$$

定理 4　$\displaystyle\sum_{j=1}^{n}(-1)^j\mathrm{J}_j^2 = \frac{1}{k^2 + (l+1)^2}\Big[(-1)^n l^2 \cdot$

$$\mathrm{J}_n^2 - (-1)^{n+1}\mathrm{J}_{n+1}^2 - 1 - 2\sum_{j=1}^{n} l^j\Big]$$

证明　因为

$$\mathrm{J}_{j+1} = k\mathrm{J}_j + l\mathrm{J}_{j-1}$$

$$\mathrm{J}_j = \frac{1}{k}(\mathrm{J}_{j+1} - l\mathrm{J}_{j-1})$$

由引理 1 得

$$\mathrm{J}_j^2 = \frac{1}{k^2}(\mathrm{J}_{j+1}^2 + l^2\mathrm{J}_{j-1}^2 - 2l\mathrm{J}_{j+1}\mathrm{J}_{j-1})$$

$$= \frac{1}{k^2}(\mathrm{J}_{j+1}^2 + l^2\mathrm{J}_{j-1}^2 - 2l\mathrm{J}_j^2 - 2(-l)^j)$$

所以

Zernov 定理

$$\sum_{j=1}^{n} (-1)^j J_j^2 = \sum_{j=1}^{n} (-1)^j \frac{1}{k^2} \big[J_{j+1}^2 +$$

$$l^2 J_{j-1}^2 - 2l J_j^2 - 2(-l)^j \big]$$

$$= \frac{1}{k^2} \Big[\sum_{j=1}^{n} (-1)^j J_{j+1}^2 +$$

$$\sum_{j=1}^{n} (-1)^j l^2 J_{j-1}^2 - 2l \sum_{j=1}^{n} (-1)^j J_j^2 - 2 \sum_{j=1}^{n} l^j \Big]$$

$$= \frac{1}{k^2} \Big[- \sum_{j=1}^{n} (-1)^{j+1} J_{j+1}^2 -$$

$$l^2 \sum_{j=1}^{n} (-1)^{j-1} J_{j-1}^2 - 2l \cdot$$

$$\sum_{j=1}^{n} (-1)^j J_j^2 - 2 \sum_{j=1}^{n} l^j \Big]$$

$$= \frac{1}{k^2} \Big[- (l+1)^2 \sum_{j=1}^{n} (-1)^j J_j^2 -$$

$$(-1)^{n+1} J_{n+1}^2 - l^2 J_0^2 - J_1^2 +$$

$$(-1)^n l^2 J_n^2 - 2 \sum_{j=1}^{n} l^j \Big]$$

即

$$\sum_{j=1}^{n} (-1)^j J_j^2 = \frac{1}{k^2 + (l+1)^2} \big[(-1)^n l^2 J_n^2 -$$

$$(-1)^{n+1} J_{n+1}^2 - 1 - 2 \sum_{j=1}^{n} l^j \big]$$

定理 5 若

$$k^3 + l^3 + 3kl - 1 \neq 0$$

则

$$\sum_{j=1}^{n} J_j^3 = \frac{1}{k^3 + l^3 + 2kl - 1} \{ J_{n+1}^3 + l^3 J_n^3 - 1 +$$

$$\frac{3kl}{kl - l^3 + 1}\left[(-l)^{n+2}\mathrm{J}_n - (-1)^n\mathrm{J}_{n+1} + 1\right]\right\}$$

证明　因为

$$\mathrm{J}_{j+1} = k\mathrm{J}_j + l\mathrm{J}_{j-1}$$

$$\mathrm{J}_{j+1}^2 = k\mathrm{J}_j\mathrm{J}_{j+1} + l\mathrm{J}_{j-1}\mathrm{J}_{j+1}$$

$$\mathrm{J}_j = \frac{1}{k}\left(\mathrm{J}_{j+1} - l\mathrm{J}_{j-1}\right)$$

$$\mathrm{J}_j^3 = \frac{1}{k^3}\left(\mathrm{J}_{j+1}^3 - l^3\mathrm{J}_{j-1}^3 - 3l\mathrm{J}_{j+1}^2\mathrm{J}_{j-1} + 3l^2\mathrm{J}_{j+1}\mathrm{J}_{j-1}^2\right)$$

$$= \frac{1}{k^3}\left[\mathrm{J}_{j+1}^3 - l^3\mathrm{J}_{j-1}^3 - 3l(k\mathrm{J}_j\mathrm{J}_{j+1}\mathrm{J}_{j-1} + l\mathrm{J}_{j-1}^2\mathrm{J}_{j+1}) + 3l^2\mathrm{J}_{j+1}\mathrm{J}_{j-1}^2\right]$$

$$= \frac{1}{k^3}\left[\mathrm{J}_{j+1}^3 - l^3\mathrm{J}_{j-1}^3 - 3kl\mathrm{J}_j\mathrm{J}_{j+1}\mathrm{J}_{j-1}\right]$$

由引理 2 可得

$$\mathrm{J}_j^3 = \frac{1}{k^3}\left[\mathrm{J}_{j+1}^3 - l^3\mathrm{J}_{j-1}^3 - 3kl\mathrm{J}_j^3 + 3kl(-l)^{j-1}\mathrm{J}_j\right]$$

即

$$\sum_{j=1}^n \mathrm{J}_j^3 = \sum_{j=1}^n \frac{1}{k^3}\left\{\mathrm{J}_{j+1}^3 - l^3\mathrm{J}_{j-1}^3 - 3kl\mathrm{J}_j^3 + 3kl(-l)^{j-1}\mathrm{J}_j\right\}$$

$$= \frac{1}{k^3}\left\{\sum_{j=1}^n \mathrm{J}_{j+1}^3 - l^3\sum_{j=1}^n \mathrm{J}_{j-1}^3 - 3kl\left[\sum_{j=1}^n \mathrm{J}_j^3 - \sum_{j=1}^n (-l)^{j-1}\mathrm{J}_j\right]\right\}$$

$$= \frac{1}{k^3}\left\{-(l^3 + 3kl - 1)\sum_{j=1}^n \mathrm{J}_j^3 + \mathrm{J}_{n+1}^3 - \mathrm{J}_1^3 + l^3\mathrm{J}_n^3 - l^3\mathrm{J}_0^3 - 3k\sum_{j=1}^n (-l)^j\mathrm{J}_j\right\}$$

Zernov 定理

由引理 3 可得

$$\sum_{j=1}^{n} J_j^3 = \frac{1}{k^3} \{ -(l^3 + 3kl - 1) \sum_{j=1}^{n} J_j^3 + J_{n+1}^3 - J_1^3 + l^3 J_n^3 - $$

$$l^3 J_0^3 - 3k [\frac{(-1)^{n+3} J_n - (-l)^{n+1} J_{n+1} - l}{kl - l^3 + 1}] \}$$

而

$$k^3 + l^3 + 3kl - 1 \neq 0$$

因此

$$\sum_{j=1}^{n} J_j^3 = \frac{1}{k^3 + l^3 + 3kl - 1} \{ J_{n+1}^3 + l^3 J_n^3 - 1 + $$

$$\frac{3kl}{kl - l^3 + 1} [(-l)^{n+2} J_n - (-l)^n J_{n+1} + 1] \}$$

定理 6　若 $k + l - 1 \neq 0$，则

$$\sum_{j=1}^{n} j J_j = \frac{1}{(k + l - 1)^2} \{ [n(k + l - 1) - l - 1] J_{n+1} + $$

$$l [(n + 1)(k + l - 1) - l - 1] J_n + l + 1 \}$$

证明　由定理 1 得

$$J_1 + J_2 + J_3 + \cdots + J_n = \frac{J_{n+1} + l J_n - 1}{k + l - 1}$$

$$J_2 + J_3 + \cdots + J_n = \frac{J_{n+1} + l J_n - 1}{k + l - 1} - J_1$$

$$\vdots$$

$$J_n = \frac{J_{n+1} + l J_n - 1}{k + l - 1} - J_1 - \cdots - J_{n-1}$$

上面等式左边相加为 $\sum_{j=1}^{n} j J_j$，而对于 $m = 1, 2, \cdots, n - 1$

有

$$\frac{J_{n+1} + lJ_n - 1}{k + l - 1} - J_1 - \cdots - J_m$$

$$= \frac{J_{n+1} + lJ_n - 1}{k + l - 1} - \frac{J_{m+1} + lJ_m - 1}{k + l - 1}$$

因此,上面等式左、右边分别相加得

$$\sum_{j=1}^{n} jJ_j = \frac{J_{n+1} + lJ_n - 1}{k + l - 1} - \frac{J_2 + lJ_1 - 1}{k + l - 1} - \cdots -$$

$$\frac{J_n + lJ_{n-1} - 1}{k + l - 1}$$

$$= n\frac{J_{n+1} + lJ_n - 1}{k + l - 1} -$$

$$\frac{\sum\limits_{j=1}^{n} J_n + l\sum\limits_{j=1}^{n} J_n - lJ_n - J_1 - n + 1}{k + l - 1}$$

$$= \frac{1}{(k + l - 1)^2}\{[n(k + l - 1) - l - 1]J_{n+1} +$$

$$l[(n + 1)(k + l - 1) - l - 1]J_n + l + 1\}$$

定理 7　若 $k^2 - (l-1)^2 \neq 0$,则

$$\sum_{j=1}^{n} jJ_j^2 = \frac{1}{[k^2 - (l-1)^2]^2}\{[n(k^2 - (l-1)^2) + l^2 -$$

$$1]J_{n+1}^2 - l^2[(n + 1)(k^2 - (l-1)^2) + l^2 -$$

$$1]J_n^2 + 1 - l^2 - 2[n(k^2 - (l-1)^2) + l^2 -$$

$$1]\sum_{j=1}^{n}(-l)^j + 2[k^2 - (l-1)^2] \cdot$$

$$\sum_{j=1}^{n-1}\sum_{i=1}^{j}(-l)^i\}$$

证明　设

Zernov 定理

$$s(n) = \sum_{j=1}^{n} \mathrm{J}_j^2$$

则

$$\mathrm{J}_1^2 + \mathrm{J}_2^2 + \cdots + \mathrm{J}_n^2 = s(n)$$
$$\mathrm{J}_2^2 + \cdots + \mathrm{J}_n^2 = s(n) - \mathrm{J}_1^2$$
$$\vdots$$
$$\mathrm{J}_n^2 = s(n) - (\mathrm{J}_1^2 + \mathrm{J}_2^2 + \cdots + \mathrm{J}_{n-1}^2)$$

上面等式左边相加为 $\sum_{j=1}^{n} j\mathrm{J}_j^2$. 而对于 $m = 1, 2, \cdots, n-1$ 有

$$s(n) - (\mathrm{J}_1^2 + \mathrm{J}_2^2 + \cdots + \mathrm{J}_m^2) = s(n) - s(m)$$

因此,上面等式左、右边分别相加,并由

$$k^2 - (l-1)^2 \neq 0$$

以及定理 3 可得

$$\sum_{j=1}^{n} j\mathrm{J}_j^2$$

$$= ns(n) - s(1) - \cdots - s(n-1)$$

$$= \frac{n}{k^2 - (l-1)^2}\Big[\mathrm{J}_{n+1}^2 - l^2\mathrm{J}_n^2 - 1 - 2\sum_{j=1}^{n}(-l)^j\Big] -$$

$$\frac{1}{k^2 - (l-1)^2}\Big[\mathrm{J}_2^2 - l^2\mathrm{J}_1^2 - 1 - 2\sum_{j=1}^{1}(-l)^j\Big] - \cdots -$$

$$\frac{1}{k^2 - (l-1)^2}\Big[\mathrm{J}_n^2 - l^2\mathrm{J}_{n-1}^2 - 1 - 2\sum_{j=1}^{n-1}(-l)^j\Big]$$

$$= \frac{n}{k^2 - (l-1)^2}\Big[\mathrm{J}_{n+1}^2 - l^2\mathrm{J}_n^2 - 1 - 2\sum_{j=1}^{n}(-l)^j\Big] - \frac{1}{k^2 - (l-1)^2} \cdot$$

$$\Big[\sum_{i=2}^{n}\mathrm{J}_i^2 - l^2\sum_{i=1}^{n-1}\mathrm{J}_i^2 - (n-1) - 2\sum_{j=1}^{n-1}\sum_{i=1}^{j}(-l)^i\Big]$$

700

$$= \frac{1}{\left[k^2 - (l-1)^2 \right]^2} \{ \left[n(k^2 - (l-1)^2) + l^2 - 1 \right] J_{n+1}^2 -$$

$$l^2 \left[(n+1)(k^2 - (l-1)^2) + l^2 - 1 \right] J_n^2 + 1 - l^2 -$$

$$2 \left[n(k^2 - (l-1)^2) + l^2 - 1 \right] \sum_{j=1}^{n} (-l)^j + 2 \left[k^2 - \right.$$

$$(l-1)^2 \right] \sum_{j=1}^{n-1} \sum_{i=1}^{j} (-l)^i \}$$

定理 8　若

$$k^3 + l^3 + 3kl - 1 \neq 0$$

并且

$$kl - l^3 + 1 \neq 0$$

则

$$\sum_{j=1}^{n} j J_j^3 = \frac{1}{(k^3 + l^3 + 3kl - 1)^2} \{ \left[n(k^3 + l^3 + 3kl - 1) - \right.$$

$$l^3 - 1 \right] J_{n+1}^3 + l^3 \left[(n+1)(k^3 + l^3 + 3kl - 1) - \right.$$

$$l^3 - 1 \right] J_n^3 + l^3 + 1 + \frac{3kl}{kl - l^3 + 1} \left[n(k^3 + l^3 + \right.$$

$$3kl - 1) - l^3 - 1 \right] \left[(-l)^{n+2} J_n - (-l)^n J_{n+1} + \right.$$

$$1 \right] + \frac{3kl(k^3 + l^3 + 3kl - 1)}{(kl - l^3 + 1)^2} \left[(kl + 2) \cdot \right.$$

$$(-l)^{n+2} J_n - (1 + l^3)(-l)^n J_{n+1} + 1 + l^3 - n(kl \right.$$

$$- l^3 + 1) \right] \}$$

证明　设

$$t(n) = \sum_{j=1}^{n} J_j^3$$

则

$$J_1^3 + J_2^3 + \cdots + J_n^3 = t(n)$$

$$J_2^3 + \cdots + J_n^3 = t(n) - J_1^3$$

$$\vdots$$

$$\mathrm{J}_n^3 = t(n) - \mathrm{J}_1^3 - \cdots - \mathrm{J}_{n-1}^3$$

上面等式左边相加为 $\displaystyle\sum_{j=1}^{n} j\mathrm{J}_j^3$. 而对于 $m = 1, 2, \cdots, n-1$ 有

$$t(n) - (\mathrm{J}_1^3 + \cdots + \mathrm{J}_m^3) = t(n) - t(m)$$

因此,上面等式左、右边分别相加,并由

$$k^3 + l^3 + 3kl - 1 \neq 0, kl - l^3 + 1 \neq 0$$

以及定理 5 和引理 3 可得

$$\sum_{j=1}^{n} j\mathrm{J}_j^3$$

$$= t(n) - t(1) - t(2) - \cdots - t(n-1)$$

$$= \frac{n}{k^3 + l^3 + 3kl - 1}\{\mathrm{J}_{n+1}^3 + l^3\mathrm{J}_n^3 - 1 +$$

$$\frac{3kl}{kl - l^3 + 1}[(-l)^{n+2}\mathrm{J}_n - (-l)^n\mathrm{J}_{n+1} + 1]\} -$$

$$\frac{1}{k^3 + l^3 + 3kl - 1}\{\mathrm{J}_2^3 + l^3\mathrm{J}_1^3 - 1 +$$

$$\frac{3kl}{kl - l^3 + 1}[(-l)^3\mathrm{J}_1 - (-l)^1\mathrm{J}_2 + 1]\} - \cdots -$$

$$\frac{1}{k^3 + l^3 + 3kl - 1}\{\mathrm{J}_n^3 + l^3\mathrm{J}_{n-1}^3 - 1 +$$

$$\frac{3kl}{kl - l^3 + 1}[(-l)^{n+1}\mathrm{J}_{n-1} - (-l)^{n-1}\mathrm{J}_n + 1]\}$$

$$= \frac{n}{k^3 + l^3 + 3kl - 1}\{\mathrm{J}_{n+1}^3 + l^3\mathrm{J}_n^3 - 1 +$$

$$\frac{3kl}{kl - l^3 + 1}[(-l)^{n+2}\mathrm{J}_n - (-l)^n\mathrm{J}_{n+1} + 1]\} -$$

$$\frac{1}{k^3 + l^3 + 3kl - 1}\{\sum_{i=2}^{n}\mathrm{J}_i^3 + l^3\sum_{i=1}^{n-1}\mathrm{J}_i^3 - (n-1) +$$

$$\frac{3k}{kl - l^3 + 1}\left[l^3 \sum_{i=1}^{n-1}(-l)^i J_i + \sum_{i=2}^{n}(-1)^i J_i + l(n-1)\right]\Big\}$$

$$= \frac{n}{k^3 + l^3 + 3kl - 1}\Big\{ J_{n+1}^3 + l^3 J_n^3 - 1 +$$

$$\frac{3kl}{kl - l^3 + 1}\left[(-l)^{n+2} J_n - (-l)^n J_{n+1} + 1\right]\Big\} -$$

$$\frac{1}{k^3 + l^3 + 3kl - 1}\Big\{(1 + l^3)\sum_{i=2}^{n}J_i^3 - n - l^3 J_n^3 +$$

$$\frac{3k}{kl - l^3 + 1}\left[(1 + l^3)\sum_{i=1}^{n}(-l)^i J_i + (-l)^{n+3} J_n + nl\right]\Big\}$$

$$= \frac{1}{(k^3 + l^3 + 3kl - 1)^2}\Big\{\left[n(k^3 + l^3 + 3kl - 1) - l^3 - 1\right]J_{n+1}^3 +$$

$$l^3\left[(n+1)(k^3 + l^3 + 3kl - 1) - l^3 - 1\right]J_n^3 + l^3 + 1\Big] +$$

$$\frac{3kl}{kl - l^3 + 1}\left[n(k^3 + l^3 + 3kl - 1) - l^3 - 1\right]\left[(-l)^{n+2} \cdot \right.$$

$$J_n - (-l)^n J_{n+1} + 1\right] + \frac{3kl(k^3 + l^3 + 3kl - 1)}{(kl - l^3 + 1)^2} \cdot$$

$$\left[(kl + 2)(-l)^{n+2} J_n - (1 + l^3)(-l)^n J_{n+1} + 1 + l^3 -\right.$$

$$n(kl - l^3 + 1)\right]\Big\}$$

参考资料

[1] Koshy T. Fibonacci and Lucas Numbers with Applications[M]. New york：John Wiley & Sons, 2001.

[2] Monk L, Tang D, Brown D. Identities for generalized Fibonacci numbers[J]. Int. J. Math. Educ. Sci. Technol., 2004,35(3):436-439.

循环级数：Lucas 的 u_n，v_n

英国著名数论史专家迪克森曾对 Fibonacci 数列与 Lucas 数论的数论性质研究的历史进行了综述：

Leonardo Pisano 或 Fibonacci 在 1202 年（1228 年修订手稿），对计算一对兔子后代的个数问题使用了循环级数 $1,2,3,5,8,13,\cdots$. 我们用 U_n 表示第 n 项，并在前面所说的级数前加上 $0,1$，用 u_n 表示新级数 $0,1,1,2,3,5,\cdots$ 的第 $n+1$ 项.

Albert Girard 指出：对于这些级数，有定律

$$u_{n+2} = u_{n+1} + u_n$$

Robert Simson 指出：可用一个级数来表示 $\dfrac{\sqrt{5}+1}{2}$，而该级数是由连续的渐近分数到连分数所组成的. 已经证明了该级数中任何一项的平方都不同于两相邻项的积.

Euler 指出:由

$$(a + \sqrt{b})^k = A_k + B_k \sqrt{b}$$

可知

$$A_k = \frac{1}{2} \left\{ (a + \sqrt{b})^k + (a - \sqrt{b})^k \right\}$$

$$B_k = \frac{1}{2\sqrt{b}} \left\{ (a + \sqrt{b})^k - (a - \sqrt{b})^k \right\}$$

J. L. Lagrange 注意到: A_k 和 B_k 关于任何模的剩余都为循环的.

Lagrange 证明了,如果素数 p 不整除,形如 $t^2 - au^2$ 形式的任何数,那么 p 可整除形如

$$\frac{\left\{ (t + u \sqrt{a})^{p+1} - (t - u \sqrt{a})^{p+1} \right\}}{\sqrt{a}}$$

形式的数.

A. M. Legendre 证明出:如果

$$\phi^2 - A\psi^2 = 1$$

那么 $\phi + \psi (\sqrt{A})^q - 1$ 具有 $r + s \sqrt{A}$ 的形式,其中, r 和 s 都可被一素数 ω 整除,但不整除 $A\psi$. 因为,如果 $\left(\dfrac{A}{\omega} \right) = \pm 1$,则 $q = \omega - 1$;如果 $\left(\dfrac{A}{\omega} \right) = -1$,则 $q = \omega + 1$.

Gauss 证明了以下结论(Lagrange 的结论):如果 b 为素数 p 的一个二次非剩余,那么对于 a 的每一个整数值, B_{p+1} 都被 p 整除. 如果 e 为 $p+1$ 的一个因数,则对于 a 的 $e-1$ 个值, B_e 都被 p 整除,并为 B_{p+1} 的一个因子.

Dirichlet[9] 证明出:如果 b 为一个非平方的整数, x

为任意一个与 b 互素的整数,而 U,V 为 x,b 的多项式,且满足

$$(x + \sqrt{b})^n = U + V\sqrt{b}$$

那么,U 和 V 没有奇数的公因数. 如果 n 为一个奇素数,那么不存在使 b 为一个二次剩余的素数为 v 一个因子,除非它具有 $2mn + 1$ 的形式;也不存在使 b 为一个二次非剩余的素数为 v 的一个因子,除非它具有 $2mn - 1$ 的形式. 相反地,Lagrange 证明了:使 b 为一个非剩余的素数具有 $2mn - 1$ 形式,并且可整除 V. 如果 $b = -n$,其中 n 为一素数 $4m + 3$,则可知,没有素数可整除 V,除非它具有 $kn \pm 1$ 的形式,且反之亦然. 对于 U 的因数. 当 n 为 2 的 1 个幂数时,给予了讨论,还特别讨论了 $n = 4$ 时

$$U = x^4 + 6bx^2 + b^2$$

的因数.

J. P. M. Binet 注意到:一个解 v_n 的项数用有限差分上的方程

$$v_{n+2} = v_{n+1} + r_n v_n$$

中的 $r_1, r_2, \cdots$ 的一个函数来表示,且为

$$\frac{1}{\sqrt{5}}\left\{\left(\frac{1+\sqrt{5}}{2}\right)^{n+1} - \left(\frac{1-\sqrt{5}}{2}\right)^{n+1}\right\}$$

该式等于当每个 r_n 都取单位元时所给出的 U_n.

G. Lamé 利用 Pisano 的级数证明了:在较小的整数中,要想除法的个数不超过数字个数 5 次,则必须用通常的除法过程找到两整数的最大公因数. Lionnent 补充说:当不存在超过对应因数一半的余数时,除法的个数不超

过 3 次.

H. Siebeck 考虑了用下式定义的循环级数

$$N_r = aN_{r-1} + cN_{r-2}, N_0 = 0, N_1 = 1$$

其中 a 与 c 互素. 利用归纳法, 可得

$$N_r = a^{r-1} + \binom{r-2}{1} a^{r-3}c + \binom{r-3}{2} a^{r-5}c^2 + \cdots + \frac{r}{2} a^\beta c^\gamma$$

其中

$$\beta = \begin{cases} 0 & (r \text{ 为奇数}) \\ 1 & (r \text{ 为偶数}) \end{cases}$$

$$\gamma = \begin{cases} \dfrac{r-1}{2} & (r \text{ 为奇数}) \\ \dfrac{r-2}{2} & (r \text{ 为偶数}) \end{cases}$$

以及

$$N_{rm} = rc^{r-1}N_{m-1}^{r-1}N_mN_1 + \binom{r}{2}c^{r-2}N_{m-1}^{r-2}N_m^2N_2 + \cdots + N_m^r N_r$$

因而, N_{rm} 可被 N_m 整除. 如果 p 与 q 互素, 那么 N_p 与 N_q 也互素, 且反之也成立. 如果 p 为一个素数, $b = a^2 + 4c$, 且 $s = \dfrac{b}{p}$ 为 Legendre 符号, 那么有

$$N_p \equiv s, N_{p-s} \equiv 0 \pmod{p}$$

使得 N_{p+1} 或 N_{p-1} 中有一个可被 p 整除.

J. Dienger 考虑了带有相同数字个数的 Pisano 级数的项的个数问题, 以及寻找一个给定项的阶的问题.

A. Genocchi 取 a 和 b 为两个互素的整数, 并证明了 B_{mn} 可被 B_m 整除, 且所得的商 Q 与 B_m 除了 n 的一个因数, 没有公共的奇因数, 如果 p 为 B_m 的一个奇因数. 且当 B_k 可被 p 整除时, h 为最小的 k, 那么 h 为 m 的一因数. 如果 p 为一奇素数, 则无论 a 取何值, B_{p-1} 或 B_{p+1} 可被 p 整除, 都根据 b 为 p 的二次剩余或二次非剩余. 从而可证明两种形式 $n^i z \pm 1$ (n 为大于 2 的素数) 的素数的存在性, 以及每个形式 $mz \pm 1$ 的素数的一个无穷大的存在性.

　　Lucas 详述了关于 Pisano 级数的定理, 但并没有给出定理的证明, 即: 前 n 项的和等于 $U_{n+2} - 2$ 而符号交替的那些项的和为 $(-1)^n U_{n-1}$. 同时, 也有以下几式成立

$$U_{n-1}^2 + U_n^2 = U_{2n}$$
$$U_n U_{n+1} - U_{n-1} U_{n-2} = U_{2n}$$
$$U_n^3 + U_{n+1}^3 - U_{n-1}^3 = U_{3n+2}$$

从而, 我们得到符号公式

$$U^{n+p} = U^{n-p} (U+1)^p$$
$$U^{n-p} = U^n (U-1)^p$$

其中, 当对上式进行展开后, 指数可用下标来代替. 他引用了 E. Catalan 的 Manuel des Candiadats à l'Ecole Polytechnique, Ⅰ, 1857, 86 一文中的

$$U_n = \frac{n+1}{2^n} \left\{ 1 + \frac{5}{3} \binom{n}{2} + \frac{5^2}{5} \binom{n}{4} + \cdots \right\}$$

Lucas 利用了 $x^2 = x + 1$ 的根 a, b, 并令

$$u_n = \frac{a^n - b^n}{a-b}, v_n = a^n + b^n = \frac{u_{2n}}{u_n} = u_{n-1} + u_{n+1}$$

通过在项的前面加上 $0, 1$, 这些 u 形成了 Pisano 的级数, 从而使得 $u_0 = 0, u_1 = u_2 = 1, u_3 = 2$. 由于

$$5u_n^2 - v_n^2 = \pm 4$$

所以 u_n 和 v_n 除 2 以外，没有其他公因子。如果 p 为一个素数且不等于 2 和 5，则我们可得

$$u_p \equiv \pm 1, v_p = \pm 1 \,(\mathrm{mod}\, p)$$

于是，我们得符号公式

$$u_{n+2kp} = u^n \{v_k u^k - (-1)^k\}^p$$

$$(-1)^{kp} u_{n-kp} = u^n \{v_k - u^k\}^p$$

给出一个循环的定律

$$U_{n+k} = A_0 U_{n+p} + \cdots + A_p U_n$$

于是，我们可用 $\phi(U)$ 来代替符号 U^k，其中

$$\phi(u) = A_0 u^p + A_1 u^{p-1} + \cdots + A_{p-1} u + A_p$$

因为 $U_{n+kp} = U^n \{\phi(U)\}^p$.

Lucas 详述了 Pisano 的级数定理. 从而我们有

$$2^n \sqrt{5} \, u_n = (1 + \sqrt{5})^n - (1 - \sqrt{5})^n$$

$$u_{n+1} = 1 + \binom{n}{1} + \binom{n-1}{2} + \cdots$$

以及用 u 来代替 U 的 Lucas 符号公式。u_{pq} 可被 u_p 和 u_q 整除，并且如果 p 与 q 互素，那么 u_{pq} 可被它们的乘积整除。令

$$v_n = \frac{u_{2n}}{u_n}$$

则得到

$$v_{n+2} = v_{n+1} + v_n$$

$$v_{4n} = v_{2n}^2 - 2$$

$$v_{4n+2} = v_{2n+1}^2 + 2$$

如果 Pisano 级数中阶为 $A+1$ 的项可被 $10p \pm 3$ 形式的

奇数 A 整数, 且不存在阶是 $A + 1$ 的一个因数的项可被 A 整数, 那么 A 为一个素数. 如果阶为 $A - 1$ 的项可被 $A = 10p \pm 1$ 整除, 且不存在阶为 $A - 1$ 的一个因数的项可被 A 整除, 那么知, A 为一个素数. 这就表明, 由于 $A = 10p - 3$, 所以 $A = 2^{127} - 1$ 为一个素数, 并且当 $k = 2^n$ 时, 除 $n = 127$ 之外, u_k 都不被 A 整除.

Lucas 使用了一个二次方程 $x^2 - Px + Q = 0$ 的根 a, b, 其中 P, Q 为互素的两整数. 令

$$u_n = \frac{a^n - b^n}{a - b}, v_n = a^n + b^n, \delta = a - b$$

则 $\delta u_n \sqrt{-1}$ 和 v_n 被 $2Q^{\frac{n}{2}}$ 除所得的商为正弦和余弦的类似函数. 从而有

$$u_{2n} = u_n v_n, v_n^2 - \delta u_n^2 = 4Q^n \qquad (1)$$

$$2u_{m+n} = u_m v_n + u_n v_m, u_n^2 - u_{n-1}u_{n+1} = Q^{n-1} \qquad (2)$$

不用通过计算 Q 或 δ^2 的因数, 我们得到了以下定理:

（Ⅰ）u_{pq} 可被 u_p, u_q 整除, 且当 p 与 q 互素时, u_{pq} 可被它们的乘积整除.

（Ⅱ）u_n 与 v_n 相对互素.

（Ⅲ）如果 d 为 m 和 n 的最大公因数, 那么 u_d 就为 u_m 和 u_n 的最大公因数.

（Ⅳ）当 n 为奇数时, u_n 为 $x^2 - Qy^2$ 的一个因数.

通过在 u_n 和 v_n 的幂数上研究 u_{np} 和 v_{np}, 我们得到了与在 $\sin n$ 和 $\cos n$ 的项中对 $\sin nx$ 和 $\cos nx$ 的那些公式相类似的公式. 因而得到了 u_n 的循环级数中素数出现的定律（Lucas 已明确提出）, 当 δ 为有理数时,

Fermat 给出了该定律，且当 δ 为无理数时，由 Lagrange 给出. u_n^p 和 v_n^p 的展开被看成是 u_n，u_{2n}，$\cdots$ 的线性函数，与 de Moivre 和 Bernoulli 对 $\sin^p x$ 和 $\cos^p x$ 的公式相类似. 因此，有：

（Ⅴ）如果 n 为包含素因子 p 到幂数 λ 的首项 u_n 的阶，那么 u_{pn} 为第一个被 $p^{\lambda+1}$ 整除且不被 $p^{\lambda+2}$ 整除的项. 这就称为 u_n 的循环级数中素数的重复定理.

（Ⅵ）如果 p 为素数 $4q+1$ 或 $4q+3$，那么 $\dfrac{u_{pn}}{u_n}$ 的因数分别为 x^2-py^2 或 $\delta^2 x^2+py^2$ 的因数.

（Ⅶ）如果 $u_{p\pm1}$ 被 p 整除，但不存在阶为 $p\pm1$ 的一个因数的项可被 p 整除，那么 p 为一个素数.

（Ⅷ）如果 a 和 b 为无理数，但是为实数，则根据 δ^2 为 p 的一个二次非剩余或二次剩余（u 上的素数出现定律），知 u_{p+1} 或 u_{p-1} 可被素数 p 整除. 如果 a 和 b 为整数，那么 u_{p-1} 被 p 整除. 因此，如果 δ 为有理数，则 u_n 的真因数具有 $kn+1$ 的形式；如果 δ 为无理数，则 u_n 的真因数具有 $kn\pm1$ 的形式.

素数的重复定理（Ⅴ）由下式得出

$$\delta^{p-1} u_n^p = u_{pn} - Q^n \binom{p}{1} u_{(p-2)n} + Q^{2n} \binom{p}{2} u_{(p-4)n} - \cdots \pm Q^{tn} \binom{p}{t} u_n$$

其中，$t=\dfrac{p-1}{2}$. 该定律的特殊情况适合 Arndt 以及 Sancery. 由定理（Ⅷ）得出的定理（Ⅶ），给出了对 $2^n\pm1$ 的一个素性检验，该检验以成功的结果为基础，而 Euler 对 $2^{31}-1$ 的检验则是建立在了失的运算基础之上. 这项工作证明了"$2^{31}-1$ 为素数"这一结论已被给出; 并指出, 与 Mersenne 的结论相反, $2^{67}-1$ 经检验为一个合数. 最终, $x^2 + Qy^2$ 被指出有一个无穷大的素因数.

A. Genocchi 注意到: Lucas 给出的 u_n 和 v_n 与他给出的 B_n 和 A_n 相类似 (如果我们令 $\alpha = a + \sqrt{b}$, $\beta = a - \sqrt{b}$, 则得到 $u_k = \dfrac{\alpha^k - \beta^k}{\alpha - \beta} = B_k$, $v_k = \alpha^k + \beta^k = 2A_k$).

Lucas 指出: 如果 $4m + 3$ 为一个素数, 当把级数 3, 7, 47, ⋯ 的首项定义成

$$r_{n+1} = r_n^2 - 2$$

且它被 p 整除的阶为 $4m + 2$ 时, 则可知 $p = 2^{4m+3} - 1$ 为一个素数; 但是, 若前 $4m + 2$ 项中不存在被 p 整除的项, 则 p 为一个合数. 最后, 如果 α 为首项被 p 整除时的阶, 则 p 的因数和 $x^2 - 2y^2$ 的因数都具有 $2^\alpha k \pm 1$ 的形式. 利用循环级数, 对 $3 \cdot 2^{4m+3} - 1$, $2 \cdot 3^{4m+2} \pm 1$, $2 \cdot 3^{4m+3} - 1$, $2 \cdot 5^{2m+1} + 1$ 的素数性存在类似的检验方法.

Lucas 计划在 Pisano 级数的通项上作末位数字确定的一个练习, 并对级数定义

$$u_{n+2} = au_{n+1} + bu_n$$

定理(Ⅶ)的证明: 如果 p 为一个素数, 那么, 当 b 为 p 的一个二次剩余时, 除了使 $a^2 - b$ 可被 p 整除的 a 的一些值外

$$u_{p-1} = \frac{(a + \sqrt{b})^{p-1} - (a - \sqrt{b})^{p-1}}{\sqrt{b}}$$

可被 p 整除；及对 u_{p+1} 的对应结果（Lagrange 和 Gauss 的）. Moret-Blanc 利用二项式定理和省略 p 的倍数，给出了证明.

Lucas 将系数为整数且首项为单位元的一个方程的 n 次方根的和记为 s_n. 从而可知 $s_{np} - s_n^p$ 为 p 的一个整数倍. 取 $n = 1$，由 $s_1 = 0$ 可知

$$s_p \equiv 0 \pmod{p}$$

即如果 $s_1 = 0$，且当 $k = p$ 时，s_k 可被 p 整除，但当 $k < p$ 时不成立，那么 p 为一个素数.

通过利用式（1）和（2），可证明定理（Ⅰ）~（Ⅳ）. 定理Ⅷ已被确定，而（Ⅶ）也被证明了. 通过使用两个图表和以 2 为基底，他指出 $2^{31} - 1$ 为一个素数.

Lucas 考虑素数的幂的一个乘积

$$m = p^{\omega} r^{\rho} \cdots$$

且其中没有一个整除 Q. 令

$$\Delta = (a - b)^2 , \left(\frac{\Delta}{p} \right) = 0 , \pm 1 \equiv \Delta^{\frac{p-1}{2}} \pmod{p}$$

$$\psi(m) = p^{\omega - 1} r^{\rho - 1} \cdots \left[p - \left(\frac{\Delta}{p} \right) \right] \left[r - \frac{\Delta}{r} \right] \cdots$$

则当 $t = \psi(m)$ 时

$$u_t \equiv 0 \pmod{m}$$

被 m 整除的项 u_m 的阶 n 为 $\psi(m)$ 的某个因数 μ 的倍数. 这个 μ 为 a 或 b 属于模 m 的指数. 情况 $b = 1$ 给出了 Fermat 定理的 Euler 推广. 再次利用了素数性判别法，从而指出 $2^{19} - 1$ 为一个素数.

Lucas 研究了 Pisano 级数. 取 $a , b = \frac{1 \pm \sqrt{5}}{2}$，则我们

得到

$$\mu_1 = \mu_2 = 1, \mu_3 = 2, \cdots$$

根据 n 为奇数或偶数,知 $\dfrac{u_{3n}}{u_n}$ 的因数为 $5x^2 - 3y^2$ 或 $5x^2 + 3y^2$ 的因数;$\dfrac{u_{4n}}{u_{2n}}$ 的因数为 $5x^2 - 2y^2$ 或 $5x^2 + 2y^2$ 的因数;$\dfrac{v_{3n}}{v_n}$ 的因数为 $x^2 + 3y^2$ 或 $x^2 - 3y^2$ 的因数;v_{2n} 的因数为 $x^2 + 2y^2$ 或 $x^2 - 2y^2$ 的因数;以及 $\dfrac{u_{2n}}{u_n}$ 的因数为 $x^2 + 5y^2$ 或 $x^2 - 5y^2$ 的因数. 从而给出了素数重复定律(Ⅴ)和定理(Ⅲ). 现在, 由下述形式获得素数的出现定律(Ⅷ): 如果 p 为一个素数 $10q \pm 1$, 那么 u_{p-1} 可被 p 整除; 如果 p 为素数 $10q \pm 3$, 那么 u_{p+1} 可被 p 整除. 于是, 给出了 A 的素性检验, 并用其证明了 $2^{127} - 1$ 和 $2^{31} - 1$ 都为素数. 从而, 对于 $n \leqslant 60$, 得出了一个 u_n 的素因子表. 最终, 得到

$$\frac{4u_{pn}}{u_n} = \begin{cases} x^2 - py^2 & (\text{素数 } p \text{ 为 } 4q+1 \text{ 形式}) \\ 5x^2 + py^2 & (\text{素数 } p \text{ 为 } 4q+3 \text{ 形式}) \end{cases}$$

Lucas 考虑了如下形式定义的级数

$$r_{n+1} = r_n^2 - 2$$

$$\sqrt{5}\, r_1 = \left(\frac{1+\sqrt{5}}{2}\right)^A - \left(\frac{1-\sqrt{5}}{2}\right)^A$$

$$r_2 = \left(\frac{1+\sqrt{5}}{2}\right)^A + \left(\frac{1-\sqrt{5}}{2}\right)^A$$

令 $A = 3$ 或 $9\,(\mathrm{mod}\ 10)$, $q \equiv 0\,(\mathrm{mod}\ 4)$; 或是 $A \equiv 7, 9\,(\mathrm{mod}\ 10)$, $q \equiv 1\,(\mathrm{mod}\ 4)$; 或是 $A = 1, 7\,(\mathrm{mod}\ 10)$, $q = 2$

(mod 4);或是 $A \equiv 1,3$(mod 10), $q \equiv 3$(mod 4). 那么,当可被 p 整除的级数首项的阶为 q 时, $p = 2^q A - 1$ 为一素数;若 $\alpha(\alpha < q)$ 为首项被 p 整除时的阶,则 p 的因数要么具有 $2\alpha A k + 1$ 的形式,要么为 $x^2 - 2y^2$ 和 $x^2 - 2Ay^2$ 的因数的形式. 从而给出了

$$2^q A + 1 \text{ 和 } 3^q A + 1$$

的相应检验. 对于 $a_n = 2^{2^n} + 1$ 的素性检验,Pepin 定理的第一部分是由定理(Ⅶ)在 $a = 5, b = 1, p = a_n$ 时得出的;而第二部分是从互反定理和 $a_n - 1$ 的形式中得出的.

对于 $A = p$,令上述的 r_1 变为 r. 当 $p \equiv 7$ 或 9(mod 10)且 p 为一素数时,可知

$2p - 1$ 为素数当且仅当 $r \equiv 0$(mod ($2p - 1$))

当 $p = 4q + 3$ 为一个素数时,可知

$2p + 1$ 为素数当且仅当 $2^p \equiv 1$(mod ($2p + 1$))

当 $p = 4q + 3$ 为一个素数时,可知: $2p - 1$ 为素数当且仅当

$$\frac{1}{\sqrt{2}}\{(1 + \sqrt{2})^p - (1 - \sqrt{2})^p\} \equiv 0(\text{mod } (2p - 1))$$

为了检验 $p = 2^{4q+1} - 1$ 的素数性,可利用方程 $x^2 - 4x + 1 = 0$ 的根 $2 \pm \sqrt{3}$. 从而知,如果 p 为一个素数,则 u_{p+1} 可被 p 整除. 我们使用了级数 $2, 7, 97, \cdots$ 的剩余,其中该级数被定义成

$$r_{n+1} = 2r_n^2 - 1$$

Lucas 指出:如果可被 p 整数的级数 $3, 7, 47, \cdots$ 的首项的阶在 $2m$ 和 $4m + 2$ 之间,那么 $p = 2^{4m+3} - 1$ 为一

个素数. 对 $P = 2^{4q+1} - 1$ 进行检验, 形成了级数

$$r_1 = 1, r_2 = -1, r_3 = -7, r_4 = 17, \cdots, r_{n+1} = 2r_n^2 - 3^{2^{n-1}}$$

如果 l 为满足 r_l 被 P 整除的最小整数, 那么可知, 当 l 在 $2q$ 和 $4q+1$ 之间被构成时, P 为一个素数; 而当 $l > 4q + 1$ 时, P 为一个合数.

Lucas 用 P 和 $\Delta = P^2 - 4Q = \delta^2$ 将 u_n 和 v_n 表示成多项式形式, 并得到了 u_n 和 v_n 与其介于正弦和余弦之间的对应关系间的各种不同的联系; 特别地

$$u_{n+2} = Pu_{n+1} - Qu_n, u_{n+2r} = v_r u_{n+r} - Q^r u_n$$

以及一些公式通过用 v 来代替 u 而被得到; Lucas 对 Pisano 级数也用符号公式对其进行了归纳.

Lucas 注意到: u_{nr} 可被 u_r 整除, 因为

$$\frac{u_{nr}}{u_r} = v_{(n-1)r} + Q^r v_{(n-3)r} + Q^{2r} v_{(n-5)r} + \cdots + Q^{tr} v_r$$

其中, 若 n 为偶数, 则 $t = \frac{1}{2}n - 1$; 若 n 为奇数, 则 $t = \frac{1}{2}(n-1)$, 从而缺少最终因子, 对

$$2v_{m+n} = v_m v_n + \Delta u_n u_m$$

的证明已给出. 通过改变 n 的符号和下面两式的应用, 我们获得了两个新的公式

$$u_{-n} = -\frac{u_n}{Q^n}, v_{-n} = \frac{v_n}{Q^n}$$

为了证明

$$[m, n] = \frac{u_{m+n} u_{m+n-1} \cdots u_{m+1}}{u_n u_{n-1} \cdots u_1}$$

为整数, 而得到

$$2[m, n] = [m-1, n]v_n + [m, n-1]v_m$$

最终，找到函数 u_n, v_n 的平方数的总和.

Lucas 给出了 $x^2 + \Delta y^2$ 和 $x^2 - \Delta y^2$ 对 $\Delta = 1, \cdots, 30$ 的奇因数的线性形式 $4\Delta + r$ 的一个列表. 可知：级数 u_n 中的奇数阶的项为 $x^2 - Qy^2$ 的因数；并且，级数 v_n 中的偶数或奇数阶的项分别为 $x^2 + \Delta y^2$ 或 $x^2 + Q\Delta y^2$ 的因数.

Lucas 得出以下结论

$$u_{n+1} = \phi_n u_1 - Q\phi_{n-1} u_0$$

$$\phi_n = P^n - \binom{n-1}{1} P^{n-2} Q + \binom{n-2}{2} P^{n-4} Q^2 -$$

$$\binom{n-3}{3} P^{n-6} Q^3 + \cdots$$

$$u_{np} = \delta^{p-1} u_n^p + pQ^n \delta^{p-3} u_n^{p-2} + \frac{p(p-3)}{2} Q^{2n} \delta^{p-5} u_n^{p-4} + \cdots$$

Lucas 从

$$v_{2n} = \Delta u_n^2 + 2Q^n, v_{2n} = v_n^2 - 2Q^n$$

中，定义了 v_{2n} 的因数的二次型.

最后，得到

$$Q = 2q^2, n = 2\mu + 1$$

因而，当 Q 为一个平方数的 2 倍时，$v_{4\mu+2}$ 可因式分解. 作为一个特殊情况，我们通过 H. LeLasseur 得出如下结论

$$2^{2(2q+1)} + 1 = (2^{2q+1} + 2^{q+1} + 1)(2^{2q+1} - 2^{q+1} + 1)$$

Lucas 给出了公式

$$\frac{u_{3n}}{u_n} = \Delta u_n^2 + 3Q^n$$

$$\frac{v_{3n}}{v_n} = v_n^2 - 3Q^n$$

和 u_n^p, v_n^p 作为 $v_{kn}, k = p, p-2, p-4, \cdots$ 的线性函数的展开式,以及 u_{nr}, v_{nr} 的复杂的展开式.

Lucas 对 $\frac{4u_{pr}}{u_r}$ 作为一个二次型的表示补充了一个定理,并利用 s_k 对他的素性检验补充了一个证明,同时还给出了一些关于素数和完全数在别处被引用而得出的结论.

Lucas 考虑了第一种级数 u_n(根 a, b 为互素的整数),并演译 Fermat 定理和 Euler 推广的类似物

$$u_t \equiv 0 \,(\mathrm{mod}\ m), t = \phi(m)$$

还给出了早期定理(Ⅶ)(Ⅷ)的证明,以及他的 Euler-Fermat 定理的推广证明. 素数性判别法已经给出,并被用于去证明 $2^{31} - 1$ 和 $2^{19} - 1$ 为素数. 同时,也指出:在对余弦值进行根号有理化之后,$p = 2^{4q+3} - 1$ 为素数当且仅当

$$3 \equiv \frac{2\cos \dfrac{\pi}{2^{2q+1}}}{}(\mathrm{mod}\ p)$$

Lucas 复制了他早前的一些结论,并对 $p = 3, 5, 7,$ $11, 13, 17$ 用 $x^2 - 2pQ^r y^2$ 的形式表示了 $\frac{v_{pr}}{v_{2r}}$. 同时,当 p 为不大于 31 的素数时,用形式 $\Delta x^2 \pm PQ^r y^2$ 表示了 $\frac{u_{pr}}{u_r}$.

在本章中,给出了 $3^{29 \pm 1}$ 的素因子. 而 $2^{4n} + 1$ 的真因数被认为具有 $8nq + 1$ 的形式;这就说明 q 为一偶数. 因此,对于 $2^{32} + 1$ 来说,第一个试验的因数是 641,而对

于 $2^{2^{12}+1}$,则为 114 689;并且,在每种情况中,除法为正确的. 以下为一个推广:如果互素的两个整数的乘积具有 $4h+1$ 的形式,那么 $a^{2abn}+b^{2abn}$ 的真因数为 $8abnq+1$ 的形式,还给出了 $2^{4q+3}-1$ 的一个素性检验. 最终,得出

$$p = 2^{4nq+2n+1} - 1$$

为一个素数当且仅当

$$\left(2^n + \sqrt{2^{2n}+1}\right)^{\frac{p+1}{2}} + \left(2^n - \sqrt{2^{2n}+1}\right)^{\frac{p+1}{2}} \equiv 0 \pmod{p}$$

T. Pepin 给出了 $q = 2^n - 1$ 的一个素数性检验. 设

$$u_1 = \frac{2(a^2-b^2)}{a^2+b^2} \pmod{q}$$

并利用

$$u_{\alpha+1} \equiv u_\alpha^2 - 2 \pmod{q}$$

构造了级数 $u_1, u_2, \cdots, u_{n-1}$. 从而可知,$q$ 为一个素数当且仅当 u_{n-1} 可被 p 整除. 该检验法不同于 Lucas 在 u_1 的选取中给出的检验方法.

Lucas 复制了他对 $2^q A - 1$ 等的素性检验,以及出现在另一篇文章最后的一个检验,并与对 $2^{4q+3}-1$ 和 $2^{12q+5}-1$ 的检验相类似.

G. de Longchamps 指出:如果

$$d_k = u_k - au_{k-1}$$

那么

$$d_p = b^{p-1}, d_p d_q = b^{p+q-2}$$

从而有推广

$$\prod_{j=1}^{x} d_{pj} = ds, s = p_1 + \cdots + p_x - x + 1$$

取 $p_1 = \cdots = p_x = p$,从而有

$$(u_p - au_{p-1})^x = u_{px-x+1} - au_{px-x}$$

同样地,对于 v,存在一个相应的定理.

J. J. Sylvester 考虑了 u_x, u_{x+1} 的最大公因数,当

$$u_x = (2x-1)u_{x-1} - (x-1)u_{x-2}$$

由 E. Gelin 陈述,E. Cesàro 利用

$$U_{n+p} = U_p U_n + U_{p-1} U_{n-1}$$

证明了以下内容:在 Pisano 级数中,相继的四项的均值乘积不同于用 ± 1 给出的极值被乘积;相继五项的中间项的第四次幂不同于用单位元给出的其他四项的乘积.

Magnon 答复了 Lucas 的问题. 证明了如果 $a_n - 1$ 为 Pisano 级数前 $n-1$ 项的平方数的总和,那么

$$\frac{1}{a_1} - \frac{1}{a_2} + \frac{1}{a_3} - \cdots = \frac{2}{1-\sqrt{5}}$$

H. Brocard 仔细研究了由

$$U_{n+1} = U_n + 2U_{n-1}, U_0 = 1, U_1 = 3$$

定义的 U 的算术性质.

E. Cesàro 指出:如果 U_n 为 Pisano 级数的第 n 项,那么

$$(2U+1)^n - U^{3n} = 0$$

Lucas 给出了他对 $2^{4q+3} - 1$ 的素数性检验.

A. Genocchi 复制了他的结论.

M. d'Ocagne 对 Pisano 级数证明了

$$\sum_{i=0}^{p} u_i = u_{p-2} - 1, \quad \sum (-1)^i u_i = (-1)^p u_{p-1} - 1$$

$$\lim_{p \to \infty} \frac{u_p}{u_{p-i}} = \left(\frac{1+\sqrt{5}}{2}\right)^i$$

$$u_p u_i - u_{p+1} u_{i-1} = (-1)^{i+1} u_{p-i+1}$$

$$u_p u_{p-1} = u_p^2 - u_{p-1}^2 + (-1)^p$$

需要解决的重要问题是,在已知的两个数 $\alpha_0 = a$,$\alpha_{p+1} = b$ 中插入 p 项 $\alpha_1, \cdots, \alpha_p$,使得

$$\alpha_i = \alpha_{i-1} + \alpha_{i-2}$$

该解为

$$\alpha_i = \frac{b u_i + (-1)^i a u_{p+1-i}}{u_{p+1}}$$

E. Catalan 证明了 Pisano 级数满足下式

$$U_n^2 - U_{n-p} U_{n+p} = (-1)^{n-p+1} U_{p-1}^2$$

Lucas 指出,平方和凑巧满足以下几式

$$u_{2n+1} = u_{n+1}^2 + u_n^2, \quad u_{2n} = u_{n-1}^2 + 2u_n^2 + u_{n+1}^2$$

$$v_{4n+2} = v_{2n+1}^2 + 2, \quad v_{4n} = (2u_n)^2 + u_n^2 + 2$$

L. Kronecker 利用一些模系获得了 Dirichlet 的一些定理.

Lucas 证明出:如果

$$u_n = \frac{a^n - b^n}{a - b}$$

那么,当 p 为一个素数,n 为奇数且不被 p 整除时

$$u_{p-1}^n - \frac{u_{(p-1)n}}{u_n}$$

可被 u_p 整除,并且当 $n = 2p + 1$ 时,则可被 u_p^2 整除.

L. Lietetruth 考虑了级数

$$P_1 = 1, P_2 = x, \cdots, P_n = x P_{n-1} - P_{n-2}$$

并证明了,任意两个相继项都互素,且有

$$P_n = P_\lambda P_{n-\lambda+1} - P_{\lambda-1} P_{n-\lambda} \quad (\lambda < n)$$

取 $n=2\lambda,3\lambda,\cdots$，我们可以看出，$P_\lambda$ 为 $P_{2\lambda},P_{3\lambda},\cdots$ 的一个公因子. 令 d 为 m,n 的最大公因数，则 P_m,P_n 的最大公因数为 P_d. 接下来，有

$$P_1+P_3+\cdots+P_{2n-1}=P_n^2$$
$$P_2+P_4+\cdots+P_{2n}=P_nP_{n+1}$$

如果

$$P_n\equiv P_m(\bmod P_\lambda)$$

那么

$$m\equiv n(\bmod 2\lambda)$$

同样地，有

$$P_n=x^{n-1}+\sum_{k=1}(-1)^k\cdot$$

$$\frac{(n-k-1)\cdot\cdots\cdot(n-2k)}{1\cdot2\cdot\cdots\cdot k}x^{n-2k-1}$$

如果 $\dfrac{a_n}{b_n}$ 为收敛于 $\dfrac{1}{x}-\dfrac{1}{x}+\dfrac{1}{x}-\cdots$ 的第 n 个数，则有

$$a_{n+2}=xa_{n+1}-a_n,b_n=a_{n+1}$$

因此，若 $a_1=1,a_2=x$，则 $a_n=P_n$.

由 Sylvester 陈述，W. S. Foster 证明的内容如下：如果 $f(\theta)$ 为一个整系数多项式，$u_{x+1}=f(u_x)$，$u_1=f(0)$，且 δ 为 r,s 的最大公因数，那么 u_δ 为 u_r 与 u_s 的最大公因数.

A. Schönflies 考虑了由

$$n_\lambda=n^\lambda-n^{\lambda-1}+n^{\lambda-2}-\cdots+(-1)^\lambda\quad(\lambda=0,1,\cdots)$$

定义的数 $n_0=1,n_1,\cdots,n_q$，并几何地证明了：如果 n_{r-1} 为与 n_q 有一个公因子的数中最小的那个数，那么 r 为 $q+1$ 的一个因数，同时，对于每个指标 i，都有下面一

722

个关系式成立

$$mn_i \equiv mn_{r+i} (\bmod n_q)$$

L. Gegenbauer 给出了该定理的一个纯算术的证明.

Lucas 对他的理论给出了说明,并对循环级数进行了一个介绍.

M. Frolov 利用了一个合数的二次剩余表,对 Lucas 数 v_n 进行了因子分解.

D. F. Scliwanov 证明出了 Lucas 关于 u_n, v_n 的因子的结论.

E. Catalan 给出了 Pisano 级数中的前 43 项,并指出: U_n 整除 U_{2+1}, U_{2n} 为两平方数的和. 同时,E. Catalan 还讨论了级数

$$u_n = au_{n-1} + u_{n-2}, u_1 = a, u_2 = a^2 + 1$$

Fontès 证明了 Lucas 所提出的定理,并用一个初等方法找到了 Pisano 级数的通项. 正如 Binet 所给出的一样.

E. Maillet 证明出:要想每个超过一确定界限的正整数等于一个循环级数项的一个有限数的绝对值的和,且满足一个系数的不可约的递推公式,则必须满足的条件是:其相应的生成方程的所有的根都为单位根.

W. Mantel 注意到:如果一个循环级数的生成分式的分母 $F(x)$ 是模 p 不可约的(p 为一个素数),那么此循环级数的项模 p 的剩余成周期性重复,且该周期长度至多为 $p^n - 1$;利用 Fermat 定理的 Galois 推广可证明此结论. 对一个可约的 $F(x)$ 的情况也给出了讨论.

R. W. D. Christie 指出:对于由

$$a_{n+1} = 3a_n - a_{n-1}$$

定义的循环级数来说,$2m-1$ 为一个素数当且仅当 a_m-1 可被 $2m-1$ 整除. E. B. Escott指出了该项试验的误差.

S. Réalis 注意到:$7,13,25,\cdots,3(n^2+n)+7,\cdots$ 的 N 个相继项中的两个可被 N 整除,如果 N 为素数 $6m+1$.

C. E. Bickmore 在 Catalan 的最终级数上讨论了 u_n 的因子. 他和其他人一起给出了一些著名的公式和 Pisano 级数的性质.

R. Perrin 使用了

$$v_n = v_{n-2} + v_{n-3}, v_0 = 3, v_1 = 0, v_2 = 2$$

从而知,如果 n 为一个素数,那么 v_n 可被 n 整除. 当 n 为合数时,该结论被证明对于 n 的一个宽的取值范围并不成立. E. Malo 和 E. B. Escott 也考虑了同样的题目,并且 E. B. Escott 还指出 Perrin 的测证是不完整的.

Several 对大的 n 值,讨论了 Pisano 的 u_n 的计算.

E. B. Escott 计算了 $\sum \dfrac{1}{u_n}$. E. Landau 用 Lambert 级数的和的项估算了 $\sum \dfrac{1}{u_{2h}}$,同时,也估算了与 θ 级数有关的 $\sum \dfrac{1}{u_{2h+1}}$.

A. Tagiuri 使用了 Leonardo 级数

$$u_1 = 1, u_2 = 1, u_3 = 2, \cdots$$

以及推广 U_1,U_2,$\cdots$,其中,$U_n = U_{n-1} + U_{n-2}$,且 $U_1 = a$,$U_2 = b$ 都是任意取的. 用 e 表示 $a^2 + ab - b^2$,并证明了下面各式

$$U_{n+s} = u_{s+1} U_n + u_s U_{n-1}$$

$$U_n^2 - U_{n-k} U_{n+k} = (-1)^{n-k} u_k^2 e$$

$$U_n U_s - U_{n-k} U_{s+k} = (-1)^{n-k} u_k u_{k+s-n} e$$

并且知,$\dfrac{\{U_{n+\delta} + (-1)^{\delta} U_{n-\delta}\}}{U_n}$ 为与 a,b,n 无关的整数,且等于 $u_{\delta+1} + u_{\delta-1}$. 这就表明:$u_r$ 为 u_s 的一个倍数当且仅当 r 为 s 的一个倍数.

Tagiuri 对于由

$$V_n = h V_{n-1} + l V_{n-2}$$

定义的级数获得了类似的结论,并通过取 $v_1 = 1$,$v_2 = h$ 获得了特殊的级数. 如果 h 和 l 互素,那么 v_r 为 v_s 的一个倍数当且仅当 r 为 s 的一个倍数. 设 $\Phi(v_i)$ 表示满足不大于 v_i 且与它互素的 v 的级数的项的个数. 如果 $h > 1$,则 $\Phi(v_i)$ 为 Euler 中的 $\phi(i)$;但是,如果 $h = 1$,则

$$\Phi(v_i) = \phi(i) + \phi\left(\frac{i}{2}\right)$$

当 i 为奇数时,其最后的项为零. 如果 i 与 j 互素,那么

$$\Phi(v_{ij}) = \Phi(v_i) \Phi(v_j)$$

Tagiuri 证明了:对于 v 的级数,介于 v_{kp} 和 $v_{k(p+1)}$ 之间的项是模 v_k 非同余的,如果 $h > 1$,但当 $h = 1$ 时,则除 $v_{kp+1} \equiv v_{kp+2}$ 以外. 如果 μ 不被 k 整除,且 ε 为满足

$$l^{2k\varepsilon} \equiv 1 \pmod{v_k}$$

的最小解,那么,若 $x \equiv \mu \pmod{4k\varepsilon}$,则有

725

$$v_x \equiv v_\mu (\bmod v_k)$$

如果 μ 不被 k 整除，且 k 为奇数，ε_1 为满足 $l^{k\varepsilon} \equiv 1 (\bmod v_k)$ 的最小正数解，那么当 $x \equiv \mu (\bmod 2k\varepsilon_1)$ 时，有

$$v_x \equiv v_\mu (\bmod v_k)$$

A. Emmerich 证明出：在 Pisano 级数中，有

$$u_{n+5} \equiv u_n (\bmod 2)$$

$$u_{n+5} \equiv 3u_n (\bmod 5)$$

$$u_{n+60} \equiv u_n (\bmod 10)$$

从而使得仅 $u_0, u_3, u_6, u_9, \cdots$ 为偶数，$u_0, u_5, u_{10}, \cdots$ 为 5 的倍数.

J. Wasteels 证明出：使得 $y^2 - xy - x^2$ 等于 1 或 -1 的两个正整数 x, y 为 Pisano 级数中的相继项. 如果 $5x^2 \pm 4$ 为一个平方数，则 x 为 Pisano 级数中的一项. Lucas 给出了一些逆定理.

G. Candido 用代数学和函数理论讨论了 u_n, v_n.

E. B. Escott 证明了 Lucas 文章中的最后一个结论.

A. Arista 用有限形式表示了 $\displaystyle\sum_{n=1}^{\infty} u_n^{-1}$.

M. Cipolla 对 u_n 和 v_n 给出了很多参考文献和一些著名公式及定理. 并给出了在该题目下对二项同余式的应用.

G. Candido 给出必要和充分条件，包括 u_k，即一多项式 x 有因子 $x^2 - Px + Q$，且其根为 a, b.

A. Laparewicz 用 Lucas 的方法讨论了 $2^m \pm 1$ 的因子.

E. B. Escott 给出了 Pisano 级数与下面的一个难题之间的关系，即将一正方形变成一个矩形，并且该矩形比正方形多 1 个单位面积。

E. B. Escott 把 Lucas 的理论应用到了 $u_n = 2u_{n-1} + u_{n-2}$ 的情况上。

L. E. Dickson 证明了如果 z_k 为方程

$$a^m + p_1 a^{m-1} + \cdots + p_m = 0$$

的 k 次方根的和，其中 $p_1, \cdots, p_m$ 为整数且 $p_1 = 0$，那么，在由

$$z_{x+m} + p_1 z_{x+m-1} + \cdots + p_m z_x = 0$$

定义的级数中，当 t 为一个素数时，z_t 可被 t 整除。

E. Landau 证明了有关 U_m, V_m 的因数定理，其中

$$(x+i)^m = U_m(x) + iV_m(x), i = \sqrt{-1}$$

P. Bachmann 最后论述了循环级数。

C. Ruggieri 对 u_{-n} 使用了 Pisano 级数，从下式中解出了 ξ 和 η

$$a\xi^2 + b\xi\eta + c\eta^2 = k, b^2 - 4ac = 5m^2$$

E. Zeuthen 提出了一个关于 Pisano 级数的问题。

H. Mathieu 指出：在 $1, 3, 8, \cdots, x_{n+1} = 3x_n - x_{n-1}$ 中，表达式 $x_n x_{n+1} + 1$ 和 $x_{n-1} x_{n+1} + 1$ 为平方数。

Valroff 陈述了 Lucas 的定理，但并不完整。

A. Aubry 对 Genocchi 和 Lucas 得出的结论进行了概括。

R. Niewiadomski 指出：对于 Pisano 的一个级数，有

$$U_{N \pm \alpha}^z \equiv \begin{cases} U_{\pm \alpha+1}^z \pmod{N} & (若 N = 10m \pm 1) \\ -U_{\pm \alpha-1}^z \pmod{N} & (若 N = 10m \pm 3) \end{cases}$$

他说明了如何快速地计算远的 Pisano 级数和类似的级数的项,同时,他还对多数的项进行了因式分解.

L. Bastien 使用了一个素数 p 和整数 $a_1 < p$,并通过

$$a_1 a_2 = Q, a_2 + a_3 \equiv P, a_3 a_4 = Q, a_4 + a_5 \equiv P, \cdots (\bmod\ p)$$

的方法,定义了 $a_2, a_3, \cdots$,其中每一个都小于 p. 有

$$a_{2h+1} = \frac{K_{h+1} a_1 - Q K_h}{K_h a_1 - Q K_{h-1}} \quad (\bmod\ p)$$

$$K_{h+1} = P K_h - Q K_{h-1}$$

从而找到了级数的种类,并列举了出来. k_p 的每个因数都具有 $\lambda p \pm 1$ 的形式,从而得出了 Lucas 的一些结论.

R. D. Carmichael 推广了许多 Lucas 的定理,并修正了他的几个定理. 下面就是 Fermat 定理的一个推广:如果 $\alpha + \beta$ 和 $\alpha\beta$ 都为整数,且 $\alpha\beta$ 与 $n = p_1^{a_1} \cdots p_k^{a_k}$ 互素,其中 $p_1, \cdots, p_k$ 为不相同的素数,那么当 λ 为

$$p_i^{a_i-1} \{ p_i - (\alpha, \beta)_{p_i} \} \quad (i = 1, \cdots, k) \qquad (3)$$

的最小公倍数时

$$u_\lambda = \frac{\alpha^\lambda - \beta^\lambda}{\alpha - \beta}$$

可被 n 整除. 在这里,如果 p 为一个奇素数,那么,可根据 $(\alpha - \beta)^2$ 被 p 整除,是 p 的一个二次剩余或是 p 的一个非二次剩余,而将符号 $(\alpha, \beta)_p$ 表示为 $0, \pm 1$ 或 -1. 同时,若 $\alpha\beta$ 为偶数,则 $(\alpha, \beta)_2$ 用 1 表示;若 $\alpha\beta$ 为奇数且 $\alpha + \beta$ 为偶数,则 $(\alpha, \beta)_2$ 用 0 表示;若 $\alpha\beta(\alpha + \beta)$ 为奇数,则 $(\alpha, \beta)_2$ 用 -1 表示. 特别地,如果 ϕ 为式

(3)给出的数的乘积,那么 $u_\phi \equiv 0 (\bmod\ n)$. 这是 Lucas 定理的修正形式.

利用方程

$$u_n + u_{n+1} = u_{n+2}, u_n + u_{n+2} = u_{n+3}$$

$$v_{n+1} + v_{n-1} = 4v_n, v_1 = 1, v_2 = 4$$

中的一个,可定义一个循环级数. 在该级数的项之间存在一些关系已经被提出来了.

E. Malo 和 Prompt 考虑了关于级数

$$u_0, u_1, u_2 = u_0 + u_1, \cdots, u_n = u_{n-1} + u_{n-2}$$

的一个素数模 $10m \pm 1$ 的剩余.

A. Boutin 注意到了 Pisano 级数的项之间的关系.

A. Agronomof 讨论了

$$u_n = u_{n-1} + u_{n-2} + u_{n-3}$$

Boutin 和 Malo 讨论了 Pisano 级数的项的和.

A. Pellet 推广了 Lucas 的素数出现定律.

A. Gérardin 证明了有关 Pisano 级数的项的因数的定理.

E. Piccioli 指出:在 Pisano 级数 $1,1,2,3,\cdots$ 中,根据 k 为奇数或偶数,有

$$u_k = \binom{k}{0} + \binom{k-1}{1} + \binom{k-2}{2} + \cdots + t$$

$$t = \begin{pmatrix} \frac{1}{2}(k+1) \\ \frac{1}{2}(k-1) \end{pmatrix} 或 \begin{pmatrix} \frac{1}{2}k \\ \frac{1}{2}k \end{pmatrix}$$

T. A. Pierce 对一个整系数方程的根 α_i 的两个函

数 $\displaystyle\prod_{i=1}^{n}(1\pm\alpha_i)^m$ 证明了与 Lucas 给出的 u_n, v_n 相类似的性质.

J. D. Cassini 和 A. de Moivre 用一个常数去乘一个级数中的每一项,其中该级数的通项为前面所述的项中一确定数的一个和. D. Bernoulli 利用了这样的循环级数去解代数方程. J. Stirling 准许乘数为变量.

Euler 研究了普通的循环级数以及它们对解方程的应用.

J. L. Lagrange 使得该问题依靠线性方程在有限差分上的积分法,同时也讨论了带有一个加法项的循环级数,这样一个级数的通项已被 V. Riccati 找到.

P. S. Laplace 系统地利用了生成函数,并将循环级数应用到了概率问题上.

J. L. Lagrange 指出:如果

$$Ay_k + By_{k+1} + \cdots + Ny_{k+n} = 0$$

为循环关系,且

$$A + Bt + \cdots + Nt^n = 0$$

有不同的根 $\alpha, \beta, \cdots$,那么该级数的通项为

$$y_x = a\alpha^x + b\beta^x + \cdots$$

对于重根的情况,J. L. Logrange 给出了一个公式,该公式被 G. F. Malfatti 证明是有误差的;后来,他又给出了一个新的过程,来解释有 2,3 或 4 个根.

Lagrange 注意到了他的错误,并利用比 Malfatti 更直接的过程给出了重根情况中一个循环级数的通项.

Pietro Paoli 研究了一个循环级数的和.

R. Murphy 指出了傅里叶把循环级数应用于解决数字方程方面的错误.

P. Frisiani 把循环级数应用于方程解中.

贝蒂通过扩展 Bernoullian 的方法,利用双重循环级数解两个未知数的方程.

W. Scheibner 一直在研究含有三项递推公式的级数,后来得出了一个结论:任意三项级数可以是不连续的,也可以是连续的分数与 Gauss 的超几何级数之间存在着线性关系.

D. Andre 从循环级数 U_i 推导出循环级数 V_i 的一般方程. 假设 V_i 乘以常数与 $U_n , U_{n-1} , \cdots ,$ 乘以关于 n 的多项式之间存在线性齐次关系.

D. Andre 认为级数 $U_1 , U_2 , \cdots$ 有下式成立

$$U_n = u_n + \sum_{k=1}^{\lambda_n} A_k^{(n)} U_{n-k}$$

其中 u_n , λ_n 是关于 n 的给定函数,$\lambda_n \leqslant n-1 , \lambda_n \in \mathbf{N} ,$ $A_k^{(n)}$ 是关于 k , n 的给定函数,他还证出

$$U_n = \sum_{p=1}^{n} \Psi(n,p) u_p , \Psi(n,p) = \sum A_{k_1}^{(n_1)} A_{k_2}^{(n_2)} \cdots$$

其中第二个求和扩展了

$$k_1 + k_2 + \cdots = n - p , n_1 = k_1 + p , n_t = k_t + n_{t-1} \quad (0 < k_t < \lambda_{nt})$$

的所有整数解集,这应用了级数的八种特殊类型.

D. André 讨论了一些级数的和,这些级数的一般项数是

$$\frac{u_n x^n}{n(n+1)\cdots(n+p-1)} , \frac{u_n x^{\alpha n + \beta}}{(\alpha n + \beta)!}$$

其中 u_n 是任意循环级数的一般项.

G. de Longchamps 证明了 Lagrange 的第一个结果,并且把 y_x 定义为相异根 $\alpha, \beta, \cdots$ 的对称函数. 他还化简为

$$U_n = A_1 U_{n-1} + \cdots + A_g U_{n-g} + f(n)$$

其中 f 是次数为 P 的多项式,通过作置换

$$U_n = V_n + \lambda_0 n^p + \cdots + \lambda_p$$

得出

$$f(n) \equiv 0$$

C. A. Laisant 研究了循环级数,特别是 Pisano 的级数的连续项的比.

M. d'Ocagne 定义了一个循环级数 U_i,且

$$U_n = a_1 U_{n-1} + a_2 U_{n-2} + \cdots + a_p U_{n-p}$$

$U_0, \cdots, U_{p-1}$ 为任意的,与 u 同律,但是 $u_i = 0 (i = 1, \cdots, p-2), U_{p-1} = 1$. 则有

$$U_n = U_0 u_{n+p-1} + (U_1 - a_1 U_0) u_{n+p-2} + \cdots + (U_{p-1} - a_1 U_{p-2} - \cdots - a_{p-1} U_0) u_n$$

对于每个级数,他都求出了连续项的任意固定项的和以及这个和的极限.

M. d'Ocagne 定义

$$u_{p+n} = u_{p+n-1} + \cdots + u_n$$

他利用

$$u_n = a_k u_{n-1} + (-1)^k u_{n-2}, u_0 = 0, u_1 = 1$$

讨论了周期连续分式的收敛性.

L. Gegenbauer 求出了

$$g_n P_n = 2^\lambda u_n P_{n-1} + \psi_n P_{n-2}$$

其中

$$P_0 = 1, P_1 = 2^\lambda, g_n = 2^{kn\alpha} u_{1n}, \psi_n = 2^{2\lambda + g + \alpha\sigma n} u_{2n}$$

的解 P_m.

S. Pincherle 把

$$p_{n+1}(x) = (x - \alpha_n)(x - \beta_n) p_n(x)$$

展开成级数.

斯徒弟表明如何把一个循环级数的一般项写成简单循环级数一般项的和. 特别是当 $n = 3$ 时的一般项, 把这个理论应用到双线性型中.

M. d'Ocagne 定义了一个递推规律的循环级数 $(A_1, \cdots, A_p)$

$$Y_n + A_1 Y_{n-1} + \cdots + A_p Y_{n-p} = 0 (p \text{ 阶})$$

并且生成方程

$$\Phi(x) = x^p + A_1 x^{p-1} + \cdots + A_p = 0$$

设

$$Q_i(x) = x^i + A_1 x^{i-1} + \cdots + A_i$$
$$\psi(x) = Y_{p-1} + Q_1(x) Y_{p-2} + \cdots + Q_{p-1}(x) Y_0$$
$$\Phi(x) = 0, \Psi(x) = 0$$

一定存在公共根 α, 并且关于 Y 的阶是 $p-1$ 即(Q_1 $(\alpha), \cdots, Q_{p-1}(\alpha)$)的递推规律和递推初始定律是 $p-1$ 阶之一是可约的充分条件.

M. d'Ocagne 定义了递推规律的级数

$$u_n^i = a_0^i u_{n-1}^i + a_1^i u_{n-2}^i + \cdots + a_{p_i}^i - u_{n-p_i}^i$$

并且生成方程

$$\phi_i(x) = x^{p_i} - a_0^i x^{p_i - 1} - \cdots - a_{p_i - 1}^i$$

$i = 0, u_0 = \cdots = u_{p-2} = 0, u_{p-1} = 1.$ 如果

Zernov 定理

$$\phi_0(x) = \phi_1(x) \cdots \phi_m(x)$$

则

$$u_{n+p-1}^0 = \sum u_{n_1+p_1-1}^1 \cdots u_{n_m+p_m-1}^m$$

是 n 的所有组合和,且 $n_1 + \cdots + n_m = n$,也可应用于求递推变化律的循环级数的和.

M. d'Ocagne 再次产生一个结果并给出他早期的结果和最新结果的连通陈述.

R. Perrin 定义了一个项数为 $u_0, u_1, \cdots$,阶为 p 的循环级数 U,并且 U 的第 k 次可导级数的生成项定义为

$$u_n^{(k)} = \begin{vmatrix} u_n & u_{n+1} & \cdots & u_{n+k} \\ u_{n+1} & u_{n+2} & \cdots & u_{n+k+1} \\ \vdots & \vdots & & \vdots \\ u_{n+k} & u_{n+k+1} & \cdots & u_{n+2k} \end{vmatrix}$$

如果第 $p-1$ 次可导级数的任意项为 0,则 U 的递推定律是可约的(低阶之一),如果第 $p-2$ 次可导级数的任意项为 0,直到我们得到不为 0 的行列式,则它的阶是 U 的最小阶. 这种判别方法只是 M. d'Ocagne 的一个比较方便的类型.

E. Maillet 注意到 p 阶递推公式可减少到 $p-q$ 阶之一是 M. d'Ocagne 的 $\Phi(x)$ 和 $\Psi(x)$ 有 9 个公共根的必要条件,如果 $\Phi(x) = 0$ 只有相异根,则条件也是充分的,他自己发现了类似 Perrin 的判别方法并研究了两个递推律级数.

J. Neuberg 定义

$$u_n = au_{n-1} + bu_{n-2}$$

且发现了 Pisano 的级数的一般项.

C. A. Laisant 把 F 看作 d'Ocagne 的

$$u_k \{f(u)\} = F(k)$$

中的一个常数.

S. Lattès 定义

$$u_{n+p} = f(u_{n+p-1}, \cdots, u_n)$$

其中 f 是解析函数.

M. Amsler 讨论了部分分式的循环级数.

E. Netto, L. E. Dickson, A. Ranum 和 T. Hayashi 都给出了循环级数的生成项. N. Traverso 给出了

$$Q_n = (n-1)(Q_{n-1} + Q_{n-2})$$

和

$$u_n = au_{n-1} + bu_{n-2}$$

的生成项.

Traverso 重述这个组合理论

$$Q_m = P(Q_{m-1} + Q_{m-2} + \cdots + Q_{m-n})$$

的解是 p 的函数.

F. Nicita 发现了类似

$$2a_n^2 - b_n^2 = -(-1)^n$$

的两个级数

$$a_1 = 1, a_2 = 2, \cdots, a_n = \frac{1}{2}(a_{n+1} - a_{n-1}), \cdots$$

与

$$b_1 = 1, b_2 = 3, \cdots, b_n = \frac{1}{2}(b_{n+1} - b_{n-1}), \cdots$$

之间的许多联系.

A. Weiss 表明 r 阶循环级数的生成项为 t_k, 这里 r

阶由 $t_q, t_{q-1}, \cdots, t_{q-r+1}$ 线性表示,q 是整数.

W. A. Whitworth 证明出如果 $c_0 + c_1 x + c_2 x^2 + \cdots$ 是一个 r 阶收敛循环级数,且前 $2r$ 项给定,则关系比和无限和都是一些行列式的商.

H. F. Scherk 开始研究任意三角形 ABC,且在它的外部构造矩形 $BCED, ACFG, ABJH$.

把终点连在一起就形成六边形 $DEFGHJ$. 联结 EF, GH, JD 可构造矩形,再连终点形成一个新的六边形,等等. 如果 a_i, b_i, c_i 是第 i 个连线的长度,则

$$a_{n+1} = 5a_{n-1} - a_{n-3}$$

第 n 项就很容易被找到.

Sylvester 解

$$u_x = u_{x-1} + (x-1)(x-2)u_{x-2}$$

A. Tarn 认为循环级数与 $\sqrt{2}, \sqrt{3}, \sqrt{5}$ 的近似值有关系.

V. Schlegel 把 $(1 - x - x^2 - \cdots - x^n)^{-1}$ 的展开式称为拉梅的 $n-1$ 次级数;每个系数都是 n 的和,当 $n = 2$ 时,级数是 Pisano 级数.

R. C. Archibald 收集了许多 Pisano 级数和蔓叶线排列之间关系的参考文献和黄金部分(开普勒,Braun,等等).

第十四编
Fibonacci 数列与优选法

分数法及其最优性

在"文革"期间甘肃大学数学系以群力为笔名发表了一篇文章,用连分数的知识,对分数法及其最优性加以补充说明.

第 59 章

§1 分数法

优选法在于通过最少次数的试验选出最优点. 因此,怎样设计试验便是一个十分重要的问题. 对每次只做一个试验的设计来说,怎样选取第一个试验点以及怎样选取后继各试验点,对试验次数的多少影响很大;设计得好,可以减少试验次数;设计得不好,就要增加试验次数. 那么对于分数法来说,究竟该如何选取各试验点呢? 下面我们先来回答这个问题.

1. 怎样选取各个试验点.

先说第一点的选取,不失一般性,

739

为方便起见,设优选范围为单位区间$[0,1]$.

我们知道,优选法是由生产和科研的需要而产生的,它是在均分法和调试法的基础上发展起来的. 左右调试,从数量的角度就是大小调试,而大小是相对的,总是对某一定数来说的. 在单位区间里,大小自然就是对区间的中点即$\frac{1}{2}$来说的. 因此,第一点就应该大于$\frac{1}{2}$而小于1(由对称性也可取大于 0 而小于$\frac{1}{2}$). 设它为ω,即

$$\frac{1}{2} < \omega < \frac{1}{1}$$

我们把不等式中的分数$\frac{1}{2}$,$\frac{1}{1}$的分子与分子相加,分母与分母相加得另一分数$\frac{2}{3}$,再把$\frac{2}{3}$与原不等式中的分数$\frac{1}{2}$的分子、分母分别相加又得一分数$\frac{3}{5}$,容易看出

$$\frac{3}{5} < \omega < \frac{2}{3}$$

仿上继续进行,便得下面的不等式

$$\begin{cases} \dfrac{1}{2} < \omega < \dfrac{1}{1} \\[2mm] \dfrac{3}{5} < \omega < \dfrac{2}{3} \\[2mm] \dfrac{8}{13} < \omega < \dfrac{5}{8} \\[2mm] \dfrac{21}{34} < \omega < \dfrac{13}{21} \\[1mm] \quad\vdots \\[1mm] \dfrac{F_n}{F_{n+1}} < \omega < \dfrac{F_{n-1}}{F_n} \\[1mm] \quad\vdots \end{cases} \qquad (1)$$

式中

$$F_0 = 1, F_1 = 1$$

并且

$$F_n = F_{n-1} + F_{n-2} \quad (n \geqslant 2)$$

从式(1)可看出,各不等式逐步缩小了 ω 所在的范围(图1).

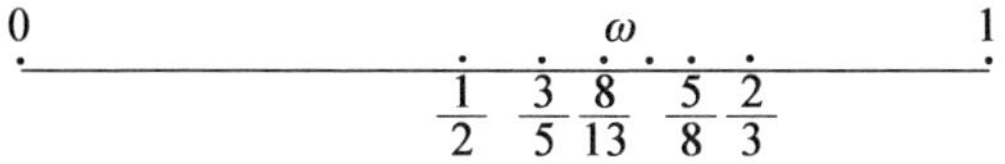

图1

再把式(1)中的各个分数依序写出来就是

$$\frac{1}{1}, \frac{1}{2}, \frac{2}{3}, \frac{3}{5}, \frac{5}{8}, \frac{8}{13}, \frac{13}{21}, \frac{21}{34}, \cdots, \frac{F_n}{F_{n+1}}, \cdots \qquad (2)$$

使用分数法时,取式(2)中的哪一个分数作为第一个试验点,必须根据试验次数而定. 当预定试验次数后,便根据试验次数的多少而将单位区间分成一定的等分,而取式(2)中的某个分数作为第一个试验点. 例

741

如, 做三次试验, 就五等分单位区间取 $\dfrac{3}{5}$ 为第一个试验

点; 做四次试验, 就八等分单位区间取 $\dfrac{5}{8}$ 为第一点; 做

五次试验, 就十三等分单位区间取 $\dfrac{8}{13}$ 为第一点, 等等.

一般来说, 若预定要做 i 次试验, 就把单位区间分为

F_{i+1} 等分, 则第一个试验点取在 F_i 处, 其数值为 $\dfrac{F_i}{F_{i+1}}$.

再说后继各点的选取. 知道怎样选取第一点后, 紧接着要解决如何选取后继各点的问题. 当试验次数已定, 就按上述办法取第一个试验点, 后继各点都以所留区间的中点为对称中心的对称取点的办法选取. 例

如, 假定做四次(每次一个)试验, 就取 $\dfrac{5}{8}$ 为第〈1〉个试

验点, 第〈2〉个试验点便是第〈1〉点的对称点即 $\dfrac{3}{8}$, 试验后分析比较, 留优去劣. 再对称取第〈3〉个试验点, 如此继续, 不管如何取舍, 做四个试验便告结束. 而留

下区间的长度为 $\dfrac{2}{8}$. 图 2 表示其中可能的一种情况. 由

于试验的结果假设〈1〉比〈2〉好, 所以砍去了 $\dfrac{3}{8}$ 左边的

一段, 再取 $\dfrac{5}{8}$ 的对称点得第〈3〉个试验点为 $\dfrac{6}{8}$, 将试验

结果分析比较, 如果〈1〉又比〈3〉好, 于是砍去 $\dfrac{6}{8}$ 右边

的一段, 仍对称取点得第〈4〉个试验点为 $\dfrac{4}{8}$, 将试验结

果与〈1〉比较,如果还是〈1〉比〈4〉好,那么就要砍去
$\frac{4}{8}$ 左边的一段,从而 $\frac{5}{8}$ 就是经四次试验所得的最优点.
一般讲,若预定做 n 次试验,就要把单位区间分为
F_{n+1} 等分,第一个试验点取在 F_n 处,其数值为 $\frac{F_n}{F_{n+1}}$,然
后将试验结果分析比较,决定取舍,再对称取点继续做
下去,做 n 次试验便可确定最优点. 而留下区间的长为
$\frac{2}{F_{n+1}}$. 因此,当第一点取定后,后继点都可用"两头加,
减中间"的公式求得.

图 2

对于一般区间 $[a,b]$,如果预定做 n 次试验,分数法的
第一个试验点是

$$a + (b-a)\frac{F_n}{F_{n+1}}$$

也就是把区间 $[a,b]$ 分成 F_{n+1} 等分,第 F_n 个分点所对
应的值. 其余各试验点都可按对称取点的办法得到. 而
由于是等分的,当第一个试验点确定后,其对称点只需
数点子就可得到. 然后按对称取点的原则,只要左右数
点子就得各个试验点.

　　2. 分数法的应用.

　　恩格斯指出:"科学的发生发展一开始就是由生
产决定的. "优选法中有分数法和小数法(0.618 法)之

分,也完全是由生产实践所决定的. 一般说来,小数法用于优选范围是连续的情况,而分数法用于离散的场合. 仪器调试、机加工等宜于采用分数法. 即使优选范围是一批不等分的离散点,有时也可采用分数法仍按等分处理. 另外,如果试验代价较高,只做一定较少次数的试验时,那么不管优选范围是离散的还是连续的,采用分数法都是适宜的. 还有,当我们把分数法和轮换法(等高线法)结合起来使用时,就可用分数法处理多因素问题. 因此,分数法的应用范围是很广泛的.

3. ω 的渐近分数.

毛主席教导我们:"必须提倡思索,学会分析事物的方法、养成分析的习惯." 对于分数法自然会提出这样的问题:当做 n 次试验时,为什么只能从 $\frac{F_n}{F_{n+1}}$ 开始,而不能从其他的数开始呢? 要回答这问题,就要涉及 ω 的渐近分数.

首先,我们求当 $n\to\infty$ 时 $\frac{F_n}{F_{n+1}}$ 的极限,易于证明这个极限是存在的(证明从略),为方便起见仍设为 ω,即

$$\lim_{n\to\infty}\frac{F_n}{F_{n+1}}=\omega$$

再在等式

$$\frac{F_n}{F_{n+1}}\cdot\frac{F_{n-1}}{F_n}=\frac{F_{n-1}}{F_{n+1}}=\frac{F_{n+1}-F_n}{F_{n+1}}=1-\frac{F_n}{F_{n+1}}$$

两端取极限,就得

$$\omega^2=1-\omega$$

或

$$\omega^2 + \omega - 1 = 0 \qquad (3)$$

解此方程,并取它的正根,得

$$\omega = \frac{\sqrt{5} - 1}{2}$$

所以

$$\lim_{n \to \infty} \frac{F_n}{F_{n+1}} = \frac{\sqrt{5} - 1}{2} = \omega$$

其次,我们已指出,无理数 $\omega = \dfrac{\sqrt{5} - 1}{2}$ 是二次方程

$$\omega^2 + \omega - 1 = 0$$

的根,而这个方程又可变形为

$$\omega(1 + \omega) = 1$$

或

$$\omega = \frac{1}{1 + \omega}$$

由此逐步迭代,得

$$\omega = \cfrac{1}{1 + \cfrac{1}{1 + \omega}}, \quad \omega = \cfrac{1}{1 + \cfrac{1}{1 + \cfrac{1}{1 + \omega}}}, \quad \cdots,$$

$$\omega = \cfrac{1}{1 + \cfrac{1}{1 + \cfrac{1}{1 + \cfrac{1}{1 + \cfrac{1}{1 + \ddots}}}}}$$

即

$$\frac{\sqrt{5} - 1}{2} = \frac{1}{1} + \frac{1}{1} + \frac{1}{1} + \cdots + \frac{1}{1} + \cdots \qquad (4)$$

其各阶最佳渐近分数为

$$\frac{1}{1}, \frac{1}{2}, \frac{2}{3}, \frac{3}{5}, \frac{5}{8}, \frac{8}{13}, \frac{13}{21}, \frac{21}{34}, \cdots, \frac{F_n}{F_{n+1}}, \cdots$$

它正好就是分数序列（2），这样我们看到：分数序列（2）的极限是 $\dfrac{\sqrt{5}-1}{2}$，而 $\dfrac{\sqrt{5}-1}{2}$ 的各个渐近分数就构成了分数序列（2）.

§2 分数法的最优性

设 $f(x)$ 是在区间 $[a,b]$ 上由升而降的单峰函数，其具体表达式未给出. 但可用逐点试验的办法来确定在 $[a,b]$ 内的下列诸点

$$a = x_0 < x_1 < x_2 < \cdots < x_{q-1} < x_q = b$$

上的函数值 $f(x_i)(i=1,2,\cdots,q-1)$.

定义 在试验次数 n 一定的条件下，就每批只做一个试验的设计来说，若有一方法，能找出函数值 $f(x_i)(i=1,2,\cdots,q-1)$ 中的最大值，使得能分辨的点的个数最多（即 $q-1$ 最大），便称这个方法是最优的.

由于 $f(x)$ 的具体表达式未给出，因此，我们必须通过逐点试验，分析比较，留优去劣，逐步收缩的办法从中挑选出 $f(x_i)(i=1,2,\cdots,q-1)$ 中的最大值. 为此，在试验过程中，我们采取以中点为对称中心的对称取点法（因为否则就有可能去掉点的个数较少的一端，而与优选原则相违背）. 即采取大家所熟知的"两头加，减中间"的原则.

具体方法就是:

先从 x_p 出发,通过试验得出 $f(x_p)$ 的值,再在 x_{q-p} 处做试验,得出 $f(x_{q-p})$,其足码

$$q - p = 0 + q - p$$

是用"两头加,减中间"的公式得来的,如果

$$f(x_p) > f(x_{q-p})$$

则留下

$$a = x_0 < x_1 < \cdots < x_p < \cdots < x_{q-p}$$

下一个试验点仍用"两头加,减中间"得

$$0 + (q - p) - p = q - 2p$$

即在 x_{q-2p} 处做试验,如此继续,做多少次试验才能找到 $f(x_i)(i = 1, 2, \cdots, q - 1)$ 中的最大值. 下面的引理 1 是对这个问题的回答.

若 p, q 有公约数 d,则由此方法做出的点的足码一定是 d 的倍数. 于是便无法处理足码不是 d 的倍数的点出现最大值的问题. 因此不妨假定 p, q 互素.

引理 1 若 $\dfrac{p}{q}$ 是既约真分数,其连分数表达式是

$$\frac{p}{q} = \frac{1}{a_1 +} \ \frac{1}{a_2 + \cdots +} \ \frac{1}{a_t}$$

则对这样的 p, q,按上述方法,只要做

$$a_1 + a_2 + \cdots + a_t - 1$$

次试验,便可找出 $f(x_i)(i = 1, 2, \cdots, q - 1)$ 中的最大的一个.

证明 不失一般性,假定在试验过程中,左端点始终优于右端点(即 x_1 是最优点)[注]. 以下为叙述方便起见,用 x_i 的足码 i 代替 x_i.

由 $0 < p < q$ 知

$$q = a_1 p + q_1$$

其中 $0 < q_1 < p$,从而有

$$\frac{p}{q} = \frac{1}{a_1 + \dfrac{q_1}{p}}$$

并用不等式

$$q - a_1 p < p < q - (a_1 - 1)p$$

成立(图 3).由于

$$q - a_1 p = q_1$$

所以收缩到点 p 为止,已在

$$q - p, q - 2p, \cdots, q - (a_1 - 1)p, p$$

图 3

各点做了试验,所以至此共做了 a_1 次试验.

在留下区间 $[0, p]$ 内,从

$$q_1 = q - a_1 p$$

开始,继续做下一阶段试验,可做 a_2 次试验,即

$$\frac{p}{q} = \frac{1}{a_1 + \dfrac{q_1}{p}} = \frac{1}{a_1 + \dfrac{1}{a_2 + \dfrac{q_2}{q_1}}}$$

其中

$$\frac{p}{q_1} = a_2 + \frac{q_2}{q_1}$$

或

$$p = a_2 q_1 + q_2$$

且 $0 < q_2 < q_1$. 这样一直做下去.

从

$$0 < p < q, 0 < q_1 < p, 0 < q_2 < q_1$$

易于看出

$$q > p > q_1 > q_2 > \cdots$$

且根据 p, q 互素, 可知下列每一对数

$$p, q_1; q_1, q_2; q_2, q_3; \cdots$$

皆互素, 故必有一正整数 l, 使得

$$q_{l-1} = 1$$

且由

$$q_{l-2} = a_l q_{l-1}$$

得

$$q_{l-2} = a_l$$

如图 4 所示. 因而最后一阶段试验, 只在

$$1, 2, \cdots, a_l - 1$$

各点做, 共做了 $a_l - 1$ 个.

图 4

这样, 总共做了

$$a_1 + a_2 + \cdots + a_l - 1$$

个试验, 就可找到最优点 $q_{l-1} = 1$ (即 x_1 是最优点), 引理 1 得证.

引理 1 建立了连分数与试验次数之间的关系.

下面叙述本节的主要结论.

定理　若试验次数是 n, 则

$$a_1 + a_2 + \cdots + a_l - 1 = n$$
$$a_1 = a_2 = \cdots = a_l = 1$$

即

$$l = n + 1 \, ; \frac{p}{q} = \frac{1}{1} + \frac{1}{1} + \cdots + \frac{1}{1} = \frac{F_n}{F_{n+1}}$$

而第一个试验在第 F_n 点做,可以处理的点最多,共可处理 $F_{n+1} - 1$ 个点.

本定理的证明除要用引理 1 的结论外,还要用以下三个引理.

引理 2 若在连分数

$$\frac{p}{q} = \underbrace{\frac{1}{1} + \frac{1}{1} + \cdots + \frac{1}{1}}_{r-1\uparrow} + \frac{1}{a_r} + \cdots + \frac{1}{a_l} \quad (a_r > 1, r \geq 1)$$

中,命

$$\frac{1}{a_{r+1}} + \frac{1}{a_{r+2}} + \cdots + \frac{1}{a_l} = \frac{n}{m}$$

$$F_{-1} = 0, F_0 = 1, F_i = F_{i-1} + F_{i-2}$$

则

$$\frac{p}{q} = \frac{1}{1} + \frac{1}{1} + \cdots + \frac{1}{1} + \frac{1}{a_r + \dfrac{n}{m}} = \frac{F_{r-2} + F_{r-3}\dfrac{1}{a_r + \dfrac{n}{m}}}{F_{r-1} + F_{r-2}\dfrac{1}{a_r + \dfrac{n}{m}}}$$

$$(5)$$

成立.

证明 我们用数学归纳法证明.

当 $r = 1$ 时,由于

$$F_{-2} = F_0 - F_{-1} = 1$$

所以式(5)成立.

假设当 $r = k$ 时,式(5)成立

$$\underbrace{\cfrac{1}{1} + \cfrac{1}{1} + \cdots + \cfrac{1}{1}}_{k\text{个}} + \cfrac{1}{a_{k+1} + \cfrac{n}{m}}$$

$$= \underbrace{\cfrac{1}{1} + \cfrac{1}{1} + \cdots + \cfrac{1}{1}}_{k-1\text{个}} + \cfrac{1}{1 + \cfrac{1}{a_{k+1} + \cfrac{n}{m}}}$$

$$= \cfrac{F_{k-2} + F_{-3}\cfrac{1}{1 + \cfrac{1}{a_{k+1} + \cfrac{n}{m}}}}{F_{k-1} + F_{k-2}\cfrac{1}{1 + \cfrac{1}{a_{k+1} + \cfrac{n}{m}}}}$$

$$= \cfrac{F_{k-2}\left(1 + \cfrac{1}{a_{k+1} + \cfrac{n}{m}}\right) + F_{k-3}}{F_{k-1}\left(1 + \cfrac{1}{a_{k+1} + \cfrac{n}{m}}\right) + F_{k-2}}$$

$$= \cfrac{F_{k-1} + F_{k-2}\cfrac{1}{a_{k+1} + \cfrac{n}{m}}}{F_k + F_{k-1}\cfrac{1}{a_{k+1} + \cfrac{n}{m}}}$$

由此即知当 $r = k + 1$ 时,式(5)也成立. 式(5)可改写成

$$\frac{p}{q} = \underbrace{\frac{1}{1} + \frac{1}{1} + \cdots + \frac{1}{1}}_{r-\text{↑}} + \frac{1}{a_r + \dfrac{n}{m}} = \frac{F_{r-2} + F_{r-3}\dfrac{1}{a_r + \dfrac{n}{m}}}{F_{r-1} + F_{r-2}\dfrac{1}{a_r + \dfrac{n}{m}}}$$

$$= \frac{F_{r-2}(a_r m + n) + F_{r-3} m}{F_{r-1}(a_r m + n) + F_{r-2} m} \tag{6}$$

下面将证明式(6)右端的分数是既约分数.

引理 3 分数

$$\frac{F_{r-2}(a_r m + n) + F_{r-3} m}{F_{r-1}(a_r m + n) + F_{r-2} m} \tag{7}$$

是既约分数.

证明 命

$$A_k = F_k(a_r m + n) + F_{k-1} m \quad (k = 1, 2, \cdots, r)$$

则

$$\begin{aligned}
A_k &= (F_{k-1} + F_{k-2})(a_r m + n) + (F_{k-2} + F_{k-3}) m \\
&= [F_{k-1}(a_r m + n) + F_{k-2} m] + [F_{k-2}(a_r m + n) + F_{k-3} m] \\
&= A_{k-1} + A_{k-2} \quad (k = 1, 2, \cdots, r)
\end{aligned}$$

若 A_{r-1} 与 A_{r-2} 有公因子 $d > 1$,则由递推公式

$$A_{r-1} = A_{r-2} + A_{r-3}$$

可推得

$$A_1 = (a_r m + n) + m$$

与

$$A_0 = a_r m + n$$

也有同样的公因子 $d > 1$,这与 m, n 互素矛盾. 也就是说

$$A_{r-1} = F_{r-1}(a_r m + n) + F_{r-2} m$$

与

$$A_{r-2} = F_{r-2}(a_r m + n) + F_{r-3} m$$

互素. 即分数(7)是既约分数.

有了上述引理,便不难得知在试验次数 n 一定的条件下,如何安排试验,使所处理的点的个数最多,即 $q-1$ 最大.

引理 4　若

$$\frac{p}{q} = \underbrace{\cfrac{1}{1} + \cfrac{1}{1} + \cdots + \cfrac{1}{1}}_{r-1\uparrow} + \cfrac{1}{a_r} + \cfrac{1}{a_{r+1}} + \cdots + \cfrac{1}{a_l} \quad (8)$$

$$\frac{p'}{q'} = \underbrace{\cfrac{1}{1} + \cfrac{1}{1} + \cdots + \cfrac{1}{1}}_{r\uparrow} + \cfrac{1}{a_r - 1} + \cfrac{1}{a_{r+1}} + \cdots + \cfrac{1}{a_l} \quad (9)$$

这里 $\dfrac{p}{q}$, $\dfrac{p'}{q'}$ 都是既约分数,且 $a_r, a_l > 1, r \geqslant 1$. 则 $q' > q$.

证明　由引理 1 知

$$\frac{p}{q} = \frac{F_{r-2}(a_r m + n) + F_{r-3} m}{F_{r-1}(a_r m + n) + F_{r-2} m}$$

$$\frac{p'}{q'} = \frac{F_{r-1}\left[(a_r - 1)m + n\right] + F_{r-2} m}{F_r\left[(a_r - 1)m + n\right] + F_{r-1} m}$$

由引理 3 知,上式右端均为既约分式,因而有

$$q = F_{r-1}(a_r m + n) + F_{r-2} m$$

$$q' = F_r\left[(a_r - 1)m + n\right] + F_{r-2} m$$

$$= F_r(a_r m + n) - F_{r-2} m$$

于是

$$q' - q = F_{r-2}(a_r m + n) - 2F_{r-2} m$$

$$= F_{r-2}\left[(a_r - 2)m + n\right] > 0$$

即 $q' > q$,引理得证.

由于用连分数(8)和(9)安排试验,试验次数是相

同的. 而 $q' > q$,因而用连分数(9)安排试验,比用连分数(8)安排试验要好.

由引理 1 至 4 和上面指出的事实,就可得定理的证明.

注 由于我们采用了"两头加,减中间"的对称取点的原则,因而不论如何取舍,留下的点的个数与取舍无关,也就是说并不影响试验次数.

参考资料

[1]华罗庚. 优选法平话及其补充,北京:国防工业出版社,1971.

[2]甘肃省推广应用优选法办公室. 优选法及其应用,1972.

[3]华罗庚. 从杨辉三角谈起,北京:科学出版社,1956.

[4]辛钦. 连分数,上海科学技术出版社,1965.

给定离散度的最优策略

§1　问　题

考虑每次处理一个点的单因素优选试验,让 m 表示 $[0,1]$ 上单峰函数的全体,$f \in m$ 时,记 x_f 为 f 的峰点,即

$$f(x_f) = \max_{0 \leq x \leq 1} f(x)$$

常称一个 N 次处理的安排方案 S 为一个策略,它的含义是给出了一个 $N+2$ 个元素的集

$$S = \{x_1, g_2, g_3, \cdots, g_N, \mu, \nu\}$$

其中 x_1 是 $[0,1]$ 中的一个点,g_k($k = 2$, $3, \cdots, N$). μ 和 ν 都是取值于 $[0,1]$ 的函数. 对于给定的 $f \in m$,S 是这样被利用的:首先处理点 x_1,然后,根据 x_1 和处理的结果 $f(x_1)$ 确定第二个处理点 x_2,有

$$x_2 = g_2(x_1, f(x_1))$$

如此继续,一般是

$$x_k = g_k(x_1, x_2, \cdots, x_{k-1}, f(x_1), f(x_2), \cdots, f(x_{k-1}))$$
$$(k = 2, 3, \cdots, N)$$

最后根据 N 次处理的结果,定出一个包含 x_f 的区间 $[\mu_f, \nu_f]$,有

$$\mu_f = \mu_f, s = \mu(x_1, x_2, \cdots, x_N, f(x_1), \cdots, f(x_2), \cdots, f(x_N))$$
$$\nu_f = \nu_f, s = \nu(x_1, x_2, \cdots, x_N, f(x_1), f(x_2), \cdots, f(x_N))$$

记这种 N 次处理的策略之全体为 S_N,并记 $\{F_k\}$ 为兔子数列

$$F_{-1} = 0, F_0 = 1, F_{k+1} = F_k + F_{k-1} \quad (k = 0, 1, \cdots)$$

J. Kiefer [1] 证明

$$\inf_{s \in s_N} \sup_{f \in \mathfrak{m}} (\nu_{f,s} - \mu_{f,s}) = \frac{1}{F_N} \qquad (0)$$

因为在理论上说,被处理的点允许任意地靠近,然而不能重叠. 所以,这个下界不能达到,也即这种 Kiefer 意义的最优策略并不存在.

众所周知,应用时,为便于处理和使处理的结果能有所分辨,必须对被处理点间的距离作个限制,从而产生了如下的问题:对给定的正数 ε_0,适合

$$|x_i - x_j| \geqslant \varepsilon_0 \quad (i \neq j, i, j = 1, \cdots, N) \qquad (1)$$

的策略 S 中有无最优者? 有的话,最优者是怎么样的? 杭州大学的谢庭藩教授 1978 年回答了这个问题. 记 S_N 中适合离散要求(1)的策略的全体为 $S_N(\varepsilon_0)$. 很自然,我们称 ε_0 为 $S_N(\varepsilon_0)$ 中的策略的离散度. 对于给定的处理次数和离散度,我们有:

定理 对任一自然数 N 和正数 ε_0,有

$$\inf_{S \in S_N(\varepsilon_0)} \sup_{f \in \mathfrak{m}} (\nu_{f,s} - \mu_{f,s}) = \begin{cases} \dfrac{1 + F_{N-2}\varepsilon_0}{F_N} & \left(\varepsilon_0 \leqslant \dfrac{1}{F_{N+1}}\right) \\[3mm] 2\varepsilon_0 & \left(\varepsilon_0 > \dfrac{1}{F_{N+1}}\right) \end{cases}$$

而且有 $S^* \in S_N(\varepsilon_0)$ 达到这个下界.

下面 §2 给出定理的证明, §3 给出定理的应用.

§2　证　明

由于

$$\varepsilon_0 > \frac{1}{F_{N+1}}$$

时,定理的论证比较简单,所以,我们只讨论

$$\varepsilon_0 \leqslant \frac{1}{F_{N+1}}$$

的情况.

先用归纳法证明

$$\inf_{S \in S_N(\varepsilon_0)} \sup_{f \in \mathfrak{m}} (\nu_{f,s} - \mu_{f,s}) \geqslant \frac{1 + F_{N-2}\varepsilon_0}{F_N} \qquad (2)$$

$N=1$, 式 (2) 显然成立. 设 $N=2$, 记被处理的两个点为

$$b \quad 和 \quad a+b$$

则 $a \geqslant \varepsilon_0$. 因为 $(0, a+b)$ 中任何一点都可作为 $\mathfrak{m}$ 中使

$$f(b) > f(a+b)$$

的某一 f 的 x_f. 所以

$$\sup_{f \in \mathfrak{m}} (\nu_{f,s} - \mu_{f,s}) \geqslant a+b$$

同理有

$$\sup_{f \in \mathfrak{m}} (\nu_{f,s} - \mu_{f,s}) \geqslant 1 - b$$

合并这两个不等式就得到式（2），我们的结论是对一切 N 和

$$\varepsilon_0 \leqslant \frac{1}{F_{N+1}}$$

式（2）都成立. 如果不然, 必有自然数 n 使得式（2）在 $N = 1, 2, \cdots, n$ 时成立, 而在 $N = n + 1$ 时不成立. 也即有正数

$$\varepsilon^* \leqslant \frac{1}{F_{n+2}}$$

和策略

$$\bar{S} \in S_{n+1}(\varepsilon^*)$$

适合

$$\sup_{f \in \mathfrak{m}} (\nu_{f,\bar{S}} - \mu_{f,\bar{S}}) < \frac{1 + F_{n-1} \varepsilon^*}{F_{n+1}} \tag{3}$$

下面证明式（3）是不可能的.

显然, 不妨假设在 $\bar{S}$ 下

$$x_1 = b, x_2 = a + b$$

与所考察的函数 f 无关. 因为 x_1 总是与 f 无关的. 如果 x_2 与 f 有关, 我们就用 $\bar{S}$ 的 x_1 和利用 $\bar{S}$ 于函数

$$h(x) = f(x) - f(x_1)$$

来定义一个新的策略 $\hat{S}$. 关于策略 $\hat{S}, x_2$ 是个常数（它等于 $\bar{S}$ 的 $g_2(x_1, 0)$）. 容易看出 $h(x)$ 也是单峰函数, $x^h = x^f$. 所以当 $\bar{S}$ 适合式（3）时, $\hat{S}$ 也适合式（3）. 首先证明, 若式（3）成立, 则必有

$$a + b < \frac{F_n + (-1)^{n+1} \varepsilon^*}{F_{n+1}} \qquad (4)$$

因为

$$F_{n+1}^2 = F_{n+2} F_n + (-1)^{n+1}$$

所以,在

$$a + b < F_{n+1} \varepsilon^*$$

时

$$a + b < \frac{(F_{n+2} F_n + (-1)^{n+1}) \varepsilon^*}{F_{n+1}}$$

即式(4)成立. 因此,为证明式(4),只要考察情况

$$a + b \geqslant F_{n+1} \varepsilon^* \qquad (5)$$

对每一 $f \in \mathfrak{m}$,定义

$$f_*(y) = \begin{cases} e^{f\left(\frac{y}{a+b}\right)} & (0 \leqslant y < a + b) \\ -y & (a + b \leqslant y \leqslant 1) \end{cases}$$

则 $f_*(y) \in \mathfrak{m}$,而且

$$x_f = \frac{1}{a+b} x_{f_*}$$

对 $f_*(y)$ 施以策略 $\bar{S}$,得到 $y_1, y_2, \cdots, y_{n+1}, \mu_{f_*,\bar{S}}$ 及 $\nu_{f_*,\bar{S}}$. 由假定知道

$$\nu_{f_*,\bar{S}} - \mu_{f_*,\bar{S}} \leqslant \sup_{f \in \mathfrak{m}} (\nu_{f,\bar{S}} - \mu_{f,\bar{S}}) < \frac{1 + F_{n-1} \varepsilon^*}{F_{n+1}} \qquad (6)$$

$$|y_i - y_j| \geqslant \varepsilon^* \qquad (i \neq j, i, j = 1, 2, \cdots, n+1)$$

因为

$$f_*(a + b) = -a - b$$

不必处理,所以应用 $\bar{S}$ 于 $f_*(y)$ 时,要处理的点不多于 n 个,这样,利用 $\bar{S}$ 可以定义一个新的策略 S^*,应用

S^* 于 $f(x)$ 时,第一个处理点是

$$x_1 = \frac{b}{a+b}$$

得 $f(x_1)$ 后,根据

$$y_1 = b, y_2 = a+b, f_*(a+b) = -a-b$$

及

$$f_*(b) = e^{f(x_1)}$$

按 $\bar{S}$ 求得 y_3,此时,若

$$y_3 < a+b$$

则命

$$x_2 = \frac{y_3}{a+b}$$

处理得 $f(x_3)$ 后,由 $y_1, y_2, y_3, f_*(y_1), f_*(y_2)$ 及

$$f_*(y_3) = e^{f(x_2)}$$

按 $\bar{S}$ 求得 y_4;若

$$y_3 \geqslant a+b$$

则不必处理,直接写出

$$f_*(y_3) = -y_3$$

又按 $\bar{S}$ 求出 y_4. 如此继续. 对函数 $f_*(y)$ 处理了全部 y_i $(i = 1, 2, \cdots, n+1)$ 后,得到对 $f(x)$ 的处理点

$$x_1, x_2, \cdots, x_m$$

显然 $m \leqslant n$,又命

$$\mu_{f, S^*} = \frac{1}{a+b} \mu_{f_*, \bar{S}}, \nu_{f, S^*} = \frac{1}{a+b} \nu_{f_*, \bar{S}}$$

即有

$$\mu_{f, s^*} \leqslant x_f \leqslant \nu_{f, s^*}$$

容易看到

$$S^* \in S_m\left(\frac{\varepsilon^*}{a+b}\right)$$

而且

$$\sup_{f \in \mathfrak{m}}(\nu_{f,s^*} - \mu_{f,s^*}) \leqslant \sup_{f_* \in \mathfrak{m}}\frac{\nu_{f_*,s^-} - \mu_{f_*,s^-}}{a+b}$$

所以,由不等式(6)得

$$\sup_{f \in \mathfrak{m}}(\nu_{f,s^*} - \mu_{f,s^*}) < \frac{1 + F_{n-1}\varepsilon^*}{(a+b)F_{n+1}} \tag{7}$$

另一方面,由式(5)及归纳假定,又有

$$\sup_{f \in \mathfrak{m}}(\nu_{f,s^*} - \mu_{f,s^*}) \geqslant \frac{1 + F_{m-2}\dfrac{\varepsilon^*}{a+b}}{F_m} \tag{8}$$

联合式(7)(8)得

$$\frac{1 + F_{m-2}\dfrac{\varepsilon^*}{a+b}}{F_m} < \frac{1 + F_{n-1}\varepsilon^*}{(a+b)F_{n+1}}$$

更有①

$$\frac{1 + F_{n-2}\dfrac{\varepsilon^*}{a+b}}{F_n} < \frac{1 + F_{n-1}\varepsilon^*}{(a+b)F_{n+1}}$$

或者说

$$(a+b)F_{n+1} < F_n + F_n F_{n-1}\varepsilon^* - F_{n+1}F_{n-2}\varepsilon^*$$

---

① 据兔子数列的性质

$$F_k F_{k-1} - F_{k+1}F_{k-2} = (-1)^{k+1}$$

易证 $k \geqslant 3$ 时,对任一 $\eta \in (0,1)$,有

$$\frac{1 + F_{k-2}\eta}{F_k} < \frac{1 + F_{k-3}\eta}{F_{k-1}}$$

此即

$$(a+b)F_{n+1} < F_n + (-1)^{n+1}\varepsilon^*$$

不等式(4)获证.

由不等式(4)得

$$\frac{\varepsilon^*}{1-(a+b)} < \frac{F_{n+1}\varepsilon^*}{F_{n-1} + (-1)^n\varepsilon^*}$$

于是

$$\frac{1}{F_n} - \frac{\varepsilon^*}{1-(a+b)}$$

$$> \frac{1}{F_n} - \frac{F_{n+1}\varepsilon^*}{F_{n-1} + (-1)^n\varepsilon^*}$$

$$= \frac{F_{n-1} - F_{n+2}F_{n-1}\varepsilon^*}{F_nF_{n-1} + (-1)^nF_n\varepsilon^*}$$

因为

$$\varepsilon^* \leqslant \frac{1}{F_{n+2}}$$

所以

$$\frac{\varepsilon^*}{1-(a+b)} < \frac{1}{F_n} \tag{9}$$

现在证明式(3)不可能. 对任一 $f \in \mathfrak{m}$,作

$$f_{**}(y) = \begin{cases} y - (a+b) - 1 & (0 \leqslant y \leqslant a+b) \\ \mathrm{e}^{f\left(\frac{y-(a+b)}{1-(a+b)}\right)} & (a+b < y \leqslant 1) \end{cases}$$

显然,$f_{**} \in \mathfrak{m}$ 对 $f_{**}(y)$ 施以策略 $\overline{S}$ 时,前两个处理是不必进行的,直接写出

$$f_{**}(b) = -a - 1, f_{**}(a+b) = -1$$

因此重复前面的讨论,由 $\overline{S}$ 可构造出另一个 m 次处理的策略

$$S^{**} \in S_m\left(\frac{\varepsilon^*}{1-(a+b)}\right)$$

此时

$$m \leqslant n-1$$

它适合

$$\sup_{f \in m}(\nu_{f,s^{**}} - \mu_{f,s^{**}}) < \frac{1 + F_{n-1}\varepsilon^*}{(1-(a+b))F_{n+1}}$$

由式(9)及归纳假定,又有

$$\sup_{f \in m}(\nu_{f,s^{**}} - \mu_{f,s^{**}}) \geqslant \frac{1 + F_{m-2}\dfrac{\varepsilon^*}{1-(a+b)}}{F_m}$$

于是

$$\frac{1 + F_{m-2}\dfrac{\varepsilon^*}{1-(a+b)}}{F_m} < \frac{1 + F_{n-1}\varepsilon^*}{(1-(a+b))F_{n+1}}$$

因此

$$\frac{1 - (a+b) + F_{n-3}\varepsilon^*}{F_{n-1}} < \frac{1 + F_{n-1}\varepsilon^*}{F_{n+1}}$$

注意式(4),就得到

$$\frac{F_{n-1} + (-1)^n\varepsilon^* + F_{n+1}F_{n-3}\varepsilon^*}{F_{n-1}F_{n+1}} < \frac{1 + F_{n-1}\varepsilon^*}{F_{n+1}}$$

$$(10)$$

但

$$F_{n+1}F_{n-3} - F_{n-1}^2 = (-1)^{n-1}$$

所以不等式(10)的左边等于

$$\frac{F_{n-1} + F_{n-1}^2\varepsilon^*}{F_{n-1}F_{n+1}} = \frac{1 + F_{n-1}\varepsilon^*}{F_{n+1}}$$

这与式(10)的右边是矛盾的,换句话说,式(3)不成立. 也即式(2)对 $N = n + 1$ 和 $\varepsilon_0 \leqslant \dfrac{1}{F_{n+2}}$ 也成立.

这样一来,为了完成定理的证明,只要构造一个达到下界的策略 $\underline{S}$ 即可. $\underline{S}$ 的作法很简单,类同于黄金分割法,从

$$x_1 = \frac{F_{N-1} + (-1)^N \varepsilon_0}{F_N}$$

出发,依中对折,找对过点作为下一次处理点即可. 具体地说,对任一 $f \in \mathfrak{m}$,取

$$x_2 = 1 - x_1 = \frac{F_{N-2} + (-1)^{N-1} \varepsilon_0}{F_N}$$

因为

$$\varepsilon_0 \leqslant \frac{1}{F_{N+1}}$$

所以

$$x_1 - x_2 = \frac{F_{N-3} + (-1)^{N-2} F_2 \varepsilon_0}{F_N} \geqslant \varepsilon_0$$

处理这两点后,得到 $f(x_1)$ 和 $f(x_2)$. 对称性,不妨设

$$f(x_2) \geqslant f(x_1)$$

从而 $x_f \in [0, x_1]$. 取第三点 x_3 为 $[0, x_1]$ 中 x_2 之对称点

$$x_3 = x_1 - x_2$$

此时

$$x_2 - x_3 = \frac{F_{N-4} + (-1)^{N-3} F_3 \varepsilon_0}{F_N}$$

若 $N = 3$,则

$$x_2 - x_3 = \varepsilon_0$$

如 $N > 3$,则

$$x_2 - x_3 > \varepsilon_0$$

理后得 $f(x_0)$. 不失一般,仍认为

$$f(x_3) \geqslant f(x_2)$$

则有 $x_f \in [0, x_2]$. 又取

$$x_4 = x_2 - x_3$$

等. 一直做下去, N 次处理后得

$$x_{N-1} = \frac{F_1 + F_{N-2}\varepsilon_0}{F_N}$$

$$x_N = \frac{F_0 - F_{N-1}\varepsilon_0}{F_N}$$

显然

$$x_{N-1} - x_N = \varepsilon_0$$

再认定

$$f(x_N) \geqslant f(x_{N-1})$$

则 $x_f \in [0, x_{N-1}]$. 于是定义

$$\mu_{f,\underline{S}} = 0, \nu_{f,\underline{S}} = x_{N-1}$$

就有 $x_f \in [\mu_{f,\underline{S}}, \nu_{f,\underline{S}}]$,则

$$\nu_{f,\underline{S}} - \mu_{f,\underline{S}} = \frac{1 + F_{N-2}\varepsilon_0}{F_N}$$

而且

$$|x_i - x_j| \geqslant \varepsilon_0 \quad (i \neq j, i, j = 1, 2, \cdots, N)$$

也即 $\underline{S}$ 符合要求. 定理证明完毕.

§3　应　用

这一节给出定理的几个应用:

Zernov 定理

1° 对于任一策略 $S \in S_N$,它的离散度 ε 总是个正数. 因此,由定理得到 Kiefer[1] 的结论(0).

2° 从定理的证明看到,如果

$$\varepsilon_0 = \frac{1}{F_{N+1}}$$

则所构造的最优策略 $\bar{S}$ 就是分数法,而当

$$\varepsilon_0 < \frac{1}{F_{N+1}} \qquad (11)$$

时,由于

$$\frac{1 + F_{N-2}\varepsilon}{F_N} < \frac{2}{F_{N+1}}$$

故 $\bar{S}$ 优于分数法. 因此,对于给定的处理次数 N,而且已知离散度 ε_0 适合式(11)时,用 $\bar{S}$ 会比分数法好.

3° 从 $\bar{S}$ 的构造看到,令

$$\delta_i = \min_{1 < y < i} |x_i - x_j|$$

时,有

$$\delta_i = \frac{F_{N-i-1} + (-1)^{N-i} F_i \varepsilon_0}{F_N}$$

而且

$$\delta_1 > \delta_2 > \cdots > \delta_{N-1} \geqslant \delta_N = \varepsilon_0$$
$$\delta_{i-2} = \delta_{i-1} + \delta_i \quad (i = 3, 4, \cdots, N)$$

因此,$\bar{S}$ 仅在最后两个点与处理过的诸点之间距离有接近 ε_0 的可能. 也就是说,仅仅在峰点附近,处理点才相距较近. $\bar{S}$ 是符合"近山顶,迈细步"的原则的(参见参考资料[2]).

4° 如果代替 $\mathfrak{m}$,考虑它的这样一个子集 $\mathfrak{m}_{\varepsilon_0}$:即当

$f \in \mathfrak{m}_{\varepsilon_0}$ 时,只有在 $x' < x'' \leqslant x_f$ 或 $x_f \leqslant x' < x''$ 且

$$x'' - x' \geqslant \varepsilon_0$$

的情况下,$f(x'')$ 与 $f(x')$ 才可分辨差异. 那么,用类似的方法讨论对 $\mathfrak{m}_{\varepsilon_0}$ 的最优策略,结论是一样的:对 N 和 ε_0 有

$$\min_{S \in S_N} \sup_{f \in \mathfrak{m}_{\varepsilon_0}} (\nu_{f,s} - \mu_{f,s}) = \begin{cases} \dfrac{1 + F_{N-2}\varepsilon_0}{F_N} & \left(\varepsilon_0 \leqslant \dfrac{1}{F_{N+1}}\right) \\[2mm] 2\varepsilon_0 & \left(\varepsilon_0 > \dfrac{1}{F_{N+1}}\right) \end{cases}$$

Wilde 等对这类问题,有过另一形式的讨论(参见参考资料[3]).

5°不难把前面的议论推广到每批作奇数个处理的情形. 例如每批行 $2p-1$ 个处理,共 N 批之策略全体记作 $S_{N,p}$,而把诸处理点间适合不等式(1)的 $S_{N,p}$ 的子集记作 $S_{N,p}(\varepsilon_0)$. 再写

$$F_{0,p} = 1, F_{1,p} = p$$
$$F_{k+1,p} = p(F_{k,p} + F_{k-1,p}) \quad (k = 1, 2, \cdots)$$

那么有结论

$$\min_{S \in S_{N,p}(\varepsilon_0)} \sup_{f \in \mathfrak{m}} (\nu_{f,s} - \mu_{f,s})$$

$$= \begin{cases} \dfrac{1 + pF_{N-2,p}\varepsilon_0}{F_{N,p}} & \left(\varepsilon_0 \leqslant \dfrac{1}{F_{N,p} + pF_{N-1,p}}\right) \\[2mm] 2\varepsilon_0 & \left(\varepsilon_0 > \dfrac{1}{F_{N,p} + pF_{N-1,p}}\right) \end{cases}$$

而 $\varepsilon_0 = \dfrac{1}{F_{N,p} + pF_{N-1,p}}$ 的情形,恰好是分批处理的预给要求法(见参考资料[4]).

参考资料

[1]Kiefer, J. Sequentil minimax search for a maximum,
Proc. Amer. Math. Soc. , 1953(4):502-506.

[2]华罗庚.优选学,科学出版社.

[3]Wilde D J, Beightler C S. Foundations of Optimization, 1967.

[4]浙江省优选方法推广小组.优选方法介绍——每批可以做几个试验,怎么办? 数学的实践与认识, 1972(5):8-16.

关于 Fibonacci 法最优性的一个归纳证明

§1 引 言

第 61 章

浙江大学奚欧根教授 1981 年论述了 Fibonacci 单因素优选法在用对折法安排试验点中的最优性. 它是笔者以往在浙江台州地区推广应用优选法过程中就职工同志要求, 用归纳方法讨论 Fibonacci 法最优性的基础上整理起来的.

关于对折法, 在一般优选法的书本上都有所叙述, 为完整起见, 我们作:

定义 1 在某个试验范围 (a,b) 中任取一点 α_1 作为第一个试验点, 再取 α_1 关于 (a,b) 的中点 $\dfrac{b-a}{2}$ 的中心对称点 α_2 作为第二个试验点 (设 $\alpha_2 < \alpha_1$), 比较两点的试验结果, 如果 $\alpha_2(\alpha_1)$ 要比 $\alpha_1(\alpha_2)$ 好, 则丢掉范围 $(\alpha_1,b)((a,\alpha_2))$,

再在留下范围 $(a,\alpha_1)\,((\alpha_2,b))$ 中取 $\alpha_2\,(\alpha_1)$ 关于 $\dfrac{\alpha_1-a}{2}\left(\dfrac{b-\alpha_2}{2}\right)$ 的对称点 α_3,然后再重复上述过程安排以后各个试验点,称这样一种安排试验点的方法为对折法.

显然,用对折法安排试验点时,若取第一试验点

$$\alpha_1=\frac{\sqrt{5}-1}{2}$$

就是黄金分割法;若取第一试验点

$$\alpha_1=\frac{F_n}{F_{n+1}}$$

就是 Fibonacci 法(或叫分数法). 其中

$$F_n=\frac{1}{\sqrt{5}}\left[\left(\frac{1+\sqrt{5}}{2}\right)^{n+1}-\left(\frac{1-\sqrt{5}}{2}\right)^{n+1}\right]\quad(n=0,1,2,\cdots)$$

叫作 Fibonacci 数.

定义 2 某个试验范围 (a,b) 内的两个点 α_1,α_2 (设 $\alpha_1>\alpha_2$),如果关于 (a,b) 的中点成中心对称,就说该两试验点关于 (a,b) 构成一个对称的布局,如果

$$\alpha_1-\alpha_2>\alpha_2-a(\,=b-\alpha_1)$$

称此布局为优布局

$$\alpha_1-\alpha_2<\alpha_2-a(\,=b-\alpha_1)$$

称此布局为劣布局

$$\alpha_1-\alpha_2=\alpha_2-a(\,=b-\alpha_1)$$

称此布局为等分布局.

并分别称 a,b 为该对称布局对应的左、右端点,或简称为该布局的左、右端点.

于是可知,用对折法安排试验点的过程中,第一和

770

第二两个试验点 α_1 和 α_2(设 $\alpha_2 < \alpha_1$)关于 (a,b) 构成一个对称布局,这是试验过程中第一个对称布局,若试验结果是 α_2 比 α_1 好,则丢掉 (α_1,b) 后,留下好点 α_2 与第三试验点 α_3 关于留下范围 (a,α_1) 又构成一个对称布局,这是试验过程中第二个对称布局,a 与 α_1 分别称为这个对称布局的左、右端点,如此继续,取到第 n 个试验点时,前后共有 $n-1$ 个关于不同范围的对称布局. 如果试验过程中得到等分布局,则比较这个布局中两个对称位置的试验点的试验结果后丢去左边或右边一段试验范围,这时的留下好点成为留下范围的中点,于是不能继续对折下去了,试验暂告段落.

　　本章用归纳法证明了这样一个事实:给定试验范围记作 $(0,1)$,如果在 $(0,1)$ 中取某些点作为第一试验点,分别用对折法安排其余试验点,但取到第 n 个试验点时的第 $n-1$ 个对称布局都是等分布局,那么,所有这样的第一试验点中,取有理点

$$\alpha_1 = \frac{F_n}{F_{n+1}}$$

为最好.

§2　引　　理

　　引理 1　试验范围 $(0,1)$ 中任取有理点 α_1 作为第一试验点,用对折法安排其余试验点,则最后一定出现等分布局.

　　证明　任何有理数可以表示为既约分数,故可设

$$\alpha_1 = \frac{q}{p}$$

（p 与 q 互素），把范围 $(0,1)$ p 等分，α_1 就是第 q 个分点，与 α_1 成中心对称的第二试验点 α_2 就是第 $p-q$ 个分点，不失一般性，可设 $\alpha_2 < \alpha_1$，如果 α_2 的结果比 α_1 好，则丢掉 $(\alpha_1,1)$，在留下范围 $(0,\alpha_1)$ 中，找出与 α_2 成中心对称的 α_3，因为 α_2 是第 $p-q$ 个分点，这时，不论 $(0,\alpha_1)$ 的等分段数 q 是偶数还是奇数，α_3 一定仍然是某个等分点. 如果 α_1 的结果比 α_2 好，丢掉 $(0,\alpha_2)$ 之后，同理可知在 $(\alpha_2,1)$ 中等分点 α_1 的中心对称点 α'_3 也仍然是一个等分点. 由于等分点个数有限，故最后一定会出现等分布局.

引理 2 试验范围 $(0,1)$ 中，以某个点 α_1 作为第一试验点，用对折方法安排其余试验点，若取到第 n 个试验点时出现等分布局（$n \geqslant 2$），则第一试验点 α_1 必是有理点，而且这样的点在 $(0,1)$ 中总共有 2^{n-2} 个（与它们成中心对称的点不计在内）.

证明 我们从最后的等分布局开始，用倒推的方法证明本引理，并暂时不用试验范围是一个长度单位的假设. 先设最后的等分布局的左、右端点坐标分别为 $0,3$（图 1），两个三等分点

$$\alpha_n^* = 1, \alpha_{n-1}^* = 2$$

且假设试验过程中都按同一方向取舍（由于仅讨论试验范围的长度，这种假设是允许的），因此可以假设 $\alpha_{n-2} = 3$ 就是前一布局的劣点，与 α_{n-2} 成中心对称的前一布局的好点是 α_n^* 还是 α_{n-1}^*，这要看该布局的优劣而定，如果前布局是优的，α_{n-2} 的对称点是 $\alpha_{n-1}^* =$

$2 =$ 第 $n-1$ 个试验点 α_{n-1}，这时，右端点是 $\alpha_{n-3}=5$ （图2）. 如果前布局是劣的，则与 α_{n-2} 成中心对称的好点为 $\alpha_n^* = 1 =$ 第 $n-1$ 个试验点 α_{n-1}，右端点应是 $\alpha'_{n-3}=4$（图3），然后再把 α_{n-3} 作为前一布局的劣点，于是从图2得图4，图4表明，是优布局时，α_{n-3} 的对称点是 α_{n-2}，新右端点是 $\alpha_{n-4}=8$；是劣布局时，α_{n-3} 的对称点是 α_{n-1}，新右端点 $\alpha'_{n-4}=7$. 从图3到图5也有类似的结果. 于是可知，除了点 α_n, α_{n-1} 之外，每把一个布局的右端点（先是 α_{n-2}，接着是 α_{n-3} 等）作为前一布局的劣点，向右接出一个线段时，都因前一布局有优劣两种可能情形而有两个不同的长度，因而有两个不同的新右端点，由于试验点总共只有 n 个，故除去 α_n, α_{n-1} 之外，要从 α_{n-2} 起向右接 $n-2$ 段，才达到原给试验范围的右端点（记作 α_0），故要倒推 $n-2$ 次，但每次都有两种不同可能的布局，故知所有可能的 α_0 有 2^{n-2} 个. 因引理2条件表明，原给试验范围记作 $(0,1)$，长度为1个单位，于是只要把 2^{n-2} 个不同长度的线段 $(0,\alpha_0)$ 按比例投射到 $(0,1)$ 上，便有 2^{n-2} 个不同的第一试验点 $\dfrac{\alpha_1}{\alpha_0}$，从它们出发，用对折法取到第 n 个试验点时都恰好

得到等分布局，且 $\dfrac{\alpha_1}{\alpha_0}$ 是两个正整数之商，故是有理数. 证毕.

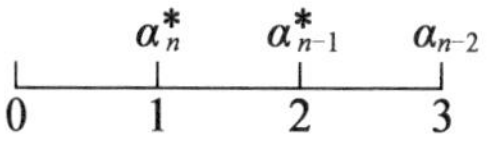

$$
\begin{array}{c}
\quad\ \ \alpha_n^* \quad\ \ \alpha_{n-1}^* \quad\ \ \alpha_{n-2} \\
\vdash\!\!-\!\!-\!\!-\!\!|\!\!-\!\!-\!\!-\!\!|\!\!-\!\!-\!\!-\!\!| \\
0 \qquad 1 \qquad 2 \qquad 3
\end{array}
$$

图1

Zernov 定理

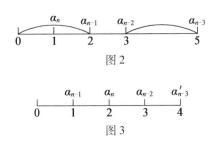

图 2

图 3

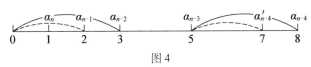

图 4

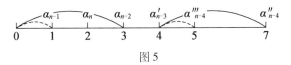

图 5

例如:

$n=2$,有一个有理点: $\alpha_1=\dfrac{2}{3}$;

$n=3$,有 $2^{3-2}=2$ 个有理点: $\dfrac{3}{5}$, $\dfrac{3}{4}$ (图 2,图 3);

$n=4$,有 $2^{4-2}=4$ 个有理点: $\dfrac{5}{8}$, $\dfrac{5}{7}$, $\dfrac{4}{7}$, $\dfrac{4}{5}$ (图 4,图 5);

$n=5$,有 $2^{5-2}=8$ 个有理点: $\dfrac{8}{13}$, $\dfrac{8}{11}$, $\dfrac{7}{12}$, $\dfrac{7}{9}$, $\dfrac{7}{11}$, $\dfrac{7}{10}$,

$\dfrac{5}{9}$, $\dfrac{5}{6}$.

由引理 1 与 2 显然可得:

引理 3 在试验范围 $(0,1)$ 中,以某个 α_1 为第一试验点,用对折法安排试验点,则试验可以无限地做下去(永不出现等分布局)的必要充分条件是 α_1 是无理

点.

引理 4　从 $(0,1)$ 中某个有理点 α_1 出发,用对折法安排试验点,如果试验过程中先后每一对称布局都是优的(除最后等分布局外),则第一个试验点必是

$$\alpha_1 = \frac{F_n}{F_{n+1}}.$$

证明　由引理 1 知,因 α_1 是有理点,最后必出现等分布局,又由引理 2 知,可设最后之布局,即等分布局之左右端点坐标分别为 0 及 3($=\alpha_{n-2}$),两个等分点 $\alpha_n=1$,$\alpha_{n-1}=2$(因为前一布局为优,故与劣点 α_{n-2} 对称的点必是 $\alpha_{n-1}=2$),把这些坐标用 Fibonacci 数表示,即

$$\alpha_n = 1 = F_1,\ \alpha_{n-1} = 2 = F_2,\ \alpha_{n-2} = 3 = F_3$$

由条件知,因先后每个布局都是优的,故倒推过程中每一新右端点坐标都是紧前两点坐标之和,故

$$\alpha_{n-3} = F_2 + F_3 = F_4,\ \alpha_{n-4} = F_3 + F_4 = F_5, \cdots$$

一般地

$$\alpha_{n-k} = F_{k-1} + F_k = F_{k+1}$$

故

$$\alpha_1 = F_n,\ \alpha_0 = F_{n+1}$$

(α_0 表示原给试验范围之右端点),故把原范围作为 1 个单位长度时,α_1 在 $(0,1)$ 中的坐标就是 $\dfrac{F_n}{F_{n+1}}$. 证毕.

作为引理 4 的逆,是下面的:

引理 5　在 $(0,1)$ 中取 $\alpha_1 = \dfrac{F_n}{F_{n+1}}$,则试验过程中皆为优布局(证明甚易,从略).

引理 6 从 $(0,1)$ 中的第一试验点 α_1 起,用对折法安排其余试验点,取到第 n 个点时,得到等分布局,但若 $\alpha_1 \neq \dfrac{F_n}{F_{n+1}}$,则试验过程中必定会出现劣布局.

根据引理 4,可用反证法证明引理 6.

引理 7 在引理 6 的条件下,劣布局只有一个的第一试验点有 C_{n-2}^1 个.

证明 今以 ∇_i 记优布局,下标 i 表示该布局的序号,以 $\triangle$ 表示劣布局,$++$ 表示等分布局,并以 $(\alpha_{1k}^{(1)})$ 表示以 $\alpha_{1k}^{(1)}$ 为第一试验点,用对折法安排试验点的试验过程中诸对称布局先后写出的序列

$$\nabla_1, \nabla_2, \cdots, \nabla_{k-1}, \triangle, \nabla_{k+1}, \cdots, \nabla_{n-2}, ++$$

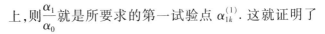

$$(\alpha_{1k}^{(1)})$$

其中第 k 个位置的布局就是条件所述的唯一的劣布局,我们先证明,这个 $\alpha_{1k}^{(1)}$ 的存在性. 事实上,根据引理 2 的证明方法,先设最后的等分布局的左、右端点坐标分别为 $0, 3 (= \alpha_{n-2})$,由于第 $n-2$ 个布局是优的,故两个三等分点是:第 n 个点 $\alpha_n = 1$,第 $n-1$ 个点 $\alpha_{n-1} = 2$,由此开始倒推,算出 ∇_{n-2} 的右端点 $\alpha_{n-3} = 5$,如此继续,只要注意到,从某个布局倒推到前一布局时,比如从两个对称点为 $a, b (a < b)$ 的试验范围 $(0,c)$ 倒推时,如果前一布局是优的,则此前一布局的右端点为 $c+b$(图 6),如果是劣的,则右端点为 $c+a$(图 7),于是,从 $++$ 逐个地推到 ∇_2,最后到 ∇_1,设对应于 ∇_2, ∇_1 的右端点分别是 α_1, α_0,再将 $(0, \alpha_0)$ 按比例投射到 $(0,1)$ 上,则 $\dfrac{\alpha_1}{\alpha_0}$ 就是所要求的第一试验点 $\alpha_{1k}^{(1)}$. 这就证明了

$\alpha_{1k}^{(1)}$ 的存在性. 再由于在序列中劣布局 $\triangle$ 可有 $n-2$ 种放置法,故这样的 $\alpha_{1k}^{(1)}$ 共有 $n-2$ 个,即 $\alpha_{11}^{(1)}$,$a_{12}^{(1)}$,$\cdots$,$a_{1n-2}^{(1)}$.

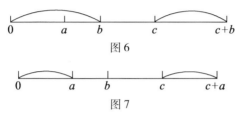

图 6

图 7

在引理 6 的条件下,推广引理 7,便有:

引理 8　在引理 6 的条件下,劣布局有 l 个的第一试验点共有 C_{n-2}^l 个.

证明　仿引理 7,以 $(\alpha_1^{(1)})$ 表示以 $\alpha_1^{(l)}$ 为第一试验点,用对折方法安排试验点的试验过程中,诸对称布局先后写出的序列

$$\triangledown_1,\cdots,\triangledown_{s-1},\triangle_1,\triangledown_{s+1},\cdots,\triangle_l,\cdots,\triangledown_{n-2},++$$
$$(\alpha_1^{(1)})$$

其中劣布局共 l 个: $\triangle_1$,$\triangle_2$,$\cdots$,$\triangle_l$,与引理 7 的证明完全类似地可以证明这种第一试验点 $\alpha_1^{(1)}$ 是存在的. 再由于序列中劣布局 $\triangle_1$,$\triangle_2$,$\cdots$,$\triangle_l$ 的放置法共有 C_{n-2}^l 种(相当于 $n-2$ 个物体中取 l 个的组合数),故对应于第一试验点 $\alpha_1^{(l)}$ 共有 C_{n-2}^l 个.

综合引理 2,5,7,8 可知,在给定试验范围 $(0,1)$ 中,用对折方法取到第 n 个试验点时,都得到等分的对称布局的这样的第一试验点共有 2^{n-2} 个,其中,从它们各自出发,前 $n-2$ 个布局(总共 $n-1$ 个对称布局,而最后一个是等分的)全是优的第一试验点只有一个,

即 $\alpha_1 = \dfrac{F_n}{F_{n+1}}$；其中有一个劣布局的第一试验点有 C_{n-2}^1 个；有两个劣布局的第一试验点有 C_{n-2}^2 个；一般地，有 l 个劣布局的第一试验点有 C_{n-2}^l 个（$l = 0, 1, \cdots, n-2$），下面将要证明，在这

$$2^{n-2} = 1 + C_{n-2}^1 + C_{n-2}^2 + \cdots + C_{n-2}^{n-3} + C_{n-2}^{n-2}$$
$$= 1 + C_{n-2}^1 + C_{n-2}^2 + \cdots + C_{n-2}^1 + 1$$

个第一试验点中，确以 $\dfrac{F_n}{F_{n+1}}$ 为最好.

§3 定　　理

定义3　在试验范围 $(0,1)$ 中，以某个有理点 α_1 为第一试验点，用对折方法安排其余试验点，如果取到第 n 个试验点 α_n 时得到等分布局，则称以最后的好点为中点的留下范围的长度为关于 α_1 的 n 精度.

定义4　在上述这样的第一试验点中，以 n 精度最小者为最好.

引理9　在 $(0,1)$ 中，取 $\alpha_1 = \dfrac{F_n}{F_{n+1}}$，则关于它的 n 精度为 $\dfrac{2}{F_{n+1}}$（结论是显然的，证明从略）.

定理　在给定试验范围 $(0,1)$ 中，用对折法安排试验点，凡取到第 n 个试验点时的第 $n-1$ 个对称布局都是等分布局的所有 2^{n-2}（$n \geqslant 2$）个第一试验点中，以 $\alpha_1 = \dfrac{F_n}{F_{n+1}}$ 的 n 精度为最小.

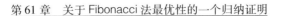

证明　由引理 6 知,只要第一试验点 $\alpha_1 \neq \dfrac{F_n}{F_{n+1}}$,试验过程中必有劣布局,下面就劣布局的个数用归纳法证明.

今设 $\alpha_1^{(1)}$ 是这样一个第一试验点,从 $\alpha_1^{(1)}$ 开始,取到第 n 个试验点时得到等分布局,在这以前的诸 $n-2$ 个对称布局中有一个是劣布局,其余全是优的,则可证明,如果关于 $\alpha_1^{(1)}$ 的 n 精度是 δ_n,则有

$$\delta_n > \frac{2}{F_{n+1}}$$

仍以 $\triangle_i$ 表示劣布局,以 $\triangledown_i$ 表示优布局,以 + + 记等分布局,并以 $(\alpha_1^{(1)})$ 表示由 $\alpha_1^{(1)}$ 出发,各对称布局先后顺次写出的序列

$$\triangledown_1, \triangledown_2, \cdots, \triangledown_s, \triangle_{s+1}, \triangledown_{s+2}, \cdots, \triangledown_{n-2}, + +$$

$$(\alpha_1^{(1)})$$

现在相应地作出 $(\alpha_1^{(0)})$

$$\triangledown_1, \triangledown_2, \cdots, \triangledown_s, \triangledown_{s+1}, \triangledown_{s+2}, \cdots, \triangledown_{n-2}, + +$$

$$(\alpha_1^{(0)})$$

它与 $(\alpha_1^{(1)})$ 的唯一区别在于将 $(\alpha_1^{(1)})$ 中唯一的劣布局 $\triangle_{s+1}$ 改为优布局 $\triangledown_{s+1}$,由引理 4 知,$\alpha_1^{(0)} = \dfrac{F_n}{F_{n+1}}$,且关于 $\alpha_1^{(0)}$ 的 n 精度是 $\dfrac{2}{F_{n+1}}$(引理 9). 由于两个序列的最后项都是等分布局,仿引理 2 的证明方法,可设 $(\alpha_1^{(1)})$ 最后的等分布局 + + 对应的左右端点坐标分别是 0,3,两个等分点

$$\alpha_n = 1, \alpha_{n-1} = 2$$

779

现在从 + + 起倒推到 $\bigtriangledown_{s+2}$，可以假设 $\bigtriangledown_{s+2}$ 的左、右端点分别为 $0, \beta$，两个对称位置的试验点坐标分别为 a, b $(a < b)$，见图 8. 现在从 $\bigtriangledown_{s+2}$ 对应的试验范围 $(0, \beta)$ 起倒推，遇到劣布局 $\triangle_{s+1}$，故把 β 作为前一布局 $\triangle_{s+1}$ 的劣点时，与它成中心对称的试验点应是 a（图 8，这时 $a < \beta - a$，否则，若取 b，则 $b > \beta - b$ 与 $\triangle_{s+1}$ 是劣布局相矛盾），故对应于 $\triangle_{s+1}$ 的右端点坐标为

$$a + \beta = F_0 a + F_1 \beta$$

再继续倒推下去都是优布局，故与 $\bigtriangledown_s$ 对应的右端点坐标为

$$a + 2\beta = F_1 a + F_2 \beta$$

仿此类推，由序列 $(\alpha_1^{(1)})$ 知，从坐标为 $a + \beta$ 的试验点作为右端点的布局 $\triangle_{s+1}$ 起倒推 s 次以后，达到原给试验范围的右端点 α_0（$\bigtriangledown_1$ 的右端点），则可算得

$$\alpha_0 = F_s a + F_{s+1} \beta$$

$$\overset{}{\underset{0 \quad a \; b \quad \beta \quad a+\beta \qquad a+2\beta \qquad\quad 2a+3\beta \quad F_s a + F_{S+1}\beta}{\rule{10cm}{0.4pt}}}$$

图 8

现在对 $(\alpha_1^{(0)})$ 作相应的计算，然后再进行比较，先设序列 $(\alpha_1^{(0)})$ 的最后项，即等分布局 + + 的左右端点与 $(\alpha_1^{(1)})$ 同样地记作 0 及 3，两个三等分点

$$\alpha_n = 1, \alpha_n = 2$$

从 + + 起倒推到 F_{s+2}，则与 $(\alpha_1^{(1)})$ 完全同样地可以假设 $\bigtriangledown_{s+2}$ 的左右端点坐标分别为 0 及 β，两个成中心对称的试验点坐标也分别为 a 及 $b (a < b)$（图 9），现在从 $\bigtriangledown_{s+2}$ 起继续倒推，由于遇到的仍是优布局 $\bigtriangledown_{s+1}$，故把 β 作为 $\bigtriangledown_{s+1}$ 的劣点时，与它成中心对称的试验点应

是 b（这时, $b > \beta - b$）, 故对应于 ∇_{s+1} 的右端点坐标为

$$b + \beta = F_0 b + F_1 \beta$$

继续倒推下去, 全是优布局, 故与 ∇_s 对应的右端点坐标为

$$b + 2\beta = F_1 b + F_2 \beta$$

仿此类推, 最后算得

$$a_0 = F_s b + F_{s+1} \beta$$

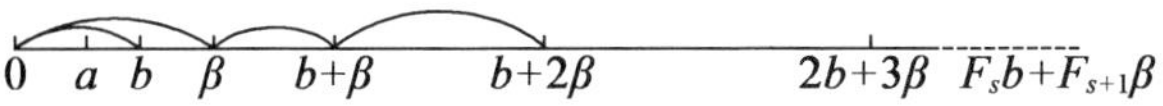

图 9

因为 $a < b$, 故

$$F_s a + F_{s+1} \beta < F_s b + F_{s+1} \beta$$

于是

$$\frac{2}{F_s a + F_{s+1} \beta} > \frac{2}{F_s b + F_{s+1} \beta}$$

现在将图 8 和图 9 分别按比例投射到 $(0,1)$ 上, 则 $\dfrac{2}{F_s a + F_{s+1} \beta}$ 就是有一个劣布局出现的, 关于 $\alpha_1^{(1)}$ 的 n 精度 δ_n, 而 $\dfrac{2}{F_s b + F_{s+1} \beta}$ 就是关于 $\alpha_1^{(0)}$ 的 n 精度, 但由引理 4 及 9 知, $\alpha_1^{(0)} = \dfrac{F_n}{F_{n+1}}$ 时, 它的 n 精度是 $\dfrac{2}{F_{n+1}}$, 故

$$\frac{2}{F_s b + F_{s+1} \beta} = \frac{2}{F_{n+1}}$$

故

$$\delta_n = \frac{2}{F_s a + F_{s+1} \beta} > \frac{2}{F_{n+1}}$$

于是对于劣布局只出现一个的诸第一试验点, 定理结

781

论成立.

今假设劣布局出现 k 个的诸第一试验点,定理的结论成立,从而证明出现 $k+1$ 个的诸第一试验点,结论也成立.

仿上,设 $\alpha_1^{(k+1)}$ 为劣布局有 $k+1$ 个的任意一个第一试验点(共有 C_{n-2}^{k+1} 个),并以 $(\alpha_1^{(k+1)})$ 表示以 α_1^{k+1} 为第一试验点,用对折方法安排试验点的过程中,$n-1$ 个布局先后写出的序列

$$\bigtriangledown_1,\cdots,\bigtriangledown_r,\bigtriangleup_{r+1}^{(1)},\bigtriangledown_{r+2},\cdots,\bigtriangleup_j^{(k+1)},\cdots,\bigtriangledown_{n-2},++$$
$$(\alpha_1^{k+1})$$

(其中劣布局共 $k+1$ 个:$\bigtriangleup_m^{(i)}$,其中 m 为在 $(\alpha_1^{(k+1)})$ 中布局的序号,(i) 为劣布局的序号),现在将 $\bigtriangleup_{r+1}^{(1)}$ 改为优布局,记为 $\bigtriangledown_{r+1}$,其他布局不动,便得到相应的有 k 个劣布局的序列 $(\alpha_1^{(k)})$

$$\bigtriangledown_1,\cdots,\bigtriangledown_r,\bigtriangledown_{r+1},\bigtriangledown_{r+2},\cdots,\bigtriangleup_j^{(k+1)},\cdots,\bigtriangledown_{n-2},++$$
$$(\alpha_1^{(k)})$$

$\alpha_1^{(k)}$ 就是相应的第一试验点(由引理 8 知,这种第一试验点 $\alpha_1^{(k)}$ 是存在的),现在从两个序列最后的等分布局 $++$ 开始同时倒推到 $\bigtriangledown_{r+2}$,仿劣布局只有一个时的证明,可设它们各自对应于 $\bigtriangledown_{r+2}$ 的左、右端点都分别是 0 及 β,两个成对称位置的试验点坐标都是 a 及 $b(a<b)$,注意到 $(\alpha_1^{(k+1)})$ 中 $\bigtriangleup_{r+1}^{(1)}$ 是劣布局,故对应于 $\bigtriangleup_{r+1}^{(1)}$ 的右端点坐标是

$$a+\beta=F_0a+F_1\beta$$

现从 $\bigtriangleup_{r+1}^{(1)}$ 起倒推 r 次,即得 $\bigtriangledown_1$,换言之,达到原始试验范围之右端点 α_0,故可算得

$$\alpha_0 = F_r a + F_{r+1}\beta$$

故关于 $\alpha_1^{(k+1)}$ 的 n 精度是

$$\frac{2}{F_r a + F_{r+1}\beta}$$

但对 $(\alpha_1^{(k)})$ 来说,关于 $\alpha_1^{(k)}$ 的 n 精度,容易算得是

$\dfrac{2}{F_r b + F_{r+1}\beta}$.

因为 $a < b$,故

$$\frac{2}{F_r a + F_{r+1}\beta} > \frac{2}{F_r b + F_{r+1}\beta}$$

再由归纳法假设

$$\frac{2}{F_r b + F_{r+1}\beta} > \frac{2}{F_{n+1}}$$

故

$$\frac{2}{F_r a + F_{r+1}\beta} > \frac{2}{F_{n+1}}$$

所以,第一试验点取 $\alpha_1 = \dfrac{F_n}{F_{n+1}}$ 时,n 精度最小.

由此可见,$\alpha_1 = \dfrac{F_n}{F_{n+1}}$ 是上述 2^{n-2} 个点中最好的第一试验点,所以,在用对折法安排试验点的单因素试验设计法中,Fibonacci 法是在试验范围 $(0,1)$ 的一切有理点中,选择第一个试验点的最好的设计方法.

参考资料

[1] Kiefer J. Sequentil minimax search for a maximum,

Proc. Amer. Math. Soc. , 1953(4):502-506.

[2]谢庭藩. 给定离散度的最优策略,杭州大学学报,1978(2):9-18.

[3]群力. 分数法及其最优性,甘肃师大学报,1974(2):68-76.

[4]罗莎·培特. 递归函数论,科学出版社,1958.

Fibonacci 序列及其应用①

曲阜师大数学系的邵品琮教授
1988 年介绍 F_n 的通项公式的几种推导
论证的过程,并着重严格阐明在优选法
上予以应用时的理论依据作用.

§1　优选法及其数学理论依据

第

62

章

某生产环节中,若投入某种成份的
含量为 x 时,例如它在一定范围内选择
$(a \leqslant x \leqslant b)$,相应的成品就有某种性能
的指标 $\sigma (\sigma = f(x))$,称为目标函数,它
直接依赖于含量 x 的多少).但并不知
道其间的具体规律(即不知道 $f(x)$ 的具
体状态),只有当投入的含量具体数字
明确后,例如为 x_i 时,经实验手段可以
知道相应的数值,例如为 $\sigma_i (=f(x_i))$,

---

① 本章摘自《曲阜师范大学学报》1988 年 7 月第 14 卷第 3 期.

Zernov 定理

所谓优选法问题就是如何用尽可能少的实验次数来寻找出目标函数 $f(x)$ 的近似极值？也就是说,若给出 n 个数据 $x_1, x_2, \cdots, x_n$,相应的目标函数的 n 次实验值为 $\sigma_1, \sigma_2, \cdots, \sigma_n$ ($\sigma_i = f(x_i)$, $i = 1, 2, \cdots, n$). 例如为求 $f(x)$ 的近似极大(有时求极小),我们记

$$\max_{1 \leqslant c < n} f(x_i) = f(x) \quad (k \in \{1, 2, \cdots, n\})$$

而目标函数的极大值如果为

$$\max_{a < x < b} f(x) = f(x^*) \quad (x^* \in [a, b])$$

再记两者的误差绝对值为

$$\delta = |f(x^*) - f(x_i)|$$

那么,优选法的问题是问:在限定误差的要求不大于 δ_0 (δ_0 为某已知数字)的条件下,在 $[a, b]$ 内如何确定 n 次实验数据 $x_1, x_2, \cdots, x_i$,使得相应目标函数的试验最大值与目标函数的实际最大值之间的误差(绝对值) $\delta \leqslant \delta_0$ 而次数 n 为最少？或者说:在 $[a, b]$ 内如何确定 n 次试验数据 $x_1, x_2, \cdots, x_i$,使得上述误差绝对值 δ 尽可能的小？

由于大量已有事实的统计规律表明,绝大多数目标函数均满足所谓单峰函数的基本假定. 所谓 $f(x)$ 在 $[a, b]$ 上单峰,是指:存在一个 $x_0 \in [a, b]$,使:若 $x' < x'' < x_0$,则有

$$f(x') < f(x'')$$

而当 $x_0 < x' < x''$ 时,就有

$$f(x') > f(x'')$$

此为峰极大,即有

$$f(x_0) = \max f(x)$$

或者:若 $x' < x'' < x_0$,有

$$f(x') > f(x'')$$

而当 $x_0 < x' < x''$时,有

$$f(x') < f(x'')$$

此为峰极小,即有

$$f(x_0) = \max f(x)$$

以下为方便起见,均指求峰极大情形.

由于有了目标函数为单峰函数的基本假定,就可利用单峰性(例如此处为峰极大情形)来减去不必要的盲目实验安排. 假如,假设已有两个实验数据 x_1, x_2,并且 $a < x_1 < x_2 < b$,那么整个区间 $I = [a, b]$ 就被分为三个区间

$$I = I_1 + I_2 + I_3 = [a, x_1] + [x_1, x_2] + [x_2, b]$$

必然在 I_1 与 I_3 中至少有一个区间可以"甩"去,而不必在此予以安排后继实验. 例如,为求峰极大,若有

$$f(x_1) < f(x_2)$$

则可"甩"去 I_1,即目标函数的极大值所在点 x^*($f(x^*) = \max f(x)$)不可能位于 I_1 内(这是很容易证明的).同样,若有

$$f(x_1) > f(x_2)$$

则可甩去 I_3.

那么根据优选问题的要求,就希望甩去的越多越好,以致安排的试验点越少越好如何"甩"法? 为方便起见,今后不妨认为$[a, b]$就是$[0, 1]$区间(否则作变换 $x = a + (b-a)t$ 就可将 $x \in [a, b]$ 与 $t \in [0, 1]$ 形成一一对应关系,而函数的单峰性不变). 假如今取$x_1 =$

$\frac{1}{3}$,而第二点取此区间上的对称点 $x_2 = \frac{2}{3}$,于是由实验得 $f(\frac{1}{3})$ 及 $f(\frac{2}{3})$ 值,由其大小比较,可以甩去其中长度为 $\frac{1}{3}$ 的 一个小区间. 在留下来的区间里,x_1, x_2 中必有一点为内点,那么就取此内点在此区间上的对称点 x_3 为三点;再同刚才的办法一样,继续进行"甩""取"如此可得一序列实验点,此法可称为"$\frac{1}{3}$ 法". 同理,可以建立"$\frac{1}{4}$ 法"(或说"0. 25 法");也可用"0. 6 法""0. 7 法"……

如果我们选取第一点 x_1 及其在 $[0,1]$ 上的对称点 x_2,使得今后的序列新点,在"甩""取"过程中,不仅保持新旧点的对称性,而且永远保持新旧区间长度的同样比值,我们把此种 n 个点的序列试验方法称为"黄金分割法"(记为 G). 可以证明此时第一点 x_1 必满足方程

$$x^2 + x - 1 = 0$$

记其正根为 τ,则有

$$\tau = \frac{1}{2}(-1 + \sqrt{5}) \approx 0.618\ 033\ 989\cdots$$

如果取小数点三位近似,有 $x_1 \approx 0.618$. 此时若令 $x_1 = 0.618$ 作序列试验,称为"0. 618 法",它就是黄金分割法的一个近似方法.

如果令

$$F_0 = F_1 = 1, F_n = F_{n-1} + F_{n-2} \quad (n = 2, 3, \cdots)$$

构造出的递增正整数数列 $\{F_n\}$ 称为 Fibonacci 序列. 在 $[0,1]$ 区间内令 $x_1^n = \dfrac{F_n}{F_{n+1}}$，那么对称点为 $x_2 = \dfrac{F_{n-1}}{F_{n+1}}$. 为求峰极大，经试验值判断后的后继点必为形如 $\dfrac{F_1}{F_{n+1}}$ 的点 $(1 \leqslant k \leqslant n-2)$，这样"甩""取"下去，必然形成 n 个点的试验序列，此处把这种方法称为"分数法"，记为 Rn.

　　对于这样一种为求峰极大时，由第一点选定后就在区间上取对称点为第二点，之后按函数值小的一侧"甩"去一个小区间，然后又在新区间内取留函数值大的一点的对称点作为第三点，如此"甩""取"下去的选择试验方式，统称为序列方法，也即有一种确定的规则 L，使得由前面的点与函数值可以确定出后继点及相应实验函数值

$$
\left\{
\begin{array}{l}
\qquad\qquad \text{L} \\
\{x_1, x_2; f(x_1), f(x_2)\} = \Rightarrow x_3, f(x_3) \\
\qquad\qquad \text{L} \\
\{x_1, x_2, x_3; f(x_1), f(x_2), f(x_3)\} = \Rightarrow x_4, f(x_4) \\
\qquad\qquad \text{L} \\
\{x_1, x_2, x_{n-1}; f(x_1), f(x_2), f(x_{n-1})\} = \Rightarrow x_n, f(x_n)
\end{array}
\right.
$$

这种规则 L 所对应的 n 次试验的序列方式，我们已说过称它为一种"序列方法"，此处可简称为"方法". 记为 P 不同规则有不同方法，我们把一切可能的 n 次序列试验方法的全体（方法集），记为 $\mathbf{P}_n$.

　　再记在 $[0,1]$ 上的所有单峰函数 $f(x)$ 的集，记为

$U.$ 今考虑任一个单峰函数 $f(x) \in U$ 在某一种方法 $P_n \in \mathbf{P}_n$ 下的情形,假设 n 个试验点依序为 $x_1, x_2, \cdots, x_n$,相应的函数值为 $f(x_1), f(x_2), \cdots, f(x_n)$,为求峰极大,今设这些函数值中最大的一个为在某点 $x_k (1 \leq k \leq n)$ 上达到,相应的函数值记为

$$m_n(= f(x_k)) = \max(f(x_1), f(x_2), \cdots, f(x_i))$$

又记 m_n 的左邻实验点为 l_n,右邻实验点为 γ_n. 即

$$l_n = \max_{\lambda_i < m_n}\{x_i, a\}, \gamma_n = \min_{x_j > m_n}\{x_j, b\}$$

那么,$f(x)$ 在 $[0,1]$ 上的峰极大点 x^* 必为 l_n 与 γ_n 之间的数,即有 $x^* \in [l_n, \gamma_n]$,记误差

$$|m_n - x^*| \leq \max\{m_n - l_n, \gamma_n - m_n\} = \delta$$

此处 δ 与 P_n 及 f 均有关,记为 $\delta = \delta_{P_n f}$,即

$$\delta_{P_n f} = \max\{m_n - l_n, \gamma_n - m_n\}$$

我们定义

$$\delta_{P_n} = \max_{f \in U}\{\delta_{P_n f}\}$$

称为方法 P_n 的精度.

显然

$$G_n \in \mathbf{P}_n, R_x \in \mathbf{P}_n$$

容易看出,采用黄金分割法 G_n 作 n 次试验的精度 $\delta = \tau^n$. 采用分数法 R_n 作 n 次试验的精度为

$$\delta_{R_n} = \frac{1}{F_{n+1}}$$

由数学归纳法易证,必有

$$\delta_{R_n} < \delta_{G_n} \tag{1}$$

而且次数不大时,分数法的取点与精度值如下表所列:

次数	区间分数	取　点		精　度
n	F_{n+1}	$X_1^{(n)} = \dfrac{F_n}{F_{n+1}}$	近似值	$\delta_{R_n} = \dfrac{1}{F_{n+1}}$
0	1	*		*
1	2	$\dfrac{1}{2}$	0.500 00	$\dfrac{1}{2}$
2	3	$\dfrac{2}{3}$	0.666 66	$\dfrac{1}{3}$
3	5	$\dfrac{3}{5}$	0.600 00	$\dfrac{1}{5}$
4	8	$\dfrac{5}{8}$	0.625 00	$\dfrac{1}{8}$
5	13	$\dfrac{8}{13}$	0.615 38	$\dfrac{1}{13}$
6	21	$\dfrac{13}{21}$	0.619 05	$\dfrac{1}{21}$
7	34	$\dfrac{21}{34}$	0.619 64	$\dfrac{1}{34}$
8	55	$\dfrac{34}{55}$	0.618 18	$\dfrac{1}{55}$
9	89	$\dfrac{55}{89}$	0.617 96	$\dfrac{1}{89}$
10	144	$\dfrac{89}{144}$	0.618 05	$\dfrac{1}{144}$
11	233	$\dfrac{144}{233}$	≈ 0.618	$\dfrac{1}{233}$
⋮	⋮	⋮	⋮	⋮
19	10 946	$\dfrac{6\,765}{10\,946}$	≈ 0.618	$\dfrac{1}{10\,946}$
⋮	⋮	⋮	⋮	⋮

从表上看,当 $n \geqslant 8$ 时,分数法与黄金分割法采用的第一点,若取前三位近似值时,两者数值(近似)相等,均为 0.618. 也即当试验点数不小于 8 时,分数法与黄金分割法均可近似地认为是"0.618 法",实际上,

当 n 次数大很大时,黄金分割法的第一取点 x_1 与分数法的第一取点 $X_1^{(n)}$ 将越来越接近,下一节我们将证明,可以有

$$\lim_{n \to \infty} x_1^{(n)} = \tau \qquad (2)$$

以下我们来给出关于优选法的存在唯一性定理.

定理 1 分数法是唯一存在的优选法.

为证定理,我们引进记号 $P_n[a,b]$ 表示区间 $[a,b]$ 上的 n 次序列试验法 P_n,特别 $P_n[0,1]$ 就记成为 P_n. 相应的精度记为 $\delta_{P_n[a,b]}$,而

$$\delta_{P_n[0,1]} = \delta_{P_n}$$

那么,我们需要建立以下引理.

引理 1 若 $[a,b] \subseteq [0,1]$,则有

$$\delta_{P_n[a,b]} = \delta_{P_n} \cdot [a,b] \qquad (3)$$

其中 $[a,b] = b-a$,此处记号 $[a,b]$ 可表区间,也可表区间的长度.

证明 研究方法 P_n,它在 $[0,1]$ 上的精度为 δ_{P_n},作变换

$$x_1 = a + (b-a)x \quad (x \in [0,1])$$

则 $x' \in [a,b]$,凡在 $[0,1]$ 上施行方法 P_n 获得的点列,可以一一对应地在 $[a,b]$ 上获得相应的点列,显然此时对应两点间的间距,就有

$$\delta_{P_n[a,b]} = (b-a)\delta_{P_n}$$

请注意,由序列试验取点法的叙述,告诉我们,无论何法,第一点 x_1 及其在区间上对称的第二点 x_2 的取法只与方法 P_n 有关,与单峰函数本身无关. 但之后的取点就不一定了,一般来说,将与 $f(x) \in U$ 有关. 不

过,我们可以在方法集 $\mathbf{P}_n$ 中有以下引理:

引理 2　设 P_n 为前 S 个试验点固定是 $x_1, \cdots, x_s$ $(S \leqslant n)$ 的方法,如果 $X_i \in [a, b] \subset [0, 1]$ $(i = 1, 2, \cdots, S)$,则至少存在一个方法 P'_n ,它在 $[a, b]$ 上的安排试验点中前 S 个也恒为 $x_1, \cdots, x_s$,且有

$$\delta_{P'_n[a,b]} \leqslant \delta_{P_n} \tag{4}$$

证明　因为凡方法均指序列试验法,依 P_n 方法作试验,至少有前 S 个点为 $x_1, \cdots, x_s$,假设共有连续 n_0 个点 $x_1, x_2, \cdots, x_{n_0}$ 均落在 $[a, b]$ 区间内 $(S \leqslant n_0 \leqslant n)$. 然后由第 $n_0 + 1$ 点开始依某规则在 $[a, b]$ 内添取 $n - n_0$ 个点 $x'_{n_0+1}, \cdots, x'_n$ 而 $x'_j \in [a, b]$ $(j = n_0 + 1, \cdots, n)$,得一方法记为 P'_n ,则此时就有 $\delta_{P'_n[a,b],j} \leqslant \delta_{P_n,j}$. 这可以从峰极大是否在 $[a, b]$ 内或外来分情况讨论相对误差的绝对值大小,就可获悉上述不等式成立.

于是有

$$\max_{f \in U} \delta_{P'_n[a,b],f} \leqslant \max \delta_{P_n,f}, \text{而这正是式}(4).$$

引理 3　设 P_n 为前 S 个固定试验点中有 $x_1 = 1$ (或 $x_1 = 0$)的方法,则至少存在一个方法 P_{n-1} 使得它除去 $x_1 = 1$(或 $x_1 = 0$)外,仍含有前 $S - 1$ 个固定试验点,且有

$$\delta_{P_{n-1}} \leqslant \delta_{P_n} \tag{5}$$

此引理表明,在端点做试验,不会提高方法的精度.

引理 3 的证明　对于任一单峰函数 $f(x) \in U$,我们作新的单峰函数

$$g(x) = \begin{cases} f(x) & (x \neq 1) \\ \bar{y} & (x = 1) \end{cases}$$

其中

$$\bar{y} = \inf_{x \in [0,1]} \{f(x)\} - \varepsilon_0 \quad (\varepsilon_0 > 0)$$

显然有

$$\bar{y} < f(x_i) \quad (i = 1, \cdots, n)$$

为此,我们定义 P_{n-1} 为下列 $n-1$ 个点列:令

$$x'_1 = x_2, x'_2 = x_3, \cdots, x'_{n-1} = x_n$$

而方法 P_n 在 $f(x)$ 分布下进行时,定义为 P_{n-1} 在同样 $f(x)$ 分布下进行,此时便有

$$\delta_{P_{n-1},f} = \delta_{P_{n-1},g} = \delta_{P_n,g} \leqslant \delta_{P_n,f}$$

故有

$$\max_{f \in U} \delta_{P_{n-1},f} \leqslant \max_{f \in U} \delta_{P_n,f}$$

这就是式(5).

定理 1 的证明 所谓定理 1,实际就是要证明

$$\delta_{R_n} \leqslant \delta_{P_n} \quad (\forall P_n \in \mathbf{P}_n) \tag{6}$$

我们用数学归纳法来予以证明.

当 $n = 1$ 时,对任意方法 $P_1 \in \mathbf{P}_1$,以及任意单峰函数 $f \in U$,均确定一个试验点 x_1(且 x_1 实际与 f 无关),有

$$\delta_{P_1,f} = \max(x_1, 1 - x_1)$$

因此有

$$\delta_{P_1} \geqslant \max(x_1, 1 - x_1)$$

也即有

$$\delta_{P_1} \geqslant x_1 \ \text{及} \ \delta_{P_1} \geqslant 1 - x_1$$

故得

$$\delta_{P_1} \geqslant \frac{1}{2} = \frac{1}{F_2} = \delta_{R_1} \quad (\forall P_1 \in \mathbf{P}_1)$$

当 $n=2$ 时，任一方法 $P_2 \in \mathbf{P}_2$，首先确定两个试验点 x_1, x_2，设 $x_1 > x_2$（它们与 $f(x) \in U$ 无关），故有：

若

$$f(x_2) \geq f(x_1)$$

则

$$\delta_{P_2, f} = \max(x_2, x_1 - x_2)$$

若

$$f(x_2) < f(x_1)$$

则

$$\delta_{P_2, f} = \max(x_1 - x_2, 1 - x_1)$$

故同时成立

$$\delta_{P_2} = \max \delta_{P_2, f} \geq \max(x_2, x_1 - x_2, 1 - x_1)$$

由

$$\delta_{P_2} \geq x_2, \delta_{P_2} \geq x_1 - x_2, \delta_{P_2} \geq 1 - x_1$$

可得

$$3\delta_{P_2} \geq 1$$

故有

$$\delta_{P_2} \geq \frac{1}{3} = \frac{1}{F_3} = \delta_{R_2} \quad (\forall P_2 \in \mathbf{P}_2)$$

假定 $n < S$ 时，皆有 $\delta_{P_n} \geq \delta_{R_n}$ 成立（$\forall P_n \in \mathbf{P}_n$），研究 $n = s$ 的情形. 任意一个方法 $P_s \in \mathbf{P}_s$，设它们前两个试验点为 x_1 和 x_2，又设 $x_1 > x_2$，它们与 $f(x) \in U$ 无关.

由引理 2，存在一个方法 P'_s，它只在 $[0, x_1]$ 中进行，前两个试验点仍为 $x_1 x_2$，且有

$$\delta_{P'_{s}[0, x_1]} \leq \delta_{P_S} \tag{7}$$

再由引理 3，存在一个方法 P'_{s-1}，它只在 $[0, x_1]$

中进行,前一个试验点固定为 x_2(而 x_1 看成端点),且有

$$\delta_{P'_{n-1}[0,x_1]} \leqslant \delta_{P'_n[0,x_1]} \qquad (8)$$

由式(7)(8)便得

$$\delta_{P'_s[0,x_1]} \leqslant \delta_{P_S} \qquad (9)$$

再由归纳法假设并用引理 1,就有

$$\delta_{P'_{s-1}[0,x_1]} = x_1 \cdot \delta_{P'_{s-1}} \geqslant x_1 \cdot \delta_{P_{s-1}} = x_1 \cdot \frac{1}{F_s} \quad (10)$$

因而由式(9)与(10)便得

$$\delta_{P_s} \geqslant x_1 \cdot \frac{1}{F_s} \qquad (11)$$

同理,存在一个方法 P''_{s-1},它只在 $[x_2,1]$ 中进行,前一个试验点固定为 x_1,有

$$\delta_{P''_{s-1}[x_2,1]} \leqslant \delta_{P_s} \qquad (7)'$$

重复上述理由的说法,便可得,存在一个方法 P''_{s-2},有

$$\delta_{P''_{s-2}[x_1,1]} \leqslant \delta_{P''_{s-1}[x_2,1]} \qquad (8)'$$

由式(7)′与(8)′得

$$\delta_{P''_{s-2}[x_1,1]} \leqslant \delta_{P''_s} \qquad (9)'$$

仍由归纳假设,并由引理 1,有

$$\begin{aligned}
\delta_{P''_{s-2}[x_1,1]} &= (1-x_1) \cdot \delta_{P''_{s-2}} \\
&\geqslant (1-x_1) \cdot \delta_{R_{s-2}} \\
&= (1-x_1) \cdot \frac{1}{F_{s-1}} \qquad (10)'
\end{aligned}$$

因而由式(9)′与(10)′便得

$$\delta_{P_s} \geqslant (1-x_1) \cdot \frac{1}{F_{s-1}} \qquad (11)'$$

由式(11)与(10)′便得

796

$$\delta_{P_s} \geqslant \frac{1}{F_s + F_{s-1}} = \frac{1}{F_{s+1}} = \delta_{R_s}$$

依数学归纳法原理,定理 1 至此获证.

关于优选法的主要数学理论依据,就是定理 1 这个理论,在 70 年代,我国推广优选法应用于工农业生产的同时,也曾予以提及到在证明中需用数学归纳法要点,此处只是在数学理论的角度上予以一个尽可能确切而严格的叙述.

§2　关于 Fibonacci 序列

定理 2　若 $\{F_n\}$ 满足

$$F_0 = F_1 = 1, F_n = F_{n-1} + F_{n-2} \quad (n = 2,3,\cdots) \, (12)$$

为一个 Fibonacci 序列,则有

$$F_n = \frac{1}{\sqrt{5}} \left\{ \left(\frac{1+\sqrt{5}}{2}\right)^{n+1} - \left(\frac{1-\sqrt{5}}{2}\right)^{n+1} \right\} \quad (n = 0,1,2,\cdots) \, (13)$$

定理的证明,我们准备放在后面用几种方式来予以论述.

首先由式(13),显然可以验证满足式(1)与(2).

至于式(13)的成立是很容易用数学归纳法来予以验证的.

如果事先并不知道式(13)这个公式,而只在条件(12)下,如何验证式(2)?

首先应当指明有一个很有用的递推关系式:

引理 4　当 $n \geqslant 1$ 时有

$$F_{n+1}F_n - F_{n+2}F_{n-1} = F_n^2 - F_{n+1}F_{n-1} = -1$$

这可以用数学归纳法予以验证.

为研究点列 $\{x_1^{(n)}\}$ $x_1^{(n)} = \dfrac{F_n}{F_{n+1}}$ $(n = 1, 2, 3, \cdots)$,

易证 $\{x_1^{(2k-1)}\}$ 单调上升,而 $\{x_1^{(2k)}\}$ 单调下降,且有

$$[x_1^{(1)}, x_1^{(2)}] \supset [x_1^{(3)}, x_1^{(4)}] \supset \cdots \supset$$
$$[x_1^{(2k-1)}, x_1^{(2k)}] \supset [x_1^{(2k+1)}, x_1^{(2k+2)}] \supset \cdots$$

形成了区间套,且有区间长(运用引理4)

$$x_1^{(2k)} - x_1^{(2k-1)} = \frac{F_{2k}}{F_{2k+1}} - \frac{F_{2k-1}}{F_{2k}} = \frac{1}{F_{2k+1}F} < \frac{1}{F_2^2} < \frac{1}{2k^2} \to 0$$
$$(k \to \infty)$$

故而按区间套定理,就有极限,记为

$$x_0 \cdot \lim_{n \to \infty} x_1^{(n)} = x_0$$

另一方面

$$x_1^{(n)} = \frac{F_n}{F_{n+1}} = \frac{1}{\dfrac{F_{n+1}}{F_n}} = \frac{1}{1 + F_{n-1}F_n} = \frac{1}{1 + x_1^{(n-1)}}$$

于是取极限有

$$x_0 = \frac{1}{1 + x_0}$$

由此解得 x_0 满足方程 $x^2 + x - 1 = 0$(正根),因而得 $x_0 = \tau_0$ 从而式(2)得证.

下面我们来直接证明定理 2. 为此,除了归纳法的验证以外,将给出由式(12)到(13)的两种推演方式,如下:

方法 1(试探法) 命

$$F_n = f(n) = x^n$$

为满足式(2)的解,试求实数 $x \neq 0$,由

$$F_{n+1} = F_n + F_{n-1}$$

可得 x 必满足方程

$$x^2 = x + 1$$

从而应有两根

$$\tau_1 = \frac{1+\sqrt{5}}{2}, \tau_2 = \frac{1-\sqrt{5}}{2}$$

于是得

$$f_1(n) = \tau_1^n, f_2(n) = \tau_2^n$$

均为满足式（12）的特解，于是有通解

$$f(n) = C_1 \tau_1^n + C_2 \tau_2^n$$

其中 C_1, C_2 为任意常数，再由

$$f(0) = f(1) = 1$$

得

$$\begin{cases} C_1 + C_2 = 1 \\ C_1 \tau_1 + C_2 \tau_2 = 1 \end{cases}$$

解得

$$C_1 = \frac{1}{\sqrt{5}} \tau_1, C_2 = -\frac{1}{\sqrt{5}} \tau_2$$

从而获得

$$f(n)(=F_n) = \frac{1}{\sqrt{5}} (\tau_1^{n+1} - \tau_2^{n+1})$$

此即式（13）.

　　方法 2（母函数法）　以 F_n 为系数，作一个幂级数作为收敛的母函数

$$G(x) = \sum_{n=0}^{\infty} F_n x^n \qquad (14)$$

Zernov 定理

假设它有收敛半径 R. 由于 $1 \leqslant F_n \leqslant 2^n$ (这很容易用归纳法予以证明), 于是有 $\frac{1}{2} \leqslant R < 1$, 今考虑 $|x| < \frac{1}{2}$, 此时 $G(x)$ 有意义

$$
\begin{aligned}
G(x) &= 1 + x + \sum_{n=2}^{\infty} F_n x^n \\
&= 1 + x + \sum_{n=2}^{\infty} (F_{n-1} + F_{n-2}) x^n \\
&= 1 + x + \sum_{m=1}^{\infty} F_m x^{m+1} + \sum_{l=0}^{\infty} F_l x^{l+2} \\
&= 1 + (x + x^2) G(x)
\end{aligned}
$$

于是有

$$
G(x) = \frac{1}{1 - x - x^2}
$$

命

$$
1 - x - x^2 = 0
$$

两个根为

$$
x_1 = \frac{-1 + \sqrt{5}}{2}, x_2 = \frac{-1 - \sqrt{5}}{2}
$$

$$
(|x_1| < 1, |x_2| > 1)
$$

再记

$$
\tau_1 = \frac{1 + \sqrt{5}}{2}, \tau_2 = \frac{1 - \sqrt{5}}{2}
$$

有

$$
|\tau_1| < 2, |\tau_2| < 1
$$

并有

$$
\frac{1}{x_1} = \tau_1, \frac{1}{x_2} = \tau_2
$$

因而当 $|x| < \dfrac{1}{2}$ 时,有

$$
\begin{aligned}
G(x) &= \frac{-1}{(x - x_1)(x - x_2)} = -\frac{1}{\sqrt{5}}\left(\frac{1}{x - x_1} - \frac{1}{x - x_2} \right) \\
&= \frac{1}{\sqrt{5}}\left(\tau_1 \cdot \frac{1}{1 - \tau_1 x} - \tau_2 \cdot \frac{1}{\tau_1 - \tau_2 x} \right) \\
&= \frac{1}{\sqrt{5}} \sum_{n=0}^{\infty} (\tau_1^{n+1} - \tau_2^{n+1}) x_0^n \qquad (15)
\end{aligned}
$$

由幂级数展开的唯一性定理,比较式(14)与(15),式(13)便得证.

第十五编
Fibonacci 数列的应用

数论网格法在磁场计算中的应用

让我们来讨论空芯线圈产生的磁场,如果介质是均匀的,而且它的磁导率 μ = 常数,那么磁场的计算是一个线性问题.

根据比奥 – 沙瓦定律,当面积 $\mathrm{d}S$ 上有一电流通过,且其电流密度为 j 时,它在空间一点 P 产生的磁感应强度可用下式计算

$$\mathrm{d}\boldsymbol{B} = \frac{\mu j}{4\pi} \cdot \frac{\mathrm{d}l\boldsymbol{R}}{R^3}\mathrm{d}S \qquad (1)$$

式中 $\mathrm{d}l$ 是与电流同方向的一个长度元,$\boldsymbol{R}$ 是从 $\mathrm{d}l$ 到观察点 P 的距离矢量.

为了求得整个线圈在点 P 产生的磁场,就需要沿着整个载流体对式(1)作体积分. 当然,对于简单形状的线圈(例如螺线管)或者空间的一些特殊点(例如轴线上的点),求磁场的问题是有可能简化的,可以减少积分的重数甚至得到解析解. 但是对于一个复杂形状的线圈,想要求它在空间任一点上的磁感

第 63 章

应强度,往往就必须作三重数值积分.

然而,在电子计算机上采用辛普森公式等古典方法作多重积分,速度慢,精确度差,程序也复杂.参考资料[1]介绍了晚近提出的数论网格法,中国科学院电工研究所的荆伯弘研究员 1981 年在把它与龙贝格法、蒙特卡洛法进行比较后得出结论说:"与上述两种方法对比,数论网格法具有求积速度快、求积精度高以及使用方便实用等优点,是比较明显的高维积分的情形,它更能发挥作用". 下面我们就尝试把数论网格法应用到磁场计算的课题中来.

作为一个例子,让我们来研究图 1 的那种鞍形线圈,在磁流体发电装置中以它为励磁线圈,高能物理实验中使用的二极磁体也是这种结构. 采取的计算步骤与参考资料[1]大体相同.

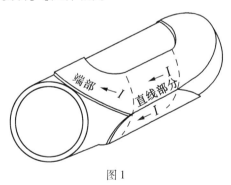

图 1

1. 积分域的分割.

如图 1 所示,我们可以把鞍形线圈划分成直线部分和端部两个部分,分别求出它们对某点磁场的贡献,然后再进行迭加,由于线圈与积分域是一致的,所以这

实质上就是积分域的分割.

2. 将积分域化成单位域.

由图 1 可知,无论是直线部分还是端部都不是单位立方体,为了符合数论网格法的要求,我们必须做一番演化的工作.

1) 直线部分.

图 2 示出直线部分的长度为 L,截面的内半径为 A_1,外半径为

$$A_2 = A_1 + \Delta A$$

圆弧所对应的圆心角为 $2r$(包括线圈的上、下两侧),电流沿长度方向,也就是沿 z 轴方向流动.

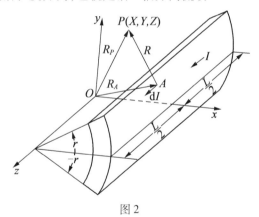

图 2

由图 2 可知,式(1)中的距离矢量

$$\boldsymbol{R} = \boldsymbol{R}_P - \boldsymbol{R}_A$$

其中 $\boldsymbol{R}_P$ 与 $\boldsymbol{R}_A$ 分别为从坐标原点至观察点 $P(X,Y,Z)$ 及电流元点 A 的矢量. 为了求得 $\boldsymbol{R}_P$,让我们来看图 3.

图 3 中 P', A' 分别为 P, A 在 xOy 平面上的投影,显然

Zernov 定理

$$R'_P = \sqrt{X^2 + Y^2}$$

$$\theta_1 = \tan^{-1}\frac{Y}{X}$$

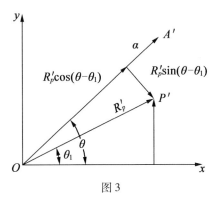

图 3

令 $\boldsymbol{a}^0, \boldsymbol{\theta}^0, \boldsymbol{z}^0$ 为圆柱坐标系中三个独立的单位向量,则有

$$\boldsymbol{R}'_P = R'_P\cos(\theta - \theta_1)\boldsymbol{a}^0 - R'_P\sin(\theta - \theta_1)\boldsymbol{\theta}^0$$

式中之所以出现负号是因为规定 $\boldsymbol{\theta}^0$ 的正方向是逆时针的

$$\boldsymbol{R}_P = \boldsymbol{R}'_P + Z\boldsymbol{z}_0$$

而

$$\boldsymbol{R}_A = a\boldsymbol{a}^0 + z\boldsymbol{z}^0$$

所以

$$\begin{aligned}\boldsymbol{R} = \boldsymbol{R}_P - \boldsymbol{R}_A &= \left[R'_P\cos(\theta - \theta_1) - a\right]\boldsymbol{a}^0 - \\ &\quad R'_P\sin(\theta - \theta_1)\boldsymbol{\theta}^0 + (Z - z)\boldsymbol{z}^0 \\ &= R_a\boldsymbol{a} + R_\theta\boldsymbol{\theta}^0 + R_z\boldsymbol{z}^0\end{aligned}$$

显然

$$R = \sqrt{R_a^2 + R_\theta^2 + R_z^2}$$

又

$$\mathrm{d}\boldsymbol{l} = \mathrm{d}z\boldsymbol{z}^0$$

所以

$$\mathrm{d}\boldsymbol{l}\boldsymbol{R} = \begin{vmatrix} \boldsymbol{a}^0 & \boldsymbol{\theta}^0 & \boldsymbol{z}^0 \\ 0 & 0 & \mathrm{d}z \\ R_a & R_\theta & R_z \end{vmatrix} = -R_\theta \mathrm{d}z\boldsymbol{a}^0 + R_a \mathrm{d}z\boldsymbol{\theta}^0$$

令 $C = \dfrac{\mu j}{4\pi}$（在实际问题中可把 j 看成是考虑了填充系数的平均电密），并考虑到

$$\mathrm{d}S = a\,\mathrm{d}a\,\mathrm{d}\theta$$

代入式（1）有

$$\mathrm{d}B_a = C\left(-\frac{a}{R^3}R_\theta\right)\mathrm{d}a\,\mathrm{d}\theta\,\mathrm{d}z = CF_1(a,\theta,z)\,\mathrm{d}a\,\mathrm{d}\theta\,\mathrm{d}z$$

$$\mathrm{d}B_\theta = C\left(\frac{a}{R^3}R_a\right)\mathrm{d}a\,\mathrm{d}\theta\,\mathrm{d}z = CF_2(a,\theta,z)\,\mathrm{d}a\,\mathrm{d}\theta\,\mathrm{d}z$$

引入变化范围为从 0 到 1 的新自变量 x_1, x_2, x_3 之后，我们得到以下函数关系

$$z = Lx_1 - \frac{L}{2} = z(x_1)$$

$$a = \Delta A x_2 + A_1 = a(x_2)$$

$$\theta = 2\gamma x_3 - \gamma = \theta(x_3)$$

令

$$C_1 = 2\gamma L\Delta A$$

则 B_a 与 B_θ 可写成以下形式

$$\begin{cases} B_{a1} = CC_1 \displaystyle\int_0^1\!\!\int_0^1\!\!\int_0^1 F_1(z(x_1), a(x_2), \theta(x_3))\,\mathrm{d}x_1\,\mathrm{d}x_2\,\mathrm{d}x_3 \\[2mm] B_{\theta1} = CC_1 \displaystyle\int_0^1\!\!\int_0^1\!\!\int_0^1 F_2(z(x_1), a(x_2), \theta(x_3))\,\mathrm{d}x_1\,\mathrm{d}x_2\,\mathrm{d}x_3 \end{cases}$$

$$(2)$$

这样我们就完成了将直线部分化成单位域的任务. 在这里我们采用了复合函数的概念,即 z, a, θ 被分别看成是 x_1, x_2, x_3 的函数,而 F_1, F_2 又是 z, a, θ 的函数,这样不仅书写简单,而且也符合编程序时的赋值步骤. 编程序时首先给 x_1, x_2, x_3 赋值,由它们给 z, a, θ 赋值,再由它们给 R_a, R_θ, R_z 等赋值,最后求得 F_1, F_2.

2) 端部.

如图 4 所示,先在一张薄板上画一个半圆环,然后把这张薄板卷成一个半圆筒,那上面画的半圆环就形成了我们所说的端部. 我们把图 4(a) 叫作图 4(b) 的展开图.

在这里采用圆柱坐标系出现了困难,因为 a, θ, z 三者的变化范围是互相制约的,例如对于不同的 θ, z 的变化范围就不一样. 为此我们要设法寻找一组新的自变量,希望它们的变化范围是彼此独立的.

为此目的,让我们来看图 5 所示的展开图

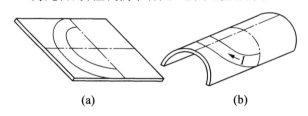

(a)   (b)

图 4

$$\mathrm{d}l = R' \mathrm{d}\psi$$

$$\mathrm{d}\boldsymbol{l} = R'\sin\psi\,\mathrm{d}\psi\boldsymbol{\theta}^0 + R'\cos\psi\,\mathrm{d}\psi\boldsymbol{z}^0 = \mathrm{d}l_\theta\boldsymbol{\theta}^0 + \mathrm{d}l_z\boldsymbol{z}^0$$

$$z - Z_0 = R'\sin\psi,\ z = R'\sin\psi + Z_0 \qquad (3)$$

把图 5 与经过点 A 的横断面(垂直于 z 轴)联系起来可得

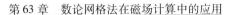

$$R'\cos\psi = a\left(\frac{\pi}{2} - \theta\right)$$

或

$$\theta = \frac{\pi}{2} - \frac{1}{a}R'\cos\psi \qquad (4)$$

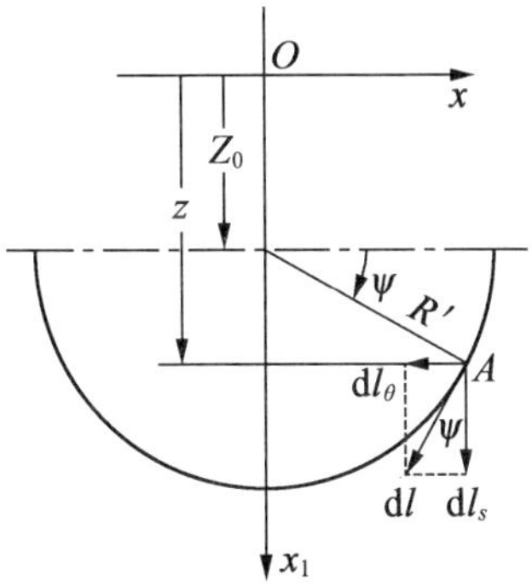

图 5

图 6 是 $z = Z_0$ 平面,图中的 θ_0 反映了某一根导线出发时的位置,当电流元点 A 沿着这根导线运动时,a 和 R' 是始终保持不变的,且

$$R' = a\left(\frac{\pi}{2} - \theta_0\right)$$

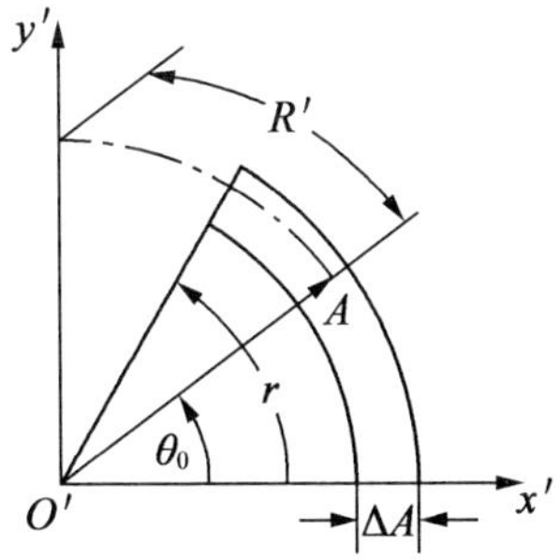

图 6

811

就是说 R' 只与出发时的位置有关. 将此关系代入式 (3)(4),有

$$\theta = \frac{\pi}{2} - \left(\frac{\pi}{2} - \theta_0\right)\cos\psi \qquad (5)$$

$$z = a\left(\frac{\pi}{2} - \theta_0\right)\sin\psi + Z_0 \qquad (6)$$

可见 θ 和 z 都可表成 ψ, a, θ_0 的函数,而后三者的变化范围是彼此独立的,即

$$0 \leqslant \psi \leqslant \pi, A_1 \leqslant a \leqslant A_1 + \Delta A, 0 \leqslant \theta_0 \leqslant r$$

因此我们决定选取它们作为一组新的自变量

$$\mathrm{d}l\boldsymbol{R} = \begin{vmatrix} \boldsymbol{a}^0 & \boldsymbol{\theta}^0 & \boldsymbol{z}^0 \\ 0 & \mathrm{d}l_\theta & \mathrm{d}l_z \\ R_a & R_\theta & R_z \end{vmatrix}$$

$$= R'(R_z\sin\psi - R_\theta\cos\psi)\mathrm{d}\psi\boldsymbol{a}^0 +$$

$$R'R_a\cos\psi\mathrm{d}\psi\boldsymbol{\theta}^0 - R'R_a\sin\psi\mathrm{d}\psi\boldsymbol{z}^0$$

式中 R_a, R_θ, R_z 的算法与直线部分相同.

仍然令 $C = \dfrac{\mu j}{4\pi}$,且考虑到

$$\mathrm{d}S = a\mathrm{d}a\mathrm{d}\theta_0$$

则有

$$\mathrm{d}B_a = C\left[\frac{a}{R^3}R'(R_z\sin\psi - R_\theta\cos\psi)\right]\mathrm{d}\psi\mathrm{d}a\mathrm{d}\theta_0$$

$$= CF_3(\psi, a, \theta_0)\mathrm{d}\psi\mathrm{d}a\mathrm{d}\theta_0$$

$$\mathrm{d}B_\theta = C\left(\frac{a}{R^3}R'R_a\cos\psi\right)\mathrm{d}\psi\mathrm{d}a\mathrm{d}\theta_0$$

$$= CF_4(\psi, a, \theta_0)\mathrm{d}\psi\mathrm{d}a\mathrm{d}\theta_0$$

$$\mathrm{d}B_z = C\left(-\frac{a}{R^3}R'R_a\sin\psi\right)\mathrm{d}\psi\mathrm{d}a\mathrm{d}\theta_0 = CF_5(\psi, a, \theta_0)\mathrm{d}\psi\mathrm{d}a\mathrm{d}\theta_0$$

引入变化范围从 0 到 1 的新自变量 x_1, x_2, x_3 以后,可以得到以下关系

$$\psi = \pi x_1 = \psi(x_1)$$
$$a = \Delta A x_2 + A_1 = a(x_2)$$
$$\theta_0 = \gamma x_3 = \theta_0(x_3)$$

把它们代入 $\mathrm{d}B_a$ 等,且令 $C_2 = \pi \gamma \Delta A$,则有

$$\begin{cases} B_{a2} = CC_2 \int_0^1 \int_0^1 \int_0^1 F_3(\psi(x_1), a(x_2), \theta_0(x_3)) \, \mathrm{d}x_1 \mathrm{d}x_2 \mathrm{d}x_3 \\[2mm] B_{\theta 2} = CC_2 \int_0^1 \int_0^1 \int_0^1 F_4(\psi(x_1), a(x_2), \theta_0(x_3)) \, \mathrm{d}x_1 \mathrm{d}x_2 \mathrm{d}x_3 \\[2mm] B_{z2} = CC_2 \int_0^1 \int_0^1 \int_0^1 F_5(\psi(x_1), a(x_2), \theta_0(x_3)) \, \mathrm{d}x_1 \mathrm{d}x_2 \mathrm{d}x_3 \end{cases}$$

$$\tag{7}$$

这里采用的仍然是复合函数的概念,在编程序时增加了一道手续,要由 ψ, a, θ_0 的数值给 θ, z 赋值后,才能求出 R_a, R_θ, R_z 等的数值,乃至最后求出 F 来.

由以上两例推想,只要处理得当,能转化成单位立方体的几何形体大概是多种多样的.

3. 对被积函数完成周期化.

仿照参考资料[1],如果要完成的是 0 阶周期化,可作变量变换

$$\begin{cases} x_1 = 3z_1^2 - 2z_1^3 \\ x_2 = 3z_2^2 - 2z_2^3 \\ x_3 = 3z_3^2 - 2z_3^3 \end{cases} \tag{8}$$

又

$$\left| \frac{D(x_1, x_2, x_3)}{D(z_1, z_2, z_3)} \right| = 6^3 z_1 z_2 z_3 (1 - z_1)(1 - z_2)(1 - z_3)$$

以磁感应强度的 θ 分量为例,它们将化为

$$B_{\theta 1} = 216 C C_1 \int_0^1 \int_0^1 \int_0^1 \Phi_2(z_1, z_2, z_3) \, \mathrm{d}z_1 \, \mathrm{d}z_2 \, \mathrm{d}z_3 \quad (9)$$

式中

$$\Phi_2(z_1, z_2, z_3) = z_1 z_2 z_3 (1 - z_1)(1 - z_2)(1 - z_3) \cdot$$
$$F_2(x_1(z_1), x_2(z_2) x_3(z_3))$$

$$B_{\theta 2} = 216 C C_2 \int_0^1 \int_0^1 \int_0^1 \Phi_4(z_1, z_2, z_3) \, \mathrm{d}z_1 \, \mathrm{d}z_2 \, \mathrm{d}z_3 \quad (10)$$

式中

$$\Phi_4(z_1, z_2, z_3) = z_1 z_2 z_3 (1 - z_1)(1 - z_2)(1 - z_3) \cdot$$
$$F_4(x_1(z_1), x_2(z_2) x_3(z_3))$$

这里继续采用复合函数的概念,就是在原来的基础上又增加了一层,先要按式(8)给 x_1, x_2, x_3 赋值,然后对于 $B_{\theta 1}$ 来说,给 z, a, θ 赋值,对于 $B_{\theta 2}$ 来说,给 $\psi, a,$ θ_0 赋值.

4. 构造积分和.

经过以上的准备工作,已满足数论网格法对被积函数的要求,因此可以按它的求积公式来构造积分和. 仍以磁感应强度的 θ 分量为例

$$B_\theta \approx \frac{216 C}{N} \sum_{K=1}^{N} \Phi\left(\left\{ \frac{Ka_1}{N} \right\}, \left\{ \frac{Ka_2}{N} \right\}, \left\{ \frac{Ka_3}{N} \right\} \right) \quad (11)$$

式中

$$\Phi = C\Phi_2 + C'_1 \Phi'_2 + \sum_{i=1}^{4} C_{2i} \Phi_{4i}$$

Φ 的前两项代表鞍形线圈左、右两侧直线段的贡献,后四项代表前、后端部上、下两个分支的贡献. 由于线圈的每一部分都转化到了同样的积分域——单位立方体,上述各项才可以简单地加到一起,形成一个总的被

积函数,这也可以算是数论网格法的一个优点.

　　上述步骤不仅适用于鞍形线圈,对于其他形状的线圈也是适用的. 例如我们还曾经研究过用在托卡马克装置上的 D 形线圈(图 7),它是由一个直线段和 7 个参数各不相同的圆弧段组成的,也可以采用类似的方法来计算,而且比鞍形线圈来得简单.

　　有了像式(11)这样的公式,在计算机上实现就很容易了,下面来谈谈实践的效果,仍以鞍形线圈为例.

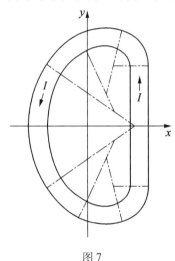

图 7

　　鞍形线圈左、右两侧直线段在 z 轴上产生的磁场(这里只有 y 分量,下面提到的数据都已化到直角坐标系)可以用解析式来表达

$$B_{y1} = \frac{\mu j}{\pi} \left(Z_2 \ln \frac{\sqrt{A_2^2 + Z_2^2} + A_2}{\sqrt{A_1^2 + Z_2^2} + A_1} + Z_1 \ln \frac{\sqrt{A_2^2 + Z_1^2} + A_2}{\sqrt{A_1^2 + Z_1^2} + A_1} \right) \sin \gamma$$

$$(12)$$

其中

$$Z_1 = \frac{L}{2} + Z, Z_2 = \frac{L}{2} - Z$$

其余符号的含义同图 2.

我们在 121 机(3 万次/秒)上由式(12)算出了某鞍形线圈直线段对 z 轴磁场贡献,例如坐标原点处的数值为

$$B_{01} = 1.155\ 966\ 500\ \text{Wb/m}^2$$

后来又在 111 机(20 万次/秒)上用数论网格法进行同一项目的计算,函数未经周期化处理,当选取的最优系数为

$$N = 1\ 069, a_1 = 1, a_2 = 136, a_3 = 333$$

时,算出对原点贡献为

$$B_{01} = 1.155\ 963\ 824\ 24\ \text{Wb/m}^2$$

这就是说数论网格法的结果与解析解相比,可以精确到小数点后第 5 位. 如果函数经过周期化处理,效果当更好.

这里采用的最优系数是按照柯诺波夫方法算出来的. 我国数学家华罗庚和王元也提出了一种求最优系数的方法[2],国际上称之为"华王方法"[3]. 按"华王方法"求出的最优系数适用于精确度要求特别高的场合,我们这里要求一般,因此采用柯诺波夫的系数即可.

为了比较,我们又用了两种方法来计算上述线圈的端部对 z 轴的贡献. 第一种方法是用龙贝格法[4]做三重积分,当绝对误差控制在 $0.001\ \text{Wb/m}^2$ 左右时,在 121 机上经过 2.5 min,算得

$$B_{02} = 0.118\ 167\ 190\ 0\ \text{Wb/m}^2$$

（包括同一端部的上、下两个分支）.

第二种方法就是数论网格法,函数未经周期化处理,最优系数同前,在 121 机上经过 45 s 算得

$$B_{02} = 0.118\ 176\ 010\ 0\ \text{Wb/m}^2$$

可以说在精度范围以内两者结果相同,但是后者的速度提高了三倍以上,而计算程序的长度却不到前者的三分之一. 这也许可以为参考资料[1]的结论提供一个佐证.

最后我们在 013 机（200 万次/秒）上用数论网格法计算了一个具有 4 层绕组的鞍形线圈的磁场分布,共算了 1 152 个点,每点仅费时 5 s,共费时 1 h 36 min.

参考资料

[1] 魏公毅,徐可安. 杀伤概率积分的数值计算,计算数学,1978(2),20-35.

[2] 华罗庚,王元. 数论在近似分析中的应用,北京:科学出版社,1978.

[3] Zaremba S K. Applications of Number Theory to Numerical Analysis, New York, Academic Pr. 1972.

[4] 沈阳计算技术研究所等. 电子计算机常用算法,北京:科学出版社,1976.

Fibonacci 序列在准晶体结构研究中的应用

第 64 章

1984 年底关于具有五次对称的准晶态的发现,冲破了一百多年来建立起来的经典晶体学的现有理论基础. 在随后得到的锰 – 铝准晶体高分辨电子显微图中,呈环状分布的亮点在直线方向或相间或重叠,而结点分布服从 Fibonacci 排列. 北京钢铁学院数力系的闵乐泉、李宗元和武汉地质学院北京研究生部的彭志忠三位教授20 世纪80 年代介绍了含有五次对称的新点群和新单形;研究了 Fibonacci 排列的一些性质;提出了一个有趣的排队规则,证明了有关的定理,从而较圆满地描述了准晶体结构的一些特征.

1984 年 11 月, D. Shechtman 等宣布:他们发现一种快速冷却生成的锰 – 铝合金具有五次对称,结构中配位多面体是定向有序的,但没有平移对称性,即没有通常的格子构造(图 1). 由于此

相具有二十面体的对称,点群为 $m\overline{3}5$,故称为二十面体相,又称为准晶体. 准晶体被认为是介于玻璃态和结晶态之间的一种新的物态,称为准晶态. 接着,A. Heiney 报告在锰 – 铝合金中还存在一种未曾见到过的 T 相,其结构可能介于二十面体相准晶体与正常晶体之间. 随后,L. Bendersky 的研究表明:T 相乃是一种具有二维准晶格、一维晶格并且有十次对称轴的准晶体,其点群为 10/m 或 10/mmm. 这又丰富了准晶体的内容.

　　五次对称和准晶体的发现,立即在科学界引起强烈的反响,开始了由经典晶体学到现代结晶学的新阶段,可以说研究准晶态是当今有关自然科学中的一个前沿领域.

　　为建立有关准晶体的结构晶体学几何理论体系,本章推导含五次轴准晶体点群,并且作了推导准晶格的尝试. 由所推导出的准晶格,得出了准晶格具有分数维结构的结论,从而导致在原子结构这一层次上具有分数维结构的物质的发现. 所有这些在科学上都是首次.

　　本章推导出含五次对称的点群有:

　　等轴晶系:$m\overline{3}5$,235;

　　五方晶系:5,$\overline{5}$,5m,$\overline{5}$m,52;

　　十方晶系:10,$\overline{10}$,10m,102,10/m,10/mmm.

　　已推导出来的准晶格有:

　　等轴晶系:二十面体准晶格,正五角十二面体准晶格;

五方晶系:五边形准晶格;

十方晶系:十边形准晶格.

在准晶体结构中,两个原理,即二十面体原理和黄金中值原理在起作用. 根据这些原理,在准晶格的行列中,结点应按 Fibonacci 排列分布

$$
\begin{array}{llllllllll}
n= & 1 & 2 & 3 & 4 & 5 & 6 & 7 & 8 & 9 \\
& |a|b| & a & |ab| & aba & |abaab| & abaababa & |abaabab aabaab| & abaabab aabaabaabab & | \\
F_n= & 1 & 2 & 3 & 5 & 8 & 13 & 21 & 33 & 54
\end{array}
$$

即在准晶格的行列中,与晶格中的只有一个平移周期不同,有两个距离 a 和 b,且

$$\frac{a}{b} = \frac{1+\sqrt{5}}{2}$$

(黄金中值), n 代表步序. 每步增长为前步总长的 $\frac{\sqrt{5}-1}{2}$(黄金分割),是前一步增长的 $\frac{1+\sqrt{5}}{2}$ 倍. 第 n 步结束时,从起点算起的结点总数为 Fibonacci 数($\overline{F}_n$). 而

$$\overline{F}_0 = \overline{F}_1 = 1$$

$n \geqslant 2$ 时

$$\overline{F}_n = \overline{F}_{n-1} + \overline{F}_{n-2}$$

因此 Fibonacci 序列是准晶格的基础.

在最优化法中,华罗庚曾对 Fibonacci 序列作过论述. 在我们研究准晶体的过程中,Fibonacci 序列得到新的应用与发展,还发现了 Fibonacci 序列的一些新的有趣性质. 本章作为系统论文的第一篇就是论述这方面的成果的.

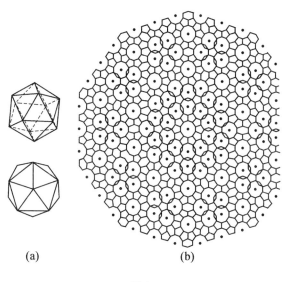

(a)　　　　　　　　　　(b)

图 1

§1　Fibonacci 序列的性质与应用

1. Fibonacci 序列的有关命题

若 a,b 为两个符号,记

$$\mathscr{F}_0 = b, \mathscr{F}_1 = a; \mathscr{F}_n = \mathscr{F}_{n-1}\mathscr{F}_{n-2} \quad (n \geqslant 2)$$

$\mathscr{F}_n$ 表示 $\mathscr{F}_{n-1}$ 与 $\mathscr{F}_{n-2}$ 先后衔接的符号排列,称为 Fibonacci 排列. 如 $a,b > 0$,记

$$F_0 = b, F_1 = a; F_n = F_{n-1} + F_{n-2} \quad (n \geqslant 2)$$

则称 F_n 为 Fibonacci 数. 特别当 $a = b = 1$ 时的 Fibonacci 数记作

$$\overline{F}_0 = \overline{F}_1 = 1, \overline{F}_n = \overline{F}_{n-1} + \overline{F}_{n-2}$$

若 a,b 代表准晶格行列中结点的两个距离,则 $\mathscr{F}_n$

821

表一原行列上结点的分布;F_n 则是结点所排长度;而 $\overline{F_n}$ 为这些原子的总个数.

命题 1 对任何 $a, b > 0$,Fibonacci 数

$$F_n = \frac{1}{\sqrt{5}}\left\{ b\left[\left(\frac{1+\sqrt{5}}{2}\right)^{n+1} - \left(\frac{1-\sqrt{5}}{2}\right)^{n+1}\right] + \right.$$

$$\left. (a-b)\left[\left(\frac{1+\sqrt{5}}{2}\right)^{n} - \left(\frac{1-\sqrt{5}}{2}\right)^{n}\right]\right\} \quad (1)$$

推论 1 对任何的 $a, b > 0$,有

$$\lim_{n\to\infty} \frac{F_{n+1}}{F_n} = \frac{1+\sqrt{5}}{2}$$

推论 2 当 $\dfrac{a}{b} = \dfrac{1+\sqrt{5}}{2}$ 时

$$F_n = b\left(\frac{1+\sqrt{5}}{2}\right)^n \quad (2)$$

$$\frac{F_n - F_{n-1}}{F_{n-1}} = \frac{\sqrt{5}-1}{2}; \frac{F_n}{F_{n-1}} = \frac{1+\sqrt{5}}{2} \quad (3)$$

命题 2 Fibonacci 排列 $\mathscr{F}_n$ 中共有

$$\frac{1}{\sqrt{5}}\left[\left(\frac{1+\sqrt{5}}{2}\right)^{n} - \left(\frac{1-\sqrt{5}}{2}\right)^{n}\right] = M_1 \quad (4)$$

个 a 和

$$M_2 = \frac{1}{\sqrt{5}}\left[\left(\frac{1+\sqrt{5}}{2}\right)^{n}\left(\frac{\sqrt{5}-1}{2}\right) + \left(\frac{1-\sqrt{5}}{2}\right)^{n}\left(\frac{\sqrt{5}+1}{2}\right)\right] \quad (5)$$

个 b.

证明 由 F_n 的定义知它是 M'_1 个 a 和 M'_2 个 b 之和,即

$$F_n = M'_1 a + M'_2 b$$

从式(1)又得

$$F_n = M_1 a + M_2 b$$

因此

$$(M'_1 - M_1)a = (M'_2 - M_2)b$$

取 a 为正有理数,而 b 为正无理数,从而推知

$$M'_1 = M_1, M'_2 = M_2$$

引理 1　n 为奇数时,$\mathscr{F}_n$ 的尾符是 a,n 为偶数时,$\mathscr{F}_n$ 的尾符是 b.

命题 3　任意正整数 N,均可表为有限个不重复的递降的 Fibonacci 数之和

$$N = \sum_{i=1}^{k} \overline{F}_{n_i} \tag{6}$$

其中,$n_1 > n_2 > \cdots > n_k$,且 $n_i \geqslant n_{i+1} + 2$,$i = 1, 2, \cdots, k - 1$,$k \leqslant \dfrac{n_1 + 1}{2}$($n_1$ 为奇数)或 $k \leqslant \dfrac{n_1}{2}$($n_1$ 为偶数).

证明　设 $\overline{F}_{n_1}$ 是小于或等于 N 的 Fibonacci 数中的最大者,$\overline{F}_{n_j}$ 是小于或等于

$$N - \sum_{i=1}^{j-1} \overline{F}_{n_i}$$

的 Fibonacci 数中的最大者,则

$$N = \sum_{i=1}^{j} \overline{F}_{n_i} + \left(N - \sum_{i=1}^{j} \overline{F}_{n_i} \right)$$

由 Fibonacci 数列的定义,易知

$$n_i \geqslant n_{i-1} + 2 \quad (i = 1, 2, \cdots, j) \tag{7}$$

且必存在一个 k 使得

$$N - \sum_{i=1}^{k} \overline{F}_i = 0$$

由式(7)知这时有估计式

$$1 \leqslant n_k \leqslant n_{k-1} - 2 \leqslant \cdots \leqslant n_1 - 2(k-1)$$

故

$$k \leqslant \frac{n_1 + 1}{2}$$

即得所证.

注 本命题中关于 k 的估计,已再不能改进,如令 $N = 4$,则

$$\overline{F}_{n_1} = \overline{F}_3 = 3, \overline{F}_{n_2} = \overline{F}_1 = 1$$

且

$$k = \frac{3 + 1}{2} = 2$$

命题 4 对任意 Fibonacci 排列 $\mathscr{F}_n$ 中的第 N 号元素 x,可由式(6)判定,当 n_k 是奇数时,x 是 a,否则为 b.

证明 记 D_N 为 Fibonacci 排列的前 N 个元素,则由命题 3 可知

$$D_N = \mathscr{F}_{n_1} D_{N - \overline{F}_1} = \mathscr{F}_{n_1} \mathscr{F}_{n_2} \cdots \mathscr{F}_{n_k}$$

再由引理 1,即得所证.

下面的命题是纯数学性质的.

命题 5 若 $n_1 > n_2 > \cdots > n_k$ 且 $n_i \geqslant n_{i+1} + 2, i = 1, 2, \cdots, k - 1$,则对任意的 $n \geqslant n_1 + 2$,$\mathscr{F}_{n_1} \mathscr{F}_{n_2} \cdots \mathscr{F}_{n_k}$ 是 $\mathscr{F}_n$ 中的一个从头开始的子排列.

证明 首先用归纳法容易证明当 $n \geqslant 2, k \geqslant 2$ 时

$$\mathscr{F}_{n+k} = \mathscr{F}_n \mathscr{F}_{n-1} \mathscr{F}_n \mathscr{F}_{n+1} \cdots \mathscr{F}_{n+k-2} \tag{8}$$

从而对于

$$n \geqslant n_1 + 2, n_i \geqslant n_{i+1} + 2$$

由式(8)知

$$\mathscr{F}_n = \mathscr{F}_{n_1} \mathscr{F}_{n_1 - 1} \mathscr{F}_{n_1} \cdots = \mathscr{F}_{n_1} \mathscr{F}_{n_2} \mathscr{F}_{n_2 - 1} \cdots$$
$$= \mathscr{F}_{n_1} \mathscr{F}_{n_2} \mathscr{F}_{n_3} \cdots \mathscr{F}_{n_k} \mathscr{F}_{n_k - 1}$$

2. 应用

这里仅讨论前段结果对准晶体一维上的解释,至于其他情形将另文讨论.

简言之,准晶体的黄金中值原理在一维情形的表述是:若直线上的 0 点为准晶体的中心结点,则结点按黄金中值 $\lambda\left(\dfrac{1+\sqrt{5}}{2}\right)^{n}$($\lambda > 0$ 为参数,$n = 0,1,2,\cdots$)向两边扩展. 且结点从 0 点向两边按 Fibonacci 排列分布. 两个距离之比

$$\frac{a}{b} = \frac{1+\sqrt{5}}{2}$$

1° 由式(2)(3)可看出,上述原理不仅是与实验结果较为相符的一种假设,而且从数学上讲,也是严格成立的. 其次由推论 1 和推论 2 可知

$$\frac{F_{n+1}}{F_{n}} = \frac{1+\sqrt{5}}{2}$$

为黄金中值,不仅是按极限意义($n \to \infty$ 时)成立,而且对任何 n 都是成立的.

2° 从式(4)和(5)可确定准晶格行列中 n 次扩展后 a 种结点和 b 种结点的个数.

3° 引理 1 给出了一种判定行列中第 n 步结束时的结点距离是 a 还是 b 的方法.

4° 依命题 4,可判定准晶体中第 N 个距离(从 0 点算起)的种类.

5° 命题 3 还隐含给出准晶体中从 0 点至第 N 个结点的距离就是 $\displaystyle\sum_{i=1}^{k} F_{n_i}$:

§2 $M-L$ 排队规则与 Fibonacci 排列

为了进一步讨论准晶体电子显微图的数学描述,首先提出个所谓的"$M-L$ 排队规则",然后证明在一直线上,按该规则所生成的一簇圆,与过圆簇心直线交点间距离的变化恰好服从 Fibonacci 排列. 因而从理论上和直观上阐明了锰 – 铝准晶体电子显微图中的一个奇异现象:呈圆环状均布的十个亮点在直线方向或相间或重叠,而结点分布却按 Fibonacci 排列(图2)

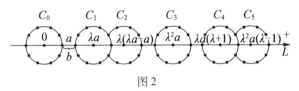

图 2

1. $M-L$ 排队规则和有关定理

$M-L$ 排队规则:设 L 为平面上一条直线,取定一点记为 0,以及正方向. 对 L 上的任一点 $a(>0)$,若以 0 为心,a 为半径的圆在 L 正向上按下述规则生成一簇圆:

ⅰ)以 λa 为圆心($2<\lambda<\sqrt{3}+1$),以 a 为半径作圆,该圆与 L 的两个交点和圆心再分别放大 λ 倍后,并以 a 为半径旋转且按规则 ⅱ)形成新的圆或重叠圆,如此进行至无穷.

ⅱ)若按上述方法,形成的两个相邻的圆不重叠,则两圆之间的距离为 b;若两个相邻圆重叠,则认定两圆重叠的部分为先生成的圆所遮盖,并要求后生成圆

的圆心与先生成的圆之距离为 b.

则称上述规则为 $M-L$ 排队规则.

定理 1　若要满足 $M-L$ 规则, 则必有 $\lambda = \left(\dfrac{1+\sqrt{5}}{2}\right)^2, \dfrac{a}{b} = \dfrac{1+\sqrt{5}}{2}$.

证明　因初始点 a 经放大 λ 倍后是 λa, 故以 λa 形成的新圆 C_1 与 L 的交点 (带圆心) 依次为 $\lambda a - a$, λa 和 $\lambda a + a$. 故按 $M-L$ 规则应有

$$\lambda a - a - a = b$$

即

$$\lambda = 2 + \frac{b}{a} \tag{9}$$

而点 $\lambda a - a$ 放大 λ 倍后形成的新圆 C_2 与 L 的交点为 (图 2)

$$\lambda(\lambda a - a) - a, \lambda(\lambda a - a), \lambda(\lambda a - a) + a$$

但依假设

$$\lambda(\lambda a - a) - a - (\lambda a + a)$$
$$= a(\lambda^2 - 2\lambda - 2) = a\left[(\lambda-1)^2 - 3\right] < 0$$

即 C_2 与 C_1 重叠, 故取消 C_2 与 C_1 重叠部分且要求

$$\lambda a(\lambda - 1) - (\lambda a + a) = b$$

解此式得

$$\lambda = 1 + \sqrt{2 + \frac{b}{a}} \tag{10}$$

因式 (9)(10) 必相等, 故

$$2 + \frac{b}{a} = 1 + \sqrt{2 + \frac{b}{a}}$$

令 $k = \dfrac{b}{a}$ 代入该等式整理后有

$$k^2 + k - 1 = 0$$

Zernov 定理

即

$$k = \frac{-1 \pm \sqrt{5}}{2}$$

因 k 取正值才有意义,故

$$k = \frac{\sqrt{5}-1}{2} = \frac{b}{a}$$

即

$$\frac{a}{b} = \frac{1+\sqrt{5}}{2}, \lambda = \left(\frac{1+\sqrt{5}}{2}\right)^2$$

引理 2 从 L 上的 0 点至按 $M - L$ 排队规则生成的第五个圆 C_5 之心的各点服从 Fibonacci 排列,且为 $\mathscr{F}_6$.

证明 易知定理 1 已证明从 0 点至 C_2 之心的各点分布是 $\mathscr{F}_4$. 而圆 C_3, C_4, C_5 在直线 L 上的坐标(包括圆心,图 2)分别是

$$C_3 : \lambda^2 a - a, \lambda^2 a, \lambda^2 a + a$$
$$C_4 : \lambda a(\lambda+1) - a, \lambda a(\lambda+1), \lambda a(\lambda+1) + a$$

$$(11)$$

$$C_5 : \lambda^2 a(\lambda-1) - a, \lambda^2 a(\lambda-1), \lambda^2 a(\lambda-1) + a$$

$$(12)$$

注意到

$$\lambda = 2 + \frac{b}{a} \left(= \frac{1+\sqrt{5}}{2} \right)$$

后,可知 C_3 与 C_2 之距离是

$$\text{dist}(\lambda^2 a - a, \lambda a(\lambda-1) + a) = b$$

且 C_4 与 C_3 的距离为

$$\text{dist}(\lambda a(\lambda+1) - a, \lambda^2 a + a) = b$$

而 C_5 之心 $\lambda^2 a(\lambda-1)$ 与 C_4 的距离为(见式(11)

（12））

$$\text{dist}(\lambda^2 a(\lambda - 1), \lambda a(\lambda + 1) + a) = b$$

故由 $M - L$ 规则，C_4 被 C_5 遮盖，因此式（11）中点 $\lambda a(\lambda + 1) + a$ 实际上不存在. 从而证明了从 0 点至 C_5 圆心各点的排列为

$$abaababaabaab = \mathscr{F}_6$$

引理 3　对任何正整数 $n \geqslant 1$，Fibonacci 数 F_n 恰好位于 $M - L$ 排队规则生成的某个格点 $\lambda^{\frac{n-1}{2}} a$ 上，其中 $\dfrac{a}{b} = \dfrac{1 + \sqrt{5}}{2}$.

证明　由式（1）推论 2 知

$$F_n = b\left(\frac{1 + \sqrt{5}}{2}\right)^n = \lambda^{\frac{n-1}{2}} a = \lambda^{\frac{n-2}{2}} F_2 = \lambda^{\frac{n-1}{2}} F_1$$

故 n 为偶数时，F_n 是由

$$\mathscr{F}_2 = ab$$

放大 λ 的 $\dfrac{n-2}{2}$ 次生成的某圆之心；n 为奇数时，F_n 是由

$$\mathscr{F}_1 = a$$

放大 $\dfrac{n-1}{2}$ 次 λ 倍生成的某圆之心. 因而不会被 $M - L$ 规则消除.

定理 2　按 $M - L$ 排队规则生成的一簇圆周和圆心与过其圆簇心的直线 L 的交点之间的距离变化恰好服从 Fibonacci 排列.

证明　由引理 3，只需证对任意 n，L 上小于或等于 F_n 的诸交点分布为 $\mathscr{F}_n$ 即可. 从引理 2 知 $n \leqslant 6$ 时定理真确，用归纳法设 $n = k (k \geqslant 6)$ 时仍真. 则 $n = k + 1$

Zernov 定理

时,由引理 3 知

$$F_{k+1} = a\lambda^{\frac{k}{2}}$$

可见

$$\lambda F_{k-1} = F_{k+1}, \lambda F_{k-2} = F_k, \lambda F_{k-3} = F_{k-1} \qquad (13)$$

记 M_n 为 L 上 0 点至 F_n 点之间按 $M-L$ 规则生成的排列,则当 $n \leq k$ 时

$$M_n = \mathscr{F}_n$$

而 M_{k+1} 可表为

$$M_{k+1} = M_k Q = \mathscr{F}_k Q$$

从式(13)可知 Q 由 F_{k-2} 和 F_{k-1} 之间的点按 $M-L$ 规则生成. 下面只需证

$$Q = \mathscr{F}_{k-1}$$

为此引入记号

$$\mathscr{F}_{n,d} \triangleq \mathscr{F}_n + d$$

其中 $d > 0, n \geq 1, \mathscr{F}_{n,d}$ 表直线上从 d 点开始的 Fibonacci 排列 $\mathscr{F}_n$. 显然

$$\mathscr{F}_{n,0} = \mathscr{F}_n$$

另一方面,由于

$$\mathscr{F}_{k-1} = \mathscr{F}_{k-2} \mathscr{F}_{k-3}$$

所以只需证明,按 $M-L$ 规则

$$\mathscr{F}_{k-3,F_{k-2}} = \mathscr{F}_{k-3} + F_{k-2} 生成 \mathscr{F}_{k-1,F_k} \qquad (14)$$

另一方面,从式(13)和归纳法假设知,按 $M-L$ 规则

$$\mathscr{F}_{k-4,F_{k-3}} = \mathscr{F}_{k-4} + F_{k-3} 生成 \mathscr{F}_{k-2,F_{k-1}} = \mathscr{F}_{k-2} + F_{k-1}$$
$$(15)$$

$$\mathscr{F}_{k-5,F_{k-4}} = \mathscr{F}_{k-5} + F_{k-4} 生成 \mathscr{F}_{k-3,F_{k-2}} = \mathscr{F}_{k-3} + F_{k-2}$$
$$(16)$$

（注意到引理 2）. 而式（14）的前一等式可写为

$$\mathscr{F}_{k-3,F_{k-2}} = \mathscr{F}_{k-3} + F_{k-2} = \mathscr{F}_{k-4}.\mathscr{F}_{k-5} + F_{k-2} \qquad (17)$$

所以从 $M-L$ 规则的生成原则和式（15）~（17），只需证排列 $\lambda(\mathscr{F}_{k-4} + F_{k-3})$ 和 $\lambda(\mathscr{F}_{k-5} + F_{k-4})$ 中相邻两点之距离分别与排列 $\lambda(\mathscr{F}_{k-4} + F_{k-2})$ 和 $\lambda(\mathscr{F}_{k-5} + F_{k-4} + F_{k-2})$ 中对应的相邻两点之间的距离相等. 但这是显然的. 因为 $\lambda(\mathscr{F}_{k-4} + F_{k-3})$ 中相邻的两点可表为

$$X = \lambda x + \lambda F_{k-3}, Y = \lambda y + \lambda F_{k-3}$$

而 $\lambda(\mathscr{F}_{k-4} + F_{k-2})$ 中对应的相邻两点可记为

$$X' = \lambda x + \lambda F_{k-2}, Y' = \lambda y + \lambda F_{k-3}$$

故

$$\mathrm{dist}(X, Y) = \mathrm{dist}(X', Y')$$

2. 应用

前面提出的 $M-L$ 排队规则和有关定理圆满地描述了 Hiraga et al. 在 1985 年拍摄的迄今为止最清晰、完整的锰－铝准晶体高分辨电子显微图中的奇异现象. 其意义在于：

1° 严格论述了该电子显微图中直线方向上环状分布的 10 个亮点或相间或重叠的分布规律.

2° 找出了二十面体（图 1（a））与 Fibonacci 排列之间的联系. 并将构成讨论高维结构的基础.

3° 结晶学家曾由显微图上推测，显微图亮点的分布满足 Fibonacci 排列与自相似性一一对应的关系. 本章结果提示，正确的结论是 $M-L$ 排队规则下生成的排列才是 Fibonacci 排列.

数理方程近似求解的数论方法

第 65 章

中国科学院数学研究所的王元、徐广善和华南师范大学数学系的杨照华三位教授 1999 年用数论网格

$$\left(\frac{j}{F_{4m+1}}, \left\{\frac{F_{4m}j}{F_{4m+1}}\right\}\right) \quad (1 \leqslant j \leqslant F_{4m+1})$$

建议了一个求解数学物理方程的近似方法,此处 F_n 表示 Fibonacci 贯. 若初始函数适当光滑. 本章将给出误差估计,两个例子都表明这一方法优于经典网格方法.

§1 引 言

用数论方法研究数理方程与积分方程的近似解时,通常是将问题归结为高维数值积分问题,然后应用数值积分的数论方法以求出数理方程与积分方程的近似解(见参考资料[1~8]).

832

本章将建议直接应用数论网格来代替古典的差分格式,通过构造差分方程来求得数理方程的近似解. 这里我们通过热传导方程的 Cauchy 问题的近似求解,来描述我们的方法. 考虑二维热传导方程的 Cauchy 问题

$$\frac{\partial u}{\partial t} = \left(\frac{\partial^2}{\partial x^2} + \frac{\partial^2}{\partial y^2} \right) u \quad (0 \leqslant t \leqslant 1, \ -\infty < x, y < \infty)$$

$$u(t, x, y)\big|_{t=0} = f(x, y)$$

$$(1)$$

现在我们用数论网格来构造式(1)的差分方程,命 $F_m(m = 0, 1, \cdots)$ 表示 Fibonacci 贯,即由

$$F_0 = 0, F_1 = 1, F_{m+1} = F_m + F_{m-1} \quad (m \geqslant 1)$$

来定义的整数贯,它有表达式

$$F_m = \left(\frac{1 + \sqrt{5}}{2} \right)^m - \left(\frac{1 - \sqrt{5}}{2} \right)^m \quad (m = 0, 1, \cdots) \quad (2)$$

习知点集

$$\left(\frac{l}{F_{4m+1}}, \left\{ \frac{F_{4m}l}{F_{4m+1}} \right\} \right) \quad (1 \leqslant l \leqslant F_{4m+1}) \quad (3)$$

是一个平面数论网络,此处 $\{x\}$ 表示 x 的分数部分. 这一点集有偏差 $O\left(\dfrac{\log F_{4m+1}}{F_{4m+1}} \right)$(例如见参考资料[3]). 当 k 为任意整数时,点集

$$\left(\left\{ \frac{F_{2m+1}j - F_{2m}k}{F_{4m+1}} \right\}, \left\{ \frac{F_{2m}j + F_{2m+1}k}{F_{4m+1}} \right\} \right) \quad (1 \leqslant j \leqslant F_{4m+1})$$

$$(4)$$

与点集(3)是相同的.

假定欲求 $t(>0)$ 时,$u(t, x, y)$ 在点集(3)上的值,则建议用下面的差分格式

$$\begin{cases} \dfrac{V_{j,k}^{(l+1)} - V_{j,k}^{(l)}}{\Delta t} = \sigma_m \left(V_{j+1,k}^{(l)} + V_{j-1,k}^{(l)} + V_{j,k+1}^{(l)} + V_{j,k-1}^{(l)} - 4V_{j,k}^{(l)} \right) \\ (0 \leqslant l \leqslant n-1) \\ V_{j,k}^{(0)} = f\left(\dfrac{F_{2m+1}j - F_{2m}k}{F_{4m+1}}, \dfrac{F_{2m}j + F_{2m+1}k}{F_{4m+1}} \right) \end{cases}$$

（5）

此得

$$\sigma_m = \frac{F_{4m+1}^2}{F_{2m}^2 + F_{2m+1}^2}, \Delta t = \frac{1}{4\sigma_m}$$

（稳定性条件）及

$$n = \frac{t}{\Delta t}$$

我们将在 $f(x,y)$ 满足适当条件之下来证明这一格式的收敛性,并给出它与古典差分格式的举例比较.

§2　若干引理

引理1　有恒等式

$$F_{l-1}F_m - F_l F_{m-1} = (-1)^{m+1} F_{l-m} \quad (l \geqslant m) \quad (6)$$

证明　将表达式(2)代入式(6)两端,直接验证即得.

引理2　命 $m \geqslant 1$ 及 k 为任意整数,则点集(3)与(4)是相同的.

证明　由式(6)可得

$$F_{4m}F_{2m+1} - F_{4m+1}F_{2m} = F_{2m}$$

与

$$F_{4m}F_{2m} - F_{4m+1}F_{2m-1} = -F_{2m+1}$$

所以

$$\left(\frac{F_{2m+1}}{F_{4m+1}}, \frac{F_{2m}}{F_{4m+1}}\right) \equiv \left(\frac{F_{2m+1}}{F_{4m+1}}, \frac{F_{4m}F_{2m+1}}{F_{4m+1}}\right) (\bmod 1)$$

与

$$\left(-\frac{F_{2m}}{F_{4m+1}}, \frac{F_{2m+1}}{F_{4m+1}}\right) \equiv \left(-\frac{F_{2m}}{F_{4m+1}}, \frac{-F_{4m}F_{2m}}{F_{4m+1}}\right) (\bmod 1)$$

即得

$$\left(\frac{F_{2m+1}j - F_{2m}k}{F_{4m+1}}, \frac{F_{2m}j + F_{2m+1}k}{F_{4m+1}}\right)$$

$$\equiv \left(\frac{F_{2m+1}j - F_{2m}k}{F_{4m+1}}, \frac{F_{4m}(F_{2m+1}j - F_{2m}k)}{F_{4m+1}}\right) (\bmod 1)$$

因此只要证明当 k 固定时

$$F_{2m+1}j - F_{2m}k \quad (1 \leqslant j \leqslant F_{4m+1}) \tag{7}$$

构成模 F_{4m+1} 的一个完全剩余系即可. 事实上, 由定义 F_l 的递推公式可得

$$\begin{aligned}
(F_{l+1}, F_l) &= (F_l + F_{l-1}, F_l) \\
&= (F_l, F_{l-1}) = \cdots \\
&= (F_2, F_1) = (1, 1) = 1
\end{aligned}$$

所以由

$$F_{4m}F_{2m} = F_{4m+1}F_{2m-1} - F_{2m+1}$$

即可推出

$$(F_{2m+1}, F_{4m+1}) = 1$$

事实上, 由

$$(F_{2m+1}, F_{4m+1}) = d > 1$$

即得出

$$d \mid F_{4m}F_{2m}$$

835

这与

$$F(F_{2m}, F_{2m+1}) = (F_{4m}, F_{4m+1}) = 1$$

相矛盾,所以

$$F_{2m+1}j - F_{2m}k (\mod F_{4m+1}) \quad (1 \leqslant j \leqslant F_{4m+1})$$

构成模 F_{4m+1} 的一个完全剩余系.

引理3 命

$$x = \frac{F_{2m+1}}{F_{4m+1}}\xi - \frac{F_{2m}}{F_{4m+1}}\eta, \ y = \frac{F_{2m}}{F_{4m+1}}\xi + \frac{F_{2m+1}}{F_{4m+1}}\eta$$

则

$$\frac{\partial^2}{\partial x^2} + \frac{\partial^2}{\partial y^2} = \sigma_m \left(\frac{\partial^2}{\partial \xi^2} + \frac{\partial^2}{\partial \eta^2} \right)$$

§3 关于格式的收敛性

先对方程(1)的初始函数 $f(x, y)$ 加上适当条件:假定 $f(x, y)$ 为对 x 与 y 均有周期 1 之周期函数,且有 Fourier 展开式

$$f(x, y) = \sum C(u, v) e^{2\pi i(ux+vy)} \tag{8}$$

此处求和范围为 $-\infty < u, v < \infty$ 及 $C(u, v)$ 满足

$$|C(u, v)| \leqslant \frac{C}{(\bar{u}\,\bar{v})^\alpha} \tag{9}$$

其中 $\bar{x} = \max(1, |x|)$,$C > 0$ 与 $\alpha > 1$ 为常数. 这种函数类记为 $E_\alpha(C)$. 这是 Korobov 首先引进的. 例如当 $f(x, y)$ 有连续导数 $\frac{\partial^4 f(x, y)}{\partial x^2 \partial y^2}$ 时,则由 $f(x, y)$ 的 Fourier 系数

$$C(u,v) = \int_0^1 \int_0^1 f(x,y)\,e^{-2\pi i(ux+vy)}\,dxdy$$

作分部积分即可知 $C(u,v)$ 满足式(9),其中 $\alpha=2$.

在这种情况下,方程(1)的解可以写成

$$u(t;x,y) = \sum C(u,v)\,e^{-4\pi^2(u^2+v^2)t}\,e^{2\pi i(ux+vy)} \quad (10)$$

由式(5)与(8)可知

$$V_{j,k}^{(l)} = \sum C(u,v)A^l(u,v)\ \cdot$$
$$\exp\left\{2\pi i\left(\frac{u(F_{2m+1}j - F_{2m}k)}{F_{4m+1}} + \right.\right.$$
$$\left.\left.\frac{v(F_{2m}j + F_{2m+1}k)}{F_{4m+1}}\right)\right\}$$
$$(0 \le l \le n) \quad (11)$$

此处

$$A(u,v) = 1 + 2\Delta t\sigma_m\left(\cos\frac{2\pi(F_{2m+1}u + F_{2m}v)}{F_{4m+1}} + \right.$$
$$\left.\cos\frac{2\pi(F_{2m}u - F_{2m+1}v)}{F_{4m+1}} - 2\right) \quad (12)$$

定理　当 $1 \ge t > 0$ 时,对所有 j,k 皆有

$$\sup_{f \in E_\alpha(C)}\left| u\left(t,\frac{F_{2m+1}j - F_{2m}k}{F_{4m+1}}, \frac{F_{2m}j + F_{2m+1}k}{F_{4m+1}}\right) - V_{j,k}^{(n)}\right|$$

$$\ll CF_{4m+1}^{-\frac{\alpha-1}{\alpha+3}}$$

证明

$$\left| u\left(t,\frac{F_{2m+1}j - F_{2m}k}{F_{4m+1}}, \frac{F_{2m}j + F_{2m+1}k}{F_{4m+1}}\right) - V_{j,k}^{(n)}\right|$$

$$\le \sum \left| C(u,v)\right|\left| A(u,v)^n - e^{-4\pi^2(u^2+v^2)t}\right|$$

$$= I_1 + I_2 + I_3 \quad (13)$$

837

此处

$$I_1 = \sum_{1 \leqslant u^2 + v^2 \leqslant F_{4m+1}^{\delta}} |C(u,v)| |A(u,v)^n - e^{-4\pi^2(u^2+v^2)t}|$$

$$I_2 = \sum_{u^2 + v^2 > F_{4m+1}^{\delta}} |C(u,v)| |A(u,v)|^n$$

$$I_3 = \sum_{u^2 + v^2 > F_{4m+1}^{\delta}} |C(u,v)| e^{-4\pi^2(u^2+v^2)t}$$

其中 δ 待定.

由于

$$1 \geqslant A(u,v) \geqslant 1 - 4\Delta t \sigma_m = 0$$

所以由式(9)可知

$$I_1 \leqslant nC \sum_{1 \leqslant u^2+v^2 \leqslant F_{4m+1}^{\delta}} \frac{1}{(\overline{u}\ \overline{v})^{\alpha}} |A(u,v) - e^{-4\pi^2(u^2+v^2)\Delta t}|$$

由于当

$$1 \leqslant u^2 + v^2 \leqslant F_{4m+1}^{\delta}$$

时

$$A(u,v) = 1 + 2\Delta t \sigma_m \left(1 - \frac{4\pi^2}{2} \frac{(F_{2m+1}u + F_{2m}v)^2}{F_{4m+1}^2} + \right.$$

$$\left. 1 - \frac{4\pi^2}{2} \frac{(F_{2m}u - F_{2m+1}v)^2}{F_{4m+1}^2} + O(F_{4m+1}^{-2+2\delta}) - 2 \right)$$

$$= 1 - 2\Delta t \sigma_m \frac{4\pi^2(F_{2m}^2 + F_{2m+1}^2)(u^2+v^2)}{2F_{4m+1}^2} +$$

$$O(F_{4m+1}^{-2+2\delta})$$

$$= 1 - 4\pi^2 \Delta t(u^2 + v^2) + O(F_{4m+1}^{-2+2\delta})$$

及由式(5)可知

$$e^{-4\pi^2(u^2+v^2)\Delta t}$$

$$= 1 - 4\pi^2(u^2 + v^2)\Delta t + O((u^2+v^2)^2 \Delta t^2)$$

$$= 1 - 4\pi^2(u^2 + v^2)\Delta t + O(F_{4m+1}^{-2+2\delta})$$

所以由

$$n = 4t\sigma_m \leqslant 4\sigma_m = O(F_{4m+1})$$

即得

$$I_1 \ll nCF_{4m+1}^{-2+2\delta} \sum_{1 \leqslant u^2 + v^2 \leqslant F_{4m+1}^\delta} \frac{1}{(\overline{u}\ \overline{v})^\alpha}$$

$$\ll nCF_{4m+1}^{-2+2\delta} \sum \frac{1}{(\overline{u}\ \overline{v})^\alpha} \ll CF_{4m+1}^{-1+2\delta}$$

又由

$$u^2 + v^2 \geqslant F_{4m+1}^\delta$$

可知

$$\max(|u|,|v|) \gg F_{4m+1}^{\frac{\delta}{2}}$$

所以

$$I_2 \ll C \sum_{u > F_{4m+1}^{\frac{\delta}{2}}} \frac{1}{(\overline{u}\ \overline{v})^\alpha} \ll C \sum_{u > F_{4m+1}^{\frac{\delta}{2}}} \frac{1}{\overline{u}^\alpha} \sum_{v=1}^\infty \frac{1}{v^\alpha} \ll CF_{4m+1}^{(-\alpha+1)\frac{\delta}{2}}$$

同样地,我们有估计

$$I_3 \ll CF_{4m+1}^{(-\alpha+1)\frac{\delta}{2}}$$

取

$$\delta = \frac{2}{3+\alpha}$$

即得

$$I_i \ll CF_{4m+1}^{-\frac{\alpha-1}{\alpha+3}} \quad (i=1,2,3)$$

代入式(13)即得定理.

　　注　我们也可以在点集

$$\left(\frac{j}{F_{4m+3}}, \left\{\frac{F_{4m+2}j}{F_{4m+3}}\right\}\right) \quad (1 \leqslant j \leqslant F_{4m+3}) \tag{14}$$

上建立差分网格,类似于引理 2,我们可以证明当 k 为

固定整数时,点集(14)与点集

$$\left(\left\{\frac{F_{2m+1}j - F_{2m+2}k}{F_{4m+3}}\right\}, \left\{\frac{F_{2m+2}j + F_{2m+1}k}{F_{4m+3}}\right\}\right)$$

$$(1 \leqslant j \leqslant F_{4m+3}) \qquad (15)$$

是相同的.

§4　经典差分格式

用等距网格

$$\left(\frac{j}{m}, \frac{k}{m}\right) \quad (0 \leqslant j, k < m) \qquad (16)$$

建立的差分方程组就是经典差分格式. 详言之,差分格式为

$$\begin{cases} \dfrac{W_{j,k}^{(l+1)} - W_{j,k}^{(l)}}{\Delta t} = N(W_{j+1,k}^{(l)} + W_{j-1,k}^{(l)} + W_{j,k+1}^{(l)} + W_{j,k-1}^{(l)} - 4W_{j,k}^{(l)}) \\ (0 \leqslant l < n) \\ W_{j,k}^{(0)} = f\left(\dfrac{j}{m}, \dfrac{k}{m}\right) \end{cases}$$

此处 $\Delta t = \dfrac{1}{4N}$(稳定性条件), $n = \dfrac{t}{\Delta t}$ 及 $N = m^2$.

$W_{j,k}^{(n)}$ 就是 $u\left(t, \dfrac{j}{m}, \dfrac{k}{m}\right)$ 的近似值.

§5　算　　例

由 F_n 的递推公式可得下表:

840

n	1	2	3	4	5	6	$\cdots$	25	26	27	$\cdots$
F_n	1	1	2	3	5	8	$\cdots$	75 025	121 393	196 418	$\cdots$

例 1　假定 $f(x,y) = \sin 2\pi(x+y)$，则问题（1）的解析解为

$$u(t,x,y) = \mathrm{e}^{-8\pi^2 t} \sin 2\pi(x+y)$$

命

$$
\begin{aligned}
&\sigma_1^{(1)}(t, F_{4m+1}) \\
&= \sup_{j,k} \left| u\left(t, \frac{F_{2m+1}j - F_{2m}k}{F_{4m+1}}, \frac{F_{2m}j + F_{2m+1}k}{F_{4m+1}} \right) - V_{j,k}^{(n)} \right|
\end{aligned}
$$

与

$$
\begin{aligned}
&\sigma_1^{(2)}(t, F_{4m+3}) \\
&= \sup_{j,k} \left| u\left(t, \frac{F_{2m+1}j - F_{2m+2}k}{F_{4m+3}}, \frac{F_{2m+2}j + F_{2m+1}k}{F_{4m+3}} \right) - V_{j,k}^{(n)} \right|
\end{aligned}
$$

表示用数论网格所得的误差. 又命

$$\sigma_2(t, m^2) = \sup_{j,k} \left| u\left(t, \frac{j}{m}, \frac{k}{m} \right) - W_{j,k}^{(n)} \right|$$

表示用经典网格所得的误差，则得下面的数据：

t	$\sigma_1^{(1)}(t, 75\ 025)$	$\sigma_1^{(2)}(t, 196\ 418)$	$\sigma_2(t, 75\ 076)$	$\sigma_2(t, 197\ 136)$
$\dfrac{1}{50}$	$0.171\ 3 \times 10^{-4}$		$0.285\ 0 \times 10^{-4}$	
$\dfrac{1}{53}$		$0.674\ 6 \times 10^{-5}$		$0.107\ 7 \times 10^{-4}$
$\dfrac{1}{100}$	$0.188\ 6 \times 10^{-4}$		$0.313\ 8 \times 10^{-4}$	
$\dfrac{1}{109}$		$0.705\ 1 \times 10^{-5}$		$0.112\ 6 \times 10^{-4}$
$\dfrac{1}{3\ 001}$	$0.134\ 8 \times 10^{-5}$		$0.224\ 3 \times 10^{-5}$	
$\dfrac{1}{3\ 706}$		$0.419\ 0 \times 10^{-6}$		$0.669\ 1 \times 10^{-6}$

例 2 假定

$$f(x,y) = \sum_{u=-l}^{l} \sum_{v=-l}^{l} \frac{1}{u\,v} \mathrm{e}^{2\pi\mathrm{i}(ux+vy)}$$

则问题（1）的解析解为

$$u(t,x,y) = \sum_{u=-l}^{l} \sum_{v=-l}^{l} \frac{1}{u\,v} \mathrm{e}^{-4\pi^2(u^2+v^2)t} \mathrm{e}^{2\pi\mathrm{i}(ux+vy)}$$

当 $t = \dfrac{1}{2}$ 时

$$u\left(\frac{1}{2},x,y\right) \approx 1$$

命

$$\sigma_1^{(1)}\left(\frac{1}{2},F_{4m+1}\right) = \sup_{j,k} \left| V_{j,k}^{(n)} - 1 \right|$$

$$\sigma_1^{(2)}\left(\frac{1}{2},F_{4m+3}\right) = \sup_{j,k} \left| V_{j,k}^{(n)} - 1 \right|$$

及

$$\sigma_2\left(\frac{1}{2},m^2\right) = \sup_{j,k} \left| W_{j,k}^{(n)} - 1 \right|$$

分别表示数论网格与经典网格所导致的误差. 对于不同的 l 所对应的不同函数有下列结果：

l	$\sigma_1^{(2)}\left(\frac{1}{2},13\right)$	$\sigma_1^{(1)}\left(\frac{1}{2},34\right)$	$\sigma_2\left(\frac{1}{2},16\right)$	$\sigma_2\left(\frac{1}{2},36\right)$
5	1.47		2.25	
7	1.78		3.03	
12	2.87		5.02	
15	3.42		5.48	
36		4.29		4.87

参考资料

[1] 华罗庚,王元. 数值积分及其应用. 北京:科学出版社,1963.

[2] 华罗庚,王元. 论一致分布与近似分析（Ⅰ）（Ⅱ）. 中国科学,1973,4:339-357.

[3] 华罗庚,王元. 数论方法在近似分析中的应用. 北京:科学出版社,1978;New York: Springer, 1981.

[4] Korobov M. On Approximate Solution of Integral E-quation. Dokl. Akad. Nauk, SSSR, 1959,128:235-238.

[5] Korobov H K. Number-theoretic Method in Approximate Analysis. Moscow: GEFML, 1963.

[6] Hlawka E. Uniform Distribution Modulo 1 and Numerical Analysis. Comp. Math. , 1964,16:92-105.

[7] Sarygin E F. On Application of Number-theoretic of Integration in the Case of Non-periodic Functions. Dokl. Akad. Nauk. SSSR, 1960,132:71-74.

[8] Sahov Yu N. On the Approximate Solution of Multi-dimensional Linear Volterra Equation of Second Type by the Method of Iteration. Z. Vycisl. Mat. u Mat. Fiz. , Supplement, 1964,4:75-100.

基于 Fibonacci 序列寻优理论薄壁弯箱材料常数的 Powell 优化识别[①]

第

66

章

南京航空航天大学结构工程与力学系的张剑,周储伟和东南大学桥梁工程研究所的叶见曙三位教授 2011 年对于薄壁弯箱结构推导了材料常数的动态 Bayes 误差函数,提出步长的一维 Fibonacci 序列自动寻优方案后,利用 Powell 优化理论研究了薄壁弯箱材料常数的动态识别方法,同时给出了具体的计算步骤,并研制了相应的计算程序.算例分析表明,Powell 理论用于弯箱材料常数识别时表现出良好的数值稳定性和收敛性,在迭代过程中,Powell 理论不涉及有限元偏导数处理,与以往材料常数的梯度优化方法相比,计算效率较高;建立的动态 Bayes 误差函数能同时计入系统参数的随机性和系统响应的随机性;提出的 Fibonacci 序列寻优方案

① 本章摘自《应用数学和力学》2011 年 1 月 15 日第 32 卷第 1 期.

无须通过试算确定最优步长所在区间,有效地解决最优步长的一维自动寻优问题.

§1　引　言

薄壁箱梁由于自重轻、结构受力合理等优点,在实际工程中已得到广泛的应用[1~3].随着箱梁力学机理研究的深入以及城市桥梁建设美观的需要,薄壁弯箱也有了更广泛的应用.就目前箱梁的研究成果而言,对箱梁进行线弹性正分析已非难事,Ansys 等多种商用软件均能够完成,还有一些学者根据箱梁的受力特点,构造不同的单元对箱梁受力性能进行了研究[4~6].

在进行薄壁弯箱受力性能分析时,其材料常数必须输入,否则无法进行结构分析.然而,要准确把握薄壁弯箱材料常数并非易事.目前为止,其往往由现场或室内试验甚至经验得出,有时难以准确地反映实际情况.因此,如能根据不同测量次数、不同空间位置的薄壁弯箱位移实测值,考虑随机因素影响,动态地识别弯箱材料常数,则有助于更准确地预测薄壁弯箱的结构行为[7~8].

参考资料[9]利用一阶梯度法对多梁式梁的材料常数进行了识别研究,并指出一阶梯度法在迭代过程中需计算考察点位移对待估参数的偏导数,容易形成误差累计且计算效率不高,参考资料[10~11]利用共轭梯度法对箱梁材料常数等进行了研究,结果表明在材料常数迭代过程中,计算效率高效与否很大程度上决定于迭代过程中调用正分析次数,共轭梯度法需多次处理误差函数对系统参数的有限元偏导数,即便转化成有限差分法解决后,仍需多次调用箱梁正分析,这显然限制了计算效率. 为此,作为研究的继续和深入,针对薄壁弯箱结构,基于 Powell 直接优化理论,结合最优步长的一维 Fibonacci 序列自动寻优方案,对其材料常数的动态识别问题展开研究.

§2 薄壁弯箱材料常数的误差函数

在薄壁弯箱材料常数的 Powell 优化识别中,将弯箱各部位弹性模量均可视为随机变量,记成随机向量

$$E = \begin{bmatrix} E_1 & E_2 & \cdots & E_m \end{bmatrix}^{\mathrm{T}}$$

(m 为随机向量 E 的维数)进行多参数识别. 根据 Bayes 定理[11],有

$$f(E \mid U^*) = \frac{f(U^* \mid E)f(E)}{f(U^*)} \qquad (1)$$

式中,$f(E)$ 为验前分布,$f(U^* \mid E)$ 为实验位移条件分布,$f(U^*)$ 为实测位移分布,$f(E \mid U^*)$ 为验后分布. 假设随机向量 E 的验前分布具有 Gauss 性,则 $f(E)$ 为

$$f(E) = (2\pi)^{-\frac{m}{2}} \mid C_E \mid^{-1} \exp\left[-\frac{1}{2}(E - E_0)^{\mathrm{T}} C_E^{-1}(E - E_0) \right]$$
$$(2)$$

式中,E_0 和 C_E 分别为薄壁弯箱材料常数 E 的均值列阵和协方差矩阵.

在实际工程中,已布测点的位移需测量多次,每次位移实测值列阵 U_i^* 都是来自 U^* 的样本,如果建立常

规 Bayes 误差函数进行参数识别,重复工作量大,为此,考虑建立薄壁弯箱材料常数的动态 Bayes 误差函数. U_i^* 的联合密度为 $\prod_{i=1}^{n} f(U_i^* \mid E)$,其中 n 为位移测量次数. 由极大似然理论可得似然函数

$$L(U^* \mid E) = f(U^* \mid E)$$

$$= (2\pi)^{-\frac{mn}{2}} \prod_{i=1}^{n} \mid C_{U_i^*} \mid^{-1} \cdot$$

$$\exp\left[-\frac{1}{2} \sum_{i=1}^{n} (U_i^* - U_i)^{\mathrm{T}} C_{U_i^*}^{-1} (U_i^* - U_i) \right] \quad (3)$$

式中,$U_i = U_i(E)$ 为位移理论计算值列阵. 将式(2)和式(3)代入式(1),薄壁弯箱材料常数的动态 Bayes 误差函数 J 可推求为

$$J = \sum_{i=1}^{n} (U_i^* - U_i)^{\mathrm{T}} C_{U_i^*}^{-1} (U_i^* - U_i) + (E - E_0)^{\mathrm{T}} C_E^{-1} (E - E_0)$$

$$(4)$$

式(4)即为材料常数的 Powell 优化识别中所需的误差函数式. 为了获得待估参数的方差识别结果,由式(4)可求出误差函数 J 对薄壁弯箱材料常数 E 的偏导数为

$$\frac{\partial J}{\partial E} = \sum_{i=1}^{n} 2\left(\frac{\partial U_i}{\partial E}\right)^{\mathrm{T}} C_{U_i^*}^{-1} (U_i - U_i^*) + 2C_E^{-1} (E - E_0)$$

$$(5)$$

将 $U_i(E)$ 在 E 均值点 $\overline{E}$ 处 Taylor 展开,并忽略二阶及其以上微量,可得

$$U_i(E) = U_i(\overline{E}) + S_i(\overline{E})(E - \overline{E}) \quad (6)$$

其中,敏感性矩阵

$$S_i(\overline{E}) = \frac{\partial U_i}{\partial E}\bigg|_{E = \overline{E}}$$

Zernov 定理

将式(6)代入式(5),可得

$$\frac{\partial J}{\partial E} = \sum_{i=1}^{n} S_i^{\mathrm{T}} C_{U_i^*}^{-1} (\overline{U}_i + S_i E -$$
$$S_i \overline{E} - U_i^*) + 2C_E^{-1}(E - E_0) \qquad (7)$$

其中

$$\overline{U}_i = U_i(\overline{E})$$

当误差函数 J 达到极小值时,式(7)取值为0,则可得

$$\left[\sum_{i=1}^{n} S_i^{\mathrm{T}} C_{U_i^*}^{-1} S_i + C_E^{-1} \right] E$$
$$= \sum_{i=1}^{n} S_i^{\mathrm{T}} C_{U_i^*}^{-1} (U_i^* - \overline{U}_i + S_i \overline{E}) + C_E^{-1} E_0 \qquad (8)$$

设

$$H = \sum_{i=1}^{n} S_i^{\mathrm{T}} C_{U_i^*}^{-1} S_i + C_E^{-1}$$
$$M = H^{-1} [S_1^{\mathrm{T}} C_{U_1^*}^{-1}, S_2^{\mathrm{T}} C_{U_2^*}^{-1}, \cdots, S_n^{\mathrm{T}} C_{U_n^*}^{-1}]$$

由式(8)即可推得薄壁弯箱材料常数 E 的识别值 $\widehat{E}$ 为

$$\widehat{E} = (I - MS)E_0 + MU^* - M(\overline{U} - S\overline{E}) \qquad (9)$$

式中,I 为单位矩阵

$$U^* = [U_1^*, U_2^*, \cdots, U_n^*]^{\mathrm{T}}$$

其中 U_i^* 为第 i 次位移实测值列阵

$$\overline{U} = [\overline{U}_1, \overline{U}_2, \cdots, \overline{U}_n]^{\mathrm{T}}$$

其中 $\overline{U}_i$ 为参数均值点 $\overline{E}$ 处第 i 次理论计算位移值列阵

$$S = [S_1, S_2, \cdots, S_n]^{\mathrm{T}}$$

其中 S_i 为第 i 次位移敏感性矩阵. 假定薄壁弯箱材料常数先验信息 E_0 与位移实测资料 U^* 不相关,由式(9)知 $\widehat{E}$ 的方差为

848

$$C_{\widehat{E}} = [I - MS] C_E [I - MS]^{\mathrm{T}} + M C_{U^*} M^{\mathrm{T}} \quad (10)$$

式中, C_{U^*} 为对角块阵 $C_{U^*} = \mathrm{diag}(C_{U_1^*}, C_{U_2^*}, \cdots,$ $C_{U_n^*})$, 其中 $C_{U_i^*}$ 为第 i 次位移测量值协方差矩阵. 利用 C_E, C_{U^*} 的对称非奇异性, 式(10) 可推成

$$C_{\widehat{E}} = [C_E^{-1} + S^{\mathrm{T}} C_{U^*}^{-1} S]^{-1} \quad (11)$$

式(11) 也可以写成动态 Bayes 方差的和式形式

$$C_{\widehat{E}} = \Big[C_E^{-1} + \sum_{i=1}^{n} S_i^{\mathrm{T}} C_{U_i^*}^{-1} S_i \Big]^{-1} \quad (12)$$

§3　薄壁弯箱的 FCSE 理论

薄壁弯箱材料常数的动态误差函数式(4) 中 U_i 为位移理论计算值列阵, 本章利用有限曲条元 (FCSE) 理论[12], 对薄壁弯箱进行力学分析. 对于薄壁弯箱结构, 图 1 通过锥顶角 φ 的变化描述不同几何形状壳体的应变与位移关系

$$\begin{cases}
\varepsilon_x = \dfrac{\partial u}{\partial x}, \varepsilon_\theta = \dfrac{1}{r} \dfrac{\partial v}{\partial \theta} + \dfrac{w\cos\varphi + u\sin\varphi}{r} \\[2mm]
\gamma_{x\theta} = \dfrac{1}{r} \dfrac{\partial u}{\partial \theta} + \dfrac{\partial v}{\partial x} - \dfrac{v\sin\varphi}{r} \\[2mm]
X_x = -\dfrac{\partial^2 w}{\partial x^2} \\[2mm]
X_\theta = -\dfrac{1}{r^2} \dfrac{\partial^2 w}{\partial \theta^2} + \dfrac{\cos\varphi}{r^2} \dfrac{\partial v}{\partial \theta} - \dfrac{\sin\varphi}{r} \dfrac{\partial w}{\partial x} \\[2mm]
X_{x\theta} = 2\Big(-\dfrac{1}{r} \dfrac{\partial^2 w}{\partial x\partial \theta} + \dfrac{\sin\varphi}{r^2} \dfrac{\partial w}{\partial \theta} + \dfrac{\cos\varphi}{r} \dfrac{\partial v}{\partial x} - \dfrac{\sin\varphi\cos\varphi}{r^2} v \Big)
\end{cases}$$

$$(13)$$

Zernov 定理

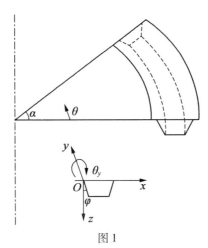

图 1

对于简支薄壁弯箱,FCS 单元(图 2) 位移场表达式为

$$f = \sum_{m=1}^{r} f_m = \sum_{m=1}^{r} N_m \boldsymbol{\delta}_m \qquad (14)$$

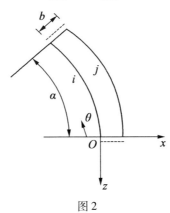

图 2

式中

$$f = [u, v, w]^T$$

和

$$f_m = [u_m, v_m, w_m]^T$$

850

分别为整体坐标系 xyz 中位移场列阵和第 m 级位移场列阵,$\boldsymbol{\delta}_m$ 为单元节线峰值位移列阵,N_m 为谐函数

$$Y_m = \sin \frac{m\pi\theta}{\alpha}$$

的函数,α 为弯曲箱梁圆心角,θ 为角坐标,b 为条元宽度.

　　FCS 单元刚度矩阵推求为

$$\boldsymbol{K}_e = \int_V \boldsymbol{B}^{\mathrm{T}} \boldsymbol{D} \boldsymbol{B} \mathrm{d}V$$

$$= \int_V \begin{bmatrix} \boldsymbol{B}_1 & \boldsymbol{B}_2 & \cdots & \boldsymbol{B}_r \end{bmatrix}^{\mathrm{T}} \boldsymbol{D} \begin{bmatrix} \boldsymbol{B}_1 & \boldsymbol{B}_2 & \cdots & \boldsymbol{B}_r \end{bmatrix} \mathrm{d}V$$

$$(15)$$

式中 $\boldsymbol{D}$ 为弹性矩阵,应变矩阵 $\boldsymbol{B}$ 由式(14) 代入 FCS 单元的应变位移关系(13) 推求,式(15) 中

$$\boldsymbol{K}_{emn} = \int_V \boldsymbol{B}_m^{\mathrm{T}} \boldsymbol{D} \boldsymbol{B}_n \mathrm{d}V \qquad (16)$$

利用谐函数 $Y_m = \sin \dfrac{m\pi\theta}{\alpha}$ 的正交性,式(15) 成为主对角块阵

$$\boldsymbol{K}_e = \mathrm{diag}\begin{bmatrix} \boldsymbol{K}_{e11} & \boldsymbol{K}_{e22} & \cdots & \boldsymbol{K}_{err} \end{bmatrix} \qquad (17)$$

则薄壁弯箱的第 m 级有限曲条控制方程为

$$\boldsymbol{K}_{mm} \boldsymbol{U}_m = \boldsymbol{R}_m \qquad (18)$$

式中

$$\boldsymbol{K}_{mm} = \sum_e \boldsymbol{T}^{\mathrm{T}} \boldsymbol{K}_{emm} \boldsymbol{T}$$

$\boldsymbol{T}$ 为整体坐标系到局部坐标系的旋转矩阵,$\boldsymbol{U}_m$ 和 $\boldsymbol{R}_m$ 分别为第 m 级整体节线峰值位移列阵和节线荷载列阵.则峰值位移列阵 $\boldsymbol{U}_m$ 关于级数 m 求和,可得薄壁弯箱位移列阵 $\boldsymbol{U}$ 有

$$U = \sum_{m=1}^{r} \boldsymbol{P}_m \left(\sin\frac{m\pi}{\alpha}\theta, \cos\frac{m\pi}{\alpha}\theta \right) \boldsymbol{U}_m \qquad (19)$$

式中，$\boldsymbol{P}_m$ 为第 m 级位移插值矩阵，为谐函数 $\sin\dfrac{m\pi\theta}{\alpha}$ 和 $\cos\dfrac{m\pi\theta}{\alpha}$ 的矩阵函数.

§4 薄壁弯箱材料常数的识别步骤和步长的一维自动寻优

1. 基于 Powell 理论薄壁弯箱材料常数的识别方法

现有的优化方法总体上可分为直接搜索法（如 Powell 法、单纯型法等）和梯度分析法（如共轭梯度法、一阶梯度法等），梯度分析法在优化过程中通过不断地改变空间尺度（矩阵），产生新的搜索方向，但需进行误差函数对系统参数的有限元偏导数这一繁琐且易产生误差累积的计算. 而直接搜索法只需利用误差函数值信息，适用于式(4) 的误差函数无解析表达式的情形. 在众多的直接搜索法中，Powell 优化方法不失为一种高效算法[12]，通过不同出发点在平行方向上的一维搜索获得寻优方向，根据 Powell 优化理论，薄壁弯箱材料常数的识别步骤为：

1）选取薄壁弯箱材料常数 $\boldsymbol{E}$ 的初始值 $\boldsymbol{E}^{0,0}$ 及 m 个初始搜索方向 $\boldsymbol{d}^{0,i}$，可取 $\boldsymbol{d}^{0,i} = \boldsymbol{e}_i$，其中 $\boldsymbol{e}_i$ 为单位坐标向量，m 为材料常数 $\boldsymbol{E}$ 的维数，$i = 1,2,\cdots,m$，给出收敛容差 ε_1 和 ε_2，并置迭代次数为 $k = 0$；

2）从材料常数 $\boldsymbol{E}^{k,0}$ 出发，依次沿 m 个搜索方向 $\boldsymbol{d}^{k,i}$ 作一维搜索，即

$$J(\boldsymbol{E}^{k,i}) = \min_t J(\boldsymbol{E}^{k,i-1} + t\boldsymbol{d}^{k,i})$$

得到材料常数点序列 $\boldsymbol{E}^{k,i}$；由材料常数的动态 Bayes 误差函数式（4），进行下式计算

$$\Delta_l^k = \max_{1 \leqslant i \leqslant m} \Delta_i^k = \max_{1 \leqslant i \leqslant m} \left[J(\boldsymbol{E}^{k,i-1}) - J(\boldsymbol{E}^{k,i}) \right] (20)$$

3）从材料常数 $\boldsymbol{E}^{k,m}$ 出发，沿搜索方向

$$\boldsymbol{d}^k = \boldsymbol{E}^{k,m} - \boldsymbol{E}^{k,0}$$

进行一维搜索，即

$$J(\boldsymbol{E}^{k+1,0}) = \min_t J(\boldsymbol{E}^{k,m} + t\boldsymbol{d}^k)$$

求得材料常数 $\boldsymbol{E}^{k+1,0}$；并进行收敛判别，即对于收敛判别准则式，有

$$\left| \frac{J(\boldsymbol{E}^{k+1,0}) - J(\boldsymbol{E}^{k,0})}{J(\boldsymbol{E}^{k,0})} \right| < \varepsilon_1, \left\| \frac{\boldsymbol{E}^{k+1,0} - \boldsymbol{E}^{k,0}}{\boldsymbol{E}^{k+1,0}} \right\|_2 < \varepsilon_2$$

$$(21)$$

则 Powell 迭代收敛，材料常数 $\boldsymbol{E}$ 的识别结果 $\widehat{\boldsymbol{E}} = \boldsymbol{E}^{k+1,0}$，迭代结束，否则进行步骤4）；

4）进行搜索方向 $\boldsymbol{d}^k$ 是否吸收的判别计算，设

$$\boldsymbol{E}^{k,2m} = 2\boldsymbol{E}^{k,m} - \boldsymbol{E}^{k,0}$$

进行下式计算

$$J_1^k = J(\boldsymbol{E}^{k,0}), J_2^k = J(\boldsymbol{E}^{k,m}), J_3^k = J(\boldsymbol{E}^{k,2m}) (22)$$

$$J_4^k = (J_1^k - 2J_2^k + J_3^k)(J_1^k - J_2^k - \Delta_l^k)^2$$

$$J_5^k = \frac{1}{2}\Delta_l^k(J_1^k - J_3^k)^2 \qquad (23)$$

如果 $J_3^k \geqslant J_1^k$，原搜索方向组不变，转入步骤6），否则进行步骤5）；

5）如果 $J_4^k \geqslant J_5^k$，原搜索方向组不变，进行步骤 6），否则进行吸收搜索方向 $\boldsymbol{d}^k$ 的计算

$$
\begin{cases}
\boldsymbol{d}^{k+1,i} = \boldsymbol{d}^{k,i} & (i = 1, 2, \cdots, l-1) \\
\boldsymbol{d}^{k+1,i} = \boldsymbol{d}^{k,i+1} & (i = l, l+1, \cdots, m-1) \\
\boldsymbol{d}^{k+1,m} = \boldsymbol{d}^k
\end{cases} (24)
$$

同时置 $\boldsymbol{E}^{k,0} = \boldsymbol{E}^{k+1,0}, \boldsymbol{d}^{k,i} = \boldsymbol{d}^{k+1,i}, k = k+1$，转入步骤 2）继续迭代；

6）置 $\boldsymbol{E}^{k,0} = \boldsymbol{E}^{k+1,0}, k = k+1$，转入步骤2）继续迭代.

2. Fibonacci 序列寻优法

在上述步骤2）和3）中均需进行步长 t 的一维寻优计算，这在参数识别中是一个比较复杂的问题. 在已有的参数识别研究成果中，一维搜索基本都采用黄金分割法、多项式插值法等，这些方法通常需通过反复试算确定步长 t 所在的区间，但识别步长 t 所在的区间并不容易，特别对于多参数识别来说，要准确地识别步长 t 所在的区间更为困难. 而本章采用参考资料[13]中最优步长的一维 Fibonacci 序列寻优法，能自动寻找步长 t 所在的区间并进行优化，无须事先设定区间，成功地解决了步长的自动寻优问题.

§5 程序研制及算例分析

本章对一简支混凝土薄壁弯箱材料常数 $\boldsymbol{E} = \begin{bmatrix} E_1 & E_2 & E_3 \end{bmatrix}^{\mathrm{T}}$（薄壁弯箱的顶板、腹板和底板弹性模量分别为 E_1, E_2, E_3）进行 Powell 优化识别研究. 选择参考资料[4]中薄壁弯箱模型，曲条元和节线编号如

图 3 所示,弯箱半径 R = 300 cm,圆心角 α = 0.4 rad,
中轴线跨长 L = 120 cm,平面图如图 4 所示. 待估材料
常数 E 实际值、混凝土 Poisson 比 μ 和顶板、腹板和底
板厚度 d_1,d_2 和 d_3 如表 1 所示. 在节线 2 和节线 5 处分
别作用 p_1 = 100.0 N/cm 和 p_2 = 80.0 N/cm 两个垂直
向均布节线荷载,取级数项数 m = 30 项,本章研制了
薄壁弯箱材料常数 E 的 Powell 优化识别 POWCBG 程
序,其中 POWCBG 程序调用薄壁弯箱有限曲条的
FSMCBG 正分析程序(已在参考资料[10]中进行考
证,此处不再重复). 选择图 4 弯箱跨中截面的节线
1 ~ 6 这 6 个点(图 3)为位移考察点,每个考察点进行
了 5 次位移观测,测点位移均值和标准差如表 2 所示.

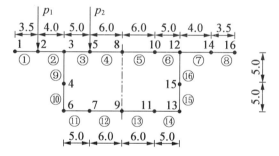

图 3

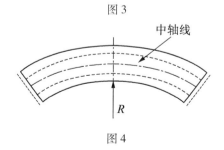

图 4

855

表 1 薄壁弯箱材料常数、Poisson 比及截面厚度

参数的名称	E_1	E_2	E_3	μ	d_1	d_2	d_3
单位	N/cm²	N/cm²	N/cm²		cm	cm	cm
估值	3.00×10^6	2.50×10^6	3.50×10^6	0.167	0.40	0.45	0.50

表 2 考察点位移均值 U 和标准差 σ_U (cm)

选定的点	位移期望 U					位移期望 σ_v				
	U_1	U_2	U_3	U_4	U_5	σ_{U_1}	σ_{U_2}	σ_{U_3}	σ_{U_4}	σ_{U_5}
1	0.847	0.842	0.851	0.852	0.845	0.151	0.148	0.153	0.155	0.149
2	0.683	0.678	0.677	0.680	0.686	0.124	0.127	0.119	0.120	0.122
3	0.562	0.561	0.558	0.560	0.566	0.103	0.101	0.107	0.103	0.104
4	0.563	0.566	0.567	0.558	0.560	0.102	0.100	0.097	0.105	0.099
5	0.593	0.598	0.589	0.590	0.595	0.109	0.112	0.115	0.105	0.113
6	0.561	0.566	0.557	0.559	0.562	0.103	0.101	0.106	0.099	0.104

856

情况 1. 先验信息准确时薄壁弯箱材料常数的 Powell 识别研究,即取

$$\boldsymbol{E}_0 = [\,300.0\,,250.0\,,350.0\,]^{\mathrm{T}}$$

分别取初始值

$$\boldsymbol{E}_{1\mathrm{ini}} = [\,100.0\,,500.0\,,600.0\,]^{\mathrm{T}}$$

和

$$\boldsymbol{E}_{2\mathrm{ini}} = [\,200.0\,,200.0\,,200.0\,]^{\mathrm{T}}$$

参数变异系数取 0.1,将这些数据连同表 2 数据代入薄壁弯箱材料常数的 Powell 识别 POWCBG 程序,并取收敛准则

$$\varepsilon_1 = 0.001\,,\varepsilon_2 = 0.001$$

参数迭代结果如表 3 和图 5 所示.

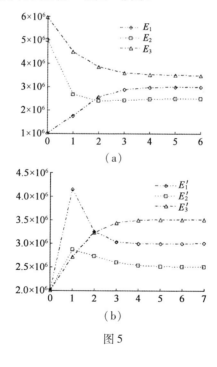

(a)

(b)

图 5

表 3 先验信息准确时弯箱材料常数的 Powell 识别结果 (N/cm^2)

E_i	E_1	E_2	E_3	E'_1	E'_2	E'_3
E_{ini}	$1.000\,0\times10^6$	$5.000\,0\times10^6$	$6.000\,0\times10^6$	$2.000\,0\times10^6$	$2.000\,0\times10^6$	$2.000\,0\times10^6$
E_{end}	$3.003\,8\times10^6$	$2.496\,3\times10^6$	$3.499\,2\times10^6$	$2.999\,6\times10^6$	$2.499\,0\times10^6$	$3.501\,9\times10^6$
N	6	6	6	7	7	7
$\eta/\%$	0.13	0.15	0.02	0.01	0.04	0.06
ε_i	ε_1	ε_1	ε_1	ε_2	ε_2	ε_2

　　由计算结果可知,在先验信息准确时,材料常数 E 的 Powell 识别过程是稳定的,且无论初始值偏离实际值远近,迭代过程都收敛于实际值,对参数初始值选取的依赖性较小,这也说明本章采用 Powell 理论和最优步长的 Fibonacci 序列寻优方法是有效的,研制的 POWCBG 计算程序是正确的. 在先验信息准确时,取不同材料常数初始值,迭代过程既能按 ε_1 收敛,也能按 ε_2 收敛. 参数优化识别效率的高低主要决定于调用有限元正分析的次数. 通过大量试算及与参考资料 [3] 对比可知,Powell 理论的迭代过程不涉及有限元偏导数处理,无须额外地多次调用有限元正分析程序,耗时约为共轭梯度法的一半,计算效率较高.

　　从表 3 还可知,在多参数识别中,初始值偏离实际值越近,满足收敛准则时迭代次数并不越少,收敛精度也未必越高. $E_{2\mathrm{ini}}$ 的取值较 $E_{1\mathrm{ini}}$ 明显接近于参数实际值 E_{true},但满足收敛准则时,取 $E_{2\mathrm{ini}}$ 的迭代次数(7 次)多于 $E_{1\mathrm{ini}}$ 的迭代次数(6 次),且收敛精度都很高(相对误差 $\eta < 0.2\%$),收敛精度并未随着初始值靠近实际值而有显著提高,这是由于多参数识别时,参数之间的相互制约作用引起的.

　　情况 2. 先验信息不准确时,薄壁弯箱材料常数的 Powell 识别研究. 此情况与实际情况相符合,因为凭工程经验给出的参数先验信息很难与参数实际值一致. 取材料常数先验信息

$$E_0 = \begin{bmatrix} 400.0, 400.0, 400.0 \end{bmatrix}^{\mathrm{T}}$$

为便于比较,仍取初始值

$$E_{1\mathrm{ini}} = \begin{bmatrix} 100.0, 500.0, 600.0 \end{bmatrix}^{\mathrm{T}}$$

和

$$E_{2\mathrm{ini}} = \begin{bmatrix} 150.0, 400.0, 200.0 \end{bmatrix}^{\mathrm{T}}$$

其余同情况 1. 此时,薄壁弯箱材料常数的 Powell 识别结果如表 4 所示.

表4 先验信息不准确时弯箱材料常数的 Powell 识别结果（N/cm²）

E_i	E_1	E_2	E_3	E'_1	E'_2	E'_3
E_{ini}	$1.000\,0\times10^6$	$5.000\,0\times10^6$	$6.000\,0\times10^6$	$1.500\,0\times10^6$	$4.000\,0\times10^6$	$2.000\,0\times10^6$
E_{end}	$3.197\,1\times10^6$	$3.731\,9\times10^6$	$3.085\,0\times10^6$	$3.546\,7\times10^6$	$3.770\,2\times10^6$	$3.148\,2\times10^6$
N	4	4	4	15	15	15
$\eta/\%$	6.57	49.27	11.85	发散	发散	发散
ε_i	ε_2	ε_2	ε_2			

表 5　不同先验信息下参数迭代结果的相对波动程度（N/cm²）

E_i	E_1	E_2	E_3	E'_1	E'_2	E'_3
E_{pre}	$3.000\ 0 \times 10^6$	$2.500\ 0 \times 10^6$	$3.500\ 0 \times 10^6$	$4.000\ 0 \times 10^6$	$4.000\ 0 \times 10^6$	$4.000\ 0 \times 10^6$
E_{1end}	$3.003\ 8 \times 10^6$	$2.496\ 3 \times 10^6$	$3.499\ 2 \times 10^6$	$3.197\ 1 \times 10^6$	$3.731\ 9 \times 10^6$	$3.085\ 0 \times 10^6$
E_{2end}	$2.999\ 6 \times 10^6$	$2.499\ 0 \times 10^6$	$3.501\ 9 \times 10^6$	$3.312\ 2 \times 10^6$	$3.708\ 0 \times 10^6$	$3.022\ 8 \times 10^6$
$|E_{1end} - E_{2end}|$	$0.420\ 0 \times 10^4$	$0.270\ 0 \times 10^4$	$0.270\ 0 \times 10^4$	$1.151\ 0 \times 10^5$	$2.390\ 0 \times 10^4$	$6.220\ 0 \times 10^4$
$(E_{1end} + E_{2end})/2$	$3.001\ 7 \times 10^6$	$2.497\ 6 \times 10^6$	$3.500\ 5 \times 10^6$	$3.254\ 6 \times 10^6$	$3.719\ 9 \times 10^6$	$3.053\ 9 \times 10^6$
$\xi/\%$	0.26	0.20	0.14	6.65	1.21	3.83

861

由表 4 计算结果可知, 当先验信息不准确时, 薄壁弯箱材料常数迭代过程发散或按 ε_2 收敛, 但并不收敛于参数实际值 (相对误差 $\eta > 5\%$). 且本章通过选取大量不同组参数初始值 (限于篇幅, 本章只列出两组) 的 Powell 迭代分析知, 先验信息不准确时, 材料常数迭代过程若能收敛, 则只能按 ε_2 收敛.

而对于实际工程, 薄壁弯箱材料常数实际值事先并不能准确把握. 没有参数实际值这一衡量标准, 如何判断先验信息赋值是否合理显得尤为重要, 否则会造成参数收敛于伪实际值 (表 4), 对工程造成错误的指导. 本章通过大量研究分析, 可知:

1) 参数先验信息赋值比较准确时, 参数迭代过程既能按 ε_1 收敛, 也能按 ε_2 收敛 (迭代次数有不同); 当先验信息给的不准确时, 如果迭代过程收敛, 只能按 ε_2 收敛;

2) 参数先验信息赋值是否准确可以通过参数迭代结果间相对波动程度 (表 5) 进行分析. 由表 5 可知: 如果先验信息准确, 参数迭代结果间相对波动程度比先验信息不准确时小数量级倍增; 如果迭代过程发散, 则先验信息不准确.

§6 结 语

1) 推导了基于 Powell 理论的薄壁弯箱材料常数优化模型, 研制了相应的计算程序, Powell 理论用于弯箱材料常数识别时具有良好的数值稳定性和收敛性;

在迭代过程中,Powell 理论直接计算动态 Bayes 函数而不涉及 FCSE 偏导数处理,与以往材料常数的梯度优化法相比,计算效率较高且不易形成误差积累.

2)在材料常数识别中,最优步长的一维寻优较为复杂,通常需通过反复试算确定最优步长所在的区间后再进行优化,对参数识别来说尤为不易.提出了最优步长的一维 Fibonacci 序列自动寻优方案,能自动寻找步长所在的区间,较为有效地解决了步长的自动寻优问题.

3)先验信息准确时,弯箱材料常数的 Powell 识别过程稳定地收敛于参数实际值,两种收敛准则均可以满足;先验信息不准确时,迭代过程发散或收敛于伪实际值,而此时只能按 ε_2 准则收敛.故应结合实际工程经验,尽量设取合理的弯箱材料常数先验信息.

参数资料

[1] Sennah Khaled M, Kennedy John B. Literature review in analysis of box-girder bridges[J]. Journal of Bridge Engineering, 2002,7(2): 134-143.

[2] Babu K, Devdas M. Correction of errors in simplified transverse bending analysis of concrete box-girder bridges[J]. Journal of Bridge Engineering, 2005,10(6):650-657.

[3] 张剑,叶见曙,赵新铭. 基于 Novozhilov 理论薄壁

弯箱位移参数的动态 Bayes 估计[J]. 工程力学, 2007,24(1):71-77.

[4] 赵振铭,陈宝春. 杆系与箱型梁桥结构分析及程序设计[M]. 广州:华南理工大学出版社,1997.

[5] 魏新江,张金菊,张世民. 盾构隧道施工引起地面最大沉降探索[J]. 岩土力学,2008,29(2):445-448.

[6] Hinton E, Owen D R J. Finite Element Software for Plates and Shells[M]. Swansea, UK:Pineridge Press Ltd, 1984.

[7] Chi S Y, Chern J C, Lin C C. Optimized back-analysis for tunneling-induced ground movement using equivalent ground loss model[J]. Tunnelling and Underground Space Technology, 2001,16(3):159-165.

[8] Modak S V, Kundra T K, Nakra B C. Prediction of dynamic characteristics using updated finite element models[J]. Journal of Sound and Vibration, 2002,254(3):447-467.

[9] 李海生. 多梁式混凝土梁桥的有限元模型修正技术研究[D]. 硕士学位论文. 南京:东南大学, 2009.

[10] 张剑,叶见曙,王承强. 基于共轭梯度法带隔板连续薄壁直箱位移参数的动态 Bayes 估计[J]. 计算力学学报,2008,25(4):574-580.

[11] 张剑,叶见曙,赵新铭. 基于 Novozhilov 理论连续弯箱位移参数的动态 Bayes 估计[J]. 应用数学

和力学,2007,28(1):77-84.

[12] Luo Q Z, Li Q S, Tang J. Shear lag in box girder bridges[J]. Journal of Bridge Engineering, 2002,7(5):308-313.

[13] 薛毅.最优化原理与方法[M].北京:北京工业大学出版社,2001.